HISTOIRE DES TECHNIQUES
sous la direction d'Anne-Françoise Garçon,
André Grelon et Virginie Fonteneau
21

Les Artilleurs et la Monarchie hispanique (1560-1610)

Ouvrage publié avec le soutien de la direction des Patrimoines, de la mémoire et des archives du ministère des Armées et l'aide du projet GLOBALGUNS « Guns for a Global Empire: Deployment of Artillery Technology in the Iberian Colonial Space (1580-1640) » financé par l'Union européenne, dans le cadre du programme de recherche et d'innovation Horizon 2020 (MSCA IF fellowship n° 845675)

Brice Cossart

Les Artilleurs et la Monarchie hispanique

(1560-1610)

Guerre, savoirs techniques, État

Préface de Bernard Vincent

PARIS
CLASSIQUES GARNIER
2021

Brice Cossart est un ingénieur de l'UTC reconverti en historien. Après un master en histoire des sciences et des techniques (EHESS, Centre Koyré), il a obtenu un doctorat en 2016 à l'Institut universitaire Européen de Florence (Italie). Actuellement, il bénéficie d'une bourse Marie Curie à l'université Pablo de Olavide (Séville) afin d'approfondir ses recherches sur l'espace colonial ibérique.

ISBN 978-2-406-11554-0 (livre broché)
ISBN 978-2-406-11555-7 (livre relié)
ISSN 2118-8181

ABRÉVIATIONS DES SOURCES

AGS	Archivo General de Simancas
	GYM – section Guerra y Marina
	EST – section Consejo de Estado
	CMC – section Contaduría Mayor de Cuentas
	CSU – section Contaduría del Sueldo
	VIT – section Visitas de Italia
	VG – section Varios Galeras
	EMR – section Escribanía Mayor de Rentas
AGI	Archivo General de Indias (Séville)
	IG – section Indiferente General
	CT – section Contratación
	MEXICO – section Audiencia de Mexico
	PANAMA – section Audiencia de Panama
	FILIPINAS – section Audiencia de Filipinas
	SANTO DOMINGO – section Audiencia de Santo Domingo
	PATRONATO – section Patronato
	ESCRIBANIA – section Escribanía de Cámara de Justicia
AGR	Archives Générales du Royaume (Bruxelles)
	CP – Contadorie et Pagadorie
	CC – Chambre des Comptes
	CA – Conseil de l'Amirauté
	SEG – Secrétairerie d'État et de Guerre
AHN	Archivo Histórico Nacional (Madrid)
	OM – section Ordenes Militares
	EST – section Estado
AMS	Archivo Municipal de Sevilla
ANTT	Arquivo Nacional da Torre do Tombo (Lisbonne)
ASV	Archivio di Stato di Venezia (Venise)
BNE	Biblióteca Nacional de España (Madrid)
BNCF	Biblioteca Nazionale Centrale di Firenze (Florence)

Coll. Navarrete	Collection de documents recopiés en archives par Martín Fernández de Navarrete (1765-1844), fonds du Museo Naval de Madrid
Coll. Aparici	Collection de documents recopiés en archives par José Aparici García entre 1844 et 1857, fonds de l'Archivo General Militar de Madrid

NOTE SUR LES UNITÉS

De par son objet d'étude, ce travail fait usage de nombreuses unités de mesure du XVIe siècle. Le principal écueil de ces unités réside dans le fait qu'elles n'étaient ni harmonisées à l'échelle de la Monarchie hispanique, ni fixes dans le temps. Mon analyse a tâché de prendre en considération ces différences autant que faire se peut lorsqu'elles étaient importantes. Toutefois, il n'a pas été possible de tenir compte de toutes leurs variations. L'étude considère souvent à tort une certaine fixité des unités, mais ce fut le prix à payer pour obtenir un aperçu élargi à l'échelle de l'« empire ». Plusieurs remarques s'imposent concernant certaines unités récurrentes.

D'abord, les calibres des canons et poids des boulets étaient exprimés en *libras*, abrégées *lb.* dans le texte. La valeur de cette *libra* variait légèrement selon qu'elle était de Castille, de Gênes ou encore de Naples. Le problème est que les sources ne précisent que très rarement le référentiel de la *libra* utilisée. Impossible de se fier au lieu d'écriture du document, puisqu'un officier castillan en présence à Naples pouvait très bien utiliser des *libras* de Castille. Pour avoir une équivalence avec les unités de mesure contemporaines, on peut considérer qu'une *libra* de Castille équivaut à environ 0,46 kg[1].

Les poids des canons étaient quant à eux exprimés en *quintales* (abrégés *q.* dans le texte) en Castille, et *cantaras* (à Naples et en Sicile). Cette distinction de mots permet de prendre en compte la différence d'unité. Les documents d'époque évoquent une équivalence de une *cantara* pour environ deux *quintales*[2]. Tous les poids exprimés en *cantaras* ont donc été convertis en *quintales* pour permettre la comparaison. Étant donné qu'un *quintal* compte cent *libras*, il équivaut donc environ à 46 kg.

1 Voir la définition du mot *quintal* dans le dictionnaire technique en ligne de l'université de Salamanque : www.dicter.usal.es.

2 D'après AGS GYM leg. 688/34 (07/06/1608), 1 *cantara* = 3100 *onzas* ; 16 *onzas* = 1 *libra* ; 100 *libras* = 1 *quintal* ; ce qui donne 1 *cantara* = 1,94 *quintales*. D'après AGS EST leg. 1092/11 (23/02/1590), 1 *cantara* = 2 *quintales*.

Enfin, les volumes des navires étaient exprimés en *toneladas*, abrégées *t.* dans le texte. Or, tous les historiens s'étant intéressés aux navires s'accordent pour dire que la valeur des *toneladas* varia dans la seconde moitié du XVIe siècle[3]. Face aux incertitudes exprimées par ces auteurs quant à cette variation, j'ai pris le parti de ne pas modifier les valeurs fournies par les sources. Pour donner une idée de l'ordre de grandeur de la *tonelada*, Pérez-Mallaína propose une équivalence autour de 0,9 mètre cube[4].

3 Chaunu, Huguette, Chaunu, Pierre, *Séville et l'Atlantique, 1504-1650*, Paris, A. Colin, 1955. Contente Domingues, Francisco, *Os navios do mar oceano : Teoria e empiria na arquitectura naval portuguesa dos seculos XVI e XVII*, Lisbonne, Centro de historia da universidad de Lisboa, 2004. Parker, Geoffrey, *The Grand Strategy of Philip II*, New Haven, Yale University Press, 1998.

4 Une *tonelada* était un équivalent de deux *pipas* mesurant chacune 443,5 litres : Perez-Mallaína, Pablo, *Spain's Men of the Sea : Daily Life on the Indies Fleets in the Sixteenth Century*, Baltimore, Johns Hopkins University Press, 1998, p. 66. Un mètre cube valant 1 000 litres, on trouve précisément 1 *tonelada* = 0,887 m^3.

PRÉFACE

Derrière le titre qui à lui seul éveille la curiosité se trouve un ouvrage plein de promesses qui sont tenues au-delà de toute espérance. Voici donc examiné un milieu socio-professionnel, celui des artilleurs, à l'époque de son affirmation, la deuxième moitié du XVIe siècle, et dans un espace aux dimensions considérables, celui de la Monarchie hispanique. Dans la première partie, Brice Cossart insiste à juste titre sur l'originalité et les caractéristiques de ce contexte spatio-temporel. La Monarchie hispanique est à son apogée lors de la réunion en 1580 des deux couronnes d'Espagne et du Portugal qui permet à Philippe II de régner sur des territoires immenses dispersés entre quatre continents, ce qui en fait une monarchie composite, articulée autour de centres nombreux, Madrid bien sûr car lieu des organes du gouvernement mais aussi Naples, Milan, Bruxelles, Oran, Mexico, Lima, Manille et encore Lisbonne, Bahia et Goa.

Pour prendre en compte tous ces territoires, Brice Cossart a mené une vaste enquête, de Lisbonne à Bruxelles et de Madrid à Venise, en privilégiant la recherche dans les fonds inépuisables des Archives Générales de Simancas et des Archives Générales des Indes, installées à Séville. Le demi-siècle 1560-1610, objet de l'étude, est certes celui de la domination hispanique mais sans cesse contestée par d'autres puissances, turque, française, anglaise, hollandaise, cette dernière de l'intérieur même de l'empire. Pour la maintenir, la monarchie de Philippe II puis de Philippe III mène une politique permanente de renforcement de ses éléments de défense terrestre et de développement de ses flottes militaire et marchande. L'échec, en 1588, de l'Invincible Armada créée pour annihiler l'ennemi anglais a été un rude coup de semonce. Brice Cossart souligne à plusieurs reprises que cet énorme choc a conduit à la constitution de la Flotte de la Mer Océane. Dans ce cadre de mondialisation des conflits la Monarchie hispanique avait un immense besoin de matériel et de personnel et, au premier chef, d'artilleurs.

Dans ces conditions, disposer d'une artillerie efficace était affaire d'État. Sans doute l'infanterie espagnole organisée en *tercios* comprenant piquiers, arquebusiers et mousquetaires a été la reine des batailles de l'orée du XVIe siècle au milieu du XVIIe, ayant subi un premier cuisant revers à Rocroi en 1643. Mais ses efforts n'auraient maintes fois pas été couronnés de succès sans l'apport de l'artillerie. Dès lors, et Brice Cossart l'affirme avec force, « le contrôle de l'artillerie constituait un aspect fondamental du pouvoir monarchique ». Charles Quint, Philippe II et leurs conseillers ont veillé à la mise en place de structures traduisant une volonté de centralisation exprimée dans la figure du capitaine général de l'artillerie des royaumes de Castille et d'Aragon qui siégeait au Conseil de Guerre et avait autorité, à la fin du XVIe siècle, sur de larges territoires, sur toute la péninsule ibérique bien sûr mais aussi sur la Sardaigne, les Açores ou les possessions d'Afrique du Nord.

Depuis Madrid, le capitaine général commandait l'ensemble du personnel, gérait le matériel et était responsable de la fabrication. Cependant en ce domaine comme en beaucoup d'autres la monarchie dut s'adapter aux traditions et aux résistances locales ou régionales. En matière d'artillerie fut adoptée une stratégie administrative d'une infinie souplesse et là où il y avait des capitaines généraux particuliers, par exemple dans le royaume de Naples ou dans le duché de Milan, ils furent maintenus avec pour objectif une coopération efficace entre les deux péninsules ibérique et italienne. Ailleurs, aux Pays-Bas ou en Amérique, le contrôle fut encore plus lâche. En somme l'administration de cette force montante qu'était l'artillerie constitue un excellent exemple de la manière dont a été conçue la conduite des affaires au sein de cette monarchie polycentrique. Assurer une bonne protection de l'ensemble des territoires passait souvent par une ample délégation de pouvoirs aux représentants de la royauté ou par la prise en compte des aspirations des élites locales. Brice Cossart montre, pour le domaine de l'artillerie, comment la Monarchie hispanique a adopté un régime d'une grande plasticité qui lui a permis de durer pendant trois siècles. C'est là un enseignement majeur de ce livre.

À ce grand volet d'histoire politique est constamment associé un non moins important volet d'histoire sociale. À cet égard le recours, heureux, à la quantification si délaissée de nos jours par les historiens, doit être salué. Par ce biais est dressée dans l'ouvrage une remarquable sociologie des artilleurs. Cette tâche qui n'avait jamais été entreprise a été réalisée grâce à la découverte de listes de personnels, celle de l'armada del mar Océano, constituée en 1602, en étant le joyau découvert aux archives nationales de Lisbonne. On est confondu par les précisions fournies par les enquêteurs sur les âges, les origines géographiques, les antécédents professionnels, la description physique des individus. On prend dès lors conscience de l'importance revêtue aux yeux des contemporains par une profession qui avait fait une timide apparition au XVe siècle dans les armées des États européens et s'était continûment développée au cours du XVIe siècle. La Monarchie hispanique disposait de quelques dizaines d'artilleurs vers 1500. Cent ans plus tard, les effectifs étaient de 3 000 à 4 000 individus.

On relèvera qu'en dehors des deux grands pôles de recrutement andalou et basque, nombre d'artilleurs étaient originaires des terres italiennes et du Nord de l'Europe, signe du recours ordinaire au mercenariat dans les armées espagnoles et aussi d'une circulation intense d'hommes attirés par l'offre considérable d'une grande puissance. Ces réalités amènent Brice Cossart à développer des réflexions pertinentes sur la place de la représentation de l'étranger au cœur de l'empire espagnol. À l'analyse des contingents d'hommes servant sur les fortifications ou sur les navires s'ajoute celle du matériel car l'auteur a établi une base de données fournissant des informations sur plus de 3 200 pièces d'artillerie. Le lecteur découvrira la grande variété des éléments entre pierriers, couleuvrines et canons de tailles diverses, du quart-de-canon au grand canon utilisé surtout lors des sièges.

Les bases de données constituent de la sorte le socle du livre. Sans elles, Brice Cossart n'aurait pu réaliser cette grande fresque que constitue la première partie. Une profession jusqu'ici ignorée est alors révélée. Tout à coup des milliers d'individus prennent vie. Nous apprenons que beaucoup d'entre eux ont été probablement soldats ou marins, ce qui relève de l'évidence, mais d'autres également nombreux, ont été maçons ou charpentiers, ce qui leur a donné une compétence favorisant une reconversion réussie. On comprend bien désormais pourquoi et comment a pris forme au XVIe siècle un corps composé d'individus d'origines modestes ayant connu une réelle promotion sociale. Ce thème de la mobilité sociale, de son effectivité et de ses limites, affleure tout au long de l'ouvrage.

Histoire politique et histoire sociale demeurent présentes, souvent étroitement mêlées dans la seconde partie. Par exemple, le rôle de l'État dans la création de l'école d'artillerie de Séville en 1576 est fortement souligné et celle d'une académie royale des mathématiques, ouverte à la Cour en 1583, est rappelé. De même est présentée une analyse des âges, des origines géographiques et des antécédents professionnels de plusieurs centaines d'apprentis étudiants à l'école sévillane entre 1591 et 1607. Ceux-ci étaient presque tous des adultes (ils devaient avoir plus de 20 ans), des Espagnols, principalement des Andalous conformément aux injonctions royales, et en fort contraste avec les origines cosmopolites de nombreux membres des équipages des flottes royales examinées dans la première partie du livre.

Et quand il développe la dimension sociale de l'étude, Brice Cossart met désormais l'accent sur des trajectoires individuelles, celles des *artilleros mayores* placés à la tête de l'école de Séville, Andrés de Espinosa (1576-1591), Julián Ferrofino (1591-1593) et Andrés Muñoz El bueno (1593-1616) ou celles des auteurs de traités d'artillerie le lombard Niccolo Tartaglia, les andalous Luis Collado et Cristóbal Lechuga, le navarrais Diego de Alava y Viamont, le castillan Alonso de Salamanca, Diego de Prado, Diego Ufano etc… dont les vies et les œuvres sont soigneusement restituées. L'histoire sociale est ici au service de l'histoire culturelle, celle des savoirs, celle de l'éducation, celle de l'écrit.

Brice Cossart apporte une contribution décisive à l'histoire des savoirs en mettant en question des idées reçues qui ont la vie dure. Ainsi la tenace « légende noire » faisant de l'Espagne des XVIe et XVIIe siècles un espace qui a ignoré la révolution scientifique est mise à mal par l'étude des contenus de la longue liste des traités d'artillerie écrits en Espagne. Ainsi surtout son enquête amène l'auteur à interroger la traditionnelle distinction entre d'un côté savant/science/théorie et de l'autre artisan/technique/pratique. En examinant le monde des artilleurs travaillant au sein de la Monarchie hispanique, leur production et leurs activités, il montre l'inanité de la hiérarchie implicitement admise. La guerre dont les artilleurs sont des acteurs essentiels est un champ où la contribution des artisans à la production scientifique est irréfutable. Les premières pages du chapitre « la nouvelle science : construction d'un champ de savoirs sur l'artillerie » ont valeur de manifeste.

La confrontation des traités aux pratiques éducatives offertes aux artilleurs ne laisse place à aucun doute. L'école des artilleurs de Séville est un modèle remarquable où les élèves recevaient un enseignement théorique et s'adonnaient à des exercices pratiques avant d'être soumis à un examen par lequel leurs connaissances étaient contrôlées. Et si ailleurs on ne retrouve pas une ambition aussi élevée qui permit de former en moyenne 150 artilleurs par promotion, la multiplication au XVIe siècle d'écoles d'artillerie est un fait d'importance. L'élan fut donné dans les terres italiennes, et entre autres, dans celles sous domination espagnole et ensuite en Espagne. Y était privilégié un enseignement pratique sanctionné par un examen et peu à peu la dimension théorique y fut introduite. Ces écoles ont été les lieux privilégiés de la diffusion d'une nouvelle science. Les programmes d'enseignement des écoles d'une part, les annotations portées par les lecteurs sur les manuscrits d'autre part, témoignent de lectures individuelles et collectives. Ingénieurs militaires, capitaines d'artillerie, maîtres artilleurs ont été souvent à la fois des lecteurs des traités d'artillerie et des enseignants. Brice Cossart, qui in fine devient historien du livre, de son contenu – écrit et imagé – et de sa matérialité, insiste beaucoup sur le lien étroit entre traités, enseignement et artilleurs.

Le lecteur tient entre les mains un livre d'une richesse exceptionnelle. Certes nous savions que la guerre est un personnage majeur de l'histoire et que les artilleurs en ont été longtemps des acteurs importants. Mais qui aurait dit que ce milieu, aux dimensions somme toute modestes, a été le laboratoire d'expériences décisives de l'histoire du travail et le vecteur d'éléments fondamentaux de la révolution scientifique ? Non seulement Brice Cossart a su sortir de l'ombre un beau sujet mais il en a exploité tout le potentiel qui devrait susciter d'utiles comparaisons dans l'espace et dans le temps.

Bernard VINCENT

INTRODUCTION

Aunque parezca importuno, pues la pena de serlo puede pagar el zelo, vuelvo a acordar de la importancia grande que sería havilitar un número de 1000 artilleros marineros en las costas de España para tenerlos en ellas sin sueldo sufficientes y examinados todas las vezes que sean menester, lo qual con muy poco gasto se podría, poniendo un cabo que tuviese escuela en cada uno de los lugares marítimos de más concurso[1].
Pedro López de Soto, contrôleur de l'artillerie de Galice, écrivant au roi.

COMPÉTENCES TECHNIQUES ET RÉVOLUTION MILITAIRE

Ce projet de créer une réserve d'artilleurs dans les principaux ports d'Espagne répondait à la situation critique dans laquelle se trouvait la Monarchie hispanique au crépuscule du XVIe siècle. Cent ans plus tôt, les Rois Catholiques faisaient appel à quelques dizaines d'experts tout au plus pour l'usage de cette arme révolutionnaire qu'était le canon[2]. En un siècle à peine, l'usage de l'artillerie à poudre s'était répandu au

1 AGS GYM leg. 398/294 (19/02/1594). « Mon zèle l'emportant sur le risque de vous paraître importun, je me permets de vous rappeler combien il est important de former un nombre de 1 000 artilleurs marins sur les côtes d'Espagne afin de les avoir disponibles, sans salaire, compétents et examinés, chaque fois que le besoin se manifeste, ce qui pourrait être fait à peu de coûts en installant un maître à la tête d'une école dans chacun des principaux lieux maritimes. »

2 Ladero Galan, Aurora, « Artilleros y artillería de los Reyes Católicos (1495-1510) », dans *Guerra y sociedad en la monarquía hispánica : política, estrategia y cultura en la Europa Moderna, 1500-1700*, Enrique García Hernán, Davide Maffi (éd.), Madrid, Laberinto : CSIC Fundación MAPFRE, 2006, p. 805-830.

point que les besoins de l'Espagne se comptaient désormais en centaines voire en milliers d'individus si l'on en croit le témoignage de cet officier. Ce changement d'échelle considérable dans l'usage du canon affecta la plupart des puissances politiques européennes de l'époque moderne. Il fut en partie dû à l'apparition, lors des guerres d'Italie, des fortifications *alla moderna* dont le principe défensif reposait sur un usage intensif de l'artillerie[3]. Ainsi, il fallut 1 012 pièces d'artillerie pour équiper les quinze nouvelles forteresses que fit construire le roi de France, au milieu du XVIe siècle, afin de protéger la frontière nord de son royaume[4]. En l'espace de quelques décennies, ce type d'architecture militaire fut adopté pour le tracé de nombreuses enceintes de villes et de citadelles en Italie, en France, aux Pays-Bas, en Espagne puis dans le reste de l'Europe et du monde colonial[5]. Le développement des flottes de guerre contribua également à multiplier l'emploi du canon. À Lépante en 1571, les galères de la Sainte Ligue embarquèrent un bon millier de pièces d'artillerie[6]. En 1588, la Grande Armada partit pour l'Angleterre avec 2 431 pièces d'artillerie à son bord[7]. Au XVIIe siècle, la course à l'armement entre puissances rivales atteignit de nouveaux records. En 1673, les vaisseaux de ligne hollandais étaient armés de 4 233 pièces à la bataille de Texel[8]. Dix ans plus tard, les marines française et anglaise comptabilisaient chacune entre 5 000 et 10 000 canons[9].

---

3 Prouteau, Nicolas, Crouy-Chanel, Emmanuel de, Faucherre, Nicolas (éd.), *Artillerie et fortification, 1200-1600*, Rennes, Presses universitaires de Rennes, 2011. Pepper, Simon, Adams, Nicholas, *Firearms & fortifications : Military Architecture and Siege Warfare in Sixteenth-Century Siena*, Chicago, University of Chicago Press, 1986. Duffy, Christopher, *Siege Warfare : the Fortress in the Early Modern World 1494-1660*, Londres, 1979.

4 Parker, Geoffrey, *The Military Revolution : Military Innovation and the Rise of the West, 1500-1800*, Cambridge, Cambridge University Press, 1988, p. 12.

5 *Ibid.* p. 12-13. Andrade, Tonio, « The Artillery Fortress Was en Engine of European Expansion : Evidence from East Asia », dans *The Limits of Empire : European Imperial Formation in World History. Essays in Honor of Geoffrey Parker*, Tonio Andrade, William Reger (éd.), Londres, Ashgate, 2013, p. 155-174.

6 Guilmartin affirme qu'il y avait en moyenne cinq pièces d'artillerie par galère, et un peu plus de 200 galères, Guilmartin, John F., *Gunpowder and Galleys : Changing Technology & Mediterranean Warfare at Sea in the 16th Century*, Annapolis, MD, Naval Institute Press, 2003, p. 231 et 238.

7 Martin, Colin, Parker, Geoffrey, *The Spanish Armada*, New York ; Londres, W.W. Norton & Co., 1988, p. 44-45.

8 Parker, Geoffrey, *The Military Revolution*, *op. cit.* p. 102.

9 Braudel, Fernand, *Civilisation matérielle, économie et capitalisme,* XVe-XVIIIe *siècle, tome 1. Les structures du quotidien : le possible et l'impossible*, Paris, A. Colin, 1979, p. 345.

Or, le canon a fait l'objet de nombreuses publications, en particulier à la suite du débat historiographique sur la révolution militaire[10]. Malgré leurs désaccords, la plupart des historiens militaires accordent un rôle clé à l'artillerie dans l'évolution des techniques de guerre. Ces dynamiques se trouvent également au cœur du récit de nombreux politologues à propos de la construction de l'État moderne[11]. L'artillerie en usage au sein des forteresses et des navires a été identifiée comme l'un des piliers de l'expansion européenne dans le monde[12]. Autrement dit, le canon est généralement reconnu comme l'un des principaux acteurs des grandes transformations politiques et militaires de l'époque moderne. Cependant, cette vision qui accorde une place centrale à l'objet technique occulte l'un de ses aspects les plus essentiels, celui de son usage par l'homme. Comme l'a fait remarquer le célèbre théoricien de la révolution militaire Geoffrey Parker, « posséder des canons est une chose ; en faire efficacement usage en est une autre[13] ».

La question du changement d'échelle dans l'usage de l'artillerie n'est jamais posée par l'historiographie en termes de ressources humaines et de compétences. Pourtant, la citation de cet officier espagnol en introduction démontre bien les enjeux contemporains autour du maniement du canon. On y trouve une richesse de vocabulaire ayant trait à la problématique de la formation et de l'apprentissage des compétences :

---

10 Roberts, Michael, *The Military Revolution, 1560-1660 : an Inaugural Lecture Delivered Before the Queen's University of Belfast*, Belfast, M. Boyd, 1956. Parker, Geoffrey, *The Military Revolution*, *op. cit.* Black, Jeremy, *A Military Revolution ? Military Change and European Society 1550-1800*, Basingstoke, Macmillan Education, 1991. Rogers, Clifford J. (éd.), *The Military Revolution Debate : Readings on the Military Transformation of Early Modern Europe*, Boulder, Westview Press, 1995.

11 Tilly, Charles, *Coercion, Capital and European States, AD 990-1992*, Cambridge (MA), Oxford (UK), Blackwell, 1992. Downing, Brian M., *The Military Revolution and Political Change : Origins of Democracy and Autocracy in Early Modern Europe*, Princeton, N.J., Princeton University Press, 1991. Porter, Bruce D., *War and the Rise of the State : the Military Foundations of Modern Politics*, New York ; Toronto, Maxwell Macmillan International, 1994.

12 Cipolla, Carlo M., *Guns, Sails and Empires : Technological Innovation and the Early Phases of European Expansion, 1400-1700*, New York, Minerva Press, 1965. Parker, Geoffrey, *The Military Revolution*, *op. cit.* Parker, Geoffrey, « The Artillery Fortress as an Engine of European Overseas Expansion, 1480-1750 », dans *City Walls. The Urban Enceinte in Global Perspective*, James D. Tracy (éd.), Cambridge, Cambridge University Press, 2000, p. 386-416.

13 « *To possess guns is one thing ; to use them efficiently is another* », Parker, Geoffrey, *The Military Revolution*, *op. cit.* p. 83.

le verbe *havilitar*, c'est-à-dire rendre habile ou former, les adjectifs *suf-ficientes* et *examinados*, suffisants et examinés, qui indiquent un objectif, un seuil minimal de savoir-faire, et enfin même un lieu, l'école (*escuela*), permettant à l'État de générer en grandes quantités les compétences stratégiques nécessaires à son réseau grandissant de fortifications et de navires de guerre. Soulevée ici par un officier espagnol, la question vaut néanmoins pour la plupart des grandes puissances politiques de l'époque moderne : par quels moyens et dans quelle mesure les États modernes purent-ils s'approvisionner en personnel technique capable de manier des pièces d'artillerie qui se comptaient par milliers ?

Cette question qui porte sur les mécanismes d'expansion politique et militaire de l'époque moderne invite également à interroger la relation entre pouvoir, science et technique. À partir du milieu du XVIe siècle, de nombreux auteurs publièrent des traités dans lesquels ils prétendaient réduire l'art de l'artillerie à des règles mathématiques et géométriques[14]. Peut-on établir un lien entre ces publications et la problématique d'approvisionnement en artilleurs des puissances politiques de l'époque ? Les systèmes de formation des artilleurs mis en place pour faire face à la demande croissante des États ont-ils stimulé ce processus de formalisation des savoirs sur l'artillerie ? La question intéresse l'historiographie des sciences dans la mesure où ces traités ont généralement été considérés comme des premières tentatives de mathématisation de la physique, ayant en quelque sorte amorcé la révolution scientifique du XVIIe siècle[15]. S'interroger sur les interactions entre les artilleurs de terrain et le monde de la publication des traités scientifiques, c'est aussi participer à ce récent débat sur la contribution des artisans aux transformations des pratiques scientifiques de l'époque moderne[16]. Le groupe socioprofessionnel des artilleurs se situe en ce sens

14 Voss, Mary J., « Between the Cannon and the Book : Mathematicians and Military Culture in Sixteenth-Century Italy », thèse soutenue à la Johns Hopkins University, 1994. Walton, Steven A., « The Art of Gunnery in Renaissance England », thèse soutenue à l'université de Toronto, 1999. Brioist, Pascal, « Les mathématiques et la guerre au XVIe siècle : France, Italie, Espagne, Angleterre », thèse d'habilitation soutenue à l'université François Rabelais de Tours, 2009.

15 Hall, Alfred R., *Ballistics in the Seventeenth Century : a Study in the Relations of Science and War with Reference Principally to England*, Cambridge, Cambridge University Press, 1952. Koyré, Alexandre, *Études d'histoire de la pensée scientifique*, Paris, Gallimard, 1973.

16 Smith, Pamela H., *The Body of the Artisan : Art and Experience in the Scientific Revolution*, Chicago, University of Chicago Press, 2004. Roberts, Lissa, Schaffer, Simon, Dear,

à la croisée de multiples historiographies – histoire militaire, histoire de l'État, histoire des sciences et des techniques, histoire du livre – qu'il permet de connecter et d'articuler.

UNE ÉTUDE À L'ÉCHELLE DE LA MONARCHIE HISPANIQUE

Le choix de mener cette étude sur les artilleurs dans le cadre spatial et politique de la Monarchie hispanique est motivé par plusieurs raisons. Le conglomérat d'États réunis par Charles Quint et transmis à son fils Philippe II fut, d'après Parker, l'un des espaces pionniers de la révolution militaire[17]. Il s'agit de l'une des premières puissances politiques à avoir été touchée par le changement d'échelle de la poudre noire car son vaste empire étalé en Méditerranée occidentale (Italie et Espagne), aux Pays-Bas et de part et d'autre de l'océan Atlantique nécessita, dès le XVIe siècle, le recours permanent à des dizaines de forteresses, de galères et de galions. Situer cette enquête dans les territoires des Habsbourg d'Espagne équivaut en ce sens à se placer à l'un des principaux avant-postes des innovations politico-militaires de l'époque moderne. En outre, cet espace revêt un intérêt particulier du point de vue de l'historiographie des sciences et des techniques, car son cœur politique, la Castille, demeure encore en marge des principaux récits du développement scientifique moderne, victime éternelle de la *leyenda negra*[18]. Enfin, cette publication vise à mettre le

Peter (éd.), *The Mindful Hand : Inquiry and Invention from the Late Renaissance to the Early Industrialisation*, Amsterdam, Koninklijke Nederlandse Akademie van Wetenschappen, 2007. Long, Pamela O., *Artisan/Practitioners and the Rise of the New Sciences, 1400-1600*, Corvallis, OR, Oregon State University Press, 2011. Long, Pamela O., « Trading Zones : Arenas of Exchange during the Late medieval / Early Modern Transition to the New Empirical Sciences », *History of Technology, vol. 31*, Ian Inkster (éd.), Londres, New York, Bloomsbury Publishing plc, 2012, p. 5-25. Ce nouvel élan est né d'un regain d'intérêt pour l'œuvre de Zilsel : Zilsel, Edgar, « The Genesis of the Concept of Scientific Progress », *Journal of the History of Ideas*, vol. 6, n° 3, 1945, p. 325-349.

17 « *However, all the evidence for radical military change, whether in army size, fortifications, or firearms, comes from the lands of the Habsburgs or of their neighbours* », Parker, Geoffrey, *The Military Revolution*, *op. cit.* p. 24.

18 Pimentel, Juan, « The Iberian Vision : Science and Empire in the Framework of a Universal Monarchy, 1500-1800 », *Osiris 2nd series*, n° 15, Nature and Empire : Science

public francophone au contact de thématiques militaires, scientifiques et techniques qui ont jusqu'ici été peu abordées par la riche et longue tradition hispaniste française[19].

L'échelle d'analyse très large et peu conventionnelle pourra paraître ambitieuse à l'excès. Les traditions d'études de la Monarchie hispanique ont en effet plutôt tendance à la découper en différentes aires géographiques pour mieux l'appréhender : l'espace colonial américain[20], l'Italie sous domination espagnole[21], les Pays-Bas marqués par la révolte des Provinces-Unies[22] ou encore certaines régions spécifiques de la péninsule ibérique[23].

---

and the Colonial Enterprise, 2000, p. 17-30. Cañizares Esguerra, Jorge, *Nature, Empire and Nation. Explorations of the History of Science in the Iberian World*, Stanford, Stanford University Press, 2006. Eamon, William, Navarro Brotons, Víctor, *Más allá de la leyenda negra : España y la revolución científica*, Valence, Instituto de Historia de la Ciencia y Documentación López Piñero, 2007.

19 Vincent, Bernard, « L'hispanisme français et l'histoire moderne et contemporaine », *Revista de Historia Jerónimo Zurita*, vol. 71, 1995, p. 219-236.

20 À titre d'exemples : Gruzinski, Serge, Bernan, Carmen, *Histoire du Nouveau Monde*, Paris, Fayard, 1991. Chaunu, Pierre, *Conquête et exploitation des nouveaux mondes : XVIe siècle*, Paris, Presses universitaires de France, 1991. Elliott, John H., *Empires of the Atlantic World : Britain and Spain in America 1492-1830*, New Haven ; Londres, Yale University Press, 2006. Le contexte colonial est aussi privilégié dans certaines études récentes en histoire des sciences : Wendt, Helge (éd.), *The Globalization of Knowledge in the Iberian Colonial World*, Berlin, Edition Open Access, 2016. Bleichmar, Daniela, De Vos, Paula, Huffine, Kristin, Sheehan, Kevin (éd.), *Science in the Spanish and Portuguese Empires, 1500-1800*, Stanford, Calif., Stanford University Press, 2009. Barrera-Osorio, Antonio, *Experiencing Nature : the Spanish American Empire and the Early Scientific Revolution*, Austin, University of Texas Press, 2006.

21 À titre d'exemples : Rivero Rodríguez, Manuel, *Felipe II y el Gobierno de Italia*, Madrid, Sociedad Estatal para la Commemoración de los Centenarios de Felipe II y Carlos V, 1998. Martínez Millán, José, Rivero Rodríguez, Manuel (éd.), *Centros de Poder Italianos en la Monarquía Hispánica*, Madrid, Ediciones Polifemo, 2010. D'Amico, Stefano, *Spanish Milan : A City within the Empire, 1535-1706*, Palgrave Macmillan, 2012. Anatra, Bruno, Musi, Aurelio (éd.), *Nel sistema imperiale : l'Italia spagnola*, Naples, Edizioni scientifiche italiane, 1994. Hernando Sánchez, Carlos José, *Castilla y Nápoles en el siglo XVI : el virrey Pedro de Toledo : linaje, estado y cultura (1532-1553)*, Valladolid, Junta de Castilla y León, Consejería de Cultura y Turismo, 1994.

22 À titre d'exemples encore : Koenigsberger, Helmut, *Monarchies, States Generals and Parliaments. The Netherlands in the Fifteenth and Sixteenth Centuries*, Cambridge, Cambridge University Press, 2001. González de León, Fernando, *The Road to Rocroi : Class, Culture and Command in the Spanish Army of Flanders, 1567-1659*, Brill, 2009. Parker, Geoffrey, *Spain and the Netherlands, 1559-1659. Ten studies*, Londres, Collins, 1979.

23 À titre d'exemples : Schaub, Jean-Frédéric, *Le Portugal au temps du Comte-Duc d'Olivares (1621-1640). Le conflit de juridictions comme exercice de la politique*, Madrid, Casa de Velázquez, 2001. Jiménez Estrella, Antonio, *Poder, ejército y gobierno en el siglo XVI. La Capitanía General del reino de Granada y sus agentes*, Grenade, Universidad de Granada, 2004. Escribano

Les publications à l'échelle de l'empire sont souvent le fruit de synthèses générales, au demeurant très intéressantes, mais s'appuyant peu sur un travail substantiel en archives tel que celui présenté dans ce livre[24]. Choisir un espace très large à travers une exploration en profondeur des sources archivistiques, c'est se risquer à produire des œuvres titanesques telles que la *Méditerranée* de Braudel ou *l'Atlantique* des Chaunu[25]. Néanmoins, dans le cas présent, la tâche demeure dans des limites raisonnables du fait de la relative étroitesse du sujet d'étude et de l'existence de sources centralisées assez bien cataloguées.

Mes recherches m'ont mené à diverses reprises dans les principaux centres d'archives de la Monarchie hispanique : dans le château de Simancas, au cœur de la vieille Castille, où les documents du gouvernement central furent entreposés depuis l'époque étudiée ; à la *casa lonja*, ancien consulat des marchands, en plein centre de Séville, où se trouvent les sources relatives au monde colonial et aux voyages transatlantiques. En termes de volume, ces deux lieux extrêmement riches en documents représentent la grande majorité des sources consultées. Néanmoins, cette recherche doit certaines de ses découvertes les plus intéressantes à des lieux plus périphériques de mes pérégrinations. La partie sur les traités d'artillerie s'appuie ainsi principalement sur les fonds de plusieurs bibliothèques de la ville de Madrid (BNE, Museo naval, Palacio Real, BCM), ainsi que ceux des bibliothèques de l'Escurial et de l'académie d'artillerie de Ségovie. Par ailleurs, des séjours dans les archives de Lisbonne et de Bruxelles, m'ont permis d'acquérir des informations complémentaires sur certains États satellites de la Monarchie hispanique. Enfin, de brèves recherches à Venise ont offert des éléments de comparaison particulièrement intéressants au sujet des écoles d'artilleurs.

Le fruit de ce périple est l'étude, à l'échelle de la Monarchie hispanique, d'un objet qui lui est, en quelque sorte, transversal. Comme ce

---

Páez, José Miguel, *El Coste de la Defensa : Administración y financiación militar en Navarra durante la primera mitad del siglo* XVI, Pampelune, Gobierno de Navarra, 2015. Elliott, John H., *The Revolt of the Catalans. A Study in the Decline of Spain, 1598-1640*, Cambridge, Cambridge University Press, 1963.

24 Elliott, John H., *Imperial Spain, op. cit.* Kamen, Henry, *Empire : How Spain Became a World Power, 1492-1763*, New York, HarperCollins, 2003. Lynch, John, *Spain, 1516-1598 : from Nation State to World Empire*, Cambridge, USA, Blackwell, 1992.

25 Braudel, Fernand, *La Méditerranée et le monde méditerranéen à l'époque de Philippe II.*, Paris, Armand Colin, 1949. Chaunu Huguette, Chaunu, Pierre, *Séville et l'Atlantique, 1504-1650*, Paris, A. Colin, 1955.

livre entreprend de le démontrer, une telle vision d'ensemble est seule à même de réellement rendre compte des grandes transformations à l'œuvre et des nombreuses circulations d'hommes, de matériel et d'idées rendant le changement possible. La méthodologie adoptée suit en ce sens les dernières tendances de l'historiographie sur les monarchies ibériques qui, s'émancipant du cadre d'étude de l'État-nation, s'attache à démontrer la complexité des interactions entre les échelles locale, régionale et globale au sein de ces empires connectant les quatre parties du monde[26]. Mon approche mutliplie les différentes échelles d'observation, en jouant entre les données quantitatives en série, les données qualitatives macroscopiques et les exposés de cas d'étude amenant le lecteur au plus proche des artilleurs[27]. L'exposé qui en résulte n'est certainement pas exempt de lacunes. Parmi celles-ci, il faut souligner l'attention, relativement faible, accordée aux territoires coloniaux de la Monarchie hispanique. Incontestablement, mes recherches en archives sur les écoles d'artilleurs ont été beaucoup plus fructueuses en ce qui concerne les territoires italiens et ibériques des Habsbourg, parmi lesquels il faut inclure les convois transatlantiques alimentés en artilleurs par l'école de Séville à laquelle est accordé un chapitre complet de ce livre. Davantage de recherches sur les territoires américains ou flamands révèleraient sans aucun doute de nombreux éléments absents de l'histoire présentée dans les pages qui suivent. Cependant, mon récit n'a pas vocation à être exhaustif ni complet. En revanche, il s'appuie sur suffisamment de sources pour prétendre être représentatif de ce que fut, pour la Monarchie hispanique, le défi de se construire un vaste corps professionnel d'artilleurs.

26 Gruzinski, Serge, *Les quatre parties du monde. Histoire d'une mondialisation*, Turin, Éditions de La Martinière, 2004. Subrahmanyam, Sanjay, « Holding the World in Balance : The Connected Histories of the Iberian Overseas Empires, 1500-1640 », *American Historical Review*, vol. 112, nº 5, 2007, p. 1359-1385. Ruiz Ibáñez, José Javier, Martínez Alcalde, María, Campillo Méndez, María Magdalena (éd.), *Felipe II y Almazarrón : La construcción local de un imperio global*, Murcie, Universidad de Murcia, 2014, voir en particulier l'article de Vincent, Bernard, « Conclusiones : de Mazarrón a Manila », vol. 2, p. 497-501. Martínez Ruiz, Enrique, *La defensa del Imperio, 1500-1700*, Madrid, Paraninfo, 2020.

27 Il faut citer, comme source d'inspiration méthodologique, le classique de Revel, Jacques, *Jeux d'échelles : la micro-analyse à l'expérience*, Paris, Gallimard : Seuil, 1996.

PLAN GÉNÉRAL DE L'ÉTUDE

Le cœur de cette étude se concentre sur les trois dernières décennies du XVIe siècle correspondant à la période clé du changement d'échelle pour l'artillerie de la Monarchie hispanique. Après la bataille de Lépante (1571) et la perte de Tunis (1574), les intérêts géopolitiques de Philippe II basculèrent de la Méditerranée vers l'Atlantique[28]. La protection du trafic croissant avec l'Amérique, l'acquisition du Portugal et des Açores, la guerre contre les provinces rebelles des Pays-Bas et l'Angleterre, ces différents engagements rendirent nécessaire la mise en place de grandes flottes de guerre constituées de navires particulièrement demandeurs en artilleurs. Le premier chapitre visera donc à cerner l'ampleur de ce changement et à le quantifier.

Le second chapitre tâchera de montrer que cette même période vit la construction de structures transversales d'administration de l'artillerie. Il s'agira de comprendre la relation complexe qu'entretint le centre de pouvoir madrilène avec l'artillerie des différents territoires de ce qui était alors une monarchie composite caractérisée par une forte fragmentation politico-juridique[29]. Les artilleurs et leurs capitaines seront ainsi présentés comme les principaux agents locaux du renforcement du pouvoir central. Ce chapitre mettra en évidence la capacité acquise par cette structure à gérer et faire circuler les hommes et le matériel en dépit du caractère fragmenté de cet État composite. Cependant, il révèlera aussi de grandes disparités quant à l'intégration de certains territoires.

Les besoins exponentiels de la Monarchie en artilleurs combinés au développement d'une structure d'administration royale de l'artillerie générèrent de nombreuses opportunités d'emplois pour des centaines d'individus. Le troisième chapitre essaiera de cerner les profils, les carrières et le statut socio-économique des artilleurs qui choisirent de servir le roi

28 Il s'agit du fameux tournant atlantique identifié par Braudel, Fernand, *La Méditerranée et le monde méditerranéen à l'époque de Philippe II – Tome 2*, Paris, Armand Colin, 1976, p. 460.

29 Koenigsberger, Helmut, « Dominium Regale or Dominium Politicum et Regale : Monarchies and Parliaments in Early Modern Europe », dans *Politicians and Virtuosi. Essays in Early Modern History*, Londres ; Ronceverte, The Hambledon Press, 1986, p. 1-26. Elliott, John H., « A Europe of Composite Monarchies », *Past and Present*, vol. 137, 1992, p. 48-71.

d'Espagne. À partir de données sérielles de type prosopographique, je propose de dresser un portrait détaillé de ce groupe socioprofessionnel méconnu. L'artilleur apparaîtra sous les traits d'un technicien militaire relativement humble, généralement issu des professions de marin, de soldat ou d'artisan et évoluant dans un milieu très cosmopolite, la Monarchie hispanique recourant massivement à des mercenaires venant des quatre coins de l'Europe.

Après ces trois premiers chapitres précisant le cadre général de l'analyse et caractérisant la relation entre la Monarchie et les artilleurs, une seconde partie s'attachera à l'étude des systèmes de formation. L'augmentation importante des besoins en artilleurs engendra en effet la création de centres de formation à l'artillerie. À travers une étude de cas située à Séville, un premier chapitre cherchera à saisir en détail le fonctionnement d'une école d'artilleurs, les pratiques d'enseignement en jeu et les profils des enseignants et des apprentis. Un second chapitre mettra en perspective cette étude de cas, révélant le vaste réseau d'écoles d'artilleurs qui se développa au sein des divers États de la Monarchie hispanique, ainsi que la source d'inspiration vénitienne de ce type d'institutions. Soulignant l'importance de la pratique de l'examen théorique pour devenir artilleur, cette partie insistera sur le rôle prépondérant qu'acquirent les connaissances formalisées en tant qu'indicateurs des compétences techniques d'un individu.

La troisième partie complétera ce tableau en s'intéressant aux savoirs formalisés et à leurs liens avec l'émergence des centres de formation à l'artillerie. Un premier chapitre montrera comment, à partir du milieu du XVIe siècle, grâce à la publication et à la circulation de livres imprimés, un champ de savoir sur l'artillerie se construisit avec ses autorités et ses grands thèmes récurrents. Cette littérature technique proposa aux contemporains d'appliquer l'arithmétique, la géométrie et la philosophie naturelle aux diverses problématiques du tir au canon. Le second chapitre s'interrogera sur la relation entre la publication de ces traités et l'émergence des écoles d'artilleurs. Il démontrera que ces livres furent pour la plupart rédigés par des individus impliqués dans l'enseignement, dans le but de servir de manuels aux apprentis. En comparant le contenu de ces imprimés aux programmes des écoles d'artilleurs et en analysant les notes manuscrites laissées par divers lecteurs en marge de certains exemplaires, ce dernier chapitre explicitera le fonctionnement du duo livre-école et apportera les derniers éléments permettant de saisir dans toute sa complexité le système articulant guerre, savoirs techniques et État à la fin du XVIe siècle.

Plusieurs institutions ont contribué au développement de cette étude sur les artilleurs et la Monarchie hispanique. À l'origine se trouvent mes recherches sur les traités d'artillerie menées lors de mon master à l'EHESS et au centre Alexandre Koyré. La structure du projet, les principaux arguments et les recherches en archives sont le fruit d'une thèse réalisée à l'Institut Universitaire Européen de Florence (Italie). La Casa de Velázquez, à Madrid, a permis la réalisation du travail d'analyse des notes manuscrites présenté dans le dernier chapitre.

Enfin, ces recherches sont infiniment redevables à plusieurs personnalités scientifiques qui, par leurs conseils et leurs suggestions, ont su guider et orienter ce projet, parmi lesquelles je tiens à remercier plus particulièrement Luca Molà, Pascal Brioist, Jorge Flores, Bartolomé Yun Casalilla, Rafael Mandressi, Antonella Romano, Liliane Hilaire-Pérez, Michèle Virol, Irina Gouzevitch et Hervé Drévillon.

PREMIÈRE PARTIE

LES ARTILLEURS ET LES STRUCTURES DE LA MONARCHIE HISPANIQUE

LES ARTILLEURS À L'ÉCHELLE DE L'EMPIRE

Un saut quantitatif

Y así entiendo, por haverlo visto, la mucha falta que ay de artilleros para las armadas de Vuestra Magestad[1].
Le duc de Medina Sidonia, Sanlúcar de Barrameda, 1590.

INTRODUCTION

Le « grand manque » d'artilleurs que le duc de Medina Sidonia dénonce à Philippe II dans la citation précédente est exprimé de manière récurrente dans la documentation du conseil de guerre du roi d'Espagne. Ainsi, à cette même date, en 1590, Pedro López de Soto, contrôleur de l'artillerie de Galice, faisait une remarque semblable à propos des côtes nord de l'Espagne[2]. La Monarchie avait alors désespérément besoin de techniciens capables d'utiliser les canons et autres pièces d'artillerie de ses flottes et de ses forteresses. La fréquence de ce type de discours a d'ailleurs conduit l'historien des techniques David Goodman à parler d'une véritable « pénurie » d'hommes qualifiés à l'époque de Philippe II[3]. Or si le manque chronique d'artilleurs apparaît évident, les raisons en sont, quant à elles, plus obscures. En réalité, aucune étude ne s'est intéressée sérieusement aux besoins en artilleurs de la Monarchie hispanique. Ce

1 AGS GYM, leg. 280/228 (16/01/1590). « Et ainsi je comprends, pour l'avoir vu de mes yeux, le grand manque qu'il y a d'artilleurs pour les armadas de Votre Majesté. »

2 AGS GYM, leg. 281/32 (07/02/1590).

3 Goodman, David C., *Power and Penury : Government, Technology and Science in Philip II's Spain*, Cambridge, Cambridge University Press, 1988.

premier chapitre va donc s'interroger sur les effectifs d'artilleurs et leur évolution dans le temps afin de combler une lacune indispensable à la construction du cadre de cette étude sur les artilleurs. À partir d'un travail statistique sur les documents comptables de l'administration militaire espagnole, il tâchera de cerner les ordres de grandeur, d'identifier les principaux espaces de service de ces techniciens de la guerre. Ce faisant, il mettra en évidence la force majeure de transformation des besoins en artilleurs de l'empire espagnol : l'important saut quantitatif engendré par le développement des flottes atlantiques dans les dernières décennies du XVIe siècle. Cependant, avant d'entrer dans les détails de cette analyse, un détour par l'historiographie et la description des sources paraît nécessaire.

LES ARTILLEURS, GRANDS ABSENTS DU DÉBAT SUR LA RÉVOLUTION MILITAIRE

Depuis la conférence donnée en 1956 par Michael Roberts[4] et plus encore depuis le livre de Geoffrey Parker[5], le concept de « révolution militaire » n'a cessé d'être au cœur des débats des historiens militaires. Bien qu'elle soit constituée d'une multitude de narrations différentes, la révolution militaire renvoie généralement à l'idée que, entre les XVe et XVIIe siècles, d'importantes transformations des technologies et tactiques militaires en Europe de l'ouest ont eu un impact déterminant sur l'évolution des sociétés occidentales, la construction des États modernes et la constitution des empires coloniaux[6]. Or, le récit de Parker, celui

---

4 Roberts, Michael, *The Military Revolution, 1560-1660, op. cit.*

5 Parker, Geoffrey, *The Military Revolution, op. cit.*

6 Pour une présentation du débat autour de la révolution militaire, voir Rogers, Clifford J. (éd.), *The Military Revolution Debate, op. cit.* Un autre auteur très influent : Black, Jeremy, *A Military Revolution ? op. cit.* Pour l'impact de la révolution militaire sur la construction de l'État moderne, voir l'ouvrage particulièrement influent de Tilly, Charles, *Coercion, Capital and European States, AD 990-1992, op. cit.* Pour l'impact de la révolution militaire en histoire globale et coloniale, voir : Andrade, Tonio, *The Gunpowder Age. China, Military Innovation, and the Rise of the West in World History*, Princeton (N.J.), Princeton University Press, 2016. Hoffman, Philip T., *Why did Europe Conquer the World ?*, Princeton (N.J.), Princeton University Press, 2015. Andrade, Tonio, « Was the European Sailing Ship a Key Technology of European Expansion ? Evidence from East Asia », *International Journal of Maritime History*, vol. 23, n° 2, 2011, p. 17-40. Les relations entre transformations militaires et sociales ont fait l'objet de travaux antérieurs au livre de Parker : Hale, John R., *War and Society in Renaissance Europe : 1450-1620*, Leicester, Leicester University Press, 1985. Il en va de même pour

qui a connu la plus grande postérité, fait la part belle aux canons. Après deux cents ans d'évolution aux XIVe et XVe siècles, la technologie du canon, arrivée à maturité au début du XVIe siècle, transforma l'architecture militaire et modifia de manière décisive l'échelle de la guerre. Rapidement, les principaux belligérants furent les seuls États capables de produire de l'artillerie lourde, de construire les coûteuses forteresses à bastions et de mobiliser des dizaines de milliers de fantassins pour s'emparer des forteresses des États concurrents. Le développement, dans le courant du XVIe siècle, de flottes équipées d'artillerie, ne fit qu'accentuer ce phénomène.

Dans bon nombre de récits des historiens militaires, comme dans celui de Parker, l'avènement du canon moderne constitue l'un des principaux éléments déclencheurs des transformations vers la modernité. Or, l'historiographie situe assez précisément cette innovation. En 1494, l'artillerie du roi de France Charles VIII envahissant l'Italie représente, pour beaucoup d'historiens, le premier exemple d'artillerie moderne[7]. Près de deux siècles après son invention, le canon aurait pris sa forme définitive au début des guerres d'Italie (1494-1559) ne subissant que de légères modifications durant les siècles suivants. Ainsi au milieu du XIXe siècle, Louis-Napoléon Bonaparte, grand amateur de canons anciens, et le capitaine d'artillerie Ildefonse Favé écrivaient que :

> les progrès réalisés par l'artillerie pendant la seconde moitié du XVe siècle ont eu plus d'importance que tous ceux qu'elle a faits dans les trois cent soixante ans qui se sont écoulés depuis[8].

Ce constat d'une relative fixité des caractéristiques techniques du canon après 1500 a encouragé les historiens militaires à focaliser leur attention sur le moment de basculement, de transformation de la bombarde médiévale vers le canon moderne dans le courant du XVe siècle[9].

---

l'impact des canons sur le développement des empires : Carlo M. Cipolla, *Guns, Sails and Empires*, *op. cit.*

7 Parker, Geoffrey, *The Military Revolution*, *op. cit.*, p. 10.

8 Favé, Ildefonse, Bonaparte, Louis-Napoléon, *Études sur le passé et l'avenir de l'artillerie. Volume III*, Paris, J. Dumaine, 1862, p. 216.

9 Voir l'abondante littérature sur l'artillerie du XVe siècle : Rogers, Clifford J., « The Military Revolution in the Hundred Years War », dans *The Military Revolution Debate*, *op. cit.*, p. 55-94. Hall, Bert S., *Weapons and Warfare in Renaissance Europe : Gunpowder, Technology, and Tactics*, Baltimore, Johns Hopkins University Press, 1997. DeVries, Kelly

Bien que très intéressante et tout à fait justifiée, cette focalisation sur l'artillerie du XVᵉ siècle s'est faite au prix d'un certain désintérêt des historiens pour l'artillerie des décennies suivantes, en particulier de la seconde moitié du XVIᵉ siècle.

L'artillerie n'est pourtant pas absente des narrations des historiens militaires du XVIᵉ siècle, elle passe simplement au second plan. L'intérêt de l'historiographie s'est notamment porté sur les innovations techniques résultant de l'émergence du canon moderne, telles que les fortifications à bastions[10]. De même, le canon progressivement intégré aux galères est présenté par Guilmartin comme un élément essentiel du combat naval dans la Méditerranée du XVIᵉ siècle[11]. Les études portant sur les affrontements atlantiques insistent également sur l'importance de l'artillerie embarquée, preuves archéologiques à la clé[12]. Néanmoins aucun historien n'a récemment tenté d'offrir une synthèse de l'artillerie à l'échelle d'un grand État, portant à la fois sur ses forteresses et ses flottes. Le dernier ouvrage en date concernant l'artillerie de la Monarchie hispanique est celui de Jorge Vigón[13], du milieu du XXᵉ siècle, lacunaire dans le travail des sources – car s'appuyant uniquement sur des écrits d'historiens militaires du XIXᵉ siècle – et centré sur l'« Espagne » et ses colonies américaines, ignorant les nombreux autres territoires européens des Habsbourg. Les études s'intéressant à l'appareil militaire espagnol mettent en évidence, quant à elles, les conséquences du changement

R., *Guns and Men in Medieval Europe, 1200-1500 : Studies in Military History and Technology*, Aldershot, Ashgate/Variorum, 2002. Crouy-Chanel, Emmanuel de, « Le canon jusqu'au milieu du XVIᵉ siècle : France, Bretagne et Pays-Bas bourguignons », thèse défendue à l'université Paris 1 (Panthéon – La Sorbonne), 2014. Cobos Guerra, Fernando, *La artillería de los Reyes Católicos*, Valladolid, Junta de Castilla y León, Consejería de Cultura y Turismo, 2004.

10 Prouteau Nicolas, Crouy-Chanel, Emmanuel de, Faucherre, Nicolas (éd.), *Artillerie et fortification, 1200-1600*, *op. cit.* Parker, Geoffrey, « The Artillery Fortress as an Engine of European Overseas Expansion, 1480-1750 », *op. cit.* Duffy, Christopher, *Siege Warfare*, *op. cit.* Pepper, Simon, Adams, Nicholas, *Firearms & Fortifications*, *op. cit.*

11 Guilmartin, John F., *Gunpowder and Galleys*, *op. cit.*

12 Hildred, Alexzandra, *The Archeology of the Mary Rose Vol. 3 : Weapons of warre – the Armaments of the Mary Rose*, Portsmouth, The Mary Rose Trust ltd., 2011. Témoignage d'une collaboration fructueuse entre historien et archéologue, l'ouvrage de Parker et Martin sur la Grande Armada de 1588 explique la défaite espagnole par l'infériorité de son artillerie. Voir Martin, Colin, Parker, Geoffrey, *The Spanish Armada*, New York ; Londres, W.W. Norton & Co., 1988.

13 Vigón, Jorge, *Historia de la Artillería Española*, Madrid, Consejo Superior de Investigaciones Científicas, Instituto Jerónimo Zurita, 1947.

d'échelle de la guerre, à cette époque, sur l'administration militaire castillane, l'accroissement des effectifs de l'infanterie et la professionnalisation du commandement[14].

Or l'un des principaux arguments de ce livre est de montrer que, même si les caractéristiques techniques de l'artillerie demeurèrent relativement stables au XVIe siècle, les systèmes encadrant son utilisation furent quant à eux l'objet de profondes mutations du fait du changement d'échelle de la guerre. Notamment, le développement de fortifications plus gourmandes en artillerie et la mise en place de flottes de guerre armées de canons augmenta considérablement les besoins en artillerie de la Monarchie hispanique. Pour le dire autrement, après le saut qualitatif important que connut le canon au XVe siècle, il s'agit maintenant d'étudier le saut quantitatif considérable qui résulta de la généralisation de son emploi dans les grands dispositifs de combat de l'époque moderne. De l'objet et de l'innovation technique, la focale passe au système et à l'innovation administrative et sociale. Par conséquent, cette étude met davantage l'accent sur les hommes que sur le matériel.

Il faut par ailleurs remarquer que, si l'historiographie de la révolution militaire a fait la part belle à l'artillerie, les artilleurs, c'est-à-dire les individus servant les canons, ont, eux, été très peu étudiés. Les rares publications les concernant portent sur cette fameuse période de l'avènement du canon moderne au tournant des XVe et XVIe siècles[15]. Aucune des grandes études citées précédemment sur l'appareil militaire de la Monarchie hispanique ne leur dédie plus de quelques lignes. On ne sait donc quasiment rien d'eux. Pourtant, comme semblent le montrer les citations en introduction de ce chapitre, disposer de ces techniciens militaires en nombre suffisant a représenté un considérable défi pour

14 Parker, Geoffrey, *The Army of Flanders and the Spanish Road, 1567-1659 : the Logistics of Spanish Victory and Defeat in the Low Countries' Wars*, Cambridge, Cambridge University Press, 1972. Quatrefages, René, *Los tercios españoles (1567-1577)*, Madrid, Fundación Universitaria Española, 1979. Thompson, I.A.A., *War and Government in Habsburg Spain, 1560-1620*, Londres, Athlone Press, 1976. González de León, Fernando, *The Road to Rocroi*, *op. cit.*

15 Benoit, Paul, « Artisans ou combattants ? Les canonniers dans le royaume de France à la fin du Moyen Âge », *Actes des congrès de la Société des historiens médiévistes de l'enseignement supérieur public*, vol. 18, n° 1, 1987, p. 287-296. Contamine, Philippe, « L'artillerie royale française à la veille des guerres d'Italie », *Annales de Bretagne*, Tome 71, n° 2, 1964, p. 221-261. Ladero Galán, Aurora, « Artilleros y artillería de los Reyes Católicos (1495-1510) » *op. cit.*

les États du XVIe siècle. Par conséquent, l'objectif de ce premier chapitre sera de pallier ce manque en dressant une cartographie générale de l'évolution des besoins en artilleurs à l'échelle de la Monarchie hispanique.

QUELLES SOURCES POUR CONNAÎTRE LES EFFECTIFS D'ARTILLEURS ?

Le projet de reconstruire l'évolution des besoins en artilleurs de la Monarchie hispanique peut paraître ambitieux à l'excès. Il est néanmoins rendu possible par la mise en série de certains types de documents émanant de l'administration militaire espagnole. Notons d'ailleurs que l'échelle d'analyse choisie, « l'empire espagnol », n'est que partiellement fabriquée par l'historien. Comme le montrera plus en détail le second chapitre, cette échelle existe, dans une certaine mesure, du fait du caractère relativement centralisé de l'administration de l'artillerie : l'essentiel du travail exposé ici a été réalisé à partir des documents des archives de Simancas et *Indias*, c'est-à-dire à partir des informations convergeant vers les grands centres administratifs de l'empire – Madrid et Séville.

La source idéale de renseignement sur les effectifs d'artilleurs est le document comptable listant les artilleurs d'une place forte ou d'un navire ayant servi sur une période donnée. On trouve ce type de documents dans les sections *contaduría mayor de cuentas* et *contaduría del sueldo* des archives de Simancas. Ils y restent néanmoins très rares et difficiles à trouver dans ces sections qui sont parmi les plus volumineuses de *Simancas*. On les rencontre en revanche beaucoup plus fréquemment dans la section *contratación* de l'*archivo de Indias*, dans les séries *papeles de armada*[16] *et cuentas de maestres*[17]. Ces séries sont issues des comptes de navires affrétés par la Monarchie au sein des convois reliant l'Andalousie à l'Amérique, ce qui explique l'abondance d'informations dont cette étude dispose sur les forces navales. Ces listes présentent généralement l'ensemble des individus servant dans une place forte ou sur un bateau. En plus d'inclure souvent une description physique et un lieu de naissance, elles associent à chaque individu une fonction : piquier, arquebusier, sergent, porte-étendard, marin,

16 Série AGI CT leg. 29XX.
17 Série AGI CT leg. 39XX.

matelot, chirurgien etc. Les hommes maniant les pièces d'artillerie sont aisément reconnaissables dans ces listes car ils sont identifiés par le terme *artillero* – le spécialiste de l'artillerie. Avant les années 1580, l'ancien terme de *lombardero* – le spécialiste des bombardes – apparaît également quelquefois. Souvent ces hommes étaient sous le commandement d'une sorte de caporal appelé *condestable* sur les navires, *cabo de artilleros* ou *cabo maestro* dans les garnisons. Ainsi, la relative rigueur employée par ces documents dans la désignation des artilleurs permet d'obtenir précisément leur nombre, les listes étant même mises à jour régulièrement à chaque montre. Ces documents souffrent néanmoins d'un inconvénient majeur vis-à-vis de l'objectif macroscopique de ce chapitre puisqu'ils ne portent généralement que sur une place forte ou un navire en particulier.

Les documents comptables peuvent être complétés par d'autres documents administratifs, notamment la correspondance du conseil de guerre (section *guerra y marina* des archives de Simancas). Les officiers locaux envoyaient en effet régulièrement au conseil de guerre des rapports sur la situation d'une forteresse ou d'un navire, dans lesquels ils faisaient mention du nombre d'artilleurs présents. Mieux encore, ces rapports concernaient parfois des listes d'effectifs de toute une région ou de tout un escadron de navires. On voit alors y figurer le nom de chaque navire et les effectifs de l'équipage souvent divisé en grandes catégories telles que marins, officiers, soldats et *artilleros*. Ces documents sont conçus comme des aides à la gestion, permettant aux membres du conseil de guerre de gouverner à grande échelle les armées du roi. Ils sont sans doute moins précis que les documents comptables, mais ils présentent l'énorme avantage d'offrir une vision élargie des effectifs d'artilleurs à un moment donné. En outre, étant donné que leur but était de fournir un rapport le plus complet possible sur une situation donnée, ces documents informent bien souvent aussi sur le nombre de pièces d'artillerie, parfois le type de pièces et fournissent d'autres caractéristiques techniques telles que le volume des navires. Il est par conséquent possible d'établir des ratios entre la quantité d'artillerie, le type de places fortes ou de navires et les effectifs d'artilleurs.

Or, établir ce type de rapports numériques permet de construire de plus larges estimations. En effet, les sources évoquant directement les effectifs d'artilleurs ne sont pas suffisantes pour obtenir une vision complète à l'échelle de la Monarchie hispanique. En revanche, à partir de la documentation du conseil de guerre, des documents comptables et de la littérature secondaire, il est possible d'obtenir des informations sur le nombre de forteresses des différents territoires, le nombre de navires des différentes armadas, leur taille ou encore leur artillerie. En combinant ces différentes données quantitatives, on peut ainsi réaliser des projections du nombre d'artilleurs dans les différents territoires et flottes de la Monarchie. Les estimations obtenues et leur méthode de calcul seront explicitées au cas par cas dans la suite de ce chapitre. Je tâcherai d'analyser les principaux grands dispositifs de combat sur terre puis sur mer dans une perspective diachronique. Les résultats donnés sur les effectifs d'artilleurs seront bien entendu critiquables car relativement imprécis. Néanmoins, malgré ces imprécisions, la méthode se justifie par les considérables écarts d'ordres de grandeur qu'elle mettra en évidence. L'essentiel de l'argument de ce chapitre est de démontrer que les artilleurs présents dans un train d'artillerie ne dépassent pas quelques dizaines, tandis que les artilleurs servant dans les garnisons d'un État se calculent en centaines et que, suite au développement des flottes atlantiques, les artilleurs engagés sur mer finissent par se compter en milliers.

LES PIÈCES D'ARTILLERIE DE LA MONARCHIE HISPANIQUE

Avant de s'intéresser aux grands dispositifs de combat que furent les forteresses, les galères ou encore les galions, il semble important de traiter brièvement de l'objet matériel à la base de leur armement, élément essentiel à l'activité des artilleurs : la pièce d'artillerie. Comme cela a été dit précédemment, contrairement à la plupart des études sur l'artillerie qui ont placé le canon au centre de leur attention, ce travail propose de déplacer la focale vers les individus l'utilisant. Il n'en reste pas moins important de caractériser, au moins brièvement, l'artillerie de la seconde moitié du XVIe siècle qui se trouve dans les forteresses et les flottes de l'analyse à venir. Quelles étaient donc les pièces d'artillerie en usage à l'époque étudiée[18] ?

UNE GRANDE DIVERSITÉ DE PIÈCES

Le parc d'artillerie de la Monarchie hispanique se caractérisait, encore au XVIe siècle, par une grande diversité de pièces. L'artillerie moderne qui se répandit en Europe à la fin du XVe siècle correspondait à un certain modèle : il s'agissait de pièces fabriquées en bronze, montées sur affût de bois à deux roues et tirant des boulets de fer, voire de plomb pour les versions les plus petites. Néanmoins cet avènement du canon moderne ne mit pas un terme à la prolifération de différents types de pièces, bien au contraire[19]. Malgré les tentatives de standardisation de l'artillerie des années 1540[20], il est clair que les auteurs de traités d'artillerie de la fin du XVIe siècle avaient encore à faire face à une profusion de modèles différents[21]. Comme l'a récemment montré Emmanuel de Crouy-Chanel, toute une nomenclature importée de France se diffusa en Europe du sud dès les premières années des guerres d'Italie[22]. Différents noms s'appliquaient à différentes pièces d'artillerie selon leurs caractéristiques techniques particulières, au premier chef desquelles figuraient le calibre, c'est-à-dire le diamètre interne déterminant le poids du boulet qu'était capable de tirer la pièce, ainsi que le rapport entre ce diamètre et la longueur de la volée ou de l'âme – l'intérieur du tube du canon. Il faut noter que ces paramètres, repris par les historiens, sont ceux qu'utilisaient les hommes de l'époque, comme le montre le schéma ci-dessous tiré du traité de Cristóbal Lechuga[23].

---

18 Cette partie s'appuie sur le traitement statistique d'une base de données contenant 1 151 entrées et des informations sur un total de 3 272 utilisées par la Monarchie hispanique entre 1560 et 1610. Cette base de données est consultable sur https://cadmus.eui.eu//handle/1814/68555.

19 Crouy-Chanel, Emmanuel de, « Le canon jusqu'au milieu du XVIe siècle », *op. cit.*, p. 293.

20 Vigón, Jorge, *Historia de la Artillería Española*, *op. cit.*, p. 247.

21 La classification des pièces est un aspect incontournable de la littérature technique sur l'artillerie. Voir par exemple Cataneo, Girolamo, *Avvertimenti et essamini intorno a quelle cose che richiede a un bombardiero*, Brescia, Thomaso Bozzola, 1567. Collado, Luis, *Plática manual de artillería en la qual se tracta de la excelencia de el arte militar y origen de ella*, Milan, Pablo Gotardo Poncio stampador de la Real Cámara, 1592. La palme de la plus grande diversité de pièces décrites revient à un ouvrage du début du XVIIe siècle décrivant plus de 100 pièces différentes, Ufano, Diego, *Tratado de la artillería y uso della platicado por el capitán Diego Ufano en las guerras de Flandes*, Bruxelles, Juan Momarte, 1612.

22 Crouy-Chanel, Emmanuel de « Le canon jusqu'au milieu du XVIe siècle », *op. cit.*, p. 255-256.

23 Lechuga, Cristóbal, *Discurso del Capitán Cristoval Lechuga en que trata de la artillería y de todo lo necessario a ella*, Milan, Marco Tulio Malatesta, 1611, p. 14.

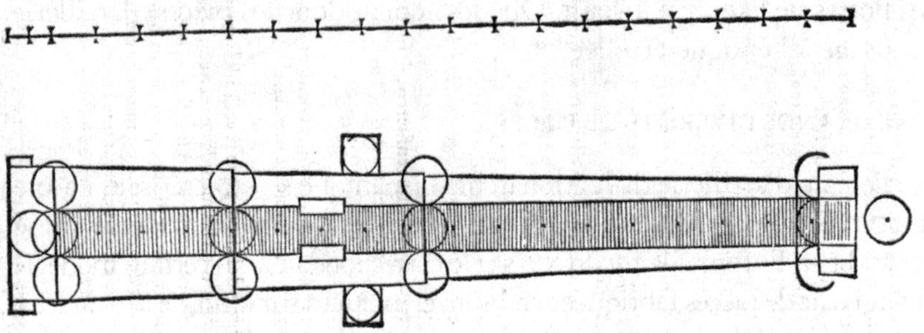

FIG. 1 – Anatomie d'un canon en coupe par Lechuga, *Discurso…*, Milan, 1611. Document appartenant aux collections de la bibliothèque de l'Académie d'artillerie de Ségovie.

À partir de ces différentes caractéristiques, la plupart des traités classaient ces armes selon trois grandes catégories. Celle des canons comprenait les grands canons en bronze utilisés pour battre les murailles ainsi que leurs déclinaisons plus petites telles que les demi-canons et quart-de-canons. Celle des couleuvrines rassemblait des pièces de tailles très diverses mais présentant la caractéristique commune d'avoir une forme bien plus allongée que celle des canons, censée augmenter leur portée et leur précision. Enfin celle des pierriers se distinguait par le matériau des projectiles tirés qui, au lieu d'être faits de métal, étaient taillés dans la pierre. Pour les dernières décennies du XVIe siècle, il faudrait ajouter à cette classification les pièces d'artillerie en fonte dont l'usage se développa en Europe du nord à cette période[24]. Or, ces différents modèles ne s'équivalaient ni en puissance, ni en usage.

Comment, alors, peut-on appréhender l'artillerie de la Monarchie hispanique dans sa diversité ? Il faut savoir que, dans la seconde moitié du XVIe siècle, l'administration militaire espagnole prenait soin de tenir régulièrement à jour des listes d'artillerie fournissant un certain nombre de caractéristiques techniques telles que le calibre, le poids ainsi que le modèle identifié par l'individu réalisant la liste. Relativement fréquentes, ces listes n'ont pu faire l'objet d'une analyse exhaustive dans ce travail avant tout centré sur les hommes. Néanmoins, une analyse partielle a été réalisée à partir d'un échantillon de 3 272 pièces d'artillerie afin de

24 Cipolla, Carlo M., *Guns, Sails and Empires*, *op. cit.*, p. 35-43.

mieux cerner à quoi correspondaient les différents modèles et quelles étaient les pièces les plus fréquentes[25]. Cet échantillon contient 75 % de pièces provenant de places fortes et 25 % de navires, ce qui constitue un certain biais de représentativité puisque, comme la suite de ce chapitre le montrera, les flottes furent autant sinon plus gourmandes en artillerie que les places fortes. Pour pallier ce manque, j'essaierai parfois de préciser les résultats concernant l'artillerie embarquée sur mer afin de voir si elle divergeait significativement de celle utilisée sur terre.

Enfin, quelques remarques générales s'imposent avant d'analyser plus en détail la nomenclature et les caractéristiques des pièces. D'abord, il faut insister sur la grande variabilité des calibres et des proportions des pièces. L'échantillon analysé rassemble une pléthore de noms différents renvoyant chacun à une diversité de caractéristiques techniques. Simple constat empirique : à la fin du XVIe siècle, l'artillerie de la Monarchie hispanique n'était absolument pas standardisée. Certes, il y eut quelques tentatives de normalisation de la production d'artillerie. Par exemple, à la fin de l'année 1574, des ordres furent envoyés de Madrid aux différents États italiens de la Monarchie afin d'y fabriquer 729 pièces d'artillerie selon des spécifications techniques communes[26]. De même, en 1589, le capitaine général de l'artillerie, don Juan de Acuña Vela, fournit au conseil de guerre des indications techniques pour différents types de pièces que la fonderie de Malaga devait suivre pour remplacer l'artillerie perdue par la Grande Armada de 1588[27]. Ces dernières spécifications eurent beau être respectées[28], elles répondaient plus à une logique de production par lot qu'à un véritable projet d'harmonisation des pièces à l'échelle de l'empire[29]. Une fois produites, les pièces restaient parfois en usage pendant plusieurs décennies. Entre temps, les spécifications techniques du lot suivant pouvaient changer. Dans l'exemple précédent, don Juan de Acuña Vela critiquait les caractéristiques techniques des pièces produites par son prédécesseur don Juan Manrique de Lara[30]. Or, bien

25 Voir la base de données consultable sur https://cadmus.eui.eu//handle/1814/68555.

26 AGS EST leg. 1142/175 et 187 (20/12/1574).

27 AGS GYM leg. 365/128 (21/01/1589).

28 AGS GYM leg. 365/179 (15/10/1592).

29 Voir les remarques de López Martín, Francisco Javier, *Esculturas para la guerra. La creación y evolución de la artillería hasta el siglo XVII*, Madrid, Ministerio de Defensa, CSIC, 2011, p. 363-364.

30 AGS GYM leg. 365/128 (21/01/1589).

que fabriquées dans les années 1560, ces pièces se trouvaient encore dans les inventaires d'artillerie de Santander et Cadix dans les années 1580[31].

En outre, l'artillerie circulait énormément, comme certains inventaires indiquant l'origine des pièces le prouvent. La complexité des historiques de constitution du parc d'artillerie apparaîtra plus clairement à travers un exemple. Ainsi, dans la forteresse de Ponta Delgada, sur l'île São Miguel aux Açores, on comptait 19 pièces d'artillerie en 1583[32]. Neuf d'entre elles avaient été fondues à Lisbonne tandis que les dix autres provenaient du navire *Catalina* qui, à son retour des Caraïbes en 1579, s'était échoué près de la forteresse. Parmi ces pièces, trois avaient été fabriquées en Allemagne, deux à Gênes, deux en Flandre, deux à Mexico et une à Malaga. Or, cet exemple n'a rien d'exceptionnel. Au contraire même, il est plutôt représentatif de la plupart des inventaires d'artillerie dans lesquels des pièces de la péninsule ibérique côtoient des canons turcs, des couleuvrines flamandes, des pièces légères siciliennes et des pièces en fonte venant d'Angleterre. De cette manière, les grands lots d'artillerie produits à Malaga, Lisbonne ou en Italie se retrouvaient disséminés aux quatre coins de l'empire, mélangés à des productions de multiples autres fonderies, ce qui explique la grande variabilité des caractéristiques techniques de l'échantillon.

Pour faire face à cette diversité de pièces, les hommes en charge de l'artillerie tâchaient d'attribuer à chaque pièce du parc d'artillerie le nom du modèle auquel ses caractéristiques techniques la rattachaient. Une longue et grande pièce tirant des boulets de 30 *lb.* avait toutes les chances de se faire appeler *culebrina*, tandis qu'une pièce plus ramassée, aux parois plus fines et tirant des boulets de pierre était clairement identifiée comme un *pedrero.* Toutefois, il faut remarquer que les noms génériques des différents modèles de pièces renvoyaient à une certaine diversité de réalités selon les individus qui les désignaient. En particulier les limites entre un type de pièce d'artillerie et un autre n'étaient pas toujours claires. De la famille des couleuvrines, c'est-à-dire des pièces allongées, le *sacre* (tirant en moyenne 6 *lb.*) était par exemple une petite version de la *media culebrina* (tirant en moyenne un peu plus de 10 *lb.*). Néanmoins, près de 20 % des occurrences de *sacres* sont attribuées à des pièces ayant entre 8 et 14 *lb.* de calibre tandis qu'un peu plus de 20 % des *medias culebrinas* de l'échantillon ont moins de

31 AGS GYM leg. 149/109 (Santander, 16/09/1583), AGI CT leg. 5108, sans num. (Cadix, 05/05/1586).

32 AGS GYM leg. 149/336 (18/09/1583).

8 *lb.* de calibre. Autrement dit, des pièces que certains considéraient comme de gros *sacres* étaient pour d'autres des *medias culebrinas*, ce qui n'aide pas l'historien à définir précisément les modèles de l'époque.

C'est la raison pour laquelle les résultats de l'analyse visent à la fois à fournir une idée de la norme, mais aussi de l'écart à la norme. En outre, plutôt que de suivre les classifications selon la nomenclature des trois catégories (canons, couleuvrines, pierriers) des traités d'artillerie, la présentation des résultats suivra la logique des caractéristiques techniques, des plus gros aux plus petits calibres, en réservant une dernière partie pour les pièces divergeant du modèle classique du canon moderne (pièce de bronze tirant des boulets de métal).

LES PIÈCES LOURDES ET MOYENNES

Le nom le plus commun parmi les pièces de gros calibres était celui de *cañon*, le canon. Avec 363 occurrences, les canons représentent environ 11 % de l'échantillon. En d'autres termes, ils sont parmi les pièces les plus répandues dans les inventaires d'artillerie. On les retrouve en défense des grandes places fortes à Naples[33], à Pampelune[34] ou encore à Perpignan[35]. Très rares sur les navires atlantiques, ils sont la pièce maîtresse des galères, mis en figure de proue et souvent désignés comme *cañon de crujia*[36]. Mais surtout, les canons sont l'arme de batterie par excellence, utilisée pour abattre les murs de forteresses. Chaque fois qu'une opération de siège est envisagée, les canons sont présents[37]. Il existait même des réserves de canons à Burgos, à Carthagène et à Lisbonne au cas où une opération de conquête serait nécessaire[38]. La plage de variation de calibre des canons

33 On compte 18 canons dans les différents châteaux de Naples, AGS EST leg. 1066/13 (1575).

34 Un inventaire de 1592 mentionne 15 canons pour Pampelune, AGS GYM leg. 365/125 (1592).

35 Pas moins de 30 canons à Perpignan en 1593, tandis que l'on craint une attaque française, AGS GYM leg. 378/1 (1593).

36 On trouve systématiquement un canon par galère dans les inventaires d'artillerie des galères. Voir par exemple AGS VG leg. 4. Cet armement semble commun à toutes les puissances navales méditerranéennes, selon Guilmartin, John F., *Gunpowder & Galleys*, *op. cit.*

37 Voir par exemple les préparatifs de l'invasion du Portugal en 1579-1580, AGS CMC 2ª epoca leg. 500. Des canons de batterie sont également embarqués dans la Grande Armada en prévision des sièges de châteaux dans le sud de l'Angleterre selon Martin, Colin, Parker, Geoffrey, *The Spanish Armada*, *op. cit.*, p. 41.

38 Ces réserves étaient chacune de 20 canons de 40 *lb.* Voir AGS GYM leg. 365/125 (1592).

est extrêmement large. Pour l'échantillon, elle s'étale de 18 à 150 *lb.* Néanmoins, la plupart des canons tiraient des boulets de 30 à 60 *lb.*, la moyenne tournant autour de 45 *lb.* (soit environ 20 kg), ce qui en faisait les pièces de plus gros calibres de l'époque, à l'exception des rarissimes *basiliscos*[39]. Les inventaires ne mentionnent jamais leur longueur mais, selon les auteurs de traités de l'époque, leur rapport longueur/calibre oscillait entre 18 et 20. Il s'agissait donc de pièces relativement courtes, utilisées pour leur puissance plus que pour leur précision.

L'autre modèle de pièces de gros calibre était celui de la *culebrina*, la couleuvrine. Comme pour les canons, la plage de variation des calibres de ces pièces est énorme, de 12 à 85 *lb.* La moyenne de calibre est toutefois bien inférieure à celle du canon : ces couleuvrines tiraient en moyenne des boulets de seulement 24 *lb.*, c'est-à-dire approximativement 11 kg. Il faut de plus noter qu'environ 20 % des *culebrinas* de l'échantillon avaient un calibre inférieur à 16 *lb.* D'un observateur à l'autre, ces petites couleuvrines auraient très bien pu être aussi identifiées comme des *medias culebrinas* car, on l'a dit, les limites des catégories n'étaient pas strictement définies. Malgré leur infériorité de calibre face au canon, les couleuvrines étaient les pièces les plus lourdes de l'époque, 70 *q.* en moyenne (environ 3,2 tonnes), contre 51 *q.* (2,3 tonnes) pour les canons. Ces armes étaient en effet presque deux fois plus longues que les canons, avec un rapport longueur/calibre oscillant entre 30 et 35[40]. Elles jouissaient pour cette raison d'une grande réputation de portée et de précision, redoutables par exemple, pour défendre l'entrée d'un port[41]. Néanmoins très lourdes, très chères et très gourmandes en poudre, les couleuvrines étaient des pièces relativement rares. Elles ne représentent que 2 % de l'échantillon et font très exceptionnellement partie de l'armement des navires.

Plutôt que les *culebrinas*, les pièces longues les plus courantes étaient en réalité les *medias culebrinas* ou demi-couleuvrines. Avec près de 500 occurrences, ces pièces sont d'ailleurs les plus nombreuses de l'échantillon. Elles étaient particulièrement fréquentes sur les navires, dont elles constituaient

39 Seulement deux exemplaires répertoriés dans l'échantillon, AGS EST leg. 1142/175 et 187 (1574).

40 C'est ce que rapportent la plupart des auteurs de traités. Le fait semble confirmé par quelques informations éparses : rapport de 30 pour une couleuvrine à Alghero en Sardaigne et 35 pour deux couleuvrines milanaises de la forteresse de Cagliari, AGS GYM leg. 88/43 (27/07/1578).

41 AGS GYM leg. 126/105 (09/05/1582).

souvent l'armement le plus lourd. Elles représentaient sans aucun doute un meilleur compromis que la *culebrina* entre puissance, portée, précision et coût. Leur calibre était relativement réduit, seulement 10,5 *lb.* en moyenne, soit près de 5 kg. Cependant, le graphe de répartition des calibres révèle qu'en fait, peu de *medias culebrinas* tiraient 10 ou 11 *lb.* de balle. Le terme de *medias culebrinas* semble plutôt s'être appliqué à deux classes d'armes légèrement différentes. Le sens principal et plus fréquent désignait des pièces moyennes autour de 12 ou 13 *lb.* de calibre, pesant un peu moins de deux tonnes (40 *q.*). Néanmoins, certains individus responsables des inventaires utilisaient la même expression pour identifier des pièces plus légères, de seulement 6 à 8 *lb.* de calibre, pesant un peu plus de 25 *q.* (près de 1,2 tonnes) qui auraient tout aussi bien pu être appelées *sacres*.

Parmi les pièces moyennes, l'alternative principale à la *media culebrina* était le *medio cañon* ou demi-canon. Pour un poids semblable, le demi-canon offrait un calibre deux fois plus lourd, avec une moyenne s'élevant à un peu plus de 20 *lb.*, soit un peu plus de 9 kg. Comme dans le cas de la demi-couleuvrine, ce chiffre moyen masque l'existence de deux types de *medios cañones*. La majorité d'entre eux étaient des pièces moyennes d'un calibre de 15 à 20 *lb.*, c'est-à-dire légèrement plus lourdes que la plupart des *medias culebrinas*. Néanmoins près d'un tiers de l'échantillon était constitué de pièces que l'on pourrait qualifier de « lourdes » dans la mesure où, avec un calibre de 25 à 28 *lb.*, elles venaient concurrencer la couleuvrine. Plus compact que la demi-couleuvrine avec un rapport longueur/calibre de 18 à 22[42], le demi-canon offrait sans doute des avantages de maniabilité en plus d'un calibre plus élevé. D'ailleurs, tout comme la demi-couleuvrine, on le trouve fréquemment parmi l'armement lourd des navires. Pourtant, le nombre légèrement inférieur de ses occurrences dans l'échantillon laisse penser qu'il était un peu moins utilisé que cette dernière.

Deux éléments invitent toutefois à réévaluer positivement la forte représentativité des armes de la famille des canons parmi les pièces d'artillerie moyennes. D'abord, il faut rappeler qu'environ 20 % des pièces désignées comme *medias culebrinas* étaient plutôt des pièces légères n'entrant pas en concurrence avec le demi-canon. Il est en outre nécessaire de mentionner l'existence d'un type supplémentaire d'artillerie moyenne, les *tercios cañones*

42 Rapport longueur/calibre de 18 dans le modèle proposé par don Juan de Acuña Vela pour la fonderie de Malaga, AGS GYM leg. 365/128 (1589). Rapport longueur/calibre de 22 pour 3 demi-canons de la forteresse d'Alghero en Sardaigne, AGS GYM leg. 88/43 (1578).

qui, du fait de leur faible nombre (seulement 28 occurrences trouvées) n'ont pas mérité ici un développement à part entière. Or, ce nom de *tercio cañon* est appliqué à des pièces compactes ayant entre 10 et 15 *lb.* de calibre. C'est-à-dire qu'il s'agissait, en d'autres termes, de petits *medios cañones*, bien plus rares, mais dont les caractéristiques techniques étaient également voisines des *medias culebrinas*. On peut faire la même remarque à propos des *quartos de cañones* (48 occurrences dans l'échantillon) dont les calibres variaient entre 9 et 13 *lb.*, valeurs très proches de celles des *medias culebrinas*, à la limite entre ce que j'ai appelé ici des pièces moyennes et la catégorie des pièces légères qu'il me reste à exposer.

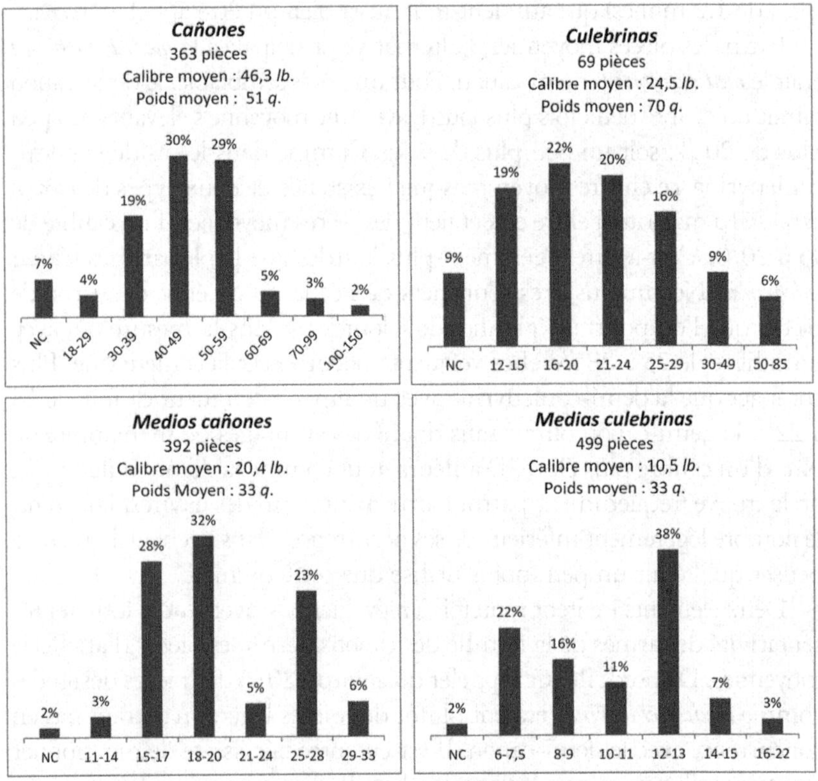

FIG. 2 – Répartition des calibres des principales pièces lourdes et moyennes (en *lb.*). Réalisé à partir de la base de données de l'auteur.

LES PIÈCES LÉGÈRES ET TRÈS LÉGÈRES

En-dessous de la catégorie des demi-canons et demi-couleuvrines, on trouve la catégorie des *sacres*. La plupart de ces pièces avaient un calibre compris entre 5 et 8 *lb.* (entre 2 et 3,5 kg) même si le nom de *sacre* était parfois attribué à des pièces de 9 à 14 *lb.* ressemblant plutôt à des *medias culebrinas* ou à des *quartos de cañones*. Leur forme était variable, entre les proportions d'un petit canon et celles d'une petite couleuvrine, puisqu'on trouve des rapports de longueur/calibre s'étalant de 22 à 32[43]. Représentant plus de 13 % de l'échantillon, ces pièces faisaient partie des plus fréquentes tant en défense de forteresses que sur les navires atlantiques et les galères. Ce chiffre pourrait d'ailleurs être plus élevé si on lui rajoutait la centaine de *medias culebrinas* de l'échantillon tirant entre 6 et 8 *lb.* de balle et ayant des caractéristiques techniques très semblables. Ces pièces d'artillerie constituaient véritablement la couche intermédiaire de l'armement, entre les puissants canons, demi-canons, demi-couleuvrines et les pièces très légères destinées au seul usage anti-personnel.

De nombreuses pièces d'artillerie de l'époque tiraient des boulets pesant moins de 5 *lb.*, c'est-à-dire moins de 2,3 kg. Dans l'échantillon analysé, ces pièces très légères représentent ainsi plus de 30 % des occurrences. Les plus grosses d'entre elles étaient généralement appelées *medios sacres*, demi-sacres, et tiraient en grande majorité entre 3 et 4,5 *lb.* de balle. Ces pièces étaient parmi les plus compactes des pièces légères, avec une longueur de l'ordre de 25 à 26 calibres[44]. Pour de semblables calibres, le vocable de *falcon* était parfois utilisé[45], renvoyant sans doute à des pièces légèrement plus longues que les *medios sacres*. Le nom de *falconete*, fauconneau, était quant à lui extrêmement fréquent (environ 15 % de l'échantillon). Il désignait des pièces de 2 à 3,5 *lb.* de calibre pesant un poids semblable à celui des *medios sacres* car plus longues bien que leur calibre fût légèrement inférieur[46].

---

43 Il y avait à Alghero en Sardaigne quatre sacres de 22 calibres de longueur, et six de 27. À Cagliari, on trouvait quatre sacres mesurant 30 calibres de long et un de 32. AGS GYM leg. 88/43 (1578).

44 Sept demi-sacres de 25 calibres de long et deux demi-sacres de 26 sont répertoriés dans l'inventaire de l'artillerie de Sardaigne. AGS GYM leg. 88/43 (1578).

45 L'emploi de ce terme est cependant très rare, seulement 13 occurrences dans l'échantillon de 3 272 pièces.

46 Le modèle de *falconete* proposé par don Juan de Acuña Vela pour la fonderie de Malaga mesure 33 calibres de long. AGS GYM leg. 365/128 (1589). Les auteurs de traités

Enfin, il faut mentionner les pièces d'artillerie extrêmement légères dont les boulets ne dépassaient pas 1 *lb.*, à peine quelques centaines de grammes. Le nom le plus courant pour les désigner est celui d'*esmeril*. Or, leur proportion dans l'échantillon (environ 10 %) n'est pas tout à fait représentative. En effet, dans certaines forteresses ces petites pièces pouvaient compter pour largement plus de la moitié de l'ensemble de l'artillerie[47]. Elles apparaissent souvent dans les inventaires avec leurs *camaras* (« chambres », sous-entendu « de combustion ») ce qui indique que bon nombre d'entre elles possédaient plusieurs culasses amovibles qui pouvaient être chargées en avance, améliorant ainsi la cadence de tir. Avec un calibre si léger, ces armes avaient une portée bien inférieure à celle des pièces lourdes et moyennes. Leur faible puissance les limitait strictement à un usage anti-personnel. Enfin, il faut noter que d'autres noms étaient donnés aux pièces d'artillerie de moins d'une livre de calibre. On les trouve parfois sous les termes de *medios falconetes*, de *versos*, ou plus fréquemment *mosquetes*. Ce dernier terme a été volontairement exclu de l'analyse car il prête à confusion. Son calibre très léger en fait une arme à la limite entre l'artillerie (montée sur affût) et les armes de tir individuelles telles que les arquebuses. Certains individus les classent parmi les inventaires d'artillerie et d'autres non et, par conséquent, elles ne relèvent pas vraiment du champ de compétence de l'*artillero*, mais plutôt de celui de l'*arcabuzero* (arquebusier) d'élite, parfois désigné comme *mosquetero* (mousquetaire).

---

d'artillerie évoquent tous des rapports de longueur/calibre de 30 à 36.

47 Sur l'enceinte de la ville de Brindisi, on comptait 30 *esmeriles* pour un total de 50 pièces d'artillerie, AGS EST leg. 1066/13 (1575). On en compte 32 sur les 43 pièces du fort de las Navas en Andalousie, AGS GYM leg. 365/132 (31/05/1589). Ils représentent 27 des 37 pièces du fort d'Oton, près de Setubal au Portugal, AGS GYM leg. 195/65 (19/05/1586).

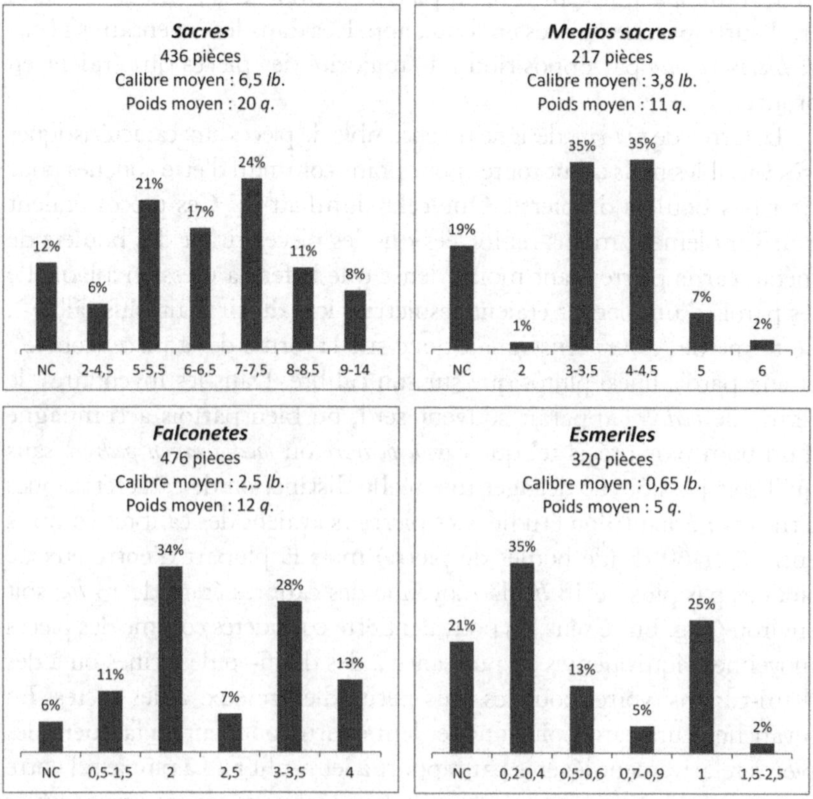

FIG. 3 – Répartition des calibres des principales pièces légères et très légères (en *lb.*). Réalisé à partir de la base de données de l'auteur.

LES PIERRIERS ET PIÈCES EN FONTE

La nomenclature précédente a porté sur les différentes déclinaisons de tailles et de formes de ce qui est communément considéré comme le canon moderne : des pièces en bronze tirant des boulets en métal. Ce type de pièces représentait certainement la grande majorité du parc d'artillerie de la Monarchie hispanique dans la seconde moitié du XVIe siècle. Néanmoins, environ 13 % de l'échantillon considéré comprend des pièces qui ne correspondent pas à cet archétype et qui sont assez communes pour mériter un court développement. Ces pièces sont, d'une part, les *pedreros*, ou pierriers, tirant des boulets de pierre et, d'autre part, les pièces en fonte, appelées dans les inventaires *piezas de hierro colado* par opposition à la majorité des pièces qui étaient en bronze.

Le terme de *pedreros* désigne un ensemble de pièces aux caractéristiques très variables mais ayant toutes pour point commun d'être conçues pour tirer des boulets de pierre. Que cela signifiait-il ? Ces pièces étaient tout simplement moins renforcées que les pièces tirant des boulets de métal, car la pierre étant moins dense que le fer, la pression à laquelle les parois d'un pierrier étaient assujetties lors du tir était plus faible[48]. Le terme de *pedrero* renseignait donc sur la forme de la pièce (courte[49] et aux parois fines) plutôt que sur son calibre. Dans les inventaires, le terme de *pedrero* apparaît souvent seul, ou bien parfois accompagné d'un nom plus précis tel que *cañon pedrero* ou *medio cañon pedrero* sans qu'il soit possible de dégager une réelle distinction de caractéristiques à travers l'échantillon étudié. Ces pierriers avaient des calibres compris entre 6 et 60 *lb.* (de boulet de pierre) mais la plupart d'entre eux ne tiraient pas plus de 18 *lb.*, la moyenne des calibres étant de 13 *lb.*, soit environ 6 kg. En ce sens, ils pouvaient être considérés comme des pièces moyennes, équivalentes en puissance à des demi-couleuvrines ou à des demi-canons, voire, pour les plus petits d'entre eux, à des sacres. En revanche, leurs parois plus fines et leur courte longueur en faisaient des pièces relativement légères par rapport à leur calibre. La plupart d'entre eux pesaient autant qu'un gros sacre, les plus petits étaient comparables à des *falconetes*.

Bien que minoritaires dans les inventaires du XVIe siècle, les pierriers étaient encore fort appréciés. Aussi en trouve-t-on fréquemment en défense des bastions de forteresses ainsi qu'en abondance sur les galères et les navires. D'ailleurs, la Monarchie hispanique en produisait encore en grand nombre à la fin du XVIe siècle[50]. L'ingénieur militaire et auteur

---

48 Crouy-Chanel, Emmanuel de, « Le canon jusqu'au milieu du XVIe siècle », *op. cit.*, p. 263 et suiv.

49 Les *pedreros* semblent avoir eu un rapport longueur/calibre de 12. Il en va ainsi du modèle de *medio cañon pedrero* de don Juan de Acuña Vela, AGS GYM leg. 365/128 (1589). De même les *pedreros* d'Alghero en Sardaigne mesuraient 12 calibres de long, AGS GYM leg. 88/43 (1578).

50 La fonderie de Malaga produisit ainsi 30 *medios cañones pedreros* de 12 *lb.* de calibre entre 1590 et 1592, AGS GYM leg. 365/179 (15/10/1592).

de traités Luis Collado indique qu'il s'agissait de pièces multifonctions, tirant des boulets de pierre mais aussi des boulets enflammés, des boulets doubles attachés par une chaîne ou encore de la mitraille pour blesser en masse à courte portée lors d'un assaut[51]. On trouve également dans les inventaires d'artillerie d'autres pièces tirant des pierres, notamment des *falconetes pedreros*, pièces assez rares tirant environ 3 *lb.* de calibre, ainsi que des *trabucos* et *morteretes*, des mortiers, pièces très courtes destinées aux tirs paraboliques verticaux au-dessus des murailles. Néanmoins, ces derniers sont extrêmement rares dans les listes d'artillerie, ils ne faisaient clairement pas partie des classiques des parcs d'artillerie de la fin du XVIe siècle.

Il en allait autrement d'un type d'artillerie émergeant dans la seconde moitié du XVIe siècle : les pièces en fonte. La fabrication de ces dernières se développa en Europe du nord à partir du milieu du XVIe siècle, en particulier en Angleterre[52] et en Flandre[53]. Le principal avantage de l'artillerie en fonte était son coût trois à quatre fois plus réduit que celui de l'artillerie en bronze[54]. C'est sans doute la raison pour laquelle on la trouvait en abondance sur les navires marchands. Ainsi, en 1602, sur un ensemble de 542 pièces d'artillerie appartenant à des navires marchands de la *carrera de Indias*, c'est-à-dire commerçant entre l'Andalousie et l'Amérique, on trouvait 439 pièces de fonte et seulement 103 pièces de bronze[55]. Les armateurs se plaignaient d'ailleurs des législations les obligeant à embarquer des pièces de bronze car ils jugeaient ces dernières hors de prix[56]. Cependant, à cette époque, les pièces en fonte étaient clairement des pièces de seconde catégorie auxquelles la Monarchie hispanique évitait de trop recourir.

---

51 Collado, Luis, *Plática manual de artillería*, *op. cit.*, fol. 53r et 111r.

52 Cipolla, Carlo M., *Guns, Sails and Empires*, *op. cit.*, p. 39.

53 De nombreux fondeurs de canons en fonte étaient installés à Liège et à Anvers. La Monarchie hispanique chercha d'ailleurs à en attirer en Espagne, AGS EST leg. 564/60 et 63 (23/07/1574).

54 Cipolla, Carlo M., *Guns, Sails and Empires*, *op. cit.*, p. 42. L'importance de l'Angleterre comme lieu de production de l'artillerie en fonte est confirmée par les inventaires qui mentionnent régulièrement l'origine anglaise de ce type de pièce. Voir AGS GYM leg. 149/18 (Cadix, 24/09/1583) et leg. 655/287 et 289 (Gibraltar, 1606).

55 L'*artillero mayor* Andrés Muñoz el Bueno, sur les tests de pièces d'artillerie de la *carrera de Indias*, AGI IG leg. 2007, sans num. (Séville, 16/01/1602).

56 Plainte de l'*universidad de mareantes* à la *casa de la contratación*, AGI IG leg. 2008 (Séville, c. 1605).

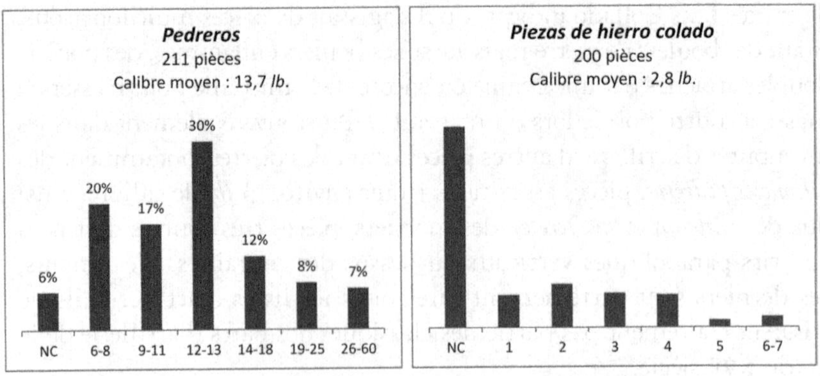

FIG. 4 – Répartition des calibres des pierriers et pièces de fonte (en *lb.*).
Réalisé à partir de la base de données de l'auteur.

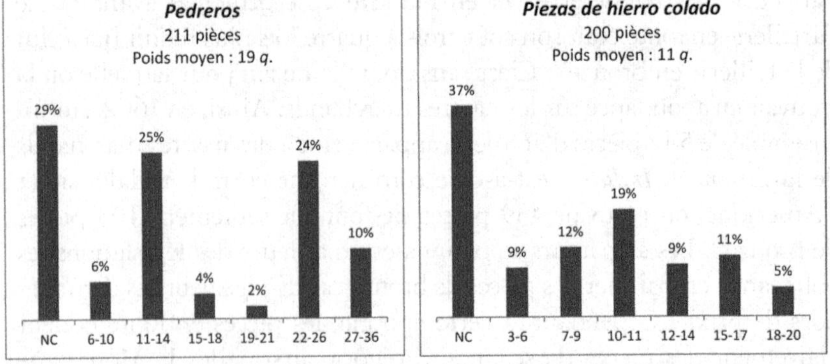

FIG. 5 – Répartition des poids des pierriers et pièces de fonte (en *q.*).
Réalisé à partir de la base de données de l'auteur.

Les pièces en fonte sont moins aisées à caractériser que les autres pièces car les inventaires sont souvent moins bavards à leur sujet. Ce fait pourrait d'ailleurs être un indice de plus de leur faible valeur aux yeux des contemporains. On les qualifie simplement de *piezas de hierro colado*, accompagnées la plupart du temps de leur poids, parfois de leur calibre. Néanmoins, les informations concernant les 200 pièces en fonte de l'échantillon permettent de mieux cerner leur nature. En fait, les *piezas de hierro colado* de l'époque étaient des pièces très légères, des équivalents en fonte des *falconetes*, *medios sacres* et *esmeriles*. Elles tiraient pour leur très grande majorité des boulets de fer pesant entre 1 et 4 *lb.*, c'est-à-dire moins de 2 kg. Autrement dit, si les pièces en fonte tendaient à remplacer partiellement les pièces très légères en bronze, elles ne concurrençaient absolument pas l'armement plus lourd, depuis les sacres et les demi-couleuvrines jusqu'aux demi-canons et canons.

LES ARTILLEURS AU SERVICE DU ROI SUR TERRE

Ces parcs d'artillerie composés de canons, demi-couleuvrines, sacres, fauconneaux, et autres pierriers étaient opérés par des techniciens, appelés *artilleros* en castillan, *artiglieri* ou *bombardieri* en italien, que j'ai choisi de traduire par le mot « artilleur » en français. Or, on l'a dit, le but de ce chapitre est de dresser une image générale de l'évolution de leurs effectifs dans la seconde moitié du XVIe siècle. Pour obtenir cette vision à grande échelle, il est nécessaire de reconstruire la relation entre les artilleurs, les pièces d'artillerie et les grands dispositifs de combat de l'époque. Pour ce faire, il a été choisi de diviser l'étude en deux grandes parties, la première d'entre elles dédiée aux artilleurs servant sur terre et la seconde aux artilleurs servant dans les flottes. Cette partie sur les artilleurs de terre sera guidée par trois grandes questions : quelle proportion d'artilleurs trouvait-on dans les différents dispositifs de combat terrestres ? Quel nombre d'artilleurs servaient-ils dans les différents territoires de la Monarchie hispanique ? Quelle a été l'évolution de ce nombre sur la période considérée ?

PRÉPONDÉRANCE DES PLACES FORTES SUR LES TRAINS D'ARTILLERIE

Il est possible de distinguer deux grands types de dispositifs de combat terrestres requérant de l'artillerie et, par conséquent, des artilleurs. Le premier type rassemble toutes les différentes structures défensives d'un territoire, c'est-à-dire les forteresses, petites places fortes et enceintes de ville à la charge de la Monarchie. L'autre type est son pendant offensif : le train d'artillerie accompagnant une armée en mouvement, prête à mettre le siège pour s'emparer des structures défensives adverses. Pour comprendre la répartition des artilleurs à plus grande échelle, il faut d'abord analyser plus en détail ces deux grands types de dispositifs de combat et tenter de cerner leurs besoins en artilleurs.

Le plus difficile à appréhender à partir des sources comptables est sans aucun doute le train d'artillerie mobile. Plusieurs raisons contribuent à expliquer ce fait. D'abord, le train d'artillerie revêtait un caractère temporaire ; il était assemblé à l'occasion d'une opération militaire, pour une durée limitée à la réalisation de l'objectif ou à l'interruption de l'opération. De plus, lors de ces opérations, la comptabilité des salaires des artilleurs n'était pas tenue de manière centralisée. Elle prenait comme unité de paiement non pas l'ensemble des artilleurs engagés pour servir le train d'artillerie mais les contrats passés par compagnie d'artilleurs. Ainsi, par exemple, pour l'armée d'invasion du Portugal en 1580, on a conservé les contrats passés avec 30 artilleurs venus de la garnison de Burgos[57]. De même, pour la conquête de l'île Terceira (Açores) en 1583, la Monarchie hispanique passa un contrat avec une compagnie de 48 artilleurs allemands commandés par le capitaine Baltasar Troyer, renvoyés chez eux, en 1584, une fois l'île sécurisée[58]. Ces contrats ne donnent qu'une vision partielle des effectifs des trains d'artillerie. Pour être en mesure de reconstituer précisément les effectifs d'artilleurs des trains mobiles à partir de tels documents, il faudrait retrouver l'ensemble des contrats passés avec les différents groupes d'artilleurs et avoir une garantie quant à leur exhaustivité.

Il existe néanmoins d'autres moyens d'obtenir une estimation du nombre d'artilleurs requis pour faire opérer un train d'artillerie. Par exemple, après la victoire de Lépante en 1571, le conseil de guerre espagnol discuta de l'éventualité d'une expédition pour s'emparer d'Alger l'année suivante. Des chiffres furent avancés, notamment la constitution d'un train d'artillerie de 117 pièces que 220 artilleurs étaient censés faire opérer[59]. L'expédition n'eut finalement pas lieu, mais l'exemple donne un ordre de grandeur, au moins théorique, du nombre d'artilleurs requis. Le haut commandement militaire castillan estimait ainsi qu'il fallait un peu moins de deux artilleurs par pièce pour mettre le siège devant une grande ville fortifiée. Un tel ratio peut paraître extrêmement faible si l'on se souvient des poids moyens des pièces

57 « *Asientos de 30 artilleros que por mandado de su Magestad y orden de Don Francés de Alava vinieron de Burgos a servir en este ejercito* », AGS CMC 2ª epoca, leg. 500 (03/11/1579).

58 AGS GYM leg. 162/105 (30/05/1584).

59 Vigón, Jorge, *Historia de la Artillería Española*, *op. cit.*, p. 147.

mis en évidence précédemment. Les pièces de batterie pesaient, rappelons-le, plusieurs tonnes. En fait, les *artilleros* représentaient uniquement le noyau de techniciens qualifiés du train d'artillerie. Pour l'opération d'Alger, le conseil de guerre prévoyait d'engager 4000 *gastadores* – des « pionniers » en français – afin de niveler les chemins, creuser les tranchées, aider au déplacement des pièces et assister les artilleurs.

D'autres ordres de grandeur du nombre d'artilleurs présents dans les trains d'artillerie peuvent être établis à partir de la littérature technique de l'époque. Ainsi, l'ingénieur militaire andalou Luis Collado préconisait l'emploi de deux artilleurs par canon, couleuvrine, demi-canon ou demi-couleuvrine[60]. Il ne dit rien concernant les pièces plus légères, pour lesquelles il fallait probablement compter moins d'artilleurs, mais on remarquera que ses estimations coïncident à peu près avec celles des plans de l'expédition d'Alger dressés par le conseil de guerre. Les chiffres donnés par le capitaine Cristóbal Lechuga, vétéran des guerres de Flandre, sont nettement plus élevés[61]. Il indiquait que, pour un fonctionnement optimal des pièces de batterie, deux artilleurs étaient insuffisants. Il préconisait cinq artilleurs et dix pionniers par canon, quatre artilleurs et sept pionniers par demi-canon et enfin trois artilleurs et quatre pionniers pour chaque quart-de-canon. Or, ces valeurs très importantes doivent certainement être comprises comme des recommandations d'un idéal vers lequel il aurait fallu tendre plutôt que comme la description d'une réalité. Les chiffres avancés par Collado et le conseil de guerre d'un peu moins de deux artilleurs par pièce sont une estimation plus réaliste.

Reste à savoir de combien de pièces pouvaient se composer un train d'artillerie. Il faut être conscient que les 117 pièces envisagées pour l'entreprise d'Alger en 1572 représentaient un train d'artillerie tout à fait exceptionnel pour l'époque. L'un des plus grands sièges du XVIe siècle, celui de Metz par les troupes de Charles Quint en 1552, mobilisa 114 pièces chez les assaillants[62]. Mais la plupart du temps, l'artillerie de siège ne dépassait pas quelques dizaines de pièces. Les trains d'artillerie de réserve conservés à Burgos, Lisbonne et Carthagène dans les années 1590 étaient

60 Collado, Luis, *Plática manual de artillería*, *op. cit.*, fol. 99v.

61 Lechuga, Cristóbal, *Discurso del Capitán Cristoval Lechuga en que trata de la artillería*, *op. cit.*, p. 191.

62 Arántegui y Sanz, José, *Apuntes históricos sobre la artillería española en la primera mitad del siglo XVI*, Madrid, imprenta del Cuerpo de artillería, 1891, p. 166. Vigón, Jorge, *Historia de la Artillería Española*, *op. cit.* p. 373.

constitués de 20 canons, huit demi-canons, quatre couleuvrines, huit demi-couleuvrines, 12 sacres et 12 fauconneaux, soit 64 pièces d'artillerie au total[63]. Les nombreux sièges des guerres de Flandre n'impliquaient que quelques dizaines de pièces au mieux. Selon Bernardino de Mendoza, témoin des faits, 14 pièces furent alignées devant Harlem en décembre 1572[64]. Un rapport fait état de 13 pièces lourdes et deux pièces légères utilisées pour le siège de Zierikzee en octobre 1575[65]. Quelques semaines plus tard, quatre canons, six demi-canons et une couleuvrine étaient alignés devant la ville de Bomel[66]. En 1596, les opérations de l'armée de Flandre dans le nord de la France mobilisèrent des ressources légèrement supérieures : les villes de Calais et d'Ardes furent prises avec un train d'artillerie de 30 pièces lourdes et 12 pièces légères[67]. La même année, le gouverneur de Milan fournit au duc de Savoie un train de 44 pièces dont 14 canons de batterie, afin de l'aider à récupérer certains territoires dont s'étaient emparés les hommes du capitaine Lesdiguières[68]. En d'autres termes, les trains d'artillerie de l'époque variaient d'une douzaine à une centaine de pièces selon l'ampleur de l'opération. En faisant l'hypothèse qu'il fallait compter environ deux artilleurs pour chaque pièce, un siège mobilisait entre 25 et 200 artilleurs selon sa taille. Or, même à la vaste échelle de la Monarchie hispanique, il y avait rarement plusieurs sièges simultanément. Le nombre total d'artilleurs mobilisés par le roi d'Espagne dans des opérations offensives à un instant donné dépassa donc rarement les 200 individus.

Les structures défensives étaient, à l'échelle de la Monarchie hispanique, autrement plus exigeantes en ressources. Contrairement aux trains mobiles qui engageaient des artilleurs pour une durée limitée, les places fortes requéraient une présence permanente d'artilleurs en garnison prêts à défendre en cas d'attaque.

Le cas du royaume de Naples constitue un excellent point de départ pour analyser la composition de ces garnisons. En 1575, le capitaine général de l'artillerie de cette vice-royauté fit dresser une liste de

63 AGS GYM leg. 365/125 (1592).

64 Mendoza, Bernardino de, *Comentarios de lo sucedido en las guerras de los Paises Baxos desde el año de 1567 hasta el de 1577*, Madrid, Pedro Madrigal, 1592, p. 177.

65 AGS EST leg. 564/123 (15/10/1575).

66 AGS EST leg. 564/134 (04/11/1575).

67 AGS EST leg. 615/4 (27/05/1596).

68 AGS EST leg. 1284/12 (fin de l'année 1596).

l'artillerie de toutes les places fortes du territoire[69]. Le royaume de Naples possédait en tout 69 forteresses, châteaux et villes fortifiées, armés d'un total de 1 179 pièces d'artillerie, un chiffre sans commune mesure avec les trains d'artillerie de l'époque. Néanmoins, la vice-royauté ne contrôlait sous administration directe que 32 places fortes représentant les lieux les plus stratégiques, les mieux défendus et les plus lourdement armés du royaume. Les autres fortifications étaient administrées par des autorités locales, seigneurs[70] ou villes[71]. Il s'agit d'une remarque importante : la moitié des places fortes et environ un tiers des pièces étaient aux mains d'acteurs privés et non de l'État. Ces derniers constituaient donc autant d'employeurs potentiels pour les artilleurs. Cependant, pour des raisons de dispersion des sources, mon étude doit les laisser de côté et se concentrer sur l'employeur principal : la Monarchie.

Données	Places fortes de la Monarchie	Places fortes d'acteurs privés
Nombre de places fortes	32	37
Nombre total de pièces	745	434
Pièces lourdes (>20 *lb.*)	14 %	4,8 %
Pièces moyennes (10-19 *lb.*)	7,7 %	9 %
Pièces légères (6-9 *lb.*)	10,6 %	13,6 %
Pièces très légères (1,5- 5 *lb.*)	21,6 %	24,7 %
Pièces semi-portatives (<1 *lb.*)	35,8 %	36,6 %
Pedreros	8,7 %	5,5 %
Nombre de pièces/place forte (moyenne)	23	12
Nombre total d'*artilleros*	120	Inconnu
Nombre de pièces/artilleur (moyenne)	8,2	Inconnu

FIG. 6 – Inventaire d'artillerie du royaume de Naples (janvier 1575).
Source : AGS EST leg. 1066/13.

69 AGS EST leg. 1066/13 (24/01/1575).

70 Le marquis de Polignano, don César Gonzaga et de nombreux autres barons apparaissent dans cet inventaire. *Ibid.*

71 Bari avec 25 pièces, Lecce avec 32 pièces ou encore Barletta avec 52 pièces n'ont aucun artilleur payé par la Couronne. Je fais ici la déduction que ces villes finançaient elles-mêmes leur défense.

Avec en moyenne deux fois plus d'artillerie que les places fortes aux mains des acteurs privés, ces 32 places fortes de la Monarchie totalisaient 745 pièces. Leur armement, en plus d'être plus abondant, était aussi significativement plus lourd, comme le montre la figure 6. La Monarchie y employait un total de 120 artilleurs, soit environ un artilleur pour 8 pièces d'artillerie. Cette moyenne cache cependant de grandes disparités dans la dotation des différentes places fortes. Ainsi, la vice-royauté ne payait qu'un seul artilleur pour les murailles de la ville de Crotone pourtant armées de 30 pièces d'artillerie et il y avait seulement deux artilleurs pour les 32 pièces du château de Tarente, tandis qu'à Gaète on comptait dix artilleurs et quatre assistants pour seulement 18 pièces. Les pièces lourdes nécessitant plus d'hommes que les pièces légères, il est possible d'expliquer ces écarts par des différences dans la nature et le poids de l'armement : 10 des 18 pièces de Gaète étaient des canons lourds alors que plus de la moitié des pièces de Crotone tiraient moins de 5 *lb*. De plus, le nombre d'artilleurs attribué à chaque place forte n'était pas uniquement déterminé par la quantité d'artillerie ; il dépendait d'autres facteurs tels que l'intérêt stratégique, l'étendue de la place ou encore le nombre des bastions. En outre, la gestion des postes d'artilleurs n'était pas toujours rationnelle, des erreurs pouvaient survenir. Ainsi, dans un tout autre contexte, en 1606, l'unique artilleur du fort de Peñiscola (près de Valence en Espagne) fit remarquer au conseil de guerre qu'il ne pouvait pas s'occuper à lui seul des 15 pièces d'artillerie de la place, réparties sur huit plateformes différentes. Le conseil de guerre en convint, lui envoyant sur le champ quatre artilleurs[72]. Enfin, rien ne garantit l'exhaustivité de cet inventaire de 1575. Pour l'île de Brindisi, il est écrit que la vice-royauté entretenait en tout 13 artilleurs, et pourtant, lorsque l'ingénieur Luis Collado y passa un an plus tard, en 1576, il y trouva une garnison de 20 artilleurs sous le commandement de deux chefs[73]. D'ailleurs, le nombre d'artilleurs de cet inventaire paraît incomplet quand on le compare aux dotations de la plupart des autres places fortes de la Monarchie hispanique.

---

72 AGS GYM leg. 654/93 (20/12/1606).
73 Collado, Luis, *Plática manual de artillería*, *op. cit.*, fol. 48r.

Rares sont les documents qui, comme cet inventaire du royaume de Naples, juxtaposent à si grande échelle des informations sur le nombre de pièces d'artillerie et le nombre d'artilleurs. Il est malgré tout possible d'obtenir ponctuellement de telles informations dans les documents de l'administration militaire de la Monarchie hispanique. La figure 7 montre un échantillon de ces informations sporadiques. Or, ces forteresses apparaissent environ deux fois mieux dotées en artilleurs que les places fortes de l'inventaire de Naples de 1575. On y compte en effet en moyenne quatre pièces d'artillerie par artilleur. Ce chiffre tombe même aux alentours de trois pièces par artilleur si l'on tient compte des effectifs d'*ayudantes artilleros*, les assistants artilleurs, présents à Alghero (11), à Cagliari (9) et sur l'île de Majorque (20)[74].

Pour augmenter l'ensemble des données disponibles, il est également possible de calculer le ratio entre le nombre de pièces et le nombre d'artilleurs en recoupant des sources fournissant à des dates différentes le nombre de pièces d'artillerie et le nombre d'artilleurs. La méthode n'est pas strictement rigoureuse, puisque les dotations en artillerie et en artilleurs pouvaient varier dans le temps. Néanmoins, les résultats indiquent des ratios très proches de ceux obtenus à partir d'une seule et unique source. En effet, on trouve en moyenne un peu plus de trois pièces d'artillerie par artilleur dans ces places fortes, avec cependant une grande disparité dans la distribution, puisqu'il y avait par exemple plus d'artilleurs au château São Jorge de Lisbonne qu'à la forteresse Sforza de Milan, pourtant dotée de cinq fois plus de pièces d'artillerie.

74 Le statut de ces *ayudantes* est discuté p. 218. Il suffira pour le moment de savoir que ces assistants constituaient des sortes d'artilleurs apprentis que la Monarchie payait à moindre prix par rapport aux véritables *artilleros*.

Place forte	Territoire	Date	Nb pièces	Poids artillerie*	Nb artilleurs	Source
Piombino	Préside de Toscane	1575	20	480 *q.*	5	AGS EST leg. 1066/13
Orbetello	Préside de Toscane	1575	15	340 *q.*	3	AGS EST leg. 1066/13
Porto Ercole	Préside de Toscane	1575	20	690 *q.*	5	AGS EST leg. 1066/13
Talamone	Préside de Toscane	1575	2	20 *q.*	1	AGS EST leg. 1066/13
Alghero	Sardaigne	1578	34	750 *q.*	5	AGS GYM leg. 88/43
Cagliari	Sardaigne	1578	31	1020 *q.*	8	AGS GYM leg. 88/43
La Havane	Cuba	1582	8	NC	3	AGS GYM leg. 133/257
Ponta Delgada	Açores	1583	38	650 *q.*	8	AGS GYM leg. 149/338 et 350
Salses	Roussillon	1593	24	350 *q.*	6	AGS GYM leg. 378/157
Cadix	Andalousie	1594	30	NC	7	AGS GYM lib. 63 fol. 268v-269r
Majorque	Baléares	1599	107	NC	17	AGS GYM leg. 552/11

*Les poids d'artillerie ont été estimés à partir des moyennes obtenues pour chaque type de pièces dans l'étude précédente sur les caractéristiques des pièces d'artillerie. Par exemple, un canon compte pour 51 *q.*, un *falconete* pour 12 *q.*, etc.

FIG. 7 – Nombre de pièces d'artillerie et d'artilleurs de différentes places fortes (informations contenues dans un seul document).

Place forte	Région	Nb pièces	Poids artillerie*	Nb artilleurs	Sources
Milan	Lombardie	99	NC	14	AGS EST leg. 1264/98 (1588) et leg.1260/126 (1583)
Barcelone	Catalogne	36	680 *q.*	25	AGS GYM leg. 365/125 (1592) et leg.146/59 (1543)
Perpignan	Roussillon	119	3130 *q.*	36	AGS GYM leg. 365/125 (1592) AGS CSU 2ª epoca leg. 91 (1571)
Carthagène	Andalousie	20	700 *q.*	7	AGS GYM leg. 365/125 (1592) et leg. 254/221 (1589)
Gibraltar	Andalousie	28	560 *q.*	8	AGS GYM leg. 365/125 (1592) et lib. 57 fol. 52r-56v (1590)
Jaca	Aragon	12	NC	9	AGS GYM leg. 365/87 (1592) et lib. 70 fol. 57r (1594)
Fontarrabie	Guipúzcoa	28	1090 *q.*	18	AGS GYM leg. 365/94 (1591) et lib. 57 fol. 77r-84v (1591)
Saint-Sébastien	Guipúzcoa	37	1310 *q.*	21	AGS GYM leg. 365/125 (1592) et lib. 57 fol. 77r-84v (1591)
Lisbonne (Chât. São Jorge)	Portugal	18	970 *q.*	21	AGS GYM leg. 195/65 (1586) et leg. 115/269 (1581)
Lisbonne (Fort São Julião)	Portugal	44	1370 *q.*	12	AGS GYM leg. 195/65 (1586) et leg. 115/269 (1581)
Lisbonne (Tour de Belem)	Portugal	25	510 *q.*	4	AGS GYM leg. 195/65 (1586) et leg. 115/269 (1581)
Cascais	Portugal	11	290 *q.*	4	AGS GYM leg. 195/65 (1586) et leg. 115/269 (1581)
Setubal (Fort Oton)	Portugal	37	610 *q.*	4	AGS GYM leg. 195/65 (1586) et leg. 115/269 (1581)
Luxembourg	Pays-Bas	36	700 *q.*	10	AGR CP nº 621 (1605) et nº 563 (1612)
La Havane	Cuba	80	NC	32	Macías Domínguez, *Cuba en la primera mitad…*, p. 297 et 314 (1603)

*Les poids d'artillerie ont été estimés à partir des moyennes obtenues pour chaque type de pièces dans l'étude précédente sur les caractéristiques des pièces d'artillerie. Par exemple, un canon compte pour 51 *q.*, un *falconete* pour 12 *q.*, etc.

FIG. 8 – Nombre de pièces d'artillerie et d'artilleurs de différentes places fortes (informations recoupées à partir de plusieurs sources de dates différentes).

Que peut-on conclure de ces différents exemples de dotation en artillerie et en artilleurs des forteresses de la Monarchie ? La première remarque est que, comparés aux trains d'artillerie, les rapports entre le nombre de pièces et le nombre d'artilleurs sont inversés. Tandis que dans un train d'artillerie on pouvait trouver deux à cinq artilleurs par pièce, la Monarchie n'entretenait dans ses places fortes qu'un artilleur pour trois à huit pièces. Faut-il en déduire que les trains d'artillerie mobilisaient plus d'artilleurs que les places fortes ? L'échelle d'analyse joue ici un rôle déterminant. Considéré individuellement, un train d'artillerie nécessitait indiscutablement plus d'artilleurs que la garnison d'une place forte. En revanche, à l'échelle de l'ensemble des territoires de la Monarchie hispanique, la défense des fortifications requérait des effectifs d'artilleurs sans commune mesure avec ceux des trains d'artillerie. En effet, les chiffres montrés précédemment ne portent que sur un échantillon réduit de places fortes. Dans le seul royaume de Naples, l'inventaire de 1575 indiquait 32 places fortifiées et plus de 700 pièces d'artillerie. Or, la Monarchie hispanique se composait de bien plus de territoires. Combien y avait-il de forteresses administrées par le roi d'Espagne en Italie, aux Pays-Bas, dans la péninsule ibérique, en Afrique du nord, ou encore en Amérique ? Les forteresses devaient se compter en centaines, les pièces d'artillerie en milliers. Est-il possible de donner une estimation du nombre d'artilleurs servant le roi en garnison ?

CARTOGRAPHIE DES ARTILLEURS EN GARNISON

Reconstituer une cartographie des artilleurs servant en garnison les Habsbourg d'Espagne n'est faisable qu'à travers un travail d'estimation et de projection permettant de combler les données lacunaires. Les quelques exemples précédents l'ont montré, il est parfois possible d'avoir accès au nombre d'artilleurs d'une place forte grâce aux documents comptables, aux inventaires d'artillerie ou à la correspondance du conseil de guerre. De telles données n'existent néanmoins de manière sérielle que dans des cas exceptionnels, comme celui de Naples en 1575. Les effectifs des artilleurs de la majorité des places fortes de la Monarchie hispanique restent inaccessibles par ces sources. En revanche, il est nettement plus aisé de connaître l'armement des différentes places fortes grâce aux inventaires d'artillerie qui étaient fréquemment réalisés par les agents du conseil de guerre ou des vice-royautés. C'est la raison pour laquelle ce chapitre sur les artilleurs s'est intéressé d'aussi près aux pièces d'artillerie : la connaissance de l'armement des places fortes permet dans une certaine mesure d'estimer les effectifs d'artilleurs et ainsi de reconstruire une vision d'ensemble en dépit des lacunes documentaires.

Il est par ailleurs légitime de s'interroger sur la fiabilité d'estimations établies à partir du rapport entre la quantité d'artillerie et le nombre d'artilleurs, d'autant plus que la partie précédente a insisté sur la variabilité de ce rapport. Cependant, il paraît inapproprié de se lancer dans un lourd travail de statistiques au cœur d'un ouvrage d'histoire[75]. Je me contenterai donc de quelques mots en défense de la méthode adoptée. D'abord, il faut insister sur le fait que ce travail ne prétend que fournir des estimations et dégager des ordres de grandeur. Une erreur d'estimation de 100 ou 200 artilleurs ne changera rien à l'argument général du chapitre. Ensuite, ces estimations ont été réalisées à partir de deux indicateurs : le nombre de pièces d'artillerie et le poids des pièces d'artillerie, car tous les experts de l'époque s'accordaient à dire qu'il fallait plus d'hommes pour servir les pièces lourdes. Enfin, pour chaque place forte a été calculée une estimation basse, prenant pour référence les chiffres moyens de l'inventaire de Naples de 1575, et une estimation haute, s'appuyant sur les autres échantillons de données présentés dans la partie précédente.

Le territoire pour lequel les informations sont les plus complètes est celui du royaume de Naples. L'inventaire de 1575 recensait 32 places fortes, 745 pièces d'artillerie et 120 artilleurs sous l'administration de la vice-royauté[76]. La capitale, Naples, avec ses murailles et ses

---

75 Pour ceux des lecteurs qui seraient malgré tout curieux d'avoir quelque information sur la distribution des valeurs des échantillons analysés précédemment, voici ce qu'il faut savoir. Pour l'échantillon de Naples de 1575, la moyenne de pièces par artilleur est, comme on l'a dit, de 8,2, l'écart-type étant de 4,4. La variabilité est plus réduite dans le second échantillon qui a révélé une moyenne de 4 pièces par artilleur et un écart-type de 1,1. Enfin, le dernier échantillon, croisant les sources, est également plus variable puisqu'il obtient une moyenne de 3,1 pièces par artilleur et un écart-type de 1,7. On trouve donc des écarts-types variant entre 30 et 50 % de la moyenne, ce qui est relativement élevé. La variabilité des poids d'artillerie par artilleur obtient des résultats du même ordre de grandeur, voire légèrement supérieurs. Moyenne de l'échantillon 1 : 142 *q.* par artilleur, écart-type : 62 *q.* Moyenne de l'échantillon 2 : 72 *q.*, écart-type : 50 *q.* Moyenne de l'échantillon 3 : 74 *q.*, écart-type : 45 *q.*

76 AGS EST leg. 1066/13 (24/01/1575).

différentes forteresses – les châteaux *Nuovo*, de Sant'Elmo, dell'Ovo, di Baia – rassemblait à elle seule 31 artilleurs pour 132 pièces, pesant un total de plus de 3 000 *q*. Les principales garnisons étaient ensuite Brindisi (112 pièces, 23 artilleurs), Gaète (29 pièces, 12 artilleurs), Otrante (30 pièces, 7 artilleurs) et Gallipoli (74 pièces, 6 artilleurs). Les autres forteresses importantes (L'Aquila, Pescara, Tarente, Crotone) ne possédaient pas plus de trois ou quatre artilleurs. À ces garnisons, il faudrait ajouter les présides de Toscane – Orbetello, Porto Ercole, Piombino – des forteresses sur la côte de la mer Tyrrhénienne dépendant administrativement de Naples et accueillant au total 57 pièces et 14 artilleurs. Il n'est par ailleurs pas aisé de connaître l'évolution des effectifs d'après cet inventaire. Dans les décennies qui suivirent, il y eut quelques travaux de modernisation des fortifications existantes à Orbetello[77] ou encore à Tarente[78]. Ces adaptations permirent sans doute d'augmenter légèrement la quantité d'artillerie installée dans ces places fortes, mais ils ne résultèrent probablement pas en une hausse significative du nombre d'artilleurs.

En Sicile, en 1575, fut fait, comme à Naples, un inventaire de l'artillerie des différentes places fortes, sans toutefois qu'il y eut de recensement des artilleurs[79]. Ce document indiquait 21 places fortes, villes fortifiées et châteaux sous administration royale, pour un total de 474 pièces d'artillerie. La principale place forte de l'île était Messine, ville portuaire possédant une grande muraille avec de nombreux bastions ainsi que quatre forteresses (châteaux de Gonzaga, Matagrifone, Salvatore et Castellaccio). Ses 119 pièces d'artillerie, pour un peu plus de 3 000 *q*. de métal, défendaient le port et la flotte de galères qu'il abritait parfois. Les trois autres principales places fortifiées de l'île étaient la capitale Palerme (61 pièces, 1 750 *q*.), Trapani (66 pièces, 1 560 *q*.) et Syracuse (44 pièces, 1 400 *q*.). Compte tenu de ces informations sur l'armement de l'île, il est possible d'estimer le nombre d'artilleurs au service de la Monarchie entre 60 et 160 individus. Ici, comme à Naples, les quelques travaux de fortifications effectués à Trapani[80], Syracuse et Agostina[81]

77 AGS EST leg. 1066/84 (15/10/1575).
78 AGS EST leg. 1073/53 (28/03/1577).
79 AGS EST leg. 1144/25 (24/03/1575).
80 AGS EST leg. 1156/180, 181 et 184 (12/10/1589).
81 AGS EST leg. 1158/91 (17/05/1596).

ne purent bousculer cet ordre de grandeur. En revanche, la création, dans le dernier quart du XVIe siècle, d'écoles d'artilleurs dans les quatre principales places fortes de l'île ajouta à ces effectifs professionnels une réserve de quelques 300 apprentis artilleurs[82].

De tous les États italiens de la Monarchie hispanique, le duché de Milan était certainement le moins demandeur en artilleurs. Un inventaire de 1588 recensait seulement 15 places fortes et 244 pièces d'artillerie[83]. En outre, la répartition de l'armement accusait de forts déséquilibres puisque la ville de Milan et son château possédaient à eux seuls près d'une centaine de pièces. Les autres places importantes –Pavie, Crémone, Alexandrie – ne dépassaient guère la vingtaine de pièces, laissant à peine quelques pièces pour les places fortes mineures telles que Côme, Novare ou encore Tortone. Malheureusement, rares sont les informations directes concernant les effectifs d'artilleurs. Il semble y avoir eu, à Milan, 14 artilleurs dans les années 1560, tandis que, dans les années 1570, leur nombre passa à 28, avant d'être à nouveau réduit à 14 en 1582[84]. Le document rédigé par le capitaine général de l'artillerie n'est malheureusement pas clair quant à savoir s'il s'agit de la ville de Milan, ou bien de l'État de Milan. S'ils concernaient l'ensemble du duché, ces chiffres auraient été particulièrement bas car, selon mes estimations à partir de l'armement des places fortes, il aurait dû y avoir entre 25 et 50 artilleurs dans l'État de Milan. Cela est néanmoins plausible puisqu'en 1583, le duc de Terranova, alors gouverneur de Lombardie, dressa un constat alarmant de la situation, affirmant que ces 14 artilleurs étaient tout à fait insuffisants[85]. D'ailleurs, en 1585, il proposait au roi de monter à 14 le nombre d'artilleurs de Pavie, où une fonderie de canons devait être installée[86]. Malgré ces ajustements, les effectifs d'artilleurs du Milanais restèrent relativement faibles, à en juger par le témoignage du successeur de Terranova dix ans plus tard[87]. Par conséquent, il paraît raisonnable d'affirmer que le duché de Milan n'entretenait pas plus d'une cinquantaine d'artilleurs en garnison, chiffre qui dut augmenter sensiblement après les travaux de fortifications du

82 Voir p. 379-381.
83 AGS EST leg. 1264/97 et 98 (03/12/1588).
84 AGS EST leg. 1260/119 et 126 (28/10/1583).
85 AGS EST leg. 1260/119 (28/10/1583).
86 AGS EST leg. 1260/109 et 113 (12/10/1585).
87 AGS EST leg. 1280/30, Lettre de Juan Fernández de Velasco au Roi (05/01/1596).

château Sforza de Milan[88] et ceux commandés par le comte de Fuentes au début du XVIIe siècle – le fort de Fuentes, Soncino, Novare, Crémone et Alexandrie[89]. Enfin, ces chiffres ne tiennent pas compte des effectifs d'apprentis artilleurs dans les écoles qui furent créées à Milan, Pavie, Crémone et Alexandrie, quelques 200 individus supplémentaires au début du XVIIe siècle[90].

Dans la péninsule ibérique, la frontière avec le royaume de France comprenait plusieurs des principales places fortes de la Monarchie. Au nord, les villes côtières de Fontarrabie et Saint-Sébastien constituaient de solides garnisons, disposant d'une trentaine de pièces, dont plus de la moitié de gros calibres[91], servies par une vingtaine d'artilleurs dans chacune de ces villes[92]. Non loin à l'intérieur des terres, en Navarre, se trouvaient d'autres places fortes telles qu'Estella (avec trois artilleurs) ainsi que la forteresse de Pampelune, principale garnison de cette frontière nord, abritant 97 pièces d'artillerie, pour un total d'environ 2 400 *q.* et 31 à 38 artilleurs d'après les sources comptables, 50 artilleurs d'après le conseil de guerre[93]. Les places fortes de cette frontière basque avec la France possédaient donc à elles seules autour de 75 à 95 artilleurs. Du côté de la Méditerranée, la situation de la Catalogne et du comté de Roussillon était relativement similaire. La principale place forte était celle de Perpignan, avec ses 121 pièces d'artillerie et ses 36 artilleurs[94]. Elle était secondée par la ville de Roses dotée d'une grande forteresse et de divers dispositifs de fortifications côtières rassemblant 54 pièces et abritant autour de 10 à 15 artilleurs[95]. La capitale, Barcelone, bien

---

88 Voir les comptes de ces travaux de fortification qui s'étalèrent sur plusieurs années, AGS EST leg. 1272/210 (1592).

89 Voir la visite des forteresses par le capitaine Lechuga, sous forme d'imprimé, AGS EST leg. 1294/21 (25/01/1605).

90 Voir p. 382-383 ainsi que AGS EST leg. 1293/23 et 24 (06/05/1604).

91 AGS GYM lég. 365/125 (1592).

92 Les comptes du *pagador del artillería* pour les années 1570-1590 font état d'environ 20 ou 21 artilleurs pour Saint-Sébastien et 17 à 18 artilleurs pour Fontarrabie. Voir AGS CMC 2ª epoca leg. 414.

93 Sur le nombre de 50 artilleurs donné par le capitaine général de l'artillerie au conseil de guerre, voir AGS GYM leg. 246/191 (20/02/1589).

94 Pour l'artillerie, voir AGS GYM leg. 365/125 (1592). Pour le nombre d'artilleurs, voir les comptes de la garnisons des années 1560-1570, AGS CSU 2ª época leg. 91.

95 Pour l'artillerie, voir AGS GYM leg. 365/125 (1592). Le nombre précis d'artilleurs de cette place forte reste inconnu, les chiffres avancés sont donc le fruit d'estimations fondées sur l'armement de la place.

que plus légèrement armée avec seulement 36 pièces d'artillerie, avait 25 artilleurs à son service[96]. Enfin, les places fortes de Salses et Collioure avec respectivement cinq et six artilleurs, constituaient des défenses alternatives d'une force plus limitée[97]. Cette zone de frontière méditerranéenne avec la France rassemblait donc une garnison d'environ 80 à 90 artilleurs, concentrant, avec le Pays Basque et la Navarre, l'essentiel des défenses pyrénéennes. Entre ces deux territoires côtiers, l'Aragon était bien pauvrement doté : sa capitale, Saragosse, n'avait que 13 pièces d'artillerie[98], tandis que la forteresse de Jaca, érigée après la révolte de 1591[99], possédait 12 pièces, pour neuf artilleurs[100]. Au total donc, ces principales places fortes de la frontière avec la France entretenaient au moins 170 à 200 artilleurs.

Les informations concernant la côte atlantique de l'Espagne sont plus lacunaires. La Monarchie possédait de 30 à 40 pièces d'artillerie dans chacun des ports de Bilbao et Santander mais ces chiffres ne représentent qu'une partie de l'artillerie de la côte[101]. Lors de la préparation des flottes, des pièces d'artillerie étaient ainsi amenées des villes de Laredo, Castro Urdiales, Portugalete[102] preuve que, sur cette côte nord, de nombreuses pièces échappent à cette analyse d'inventaires. En Galice, l'artillerie se concentrait en trois sites principaux. Le port de la Corogne était protégé par 25 pièces d'artillerie réparties en deux forts (San Anton et Santa Cruz) tandis que l'enceinte de la ville possédait 43 pièces[103]. Abritant régulièrement les flottes de guerre de la Monarchie, le port du Ferrol était quant à lui défendu par trois forts (San Felipe, San Martin, La Palma) regroupant 36 pièces d'artillerie. Enfin, la ville de Bayona avec ses 38 pièces, constituait la troisième

---

96 Les chiffres dont je dispose sont relativement anciens, AGS GYM leg. 146/59 (01/05/1543). Il tout à fait possible que les effectifs d'artilleurs de Barcelone aient subi quelques variations à la fin du XVIe siècle.

97 Pour Collioure, voir AGS CSU 2[a] época leg. 91. Pour Salses, l'indication la plus fiable me paraît être l'inventaire du lieutenant Diego de Prado, AGS GYM leg. 378/157 (08/10/1593).

98 AGS GYM leg. 365/87 (année 1592).

99 AGS GYM leg. 378/24, 40 et 51 (année 1593).

100 Pour l'artillerie, *ibid.* Pour le nombre d'artilleurs, voir AGS GYM lib. 70, fol. 57r (19/09/1594).

101 AGS GYM leg. 365/88 (29/07/1592).

102 AGS GYM leg. 186/221 (18/07/1586). La Monarchie entretenait des artilleurs à Laredo par exemple : AGS GYM leg. 307/202.

103 « *Relación de la artillería que queda en el Reyno de Galicia* », AGS GYM leg. 3143 sans num. (07/12/1601).

grande place forte du système de défense galicien. Un document de 1595 évoque un total de 23 artilleurs servant en garnison dans ces places fortes, effectifs relativement cohérents avec leur armement[104]. Les informations obtenues révèlent donc environ 40 artilleurs sur cette côte nord, chiffre qu'il faudrait sans doute revoir à la hausse (au moins 10 à 20 artilleurs supplémentaires) pour inclure les ports pour lesquels aucune information n'est disponible.

Il est également difficile d'obtenir une vue d'ensemble des territoires côtiers du sud de l'Espagne, de Valence à Gibraltar. La région de Valence est particulièrement peu visible dans cette analyse qui n'intègre que le seul fort de Peñiscola avec 15 pièces d'artillerie et 5 artilleurs[105]. Accueillant régulièrement les galères d'Espagne, les ports de Malaga et Carthagène constituaient les deux principales places fortes de la côte sud-méditerranéenne. À la fin du XVIe siècle, Malaga était défendue par 38 pièces et possédait une milice de 50 artilleurs[106] tandis que Carthagène, protégée par seulement 20 pièces d'artillerie, avait à son service 7 artilleurs et 12 aides-artilleurs, chiffres qui passèrent sans doute à 20 artilleurs et 32 aides à partir de 1589[107]. Le reste de la côte était constitué de petites places faiblement dotées en artillerie. Ainsi, l'ensemble des forts de la région de Grenade, incluant l'Alhambra, Almería ou encore Almuñecar[108] regroupait un total de seulement 70 pièces d'artillerie[109]. En tenant compte des informations manquantes sur la région de Valence, il paraît raisonnable d'estimer que le nombre d'artilleurs de cette côte, depuis le sud de la Catalogne jusqu'au détroit de Gibraltar, comptabilisait entre 100 et 200 artilleurs, sans inclure les individus payés et commandés par des autorités municipales, comme c'était le cas à Marbella par exemple[110].

Le système de défense de l'Andalousie atlantique associait quant à lui la Monarchie et les grands magnats locaux. La Couronne de

104 AGS GYM lib. 70, fol. 159v-160r (10/06/1595).

105 AGS GYM leg. 654/93 (20/12/1606).

106 Pour l'artillerie, voir AGS GYM leg. 365/125 (1592). Pour les artilleurs, voir AGS GYM leg. 281/240. Le statut particulier de cette milice d'artilleurs sera abordé dans les chapitres suivants.

107 Pour l'artillerie, voir AGS GYM leg. 365/125 (1592). Pour les artilleurs, voir AGS GYM leg. 254/221 (22/12/1589).

108 AGS GYM leg. 118/226 (17/10/1581).

109 AGS GYM leg. 604/132 (26/06/1603).

110 AGS GYM leg. 118/226 (17/10/1581).

Castille entretenait deux garnisons côtières, l'une à Gibraltar rassemblant 28 pièces d'artillerie et 6 à 8 artilleurs[111], l'autre à Cadix avec 35 pièces pour 7 artilleurs, qui passèrent à 15 artilleurs et 12 aides-artilleurs au milieu de l'année 1594, quelques temps après la modernisation de ses fortifications[112]. De nombreuses autres places fortes étaient aux mains des grands seigneurs andalous. Ainsi, le duc de Medina Sidonia possédait dans le château du même nom un armement relativement lourd d'au moins cinq couleuvrines, deux canons et un sacre[113], tandis qu'à Sanlúcar de Barrameda, ville de départ des convois de la *carrera de Indias*, à l'embouchure du Guadalquivir, son château était armé de 25 pièces[114]. Il en allait de même du château du port d'Ayamonte, appartenant au marquis du même nom, qui était pourvu d'artillerie pour défendre la ville des raids de corsaires[115]. Par ailleurs, la principale ville de la région, Séville, ne semble pas avoir possédé de garnison d'artilleurs à proprement parler, mais son école lui permettait de toujours disposer d'artilleurs de réserve. Ainsi, lorsqu'une flotte anglaise attaqua Cadix en 1596, le lieutenant d'artillerie de Séville, Francisco de Molina, put réunir une centaine d'artilleurs pour monter une contre-attaque[116]. En d'autres termes, bien que la région ne possédât pas d'importantes garnisons d'artilleurs au service de la Monarchie (entre 30 et 50 individus maximum) la proximité des flottes et d'une école d'artilleurs à Séville lui garantissait la possibilité d'obtenir des renforts soudains d'au moins 100 artilleurs.

Le centre de la péninsule ibérique possédait peu de garnisons d'artilleurs au service de la Monarchie. En ce qui concerne l'artillerie, la principale place forte était Burgos, qui jouissait à cette époque d'un

111 Pour l'artillerie, voir AGS GYM leg. 365/125 (1592). Pour les artilleurs, voir AGS CMC 2ª epoca leg. 414 (Gibraltar 1570 et 1580), AGS GYM lib. 57, fol. 52r-56v (Gibraltar 1590), fol. 77r-84v (Gibraltar 1591).

112 Pour l'artillerie voir AGS GYM leg. 365/125 (1592). Pour les artilleurs, AGS GYM lib. 63, fol. 268v-269r (Cadix, 13/04/1594), fol. 305r (Cadix, 16/07/1594). Pour les travaux de fortification réalisés par l'ingénieur Cristóbal de Rojas, AGS GYM leg. 307/109 (08/04/1590).

113 AGS GYM leg. 125/169 et 170 (10/04/1582).

114 « *La carta que Vuestra Señoría me envió del duque [de Medina Sidonia] para que se prestasen las 25 piezas de artillería de su fortaleza...* », AGI CT leg. 5108 sans num. (Sanlúcar, 08/05/1586).

115 AGS GYM leg. 280/252 (année 1590).

116 Le quatrième chapitre de ce livre est intégralement dédié à l'étude de cette école d'artilleurs de Séville. Pour l'épisode de la prise de Cadix, voir AGI CT leg. 746/4 (1598).

statut particulier puisqu'elle représentait le cœur de l'administration de l'artillerie en Espagne[117]. C'était cette ville qui disposait de la plus grande garnison d'artilleurs de toute la péninsule : un groupe de 60 artilleurs « ordinaires » y servaient, prêts à être envoyés là où la Monarchie avait besoin d'eux[118]. Le reste du centre de la péninsule possédait de nombreuses petites places fortes, telles que les châteaux de Coca (huit pièces) de Alaejos (huit pièces) ou encore de Logroño (trois pièces)[119]. Quelques places étaient mieux défendues, telle la ville de Las Navas au nord de l'Andalousie, qui possédait 33 pièces très légères et 10 pièces moyennes et lourdes[120]. Une bonne partie de ces petites garnisons échappe sans doute à mon analyse. Néanmoins, les forteresses les plus importantes, les plus stratégiques du point de vue de l'administration militaire espagnole ne se situaient clairement pas dans le centre du pays, mais le long des côtes, près de la frontière avec le royaume de France, ainsi que sur les îles.

Les îles méditerranéennes dépendantes de la Couronne d'Aragon revêtaient une certaine importance dans le système défensif de la Monarchie. En Sardaigne, l'artillerie royale se concentrait principalement en deux lieux, Cagliari, au sud, qui possédait 31 pièces (plus de 1000 *q.*) pour 8 artilleurs et 9 aides-artilleurs, et Alghero au nord, armée de 34 pièces (760 *q.*) pour 5 artilleurs et 11 aides-artilleurs[121]. L'île de Majorque avait, quant à elle, 17 artilleurs ainsi que 20 aides-artilleurs pour 107 pièces d'artillerie[122]. À Minorque, le fort San Felipe de Mahon possédait 15 pièces[123]. Il y avait également une garnison d'artilleurs sur l'île d'Ibiza, dont le nombre reste malheureusement inconnu[124]. Au total, il devait y avoir au moins autour d'une cinquantaine d'artilleurs dans ces îles, et autant d'aides-artilleurs.

L'annexion du Portugal en 1580 augmenta encore un peu plus le nombre de forteresses sous administration de la Monarchie hispanique.

117 Voir p. 143 et 384.
118 Voir l'instruction de Francés de Álava, capitaine général de l'artillerie, AGS GYM leg. 76/133 (17/05/1572). Ce nombre des 60 artilleurs de Burgos revient de manière récurrente dans la documentation du conseil de guerre tout au long de la période.
119 AGS GYM leg. 365/88 (29/07/1592).
120 AGS GYM leg. 365/132 (31/05/1589).
121 AGS GYM leg. 88/43 (27/07/1578).
122 AGS GYM leg. 552/11 (04/01/1599).
123 AGS GYM leg. 365/122 (10/07/1587).
124 AGS GYM leg. 212/64 (17/09/1587), leg. 316/102 (année 1590), leg. 389/795 (08/11/1593).

Lisbonne et son port disposaient de tout un réseau de fortifications, depuis le château São Jorge sur une colline au cœur de la ville (18 pièces, 21 artilleurs), jusqu'au fort São Julião (44 pièces, 12 artilleurs), en passant par les tours de Caparica (3 à 7 pièces) et de Belem (25 pièces, 4 artilleurs), défenses côtières qui se prolongeait jusqu'au château de Cascais (11 pièces, 4 artilleurs)[125]. La seconde place forte du territoire portugais était la ville de Porto qui, avec ses 110 pièces (environ 1 400 *q.*)[126], devait avoir, selon mes estimations, entre 15 et 25 artilleurs en garnison. Puis venait le port de Setúbal, protégé par les forts San Felipe (41 pièces, 1 160 *q.*, estimation d'entre 6 et 15 artilleurs) et Oton (37 pièces, 600 *q.*, 4 artilleurs)[127]. Enfin, le dernier point important de défense se situait à Sagres et au cap San Vicente (8 artilleurs)[128] zone de passage des flottes américaines et lieu favori d'embuscade des pirates[129]. En d'autres termes, l'annexion du Portugal en 1580 représenta un ajout d'environ 75 à 100 artilleurs dans l'administration militaire de la Monarchie hispanique.

Cette description géographique doit également inclure les places fortes du nord de l'Afrique, trop souvent négligées par l'historiographie[130]. Les présides nord-africains avaient indéniablement des besoins importants en artilleurs, même si les données manquent à leur sujet. En 1573, un an avant d'être capturée par les Ottomans, la forteresse de La Goulette (près de Tunis) avait une garnison de 36 artilleurs[131]. La place d'Assilah, obtenue suite à l'annexion du Portugal, possédait 44 pièces[132]. Le fort du Peñon de Vélez de la Gomera comptait 18 pièces d'artillerie, la plupart relativement lourdes[133]. Les données manquent sur ces nombreuses forteresses espagnoles et portugaises, telles qu'Oran, Mers El-Kébir, Melilla, Ceuta, Tanger, ou encore Mazagan. Il est par conséquent très délicat de fournir une estimation, même s'il paraît

125 AGS GYM leg. 195/65 (1586) et leg. 115/269 (1581).
126 AGS GYM leg. 365/125 (1592).
127 AGS GYM leg. 195/65 (1586) et leg. 115/269 (1581).
128 AGS GYM leg. 688/65 (10/11/1608).
129 Chaunu, Huguette, Chaunu, Pierre, *Séville et l'Atlantique*, *op. cit.*, tome 8-1, p. 267.
130 Vincent, Bernard, « Philippe II et l'Afrique du Nord » dans *Felipe II (1527-1598), Europa y la Monarquía Hispánica*, *vol. 1.2*, José Martínez Millán (éd.), Madrid, Parteluz, 1998, p. 965-974.
131 AGS GYM leg. 77/206 (01/03/1573).
132 AGS GYM leg. 365/79 (24/09/1581).
133 AGS GYM leg. 365/167 (31/07/1592).

possible d'affirmer qu'au moins entre 50 et 100 artilleurs servaient dans ces présides du nord de l'Afrique, la perte de La Goulette, Bizerte et Tunis en 1574 se trouvant compensée par l'acquisition des places portugaises après 1580.

Dresser une cartographie des artilleurs en garnison dans les différentes forteresses des Pays-Bas présente de grandes difficultés en raison de l'instabilité de cette région. En effet, suite à la guerre de Quatre-Vingts-Ans qui s'engagea contre certaines provinces rebelles à partir de 1567 puis contre la France de Henri IV en 1595, de nombreuses forteresses furent amenées à changer de mains. Il est néanmoins possible de se faire une idée approximative des effectifs à partir de grands inventaires d'artillerie réalisés dans les premières années du XVIIe siècle[134]. Or, ce qui ressort de ces inventaires, c'est la multitude de garnisons moyennes gardant les côtes (Gravelines, Ostende, Dunkerque), la frontière avec la France (Hesdin, Quesnoy, Avesnes, Landrécies, Bapaume, Luxembourg, Thionville) et avec les Provinces-Unies (Hulst, Bois-le-duc, Gand et le Sas de Gand). Toutes ces places fortes avaient un armement relativement lourd allant d'une vingtaine à une cinquantaine de pièces d'artillerie, ce qui laisse supposer la présence de garnisons d'artilleurs comprises entre six et quinze individus. Ce réseau défensif était dominé par la citadelle d'Anvers et le réseau de forts bâtis près de cette ville le long de l'Escaut, dont l'artillerie dépassait allègrement la centaine de pièces[135]. En outre, la ville de Malines, centre administratif de l'artillerie des Pays-Bas, possédait une garnison d'une vingtaine d'artilleurs de réserve auxquels il était possible de recourir lors des campagnes de siège[136]. En tenant compte des nombreuses petites garnisons, on en arrive à la conclusion que les places fortes des régions demeurées fidèles aux Habsbourgs au début du XVIIe siècle requéraient entre 150 et 270 artilleurs. À ces effectifs, il faudrait également ajouter ceux concernant les défenses de la Franche-Comté, qui se concentraient autour de deux places fortes

134 AGR CP n° 560 et 563 (années 1602 à 1615).

135 Le maitre de camp Agustín de Mejía évoquait la présence de 72 pièces à la citadelle d'Anvers, qu'il fallait compléter de 65 nouvelles pièces, AGS EST leg. 620/215 (29/10/1602). Pour les inventaires des pièces des forts de l'Escaut, voir AGR CP n° 560 et 563.

136 Voir les dix-huit artilleurs de Malines engagés pour le siège de Mons en 1572, AGR CC n° 20970. Le rôle de Malines est discuté p. 179-182.

principales, Dole et Gray, secondées par un réseau de petites garnisons sur lesquelles les données quantitatives manquent[137].

Cette description des besoins en artilleurs des différents territoires de la Monarchie ne serait pas complète sans y intégrer les possessions américaines. La localisation des principales places fortes était déterminée par les routes des convois de la *carrera de Indias*[138]. D'abord, les îles Canaries, étape indispensable pour se rendre au Nouveau Monde, possédaient une multitude de petites forteresses défendues par quelques pièces d'artillerie. On pourra citer comme exemple la forteresse de Santa Catalina sur l'île de la Palma (10 pièces), celle de Santa Cruz à Tenerife (12 pièces), les forts de Santa Ana (4 pièces) et San Pedro Martyr (4 pièces) sur l'île de Grande Canarie[139]. Un document de 1588 évoque 6 artilleurs sur l'île de Grande Canarie, 5 sur Tenerife et 8 répartis entre Lanzarote et Fuerteventura, soit en tout une vingtaine d'artilleurs pour ces îles[140]. Sur le chemin du retour, les flottes atlantiques stoppaient dans un autre archipel, les Açores, lui aussi défendu par une multitude de petites places fortes. Un inventaire d'artillerie réalisé par les Espagnols juste après la capture de l'île de Terceira en juillet 1583 le met parfaitement en évidence puisqu'y sont recensées 191 pièces d'artillerie réparties sur 34 sites fortifiés différents[141]. Après la conquête, seulement 13 artilleurs y furent laissés en garnison[142]. L'île de Faial comptabilisait quant à elle 57 pièces[143]. Enfin, l'île de São Miguel concentrait sa puissance de feu à Ponta Delgada, où la ville possédait 39 pièces d'artillerie, tandis que la forteresse, construite juste après la conquête de l'île en 1582, recensait 46 pièces servies par une garnison de 8 artilleurs[144]. On peut par conséquent estimer les effectifs d'artilleurs en garnison dans les Açores aux environs de 25 à 40 individus, auxquels il faudrait rajouter quelques artilleurs

137 AGS EST leg. 535/46 (08/08/1567), leg. 564/67 (21/07/1575) et leg. 564/117 (05/11/1578).

138 Les routes de la *carrera de Indias* sont décrites en détail dans Chaunu, Huguette, Chaunu, Pierre, *Séville et l'Atlantique, 1504-1650*, *op. cit.* Comme publication plus récente sur la *carrera de Indias*. Voir aussi Perez-Mallaína, Pablo, *Spain's Men of the Sea : Daily Life on the Indies Fleets in the Sixteenth Century*, Baltimore, Johns Hopkins University Press, 1998.

139 AGS GYM leg. 365/95 (année 1592).

140 AGS GYM leg. 604/95 et 96 (23/05/1588).

141 AGS GYM leg. 148/311 (année 1583).

142 AGS GYM leg. 148/317 (20/08/1583), leg. 186/85 (20/04/1586).

143 AGS GYM leg. 148/311 (année 1583).

144 AGS GYM leg. 149/338 et 350 (18/09/1583).

en garnison sur l'île de Madère, pour laquelle je ne dispose pas de données quantitatives.

Les principales forteresses du Nouveau Monde étaient aussi les principaux ports de destination des navires de la *carrera de Indias* : la Havane, Veracruz, Carthagène des Indes, Portobelo et San Juan de Porto Rico. Or, le système défensif de ces lieux fut précisément mis en place dans la période étudiée, face à l'arrivée des corsaires français, anglais et hollandais. Dans les années 1570 et 1580, la plupart de ces ports fortifiés étaient très faiblement dotés en artillerie. Après de nombreux travaux de fortifications[145], leur parc d'artillerie augmenta significativement entre la fin du XVIe siècle et le début du XVIIe siècle. Ainsi, le port de la Havane, étape clé du retour des flottes transatlantiques, avait seulement une petite dizaine de pièces en 1582, servies par 3 artilleurs[146]. Quelques années plus tard, son armement avait été renforcé, passant à une vingtaine de pièces que les observateurs de l'époque jugeaient cependant encore de trop petits calibres[147]. Dans les premières années du XVIIe siècle, d'importants travaux de fortification conjugués à la mise en place d'une fonderie de canons transformèrent ce port en l'un des principaux verrous des Caraïbes : des documents de la fin de l'année 1603 recensaient un total de 80 pièces d'artillerie servies par 32 artilleurs[148]. Autre place importante, la forteresse de San Juan de Porto Rico ne possédait, en 1582, que 12 pièces d'artillerie[149]. Or, lorsque l'expédition du comte de Northumberland mit la ville à sac en 1598, les Anglais y firent un butin de plus de 60 pièces d'artillerie en bronze[150]. Selon l'un des généraux de la *carrera de Indias*, le port de Carthagène des Indes, destination habituelle de la flotte de Tierra Firme, était, en 1587, paré à toute éventualité avec ses

145 L'ingénieur italien Batista Antonelli est à l'origine de bon nombre de ces travaux de fortification. Voir par exemple à San Juan de Ulua AGI MEXICO leg. 22/16 (05/06/1590), ou encore la plateforme « Antonelli » de la forteresse de Portobelo AGI PANAMA leg. 1/139 (15/11/1597).

146 AGS GYM leg. 133/245 et 257 (année 1582).

147 « *Estan en ella 19 piezas de artilleria puestas en horden son todas muy pequeñas* », le commandant de la forteresse de la Havane, à la *casa de la contratación*, AGI CT leg. 5108, sans num. (12/09/1588).

148 Macías Domínguez, Isabelo, *Cuba en la primera mitad del siglo XVII*, Séville, Escuela de Estudios Hispano-Americanos, CSIC, 1978, p. 297 et 314.

149 AGS GYM leg. 133/245 (année 1582).

150 AGS EST leg. 615/44 (04/12/1598).

23 pièces d'artillerie[151]. Toutefois, la construction d'un nouveau fort une quinzaine d'années plus tard conduisit le gouverneur, Geronimo de Zuazo, à demander 16 pièces lourdes à Madrid[152]. Le petit port de Nombre de Dios était originellement le lieu d'embarquement de l'argent américain à destination de l'Espagne, mais dans les dernières années du XVIe siècle, il céda ce rôle à Portobelo où un important complexe défensif fut construit[153]. En 1597, le gouverneur demanda à la Monarchie une soixantaine de pièces pour ces nouvelles fortifications, pour un total d'environ 2 000 *q.*, ainsi que 12 artilleurs à ajouter à la petite quinzaine que le port avait déjà à son service[154]. À cette époque, ces chiffres faisaient de Portobello l'un des ports les plus lourdement armés du Nouveau Monde.

Toutefois, même après ces multiples travaux de fortification, force est de constater que les territoires américains se caractérisaient par une faible densité de pièces d'artillerie en comparaison des territoires européens de la Monarchie hispanique. Ainsi, Veracruz, le principal port de Nouvelle-Espagne, était défendu par la forteresse de San Juan de Ulua qui possédait, en 1587, un total de 22 pièces d'artillerie que le vice-roi jugeait très faibles et de trop petits calibres. Aussi recommandait-il au roi d'y faire installer 32 pièces de moyen et gros calibres[155]. Dans les années qui suivirent, la puissance de feu de cette forteresse dut s'accroître puisqu'en 1599, le comte de Monterey, alors vice-roi, décida d'y augmenter le nombre d'artilleurs en garnison[156]. Néanmoins, un inventaire de l'artillerie présente en 1616 récensait seulement 28 pièces, pour un poids total légèrement supérieur à 600 *q.*, ce qui était l'équivalent, en Europe, d'une place forte de second rang. Pour être véritablement exhaustif, il faudrait prendre en compte une multitude de petites places fortes pour lesquelles les informations manquent, à l'image du port de Santiago de Cuba dans lequel servait au moins un artilleur, tué lors d'une attaque de corsaires français en

151 Lettre de Juan de Tejeda à la *casa de la contratación*, AGI CT leg. 5108, sans num. (12/07/1587).

152 AGS GYM leg. 604/43 (04/04/1603).

153 Perez-Mallaína, Pablo, *Spain's Men of the Sea*, *op. cit.*, p. 13.

154 AGI PANAMA leg. 1/139 (15/11/1597) et leg. 14/13-91 (15/11/1597).

155 AGI MEXICO leg. 21/9 (22/04/1587). Les plaintes du manque d'artillerie continuaient en 1590, AGI MEXICO leg. 22/16 (05/06/1590).

156 AGI MEXICO leg. 24/25 (04/10/1599).

1586[157]. Malgré ces imprécisions, les données concernant les principales places fortes des Caraïbes invitent à considérer que le nombre total d'artilleurs en garnison n'y dépassait pas la centaine d'individus au début du XVIIe siècle.

Par ailleurs, les défenses côtières le long de l'océan Pacifique étaient quasiment inexistantes à cette époque. La principale protection dont bénéficiait cette région était son relatif isolement géographique et sa difficulté d'accès depuis l'Europe[158]. Cependant, des flux de marchandises de grande valeur s'y développèrent dans la seconde moitié du XVIe siècle. Les colossales quantités d'argent extraites des mines de Potosi étaient acheminées jusqu'au port d'Arica, puis elles voyageaient par voie maritime au Callao, le port de Lima, avant de rejoindre Panama puis de traverser l'isthme pour être transportées vers l'Andalousie via l'Altantique. En outre, à partir des années 1570, la conquête espagnole des Philippines s'accompagna de l'émergence d'un commerce transpacifique entre Manille et Acapulco, échangeant l'argent péruvien contre des produits asiatiques luxueux tels que la soie et la procelaine[159]. Ces précieuses marchandises attirèrent ponctuellement la convoitise de corsaires anglais et hollandais comme Francis Drake en 1579, Thomas Cavendish en 1587, Richard Hawkins en 1594 ou encore Olivier van Noort en 1600, mais ces déprédations peu fréquentes tardèrent à convaincre le gouvernement madrilène d'investir dans un système de fortifications pour protéger les ports de la côte pacifique[160]. À Acapulco, par exemple, la forteresse fut seulement construite en 1616, suite à l'attaque du Hollandais Joris van Spilbergen[161]. Sur la période considérée, les Philippines constituèrent la seule garnison notable du système de défense que la Monarchie hispanique maintint dans l'océan Pacifique. Ainsi, un document de l'année 1608 évoque un total de vingt artilleurs en service aux Philippines[162]. Il est tout

157 Rapport du capitaine Gómez de Rojas Manrique, lieutenant à Santiago de Cuba, au gouverneur Gabriel de Luján, AGI CT leg. 5108, sans num.(01/05/1586).

158 Bradley, Peter T., *Spain and the Defence of Peru, 1579-1700 : Royal Reluctance and Colonial Self-Reliance*, Morisville, Lulu.com, 2009.

159 Giraldez, Arturo, *The Age of Trade. The Manila Galleons and the Dawn of the Global Economy*, Lanham ; Boulder ; New York ; Londres, Rowman and Littlefield, 2015.

160 Bradley, Peter T., *Spain and the Defence of Peru*, *op. cit.*

161 Sluiter, Engel, « The Fortification of Acapulco, 1615-1616 », *The Hispanic American Historical Review*, vol. 29, n° 1, 1949, p. 69-80.

162 AGI MEXICO leg. 27/35 (03/03/1608).

à fait probable que ce nombre fut appelé à augmenter peu de temps après puisqu'en 1616, face à la menace croissante des Hollandais dans la région, le gouverneur des Philippines demandait au roi de toute urgence l'envoi de cent artilleurs supplémentaires[163].

Pour obtenir un tableau complet des artilleurs en garnisons dans les territoires de la Monarchie hispanique, il faudrait également inclure les places fortes de l'*Estado da India*, c'est-à-dire des Indes portugaises, annexées par Philippe II en 1580. Peu visibles à partir des documents de l'administration militaire espagnole car échappant en grande partie au contrôle du conseil de guerre madrilène[164], les artilleurs de l'*Estado da India* ne feront pas ici l'objet d'une étude approfondie[165]. À titre indicatif, on peut néanmoins fournir un ordre de grandeur du nombre d'artilleurs qui y étaient en garnison à partir d'un inventaire général réalisé en 1571, c'est-à-dire avant l'annexion espagnole[166]. Du point de vue des effectifs, les principales places fortes étaient Ormuz (16 artilleurs), Diu (16 artilleurs), Daman (13 artilleurs), Baçaim (13 artilleurs) et Malacca (11 artilleurs). En tout, l'inventaire recense plus de 130 artilleurs répartis dans 15 forteresses en Asie, mais il est incomplet puisque la capitale vice-royale, Goa, n'y comptabilise aucun artilleur malgré son puissant système défensif composé de cinq forts. En outre, au moins deux garnisons asiatiques sont absentes de ce document : d'une part Macao, le comptoir des Portugais en Chine, d'autre part, Mascate, une puissante forteresse à bastions située dans le golfe d'Oman[167]. Enfin, ce document de 1571 n'inclut aucune donnée sur les garnisons portugaises en Afrique et au Brésil. Or, les Portugais disposaient également de tout un réseau de forteresses sur les côtes africaines, depuis le Cap Vert, le golfe de Guinée (Elmina, São Tomé), Luanda, l'île fortifiée de Mozambique

163 AGI MEXICO leg. 28/33 (25/01/1616).

164 Voir p. 194.

165 Il faut attendre les résultats de la thèse de Tiago Machado de Castro qui devrait fournir de nombreux éléments de réponse, tant quantitatifs que qualitatifs, au sujet des artilleurs des Indes Orientales. Voir déjà son travail de master : Machado de Castro, Tiago, « Bombardeiros na Índia. Os homens a as artes da artilharia portuguesa (1498-1557) », Thèse de master défendue à la Universidade de Lisboa, Lisbonne, 2011.

166 Teodoro de Matos, Artur, *Orçamento do Estado da India – 1571*, CNCDP/Centro de Estudos Damião de Góis, 1999. Je remercie Roger Lee de Jesus pour cette référence.

167 Parker, Geoffrey, « The Artillery Fortress as an Engine of European Overseas Expansion », *op. cit.*, p. 395.

ou encore Mombasa[168]. Au Brésil, certains ports comme Salvador de Bahia, Recife et Rio de Janeiro furent fortifiés dans le courant du XVIe siècle afin de faire face aux attaques de corsaires français et anglais[169]. Il faut donc considérer que ces territoires coloniaux portugais répartis sur trois continents mobilisaient, en tout, au moins 200 à 250 artilleurs.

Ce passage en revue des garnisons des différents territoires de la Monarchie hispanique permet de dresser une cartographie générale des ordres de grandeur et de l'évolution des effectifs des artilleurs. On y voit notamment le poids respectif des différents territoires du roi catholique. Le poids de la péninsule ibérique et de son réseau d'îles et de places fortes en Méditerranée y est énorme, près de la moitié des effectifs selon mes estimations. Cependant, le nombre d'artilleurs en garnison y fut relativement constant, la principale hausse étant due à l'annexion du Portugal. Les États de la péninsule italienne figurent en seconde position avec, chacun, une à deux centaines d'artilleurs en garnison. Or, l'augmentation des effectifs dans le dernier quart du XVIe siècle ne provient pas d'une augmentation significative des besoins en artilleurs mais résulte plutôt de l'ouverture d'écoles qui produisirent un excédent d'artilleurs employés dans d'autres territoires de la Monarchie[170]. D'après mon analyse, la seule augmentation des effectifs d'artilleurs véritablement structurelle eut lieu dans les territoires d'outre-mer qui virent doubler ou tripler les garnisons des principaux ports fortifiés. Enfin, il faut se concentrer sur les ordres de grandeur généraux : environ 1 000 artilleurs servant la Monarchie hispanique dans ses différentes garnisons vers 1575, chiffre qui passa vraisemblablement à 1 600 voire à 2 000 individus à la fin du siècle, avec une hausse s'expliquant en grande partie par l'annexion des forteresses portugaises dans les années 1580. Ces chiffres sont élevés, mais la dynamique fut relativement lente en comparaison de celle des armadas.

168 Bethencourt, Francisco, Chaudhuri, Kirti, *História da Expansão Portuguesa, vol. 1 : A Formação do império (1415-1570)*, Lisbonne, Temas e Debates, 1998, p. 402-403.

169 *Ibid.*

170 Voir chapitre « des écoles d'artilleurs pour soutenir un empire ».

Territoires	Nb artilleurs vers 1575	Nb artilleurs vers 1600
Péninsule italienne	**220-330**	**510-650**
Naples (+ présides de Toscane)	134	140-150
Sicile	60-160	250-350*
Milan	20-50	120-150*
Péninsule ibérique (et dépendances)	**560-810**	**635-910**
Frontière pyrénéenne	170-200	170-200
Côte nord	50-60	50-60
Côte méditerranéenne	100-200	100-200
Andalousie	30-50	30-50
Centre	80-100	80-100
Îles méditerranéennes	80-100**	80-100**
Portugal	Non annexé	75-100
Présides d'Afrique	50-100	50-100
Pays-Bas	**Inconnu**	**150-270**
Outre-mer	**50-70**	**325-430**
Canaries	20	20
Açores	Non annexées	25-40
Indes espagnoles	30-50	80-120
Indes portugaises	Non annexées	200-250
TOTAL	830-1210 (+ Pays-Bas)	1620-2260

*Chiffres incluant les artilleurs des « écoles » d'artilleurs (voir chapitre 5).
**Chiffres incluant les aides-artilleurs payés par la Monarchie.

FIG. 9 – Estimation des effectifs d'artilleurs en garnison dans l'empire.

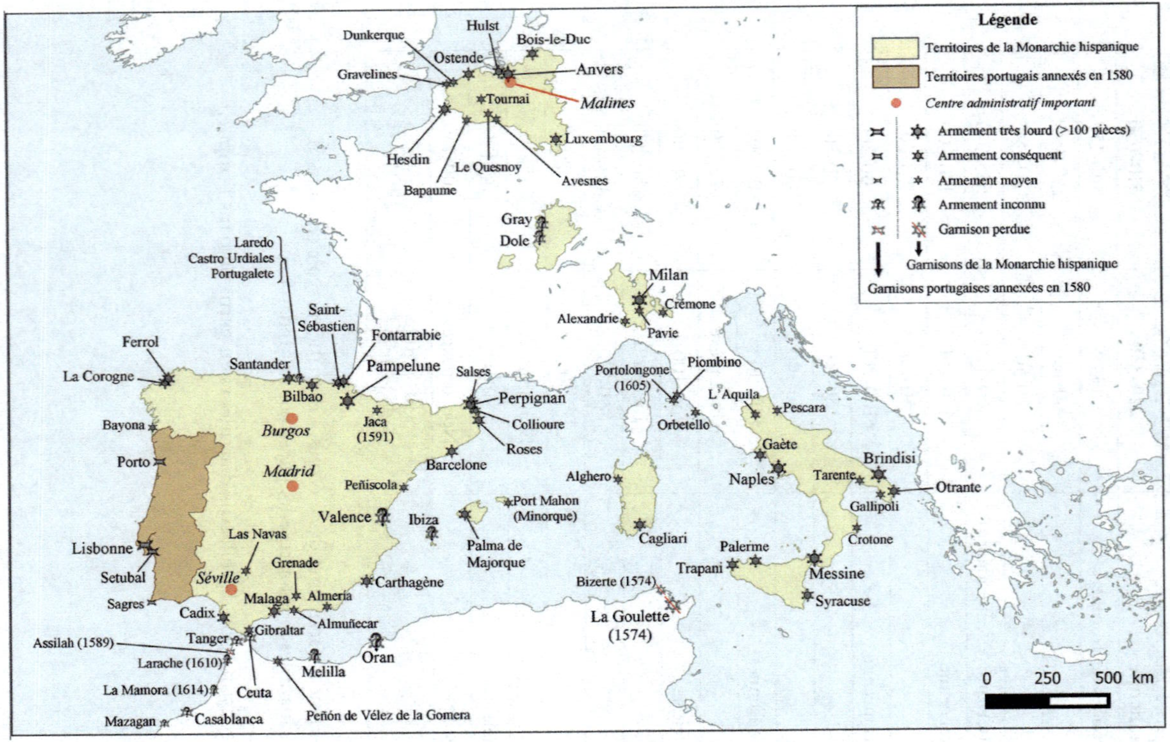

FIG. 10 – Principales garnisons de la Monarchie hispanique en Europe. Carte réalisée par l'auteur en compilant des données de la période 1570-1615. Toutes les garnisons mineures du point de vue de l'artillerie ont été écartées de cette représentation. Les dates d'acquisition ou de perte ont été indiquées lorsque celles-ci sont intervenues dans la période considérée. Les limites définies pour les Pays-Bas sont celles de 1609 (trêve de 12 ans).

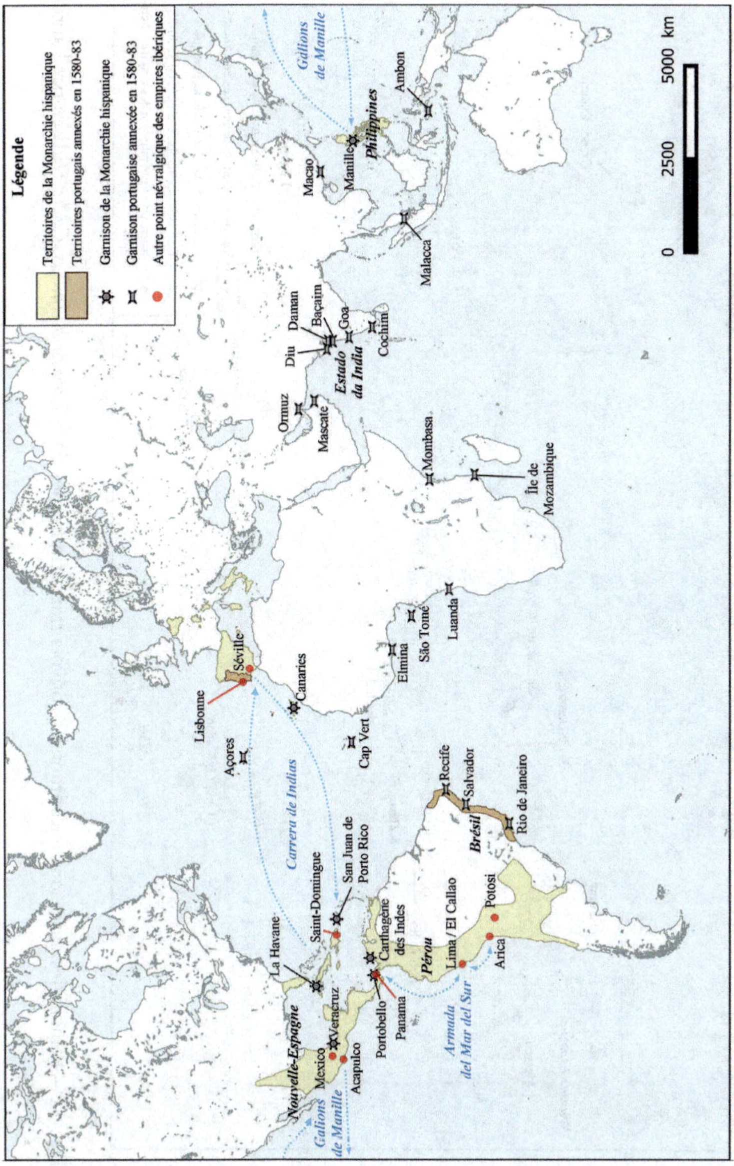

FIG. 11 – Principales garnisons de la Monarchie hispanique dans le monde. Carte réalisée par l'auteur. Les limites géographiques correspondent approximativement à l'année 1600. La carte fait également figurer les principales routes maritimes de l'empire espagnol évoquées dans cet ouvrage.

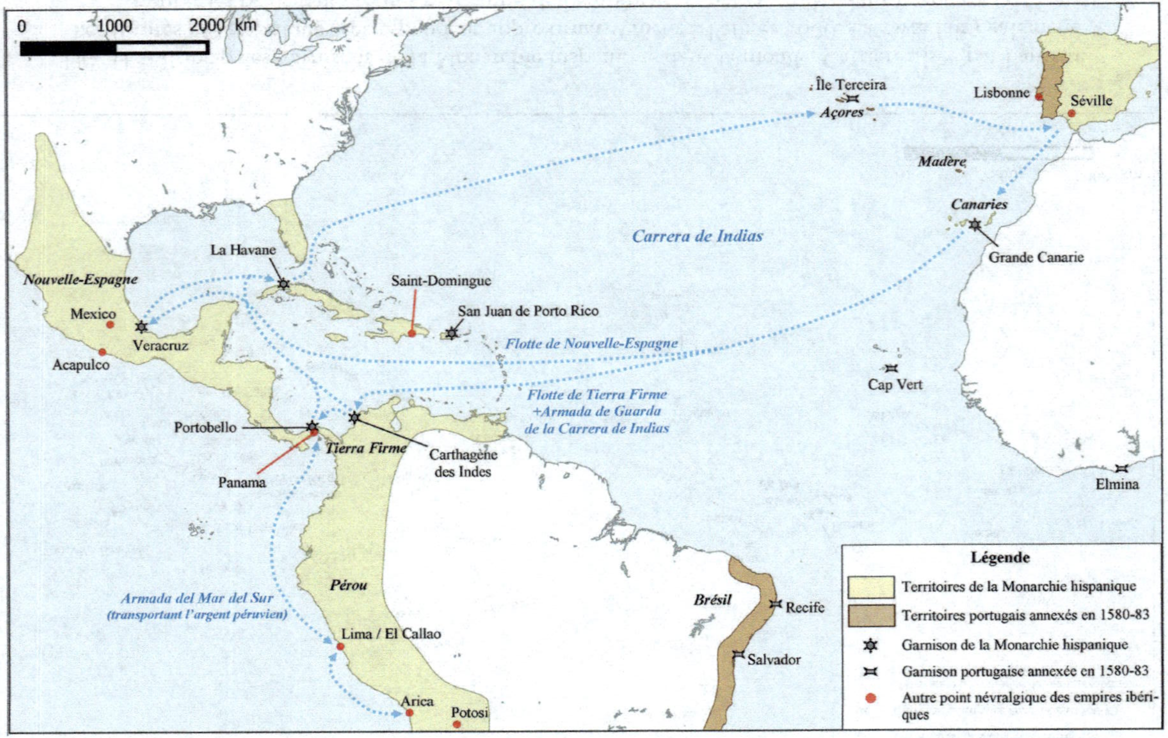

FIG. 12 – Principales garnisons encadrant les convois transatlantiques de la *carrera de Indias*. Carte réalisée par l'auteur.

LES ARTILLEURS AU SERVICE DU ROI SUR MER

Cette dernière partie de l'analyse déplace la focale vers le combat naval. Il s'agit ici de mettre en évidence le phénomène majeur constituant l'argument principal de ce chapitre : le saut quantitatif que représenta, à la fin du XVIe siècle, le développement des flottes atlantiques[171]. En effet, les navires de guerres atlantiques tels que les galions, les nefs (*naos*), les *filibotes*, les frégates ou encore les *pataches* disposaient d'un armement et d'équipages d'artilleurs sans commune mesure avec ceux du navire de guerre le plus commun en Méditerranée, la galère. La méthodologie adoptée poursuit dans la continuité des développements précédents, en articulant les données singulières par type de navires et les estimations projetées à l'échelle des vastes flottes qui furent constituées dans les dernières décennies du XVIe siècle. En outre, en parallèle du développement des flottes royales, l'étude révèlera l'existence d'un énorme marché privé de l'artillerie, constitué par les flottes commerciales, dont les besoins en artilleurs entrèrent en concurrence avec ceux de la Monarchie.

DE LA GALÈRE AU GALION, L'IMPACT DU TOURNANT ATLANTIQUE

La première étape de cette analyse sur les artilleurs des armadas vise à identifier et caractériser l'armement et l'équipage des différents types de navires de guerre employés par la Monarchie hispanique dans la seconde moitié du XVIe siècle, tels que les galères, les galions, les frégates, les galéasses ou encore les *filibotes*.

Au milieu du XVIe siècle, le navire de guerre par excellence demeurait la galère, élément essentiel des batailles navales méditerranéennes[172]. Il s'agissait d'un navire de forme très allongée, peu profond, et dont l'avantage était de pouvoir être mu par la force de propulsion de 160 à

171 L'argumentation de cette partie s'appuie sur le traitement statistique d'une base de données disposant d'informations sur l'artillerie et les artilleurs de plus de 600 navires. La base de données est consultable sur https://cadmus.eui.eu//handle/1814/68555.

172 Guilmartin, John F., *Gunpowder & Galleys*, *op. cit.* Williams, Phillip, *Empire and Holy War in the Mediterranean : the Galley and Maritime Conflict between the Habsburgs and Ottomans*, Londres, New York, I.B. Tauris, 2014.

300 rameurs répartis sur 24 à 30 bancs[173]. Cette capacité à se mouvoir sans dépendre du vent lui offrait un précieux avantage lorsqu'il s'agissait de rattraper d'autres navires, les aborder et déverser sur le pont adverse ses soldats, qui étaient généralement une quarantaine, mais dont les effectifs pouvaient grimper à plus de 200 lors des grandes batailles[174]. En revanche, sa puissance de feu était relativement limitée, comme les statistiques réalisées sur un échantillon de 65 galères le montrent. Une galère avait en moyenne huit pièces d'artillerie, concentrées à l'avant : un *cañon de crujia*, pièce de gros calibre équivalent à un canon de batterie, flanqué de deux à quatre sacres parfois remplacés par des pierriers ou par des pièces de calibres inférieurs telles que des fauconneaux, et enfin, en moyenne, quatre *esmeriles*, pièces extrêmement légères tirant moins d'une livre de balle. Ces chiffres moyens cachent néanmoins certaines disparités dues aux différences de taille des galères. À la tête des escadrons, les galères *capitana*, *patrona* et *real* étaient souvent mieux équipées et pouvaient ajouter à cet armement standard quelques pièces légères, de même que certaines galères renforcées pouvaient avoir jusqu'à une dizaine de pièces[175]. Cet armement relativement léger et concentré à l'avant du navire explique sans doute le faible nombre d'artilleurs présents à bord. Sur 35 galères pour lesquelles l'information apparaît, on trouve une moyenne de seulement 2,5 artilleurs par navire, les galères *patronas*, *capitanas* et *real* ayant entre quatre et sept artilleurs.

Il en allait tout autrement du navire de guerre atlantique par excellence, le galion. Les galions firent leur apparition dans la première moitié du XVIe siècle mais ils connurent leur véritable essor après les années 1550[176]. Il s'agissait d'une version de combat de la *nao*, le grand voilier des longues routes commerciales telles que la *carrera de Indias*. Le galion était moins haut de bord, plus allongé, et plus agile que la *nao*. Conçues pour le combat, sa coque et sa structure étaient renforcées et pouvaient accueillir davantage de pièces d'artillerie. Néanmoins, dans les faits,

---

173 Williams, Phillip, *Empire and Holy War in the Mediterranean*, *op. cit.*, p. 92.

174 Pour les effectifs de soldats, voir par exemple les listes d'équipage à la veille de la bataille de Lépante, AGS EST leg. 1134/16 (18/07/1571), pour avoir une idée des effectifs de routine, voir les listes de l'escadron des galères de Bretagne, AGS CSU 2a epoca leg. 201 (1598).

175 Voir à ce titre l'armement des galères de Sicile en 1584, AGS GYM leg. 175/116 et 117 (22/04/1584).

176 Pour l'Espagne, la première référence de galion remonterait à 1526, Phillips, Carla R., *Six Galleons for the King of Spain : Imperial Defense in the Early Seventeenth Century*, Baltimore, Johns Hopkins University Press, 1986, p. 40.

la distinction entre *naos* et *galeones* n'était pas toujours claire, d'autant plus que les sources emploient parfois successivement ces deux termes pour désigner un même navire[177]. Assurément, certains vaisseaux furent construits en tant que « galions », à l'image des neuf navires fabriqués à Guarnizo entre 1581 et 1583 sous la direction de Cristóbal de Barros[178]. Il arrivait cependant bien souvent que les galions fussent en fait des *naos* marchandes saisies par l'administration militaire contre rémunération du propriétaire, puis fortifiées par quelques travaux de carénage et de renforcement des ponts pour soutenir une plus grande quantité d'artillerie[179]. Face à cette difficulté d'identification des galions, l'analyse qui suit a considéré comme « galion » tout navire désigné comme *galeon* ou dont la fonction principale annoncée était le combat, qu'ils fissent partie d'une armada ou qu'ils fussent navires amiraux d'escorte d'une flotte commerciale. De la sorte, l'échantillon analysé se compose d'un total de 192 galions ayant été au service de la Monarchie hispanique entre 1570 et 1609.

Ce qui ressort de cette analyse, c'est l'importante concentration d'artillerie et d'artilleurs de ces grands bâtiments de guerre flottants. Il faut d'abord prendre note de la taille de ces navires puisque, sur l'ensemble de l'échantillon, les galions avaient en moyenne un port d'un peu plus de 600 *t.* à comparer, aux 200 à 250 *t.* moyennes des *naos* de la *carrera de Indias* à cette époque[180]. Les plus petits de ces galions, parfois appelés *galeoncetes*, ne dépassaient pas les 350 *t.* voire très exceptionnellement 250 *t.* tandis que les chefs d'escadrons, appelés *capitanas*, atteignaient régulièrement les 1 000 à 1 200 *t.* D'une manière générale, les galions accueillaient un armement abondant, sans commune mesure avec celui d'une galère, plus proche, en réalité, de celui d'une place

177 Contente Domingues, Francisco, *Os navios do mar Oceano : Teoria e empiria na arquitectura naval portuguesa dos seculos XVI e XVII*, Lisbonne, Centro de historia da universidad de Lisboa, 2004, p. 252-258. Phillips, Carla R., *Six Galleons for the King of Spain*, *op. cit.*, p. 42-43.

178 Goodman, David C., *Power and Penury*, *op. cit.*, p. 106-108. Goodman, David C., *Spanish Naval Power, 1589-1665 : Reconstruction and Defeat*, Cambridge ; New York, Cambridge University Press, 1997, p. 86.

179 Chaunu, Huguette, Chaunu, Pierre, *Séville et l'Atlantique, 1504-1650*, *op. cit.* Les commentaires des tables des tomes 2 à 5, détaillant le trafic de la *carrera de Indias*, mettent clairement en évidence la fréquence de cette pratique, en particulier pour les galions d'escorte des flottes de Nouvelle-Espagne et de Tierra Firme. Pour un exemple concret, voir AGS GYM leg. 128/310 (20/07/1582).

180 Chaunu, Huguette, Chaunu, Pierre, *Séville et l'Atlantique, 1504-1650*, *op. cit.*, *Tome 6*, p. 168.

forte. En effet, on comptait en moyenne près de 23 pièces d'artillerie par galion, parmi lesquelles se trouvaient une grande majorité de demi-couleuvrines, demi-canons et sacres. Cet armement relativement lourd était en moyenne servi par 18,5 artilleurs, chiffre qu'il est en fait plus juste de ramener à la taille du navire ; un galion embarquait environ un artilleur pour 30 *t.* ce qui signifie qu'un petit galion de 300 *t.* était susceptible d'avoir à son bord une dizaine d'artilleurs tandis qu'une grande *capitana* de 900 *t.* pouvait en avoir une trentaine. Il faut noter que la proportion d'artilleurs par rapport au nombre de pièces était, sur ces navires, bien plus élevée que dans les forteresses, proche d'un artilleur par pièce, tandis que dans les places fortes, elle oscillait entre trois et huit pièces par artilleur.

Contrairement à la galère, qui constituait avant tout une plateforme d'abordage, la force du galion résidait de plus en plus dans sa puissance de feu. Ce fut en tout cas l'une des principales leçons tirées de l'affrontement contre les navires de guerre anglais, en particulier après la défaite de la Grande Armada à Gravelines en 1588. Dès la première moitié du XVIe siècle, Henri VIII d'Angleterre s'était doté d'une puissante flotte de navires à voiles lourdement armés[181]. À partir des années 1570, les chantiers navals de la reine Elizabeth commencèrent à produire des navires plus allongés, dont les flancs étaient renforcés afin d'accueillir une plus grande quantité de pièces d'artillerie lourdes[182]. Durant les trois dernières décennies du XVIe siècle, les galions espagnols furent principalement confrontés dans l'Atlantique – aussi bien en Europe que dans les Caraïbes – à ces navires anglais dont la tactique était d'attaquer l'adversaire avec leur puissante artillerie tout en le maintenant à distance grâce à leur agilité. Or, d'après Parker et Martin, à Gravelines en 1588, ce fut ce type de manœuvres qui permit à la flotte anglaise de prendre l'avantage sur les galions espagnols dont la tactique reposait encore principalement sur le modèle de l'abordage pratiqué par les flottes de galères[183]. Ce jugement est confirmé par le

181 Pour un exemple d'armement d'un navire de guerre anglais du milieu du XVIe siècle, voir les travaux archéologiques réalisé sur l'épave du *Mary Rose*, Hildred, Alexzandra, *The Archeology of the Mary Rose Vol. 3*, *op. cit.* D'après Parker, la flotte royale anglaise était constituée en 1540 de 53 vaisseaux dont 15 grands navires de plus de 400 *t.* lourdement armés, Parker, Geoffrey, *The Grand Strategy of Philip II*, New Haven, Yale University Press, 1998, p. 252.

182 *Ibid.* p. 253.

183 Martin, Colin, Parker, Geoffrey, *The Spanish Armada*, *op. cit.*

lieutenant d'artillerie Diego de Prado, témoin de premier plan puisqu'il fut chargé de l'inspection de l'artillerie de la Grande Armada à Lisbonne avant son départ :

> Certains disent que lors de la bataille d'Angleterre, l'artillerie ennemie tira plus que la nôtre. Ce dont ils ne tiennent pas compte, c'est que dans notre armada, il y avait une grande quantité d'artillerie de fonte de une à trois ou quatre livres et, avec celle-ci, il n'est pas possible de tirer autant qu'avec l'artillerie de 10 à 12 livres que possédait l'ennemi, principalement constituée de demi-couleuvrines et de demi-canons[184].

Parfaitement consciente de cet avantage tactique des Anglais avant la bataille de Gravelines (1588)[185], l'administration militaire espagnole tâcha de s'adapter à ses adversaires après le désastre de l'Invincible Armada. Ainsi, l'importance tactique croissante donnée à la puissance de feu des galions espagnols est clairement perceptible à travers l'évolution de leur armement. Avant Gravelines, les galions embarquaient en grande majorité des pièces de très petits calibres (inférieurs à 5 *lb.*), les pièces les plus lourdes étant généralement des sacres de moins de 10 *lb.* Cette artillerie était peu capable de sérieusement endommager les coques renforcées d'autres navires de guerre. Après l'échec de la Grande Armada, l'armement embarqué dans les navires de guerre s'alourdit très nettement. L'artillerie des galions de la dernière décennie du XVIe siècle était ainsi composée à un tiers de demi-canons et demi-couleuvrines tirant entre 10 et 20 *lb.* de balle. Dans la première décennie du XVIIe siècle, plus de la moitié des pièces d'un galion tiraient un calibre supérieur à 10 *lb.* Cet accent mis sur la puissance de l'artillerie embarquée se traduisit également par une augmentation des effectifs d'artilleurs. D'une moyenne de 15,5 artilleurs par galion entre 1570 et 1588, on passa à 18,4 artilleurs entre 1589 et 1599, puis à près de 20 artilleurs par vaisseau entre 1600 et 1610.

---

184 « *Por esto dicen algunos que en la jornada de Ingalaterra tirava más la artillería del enemigo que no la nostra y es que no tenían quenta que en nuestra armada abía mucha cantidad de artillería de hierro colado de una libra asta tres y quatro libras y con esas no es posible poder tirar tanto como la otra artillería de 10 y 12 libras de pelota que traía el enemigo, que eran medias culebrinas y medios cañones* », Prado, Diego de, « La obra manual y pláctica de artillería », *op. cit.*, fol. 59v-60r.

185 Voir les rapports fournis à Philippe II avant le départ de la Grande Armada et les conseils que ce dernier donna à Medina Sidonia, cités par Parker, Geoffrey, *The Grand Strategy of Philip II*, *op. cit.* p. 251.

Caractéristiques	1570-1588	1589-1599	1600-1610
Volume moyen	585 t.	660 t.	603 t.
Nb d'artilleurs par navire	15,5	18,4	19,9
Nb de pièces d'artillerie par navire	23	23	20,5
Pièces lourdes (> 20 *lb.*) *cañon, culebrina*	0 %	3,2 %	8,7 %
Pièces moyennes (10-19 *lb.*) *medio cañon, media culebrina*	7,4 %	33,6 %	44,1 %
Pierriers (cal. moyen 14 *lb.*) *pedreros*	0 %	15,2 %	5,2 %
Pièces légères (6-9 *lb.*) *sacres*	37,2 %	20 %	33,3 %
Pièces très légères (1,5-5 *lb.*) *falconetes, medios sacres*	52,9 %	18,2 %	7 %
Pièces semi-portatives (<1,5 *lb.*) *esmeriles*	2,5 %	1,4 %	0 %
Pièces en fonte (cal. moyen 3 *lb.*)	0 %	8,4 %	1,7 %

FIG. 13 – Évolution de l'armement des galions de la Monarchie hispanique. Résultats du traitement statistique de données concernant 192 galions de la période 1570-1610.

Les flottes de guerre de la Monarchie hispanique ne se composaient pas uniquement de galions, mais également de *naos* et *urcas*. On l'a dit, la distinction entre galion et *nao* n'était pas très claire. Lorsque le terme de *nao* était employé pour désigner un navire au sein d'une armada, il renvoyait non pas à une différence de taille mais à une différence d'armement. En effet, après analyse d'un échantillon de 49 *naos* d'armada, leur volume moyen de près de 600 *t.* apparaît très voisin de celui des galions. Par contre, ces *naos* n'embarquaient en moyenne qu'un peu moins de 15 pièces dont l'écrasante majorité étaient de très petits calibres et de moindre qualité, en fonte et non pas en bronze. La forte proportion de ce type d'artillerie, caractéristique des flottes marchandes (comme on le verra dans la dernière partie de ce chapitre), laisse penser que le mot *nao* était utilisé au sein des armadas afin de désigner des navires marchands saisis par l'administration royale, mais peu renforcés et ayant conservé en partie leur artillerie de navire de commerce. En d'autres termes, il s'agissait de navires de seconde ligne et, à ce titre, leur dotation en artilleurs était plus faible, une douzaine, en moyenne, par *nao* d'armada. De même, les *urcas* (hourques), des navires marchands venus d'Europe du nord, renvoyaient, dans les armadas, à des bâtiments relativement grands mais moins bien préparés au combat que les galions. Le manque de données sur ces navires ne permet pas de fournir des statistiques fiables quant au nombre d'artilleurs même s'il est possible d'affirmer que l'armement de ces hourques était bien plus léger que celui des galions.

Les dernières décennies du XVIe siècle virent apparaître d'autres types de navires de guerre bien équipés en artillerie. À la bataille navale de Lépante en 1571, les Vénitiens alignèrent six galéasses dont la puissance de feu fit des ravages parmi la flotte ottomane[186]. Témoin de ce haut fait, don Juan d'Autriche incita dès son retour en Italie le roi Philippe II à construire ce type de navires[187]. Dès lors, les flottes de guerre espagnoles intégrèrent régulièrement des *galeazas* dans leur rang. Il s'agissait de grands bâtiments d'environ 500 *t.* équipés de bancs de rameurs comme les galères, mais dotés d'au moins un pont sur lequel pouvait être positionnée l'artillerie[188]. Les sources révèlent que ces navires étaient les plus lourdement armés de l'époque. Chaque galéasse possédait en moyenne une cinquantaine de pièces dont une douzaine de calibres supérieurs à 10 *lb.*, c'est-à-dire un armement supérieur à la plupart des places fortes. Pour les servir, ces forteresses flottantes embarquaient entre une vingtaine et une cinquantaine d'artilleurs, les chiffres variant selon la nature de l'opération[189].

À côté des grands navires de guerre qu'étaient les galions et autres galéasses, le combat naval contre les puissances maritimes du nord de l'Europe incita la Monarchie hispanique à intégrer des vaisseaux de guerre plus petits, plus rapides, plus maniables tout en étant relativement bien pourvus en artillerie. En effet, nombreuses furent les plaintes de capitaines espagnols à propos de l'incapacité des lourds

---

186 Guilmartin, John F., *Gunpowder & Galleys*, *op. cit.*, p. 232-250.

187 AGS EST leg. 1134/150 (28/12/1571).

188 Guilmartin, John F., *Gunpowder & Galleys*, *op. cit.*, p. 233. Le chiffre de 500 *toneladas* provient des documents de l'administration militaire espagnole, AGS GYM leg. 280/103 (Février 1590).

189 Quatre-vingt quinze artilleurs embarqués dans deux galéasses à Naples en 1589, AGS EST leg. 1090/36 et 40 (04/05/1589). Mais utilisées comme transports de Cadix à Naples, les effectifs d'artilleurs sont bien plus faibles, entre 17 et 23, AGS GYM leg. 162/53 (11/05/1584).

galions et galéasses à rattraper les agiles et rapides navires hollandais et anglais[190]. C'est sans doute la raison pour laquelle l'usage de navires de guerre de petite taille se multiplia dans les dernières décennies du XVIe siècle.

Depuis la première moitié du XVIe siècle, les *zabras*, *caravelas* et *pataches* constituaient les navires de soutien habituels des flottes de guerre ibériques[191]. Dans les années 1570-1600, les *caravelas* devinrent extrêmement rares. Un peu plus fréquentes, les *zabras* embarquaient entre un et trois artilleurs, parfois aucun[192]. Les *pataches*, quant à elles, étaient de petits navires de soutien relativement courant dans les flottes de guerre, d'un port de 50 à 100 *t.* armés d'une artillerie très légère (systématiquement inférieure à 10 *lb.* de calibre) en quantité variant de 4 à 12 pièces (6 pièces en moyenne). Elles embarquaient entre 3 et 4 artilleurs, parfois plus pour certaines *pataches* de plus grande taille. Comparés aux galions, ces chiffres paraissent relativement faibles, mais, ramenés à la taille du navire, ils sont tout à fait comparables puisqu'on y trouvait environ un artilleur pour 30 *t.* Rappelons également que les galères, qui étaient pourtant des bâtiments de guerre bien plus grands que les *zabras* et *pataches*, embarquaient en moyenne moins d'artilleurs que ces petits navires de soutien des flottes atlantiques.

Dans les dernières décennies du XVIe siècle, de nouveaux navires de faible tonnage spécialisés dans le combat naval firent leur apparition. L'un des plus répandus s'appelait *filibote*, navire apparu aux Pays-Bas vers 1570 (*vlieboot* en hollandais)[193]. Ceux employés au service de la Monarchie étaient environ deux fois plus grands que les *pataches* avec une moyenne autour de 140 *t.* sur un échantillon de 39 bâtiments. Ils étaient également relativement bien équipés en artillerie compte tenu de leur taille puisqu'ils possédaient entre 6 et 20 pièces (un peu plus de 13 pièces en moyenne). Cette artillerie était presque entièrement en fonte, attestant de l'origine nord-européenne de ces navires. Enfin, la

190 Pour un parfait exemple de ce genre d'*arbitristas*, voir AGS GYM leg. 655/341 (année 1606).

191 Contente Domingues, Francisco, *Os navios do mar Océano*, *op. cit.*, p. 262-266.

192 Voir les listes de *zabras* envoyées en Flandres sous le commandement de Juan Martínez de Recalde en 1576, AGS CMC 2ª epoca leg. 747. Par comparaison, voir les listes d'équipage de la flottille AGI CT leg. 2965 (année 1599).

193 Gómez-Centurión Jiménez, Carlos, *Felipe II, la empresa de Inglaterra y el comercio septentrional (1566-1609)*, Madrid, España, Editorial Naval, 1988, p. 24.

densité d'artilleurs à leur bord, bien que relativement variable, était supérieure à celle des galions, avec environ un artilleur pour 25 *t.* soit en moyenne environ 6 artilleurs par *filibote.* D'un port similaire, les *naves* et *navios*, termes utilisés pour désigner des petites *naos*[194], représentaient la version ibérique du *filibote.* Ils étaient toutefois un peu plus lourdement armés puisqu'on trouvait parfois à leur bord des demi-canons, des pierriers et des sacres. Ils embarquaient environ 6 à 7 artilleurs, effectifs tout à fait comparables à ceux des *filibotes.* Enfin, dans les dernières années du XVIe siècle apparurent les *fragatas* (frégates), véritables petites plateformes de tir mouvantes. Ces navires transportaient en effet une dizaine de pièces d'artillerie de type sacres et demi-couleuvrines, des calibres relativement lourds compte tenu de la modeste taille de ces bateaux, d'environ 80 *t.* L'importance attribuée à l'artillerie dans les *fragatas* se reflète parfaitement dans la composition de l'équipage puisqu'elles possédaient entre 6 et 12 artilleurs, soit environ un artilleur pour 5 à 10 *t.*, c'est-à-dire trois fois la densité d'artilleurs que l'on trouvait sur un galion.

Pour conclure, comme le tableau comparatif de la figure 14 le montre, même les plus petits navires des flottes de guerre atlantiques de la fin du XVIe siècle nécessitaient plus d'artilleurs que les galères. Or, les dernières décennies du XVIe siècle furent marquées, pour la Monarchie hispanique, par un déplacement du principal théâtre des opérations militaires de la Méditerranée vers l'Atlantique[195]. Après la bataille de Lépante (1571) et la prise de Tunis et la Goulette (1574), l'affrontement entre les empires ottoman et espagnol perdit grandement en intensité. L'attention de Philippe II se tourna vers l'océan : l'acquisition de l'empire portugais (entre 1580 et 1583), la défense des possessions américaines contre les attaques des corsaires français, anglais et hollandais, la répression de la révolte des Pays-Bas et l'affrontement contre l'Angleterre conduisirent la Monarchie hispanique à développer ses armadas de galions plus que ses flottes méditerranéennes de galères. Il paraît donc important d'évaluer ce tournant atlantique afin de saisir l'ordre de grandeur de cette transformation en ce qui concerne l'artillerie et les artilleurs.

---

194 Chaunu, Huguette, Chaunu, Pierre, *Séville et l'Atlantique, 1504-1650*, *op. cit.*, Tome 1, p. 278.

195 Braudel, Fernand, *La Méditerranée et le monde méditerranéen à l'époque de Philippe II*, *op. cit.*

Type de navire (armada)	Nb de navires dans l'échantillon	Tonnage moyen des navires	Nb d'artilleurs par navire	Nb de *toneladas* par artilleur	Nb de pièces par navire	Pièces lourdes (> 19 *lb.*)	Pièces moyennes (10-19 *lb.*)	*Pedreros* (calibre moyen 14 *lb.*)	Pièces légères (6-9 *lb.*)	Pièces très légères (1,5 – 5 *lb.*)	Pièces semi-portatives (<1,5 *lb.*)	Pièces en fonte (calibre moyen 3 *lb.*)
Galera	65	-	2,5	-	8	11 %	1 %	6 %	24 %	15 %	43 %	0 %
Galeón	192	630 *t.*	18,5	32 *t.*	23	4 %	34 %	11 %	26 %	18 %	1 %	6 %
Galeaza	11	500 *t.*	28	18 *t.*	50	10 %	12 %	16 %	15 %	7 %	40 %	0 %
Nao	49	580 *t.*	12	50 *t.*	15	0 %	11 %	4 %	8 %	4 %	24 %	49 %
Urca	9	-	12	-	17	0 %	8 %	3 %	16 %	3 %	34 %	36 %
Navio	53	160 *t.*	6,5	20 *t.*	12	0 %	16 %	16 %	9 %	3 %	9 %	47 %
Filibote	39	140 *t.*	6	25 *t.*	13	0 %	0 %	0 %	0 %	0 %	1 %	99 %
Fragata	12	80 *t.*	9	7 *t.*	12	0 %	17 %	0 %	83 %	0 %	0 %	0 %
Patache	32	75 *t.*	3,5	30 *t.*	6	0 %	0 %	2 %	17 %	14 %	22 %	45 %
Zabra	28	-	1,5	-	-	-	-	-	-	-	-	-

FIG. 14 – Comparaison de l'artillerie des différents types de navires de guerre.
Résultats du traitement statistique de données concernant 451 navires de la période 1560-1610.

LE SAUT QUANTITATIF DES FLOTTES DE GUERRE ATLANTIQUES

Au milieu du XVIe siècle, les principales forces navales de la Monarchie hispanique étaient ses escadrons de galères méditerranéennes engagés dans la lutte contre la course barbaresque et la puissance navale ottomane. Constitués d'environ 90 galères dans les années 1550, les effectifs de cette flotte tombèrent à 64 galères après les désastres de Djerba (1560) et de la Herradura (1561), avant de progressivement remonter dans les années suivantes[196]. En 1571, à Lépante, la plus grande bataille navale que connut la Méditerranée au XVIe siècle, parmi les 209 galères de la Ligue entre le Pape, le roi d'Espagne et les Vénitiens, 80 galères appartenaient à la Monarchie hispanique et à ses alliés contractuels, les Génois[197]. En 1583, la flotte de galères de Philippe II totalisait 98 galères réparties en quatre grands escadrons[198]. Celui d'Espagne, constitué de 34 galères, avait pour base Puerto de Santa María, près de Cadix, et patrouillait le long des côtes andalouses, éloignant les corsaires barbaresques et défendant parfois les convois américains lors de leur retour à Cadix ou à Sanlúcar de Barrameda. Un petit détachement de huit galères administrativement rattaché à cet escadron était responsable de la défense du port de Lisbonne et de son littoral[199]. À cette même date (1583), les côtes de la péninsule italienne étaient quant à elles gardées par trois escadrons, celui de Naples (32 galères), celui de Sicile (16 galères) et celui de Gênes (16 galères). Il est certain que, prises individuellement, les galères ne nécessitaient pas beaucoup d'artilleurs, mais les effectifs de ces flottes étaient relativement élevés : en faisant des projections à partir des chiffres établis dans la partie précédente, on peut ainsi estimer le nombre d'artilleurs au service de Philippe II à Lépante à environ 240, et celui des escadrons de 1583 à approximativement 260 individus.

De plus, comme l'a récemment souligné Phillip Williams, il ne faudrait pas anticiper trop tôt après Lépante le déclin de la galère[200]. Certes, le

196 Braudel, Fernand, *La Méditerranée et le monde méditerranéen à l'époque de Philippe II – Tome 2*, *op. cit.*, (1976), p. 314-317. Elliott, John H., *Europe Divided 1559-1598*, Fontana, Collins, 1968, p. 176. Sur le désastre de Djerba, voir Guilmartin, John F., *Gunpowder & Galleys*, *op. cit.*, p. 123-133.

197 Barbero, Alessandro, *Lepanto. La battaglia dei tre imperi*, Bari, Gius. Laterza et Figli, 2011, p. 623 et 637.

198 AGS GYM leg. 175/107 (année 1583).

199 AGS GYM leg. 175/7 et 8 (année 1583).

200 Williams, Phillip, *Empire and Holy War in the Mediterranean*, *op. cit.*

nombre de galères des flottes méditerranéennes diminua progressivement, à l'image de l'escadron de Naples qui passa d'une quarantaine de galères vers 1575 à 28 galères en 1585, puis 22 galères en 1601[201]. Cependant, la galère conquit d'autres théâtres d'opération, notamment dans l'Atlantique. Des galères furent envoyées régulièrement aux Caraïbes afin de traquer les corsaires et défendre les principaux ports fortifiés[202]. On en trouvait ainsi dès les années 1580 à Cuba, à Carthagène des Indes[203], à l'isthme de Panama[204], à Saint-Domingue[205] et même jusqu'aux Philippines, où la présence d'un petit escadron se fit régulière[206]. Dans les années 1590, lorsque la Monarchie entretenait des garnisons en Bretagne, un escadron de galères « de Bretagne » vit le jour[207]. Il fut notamment utilisé pour mener des raids contre les ports du sud de l'Angleterre[208]. En Flandre, le gouverneur don Luis de Requesens réclamait, en 1574, douze grandes galères bien dotées en artillerie, dont l'agilité était jugée déterminante pour lutter contre les rebelles dans les nombreux canaux des Pays-Bas[209]. Il ne les obtint pas mais, dans l'année qui suivit, il fit construire 20 « grandes barques similaires à des galères » avec ce même objectif[210]. Une génération plus tard, l'escadron de 14 galères que le capitaine Federico Spinola amena

201 *Ibid.*, p. 231.

202 Exemple d'envoi de deux galères en Nouvelle-Espagne, AGS GYM leg. 126/175 (12/05/1582). Deux autres galères envoyées à Tierra Firme l'année suivante, Chaunu, Huguette, Chaunu, Pierre, *Séville et l'Atlantique, 1504-1650, op. cit., tome 3*, p. 326. En 1586, quatre galères sont envoyées à Cuba et deux à Tierra Firme, *ibid.* p. 378 et 382.

203 Lettre du capitaine Juan de Tejeda à la *casa de la contratación*, AGI CT leg. 5108, sans num. (12/07/1587). Cet escadron de galères « de Tierra Firme », commandé par Pedro Vique Manrique, était notamment chargé du transport des perles de l'île Margarita au port fortifié de Carthagène des Indes, Chaunu, Huguette, Chaunu, Pierre, *Séville et l'Atlantique, 1504-1650, op. cit., tome 3*, p. 364.

204 AGI PANAMA, leg.13, R.18, N.99 (16/06/1579).

205 Lettre de Diego Naguera Valenzuela à la *Casa de la Contratación*, AGI CT leg. 5108, sans num. (06/02/1588).

206 Une armada de 11 galères et 10 galiots (petites galères) était présente à Manille en 1578, AGI FILIPINAS, leg.6, R.3, N.30 (14/07/1578). En 1592, quatre galères étaient encore entretenues, AGI FILIPINAS, leg.18B, R.2, N.5 (31/05/1592). Elles n'étaient plus que trois en 1597, AGI FILIPINAS, leg.18B, R.7, N.63 (07/06/1597).

207 L'artilleur Pedro de Sierra servait dans la *capitana* de l'escadron avant 1593, ce qui atteste de son existence dès le début des années 1590, AGS GYM leg. 389/238 (27/05/1593). Liste de comptes de l'escadron (effectifs allant jusqu'à cinq galères normales, une *capitana*, une *patrona*) pour l'année 1598, AGS CSU 2ª epoca leg. 201 (année 1598).

208 AGS GYM leg. 431/157 (année 1595).

209 AGS EST leg. 560/51 (09/10/1574).

210 AGS EST leg. 564/76 (24/08/1575).

de Méditerranée rencontra un franc succès en mer du Nord, entravant le commerce hollandais[211]. En d'autres termes, si l'on considère non pas les galères méditerranéennes mais l'ensemble des galères au service de la Monarchie hispanique, il est loin d'être sûr que leurs effectifs aient réellement diminué après Lépante. En conséquence, il faut supposer que le nombre d'artilleurs à leur bord resta constant sur la période étudiée, autour de 230 à 270 individus, même si la géographie des besoins en artilleurs de ces flottes fut quelque peu déportée vers l'Atlantique.

En outre, en Méditerranée, le déclin des escadrons de galères fut compensé par la mise en service d'autres navires. Ainsi, en 1574, la Monarchie décida la construction, à Naples, d'une unité de quatre grandes galéasses, extrêmement bien dotées en artillerie et en artilleurs[212]. Dès lors, ces galéasses s'imposèrent pendant une vingtaine d'années au cœur des grandes opérations navales, que ce fût la conquête des Açores[213], ou la Grande Armada de 1588[214]. On retrouve ces puissants navires de guerre effectuant des missions de transport de troupes, de victuailles et de munitions entre l'Italie, l'Espagne et les différents présides méditerranéens[215], ou bien se joignant à l'escadron des galères d'Espagne à Puerto de Santa María[216], ou encore patrouillant les côtes portugaises et galiciennes où deux d'entre elles firent naufrage en 1592[217]. Après ce tragique évènement, les deux galéasses restantes furent jugées trop coûteuses et furent transformées en galions à Setubal l'année suivante[218]. Or, pendant ces deux décennies d'existence, cet escadron de quatre galéasses napolitaines avait à son service entre 100 et 200 artilleurs (selon les opérations), c'est-à-dire à peu près l'équivalent des effectifs d'artilleurs des garnisons du royaume de Naples.

Au milieu du XVIe siècle, la Monarchie hispanique ne possédait pas d'escadrons permanents de galions équivalents à ceux des galères, mais

211 Stradling, R.A., *The Armada of Flanders : Spanish Maritime Policy and European War, 1568-1668*, Cambridge, Cambridge University Press, 1992, p. 11-13.

212 AGS EST leg. 1065/135 (28/08/1574).

213 AGS GYM leg. 148/311 (année 1583).

214 Martin, Colin, Parker, Geoffrey, *The Spanish Armada*, *op. cit.*

215 Entre Naples, Carthagène et Melilla en 1584, AGS GYM leg. 162/58 (11/05/1584), entre Naples, Gênes et Lisbonne en 1589, AGS EST leg. 1265/85 (20/02/1589), AGS GYM leg. 254/171 (09/12/1589)

216 AGS GYM leg. 175/7 et 8 (année 1583).

217 AGS GYM leg. 397/68 (19/02/1593).

218 AGS GYM leg. 364/128 (30/05/1592).

la situation changea progressivement avant la fin du siècle. La plupart des flottes de guerre atlantiques étaient mises sur pied le temps d'une campagne, avec un objectif bien précis. L'administration royale saisissait des navires privés (contre paiement du propriétaire), les armait, complétait leur équipage, leur fournissait victuailles et munitions, puis les envoyait accomplir une mission avant de les démobiliser à leur retour. Ainsi, au début des années 1560, la Monarchie conçut le projet de chasser les Français nouvellement installés en Floride[219]. L'*adelantado* Pedro Menéndez de Avilés, général le plus expérimenté de la navigation des Indes, fut envoyé en 1565 à la tête de douze navires[220]. L'année suivante, une seconde flotte composée de dix-sept galions, nefs, hourques et caravelles, partit d'Andalousie[221]. Ayant constitué un renfort décisif pour chasser les Huguenots de Floride, cette armada retourna à Sanlúcar de Barrameda à la fin de l'année 1566, où elle fut démobilisée[222].

Néanmoins, à la même époque se constituèrent quelques embryons de flottes de guerre atlantiques permanentes, en particulier au sein de la *carrera de Indias*[223]. Au début du XVIe siècle, la Monarchie avait concédé à Séville et à la Basse-Andalousie le monopole du trafic avec l'Amérique, qui se développa tout au long du XVIe siècle[224]. À partir de milieu du XVIe siècle, les flottes furent généralement organisées sous la forme de convois dont les rythmes de départ se calaient sur les mois offrant les conditions climatiques les plus favorables au voyage[225]. Ces flottes étaient généralement au nombre de deux par an, l'une à destination du port de Veracruz en Nouvelle-Espagne, l'autre à destination de la province de Tierra Firme et du port de Carthagène des Indes. Chacun de ces convois marchands annuels étaient escortés et commandés par deux grands galions aux ordres du roi : la *capitana*, à bord de laquelle se trouvait le capitaine général de la flotte, et l'*almiranta* transportant son bras droit, l'amiral. Par conséquent, quatre galions (deux pour la flotte de

219 Chaunu, Huguette, Chaunu, Pierre, *Séville et l'Atlantique, 1504-1650*, *op. cit.*, tome 3, p. 49-50.
220 *Ibid.* p. 59, 72-73.
221 *Ibid.* p. 80.
222 *Ibid.* p. 95.
223 Serrano Mangas, Fernando, *Función y evolución del galeón en la carrera de Indias*, Fundación MAPFRE, 1992.
224 Chaunu, Huguette, Chaunu, Pierre, *Séville et l'Atlantique, 1504-1650*, *op. cit.*, pour l'histoire du monopole, voir en particulier tome 8-1.
225 Phillips, Carla R., *Six Galleons for the King of Spain*, *op. cit.*, p. 10-12.

Nouvelle-Espagne, deux pour celle de Tierra Firme) naviguaient chaque année de l'Andalousie vers l'Amérique. En outre, ces convois partaient à un rythme annuel, mais leur voyage s'étalait sur deux ans. L'escorte de la *carrera de Indias* mobilisait donc chaque année simultanément huit vaisseaux de guerre. Ces galions de protection constituèrent, dès les années 1560, les premiers éléments réguliers et permanents d'une flotte de guerre atlantique de la Monarchie hispanique. Or, chacun de ces galions avait à son bord entre quinze et vingt artilleurs ce qui signifie que la mise en place du système de convoi de la *carrera de Indias* se traduisit par un besoin supplémentaire d'environ 120 à 160 artilleurs.

Le premier véritable escadron permanent de galions résultat lui aussi du trafic entre Séville et l'Amérique. Plusieurs armadas traversèrent l'Atlantique dans le courant du XVIe siècle avec l'objectif de ramener l'or et l'argent d'Amérique, comme celle de Blasco Nuñez Vela en 1537, celle de Martin Alonso de los Ríos en 1542 ou encore celle de Sancho de Biedma en 1550[226]. À partir du milieu des années 1570, ces flottes acquirent un caractère régulier, systématique et permanent, obtenant définitivement le nom d'*armada de guarda de la carrera de Indias*[227]. Constituée de six à dix galions sous administration royale, cette flotte partait généralement avant les grands convois et se rendait à l'isthme de Panama (Nombre de Dios puis Portobelo à partir des années 1590) où elle chargeait ses cales d'argent péruvien et de perles[228]. Elle rejoignait ensuite les flottes de Nouvelle-Espagne et Tierra Firme qui se retrouvaient au port de la Havane, offrant sa protection aux navires marchands lors du voyage de retour, là où les précieuses cargaisons américaines étaient le plus susceptibles d'attirer pirates et ennemis. Compte tenu de son caractère absolument vital pour le fonctionnement de la Monarchie, l'argent américain ne pouvait être confié qu'à des navires sous administration directe de la Couronne suffisamment armés pour faire face à n'importe quelle menace. Comme l'historiographie l'a parfois souligné, il faut reconnaître l'efficacité de ce système : au XVIe siècle, les cargaisons d'argent furent systématiquement

226 Mira Caballos, Esteban, *Las armadas imperiales : la guerra en el mar en tiempos de Carlos V y Felipe II*, Madrid, Esfera de los Libros, 2005, p. 138-139.

227 La plupart des historiens situent cet évènement en 1576, Goodman, David C., *Spanish Naval Power, 1589-1665*, *op. cit.* p. 3. Mira Caballos, Esteban, *Las armadas imperiales*, *op. cit.* p. 138. Les Chaunu voient dans la flotte de Menendez de Avilés de 1571 les prémices de cette armada, Chaunu, Huguette, Chaunu, Pierre, *Séville et l'Atlantique, 1504-1650*, *op. cit.* tome 1, p. 109.

228 Goodman, David C., *Spanish Naval Power, 1589-1665*, *op. cit.*, p. 3.

acheminées avec succès jusqu'à Séville et il fallut attendre l'année 1628 pour qu'un convoi tombât pour la première fois entre des mains ennemies[229]. Un tel système avait de plus pour la Monarchie l'immense avantage d'être relativement peu coûteux puisque le financement de l'*armada de guarda*, tout comme celui des *capitanas* et *almirantas* des flottes, provenait d'une taxe, l'*avería*, payée par les marchands de la *carrera de Indias* proportionnellement à la valeur de leurs marchandises[230]. Or, la mise en place permanente de cette armada se traduisit par un besoin accru d'artillerie et d'artilleurs, car ses galions étaient parmi les plus lourdement armés de l'époque : ils transportaient en moyenne un peu plus de 20 artilleurs, pour une vingtaine de pièces dont près de la moitié tiraient plus de 10 *lb.* de balle. En d'autres termes, l'*armada de guarda* avait en permanence à son service un total d'environ 120 à 200 artilleurs pour 6 à 10 galions sans compter les *pataches* et frégates qui les accompagnaient régulièrement.

En outre, dans les décennies suivant la bataille de Lépante, l'envergure et la fréquence des opérations militaires en Atlantique augmenta considérablement du fait des transformations géopolitiques. Tandis que les Ottomans, en guerre avec la Perse, se firent moins pressants en Méditerranée, les tensions montèrent entre la Monarchie hispanique et les puissances protestantes du nord de l'Europe[231]. Malgré ses victoires militaires sur terre, l'armée que la Monarchie entretenait en Flandre ne parvenait pas à mettre fin à la révolte des provinces du nord des Pays-Bas entamée en 1567[232]. En cause, notamment, la faiblesse de sa puissance navale en mer du Nord[233]. En 1574, une imposante flotte de guerre fut donc rassemblée au port de Santander dans le but de mettre fin à la révolte en s'emparant du contrôle sur la mer du Nord. Elle était constituée de 20 grandes nefs, 34 hourques, 12 *pataches*, 40 *zabras*, et plusieurs dizaines de petites embarcations[234]. D'après les statistiques

229 Elliott, John H., *Imperial Spain*, *op. cit.*, p. 186.

230 Cespedes del Castillo, Guillermo, *La avería en el comercio de Indias*, Séville, CSIC, Escuela de estudios hispano-americanos de la Universidad de Sevilla, 1945. Chaunu, Huguette, Chaunu, Pierre, *Séville et l'Atlantique, 1504-1650*, *op. cit.*, Tome 1, p. 169-173.

231 Braudel, Fernand, *La Méditerranée et le monde méditerranéen à l'époque de Philippe II – Tome 2*, *op. cit.*, p. 460 et suiv.

232 Parker, Geoffrey, *The Army of Flanders and the Spanish Road, 1567-1659*, *op. cit.*

233 Gómez-Centurión Jiménez, Carlos, *Felipe II, la empresa de Inglaterra y el comercio septentrional (1566-1609)*, *op. cit.*, p. 117.

234 Pi Corrales, Magdalena, *« La otra Invencible », 1574 : España y las potencias nordicas.*, Madrid, San Martín, 1983, p. 120.

dont je dispose pour chacun de ces types de navires, l'expédition requit au bas mot plus de 700 artilleurs. Néanmoins, suite au retard des préparatifs et à l'irruption soudaine d'une épidémie de peste qui emporta le commandant (l'*adelantado* Pedro Menéndez de Avilés) ainsi qu'une partie des équipages, cette armada ne partit jamais de Santander. L'année suivante, une autre flotte, plus petite car principalement constituée de *zabras*, fut envoyée en Flandre afin de fournir des renforts d'infanterie et de joindre ses forces à celle des huit navires que le gouverneur de Flandre, Luis de Requesens, avait mis en service à Dunkerque[235]. L'effort fut néanmoins insuffisant, le contrôle de la mer du Nord demeura principalement aux mains des rebelles hollandais[236].

L'opportunité d'accéder au trône du Portugal suite à la mort du jeune roi Sébastien à la bataille de Ksar El Kébir (1578) encouragea Philippe II à tourner ses forces vers l'Atlantique. En 1580, l'entreprise d'annexion du Portugal eut lieu à la fois par terre et par mer, en recourant à la flotte de galères méditerranéennes ainsi qu'à une trentaine de nefs[237]. Elle permit à l'Espagne de s'emparer d'un escadron d'une dizaine de galions portugais qui furent par la suite régulièrement utilisés pour protéger l'arrivée des flottes des Indes portugaises et espagnoles, et qui jouèrent un rôle clé dans la plupart des grandes opérations navales de la décennie[238]. Le service de l'artillerie de cet escadron de galions portugais devait entretenir en permanence entre 150 et 200 artilleurs, chiffres nettement supérieurs à ceux des garnisons portugaises. En outre, afin de finaliser l'acquisition du Portugal et d'assurer la sécurité du retour des flottes océaniques, la Monarchie hispanique entreprit de conquérir les Açores, restées fidèles au prieur de Crato, autre prétendant au trône de Portugal, qui s'était allié aux Français. En 1582, le marquis de Santa Cruz partit à la tête d'une flotte de deux galions, 18 nefs, 11 hourques et cinq *pataches* (quelques 350 artilleurs d'après mes estimations), et remporta la victoire sur la flotte française de Philippe Strozzi[239]. L'année suivante, le même marquis

235 AGS EST leg. 564/76 (24/08/1575).

236 Gómez-Centurión Jiménez, Carlos, *Felipe II, la empresa de Inglaterra y el comercio septentrional (1566-1609)*, *op. cit.* Stradling, R.A., *The Armada of Flanders*, *op. cit.*

237 Fernández Duro, Cesáreo, *Armada española desde la unión de los reinos de Castilla y de Aragón, tomo II*, Madrid, Museo Naval, 1972, p. 296.

238 Goodman, David C., *Spanish Naval Power, 1589-1665*, *op. cit.* p. 11. Martin, Colin, Parker, Geoffrey, *The Spanish Armada*, *op. cit.*, p. 36.

239 Fernández Duro, Cesáreo, *Armada española desde la unión de los reinos de Castilla y de Aragón, tomo II*, *op. cit.*, p. 315.

conquit avec succès l'île de Terceira avec une flotte de cinq galions, deux galéasses, 12 galères, 30 nefs, 12 *pataches*, 15 *zabras*, sept hourques et 14 caravelles[240] (entre 650 et 700 artilleurs d'après mes estimations).

Le développement de la course française et anglaise en Amérique força la Monarchie hispanique à lancer des opérations militaires ponctuelles en sus de l'envoi des convois annuels et de l'*armada de guarda*. L'opération de 1565-1566 en Floride contre les Huguenots a déjà été exposée. Au début des années 1580, une autre expédition de grande ampleur fut mise sur pied. Les ravages causés par Francis Drake et en particulier la faiblesse des défenses pacifiques révélée par son expédition réussie de contournement de l'Amérique par le sud conduisirent le gouvernement madrilène à réagir. Une expédition fut préparée avec pour objectif d'établir des colonies près du détroit de Magellan afin d'en défendre l'entrée. Dans ce but, le général Diego Flores de Valdés partit en 1581 à bord d'une galéasse servant de *capitana* à une armada de 18 nefs, un galion et quatre frégates. Revenue en Andalousie en 1584, cette armada *de Magallanes* mobilisa, d'après mes estimations, environ 300 artilleurs pendant près de trois ans, incluant de nombreuses pertes puisque seuls quelques navires survécurent à l'aventure[241].

Enfin, l'opération navale de tous les records fut la Grande Armada de 1588[242]. En réponse aux attaques des corsaires anglais en Amérique et sur les côtes ibériques, mais aussi en conséquence de l'aide fournie par Elizabeth d'Angleterre aux provinces rebelles des Pays-Bas après le traité de Sans-Pareil, Philippe II et ses proches conseillers conçurent, à partir de l'année 1585, un vaste projet d'invasion du sud de l'Angleterre. Une flotte de guerre partie d'Espagne était censée faire traverser la Manche à l'armée de Flandre du duc de Parme. L'exécution du projet prit du retard, notamment à cause d'une attaque surprise de Francis Drake sur Cadix en 1587 qui causa la perte de 24 navires. Malgré ces désagréments, le 29 mai 1588, le duc de Medina Sidonia, capitaine général de cette Grande Armada, quitta le port de Lisbonne où la flotte avait été assemblée. Le changement d'échelle fut colossal. Le noyau de l'armada se composait des escadrons de galions devenus permanents, c'est-à-dire les dix galions du

240 AGS GYM leg. 148/311 (année 1583).

241 Chaunu, Huguette, Chaunu, Pierre, *Séville et l'Atlantique, 1504-1650*, *op. cit.*, tome 3, p. 292-297 et 352.

242 Ce paragraphe s'appuie principalement sur l'étude de Martin et Parker : Martin, Colin, Parker, Geoffrey, *The Spanish Armada*, *op. cit.* Consulter la réédition de 1999 pour une mise à jour de leurs recherches.

Portugal (constituant l'escadron du Portugal) et les dix galions de l'*armada de guarda de la carrera de Indias* (constituant en grande partie l'escadron de Castille), auxquels il fallait rajouter les quatre galéasses napolitaines, ainsi qu'un petit détachement de quatre galères de l'escadron d'Espagne. Plusieurs autres escadrons avaient été préparés à partir de grandes nefs marchandes saisies par l'administration royale et renforcées. Ainsi les escadrons d'Andalousie, de Biscaye et de Guipúzcoa rassemblaient en tout une trentaine de grandes nefs ibériques, tandis que l'escadron du Levant était constitué de dix grands navires de commerce méditerranéens auquel l'escadron des hourques ajoutait 23 bâtiments d'Europe du nord. Enfin, un petit escadron de 22 navires légers était chargé d'assurer les communications au sein de cette énorme flotte de 130 navires et 2431 pièces d'artillerie.

La demande en artilleurs de cette flotte atteignit un niveau jamais vu auparavant. Les listes d'équipage des navires de l'escadron de Castille montrent qu'au moins 264 artilleurs embarquèrent dans cette unité[243]. Ils étaient en réalité sans doute légèrement plus nombreux puisque l'équipage de l'un des deux galions nommés *San Juan Bautista* est incomplet. Notons que, si l'on compte environ 18,5 artilleurs par galion, ou bien un artilleur tous les 32 *toneladas* (statistiques fournies dans la partie précédente), on trouve pour ce même escadron des besoins en artilleurs avoisinant les 270 individus. Ce chiffre, très proche de celui révélé par les sources comptables, suggère une certaine fiabilité de ma méthode d'estimation par projection numérique. Or, en appliquant cette méthode à l'ensemble de la Grande Armada et en tenant compte des différents types de navires et de leur volume, il apparaît que la Monarchie hispanique dut recourir pour cette entreprise aux services de 1 550 à 1 850 artilleurs. C'était alors plus que l'ensemble des artilleurs servant en garnison dans tout l'empire. Les pertes d'artilleurs engendrées par les nombreux naufrages lors de la tempête qui balaya la flotte en septembre 1588 durent peser très lourdement sur l'appareil militaire de la Monarchie.

Bien que l'échec de la Grande Armada de 1588 a longtemps été considéré comme le début de la décadence de l'empire espagnol, des études plus récentes ont au contraire montré que cette date favorisa le développement de la puissance navale espagnole dans l'Atlantique[244].

---

243 AGI CT leg. 2934.

244 Goodman, David C., *Spanish Naval Power, 1589-1665*, *op. cit.* Phillips, Carla R., *Six Galleons for the King of Spain*, *op. cit.*

Après 1588, la pression des navires anglais se fit encore plus forte en Amérique mais aussi sur les côtes de la péninsule ibérique. Ainsi en témoignent les attaques sur La Corogne et Lisbonne (1589), Pernambouc (1595), Cadix (1596) et Porto Rico (1598)[245]. Entre 1591 et 1595, les prises des corsaires anglais se seraient élevées à plus de 300 navires, pour une valeur de 1,6 millions de ducats[246]. Face à la menace anglaise, Philippe II obtint des *cortés* de Castille la gigantesque somme de huit millions de ducats à payer sur six ans, qui allaient devenir une nouvelle taxe : les *millones*[247]. Cet impôt permit non seulement de rembourser le coût de l'armada de 1588, mais il fournit également à la Monarchie hispanique la possibilité de créer une véritable marine de guerre, l'*armada del mar Océano*. Rapidement après le désastre de 1588, de nouveaux programmes de construction navale furent lancés. Composée d'une vingtaine à une soixantaine de galions, frégates et *pataches*, l'*armada del mar Océano* constitua le cœur de la puissance navale espagnole dans l'Atlantique jusqu'au milieu du XVIIe siècle[248].

L'organisation de cette armada semble avoir varié au cours du temps. En 1590, elle se composait de quatre grandes unités reprenant la division des principaux escadrons de la Grande Armada contre l'Angleterre[249]. En Biscaye se trouvaient 13 galions et nefs. Dans le port du Ferrol en Galice séjournaient six galions, trois hourques, deux *filibotes* et 18 *pataches* et *zabras*. Lisbonne abritait quant à elle six galions, quatre galéasses et deux *zabras*. Et enfin, les eaux andalouses accueillaient 12 vieux galions qui avaient pour la plupart servi dans l'*armada de guarda* et avaient survécu au désastre de 1588. D'après mes estimations, il fallait compter entre 850 et 900 artilleurs pour ces quatre escadrons. Or, les effectifs de l'*armada del mar Océano* se maintinrent sur la période étudiée. En 1606, elle était constituée d'une quarantaine de navires divisés en trois escadrons[250]. Quinze navires attachés aux ports du Ferrol et de la Corogne devaient

245 Wernham, Richard B., *After the Armada : Elizabethan England and the Struggle for Western Europe, 1588-1595*, Oxford, Oxford University Press, 1984. Wernham, Richard B., *The Return of the Armadas : The Last Years of the Elizabethan War against Spain, 1595-1603*, Oxford, Oxford University Press, 1994.

246 Martin, Colin, Parker, Geoffrey, *The Spanish Armada*, *op. cit.*, p. 264.

247 Goodman, David C., *Spanish Naval Power, 1589-1665*, *op. cit.*, p. 8.

248 *Ibid.* p. 9.

249 AGS GYM leg. 280/103 (Février 1590).

250 Pour les trois escadrons, et surtout celui de Gibraltar, AGS GYM leg. 655/285, 287 et 289 (10/12/1606). Pour l'escadron de Lisbonne, AGS GYM leg. 655/308 (01/12/1606).

veiller sur la côte septentrionale de l'Espagne tandis que 12 à 15 navires résidaient à Lisbonne, protégeant la côte portugaise, et enfin 12 galions basés à Gibraltar étaient chargés de la protection de la côte andalouse et de l'entrée de la Méditerranée. Pour le seul escadron de Lisbonne, il était prévu de recruter 321 artilleurs[251]. Projeté sur l'ensemble des trois escadrons, les chiffres avoisinent ceux l'armada de 1590. En d'autres termes, après le pic de la Grande Armada de 1588, la demande en artilleurs ne retomba pas à son niveau antérieur. Au contraire, au moins la moitié des effectifs requis pour cette opération exceptionnelle devinrent la norme constante du maintien de l'*armada del mar Océano.* Cette armada constitua alors le noyau des opérations navales de la Monarchie hispanique. Certains de ses navires servirent régulièrement à renforcer l'*armada de guarda de la carrera de Indias* lorsque les menaces de corsaires se faisaient plus pressantes, comme par exemple lors de l'expédition de Drake en 1595[252], ou encore en 1606[253].

De plus, d'autres grandes flottes de guerre contre l'Angleterre furent préparées après la Grande Armada[254]. Juste après le sac de Cadix en 1596, une armada menée par l'*adelantado* Martin de Padilla fut organisée dans le but d'amener des renforts aux seigneurs catholiques irlandais en rébellion contre Elizabeth. Rassemblant plus de 120 voiles dont 35 grands galions (pour la plupart de l'*armada del mar Océano*), cette flotte avoisinait en taille celle de 1588. Cependant, une tempête la dispersa près des côtes galiciennes sans qu'elle pût atteindre son objectif. L'année suivante, en 1597, une seconde flotte fut mise sur pied dans le but de détruire la flotte anglaise et saisir des ports du sud de l'Angleterre. Elle se composait de 136 navires principalement des galions et *filibotes* de l'*armada del mar Océano* ainsi qu'un certain nombre de grandes hourques nord-européennes saisies par l'administration royale. Bien que la composition précise de ces flottes demeure inconnue, il est raisonnable d'estimer qu'elles embarquaient des effectifs d'artilleurs à peine inférieurs à ceux de la Grande Armada de 1588.

251 AGS GYM leg. 655/308 (01/12/1606).

252 Phillips, Carla R., *Six Galleons for the King of Spain*, *op. cit.* p. 14. Tenace, Edward, « A Strategy of Reaction : The Armadas of 1596 and 1597 and the Spanish Struggle for European Hegemony », *The English Historical Review*, vol. 118, n° 478, 2003, p. 855-882.

253 AGI CT leg. 2963 (année 1606).

254 La suite de ce paragraphe s'appuie sur les deux auteurs suivants : Wernham, Richard B., *The Return of the Armadas*, *op. cit.* Tenace, Edward, « A Strategy of Reaction », *op. cit.*

Enfin, d'autres escadrons permanents d'armada virent le jour dans les dernières années du XVIe siècle et les premières années du XVIIe siècle. Après avoir repris les ports de Dunkerque et d'Anvers en 1585, le général Alexandre Farnèse lança la mise en place d'une armada pour lutter contre la puissance navale des Hollandais en mer du Nord[255]. Les documents de comptes de l'amirauté des années 1599 à 1601 révèlent que l'escadron de Dunkerque se composait de dix à douze navires embarquant entre 93 et 108 artilleurs[256]. À Anvers, les documents de montre font figurer 81 artilleurs répartis sur quatorze navires[257]. Par ailleurs, les incursions dans le Pacifique de Francis Drake en 1579 et de Thomas Cavendish en 1587 encouragèrent la Monarchie à doter la vice-royauté du Pérou d'une flotte de guerre permanente[258]. Appelée *armada del mar del Sur*, cette unité se composa, à partir de 1588, de cinq à six galions, secondés par quelques navires de faible tonnage, qui étaient non seulement en charge d'acheminer annuellement à Panama l'argent extrait des mines de Potosi mais qui, en l'absence de véritables fortifications côtières, constituaient également la principale défense de toute la côte pacifique[259]. Un document de l'année 1600 comptabilisait un total de 107 artilleurs à bord de cette armada[260]. Par ailleurs, la présence quasi-permanente de corsaires anglais, français et hollandais dans les Caraïbes motiva aussi le projet de création d'une autre flotte permanente, l'*armada de Barlovento*, qui devait être stationnée à La Havane ou Porto Rico[261]. À plusieurs reprises, cette unité fut assemblée (en 1595, 1601, 1605, 1608), mais ses ressources humaines et matérielles furent systématiquement intégrées à la nécessiteuse *armada del mar Océano*, et l'escadron de Barlovento ne put véritablement voir le jour qu'en 1635[262]. La puissance navale de la Monarchie se construisit donc à travers tout un réseau d'escadrons permanents de galions extrêmement demandeurs en artilleurs.

255 Stradling, R.A., *The Armada of Flanders*, *op. cit.* p. 7-8.

256 AGR CA n°79.

257 *Ibid.*

258 Perez-Mallaína, Pablo E., Torres Ramírez, Bibiano, *La Armada del Mar del Sur*, Séville, Escuela de Estudios Hispano-Americanos, CSIC, 1987.

259 *Ibid.* p. 86. Bradley, Peter T., *Spain and the Defence of Peru*, *op. cit.*

260 Bradley, Peter T., *Spain and the Defence of Peru*, *op. cit.* p. 31.

261 Torres Ramírez, Bibiano, *La Armada de Barlovento*, Séville, Escuela de Estudios Hispano-Americanos, CSIC, 1981.

262 *Ibid.* p. 1-35.

Opération	Date	Nb artilleurs
Expédition en Floride (Pedro Menéndez de Avilés) 12 voiles (1565) + 17 voiles de renforts (1566)	1565-1566	200-350
Bataille de Lépante (don Juan d'Autriche) 80 galères	1571	230-250
Armada de Santander (Pedro Menéndez de Avilés) 20 *naos*, 34 *urcas*, 12 *pataches*, 40 *zabras*, 40 *lanchas*	1574	650-750
Expédition au détroit de Magellan (Diego Flores) 1 galéasse, 1 galion, 18 *naos*, 4 *fragatas*	1581-1584	280-300
Armada des Açores (Marquis de Santa Cruz) 2 galions, 18 *naos*, 11 *urcas*, 5 *pataches*	1582	300-350
Armada de la Terceira (Marquis de Santa Cruz) 5 galions, 2 galéasses, 12 galères, 30 *naos*, 7 *urcas*, 12 *pataches*, 15 *zabras* et 14 *caravelas*	1583	650-700
Grande Armada (duc de Medina Sidonia) 130 navires	1588	1550-1850
Escuadra de Portugal – 10 galions, 2 *zabras*	*Idem*	190-240
Escuadra de Biscaye – 10 galions et *naos*, 4 *pataches*	*Idem*	200-210
Escuadra de Castilla – 14 galions, 2 *pataches*	*Idem*	265-270
Escuadra de Andalucía – 9 galions et *naos*, 1 *urca*, 1 *patache*	*Idem*	180-250
Escuadra de Guipúzcoa – 9 galions et *naos*, 1 *urca*, 2 *pataches*, 2 *pinazas*	*Idem*	185-215
Escuadra del Levante – 10 *naos* méditerranéennes	*Idem*	120-175
Escuadra de urcas – 23 *urcas*	*Idem*	200-280
Escuadra de galeazas – 4 *galeazas*	*Idem*	120-150
Escuadra de zabras y pataches – 3 *naos*, 19 *zabras* y *pataches*	*Idem*	60-85
Escuadra de galeras – 4 galères	*Idem*	10-15
Armada de 1596 (Martin de Padilla) 120 navires dont 35 galions	1596	1200-1500
Armada de 1597 (Martin de Padilla) 136 navires	1597	1300-1600

FIG. 15 – Effectifs d'artilleurs des grandes opérations navales de la Monarchie hispanique. Estimations s'appuyant sur les statistiques contenues dans la figure 14.

Escadrons permanents	Date	Nb artilleurs
Escadrons de galères Entre 60 et 100 galères (Méditerranée et Atlantique)	avant 1550	220-280
Escorte flottes de Nouvelle-Espagne / Tierra Firme 8 galions	c. 1560	120-160
Galéasses de Naples 4 galéasses (mises hors service en 1593)	1575	100-200
Armada de guarda de la carrera de Indias 6-10 galions, 0-4 *pataches*, 0-4 *fragatas*	1576	120-250
Galions du Portugal 6-10 galions (incorporés à l'*Armada del mar Océano* après 1589)	1580	120-200
Armada de Flandre Entre 20 et 25 navires à Dunkerque et Anvers	c. 585	180-200
Armada del mar del Sur 5-6 galions, quelques navires de faible tonnage	1588	80-120
Armada del mar Océano Entre 40 et 60 navires de guerre	1590	700-1000

FIG. 16 – Effectifs d'artilleurs des principaux escadrons permanents d'armadas de la Monarchie hispanique. Estimations s'appuyant sur les statistiques contenues dans la figure 14.

Comme les tables récapitulatives des figures 15 et 16 le mettent en évidence, le développement de la puissance navale de la Monarchie hispanique dans l'Atlantique résulta en un accroissement extrêmement rapide de la demande en artilleurs. Au milieu du XVIe siècle, le service des flottes de guerre demandait en tout à peine plus d'artilleurs que les garnisons de la frontière pyrénéenne. À la fin du siècle, les besoins en artilleurs des armadas dépassaient ceux des garnisons de l'ensemble des territoires de l'empire. Rien ne représente de manière plus frappante cette transformation que le fossé qui sépare les deux plus grandes batailles navales que la Monarchie eut à livrer au XVIe siècle. D'un côté, à Lépante les quatre-vingt galères de don Juan et leur quelques 240 artilleurs ; de l'autre, seulement 17 ans plus tard, la bataille de Gravelines (1588) avec ce même nombre d'artilleurs, mais cette fois-ci dans chacun des principaux escadrons de la Grande Armada. Voici le saut quantitatif que la phrase du duc de Medina Sidonia dénonçait en introduction de ce chapitre. Néanmoins, pour que ce phénomène soit pleinement compris, il reste encore à exposer un dernier aspect du problème : le développement simultané de l'armement privé des navires marchands.

LA MARINE MARCHANDE, UN VASTE MARCHÉ PRIVÉ DE L'ARTILLERIE

L'armement des navires marchands est un sujet largement ignoré par l'historiographie militaire sur l'époque moderne. Même si quelques ouvrages récents révèlent un intérêt croissant pour les liens entre guerre et acteurs économiques privés[263], l'immense majorité des études sur la guerre s'inscrit dans le cadre du *fiscal military state*, l'État moderne qui se construit par la guerre et qui s'arroge de la sorte un monopole sur la violence[264]. En outre, l'artillerie, arme chère, symbole de destruction de la féodalité et de ses châteaux, est considérée, dans la narration de la révolution militaire, comme un privilège des grands États[265]. Or si, au XVIe siècle, les États sont incontestablement parmi les plus gros consommateurs d'artillerie, ils n'en ont pas pour autant le monopole. La suite de cette partie va tâcher de mettre en évidence en quelques paragraphes l'importance du marché privé de l'artillerie à destination des navires marchands, sujet qui mériterait une étude plus approfondie.

Les documents de l'administration militaire espagnole offrent de nombreux témoignages de la présence d'artillerie à bord des navires marchands. D'abord, preuve que la distinction entre navire de guerre et navire de commerce n'était pas rigide, il faut rappeler que bon nombre d'embarcations utilisées lors des opérations militaires dans l'Atlantique étaient des nefs marchandes saisies par l'administration militaire (contre rétribution du propriétaire) et renforcées par des travaux de carénage et des ajouts d'artillerie. Ainsi, un document de 1582 recense un ensemble de dix-sept nefs et deux hourques commerciales saisies dans le port de Cadix afin de préparer la flotte de conquête des Açores[266]. Ce document fait figurer un inventaire de l'artillerie embarquée dans chacun de ces navires, divisée en deux catégories : l'artillerie prêtée par la Monarchie, et celle que possédait le bateau lors de la saisie, ce qui permet de connaître

263 Parrott, David, *The Business of War : Military Enterprise and Military Revolution in Early Modern Europe*, Cambridge, Cambridge University Press, 2012. Torres Sánchez, Rafael, *Military Entrepreneurs and the Spanish Contractor State in the Eighteenth Century*, Oxford, Oxford University Press, 2016.

264 Voir l'ouvrage très influent de Tilly, Charles, *Coercion, Capital and European States, AD 990-1992*, *op. cit.*

265 Parker, Geoffrey, *The Military Revolution*, *op. cit.*

266 AGS GYM leg. 128/310 (20/07/1582).

son armement lorsqu'il opérait en tant que navire marchand. Ces nefs et hourques de commerce (de tonnage inconnu) avaient en moyenne à leur bord 17 pièces d'artillerie, pour la plupart de très petits calibres, dont un grand nombre en fonte. Néanmoins, certains de ces bâtiments possédaient également quelques pièces de calibre plus lourd, puisqu'on trouve dans cet inventaire une trentaine de sacres, pierriers et « grosses pièces » en bronze.

Un tel armement était tout à fait normal pour des navires de commerce. Comme le montre un inventaire de 1586 de la même nature que le précédent, parmi les nefs de Biscaye et de Guipúzcoa, les pièces en fonte prédominaient largement[267]. À partir des années 1585, plusieurs séries d'embargos sur les navires étrangers conduisirent à la saisie de dizaines d'embarcations de commerce dans les ports de la péninsule ibérique[268]. Certaines de ces listes permettent d'obtenir des informations sporadiques sur les flottes de commerce anglaise, flamande, hanséate et française[269]. Parmi 53 navires de commerce d'un tonnage moyen d'environ 150 *t.* ces sources révèlent en moyenne près de neuf pièces d'artillerie par bateau, dont la grande majorité en fonte et de très petits calibres. Une artillerie très légère et de moindre qualité, certes, mais qui imposait tout de même de recourir à des artilleurs. Les listes d'équipage de huit de ces navires révèlent en effet la présence de un à quatre artilleurs à bord[270]. En 1590, le duc de Medina Sidonia comptabilisait 190 navires marchands dans les différents ports de la Basse-Andalousie, qui tous avaient un artilleur et un aide-artilleur à l'exception de six nefs ragusaines qui en possédaient quatre à cinq chacune[271]. Un ensemble d'un peu plus de deux cents artilleurs et autant d'aides seulement pour les navires arrêtés au sud de l'Espagne, on devine tout de suite que l'ordre de grandeur du marché privé de l'artillerie n'est absolument pas négligeable. Néanmoins, il est extrêmement difficile à saisir car l'artillerie privée n'apparaît dans les

267 AGS GYM leg. 186/220 (12/07/1586).

268 Gómez-Centurión Jiménez, Carlos, *Felipe II, la empresa de Inglaterra y el comercio septentrional (1566-1609)*, *op. cit.*, p. 189, 211-215.

269 Douze navires flamands, treize anglais, dix français saisis en Basse Andalousie en 1585, AGS GYM leg. 177/17 (20/04/1585). Treize naves flamandes, allemandes et anglaises saisies à Sanlucar et Cadix deux mois plus tard, AGS GYM leg. 177/114 (19/06/1585).

270 Listes d'équipage avec des artilleurs désignés sous les termes de « *condestable* » et « *lombardero* », AGS GYM leg. 177/115 (19/06/1585).

271 AGS GYM leg. 280/228 (06/02/1590).

documents de l'État que par accident, contrairement à l'artillerie du roi, systématiquement enregistrée et sous étroite surveillance.

Les convois de la *carrera de Indias* offrent néanmoins la possibilité d'une brève d'étude de cas particulièrement instructive dans le cadre de cette recherche sur la Monarchie hispanique. En effet, cet ensemble de navires privés était organisé, orchestré et contrôlé par des agents du roi et, notamment, par une institution, la *casa de la contratación*. Non seulement ce contrôle du commerce par une institution fournit quantité d'informations sur les navires marchands, mais il permet également de connaître assez précisément le trafic entre Séville et l'Amérique[272]. De plus, il touche au présent sujet dans la mesure où il n'y avait pas de séparation franche entre flottes de guerre et flottes commerciales, mais plutôt une intrication des rôles, lors de la préparation des convois, entre agents de l'État et particuliers. La sécurité de la flotte était en ce sens autant assurée par la poignée de galions royaux d'escorte que par les navires de commerce eux-mêmes. Il existait d'ailleurs depuis le milieu du XVIe siècle des régulations sur l'armement des navires selon leur volume, régulièrement mises à jour[273]. Avant le départ des convois, un officier de la *casa de la contratación*, portant le titre d'*artillero mayor*, visitait l'artillerie des navires, vérifiait qu'elle était suffisante, la testait et la marquait comme valide[274]. Enfin, les agents de la *casa de la contratación* veillaient à ce que la flotte ne manquât pas de ressources et en particulier de ressources humaines compétentes. Dès le début du XVIe siècle, cette institution forma des pilotes pour les flottes atlantiques et, à partir de 1576, elle ouvrit un cursus de formation pour les artilleurs[275]. Cette implication d'agents monarchiques dans l'organisation de l'armement privé des navires de la *carrera de Indias* justifie la présence de cette brève étude de cas au sein de ce chapitre pourtant dédié aux artilleurs du roi.

Une liste de la flotte de Tierra Firme datant de l'année 1589 renseigne sur l'armement et l'équipage de 28 navires marchands de la *carrera de Indias*[276]. Ces nefs et hourques, d'un port moyen de 300 *t.*

---

272 Chaunu, Huguette, Chaunu, Pierre, *Séville et l'Atlantique, 1504-1650, op. cit.*

273 *Recopilación de leyes de los reinos de las Indias : mandadas imprimir y publicar por la Majestad Católica del rey Don Carlos II, nuestro señor.*, Madrid, Impr. por Julián de Paredes, 1681, Lib. IX, Tit. XXX, Leyes XXX, XXXII et XXXIII.

274 Lettre d'Andrés Muñoz el Bueno au roi, AGI IG leg. 2007, sans num. (16/01/1602).

275 Voir chapitre « théorie et pratique à l'école d'artilleurs de Séville ».

276 AGI CT leg. 2945.

avaient environ une pièce d'artillerie tous les 42 *t.* soit, en moyenne, un peu plus de sept pièces par bateau. Cette artillerie était en grande majorité en fonte (à plus de 60 %) ce qui ne manque pas d'étonner car les armes en bronze étaient considérées par les contemporains comme bien plus résistantes au climat chaud et humide des tropiques[277]. Cette tendance à l'usage d'une artillerie en fonte dans les nefs de la *carrera de Indias* se confirme dans le temps. En effet, les visites de l'*artillero mayor* pour les années 1600 et 1601 avaient porté sur 439 pièces en fonte et seulement 103 pièces en bronze[278]. À partir de 1605, les régulations sur l'artillerie obligeaient les armateurs à équiper leurs navires d'au moins deux pièces en bronze, signe du succès croissant de l'artillerie en fonte[279]. Comment expliquer un tel engouement pour une artillerie dont la qualité était pourtant jugée par les contemporains inférieure à celle des pièces en bronze ? Cela s'explique principalement par le prix attractif de l'artillerie en fonte[280]. La meilleure preuve en est qu'après la législation de 1605, l'*universidad de mareantes*, c'est-à-dire l'association des armateurs et capitaines de la *carrera de Indias*, se plaignit sans succès à la *casa de la contratación* du surcoût important que représentait l'achat de pièces de bronze[281].

La *casa de la contratación* veillait également à ce que cette artillerie fût servie par un nombre satisfaisant d'artilleurs. Les régulations prévoyaient deux artilleurs pour une nave de 150 *t.*, quatre artilleurs pour une nave de 200 *t.* et six artilleurs pour une nave de 300 *t.*[282] soit environ un artilleur pour 50 à 75 *t.* Les chiffres réels pour la flotte de Tierra Firme de 1589 étaient légèrement inférieurs[283]. On y trouvait un artilleur pour 86 *t.* soit en moyenne un peu plus de quatre artilleurs par navire, ce qui représentait environ un artilleur pour deux pièces d'artillerie. Sur ces navires de commerce, la densité d'artilleurs était donc deux à trois fois plus faible que sur les navires de guerre de la Monarchie.

277 AGI MEXICO leg. 21/9 (22/04/1587).
278 Lettre de Andrés Muñoz el Bueno au roi, AGI IG leg. 2007, sans num. (16/01/1602).
279 *Recopilación de leyes de los reinos de las Indias*, *op. cit.* Libro IX, Tit. XXX, Ley XXXIII.
280 C. Cipolla a parfaitement identifié cet avantage économique de l'artillerie en fonte, malgré sa qualité inférieure à l'artillerie de bronze, Cipolla, Carlo M., *Guns, Sails and Empires*, *op. cit.*, p. 41-43.
281 AGI IG leg. 2008, sans num.
282 *Recopilación de leyes de los reinos de las Indias*, *op. cit.* Libro IX, Tit. XXX, Ley XXX.
283 AGI CT leg. 2945.

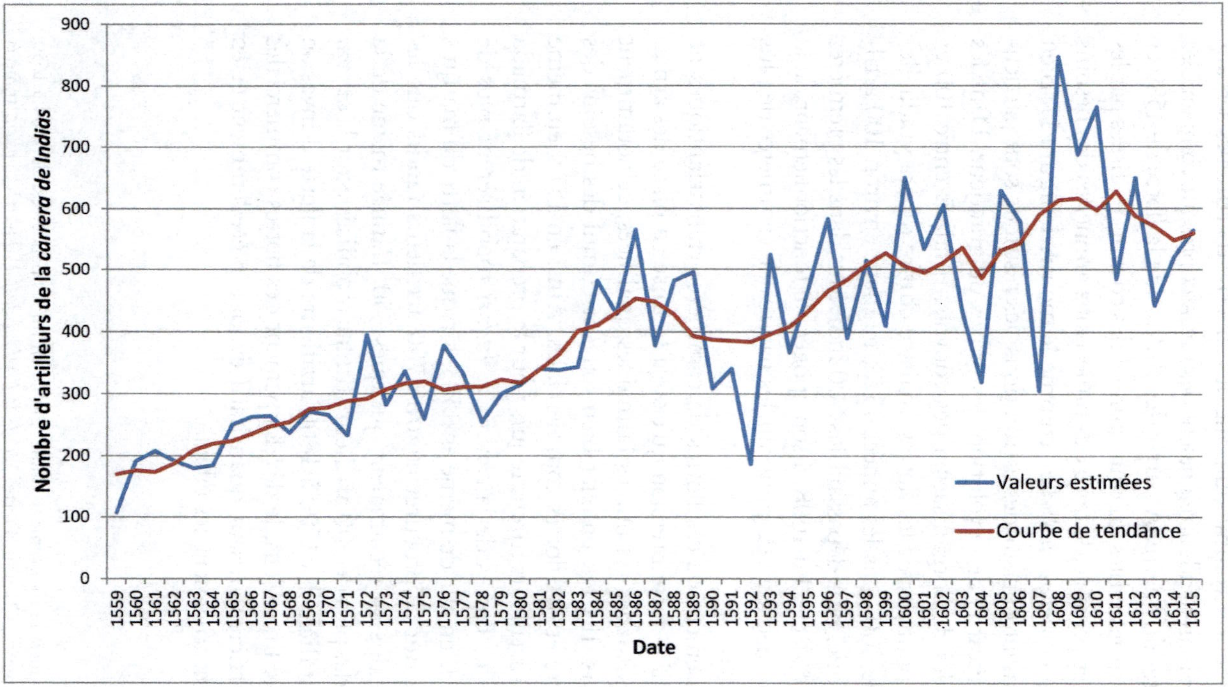

FIG. 17 – Évolution des effectifs d'artilleurs de la *carrera de Indias*. La courbe bleue correspond aux estimations annuelles établies en croisant les données statistiques concernant l'artillerie des navires marchands avec celles du volume du trafic transatlantique répertoriées par Chaunu, *Séville et l'Atlantique*, *op. cit.* La courbe rouge représente la moyenne mobile sur 7 ans des effectifs d'artilleurs, ce qui permet d'obtenir une tendance générale moins dépendante des fluctuations annuelles du trafic transatlantique.

Néanmoins compte tenu du nombre de bateaux impliqués dans la *carrera de Indias* et du volume du trafic, les effectifs d'artilleurs servant dans ces navires marchands atteignaient des niveaux presque comparables à ceux des flottes de guerre. À partir des chiffres de la flotte de 1589 et en s'appuyant sur les tables du trafic annuel des convois réalisées par les Chaunu[284], il est possible de faire des projections annuelles des besoins en artilleurs de la *carrera de Indias*, comme le montre la figure 17. Bien qu'ils ne s'appuient que sur des estimations, les résultats sont particulièrement significatifs de l'évolution des ordres de grandeur. Dans les premières années de l'organisation des convois, il fallait entre 100 et 200 artilleurs pour garnir les flottes, mais ce chiffre monta graduellement autour de 300 dans les années 1570, gagnant environ 100 artilleurs par décennie, puis dépassant les 600 individus dans les premières années du XVIIe siècle. En 1608, à son apogée, le fonctionnement de la *carrera de Indias* nécessita de pourvoir les navires de commerce de plus de 800 artilleurs.

Le développement de ces flottes de commerce transatlantiques ne put qu'ajouter à la forte pression qu'exerça la mise en place des armadas atlantiques sur les ressources humaines qualifiées, et notamment sur les artilleurs. Il y eut en effet bien souvent cumul des besoins des flottes de guerre et des flottes commerciales. Ainsi en 1574, en même temps que 700 artilleurs furent requis pour la préparation de l'armada de Santander, les flottes de la *carrera de Indias* mobilisèrent plus de 300 artilleurs. Il en alla de même en 1583, lorsque la flotte du marquis de Santa Cruz dut se procurer environ 700 artilleurs tandis que les convois américains en réclamaient quelques 350. L'année même de la Grande Armada, près de 500 artilleurs furent mobilisés pour la *carrera de Indias* en parallèle des 1500 à 1800 artilleurs de la flotte d'invasion de l'Angleterre. En ce sens, le développement des flottes commerciales atlantiques participa au saut quantitatif évoqué précédemment et en accentua significativement les effets.

---

284 Tables statistiques du mouvement annuel global en unités pondérées, de 1504 à 1650, Chaunu, Huguette, Chaunu, Pierre, *Séville et l'Atlantique, 1504-1650*, *op. cit.* tome 6, p. 338-340.

CONCLUSION

L'époque des Rois Catholiques, au tournant des XVe et XVIe siècles, marqua simplement l'ouverture de l'ère du canon moderne. Isabelle et Ferdinand entretenaient alors à leur service quelques dizaines d'artilleurs tout au plus[285]. Un demi-siècle plus tard, l'État composite dont hérita Philippe II était déjà partiellement métamorphosé : ses dizaines de forteresses disséminées en Espagne, en Italie, en Flandre et en Amérique, ainsi que son importante flotte de galères en Méditerranée requéraient autour d'un bon millier d'artilleurs. L'État qu'il légua à son fils en 1598 était devenu une formidable machine militaire nécessitant, d'après mes estimations, entre 3 000 et 4 000 artilleurs à son service. Cette multiplication de l'usage du canon résultait d'une course générale à l'armement impliquant des acteurs de toutes tailles, depuis les plus puissants États jusqu'aux villes, seigneurs, marchands et pirates. Cette transformation frappa néanmoins ces différents protagonistes de manière inégale. Elle affecta de manière plus prononcée ceux qui souhaitèrent s'impliquer dans l'espace maritime : même les navires de taille modeste embarquaient, à la fin du XVIe siècle, quelques pièces d'artillerie pour leur défense. Or, de par son échelle gigantesque, la Monarchie hispanique fut frappée plus qu'aucun autre acteur par cette multiplication de l'usage du canon. Sa tentative de se constituer comme principale puissance navale résulta en un saut extraordinaire de ses besoins en artilleurs. Elle fit ainsi l'expérience de ce que connurent au siècle suivant d'autres puissances coloniales telles que les Provinces-Unies, la France ou l'Angleterre.

Cette métamorphose de la Monarchie hispanique induisit des transformations dans différents domaines. Sur le plan politique et administratif, organiser et contrôler ces milliers de pièces et d'individus requit la mise en place de structures complexes permettant de gérer à grande échelle ces ressources en dépit de la fragmentation politico-juridique de ce qui était alors une monarchie composite[286]. Sur le plan social et professionnel, l'artillerie devint une activité commune générant de nombreuses

---

285 Ladero Galán, Aurora, « Artilleros y artillería de los Reyes Católicos (1495-1510) », *op. cit.* Cobos Guerra, Fernando, *La artillería de los Reyes Católicos*, *op. cit.*

286 Elliott, John H., « A Europe of Composite Monarchies », *op. cit.*

opportunités de carrières pour des milliers d'individus qui entrèrent ainsi au service du roi. Sur le plan technique et scientifique, la nécessité de former des milliers d'individus à une activité qui demandait un certain niveau de compétences et de connaissances bouleversa les modes traditionnels d'apprentissage des métiers techniques. En d'autres termes, le déploiement de ce grand nombre d'artilleurs signifia la construction d'un vaste système socio-politico-scientifique qui sera analysé dans les prochains chapitres.

GOUVERNER L'ARTILLERIE AU SEIN D'UNE MONARCHIE COMPOSITE

Structures transversales, centralisation et résistance

> J'ai préveu et prédit malheur en Angleterre a Monsieur de Sainct-Aldegonde et des Pruneaux, lorsque je leurs dis que leurs négociations tiroit après soy la ruine de nostre prince et du Bas-Païs, cognoissant la contrariété de meurs et d'humeurs des deux peuples et la différence de cela à la possession de la liberté, laquelle jamais ils ne voudroient quicter, ayant eu les citadelles pour estre maistres du prince : car il est bien certain que celuy est maystre de l'Estat qui est maistre de la force publicque, et ne preste obeissance que ce qu'il lui plaist, en sorte que la souveraineté, ne souffrant jamais division, se trouveroit partie entre le prince et les subjectz qui causeroit la ruine d'un Estat[1].
> Jean Bodin, depuis sa captivité à Anvers, le 21 janvier 1583.

INTRODUCTION

Ces mots qu'écrivit l'un des plus célèbres penseurs politiques du XVIe siècle montrent combien les questions de pouvoir politique et de contrôle des moyens militaires étaient alors considérées comme intimement liées. Cette lettre de Jean Bodin à son beau-père fut écrite dans le contexte de la révolte d'une partie des Pays-Bas contre l'autorité de leur souverain, le roi Philippe II. À l'été 1580, les provinces rebelles de

1 Citation reprise à Koenigsberger, Helmut, *Monarchies, States Generals and Parliaments*, *op. cit.*, p. 298.

l'Union d'Utrecht offrirent le gouvernement de leurs territoires au duc d'Anjou, frère du roi de France[2]. Arrivé à Anvers au début de l'année 1582, ce prince ne tarda cependant pas à découvrir que son pouvoir politique, militaire et fiscal était extrêmement limité au sein de cette association politique de provinces aux diverses structures administratives et aux multiples privilèges et libertés. Se sentant dépossédé des moyens de lutter contre l'avance du prince de Parme et des troupes loyales à Philippe II, le duc d'Anjou et ses conseillers français, parmi lesquels se trouvait Jean Bodin, résolurent de se rendre « maystre de l'Estat » en s'emparant de la citadelle d'Anvers, symbole de la « force publicque » au sein de la capitale des provinces rebelles. Pour le théoricien de la souveraineté qu'était Bodin[3], son prince ne pouvait en effet exercer de pouvoir politique au sein des provinces de l'Union d'Utrecht sans obtenir le contrôle des dispositifs militaires de première importance. D'ailleurs, cette conception se matérialisait dans la pratique politique de l'époque ; par exemple, lorsque des tentatives de réconciliation eurent lieu entre rebelles et royalistes à Gertruidenberg en 1577, les principaux points de désaccord portèrent sur le contrôle des forteresses, des navires et de l'artillerie[4]. Malheureusement pour le duc, son coup d'état échoua, ses troupes, insuffisantes en nombre, furent aisément vaincues par la garnison restée loyale aux États Généraux et Anjou, Bodin ainsi que le reste de leurs hommes furent faits prisonniers.

Selon la logique décrite par Bodin – et suivie par le duc d'Anjou – le contrôle de l'artillerie constituait un aspect fondamental du pouvoir monarchique. Il n'y a donc rien d'étonnant à ce que le recours croissant aux grands dispositifs de combat qu'étaient les forteresses et les flottes de guerre se soit accompagné du développement de structures administratives permettant à l'État de s'assurer la maîtrise de l'artillerie. Ce chapitre a pour objectif d'identifier et de décrire ces structures qui furent mises en place dans le courant du XVIe siècle afin d'équiper les armées de la Monarchie hispanique en pièces d'artillerie, en munitions et en hommes capables de les faire fonctionner selon la volonté du roi et de ses ministres. Or, présenter la guerre comme moteur de la construction

2 *Ibid.* p. 294. Le reste du paragraphe suit le récit qu'en fait Koenigsberger.

3 Demelemestre, Gaëlle, *Les deux souverainetés et leur destin. Le tournant Bodin – Althusius*, Paris, Les éditions du Cerf, 2011.

4 Koenigsberger, Helmut, *Monarchies, States Generals and Parliaments*, *op. cit.* p. 274.

de l'État moderne n'a absolument rien d'une nouveauté. Cependant, cette analyse centrée sur un aspect précis de l'administration militaire sera l'occasion de montrer certaines spécificités du service de l'artillerie au sein du processus général de construction de l'État. En outre, il faut rappeler que cette souveraineté que Bodin décrit comme le contrôle et la centralisation de la force n'avait, à la fin du XVIe siècle, rien d'une réalité politique. Les nombreuses études qui se sont attachées à comprendre l'articulation du pouvoir au sein de ce qu'Elliott a appelé une « monarchie composite[5] » n'ont cessé de mettre en avant son caractère non-intégré et fragmenté. Par conséquent, ce chapitre propose une analyse à l'intersection de ces deux grandes tendances historiographiques, à mi-chemin entre la narration du renforcement du pouvoir central par la guerre et celle de la structure politique divisée de la Monarchie hispanique.

RÔLE DE LA GUERRE DANS LA CONSTRUCTION DE L'ÉTAT MODERNE

La souveraineté que Bodin décrivait comme s'appuyant sur la maîtrise absolue de la force est devenue une réalité au sein des États-nations de l'époque contemporaine. Ainsi, Max Weber écrivait au sortir de la Première Guerre mondiale que « l'État est une forme de communauté humaine qui revendique (avec succès) le monopole de la violence physique sur un territoire particulier[6] ». Or, cette vision wébérienne du pouvoir politique a fortement inspiré quelques-uns des récits les plus influents sur la construction de l'État moderne. Ces études, qui sont l'œuvre de grands noms de la sociologie politique anglo-saxonne tels que Tilly[7], Downing[8], Ertman[9], Mann[10], Porter[11] et plus récemment Stasavage[12], se sont intéressées au développement des États européens sur un mode

5 Elliott, John H., « A Europe of Composite Monarchies », *op. cit.*

6 Weber, Max, « Politics as a Vocation », dans *The Vocation Lectures*, Indianapolis, Cambridge, Hackett Publishing Company, 2004, p. 33.

7 Tilly, Charles, *Coercion, Capital and European States, AD 990-1992*, *op. cit.*

8 Downing, Brian M., *The Military Revolution and Political Change*, *op. cit.*

9 Ertman, Thomas, *Birth of the Leviathan : Building States and Regimes in Medieval and Early Modern Europe*, Cambridge ; New York, Cambridge University Press, 1997.

10 Mann, Michael, *The Sources of Social Power. Vol. 1, A History of Power from the Beginning to A.D.1760*, Cambridge, Cambridge University Press, 1986.

11 Porter, Bruce D., *War and the Rise of the State*, *op. cit.*

12 Stasavage, David, *States of Credit : Size, Power, and the Development of European Polities*, Princeton, N.J., Princeton University Press, 2011.

comparatif et sur des échelles de temps très longues. Or, ces auteurs ont tous pour point commun de placer la guerre au cœur des dynamiques de construction étatique. Ainsi l'affirme Charles Tilly : « la guerre et la préparation pour la guerre ont produit les principaux composants des États européens[13] ». Agissant selon un processus de sélection naturelle, la transformation de l'échelle de la guerre aurait forcé les États à se doter de structures administratives de plus en plus complexes et à développer des systèmes de financement à travers la fiscalité. L'abondance des ressources, la disponibilité de capital financier, la dispersion des territoires, le poids politique des assemblées représentatives expliquent qu'aient coexisté des formes d'États très variées telles que les grandes monarchies territoriales, les cités-États oligarchiques, ou encore les empires coloniaux. Néanmoins, durant le dernier millénaire, le paysage géopolitique européen a vu le nombre d'États drastiquement diminuer, la compétition militaire faisant disparaître ceux d'entre eux incapables de se transformer en efficaces *fiscal-military States* – dont l'aboutissement est aujourd'hui l'État-nation.

Ces récits de la généalogie des États contemporains ont eu un écho considérable dans le champ de la sociologie politique, mais leur réception auprès des historiens a été plus mitigée. Si l'entreprise ambitieuse des sociologues politiques est sans aucun doute stimulante[14], bon nombre d'historiens adoptent une position de méfiance face à cette explication à facteur unique[15]. En effet, Tilly, Downing et leurs confrères portent très peu d'attention à la dimension judiciaire du pouvoir pourtant au centre de la construction des États modernes selon d'autres auteurs comme Strayer[16]. Et qu'en est-il des rituels civiques qui mettaient en scène – et en ordre – la communauté sociopolitique et constituèrent, selon Muir, un aspect essentiel de la longévité politique de la République de Venise[17] ? Est-il possible d'expliquer le développement des États-nations sans intégrer les mécanismes idéologiques et culturels à l'œuvre

13 Tilly, Charles, *Coercion, Capital and European States, AD 990-1992*, *op. cit.* p. 28.

14 Cornette, Joël, « La révolution militaire et l'État moderne », *Revue d'histoire moderne et contemporaine*, vol. 41, n° 4, 1994, p. 696-709.

15 Gunn, Steven, Grummitt, David, Cools, Hans, « War and the State in Early Modern Europe : Widening the Debate », *War in History*, vol. 15, n° 4, 2008, p. 371-388.

16 Strayer, Joseph R., *On the Medieval Origins of the Modern State*, Princeton, N.J., Princeton University Press, 1970.

17 Muir, Edward, *Civic Ritual in Renaissance Venice*, Princeton, N.J., Princeton University Press, 1981.

dans la constitution des nationalismes[18] ? Comme le remarquent Gunn, Grummitt et Cools, la construction des États fut un processus complexe impliquant de multiples variables parmi lesquelles le poids de la guerre reste encore à évaluer avec plus de précision[19].

Peu d'historiens se sont risqués à produire des récits aussi ambitieux que ceux des sociologues politiques. L'historiographie sur la construction de l'État moderne se caractérise par une multitude d'études plus limitées dans l'espace, dans le temps et dans les problématiques abordées, et dont il serait par conséquent impossible de rendre ici compte de manière exhaustive. Néanmoins, parmi les historiens comme parmi les sociologues, la guerre est reconnue comme un des principaux facteurs de constitution des États européens. La pertinence historique du binôme guerre-État est rendue manifeste par la tournure du débat qui a suivi la publication du livre de Parker sur la *Révolution Militaire et l'essor de l'Occident*[20]. En revisitant la thèse de Roberts[21], Parker explique comment, à l'époque moderne, la mutation des « techniques de guerre » – le mot anglais *warfare* renvoyant à des éléments technologiques tout autant que tactiques – transforma profondément les États européens, leur donnant un avantage militaire décisif sur les autres États du monde. Or, comme on en a rendu compte en introduction du précédent chapitre, la thèse de Parker a suscité un débat portant sur les dates, les techniques et tactiques véritablement révolutionnaires mais ne remettant pas en question la relation entre transformation de la guerre et construction de l'État moderne[22]. La compétition entre États et la course à l'innovation militaire figurent désormais au cœur des discussions de l'histoire globale, signe que le débat ouvert par Roberts et Parker est encore loin d'être clos[23].

18 Anderson, Benedict, *Imagined Communities. Reflections on the Origins and Spread of Nationalism*, Londres, Verso, 1983. Hobsbawm, Eric, *Nations and Nationalism since 1780 : Programme, Myth, Reality*, Cambridge ; New York, Cambridge University Press, 1991.

19 Gunn, Steven, Grummitt, David, Cools, Hans, « War and the State in Early Modern Europe », *op. cit.*

20 Parker, Geoffrey, *The Military Revolution*, *op. cit.*

21 Roberts, Michael, *The Military Revolution, 1560-1660*, *op. cit.*

22 Voir notamment Rogers, Clifford J., *The Military Revolution Debate*, *op. cit.* Black, Jeremy, *Beyond the Military Revolution : War in the Seventeenth Century World*, Palgrave Macmillan, 2011.

23 Hoffman, Philip T., *Why did Europe Conquer the World ?*, *op. cit.* Andrade, Tonio, *The Gunpowder Age*, *op. cit.* Agoston, Gábor, « Firearms and Military Adaptation : The Ottomans and the European Military Revolution, 1450-1800 », Journal of World

De nombreuses études mettent en évidence le caractère pionnier de la Monarchie hispanique non seulement dans l'évolution des techniques de guerre mais aussi dans la structuration de son appareil militaire. Parker lui-même a étudié comment l'Espagne a pu déployer et maintenir, malgré la distance, « la plus grande armée de l'époque » dans le but de réprimer la révolte des Provinces-Unies durant la guerre de Quatre-Vingts-Ans (1567-1648)[24]. Le maintien de plusieurs dizaines de milliers de soldats sur une si longue période est ainsi présenté par Parker comme un défi logistique et administratif sans précédent que les agents de la Monarchie hispanique ont su relever avec un certain succès, l'échec final de la répression étant imputé à l'excès d'ambition des projets géopolitiques des Habsbourg en Europe. Parker décrit tout un système fait de structures administratives, de ressources matérielles et d'hommes de diverses origines – espagnols, italiens, allemands, bourguignons, wallons – transitant entre les différents territoires de la Monarchie, notamment sur le fameux chemin des Espagnols, afin d'appliquer les stratégies décidées à Madrid. À propos de cette même armée de Flandre, González de León a plus récemment mis en évidence la professionnalisation croissante des officiers sous les ordres du duc d'Albe[25]. Dès le début des affrontements en 1567, ces derniers mirent en place un système d'organisation militaire extrêmement efficace, fondé sur la promotion des compétences, du mérite et de l'expérience, qui eut cependant tendance à s'éroder avec le passage des générations.

Plus généralement, les structures et différentes branches de l'appareil militaire de la Monarchie hispanique ont fait l'objet de nombreuses études mettant en évidence leur important développement au cours du XVIe siècle. Ainsi, dans son ouvrage comparatif sur la construction des *fiscal-military States* entre 1500 et 1700, Jan Glete présente l'Espagne comme le premier État à avoir mis en place à grande échelle un système

---

History, vol. 25, n° 1, 2014, p. 85-124. Andrade, Tonio, Kang, Hyeok Hweon, Cooper, Kirsten, « A Korean Military Revolution ? Parallel Military Innovations in East Asia and Europe », Journal of World History, vol. 25, n° 1, 2014, p. 47-80. Eaton, Richard, Wagoner, Philip B., « Warfare on the Deccan Plateau, 1450-1600 : A Military Revolution in Early Modern India ? », Journal of World History, vol. 25, n° 1, 2014, p. 5-50.

24 « *The methods used to mobilize and maintain the largest army of its day* », Parker, Geoffrey, *The Army of Flanders and the Spanish Road, 1567-1659 : the Logistics of Spanish Victory and Defeat in the Low Countries' Wars*, Cambridge, Cambridge University Press, 1972, préface p. XV.

25 González de León, Fernando, *The Road to Rocroi*, *op. cit.*

d'administration de forces militaires permanentes[26]. René Quatrefages a quant à lui analysé en détail le système d'organisation de l'infanterie espagnole regroupée au sein des redoutables *Tercios* qui obtinrent, en Flandre et dans le reste de l'Europe, une réputation d'invincibilité jusqu'au milieu du XVIIe siècle[27]. Considérant ces structures d'organisation de l'armée comme des éléments clés de la révolution militaire, Quatrefages a consacré un second ouvrage à expliquer leur origine en remontant au temps des Rois Catholiques et aux premières décennies du XVIe siècle, époque de mise en place d'une armée permanente[28]. L'organisation des forces navales a quant à elle fait l'objet d'études portant sur diverses unités telles que les escadrons de galères méditerranéennes analysées par Olesa Muñido[29] et plus récemment par Williams[30], ou encore l'armada de Flandre décrites par Stradling[31]. Les armadas atlantiques – de protection de la *carrera de Indias* et *del mar Océano* – ont également suscité de nombreuses analyses à différentes échelles et sur différentes périodes, si bien qu'il n'est pas aisé de dégager une vision complète des structures administratives de ces flottes de guerre[32]. La multitude des publications sur différents éléments de la bureaucratie militaire espagnole montre à quel point il est difficile de l'appréhender dans sa totalité à travers des approches institutionnelles. Même les ouvrages les plus volumineux tels que la synthèse de Martínez Ruiz[33] ou encore les actes des deux conférences *Guerra y Sociedad en la Monarquía Hispánica*[34] ne parviennent

26 Glete, Jan, *War and the State in Early Modern Europe : Spain, the Dutch Republic, and Sweden as Fiscal-Military States, 1500-1660*, Londres ; New York, Routledge, 2002.

27 Quatrefages, René, *Los tercios españoles (1567-1577), op. cit.*

28 Quatrefages, René, *La Revolución Militar Moderna. El Crisol Español*, Madrid, Ministerio de Defensa, 1996.

29 Olesa Muñido, Francisco-Felipe, *La organización naval de los estados mediterráneos y en especial de España durante los siglos XVI y XVII.*, Madrid, Editorial Naval, 1968.

30 Williams, Phillip, *Empire and Holy War in the Mediterranean, op. cit.*

31 Stradling, R.A., *The Armada of Flanders, op. cit.*

32 Cerezo Martínez, Ricardo, *Las armadas de Felipe II*, Madrid, Editorial San Martin, 1989. Goodman, David C., *Spanish Naval Power, 1589-1665, op. cit.* Mira Caballos, Esteban, *Las armadas imperiales, op. cit.* Mira Caballos, Esteban, *La Armada Guardacostas de Andalucía y la defensa de la Carrera de Indias, 1521-1550*, Séville, Muñoz Moya Editor, 1998. Phillips, Carla R., *Six Galleons for the King of Spain, op. cit.*

33 Martínez Ruiz, Enrique, *Los soldados del Rey. Los ejércitos de la Monarquía Hispánica (1480-1700)*, Madrid, Actas, 2008.

34 García Hernán, Enrique, Maffi, Davide (éd.), *Guerra y sociedad en la monarquía hispánica : política, estrategia y cultura en la Europa Moderna, 1500-1700*, Madrid, Laberinto : CSIC Fundación MAPFRE, 2006. García Hernán, Enrique, Maffi, Davide (éd.), *Estudios sobre*

à rendre compte que de manière partielle du système d'organisation militaire de la Monarchie hispanique.

Or, l'intérêt porté par l'ensemble de ces publications à l'administration de l'artillerie est extrêmement marginal et force est de constater qu'aucune étude conséquente n'a été publiée à ce sujet depuis l'œuvre de Vigón en 1947[35]. Les rares exceptions concernent, on l'a mentionné dans le précédent chapitre, l'époque des Rois Catholiques au tournant des XVe et XVIe siècles, à ce moment crucial de l'avènement de l'artillerie « moderne[36] ». Ces études révèlent l'émergence des premières structures permanentes d'administration de l'artillerie en Castille à l'occasion de la reconquête de Grenade (1482-1492). Cependant, comme l'a montré le chapitre précédent, le XVIe siècle fut une période d'intensification de l'usage de l'artillerie. De plus, la Monarchie Catholique acquit à cette époque un degré de complexité sans précédent puisqu'elle se transforma en un vaste conglomérat d'États dispersés en Europe et dans le monde. Il semble par conséquent nécessaire et pertinent d'analyser les structures que la Monarchie mit en place afin de gérer et contrôler son artillerie à travers son vaste empire.

Cependant, la question du contrôle des moyens militaires par le pouvoir monarchique central est plus complexe que certaines approches institutionnelles classiques ne pourraient le laisser croire. Ainsi, dans son ouvrage consacré au gouvernement des affaires militaires de l'Espagne, Thompson oppose deux logiques concurrentes : celle de l'administration militaire directe par des agents du roi et celle du contrat de nature commerciale (*asiento*) avec un administrateur privé tel qu'un grand vassal ou un banquier[37]. Le recours à ces *asientistas* parfois chargés du ravitaillement de l'armée ou encore du maintien d'escadrons entiers de galères se faisait souvent au bénéfice d'économies financières pour la Monarchie mais aussi parfois au détriment de l'efficacité opérationnelle. Plus récemment, Alicia Esteban Estríngana s'est intéressée aux mécanismes de contrôle comptable au sein de l'armée de Flandre[38]. Cette étude révèle les difficultés qu'a

---

Guerra y Sociedad en la Monarquía Hispánica. Guerra marítima, estrategia, organización y cultura militar (1500-1700), Valence, Albatros, 2017.

35 Vigón, Jorge, *Historia de la Artillería Española*, *op. cit.*

36 Cobos Guerra, Fernando, *La artíllería de los Reyes Católicos*, *op. cit.* Ladero Galan, Aurora, « Artilleros y artillería de los Reyes Católicos (1495-1510) », *op. cit.*

37 Thompson, I. A. A, *War and Government in Habsburg Spain, 1560-1620*, *op. cit.*

38 Esteban Estríngana, Alicia, *Guerra y finanzas en los Paises Bajos Católicos. De Farnesio a Spinola (1592-1630)*, Madrid, Ediciones del Laberinto, 2002.

pu rencontrer le roi pour contrôler à distance l'action non seulement de ses officiers comptables mais aussi de ses gouverneurs qui, à l'image du général Alexandre Farnèse, furent suspectés de détourner le système au profit de la construction de leur propre pouvoir. Ces limites de l'exercice du contrôle militaire par le politique sont également au cœur de publications portant sur d'autres époques, comme celle de Torres Sánchez sur l'Espagne du XVIIIe siècle[39], ainsi que d'autres aires géographiques, comme celle de Parrott sur l'armée de Richelieu[40].

Autrement dit, pour comprendre comment s'organisait l'administration de l'artillerie au sein de la Monarchie hispanique, il faut tenir compte de la complexité de la relation entre le politique et le militaire à l'époque moderne. D'une certaine manière, l'approche généalogique des récits de la construction de l'État biaise le regard de l'historien qui croit reconnaître dans les structures de l'administration militaire de Philippe II ce monopole de la violence qui constitue, selon Weber, l'État. Comme l'illustre la mésaventure de Bodin et du duc d'Anjou, les mécanismes de fonctionnement des États du XVIe siècle étaient bien différents de ceux du XXe siècle. De plus, ce type d'analyses cherchant dans le passé les éléments du présent tend à réduire le champ d'étude au cadre national, puisqu'il s'agit d'expliquer la constitution de ce qui deviendra plus tard un État-nation. Malgré tout, l'entité politique au centre de cette étude, la Monarchie hispanique, n'est absolument pas réductible à l'Espagne. Elle était constituée d'un ensemble de territoires qui composent l'Espagne actuelle, mais qui allaient également bien au-delà, en Italie, aux Pays-Bas, en Afrique, en Amérique, en Asie. L'intégration politique de ces différents territoires sous l'autorité d'un souverain unique est encore fort débattue aujourd'hui. Dans quelle mesure l'usage d'une demi-couleuvrine était-il contrôlé, depuis Madrid, à Barcelone, à Messine, à Anvers, à Oran, à Veracruz ou à bord d'un galion de l'*armada del mar Océano* ? De par sa nature fortement politique, le contrôle de l'artillerie doit par conséquent être analysé dans le cadre des débats sur le gouvernement et l'articulation de ce qui était une « monarchie composite » pour reprendre la célèbre formule de John Elliott[41].

39 Torres Sánchez, Rafael, *Military Entrepreneurs and the Spanish Contractor State*, *op. cit.*

40 Parrott, David, *Richelieu's Army : War, Government and Society in France*, Cambridge, Cambridge University Press, 2001.

41 Elliott, John H., « A Europe of Composite Monarchies », *op. cit.*

MONARCHIE COMPOSITE ET EMPIRE ESPAGNOL : TENSIONS AUTOUR DU GOUVERNEMENT DES AFFAIRES MILITAIRES

Au sein de l'abondante historiographie sur l'organisation politique de la Monarchie hispanique, le paradigme dominant est celui d'Elliott et de Koenigsberger[42]. À la vision d'une Europe constituée d'embryons des États-nations contemporains que l'on trouve dans les travaux des sociologues politiques, ces historiens ont substitué une Europe qui, à l'époque moderne, aurait été constituée d'États ou de monarchies « composites ». Ces entités politiques se composaient de diverses unités territoriales et juridictionnelles relativement autonomes mais réunies sous une même souveraineté. Le vaste ensemble d'États sur lequel régnait Philippe II en constitue le plus parfait exemple. Il était en grande partie le fruit d'unions dynastiques telles que celle qui, par le mariage d'Isabelle et de Ferdinand en 1469, joignit les couronnes de Castille et d'Aragon. Ces royaumes étaient eux-mêmes composites, l'Aragon incluant aussi la souveraineté sur les royaumes de Sicile, Sardaigne, Majorque, Valence et les comtés de Barcelone, Cerdagne et Roussillon. Avant la mort de Ferdinand en 1516, cet héritage dynastique fut augmenté de conquêtes dont les principales furent les royaumes de Grenade, de Navarre, de Naples, quelques ports d'Afrique du nord, sans oublier les premières vagues de conquête du Nouveau Monde. Son petit-fils Charles ajouta à cet ensemble son héritage des ducs de Bourgogne – là aussi un État composite constitué des duchés de Brabant, de Luxembourg et des comtés de Flandre, Hollande, Zélande, Bourgogne, Artois, Hainaut, etc. – ainsi que l'héritage autrichien de son grand-père paternel l'empereur Maximilien. Le conglomérat d'États qu'il transmit à son fils Philippe excluait ce dernier élément, mais y ajoutait le duché de Milan, porte et verrou de la péninsule italienne. Enfin, durant son règne, Philippe II fit, par droits dynastiques appuyés d'une conquête, l'acquisition du royaume de Portugal et de son vaste empire maritime.

Ce qu'explique Elliott, c'est que ce processus d'agrégation de territoires qui s'étala sur le long XVIe siècle n'impliqua pas une intégration

---

42 L'expression a été utilisée pour la première fois en 1975 par Koenigsberger, Helmut, « Dominium Regale or Dominium Politicum et Regale », *op. cit.* C'est cependant John Elliott qui est à l'origine du succès historiographique de ce concept, John H. Elliott, « A Europe of Composite Monarchies », *op. cit.*

complète de ces différentes unités politiques au sein de ce que j'appelle dans cette étude la « Monarchie hispanique ». La plupart des unions se firent sur le principe de l'*aeque principaliter* qui signifiait, selon la formule du juriste espagnol du XVIIe siècle Solórzano Pereira, que ces royaumes devaient être gouvernés « comme si le roi qui les possédait tous ne possédait que chacun d'eux à titre individuel[43] ». Autrement dit, le monarque devait les traiter comme des entités politiques distinctes et donc préserver leurs lois, juridictions et privilèges. Dans cette perspective, l'historiographie récente sur les domaines italiens de la Monarchie hispanique a cherché à déconstruire le mythe du colonialisme castillan en présentant le poids gouvernemental espagnol comme amoindri par les pouvoirs politiques et institutions locales telles que les parlements sicilien, napolitain et milanais[44]. De même, les Pays-Bas ou encore la Catalogne sont crédités de fortes traditions parlementaires ayant considérablement limité le champ d'action du roi[45]. Cette division du pouvoir politique impliquait également une fragmentation des systèmes fiscaux, le prélèvement des taxes étant le fruit d'une négociation entre le monarque et les organes de représentation parlementaire de chaque territoire[46]. Une telle situation favorisait l'existence d'administrations fiscales autonomes en défense d'intérêts locaux : les Catalans, pas plus que les Hollandais, ne consentirent à ce que l'impôt sortît de leur territoire[47]. Comme le rappelle Regina Grafe, cette fragmentation territoriale de la souveraineté allait bien au delà du découpage par « royaume »,

43 Elliott, John H., « A Europe of Composite Monarchies », *op. cit.* p. 53.

44 Galasso, Giuseppe, « Italia nel sistema imperiale spagnolo », dans *Centros de Poder Italianos en la Monarquía Hispánica*, Martínez Millán, José, Rivero Rodríguez, Manuel (éd.), Madrid, Ediciones Polifemo, 2010, p. 15-28. Benigno, Francesco, « I parlamenti nei regni italiani soggetti alla monarchia spagnola : Nuove prospettive di ricerca », dans *ibid.* p. 57-76. D'Amico, Stefano, *Spanish Milan*, *op. cit.*, p. 123-134. Galasso, Giuseppe, *Alla periferia dell'Impero : il Regno di Napoli nel periodo spagnolo (secoli XVI-XVII)*, Turin, Einaudi, 1994. Le pouvoir du parlement sicilien avait déjà été mis en avant il y a longtemps par Koenigsberger, Helmut, *The Government of Sicily under Philip II of Spain : a study in the Practice of Empire*, Londres ; New York, Staples Press, 1951.

45 Elliott, John H., *The Revolt of the Catalans*, *op. cit.* Koenigsberger, Helmut, *Monarchies, States Generals and Parliaments*, *op. cit.*

46 Muto, Giovanni, « The Spanish System : Centre and Periphery », dans *Economic Systems and State Finance*, Richard Bonney (éd.), Oxford, New York, Oxford University Press, 1995.

47 Tracy, James D., *Holland under Habsburg Rule, 1506-1566 : the Formation of a Body Politic*, Berkeley, University of California Press, 1990. Elliott, John H., *The Revolt of the Catalans*, *op. cit.*

puisqu'au sein du royaume d'Aragon, le monarque devait négocier l'impôt séparément avec les *cortes* de Catalogne, d'Aragon, de Valence et de Majorque, tandis qu'au sein de la Castille existaient divers privilèges et exceptions juridiques (*fueros*) au Pays Basque, en Navarre, à Grenade, à Murcie ou encore en Galice[48].

La prédominance de ce paradigme des États composites ne doit pas pour autant conduire à renier l'existence d'une entité politique qui était plus que la simple somme de ses parties. Cet excédent distinguant l'État composite de la simple juxtaposition d'États est néanmoins particulièrement difficile à saisir. L'agrégation de territoires, que ce fût par héritage ou par conquête, s'accompagnait de processus d'intégration ou d'incorporation desquels était censée émerger une nouvelle cohésion ou union de l'ensemble des territoires[49]. Pour désigner cette structure unissant les États d'un même prince, l'historien trouve à sa disposition diverses expressions forgées par l'historiographie. L'expression de « Monarchie catholique », construite à partir du titre de Rois Catholiques octroyé par le pape Alexandre VI à Ferdinand et Isabelle en 1496, rappelle que la cohésion des différents États se fondait sur leur rattachement à une personne, l'héritier des Rois Catholiques. Néanmoins, elle sous-entend une prédominance, au cœur de l'association, des royaumes de Castille et d'Aragon – auxquels est originellement attaché le titre de « catholique ». L'expression que j'ai choisi d'employer dans ce livre et qui est la plus couramment utilisée dans l'historiographie espagnole actuelle, la « Monarchie hispanique » (*la Monarquía Hispánica*), trouve ses racines dans le nom *Hispania* que les Romains de l'Antiquité attribuaient à la péninsule ibérique. Il s'agit donc d'une définition culturelle insistant sur la prédominance des Ibériques au sein de l'État composite des Habsbourg. L'expression de « Monarchie espagnole », courante dans l'historiographie anglo-saxonne (*the Spanish Monarchy*), affirme quant à elle sans détour la prépondérance de l'Espagne au sein de l'association d'États.

De manière plus ou moins explicite, toutes ces expressions font état de la relation asymétrique qui s'établit entre l'Espagne et le reste des

48 Grafe, Regina, *Distant Tyranny. Markets, Power, and Backwardness in Spain. 1650-1800*, Princeton, N.J., Princeton University Press, 2012, p. 118-119.

49 Gil Pujol, Xavier, « Integrar un mundo. Dinámicas de agregación y de cohesión en la monarquía de España », dans *Las Indias occidentales. Procesos de incorporación territorial a las Monarquías Ibéricas (siglos XVI a XVIII)*, Oscar Mazín Gómez et José Javier Ruiz Ibáñez (éd.), Mexico, El Colegio de México, 2012, p. 69-108.

États de cette vaste association politique. Le phénomène de « castillanisation » – car c'est la Castille plus que l'Espagne qui y tenait le rôle central – de la Monarchie devint particulièrement visible à partir de la seconde moitié du XVIe siècle, sous le règne de Philippe II, lorsque la cour s'installa à Madrid[50]. Ce fut à cette époque que le système de gouvernement polysynodal mis en place sous Charles Quint prit son véritable essor[51]. Divers conseils, d'État, de guerre, des finances, d'Italie, des Indes, traitaient, depuis Madrid, des affaires de gouvernement selon leur nature et le territoire concerné. En parallèle de ce processus de développement d'un centre politique, se construisit toute une structure administrative de contrôle à distance des territoires[52]. La monarchie composite de Philippe II se dota progressivement d'un centre de gouvernement où une écrasante majorité de Castillans eurent tendance à favoriser d'autres Castillans au sein des structures administratives émergentes. La Castille, principal acteur, devint également le principal contributeur fiscal de cet appareil étatique[53]. Rien ne reflète mieux cette position de domination castillane que l'expression d'« empire espagnol » qui renvoie à l'idée d'un certain colonialisme de la Castille non seulement en Amérique mais aussi dans tous les États européens sous son contrôle. Victime de

50 Kamen, Henry, *Empire*, *op. cit.*, p. 151 et suiv. Elliott, John H., *Imperial Spain*, *op. cit.*, p. 257.

51 Martínez Millán, José, *Instituciones y elites de poder en la monarquía hispana durante el siglo XVI*, Madrid, Ediciones de la Universidad Autónoma de Madrid, 1992. Fernandez Conti, Santiago, *Los Consejo de Estado y Guerra en la época de Felipe II (1548-1598)*, Valladolid, Junta de Castilla y León, Consejería de educación y cultura, 1998. Escudero, José Antonio, *Los hombres de la Monarquía Universal*, Madrid, Real Academia de la Historia, 2011. Domínguez Nafría, Juan Carlos, *El Real y Supremo Consejo de Guerra (siglos XVI-XVIII)*, Madrid, Centro de Estudios Políticos y Constitucionales, 2001. Rivero Rodríguez, Manuel, *Felipe II y el Gobierno de Italia*, *op. cit.* Schäfer, Ernst, *El Consejo Real y Supremo de las Indias*, Salamanque, Junta de Castilla y León, Consejería de Educación y Cultura, 2003. Carlos Morales, Carlos Javier de, *El Consejo de Hacienda de Castilla, 1523-1602. Patronazgo y clientelismo en el gobierno de las finanzas reales durante el siglo XVI*, Valladolid, Junta de Castilla y León, Consejería de Educación y Cultura, 1996.

52 Elliott, John H., *The Revolt of the Catalans*, *op. cit.* p. 78. Ruiz Ibáñez, José Javier, Sabatini, Gaetano, « Monarchy as Conquest : Violence, Social Opportunity, and Political Stability in the Establishment of the Hispanic Monarchy », *The Journal of Modern History*, vol. 81, n° 3, 2009, p. 501-536.

53 Yun Casalilla, Bartolomé, *Marte contra Minerva : el precio del imperio español, c. 1450-1600*, Barcelone, Crítica, 2004. Thompson, I. A. A, « Public Expenditure and Political Unity : Spanish Monarchy and European Union », dans *Dinero, moneda y crédito en la Monarquía Hispánica*, Antonio Miguel Bernal (éd.), Madrid, Marcial Pons, Historia, Fundación ICO, 2000, p. 879-888.

la *leyenda negra* protestante, associée au franquisme par les historiens espagnols, cette expression est réapparue sous la plume des hispanistes anglo-saxons[54] et italiens[55] et connaît désormais un regain d'intérêt de la part d'une historiographie espagnole non pas nationaliste mais tournée vers des approches transnationales[56]. En ce sens, évoquer la monarchie de Philippe II sous le terme d'empire est une façon d'accentuer, au-delà de son caractère fragmenté et composite, les continuités, les liens, les forces transversales qui en faisaient une sorte d'espace « continuum » comme l'évoque Fernando Bouza[57].

Il faut par ailleurs souligner la forte dimension militaire de ces dispositifs de contrôle des territoires par le gouvernement central madrilène. L'autorité des hommes servant de courroie entre Madrid et l'administration des différents territoires de la Monarchie, qu'ils fussent vice-rois[58], gouverneurs[59] ou capitaines généraux[60], s'exprimait dans l'attribution qui leur était faite du commandement militaire suprême de la région dont ils avaient la charge. Ils étaient épaulés dans cette tâche par un certain nombre d'officiers, généralement originaires du royaume de Castille – mais pas uniquement[61] – et directement choisis

54 Koenigsberger, Helmut, *The Government of Sicily under Philip II of Spain*, *op. cit.* Elliott, John H., *Imperial Spain*, *op. cit.* Kamen, Henry, *Spain's Road to Empire : the Making of a World Power (1492-1763)*, Londres, The Penguin press, 2002.

55 Calabria, Antonio, *The Cost of Empire : the Finances of the Kingdom of Naples in the Time of Spanish Rule*, Cambridge ; New York, Cambridge University Press, 1991. Galasso, Giuseppe, *Alla periferia dell'Impero*, *op. cit.*

56 Yun Casalilla, Bartolomé, *Iberian World Empires and the Globalization of Europe 1415-1668*, Basingstoke, Palgrave Macmillan, 2019. Yun Casalilla, Bartolomé, *Las redes del Imperio. Elites sociales en la articulación de la monarquía Hispánica, 1492-1714*, Madrid, Marcial Pons, 2008. García Hernán, David (éd.), *La historia sin complejos. La nueva visión del Imperio Español*, Madrid, Editorial Actas, 2010, voir en particulier sur l'histoire du concept d'empire l'article de Rivero Rodríguez, Manuel, « El imperio en su apogeo », p. 136-176, et García Carcél, Ricardo, « Elliott, el hispanismo británico y la leyenda negra », p. 259-296. Ruiz Ibáñez, José Javier, Martínez Alcalde, María, Campillo Méndez, María Magdalena (éd.), *Felipe II y Almazarrón*, *op. cit.*

57 Bouza, Fernando, « La configuración de la Monarquía Hispánica », dans *La historia sin complejos. La nueva visión del Imperio Español*, *op. cit.* p. 77.

58 Hernando Sánchez, Carlos José, « Los virreyes de la Monarquía española en Italia. Evolución y práctica de un oficio de gobierno », *Studia Historica, Historia moderna*, vol. 26, 2004, p. 43-73.

59 D'Amico, Stefano, *Spanish Milan*, *op. cit.* p. 139.

60 Jiménez Estrella, Antonio, *Poder, ejército y gobierno en el siglo XVI*, *op. cit.*, 2004.

61 Voir les remarques de Kamen sur l'importante contribution des non-Castillans à la construction de cet empire espagnol : Kamen, Henry, *Empire*, *op. cit.*

par le roi et les conseils madrilènes pour leur loyauté et leurs liens souvent personnels avec l'élite gouvernante. On peut citer à titre d'exemple le rôle crucial joué par le *contador* (comptable) de l'armée, le vénitien Juan Rena, dans le processus d'intégration du royaume de Navarre[62]. En Sicile, les postes clés de commandement de l'infanterie espagnole et des principales forteresses de l'île étaient confiés à des Espagnols dont la loyauté était éprouvée[63]. À Milan, non seulement le commandement, mais aussi les soldats formant partie de la garnison du château devaient prouver leur origine espagnole ou faire partie du cercle de familiers du gouverneur[64]. Au Portugal et aux Açores, au mépris des conditions énoncées à l'issue des *cortes* de Tomar de 1581, la Monarchie hispanique conserva tout un réseau de forteresses dotées de garnisons castillanes occupant le territoire[65].

La construction de cet appareil militaire directement relié au gouvernement central madrilène concourait à la constitution de transversalités au sein d'une monarchie composite fragmentée. La mise en commun des ressources et des moyens militaires ainsi que leur coordination à partir de Madrid devait créer un avantage de puissance militaire dont bénéficiaient tous les membres de la monarchie composite. Comme l'implique la thèse de Parker sur la révolution militaire[66], le développement de technologies de guerre onéreuses – l'artillerie, les fortifications modernes, les flottes de guerre – et le changement d'échelle qu'elles impliquèrent favorisa certainement la mise en place de cet appareil militaire au-dessus des structures politiques locales préexistantes. Pour le gouvernement central, il s'agissait de se donner les moyens de ses ambitions géopolitiques qui, pour le XVIe siècle, furent essentiellement de tenir en respect les deux principaux rivaux qu'étaient la France et l'empire Ottoman, défendre le monopole sur le Nouveau Monde et, à

62 Escribano Páez, José Miguel, *El Coste de la Defensa*, *op. cit.*

63 Koenigsberger, Helmut, *The Government of Sicily under Philip II of Spain*, *op. cit.* p. 50.

64 Ribot Garcia, Luis Antonio, « Soldados españoles en Italia. El castillo de Milán a finales del siglo XVI », dans *Guerra y sociedad en la monarquía hispánica*, *op. cit.* p. 408.

65 Schaub, Jean-Frédéric, *Le Portugal au temps du Comte-Duc d'Olivares (1621-1640)*, *op. cit.*, p. 20, 245 et suiv. Schaub, Jean-Frédéric, « Maritime Archipelago, Political Archipelago. The Azores under the Habsburgs (1581-1640) », dans *Polycentric Monarchies : How did Early Modern Spain and Portugal Achieve and Maintain a Global Hegemony*, Pedro Cardim, Tamar Herzog, José Javier Ruiz Ibáñez et Gaetano Sabatini (éd.), Eastbourne, Portland, Vaughan, Sussex Academic Press, 2012, p. 11-26.

66 Parker, Geoffrey, *The Military Revolution*, *op. cit.*

partir de 1567, vaincre la rébellion hollandaise. Pour les unités territoriales constituant cet État composite, l'acceptation de cette force militaire dirigée depuis l'extérieur était un moyen de satisfaire aux nouvelles exigences de défense de la guerre moderne. Cependant, les études de cas sur les dynamiques d'incorporation des territoires à la Monarchie insistent sur les deux facettes de cette présence militaire castillane, offrant une garantie de protection du territoire contre toute invasion extérieure, mais jouant aussi un rôle dissuasif à l'intérieur, contre les luttes de factions et les possibles défections de loyauté[67].

Pour concilier ces deux peintures antinomiques, celle de la monarchie composite et celle de l'empire espagnol, il faut considérer qu'il exista un certain équilibre entre pouvoir central et autonomie locale. Ainsi, à propos de l'intégration de la Navarre, José Miguel Escribano Paez conclut que la Monarchie préférait s'assurer de la sécurité du royaume à travers l'adhésion sociale plus que par les investissements militaires[68]. De même à Milan, les projets de centralisation furent souvent ajournés afin d'éviter de générer trop de tensions entre le gouvernement espagnol et les sujets milanais[69]. D'après Marc Greengrass, la tension entre violence et acceptation sociale fut un trait caractéristique des processus d'intégration de nouveaux territoires au sein des États européens de l'époque moderne[70]. Il faut par ailleurs être conscient que respecter un certain équilibre entre la construction d'une administration impériale et le respect des pouvoirs locaux fut un exercice politique particulièrement délicat. Loin de constituer une garantie contre tout soulèvement, la présence militaire castillane joua un rôle de premier plan dans le déclenchement des grandes révoltes. En effet, l'un des principaux points de ralliement de la rébellion des Pays-Bas fut sans nul doute la présence ravageuse des soldats espagnols, italiens et allemands de Philippe II[71]. De même, la révolte des Catalans en 1640 fut initiée par des heurts entre soldats du

67 Schaub, Jean-Frédéric, *Le Portugal au temps du Comte-Duc d'Olivares (1621-1640), op. cit.* p. 20. Chavarría Múgica, Fernando, « Monarquía fronteriza : guerra, linaje y comunidad en la España moderna (Navarra, siglo XVI) », thèse soutenue à l'Institut Universitaire Européen, Florence, 2006, p. 82-83 et 279. Escribano Páez, José Miguel, *El Coste de la Defensa, op. cit.* p. 252.

68 Escribano Páez, José Miguel, *El Coste de la Defensa, op. cit.* p. 357.

69 D'Amico, Stefano, *Spanish Milan, op. cit.*, p. 140.

70 Greengrass, Mark, *Conquest and Coalescence. The Shaping of the State in Early Modern Europe*, Londres, Edward Arnold, 1991.

71 Koenigsberger, Helmut, *Monarchies, States Generals and Parliaments, op. cit.* p. 270.

roi et paysans locaux[72]. Survenue quelques mois plus tard, la révolte du Portugal fut en grande partie le résultat de l'exaspération générale contre la présence des soldats castillans sur le sol portugais, de plus en plus perçue comme « une infraction au pacte d'amour et de confiance qui unit le roi à ses sujets » comme l'écrit Jean-Frédéric Schaub[73].

L'étude de la construction, par le gouvernement central madrilène, de structures de contrôle de l'artillerie doit s'effectuer en tenant compte de ces tensions inhérentes au fonctionnement politique complexe de la Monarchie hispanique. Ce chapitre s'attachera donc à comprendre comment l'administration de l'artillerie s'articulait entre Madrid et les différents territoires de la Monarchie. Ce thème, extrêmement vaste, aurait pu à lui seul faire l'objet d'un autre livre. Il sera ici uniquement abordé dans ses grandes lignes afin de servir de contexte et de socle au reste de l'exposé. De plus, il s'agira de rendre compte de l'apport heuristique de l'étude de l'artillerie aux débats actuels sur le fonctionnement et l'articulation politique de la Monarchie hispanique. Par rapport à l'administration militaire prise dans son ensemble, la gestion de l'artillerie offre un objet d'analyse relativement limité qu'il est donc plus aisé d'appréhender et d'étudier comparativement sur plusieurs territoires. De cette manière, plutôt que de présenter une analyse centrée sur un territoire en particulier et sur ses rapports avec le gouvernement central comme le font la plupart des publications, le focus sur l'artillerie rend possible cette étude de la Monarchie dans sa « transversalité » et dans sa « globalité » qu'ont récemment appelé de leurs vœux plusieurs hispanistes[74].

---

72 Elliott, John H., *The Revolt of the Catalans*, *op. cit.* p. 394 et suiv.

73 Schaub, Jean-Frédéric, *Le Portugal au temps du Comte-Duc d'Olivares (1621-1640)*, *op. cit.*, p. 284.

74 Ruiz Ibáñez, José Javier, « Les acteurs de l'hégémonie hispanique, du monde à la péninsule Ibérique », *Annales. Histoire, Sciences Sociales*, traduit par Jean-Frédéric Schaub, vol. 4, 2014, p. 927-954. Bouza, Fernando, « La configuración de la Monarquía Hispánica », *op. cit.* Voir également l'introduction de Cardim, Pedro, Herzog, Tamar, Ruiz Ibáñez, José Javier, Sabatini, Gaetano (éd.), *Polycentric Monarchies*, *op. cit.*

STRUCTURATION DU GOUVERNEMENT DE L'ARTILLERIE DANS LA PÉNINSULE IBÉRIQUE

Comme le chapitre précédent l'a mis en évidence, les besoins en artillerie de la péninsule ibérique furent décuplés entre le début et la fin du XVIe siècle. Or, ce saut quantitatif fut accompagné – et c'est sans doute ce qui le rendit possible – de la construction d'une imposante structure administrative permettant de gérer, à l'échelle de la péninsule, les pièces d'artillerie, les munitions et les hommes qui les utilisaient. Directement rattachée au centre du pouvoir à travers la figure du capitaine général de l'artillerie, membre du conseil de guerre du roi, cette structure constituée d'officiers, de comptables, d'ingénieurs, d'artisans et d'artilleurs permit à la Monarchie de resserrer progressivement son contrôle sur la production et l'utilisation du matériel de guerre au sein d'un espace pourtant marqué par de nombreuses fragmentations politiques, administratives et juridictionnelles.

LE CAPITAINE GÉNÉRAL DE L'ARTILLERIE ET LE CONSEIL DE GUERRE

Le gouvernement de l'artillerie en Espagne est inséparable de la figure du capitaine général de l'artillerie qui se construisit tout au long du XVIe siècle. Un premier noyau permanent de serviteurs de l'artillerie fut constitué par Ferdinand et Isabelle à l'époque de la reconquête de Grenade et dans les dernières années du XVe siècle[75]. Il est difficile pour cette époque de parler de structure d'administration car le service de l'artillerie s'inscrivait peu dans le temps : le recrutement et le licenciement suivaient le rythme et le déplacement des campagnes militaires[76]. En 1501, les Rois Catholiques avaient ainsi à leur service trois capitaines d'artillerie sur trois différents théâtres d'opération, en Andalousie, à Perpignan et à Naples[77]. Il s'agissait

75 Cobos Guerra Fernando, *La artillería de los Reyes Católicos*, *op. cit.* ; Ladero Galán, Aurora, « Artilleros y artillería de los Reyes Católicos (1495-1510) », *op. cit.*

76 *Ibid.*

77 Arántegui y Sanz, José, *Apuntes históricos sobre la artillería española en la primera mitad del siglo XVI*, *op. cit.*, p. 208.

plutôt de commandants responsables de l'usage de l'artillerie sur le champ de bataille que d'administrateurs de l'artillerie d'un territoire. Cette situation avait néanmoins généré un « grand désordre » auquel Ferdinand et Isabelle souhaitèrent remédier en investissant un certain Mosen San Martín de la charge de *proveedor y veedor general de la artillería*, responsable de tout le matériel et le personnel artilleur[78]. Même si ce titre s'éteignit avec son premier bénéficiaire, l'existence temporaire de cet office révèle les prémices d'un mouvement de centralisation de l'administration de l'artillerie. Dans les années suivantes, plusieurs « capitaines d'artillerie » se succédèrent sans que leurs titres ne spécifient clairement les limites de leur champ d'action[79].

La situation changea cependant avec l'accession au pouvoir de la dynastie des Habsbourg. En 1524, Charles Quint nomma le chevalier de l'ordre de Saint Jean de Jérusalem et prieur de Barletta, frère Gabriel Tadino di Martinengo, « capitaine de notre artillerie d'Espagne et de la couronne d'Aragon[80] ». Il s'agissait du premier titre qui établissait clairement le commandement d'un individu sur le matériel et le personnel d'artillerie du territoire correspondant aux royaumes de Castille et d'Aragon. Cette territorialisation, absente de la charge donnée en 1501 à Mosen San Martín, allait devenir un élément essentiel du gouvernement de l'artillerie. Le titre dans sa forme stabilisée fut attribué pour la première fois en aout 1541 à don Pedro de la Cueva, le faisant « capitaine général de l'artillerie des royaumes de Castille et d'Aragon[81] ». Il faut noter que le passage de simple capitaine à capitaine général représentait un saut considérable pour le statut du commandant de l'artillerie. Le titre de *capitán general* correspondait alors à l'autorité militaire maximale sur un territoire donné. Il faisait partie des attributions principales de la plupart des vice-rois[82] et était donné aux commandants militaires suprêmes de certaines régions

78 Le document est intégralement transcrit dans *ibid.* p. 209.

79 Voir les documents transcrits dans *ibid.* p. 212-216.

80 « *Capitán de nuestra artillería de España y de la Corona de Aragon* », document transcrit dans *ibid.*, p. 221.

81 « *Capitán general de la artillería de los reinos de Castilla y de Aragón* », *ibid.*, p. 228.

82 Hernando Sánchez, Carlos José, « Los virreyes de la Monarquía española en Italia », *op. cit.* ; En Catalogne, ce n'était pas le cas dans la première moitié du XVIe siècle, Escartín Sánchez, Eduardo, « La Capitanía General de Cataluña bajo Felipe II », dans *Felipe II y el Mediterráneo, vol. III*, Barcelone, Sociedad Estatal para la Conmemoración de los Centenarios de Felipe II y Carlos V, 1999, p. 377-392.

telles que Grenade[83], la Galice[84], ou, plus tard, l'océan Atlantique et les côtes andalouses[85]. Le nouveau statut acquis par don Pedro de la Cueva en 1541 en faisait l'autorité suprême sur un domaine du champ militaire réduit – l'artillerie – mais sur un territoire bien plus vaste que la plupart des autres capitaineries générales. Cependant, l'institution était encore vacillante et, à la mort de son titulaire en 1545, aucun remplaçant ne fut nommé avant plusieurs années[86].

La véritable institutionnalisation du titre de capitaine général de l'artillerie remonte au milieu du XVIe siècle, lorsque Juan Manrique de Lara en fut investi le 31 aout 1551[87]. La charge acquit alors une stabilité visible à travers les longs exercices des trois hommes – tous morts en fonction – qui l'ont occupée durant la seconde moitié du XVIe siècle : Juan Manrique de Lara de 1551 à 1570, Francés de Álava de 1572 à 1586[88], Juan de Acuña Vela de 1586 à 1606[89]. Cependant, dans les années 1550, la fonction assumée par Juan Manrique de Lara différait dans les faits assez peu de celle des capitaines d'artillerie du début du XVIe siècle qui jouaient un rôle opérationnel de chefs des gens d'artillerie sur le champ de bataille. Manrique de Lara commanda en effet l'artillerie au siège de Metz en 1552[90], puis lors de la guerre de Sienne (1552-1555) et enfin à Saint-Quentin en 1557[91]. En 1558, il fut envoyé à Naples comme vice-roi par intérim afin de défendre la Calabre contre une invasion

83 Jiménez Estrella, Antonio, « La Capitanía General del reino de Granada durante el reinado de Carlos V », dans *Carlos V, Europeísmo y Universalidad. La organización del poder, tomo II*, J.L. Castellano Castellano et F. Sánchez-Montes González (éd.), Madrid, 2001, p. 339-368.

84 Vázquez Gómez, José, *Quinientos años de la Capitanía General de Galicia*, Madrid, Ministerio de Defensa, Servicio de Publicaciones, 1985.

85 Salas Almena, Luis, *Colaboración y conflicto. La capitanía general del Mar Océano y costas de Andalucía, 1588-1660*, Cordoue, Universidad de Córdoba, 2002.

86 Arántegui y Sanz, José, *Apuntes históricos sobre la artillería española en la primera mitad del siglo XVI*, *op. cit.* p. 229.

87 Titre intégralement transcrit dans *ibid.* p. 231-233.

88 Voir sa biographie dans Rodríguez, Pedro, Rodríguez, Justina, *Don Francés de Álava y Beamonte. Correspondancia inédita de Felipe II con su embajador en Paris (1564-1570)*, Saint-Sébastien, Sociedad Guipuzcoana de Ediciones y Publicaciones, 1991. Son titre de capitaine général de l'artillerie : AGS GYM leg. 76/133 (17/05/1572).

89 Titre de capitaine général de l'artillerie, AGS GYM leg. 365/81 (30/08/1586). Eloge à sa mort, AGS GYM leg. 654/57 (20/09/1606).

90 En 1571, l'ingénieur Gabrio Cerbelloni fait allusion à la participation de Juan Manrique à Metz, AGS EST leg. 1135/117 (12/11/1571).

91 Salazar y Castro, Luis de, *Historia Genealógica de la Casa de Lara, vol. II*, Llanos y Guzman, 1697, p. 255-256.

ottomane[92]. Ce ne fut qu'à partir des années 1560 qu'il put retourner en Espagne assumer ses responsabilités de capitaine général de l'artillerie sur le territoire originellement défini dans son titre. Or, cette période correspond à un grand tournant dans le gouvernement de la Monarchie hispanique. Rompant avec l'itinérance européenne de Charles Quint, Philippe II choisit alors de sédentariser la cour à Madrid, transformant cette ville en véritable centre du gouvernement polysynodal[93]. À partir de ce moment-là, les devoirs administratifs du capitaine général de l'artillerie l'éloignèrent du champ de bataille. Durant les quatre dernières décennies du XVIe siècle, on ne vit qu'une seule fois un capitaine général de l'artillerie d'Espagne prendre la tête d'une armée : ce fut en 1580, lorsque Francés de Álava accompagna le duc d'Albe lors de la grande opération d'invasion du Portugal[94].

La charge de capitaine général de l'artillerie avait entre temps acquis un caractère politique de première importance. Il faut d'abord remarquer le prestige de l'origine sociale des capitaines généraux de l'artillerie. Juan Manrique de Lara était le fils du duc de Nájera, Grand d'Espagne[95]. Francés de Álava descendait de l'une des plus fameuses familles navarraises, issue d'une branche bâtarde des rois de Navarre[96]. Le premier avait été vice-roi de Naples en 1558, le second, ambassadeur de Philippe II à Paris entre 1562 et 1571[97]. Juan Manrique de Lara fut également, dans les années 1560, l'un des membres les plus actifs des conseils de guerre et d'État[98]. Bien qu'il ne participât pas au conseil d'État, Francés de Álava obtint un siège au conseil de guerre en même temps que le titre de capitaine général de l'artillerie[99]. Autrement dit, entre 1560 et la mort de Francés de Álava en 1586, les capitaines généraux de l'artillerie jouèrent un rôle politique de premier plan au sein du gouvernement central de la Monarchie hispanique.

La poids politique du capitaine général de l'artillerie diminua soudainement avec le successeur de Francés de Álava, Juan de Acuña

92 *Ibid.* p. 257 et Hernando Sánchez, Carlos José, « Los virreyes de la Monarquía española en Italia », *op. cit.*

93 Kamen, Henry, *Empire*, *op. cit.* p. 161.

94 Rodríguez Pedro, Rodríguez, Justina, *Don Francés de Álava y Beamonte*, *op. cit.* p. 74-75.

95 Salazar y Castro, Luis de, *Historia Genealogica De La Casa De Lara*, *op. cit.* p. 255.

96 Rodríguez Pedro, Rodríguez, Justina, *Don Francés de Álava y Beamonte*, *op. cit.* p. 4.

97 *Ibid.*

98 Voir les nombreuses apparitions de ce personnage dans Fernandez Conti, Santiago, *Los Consejo de Estado y Guerra en la época de Felipe II (1548-1598)*, *op. cit.*

99 *Ibid.* Pour l'invitation à rejoindre le conseil, voir AGS GYM leg. 77/74 (année 1572).

Vela. Son origine sociale était pourtant semblable à celle de ses prédécesseurs : il était le fils de Blasco Núñez Vela, premier vice-roi du Pérou assassiné en 1546 lors de la rébellion de Gonzalo Pizarro, et son frère n'était autre que l'archevêque de Burgos, l'un des principaux prélats d'Espagne[100]. Juan de Acuña Vela était un homme de cour, élevé auprès de l'impératrice Isabelle de Portugal puis devenu page de Charles Quint[101]. Il avait cependant suivi une carrière militaire plus que politique. Au début des années 1580, il servait en tant *veedor general* de l'armée de Flandre, l'un des plus hauts postes de supervision administrative[102]. Toutefois, sa nomination, en 1586, à la charge de capitaine général de l'artillerie ne s'accompagna pas d'une invitation à siéger au conseil de guerre. Dans ses premières années d'exercice, Juan de Acuña Vela fut même parfois maintenu loin du centre gouvernemental madrilène. On le retrouve ainsi à Lisbonne en 1587 et 1588, veillant aux préparatifs de l'Armada d'Angleterre[103]. En 1589, il inspecte les mines de soufre et la production de salpêtre de la région de Carthagène[104]. En 1590, il supervise la fabrication d'un nombre élevé de pièces d'artillerie à la fonderie de Malaga[105]. Néanmoins, la dimension gouvernementale de la charge de capitaine général de l'artillerie fut finalement restaurée à partir de la fin de l'année 1595, lorsque Acuña Vela fut enfin invité à siéger à la plupart des sessions du conseil de guerre[106]. Signe manifeste du caractère politique qu'avait acquis l'office, ce fut l'un des plus proches collaborateurs du duc de Lerma, le marquis de San Germán, qui fut choisit pour succéder au vieux capitaine général à sa mort en 1606[107].

100 Juan de Acuña Vela figure dans l'arbre généalogique des seigneurs de Tabladillo, RAH, leg. 9/301, fol. 48 v. Je remercie Rafael Girón pour cette information. Sur l'assassinat de Blasco Nuñez Vela, voir Elliott, John H., *Empires of the Atlantic World*, *op. cit.*, p. 132-133.

101 Voir le panégyrique rédigé par les membres du conseil de guerre juste après sa mort, AGS GYM leg. 654/57 (20/09/1606).

102 *Ibid.* Pour le rôle du *veedor general*, voir González de León, Fernando, *The Road to Rocroi*, *op. cit.* p. 32.

103 AGS GYM leg. 215/7 à 11 (Aout 1587), AGS GYM leg. 203/29 à 34 (novembre 1587), AGS GYM leg. 222/51 à 55 (mars 1588).

104 AGS GYM leg. 254/219 à 221 (décembre 1589).

105 AGS GYM leg. 281/230 à 236 (mars 1590), AGS GYM leg. 284/265 (mai 1590).

106 Juan de Acuña Vela apparaît pour la première fois comme membre du conseil de guerre dans AGS GYM lib. 70, fol. 239r (02/12/1595).

107 Domínguez Nafría, Juan Carlos, *El Real y Supremo Consejo de Guerra (siglos* XVI-XVIII*)*, *op. cit.* p. 108-109.

Par ailleurs, il faut noter que l'application des pouvoirs politiques, administratifs et judiciaires du capitaine général de l'artillerie s'inscrivait dans un espace traversant plusieurs royaumes de la monarchie composite. L'instruction remise à Francés de Álava en 1572 donne un aperçu de l'amplitude territoriale de son autorité. Elle stipulait notamment que le capitaine général devait superviser les entrepôts de munitions des royaumes de Castille (Burgos, Fontarrabie, Saint-Sébastien, Malaga, Carthagène), de Navarre (Pampelune), d'Aragon (Barcelone et Perpignan), mais aussi les entrepôts de Sardaigne, des îles Baléares (Minorque, Majorque, Ibiza), et des nombreux présides africains (Oran, Mers El-Kébir, Peñon de Velez, Melilla, La Goulette près de Tunis)[108]. En 1586, les instructions de Juan de Acuña Vela tenaient compte de la récente acquisition du Portugal et ajoutaient donc à cette liste les entrepôts de Lisbonne, Porto et des Açores. Il s'agissait par conséquent d'une activité administrative transversale aux divisions politiques de l'union *aeque principaliter*. Cet ensemble de territoires englobant la péninsule ibérique ainsi que ses « îles » (de la Sardaigne aux Açores, en passant par ces îlots espagnols qu'étaient les présides africains) correspondait précisément à l'espace politico-juridique du conseil de guerre[109]. En ce sens, le développement de l'activité du capitaine général de l'artillerie fut indissociable de celui de ce conseil et, même lorsque Juan de Acuña Vela ne fut pas invité à y siéger entre 1586 et 1595, il entretint une intense correspondance avec ses membres[110].

UNE VASTE STRUCTURE D'ADMINISTRATEURS ET DE TECHNICIENS

Les pouvoirs du capitaine général de l'artillerie en faisaient le chef administratif d'un vaste réseau d'agents de la Monarchie. Ses instructions lui octroyaient le commandement de tous les individus appartenant au service de l'artillerie – hauts officiers, comptables, artilleurs, ingénieurs – dans les limites territoriales qui viennent d'être précisées[111]. Il

108 AGS GYM leg. 76/133 (17/05/1572).

109 Domínguez Nafría, Juan Carlos, *El Real y Supremo Consejo de Guerra (siglos XVI-XVIII)*, *op. cit.* p. 39 et 81-82.

110 En témoignent les nombreuses lettres citées dans la note précédente (nº 101), et bien d'autres des *legajos* de AGS GYM des mêmes années.

111 Voir les instructions de Francés de Álava, AGS GYM leg. 76/133 (17/05/1572) et de Juan de Acuña Vela, AGS GYM lib. 43, fol. 22v-35r (30/08/1586).

possédait également un pouvoir de nomination des officiers de rang inférieur lui permettant de choisir qui entrait au service du roi en tant qu'artilleur[112]. Le monarque retenait cependant la nomination de tous les postes intermédiaires et supérieurs de cette structure administrative, limitant ainsi la capacité du capitaine général de se construire une clientèle à travers l'exercice de sa charge[113]. L'autre aspect essentiel de son autorité demeurait son pouvoir judiciaire. Le capitaine général de l'artillerie acquit le privilège de pouvoir se constituer juge d'appel pour des délits civils ou criminels de tout homme sous son commandement[114]. Comme cela sera exposé plus loin, ce droit lui permettait de défendre ses hommes et son autorité face à d'autres pouvoirs concurrents.

Les responsabilités administratives du capitaine général de l'artillerie étaient bien plus amples que son titre ne pouvait le laisser paraître. Elles incluaient bien entendu la gestion de l'artillerie, ce qui signifiait que le capitaine général devait s'assurer, par des inspections qu'il déléguait généralement à des tiers, que l'artillerie de toutes les places fortes de son espace politico-juridictionnel fût opérationnelle. Il s'agissait de contrôler que les pièces étaient en bon état, en nombre suffisant, montées sur des affûts convenables, bien pourvues de boulets, poudres et autres munitions[115] et, lorsque ce n'était pas le cas, de proposer au conseil de guerre des solutions pour y remédier[116]. Dans cette même logique, le capitaine général de l'artillerie ou ses représentants locaux devaient également vérifier que les artilleurs en charge de les utiliser étaient capables et en nombre suffisant[117]. Les responsabilités du capitaine général en matière de gestion de l'armement s'étendaient au-delà des pièces d'artillerie puisqu'il était également responsable, on l'a vu, de la supervision des entrepôts de munitions (*casas de municiones*). Or, dans ces entrepôts se mélangeaient souvent pièces d'artillerie, munitions, armures, piques et

---

112 *Ibid.*

113 Cette limitation rendait d'ailleurs furieux Francés de Álava. Voir AGS GYM leg. 135/205 à 207 (année 1582).

114 Voir les premières cédules de ces privilèges, AGS GYM leg. 114/203 (10/02/1553 et 16/04/1567).

115 Pour un exemple, voir les nombreux inventaires d'artillerie dans AGS GYM leg. 365/94, 95, 125, 149, 196 (année 1592).

116 Voir la plainte de Juan de Acuña Vela à propos du fait que ses recommandations n'étaient pas suivies, AGS GYM leg. 654/150 (05/04/1606).

117 Sur les exigences de compétence des artilleurs, voir p. 389-394.

arquebuses[118]. Les instructions du capitaine général ne faisaient d'ailleurs pas de distinction entre la gestion des pièces d'artillerie et des autres armes[119]. Et dans les faits, c'était bien au capitaine général de l'artillerie que le roi recourait lorsqu'il était nécessaire de ravitailler l'armée en armes et armures : par exemple, en 1596, Juan de Acuña Vela fut chargé de faire livrer aux galions de Pedro de Zubiaur 2 500 corselets entreposés à Burgos ainsi que 3 000 arquebuses, 600 mousquets et 4 000 piques fabriqués en Biscaye[120].

Le capitaine général de l'artillerie devait non seulement gérer une grande partie du matériel de guerre de la péninsule ibérique, mais il était également en charge d'en superviser la fabrication. Toute une industrie d'armement se mit en place dans le courant du XVIe siècle sous la direction des agents du conseil de guerre. Malaga accueillait, depuis l'époque des Rois Catholiques, l'une des principales fonderies de canons de la Monarchie[121]. À la fin du XVIe siècle, sa capacité de production atteignait une centaine de pièces par an[122]. La fonderie de Burgos pourvoyait quant à elle depuis les années 1530 aux besoins en artillerie du nord de l'Espagne[123]. Néanmoins, dans les dernières décennies du XVIe siècle, son activité déclina considérablement au profit de nouveaux centres de production[124]. Ainsi, en préparation de la Grande Armada contre l'Angleterre, ce fut à Lisbonne qu'on envoya tous les fondeurs de Burgos[125]. La capitale portugaise, qui était sans doute déjà un centre important de production d'artillerie

118 Voir l'inventaire de la *casa de munición* de Cadix le 05/05/1586, AGI CT leg. 5108 (sans num.). Voir aussi les comptes du gérant de la *casa de munición* de Burgos, AGS CMC 1ª época leg. 520.

119 AGS GYM lib. 43, fol. 22v-35r (30/08/1586).

120 AGS GYM lib. 77, fol. 34r (08/06/1596).

121 Cobos Guerra, Fernando, *La artillería de los Reyes Católicos*, *op. cit.* p. 13-14 ; Voir les divers témoignages de l'activité de la fonderie dans la première moitié du XVIe siècle, Arántegui y Sanz, José, *Apuntes históricos sobre la artillería española en la primera mitad del siglo XVI*, *op. cit.* p. 171-188.

122 Un total de 218 pièces d'artillerie y furent fabriquées entre mi-1590 et mi-1592, AGS GYM leg. 365/179 (15/10/1592).

123 Voir les documents datant de 1535 dans Arántegui y Sanz, José, *Apuntes históricos sobre la artillería española en la primera mitad del siglo XVI*, *op. cit.* p. 191-197.

124 Plusieurs fondeurs apparaissent dans les documents comptables de Burgos, mais rien ne garantit que leur activité avait réellement lieu à Burgos AGS GYM lib. 70, fol. 39r (10/09/1594). Très rares sont les mentions de pièces fondues à Burgos dans les inventaires.

125 AGS GYM leg. 213/195 (année 1587).

du temps des Avis[126], devint le principal fournisseur en artillerie des armadas atlantiques qui se développèrent à la fin du XVIe et au début du XVIIe siècle : on y fabriqua à un rythme effréné un grand nombre de pièces pour l'armada de 1588[127], puis encore une centaine de pièces pour l'armada de 1597[128], tandis que de multiples documents témoignent de son activité régulière aux tournants des XVIe et XVIIe siècles[129]. La forte demande en artillerie des galions de l'*armada del mar Océano* engendra également la mise en place d'une fonderie dans le port de La Corogne[130]. Ultime preuve que les flottes atlantiques constituèrent un important stimulus pour la production d'artillerie, Séville vit se développer une importante fonderie de canons à partir du milieu du XVIe siècle[131]. Établissement privé appartenant à la famille Morel, cette fonderie fournissait sur commande les navires privés de la *carrera de Indias* aussi bien que ceux appareillés par la *casa de la contratación*[132]. Bien que leur collaboration avec cette institution fît des Morel des partenaires privilégiés du conseil des Indes, le capitaine général de l'artillerie parvint à recourir parfois à leurs services : Juan Morel, qui bénéficiait d'un salaire parmi le personnel de l'artillerie[133], vint ainsi en aide à la fonderie de Malaga en 1590[134] et obtint du conseil de guerre en 1594 un privilège pour travailler le cuivre andalou d'une mine récemment découverte[135].

---

126 En témoignent les nombreuses pièces de fabrication portugaises se trouvant aux Açores à l'arrivée des Espagnols en 1583, AGS GYM leg. 149/336 (18/09/1583), AGS GYM leg. 149/338 et 350 (18/09/1583).

127 Martin, Colin, Parker, Geoffrey, *The Spanish Armada*, *op. cit.*, p. 155. Un document évoque 70 pièces fondues par Luis Cesar en un mois, AGS GYM leg. 222/56 (25/03/1588).

128 AGS GYM lib. 77 fol. 177r (09/07/1597).

129 AGS GYM lib. 70 fol. 21v-22r (03/08/1594), lib. 77 fol. 21v (13/05/1596), leg. 688/57 (14/03/1605).

130 Le fondeur Bartolomé Sommariva fut envoyé à La Corogne en 1596 : AGS GYM lib. 77, fol. 23v et 267r.

131 Mora Piris, Pedro, *La Real fundición de bronces de Sevilla, siglos XVI a XVIII.*, Séville, Escuela superior de ingenieros, 1994.

132 AGI IG leg. 1952, lib. 4, fol. 101v-102r (03/11/1596). Voir aussi les listes de pièces d'artillerie marquées aux noms des « prieur et consuls des marchands », à celui du facteur de la *casa de la contratación* ou encore à celui de l'*avería* (taxe finançant l'*armada de guarda de la carrera de Indias*), dans AGI CT leg. 3915 (année 1574) ainsi que AGS GYM leg. 118/103 (09/10/1581).

133 AGS CMC 2a epoca leg. 414 (Juan Morel apparaît dans la liste de 1584), AGS GYM lib. 70, fol. 39r (10/09/1594).

134 AGS GYM leg. 281/230 (12/02/1590).

135 AGS GYM lib. 70, fol. 86v-78r (12/11/1594).

L'autorité du capitaine général de l'artillerie sur les établissements de production d'armement allait bien au-delà des fonderies de canons. Pour l'année 1599, le conseil de guerre recensait un total de treize manufactures (*fabricas*) dépendantes du ministère de l'artillerie[136]. La plus grande en termes de production était sans aucun doute la manufacture d'armes de Placencia, au Pays Basque, où étaient fabriqués des milliers d'arquebuses, de piques et de mousquets pour équiper l'infanterie espagnole[137]. Dans cette région du nord de l'Espagne où le fer abondait, on trouvait une seconde manufacture d'importance : à Eugui, près de Pampelune étaient produits chaque année des milliers de boulets de canon de tous types et de tous calibres, ainsi que des armes et armures[138]. Ces treize manufactures incluaient également des moulins à poudre en Navarre, à Carthagène, à Malaga, à Grenade[139], ou encore à Burgos[140], dont la production était complétée par des contrats (*asientos*) passés avec des particuliers[141]. Une partie des matières premières utilisées pour produire la poudre noire était extraite d'autres *fabricas* sous l'autorité du capitaine général de l'artillerie, comme la mine de soufre de Hellín près de Carthagène[142] ou bien les sites d'extraction de salpêtre à Lérida, à Almería, à Tembleque près de Tolède ainsi qu'en Aragon[143]. L'histoire de ces sites de production mériterait une étude à part entière, ces quelques lignes d'informations permettant simplement de saisir l'ampleur de la structure administrative à la tête de laquelle se trouvait le capitaine général de l'artillerie.

136 AGS GYM leg. 552/286 (24/03/1599).

137 En plus du document ci-dessus, voir par exemple AGS GYM lib. 57, fol. 145r (24/03/1591) et AGS GYM lib. 77, fol. 19r (04/05/1596).

138 Un exemple sur l'année 1595 : commande de 2 100 boulets pour l'*armada del mar Océano*, AGS GYM lib. 70, fol. 117r (15/01/1595), commande de 11 200 boulets pour la *carrera de Indias*, AGS GYM lib. 70, fol. 182v-183r (30/08/1595), commande de 1 200 arquebuses pour la *carrera de Indias*, AGS GYM lib. 70, fol. 228r (04/11/1595).

139 AGS GYM leg. 552/286 (24/03/1599).

140 Mention dans les années 1580 de « *la fabrica de pólvora del castillo de Burgos* » et « polvoristas *de Burgos : Marcos de Pedrosa, Maestre Andrés de Uriarte, Elmo de Borgoña* » dans AGS CMC 2ª época leg. 414.

141 Mention des « *asientos entre Don Francés de Álava y Juan Bautista Matias y su hermano Alonso Matias, hijos de Paulo Matias, defunto, polvoristas vecinos de Sevilla* » dans *ibid.* Ces deux frères passèrent de nombreux contrats avec les capitaines généraux de l'artillerie : en préparation de l'armada de 1588, AGI CT leg. 5108 (05/02/1588) ou encore en 1594, AGS GYM lib. 70 fol. 24v-25r (03/08/1594). Autre exemple d'asientista : Francisco Trujillo à Grenade, AGS GYM lib. 70, fol. 93r (28/11/1594).

142 Voir le rapport détaillé de Juan de Acuña Vela, AGS GYM leg. 254/219 et 221 (14/12/1589).

143 AGS GYM leg. 552/286 (24/03/1599).

Les ingénieurs et les travaux de fortifications eux-mêmes se trouvaient rattachés à l'autorité de ce personnage. D'abord, il faut noter que les ingénieurs dépendaient financièrement du personnel de l'artillerie[144]. En outre, signe de leur lien de subordination, le capitaine général de l'artillerie n'hésitait pas à leur confier des missions, comme ce fut le cas en 1581 lorsque Francés de Álava ordonna à un ingénieur de visiter les fortifications de la côte de Grenade[145]. La responsabilité de visiter les fortifications fit plus tard partie des devoirs de la charge détenue par Juan de Acuña Vela[146]. Ce dernier joua ainsi souvent le rôle de courroie de communication entre les ingénieurs et le conseil de guerre. Ses instructions précisaient d'ailleurs qu'on attendait de lui qu'il vînt commenter aux conseillers les plans et modèles de fortifications après ses visites[147]. Ainsi, en 1596 ce fut don Juan de Acuña Vela qui présenta devant le conseil les détail des différents projets de fortifications des ports de Guipúzcoa par l'ingénieur Tiburzio Spannocchi[148]. Quelques années plus tôt, lors des travaux de fortification du port de Lisbonne par ce même ingénieur, ce fut le lieutenant d'Acuña Vela, Hernando de Acosta, qui écrivit un rapport au conseil de guerre[149]. Or ce lien entre artillerie et fortification ne doit pas surprendre dans la mesure où les plans de constructions de forteresses devaient tenir compte de l'usage offensif et défensif des pièces. Ainsi, le lieutenant Acosta évoquait dans son rapport les essais effectués avec différentes pièces d'artillerie depuis le fort de São Julião pour savoir si la fortification de l'îlot de Bugio était nécessaire afin d'assurer la défense de l'entrée de la baie de Lisbonne[150].

Cette branche technique de l'appareil militaire qui s'était développée dans le courant du XVIe siècle avait généré toute une structure d'officiers sous le commandement du capitaine général de l'artillerie. Un système de gestion comptable de ce corps s'était progressivement mis en place sur le modèle d'organisation administrative de l'infanterie depuis les réformes

144 Voir les ingénieurs apparaissant dans les comptes du *pagador del artillería* entre 1570 et 1590 : AGS CMC 2ª época leg. 414.

145 AGS GYM leg. 118/226 (17/10/1581).

146 AGS GYM lib. 43 fol. 22v-35r (30/08/1586).

147 *Ibid.*

148 Voir la mention « *señalada por don Juan de Acuña Vela* » à la fin du document, AGS GYM lib. 77, fol. 36v-38r (11/06/1596).

149 AGS GYM leg. 281/176 (17/02/1590).

150 Cet essai conduisit à la fortification de la tour do Bugio, aujourd'hui dotée d'un phare, voir *ibid.*

du *Gran Capitán* lors des premières guerres d'Italie[151]. On y trouvait notamment des *pagaduría* et *contaduría*, c'est à dire des comptabilités spécialement dédiées à l'artillerie. Le noyau de cette organisation comptable se situait à Burgos, ce qui faisait de cette ville le cœur administratif de l'artillerie castillane. Quatre générations – Francisco, Martín, Miguel et Juan Caro del Rincón – s'y succédèrent au long du XVIe siècle afin d'exercer l'office de *pagador del artillería*[152]. Ces hommes avaient la responsabilité de distribuer les salaires des individus inscrits dans les livres de compte de l'artillerie de places fortes aussi éloignées que Fontarrabie, Saint-Sébastien, Pampelune, Burgos, Malaga et Gibraltar[153]. L'office de *contador del artillería* de Burgos, tenu quant à lui par Antonio del Peso puis par les frères Frías, consistait à contrôler les absences du personnel de l'artillerie et à tenir à jour les livres de comptes de l'artillerie ainsi que les justificatifs et ordres de paiement signés du capitaine général[154]. Bien entendu, la répartition de l'activité comptable entre le *contador* et le *pagador* visait à limiter les fraudes grâce au contrôle mutuel. Dans les années 1580, ces comptables de Burgos géraient non seulement les salaires de plus de cent vingt artilleurs mais aussi ceux de la plupart des ingénieurs, des fondeurs, des charpentiers et des forgerons du royaume de Castille et ils eurent également à superviser les comptes de la manufacture d'armes de Placencia ainsi que les moulins à poudre de Burgos et Tembleque[155].

Suite au développement quantitatif de l'usage de l'artillerie décrit dans le chapitre précédent, tout un réseau de *contadores* et *pagadores* de l'artillerie fut déployé au sein de la péninsule ibérique. La Catalogne disposait depuis au moins le milieu du XVIe siècle, d'un *pagador* et un *contador* de l'artillerie indépendants de Burgos[156]. Après son annexion en 1580, le Portugal disposa également d'une comptabilité de l'artillerie

151 Sur ces réformes, voir Quatrefages, René, *La Revolución Militar Moderna. El Crisol Español*, *op. cit.* p. 137-140.

152 AGS GYM lib. 77 fol. 221r-222v (19/11/1597).

153 Comptes de Francisco Caro del Rincon, années 1520, AGS CMC 1a época leg. 635 (4). Comptes de Miguel Caro del Rincón, années 1570-1590, AGS CMC 2a época leg. 414.

154 Sur Antonio del Peso, voir AGS GYM leg. 133/261 (année 1582). Titre et instruction remis à Juan de Frías, AGS GYM lib. 43 fol. 180v-183r (19/12/1586).

155 Voir les comptes de Miguel Caro del Rincón, AGS CMC 2a época leg. 414.

156 Comptes du *pagador* García de Velasco, AGS CMC 1a época leg. 600 (années 1549-1556). L'office de *contador* de l'artillerie fut tenu par Pedro Juan de San Clemente (mort en 1585), puis par Cristóbal de Osorio, AGS GYM lib. 43 fol. 62v-64r (18/09/1586).

séparée[157]. De même, à la Corogne, l'escadre de l'*armada del mar Océano* acquit dans les années 1590 un *contador* de l'artillerie indépendant[158], bientôt promu au titre de *veedor* (inspecteur) de l'artillerie de l'armada[159]. En outre, certains lieux pourtant rattachés à la comptabilité de Burgos disposaient localement de leurs propres agents comptables, comme Fontarrabie et Saint-Sébastien[160] ou encore la Navarre[161]. La gestion quotidienne de certaines manufactures revenait à un *veedor* particulier, comme à Eugui[162] ou encore à Hellín[163]. Enfin, tous les entrepôts de munitions et certaines places fortes disposaient d'un *mayordomo* (majordome) de l'artillerie en charge de veiller sur le matériel de guerre appartenant à la monarchie – pièces d'artillerie, poudre, armes et munitions[164].

Le personnel placé sous l'autorité du capitaine général de l'artillerie ajoutait à ces officiers un grand nombre de subalternes. Comme le chapitre précédent l'a mis en évidence, les artilleurs en garnison au sein de la péninsule ibérique se comptaient par centaines. Le service ordinaire de l'artillerie comprenait également, en sus de quelques assistants au service des comptables, des spécialistes de la poudre (*polvoristas*)[165] ainsi que des charpentiers et des forgerons en charge de fabriquer et maintenir les affûts des pièces d'artillerie et les munitions[166]. Ces effectifs pouvaient exceptionnellement augmenter en

157 Voir les plaintes d'Alonso de Céspedes qui ne touchait plus de salaire suite au décès du *pagador*, AGS GYM leg. 213/112 (03/04/1587). Il fut remplacé par Gonzalo de Salamanca, AGS GYM leg. 254/184 (02/12/1589). Discussion pour pourvoir le poste de *contador* de l'artillerie, AGS GYM leg. 209/172 (année 1587). Exemple de l'activité du *contador* Sánchez de Moya, AGS GYM leg. 378/38 (23/10/1593).

158 Pedro López de Soto, AGS GYM leg. 276/223 (12/06/1589).

159 AGS GYM leg. 300/158 (13/07/1590).

160 Juan Pérez de Ubilla, contador de l'artillerie à Fontarrabie et Saint-Sébastien, AGS GYM leg. 263/199 (29/11/1589).

161 Pedro Martínez de Angulo, *pagador* de la manufacture de Eugui, AGS GYM leg. 391/306 (22/10/1593). Lope de Chávez, *contador* de l'artillerie de Navarra, AGS GYM leg. 378/25 à 27 (21/10/1593).

162 Geronimo de Aybar succéda ainsi à Lope de Elio comme *veedor* de la manufacture d'Eugui, AGS GYM lib. 70 fol. 258 (04/02/1596).

163 Voir le bilan de la carrière d'Alonso Carrasco de Cuellar, AGS GYM leg. 627/83 (année 1604).

164 Exemple d'activité d'un majordome de l'artillerie : Pedro de Godoy à Burgos, AGS CMC 1ª época leg. 520 (années 1536-1545).

165 Voir les comptes de Miguel Caro del Rincón, AGS CMC 2ª época leg. 414.

166 AGS GYM leg. 182/113 (année 1585), leg. 389/164 (09/02/1593), leg. 212/64 (17/0/1587). Voir aussi les *carpinteros* et *herreros* apparaissant dans les comptes de Burgos : AGS GYM lib. 70, fol. 39r (10/09/1594).

vue de grandes campagnes militaires. Ainsi, 600 sapeurs (*gastadores*) espagnols et 200 florentins furent recrutés comme main d'œuvre pour aider au transport de l'artillerie lors de l'invasion du Portugal en 1580[167]. Pour l'encadrement des troupes d'artillerie – sapeurs et artilleurs confondus – on recruta aussi des gentilshommes d'artillerie (*gentilhombre de artillería*)[168]. Or, ces deux catégories d'offices revêtaient un caractère temporaire et, une fois la campagne militaire terminée, sapeurs et gentilshommes recevaient tous leur congé[169]. La gestion de l'artillerie revenait alors à son niveau d'activité ordinaire. Néanmoins, même à son niveau ordinaire, cette gestion était devenue, dans les dernières années du XVIe siècle, une tâche relativement complexe de par le nombre d'acteurs impliqués, la diversité des expertises et la dispersion géographique des activités.

C'est la raison pour laquelle des lieutenants assuraient le lien entre le capitaine général de l'artillerie et cette administration dispersée sur l'ensemble de la péninsule ibérique. Apparu autour des années 1520, l'office de lieutenant avait longtemps permis de suppléer aux longues absences voire parfois à l'inexistence d'un chef supérieur de l'artillerie[170]. Plus tard, leur nombre crût à proportion de l'administration de l'artillerie. En 1558, ils n'étaient encore que deux[171]. Une décennie plus tard, leur nombre avait doublé[172] tandis que leur charge s'était territorialisée, les transformant en véritables courroies entre le capitaine général et la gestion de l'artillerie sur le terrain. Dans cette perspective, l'un d'entre eux devait résider au cœur administratif du système, à Burgos. Un autre lieutenant veillait sur le complexe navarro-basque où, comme on l'a vu, se trouvaient d'importantes garnisons d'artilleurs ainsi que les principales manufactures d'armes. La Catalogne, région sensible car à la frontière du rival français, hébergeait le troisième de ces lieutenants, tandis que le quatrième alternait entre Carthagène et Malaga, importants lieux de production de pièces d'artillerie, de soufre

167 « *Pedro Lanze, coronel de los 600 gastadores que sirvieron en el artillería del dicho ejercito de Portugal, que con ellos secorriese los 200 gastadores italianos [...] cargo de los capitanes Juan de Masquino y Josepe Balsamo, las dos companías de los florentines* », AGS CMC 2ª época leg. 414.

168 *Ibid.*

169 AGS GYM leg. 105/129 et 131 (23/09/1580).

170 Arántegui y Sanz, José, *Apuntes históricos sobre la artillería española en la primera mitad del siglo* XVI, *op. cit.* p. 216, 218, 228-230.

171 Titre de lieutenant à Hernando de Acosta, AGS GYM leg. 174/27 (13/09/1558).

172 Titre de lieutenant à Juan de Carvajal, AGS GYM leg. 174/55 (20/05/1569).

et de poudre[173]. En 1576, suite à la rénovation du système défensif des Baléares, un nouveau lieutenant fut institué à Majorque[174]. La conquête du Portugal conduisit à la création de deux nouveaux lieutenants, l'un à Lisbonne[175], l'autre aux Açores[176]. Après la révolte de l'Aragon en 1591 et la construction de la forteresse de Jaca, un lieutenant y fut installé en 1593[177]. L'année suivante, suite au développement de l'*armada del mar Océano*, les ports de la Corogne et du Ferrol furent également dotés d'une lieutenance de l'artillerie[178]. Cette flotte de guerre obtint dans les mêmes années un lieutenant d'artillerie qui lui était spécifiquement dédié[179]. Par conséquent, à la fin du XVIe siècle, une dizaine de lieutenants quadrillaient ainsi l'espace juridico-politique du capitaine général de l'artillerie, constituant les nœuds les plus solides de cette vaste toile de contrôle de l'artillerie dont le centre se situait à Madrid.

CENTRALISATION ET RÉSISTANCE AU SEIN DE LA PÉNINSULE IBÉRIQUE

Le processus de construction d'une administration de l'artillerie à l'échelle de l'espace politico-juridique du conseil de guerre n'eut absolument rien de trivial. Cette structure liée au gouvernement central se déploya bien souvent au détriment du pouvoir d'acteurs locaux. En effet, avant que le conseil de guerre n'envoyât des comptables et des lieutenants spécifiquement chargés de l'artillerie, la gestion du matériel de guerre revenait à d'autres autorités, telles que les commandants de garnison

---

173 Ce découpage géographique apparaît explicitement dans AGS GYM leg. 88/250 (17/08/1578).

174 Seguí Beltrán, Andreu, « La administración de la artillería del Reíno de Mallorca en el siglo XVI », *Bolletí de la Societat Arqueològica*, vol. 69, 2013, p. 143-157.

175 Le lieutenant Alonso de Céspedes, voir AGS GYM leg. 144/183 (25/04/1583).

176 Le lieutenant Pedro de Pando, voir AGS GYM leg. 148/320 (année 1583).

177 Lieutenant Hernando de Acosta d'abord temporairement, AGS GYM leg. 387/664 (07/11/1593). À sa mort, la lieutenance fut renouvelée en la personne de Francisco de Peralta Ortíz : AGS GYM lib. 70 fol. 85r (12/11/1594).

178 Le lieutenant Miguel García, AGS GYM lib. 70 fol. 56v (19/09/1594).

179 Le lieutenant Pedro de Santisteban, AGS GYM leg. 364/142 (03/07/1592), puis le lieutenant Pedro de Guevara, AGS GYM leg. 604/218 (24/03/1604).

choisis par le roi ou bien les institutions municipales ou régionales. Ces acteurs ne virent pas toujours d'un bon œil qu'une partie de leur pouvoir politique et financier – nomination et commandement des artilleurs, usage du matériel – leur fût ôtée par l'administration émergente liée au capitaine général de l'artillerie. Par conséquent, il convient d'analyser par quels mécanismes et dans quelles limites cette structure administrative parvint à s'imposer face à ces pouvoirs concurrents préexistants.

UNE STRUCTURE ADMINISTRATIVE CONSTRUISANT DES TRANSVERSALITÉS

Le vaste réseau d'agents à la tête duquel se trouvait le capitaine général de l'artillerie acquit un degré de centralisation et de transversalité sans pareil au sein de la Monarchie hispanique. Le reste de l'appareil militaire monarchique se caractérisait par la relative dispersion de son commandement. Le pouvoir militaire sur une région donnée était en effet souvent délégué à un capitaine général, charge qui se cumulait parfois avec celle de vice-roi[180]. La péninsule ibérique demeurait donc fracturée par une multiplicité de structures militaires qui soulignaient le découpage politico-territorial d'avant les Rois Catholiques : la Navarre, la Catalogne, Grenade, la Galice, toutes ces unités territoriales de la monarchie composite correspondaient à des capitaineries générales. La force de cohésion de cet ensemble provenait principalement du gouvernement orchestré par le conseil de guerre, au sein duquel aucun de ces capitaines généraux ne fut invité à siéger avec régularité[181]. Leur rôle politique et militaire était d'ordre régional et réclamait leur présence permanente sur le terrain. Il faut en ce sens mettre en avant l'exception notable que constituait le capitaine général de l'artillerie qui était non seulement un membre régulier du conseil de guerre, mais qui jouissait aussi d'un pouvoir exécutif géographiquement très étendu, des Açores à la Sardaigne et du Pays Basque aux *presidios* africains. Seuls les *guardas de*

---

180 Escartín Sánchez, Eduardo, « La Capitanía General de Cataluña bajo Felipe II », *op. cit.* Jiménez Estrella, Antonio, « La Capitanía General del reino de Granada durante el reinado de Carlos V », *op. cit.* Salas Almena Luis, *Colaboración y conflicto*, *op. cit.* Hernando Sánchez, Carlos José, « Los virreyes de la Monarquía española en Italia », *op. cit.*

181 Certains capitaines généraux siégèrent au conseil de guerre mais rarement conjointement à l'exercice de leur charge de capitaine général. Voir Domínguez Nafría, Juan Carlos, *El Real y Supremo Consejo de Guerra (siglos XVI-XVIII)*, *op. cit.* Fernandez Conti, Santiago, *Los Consejo de Estado y Guerra en la época de Felipe II (1548-1598)*, *op. cit.*

Castilla, la cavalerie qui constitua le premier noyau d'armée permanente des Rois Catholiques[182], connurent une transversalité comparable à celle de l'artillerie, avec des compagnies installées dans différentes régions de la péninsule ibérique[183]. Cette institution ne bénéficia néanmoins pas de capitaine général avant que le duc de Lerma ne s'en octroya la charge au début du XVIIe siècle[184].

Comment expliquer cette particularité de l'administration de l'artillerie par rapport au reste de l'appareil militaire de la péninsule ibérique ? On peut d'abord avancer une raison fonctionnelle. L'artillerie, arme chère à la fabrication et coûteuse à l'usage, gagnait à être gérée à grande échelle. Il était ainsi possible à la Monarchie de concentrer les efforts et de les coordonner. Par exemple, à Eugui, près de Pampelune, on concentrait les moyens de productions – capital, matières premières mais aussi compétences – afin d'alimenter en boulets les quatre coins de la péninsule et même la *carrera de Indias*[185]. La structure construite autour de la figure du capitaine général de l'artillerie permettait de réaliser cette coordination à grande échelle en passant outre les multiples divisions juridico-territoriales qui fragmentaient l'Espagne. De plus, il faut ici rappeler la dimension politique du contrôle de l'artillerie qui a servi d'introduction à ce chapitre. Le réseau d'individus sous les ordres du capitaine général de l'artillerie était spatialement étendu mais structurellement plat : très peu de niveaux hiérarchiques séparaient les subalternes du centre décisionnaire. Les lieutenants mais aussi les artilleurs eux-mêmes entretenaient un dialogue constant avec le conseil de guerre. Parmi les *memoriales*, c'est-à-dire les requêtes traitées par le conseil, on trouve une surreprésentation d'artilleurs qui, comptant sans doute sur l'appui du capitaine général de l'artillerie, n'hésitaient pas à demander diverses grâces et avantages[186]. De cette manière, malgré l'éloignement géographique et social, une certaine relation de proximité pouvait s'établir entre le centre de gouvernement et les individus en charge du matériel militaire le plus stratégique de la Monarchie

182 Quatrefages, René, *La Revolución Militar Moderna. El Crisol Español*, *op. cit.*

183 Pazzis Pi Corrales, Magdalena de, « Las Guardas de Castilla : algunos aspectos orgánicos », dans *Guerra y sociedad en la monarquía hispánica*, *op. cit.* p. 767-787.

184 García García, Bernardo José, *La pax hispánica : política exterior del Duque de Lerma*, Louvain, Leuven University Press, 1996. p. 122.

185 AGS GYM lib. 70 fol. 182v-183r (30/08/1595).

186 À titre d'exemples, voir AGS GYM leg. 182 (année 1585), AGS GYM leg. 394 (année 1593).

hispanique. Cette relation fut même institutionnalisée puisqu'il y eut à la cour, à partir des années 1580, un représentant et protecteur des gens d'artillerie dont le rôle était d'appuyer les demandes de ses collègues[187].

Il faut cependant mettre en évidence les nombreuses limites de ce phénomène de centralisation du contrôle de l'artillerie. Le système décrit jusqu'ici fut le fruit d'un long processus fait de luttes, de tensions et de négociations. Au sein même de l'appareil militaire, une concurrence existait entre l'institution du capitaine général de l'artillerie et d'autres structures administratives. Si l'autorité du capitaine général de l'artillerie s'étendait à tous les artilleurs de la péninsule ibérique dans un sens élargi, la gestion comptable autonome du personnel artilleur avait une étendue plus limitée. Les artilleurs de Minorque, par exemple, étaient inscrits sur un livre de compte général de la garnison, tenu à jour par un *contador* qui n'était pas sous l'autorité du capitaine général de l'artillerie[188]. De même, dans les premières années d'existence de l'*armada del mar Océano*, les artilleurs dépendaient pour leurs paies des mêmes *contadores* que le reste des équipages[189]. Que signifiait, pour l'un de ces artilleurs, dépendre de l'autorité du capitaine général de l'artillerie lorsque les officiers qui le payaient appartenaient à une structure d'encadrement différente et bien plus omniprésente au quotidien ? Et que se passait-il lorsqu'un artilleur d'une garnison frontière devait choisir entre exécuter les ordres reçus depuis la lointaine Madrid et ceux, parfois contradictoires, du commandant de la place forte ?

Le capitaine général de l'artillerie disposait d'un ensemble de prérogatives lui permettant d'affirmer et de renforcer son autorité. Il bénéficiait, on l'a vu, d'un pouvoir de nomination des artilleurs, ce qui lui permettait en théorie de choisir des individus selon sa convenance[190]. Il

---

187 Dans les années 1580, il s'agissait de Juan de la Concha, artilleur de Burgos « *que reside en esta corte por solecitador de la gente de la dicha artillería, por orden de su Magestad* », AGS CMC 2ª época leg. 414. Dans les années 1590, c'était Sebastian de Treviño, ancien artilleur qui avait un vaste réseau social de gens d'artillerie partout dans la péninsule ibérique, aux Açores, dans l'*armada del mar Océano* et même dans les galères de Bretagne, voir AGS GYM lib. 70, fol. 38r (10/09/1594) et AGS GYM leg. 552/447 (06/10/1599).

188 AGS GYM leg. 276/273 et 275 (06/03/1589).

189 Par exemple, AGS GYM leg. 389/253 (09/05/1593) et 694 (20/10/1593). Au début du XVIIe siècle, l'escadre de Lisbonne disposait d'un *contador de la artillería* séparé : AGS GYM leg. 604/312 (03/09/1603).

190 Voir les titres de Francés de Álava et Juan de Acuña Vela, AGS GYM leg. 76/133 (17/05/1572) et lib. 43 fol. 22v-35r (30/08/1586).

avait également le pouvoir de renvoyer celui qui ne le satisfaisait pas[191]. Enfin, l'outil le plus puissant consistait en un ensemble de privilèges, appelés *preeminencias*, attribués aux hommes sous son commandement. Ces privilèges furent le résultat d'une lente construction qui suivit le développement de la structure administrative de l'artillerie. Une première cédule royale de 1553 octroyait un certain nombre de privilèges aux artilleurs « ordinaires » du roi[192]. Comme le noyau de l'administration de l'artillerie se situait alors à Burgos, l'ordonnance était adressée directement aux autorités municipales de cette ville, mais également « à toute autre autorité à qui la cédule serait montrée », ce qui laisse penser qu'elle s'appliquait également aux artilleurs d'autres garnisons telles que Saint-Sébastien, Fontarrabie ou encore Perpignan. Le 17 avril 1577, une seconde cédule fut publiée afin de confirmer ce fait en spécifiant que les *preeminencias* des artilleurs devaient s'appliquer partout et à toutes les juridictions[193]. Elles furent par la suite complétées par d'autres cédules émises en 1583, 1593 et 1596, afin d'octroyer de nouveaux privilèges, d'en préciser le contenu et les limites, mais aussi de prévoir des sanctions contre toute justice qui n'en respecterait pas l'application[194]. La cédule de 1596, spécifiait clairement que ces privilèges s'étendaient à l'ensemble de la péninsule ibérique sans exception[195].

Il est intéressant de noter que ces *preeminencias* revêtaient une certaine matérialité. En effet, elles étaient reproduites et imprimées à Madrid en de nombreux exemplaires qui étaient ensuite datés et signés par le capitaine général de l'artillerie avec le nom de l'artilleur qui en bénéficiait[196]. S'ils voulaient jouir des nombreux avantages énoncés dans les cédules, les artilleurs devaient être en mesure de présenter ce document comme attestation de leur service au sein de l'artillerie du roi. Certains le perdaient en mer, d'autres l'abîmaient peu à peu avec le temps et

191 *Ibid.*

192 Cette cédule du 10/02/1553 est imprimée dans AGS GYM leg. 114/203.

193 AGS GYM leg. 114/203.

194 Voir un exemplaire imprimé de toutes ces cédules dans le dossier « *Andrés Muñoz el bueno, expediente sobre las exenciones de los artilleros de la Casa de la Contratación* », AGI IG leg. 2007 (sans num.).

195 Voir l'adresse dans *ibid.*

196 Pour des exemples de ces documents imprimés et signés, voir AGS GYM leg. 281/232, AGS GYM leg. 370/56, AGI IG leg. 2007 (dossier intitulé « Andrés Muñoz el Bueno, artillero, sobre que se le haga merced del officio que esta vaco por Andrés de Espinosa »).

demandaient à le renouveler[197]. Les individus les plus prudents transportaient leur cédule de *preeminencias* avec une grande précaution, tel l'artilleur Alonso Gallardo qui, lorsqu'il fut saisi par les autorités locales en plein Séville « sortit une boîte avec certains papiers qu'il affirma être son titre d'artilleur, sa provision d'artilleur et ses libertés[198] ».

Cette cédule imprimée que certains appelaient un *título*, un titre d'artilleur, octroyait à son porteur un certain nombre de privilèges et libertés. Assimilés à des gens de guerre, les artilleurs pouvaient notamment jouir du droit de porter des armes et de s'entraîner avec en chassant[199]. Ils étaient également exemptés d'un certain nombre de devoirs, comme l'hébergement des soldats[200] et la participation aux tours de garde nocturnes[201]. Enfin, le principal privilège était d'ordre judiciaire : les gens d'artillerie bénéficiaient d'un *fuero* (exception juridique) qui ne les rendaient justiciables que par leur capitaine général de l'artillerie. La cédule de 1583 spécifiait bien qu'il était interdit à toute justice de se saisir de leur personne ou de leurs biens[202]. Cette ordonnance permet aussi d'identifier la source d'inspiration de ces privilèges accordés aux artilleurs puisque l'exception juridique reprenait directement le règlement des *guardas de Castilla*, cette cavalerie de patrouille à l'intérieur de la péninsule ibérique[203]. Le *fuero* militaire était sans aucun doute l'un des principaux instruments dont disposait le conseil de guerre pour asseoir son pouvoir en passant outre les libertés politiques et velléités autonomistes des différentes unités de la monarchie composite. Dans le cas de l'artillerie, ce privilège juridique permit incontestablement de renforcer la solidité du lien entre le capitaine général de l'artillerie, appartenant au centre gouvernemental madrilène, et son vaste réseau d'agents.

---

197 Voir les nombreuses demandes de ce type dans AGI CT leg. 4871.

198 « *Saco una caja con ciertos papeles que dijo era su título de artillero y provisiones de artilleros y libertades* ». Voir la procédure d'information menée par la *casa de la contratación* dans AGI IG leg. 2007 (sans num.).

199 Cédule du 10/02/1553, AGS GYM leg. 114/203.

200 *Ibid.*

201 Cédule du 17/04/1577, *ibid.*

202 Voir l'exemplaire de la cédule dans le dossier « *Andrés Muñoz el bueno, expediente sobre las exenciones de los artilleros de la Casa de la Contratación* », AGI IG leg. 2007 (sans num.).

203 « *Por quanto en las ordenanças nuevas de la gente de mis guardas ay un capitulo del tenor siguiente* », *ibid.*

LE CAS DU LIEUTENANT DIEGO DE PRADO DANS LA GARNISON DE PERPIGNAN

Les tensions liées au contrôle de l'artillerie qui se jouaient à un niveau local, ainsi que le rôle du *fuero* artilleur se saisiront mieux à travers l'exposé des troubles survenus à Perpignan et Roses en 1593. Situées dans une région limitrophe du royaume de France, ces deux villes jouaient un rôle clé dans le système défensif de la péninsule ibérique, raison pour laquelle elles accueillaient d'importantes garnisons de soldats et d'artilleurs. Le commandement militaire de ces garnisons était rattaché à la capitainerie général de Catalogne, c'est-à-dire à la personne du vice-roi qui était alors le duc de Maqueda[204]. À Perpignan, l'autorité de ce personnage était déléguée à un lieutenant, le maître de camp Juan de Urbina, qui avait lui-même autorité sur le commandant de la forteresse de Roses, le sergent Ramón Torrella. La gestion de l'artillerie constituait cependant une sorte d'exception puisque se trouvait, à Perpignan, un lieutenant du capitaine général de l'artillerie qui recevait ses ordres directement de don Juan de Acuña Vela. Depuis la fin de l'année 1592, cette charge était assumée par Diego de Prado[205], proche collaborateur d'Acuña Vela[206], homme savant qui avait d'ailleurs rédigé un manuscrit d'artillerie dédié à son général[207]. Se sachant sous la protection du capitaine général de l'artillerie, ce dernier n'hésita pas à entrer en conflit avec les commandants militaires locaux afin de défendre les prérogatives d'autonomie de l'artillerie.

Les garnisons de Roses et Perpignan couvaient un ensemble de problèmes qui apparurent soudainement lorsque la tension entre Diego de Prado et le commandant Juan de Urbina monta à l'automne 1593. À Roses d'abord, les artilleurs avaient reçu des ordres de Prado les invitant à retirer la plupart des pièces de leurs affûts, ne laissant en défense que le strict nécessaire : deux demi-couleuvrines et un sacre faisant face à la mer[208]. L'objectif était alors de ranger les affûts en bois dans un entrepôt afin

204 Escartín Sánchez, Eduardo, « La Capitanía General de Cataluña bajo Felipe II », *op. cit.*

205 Voir la sélection de Diego de Prado comme lieutenant, AGS GYM leg. 364/152 (29/08/1592).

206 Il assista Juan de Acuña Vela à Lisbonne lors de la préparation de l'armada d'Angleterre, AGS GYM leg. 209/189 (04/09/1587). Acuña Vela louait ses compétences au conseil de guerre : AGS GYM leg. 284/265 (09/05/1590). Avant d'obtenir la lieutenance, il servait comme *entretenido* auprès du capitaine général, c'est-à-dire comme une sorte d'assistant, AGS GYM lib 57, fol. 21v-22r (29/05/1590).

207 Prado, Diego de, « La obra manual y pláctica de artillería », *op. cit.* Voir aussi p. 427, 475-478 et 525.

208 AGS GYM leg. 391/320 (Prado à Tomas de Petillas, le 04/09/1593).

de les préserver des pluies hivernales. Prado muta également l'un des artilleurs de Roses dans une tour de défense côtière[209]. Ces ordres unilatéraux du lieutenant d'artillerie provoquèrent une petite crise locale dans la forteresse de Roses. En l'absence du sergent Torrella, l'*alférez* (porte-étendard) Torralba commandait la garnison et il semble s'être violemment opposé aux ordres de Prado. Les artilleurs décidèrent alors d'envoyer l'un des leurs à Perpignan afin d'informer leur lieutenant des grandes difficultés qu'ils rencontraient. Bravant les menaces de l'*alférez* Torralba, le messager transporta une lettre du maître artilleur Petillas dans laquelle ce dernier décrivait, non sans couleurs, le comportement extrêmement hostile du commandant de la garnison :

> L'*alférez* dit qu'il perdra ses yeux plutôt que de consentir à ce que l'on exécute les ordres de Votre Grâce et il affirme que quelqu'un paiera pour ça. Et il en sera certainement ainsi parce qu'ils nous ont déjà menacés plusieurs fois. Dans la nuit de dimanche, durant le tour de garde, le sergent Torrella m'a averti que, à la moindre difficulté que nous ferions sur le fait de tirer avec l'artillerie ou pas, ils nous ouvriront la tête ou nous couperont un bras et que le premier qui tentera de s'échapper d'ici, ils le jetteront dans la prison et l'étrangleront avec un garrot[210].

Le lieutenant Prado fit enregistrer devant notaire ces documents ainsi que le témoignage du messager qui confirmait le contenu de la lettre[211].

La violence et les menaces de mort prononcées par l'*alférez* Torralba reflétaient une montée de tension entre, d'une part, le groupe de soldats et commandants locaux – Urbina, Torrella, Torralba – et, d'autre part, le groupe des artilleurs et de leur lieutenant. Il y a fort à croire que Diego de Prado avait alors décidé de mettre fin à un certain nombre de privilèges et abus de ces chefs militaires. Ce témoignage enregistré devant notaire faisait sans aucun doute partie d'un dossier qu'était en train de constituer Prado en accumulant, avec la complicité de ses hommes, les preuves des fautes des commandants. Cette ambiance de

---

209 *Ibid.* (Prado à Juan González, le 08/09/1593).

210 « *El alférez dice que primero perderá los hojos que concienta se haga lo que Vuestra Merced manda por sus ordenes y dice alguno lo pagara esto y cierto será ansí porque ya nos han ameneçado, a mí me desafío el sargento el domingo a la noche en el querpo de guardia [...] que en la primera occasión que aya sobre el tirar o no tirar que nos abrirán la cabeça o cortaran un braço y más que él que se moviere lo hecharán en la prisión y darán un garrote* », *ibid.* (Tomas de Petillas à Diego de Pardo, le 21/09/1593).

211 Voir la déposition devant écrivain public du 23/09/1593, *ibid.*

complot apparaît clairement lorsqu'une lettre destinée à Prado s'égara entre Roses et Perpignan ; les artilleurs dénoncèrent le coup sournois de quelque traître de la faction des commandants[212]. Aux capitaines de la garnison de Roses, Prado reprochait notamment un usage abusif des salves d'artillerie qui étaient tirées avec la poudre payée par le roi. Parmi les nombreux enregistrements de salves injustifiées, le plus scandaleux était sans aucun doute ces trois canons, deux demi-couleuvrines, deux sacres et plusieurs autres petites pièces que le commandant Torrella fit tirer à blanc pour saluer la vicomtesse de Peralada[213]. Cette galanterie, véritable démonstration de pouvoir de la part de ce capitaine de garnison, montre que la question politique du contrôle de l'artillerie revêtait une dimension symbolique tout autant qu'effective. Certains commandants tendaient manifestement à se comporter comme les véritables seigneurs du lieu.

Cependant, le principal combat de Diego de Prado se livrait non pas à Roses mais à Perpignan, contre le maître de camp Juan de Urbina, commandant militaire du comté de Roussillon. Pour commencer, Urbina utilisait le matériel de guerre de la Monarchie à des fins privées, se comportant lui aussi comme un seigneur plus que comme un serviteur du roi. Ainsi, à la fin du mois de septembre 1593, il avait fait sortir quelques armures des entrepôts royaux afin de les prêter à des gentilshommes lors d'un tournoi de joute qu'il avait organisé[214]. Prado avait également remarqué que sept pièces d'artillerie avaient mystérieusement disparu de la place forte depuis l'inventaire réalisé par son prédécesseur[215]. En représailles, sans doute, aux menées de Diego de Prado, Juan de Urbina s'attaqua au maître artilleur Francisco Pau Ferrer, se constituant juge dans le procès qui l'opposait au marchand Honophil Paulete[216]. Comme le dénonça Diego de Prado au conseil de guerre, l'action était complètement illégale car le jugement revenait de droit au capitaine général de l'artillerie en raison du *fuero* des artilleurs[217]. Ce *fuero* judiciaire offrait ici une protection à des artilleurs dont l'un des

212 *Ibid.* (lettre de Petilla à Pardo du 02/10/1593).

213 Ces témoignages figurent tous dans le même dossier, *ibid.*

214 AGS GYM leg. 378/1 (01/10/1593).

215 *Ibid.*

216 Voir les dépositions enregistrées devant notaire, AGS GYM leg. 391/377 (septembre 1593).

217 AGS GYM leg. 378/1 (01/10/1593).

rôles attendus était de contrôler les abus de personnages politiques et militaires relativement puissants à une échelle locale.

Cette situation extrêmement tendue ne manqua pas de tourner à la guerre ouverte. Lorsque le commandant Urbina quitta la ville pendant trois jours pour chasser le cygne en compagnie de l'évêque, le lieutenant d'artillerie Prado ordonna au maître artilleur Francisco Pau Ferrer – celui-là même qui était menacé par la justice d'Urbina – de monter des cadenas à la porte des entrepôts royaux[218]. Le plan de Diego de Prado était de prévenir tout abus du commandant en attendant de recevoir la réponse du conseil de guerre à propos de son projet d'installation d'une serrure à trois clés contrôlant l'accès au matériel de guerre. À son retour, Juan de Urbina entra dans une « fureur terrible » et fit emprisonner Diego de Prado au château, tandis que son complice artilleur, auteur des cadenas, fut mis au pilori comme un vulgaire criminel[219]. Urbina joua de son pouvoir militaire sur la communauté locale et menaça les notaires de les mettre eux aussi au pilori s'ils s'impliquaient davantage dans les manigances du lieutenant d'artillerie[220]. Voulant lancer une procédure d'information avec témoins pour la présenter au roi, les artilleurs de Perpignan sollicitèrent la justice locale qui refusa catégoriquement de s'impliquer dans le conflit[221]. Le vice-roi de Catalogne n'apporta pas plus de soutien au lieutenant d'artillerie, se contentant de lui rappeler qu'en cas d'attaque soudaine – ce qui n'était pas le cas en septembre 1593 – il était essentiel que le lieutenant d'artillerie et ses hommes exécutassent tous les ordres du maître de camp Juan de Urbina[222].

Cependant, les actions de Diego de Prado étaient parfaitement légitimes. Une cédule royale spécifiait qu'à l'exception des cas d'urgence, la distribution de l'artillerie, des armes et des munitions de guerre nécessitait des ordres du roi adressés au capitaine général de l'artillerie ou à son lieutenant[223]. Contrôler la consommation de poudre, choisir les artilleurs en poste, préserver l'artillerie de la Monarchie étaient là quelques-unes des principales fonctions du lieutenant d'artillerie. Néanmoins, il était manifestement difficile de mener à bien ces missions

218 AGS GYM leg. 391/320 (26/09/1593) et leg. 378/12 (14/10/1590).
219 AGS GYM leg. 378/12 (14/10/1593).
220 *Ibid.*
221 AGS GYM leg. 391/319 (07/10/1593).
222 AGS GYM leg. 378/112 (24/10/1593).
223 AGS GYM leg. 378/111 (10/11/1593).

face au pouvoir et à la résistance de certains commandants. Diego de Prado n'aurait probablement jamais pris le risque de s'attaquer aux abus d'Urbina et Torrella s'il n'avait pas bénéficié de la protection de ce puissant personnage qu'était le capitaine général de l'artillerie. Dès qu'il apprit la nouvelle, Juan de Acuña prit la défense de ses hommes devant le conseil de guerre, réclamant des sanctions contre les commandants de Perpignan et Roses qui emprisonnaient des gens d'artillerie contre les cédules de *preeminencias*[224]. Après avoir consulté les preuves accumulées par Diego de Prado, les ministres du conseil de guerre annotèrent ainsi la lettre du capitaine général de l'artillerie :

> Que l'on installe une serrure à trois clés dans les entrepôts de munitions, et que l'une des clés soit remise au lieutenant d'artillerie, l'autre au *veedor* (inspecteur) et la troisième au majordome de l'artillerie, et pour le reste, que l'on s'en remette au vice-roi de Catalogne pour les points annotés par don Diego de Prado[225].

Il s'agissait d'une victoire incontestable du parti des artilleurs sur celui des commandants de garnison. Les ordres royaux à destination de Diego de Prado partirent le 20 novembre 1593. En janvier 1594, des serrures à trois clés verrouillaient les entrepôts de munitions de Roses et de Perpignan de sorte que seuls le lieutenant de l'artillerie, le majordome et le *veedor* pouvaient y avoir accès[226]. Entre temps, la situation s'était apaisée à Roses où, de retour de Barcelone, le sergent Ramón Torrella avait demandé à ce que fussent respectés les ordres du lieutenant d'artillerie concernant les affûts[227]. Toutefois, de vives tensions persistaient à Perpignan, où le commandant Urbina préparait sa riposte. Au début de l'année 1594, il demanda à Diego de Prado et au *veedor* Guevara un grand nombre de mèches pour les soldats[228]. Cette fois-ci, il présenta un ordre du vice-roi qui lui donnait son soutien, affirmant qu'il s'agissait d'un cas d'urgence[229]. Face aux refus de

224 AGS GYM leg. 391/318 (sans date, probablement octobre-novembre 1593).

225 « *Que se echen las tres llaves en los magacenes y una tenga el teniente del artillería, otra el veedor, y otra el mayordomo della, y en lo demás se sirva al virrey lo apuntado en las cartas de don Diego de Prado* », *ibid.*

226 AGS GYM leg. 398/226 (08/02/1594).

227 AGS GYM leg. 391/320.

228 AGS GYM leg. 398/56 (08/01/1594) et leg. 398/178 (29/01/1594).

229 AGS GYM leg. 398/179 (29/01/1594).

Prado et Guevara, il les menaça, les maltraita ce qui les conduisit à se plaindre une nouvelle fois au conseil de guerre, « en défense de leur honneur et réputation[230] ».

Comment expliquer que la situation put se répéter si peu de temps après la victoire du capitaine général de l'artillerie et de son lieutenant ? À l'issue des troubles de l'automne 1593, le conseil de guerre n'avait pas statué sur les sanctions à prendre contre Juan de Urbina et avait remis la question au jugement du duc de Maqueda, vice-roi de Catalogne. Or, le duc protégeait indubitablement Urbina. À aucun moment il ne chercha à venir en aide à Diego de Prado lorsque celui-ci était menacé[231]. Au printemps 1594, plutôt que de châtier les coupables comme le lui demandait le capitaine général de l'artillerie, il envoya au conseil de guerre un plaidoyer en faveur de Juan de Urbina[232]. Selon le vice-roi, les abus de salves et d'usage du matériel de guerre étaient bien peu de choses à côté de l'incroyable manque de respect avec lequel le lieutenant d'artillerie avait procédé contre le commandant de Perpignan[233]. Maqueda retournait complètement la situation, exprimant sa désapprobation complète du *fuero* des artilleurs et demandant des sanctions contre Diego de Prado pour avoir outrepassé ses prérogatives[234]. En s'attaquant aux abus des commandants de forteresses – dans l'intérêt financier de la Monarchie – Diego de Prado s'était fait de puissants ennemis. Nul doute que, sans la protection du *fuero* et le soutien politique du capitaine général de l'artillerie, sa mission eût été vouée à l'échec. Le lieutenant d'artillerie était parvenu à limiter l'accès des commandants au matériel de guerre en installant des serrures à trois clés à Perpignan et Roses, mais il ne souhaita pas risquer plus longtemps sa vie et sa carrière contre des hommes tels que Juan de Urbina et le duc de Maqueda : peu de temps après ces incidents, il demanda sa mutation auprès du capitaine général de l'artillerie[235].

230 AGS GYM leg. 398/56 (08/01/1594) et leg. 398/178 (29/01/1594).
231 AGS GYM leg. 398/226 (08/02/1594).
232 AGS GYM leg. 401/142 et 143 (25/05/1594).
233 *Ibid.*
234 *Ibid.*
235 La mutation fut acceptée par le roi sur demande de Juan de Acuña Vela, AGS GYM lib. 63 fol. 307r (16/07/1594).

FUEROS D'ARTILLEURS, POLITIQUE DE CENTRALISATION ET RÉSISTANCES LOCALES

Ces altercations entre pouvoirs militaires localement implantés et artilleurs jouant un rôle de contrôle au service du gouvernement madrilène étaient monnaie courant à la fin du XVIe siècle. Récurrentes à Perpignan[236], on les rencontre aussi dans les forteresses de Galice, par exemple, où les commandants se plaisaient à abuser des salves contre l'avis du lieutenant d'artillerie[237]. Or, l'autorité qu'avait acquise le capitaine général de l'artillerie au sein de certaines garnisons était une conquête récente et incomplète. Des instructions données à don Francés de Álava en 1574 excluaient ainsi de son ressort et de son pouvoir de nomination les places fortes d'Afrique du nord et celles de Navarre, Fontarrabie et Saint-Sébastien[238]. Cependant, jouant de son influence à la cour, Francés de Álava parvint, en 1582, à négocier auprès du roi et du conseil de guerre le pouvoir de nomination sur les artilleurs de la citadelle de Pampelune[239]. Douze ans après, en 1594, le lieutenant d'artillerie de Navarre, Pedro Fernández de la Carrera, devait encore se battre au quotidien contre les différents châtelains et commandants militaires de Pampelune pour faire valoir l'autonomie administrative de l'artillerie et le *fuero* judiciaire des artilleurs, mais il pouvait désormais compter sur le soutien du roi et d'une partie du conseil de guerre[240].

Souvent, les velléités madrilènes de contrôle de l'artillerie se heurtaient également à d'autres structures de pouvoir antérieures. Ainsi, à Majorque, l'artillerie était administrée par des institutions politiques locales – *jurats*, *universitat* – jusqu'à ce qu'un lieutenant d'artillerie fût introduit en 1576[241]. Les prétentions de ce nouveau venu à visiter l'artillerie et à s'emparer progressivement de son administration rencontrèrent une vive opposition de la part de ces pouvoirs locaux, bientôt soutenus par le vice-roi. Durant trois décennies, cette opposition se manifesta par des actes de résistance tels que le classique emprisonnement du lieutenant ou encore le recours à un dossier judiciaire constitué de faux

236 AGS GYM lib. 85 fol. 52r (04/07/1599).
237 AGS GYM leg. 564/2 (11/02/1600).
238 AGS GYM leg. 135/207 (18/03/1574).
239 AGS GYM leg. 135/202 (année 1582).
240 AGS GYM lib. 63 fol 270r-272v (23/04/1594) et lib. 70 fol. 113r (08/01/1595).
241 Seguí Beltrán, Andreu, « La administración de la artillería del Reíno de Mallorca en el siglo XVI », *op. cit.*

témoignages pour discréditer son action[242]. Face à ces attaques, le capitaine général de l'artillerie et le conseil de guerre prirent systématiquement la défense de leur homme. Or, ces petits conflits judiciaires expriment des tensions d'ordre politique entre, d'une part, les intérêts d'individus ou de communautés locales résolus à défendre leur pouvoir et, d'autre part, le contrôle grandissant du gouvernement madrilène dans certains champs stratégiques tels que l'artillerie. Les archives du conseil de guerre contiennent une multitude de plaintes d'artilleurs arrêtés sans motif par diverses autorités locales qui agissaient ainsi probablement en signe de protestation face à l'avancée de l'administration centrale[243].

Il faut toutefois signaler que la jouissance de ces privilèges favorisait certains abus de la part des gens d'artillerie. Ainsi, en témoigne un autre épisode s'étant déroulé à Perpignan mais quelques années plus tard et avec d'autres protagonistes. Signe d'une certaine détente des relations entre artilleurs et soldats de la garnison, le remplaçant d'Urbina au commandement militaire du Roussillon, Fernando de Toledo, hébergeait au château Pedro de León Peralta, remplaçant du lieutenant d'artillerie Prado. Néanmoins, la situation changea brusquement lorsque, de retour d'une longue absence, le commandant Toledo mit au jour les amours secrets qu'entretenait le lieutenant d'artillerie avec une demoiselle de compagnie de sa femme[244]. Profitant du fait qu'il logeait juste à côté des appartements des dames, le lieutenant avait apparemment creusé un trou dans le mur par lequel il pouvait communiquer avec la belle et échanger des billets d'amour que le commandant avait faits saisir et envoyer au conseil de guerre pour preuve de la trahison de son hôte[245]. Pire, le lieutenant d'artillerie avait permis à son meilleur ami, le sergent Velarde, d'entretenir par le même biais une relation secrète avec la fille du commandant ! Accablé par l'abondance de preuves, le lieutenant avait été emprisonné à Collioure sur ordre du vice-roi. Les individus étaient différents mais le schéma était identique à 1593 : le commandant de

242 *Ibid.* Voir aussi AGS GYM leg. 437/401 (28/07/1595).

243 À Malaga : AGS GYM leg. 281/240 (13/02/1590) ; puis encore en 1601 : AGS GYM leg. 586/248 (27/01/1601). Dans un village de Castille : AGS GYM leg. 370/55 (année 1592). À Pampelune : AGS GYM leg. 398/328 (26/02/1594). À Burgos, en plein cœur du centre d'administration de l'artillerie, le *pagador* Caro del Rincón ainsi que des artisans furent emprisonnés, AGS GYM lib. 77 fol. 226v-230r (05/12/1597).

244 L'histoire est racontée avec de nombreux témoignages dans AGS GYM leg. 552/371 et 374 (31/05/1599).

245 Certains sont recopiés dans le document précédent, *ibid.*

Perpignan, avec la complicité du vice-roi de Catalogne, agissait contre le lieutenant d'artillerie. Or, comme en 1593, le conseil de guerre insista pour que le jugement des fautes du lieutenant d'artillerie fût remis au capitaine général de l'artillerie, Juan de Acuña Vela[246]. Autrement dit, la protection du *fuero* artilleur s'appliquait même lorsque les torts commis avaient lieu hors du contexte d'exercice de l'office. En outre, cette protection inconditionnelle était relativement efficace puisque Pedro de León Peralta était encore lieutenant d'artillerie quelques années plus tard[247]. De même à Lisbonne, le lieutenant d'artillerie Alonso de Céspedes avait envoyé ses hommes battre jusqu'aux portes de la mort un Portugais qui lui devait de l'argent, à titre privé semble-t-il[248]. Le gouverneur du Portugal fit jeter en prison le commanditaire du délit mais, sans doute suite à l'intervention du capitaine général de l'artillerie, le lieutenant Céspedes put bientôt retourner à l'exercice de son office sous la bienveillante protection du conseil de guerre[249].

Par ailleurs, il est important de remarquer que d'autres institutions gouvernementales concurrentes du conseil de guerre recoururent à cette arme qu'étaient les privilèges d'artilleurs pour étendre leur autorité. À Séville, la *casa de la contratación*, institution dépendante du conseil des Indes, parvint ainsi à conquérir sa propre juridiction sur les artilleurs de la *carrera de Indias*. Afin d'inciter la participation à son école d'artilleurs, l'enseignant de cette institution sollicita pour ses disciples les mêmes privilèges que ceux des artilleurs de Burgos[250]. Dans un premier temps, la jouissance de ces privilèges demeura cependant dépendante du capitaine général de l'artillerie et non du conseil des Indes. Lorsque le capitaine général résolut, en 1581, de ne plus signer les cédules de *preeminencias* parce qu'un différend l'opposait au maître de l'école sévillane, les artilleurs perdirent temporairement leurs privilèges[251]. Cependant, avec le passage des années, la situation tourna finalement à l'avantage du conseil

246 *Ibid.*

247 Il était encore lieutenant d'artillerie de Catalogne en 1601, AGS GYM leg. 586/123 (année 1601).

248 AGS GYM leg. 144/183 et 186 (25/04/1583).

249 Son jugement avait été remis au conseil de guerre par ordre du roi, AGS GYM leg. 148/9 (09/08/1583). Céspedes exerça l'office pendant encore plusieurs années : AGS GYM leg. 209/139 (26/08/1587) et leg. 281/177 (24/02/1590).

250 La mesure fut acceptée par le conseil des Indes et le roi : AGI IG leg. 1968 lib. 21 fol. 104v-105r (15/11/1576). Pour plus d'informations à ce sujet, voir p. 343.

251 AGS GYM leg. 114/202 (24/06/1581).

des Indes. En 1594, la *casa de la contratación* obtint comme responsable de son école l'un des plus anciens lieutenants d'artillerie, Francisco de Molina, avec l'autorisation spéciale de signer les cédules de privilèges[252].

Cette nomination fit enrager Juan de Acuña Vela qui se plaignit au conseil de guerre de ce qu'un nouveau capitaine général de l'artillerie avec juridiction sur Séville venait d'être instauré :

> Alors que l'école est subordonnée à don Juan [de Acuña Vela] et que les artilleurs y sont sélectionnés par lui en vertu des lettres qu'il tient de Votre Majesté, on lui arrache ces prérogatives de ses mains pour les mettre dans celles de Francisco de Molina en lui donnant cette nouvelle commission grâce à laquelle ce dernier peut désigner les artilleurs qu'il veut et leur donner les cédules de privilèges que le dit don Juan a la faculté d'attribuer, de sorte que le dit Francisco de Molina se retrouve de fait capitaine général de l'artillerie de cette région[253].

Cette citation montre combien, dans l'esprit des membres du conseil de guerre, le pouvoir exécutif du capitaine général de l'artillerie allait de pair avec son pouvoir judiciaire et de nomination. Désormais, les artilleurs sortant de l'école sévillane étaient placés non plus sous la protection du capitaine général de l'artillerie et du conseil de guerre, mais sous celle de la *casa de la contratación* et du conseil des Indes. Lorsque les autorités de Séville ou d'autres villes leur cherchaient querelle, c'est aux juges de la *casa de la contratación* qu'ils faisaient appel[254]. Ce coup politique du conseil des Indes rendait de fait l'administration de l'artillerie de la *carrera de Indias* moins dépendante du conseil de guerre. Par conséquent, s'il y eut incontestablement un phénomène général de centralisation du contrôle de l'artillerie, il ne fut néanmoins pas systématiquement synonyme de concentration des pouvoirs aux mains du capitaine général de l'artillerie.

Qu'ils fussent utilisés par le conseil de guerre ou celui des Indes, ces privilèges et *fueros* jouèrent un rôle clé dans la mise en place d'une administration de l'artillerie transversale à la fragmentation politico-juridique

252 AGS GYM leg. 365/83 (04/03/1594).

253 « *Estando esta escuela subordinada al dicho don Juan y siendo todos los dichos artilleros nombrados por él en virtud de los despachos que tiene de Vuestra Magestad, se la sacan de su mano y la meten en la del dicho Francisco de Molina dándole con esta comisión para que el pueda nombrar los que quisiere y darles las cedulas de preeminencias que el dicho don Juan tiene facultad de dar de manera que viene a ser capitán general en aquella parte el dicho Francisco de Molina* », *ibid.*

254 Voir les dossiers « *Andrés Muñoz el bueno, expediente sobre las exenciones de los artilleros de la Casa de la Contratación* » et « *pleyto de competencia de juridición* » dans AGI IG leg. 2007.

de ce qui demeurait encore une monarchie composite. Ce pouvoir de nature judiciaire venait protéger et renforcer le déploiement des tentacules de la pieuvre polysynodale madrilène qui, progressivement, tâchait d'établir un contrôle sur les multiples structures politico-juridiques préexistantes. En d'autres termes, dans ce récit du développement de l'administration de l'artillerie, il n'y a pas à choisir entre Strayer[255] et Tilly[256]. La construction de cette branche particulière de l'État fut le résultat de la compétition militaire avec les autres puissances politiques, comme Tilly le raconte, mais les moyens de sa mise en place revêtirent un caractère fortement juridique, la justice étant la principale source de pouvoir de l'État selon Strayer. Comme le formule Jean-Frédéric Schaub dans le cas du Portugal, le conflit de juridictions était une forme d'exercice de la politique[257]. Le *fuero* des artilleurs, et plus généralement les *fueros* d'un certain nombre de soldats tels que les *guardas de Castilla*, fut en quelque sorte une réponse *ad hoc* du conseil de guerre aux nombreuses libertés et privilèges d'un certain nombre de territoires de cette monarchie composite. Dans le cas précis de l'artillerie, il s'agissait également d'un instrument de contrôle des abus d'autres serviteurs du monarque.

Il faut néanmoins souligner les limites de ces mécanismes de construction de transversalités au sein de la Monarchie hispanique. L'expansion du contrôle par Madrid des moyens militaires les plus stratégiques allait à l'encontre des pactes signés entre le souverain et les sujets de ses différents territoires. Au Portugal, la présence d'un lieutenant en charge de l'artillerie portugaise et ne recevant ses ordres que du conseil de guerre et du capitaine général de l'artillerie constituait une infraction aux engagements pris à Tomar en 1581 tout autant que la présence de garnisons espagnoles en territoire portugais[258]. En outre, l'application des privilèges d'artilleurs et les nombreux abus impunis qu'ils engendrèrent suscitèrent sans aucun doute la colère d'un certain nombre de sujets. En d'autres termes, ces transversalités mises en place, le plus souvent de force, par le gouvernement madrilène ne suffisaient pas à garantir la cohésion de la monarchie composite. De cela témoigne la révolte portugaise de 1640 dont l'une des causes, selon Schaub, fut l'exaspération générale contre les privilèges

255 Strayer, Joseph R., *On the Medieval Origins of the Modern State*, *op. cit.*
256 Tilly, Charles, *Coercion, Capital and European States, AD 990-1992*, *op. cit.*
257 Schaub, Jean-Frédéric, *Le Portugal au temps du Comte-Duc d'Olivares (1621-1640)*, *op. cit.*
258 *Ibid.* p. 20.

judiciaires des soldats castillans qui finirent par être considérés comme une armée d'occupation[259]. En outre, il faut préciser que le phénomène décrit ici fut circonscrit à l'espace politico-juridictionnel du conseil de guerre, c'est-à-dire à la péninsule ibérique, aux îles Baléares, à la Sardaigne, aux *presidios* africains et aux Açores. La centralisation du contrôle de l'artillerie, inaboutie dans cet espace limité de la Monarchie hispanique, ne fut jamais tentée dans les mêmes termes à l'échelle du vaste empire.

L'ARTILLERIE DES ÉTATS ITALIENS : UNE STRUCTURE POLYCENTRIQUE COORDONNÉE

La gestion de l'artillerie au sein des États italiens de la Monarchie hispanique contrastait avec celle de la péninsule ibérique. En Italie, il n'existait en effet aucune structure transversale comparable à celle du capitaine général de l'artillerie castillan. Au contraire, cette administration se caractérisait par un certain polycentrisme. Chaque État – les royaume de Sicile et de Naples, le duché de Milan – possédait sa propre structure de gouvernement de l'artillerie. Dans la péninsule ibérique, la gestion de l'artillerie avait acquis une certaine autonomie permettant au conseil de guerre d'exercer un contrôle sur l'activité des commandants militaires locaux, tandis qu'en Italie, l'artillerie demeurait partie intégrante du reste de l'appareil militaire. À ce titre, le personnage qui en avait la charge était le vice-roi (ou son équivalent à Milan, le gouverneur), qui, en tant que capitaine général, détenait le commandement suprême de tout l'appareil militaire présent sur son territoire[260]. Cela ne signifiait pas pour autant que Madrid abandonnait toute idée de contrôler l'artillerie sur ces territoires : les vice-rois entretenaient une correspondance avec le conseil d'État au sujet de l'artillerie. En outre, chacun des États italiens bénéficiait de la présence d'un capitaine général de l'artillerie nommé par le roi et son conseil d'État, et constituant une sorte de garde-fou en cas de mauvaise gestion par le vice-roi. Cependant dans les faits, loin de Madrid, ce personnage n'eut jamais un pouvoir politique comparable à son équivalent castillan.

259 *Ibid.* p. 253 et suiv.
260 Hernando Sánchez, Carlos José, « Los virreyes de la Monarquía española en Italia », *op. cit.*

CONTRÔLE DE L'ARTILLERIE DANS LE ROYAUME DE SICILE

En Sicile, la présence d'un capitaine général de l'artillerie collaborant avec le vice-roi remontait au moins au milieu du XVIe siècle[261]. Comme dans le cas des premiers capitaines généraux de l'artillerie en Espagne, cette charge renvoyait alors à un commandement militaire de terrain. Le capitaine Andronico de Espinosa participa ainsi à la prise de Mahdía (Tunisie) où il trouva la mort en 1550[262]. Plusieurs individus se succédèrent ensuite à cette charge mais, dans les années 1570, il n'y avait plus de capitaine général de l'artillerie de Sicile[263]. Sur les recommandations de Juan de Soto, secrétaire de don Juan d'Autriche, le conseil d'État insista pour envoyer un nouveau capitaine général de l'artillerie[264]. En plein contexte d'une attaque ottomane visant la forteresse de La Goulette, juste en face de la Sicile, la situation déplorable de l'artillerie sicilienne dépeinte par Soto ne put qu'encourager les ministres à rapidement nommer un responsable[265]. Plusieurs noms furent avancés[266], et le choix retomba finalement sur Bernardino de Velasco[267], capitaine castillan d'expérience qui avait déjà servi cette même charge en Sicile dans les années 1560 avant de devenir commandant de galères à Naples[268]. Toutefois, cette nomination ne fut apparemment pas du goût du duc de Terranova, alors en charge du gouvernement de la Sicile[269]. D'abord, le nom du candidat qu'il avait suggéré pour l'office – Juan de Angulo – avait été parfaitement ignoré par le conseil d'État[270]. Ensuite, la nomination de

261 AGS EST leg. 1142/210 (16/06/1574).

262 *Ibid.*

263 C'est ce que l'on peut déduire de la démarche du conseil d'État qui demanda des informations en 1574 sur l'office disparu de capitaine général de l'artillerie de Sicile. Voir la réponse de Juan de Soto (secrétaire de don Juan d'Autriche) *ibid.* et la consultation du conseil, AGS EST leg. 1142/216 (03/07/1574).

264 *Ibid.*

265 Sur l'attaque de la Goulette, voir García Hernán, Enrique, « La conquista y la pérdida de Túnez por don Juan de Austria (1573-1574) », dans *Mutazioni e permanenze nella storia navale del Mediterraneo. Secc. XVI-XIX*, Guido Candiani, Luca Lo Basso (éd.), Milan, Franco Angeli, 2010, p. 39-95.

266 Notamment Luis de Saavedra, Juan de Angulo et Bernardino de Velasco, AGS EST leg. 1142/216 (03/07/1574).

267 AGS EST leg. 1142/211 (25/12/1574).

268 Voir AGS EST leg. 1142/210 (16/06/1574) et AGS EST leg. 1065/17 (15/01/1573).

269 Il portait le titre de président et non de vice-roi car il était natif de l'île. Voir sa nomination : AGS EST leg. 1135/100 (01/11/1571).

270 AGS EST leg. 1142/216 (03/07/1574).

Velasco menaçait la position de Baldassare Gago, l'un des protégés de Terranova qui l'assistait en tant que lieutenant d'artillerie[271].

Selon un schéma qui n'était pas sans rappeler l'épisode de Perpignan, une dispute ne tarda donc pas à éclater entre, d'une part, ce grand aristocrate sicilien extrêmement bien implanté localement[272] et désirant défendre son autorité et, d'autre part, le capitaine castillan, envoyé par le conseil d'État pour remettre de l'ordre dans la gestion de l'artillerie. Au printemps 1575, le nouveau capitaine général de l'artillerie présenta au duc de Terranova une liste de prérogatives associées à sa charge, telles que le pouvoir de nomination, l'autorité suprême sur le personnel d'artillerie et les manufactures d'armement, la juridiction particulière sur ses hommes[273]. En d'autres termes, il s'agissait pour Velasco de se faire, en Sicile, un véritable *alter ego* du capitaine général de l'artillerie d'Espagne. Or, il était hors de question pour Terranova de voir se développer sous son gouvernement une structure indépendante de l'artillerie. Il se plaignit au conseil d'État des demandes d'autorité excessives de Bernardino de Velasco[274]. Il annota point par point les prétentions que le capitaine général de l'artillerie lui avait remises, tâchant de spécifier systématiquement que cette charge dépendait du vice-roi : par exemple, il reconnaissait que le personnel d'artillerie devait être approuvé par le capitaine général de l'artillerie, mais il expliquait qu'en Sicile seul le vice-roi avait la faculté de nomination[275]. Quant à la création d'une juridiction particulière des artilleurs, Terranova écrivit sans détour :

> Aucune chose n'est plus pernitieuse à la quiétude de la Sicile ni à la conservation du bon ordre de la justice que les projets de fonder de nouvelles juridictions[276].

L'assise politique locale du duc de Terranova était si forte que le nouveau capitaine général de l'artillerie se trouva dépouillé de tous les

271 AGS EST leg. 1144/63 (24/05/1575).

272 Sur Terranova, voir Aymard, Maurice, « Une famille de l'aristocratie sicilienne aux XVIe et XVIIe siècles : les ducs de Terranova », *Revue Historique*, vol. 247, 1972, p. 29-66 ; Grâce à son pouvoir régional bien développé, Terranova sut également nuire efficacement à son successeur Marco Antonio Colonna, Bazzano, Nicoletta, *Marco Antonio Colonna*, Rome, Salerno Editrice, 2003.

273 AGS EST leg. 1144/71 (15/06/1575).

274 AGS EST leg. 1144/66 et 69 (15/06/1575).

275 AGS EST leg. 1144/71.

276 « *Nessuna cossa è piu pernitiossa alla quiete di Sicilia et alla conservatione de buoni ordini della giustitia che procurar di fundar nuove jurisditioni* », *ibid.*

moyens de faire valoir les prérogatives attachées à sa charge. Ainsi, après avoir remarqué la mystérieuse disparition de 400 ducats de munitions, Bernardino de Velasco dut avouer au conseil d'État son impuissance face au réseau d'agents du duc de Terranova[277]. Il s'était fait accompagné en Sicile de six experts en artillerie, mais ces derniers avaient fini par l'abandonner car, après plusieurs mois de travail, Terranova continuait de refuser de leur verser un salaire[278]. Isolé au milieu d'étrangers menaçants, le capitaine général de l'artillerie écrivit même au conseil qu'il craignait pour sa vie[279]. Le fait est qu'il mourut, assez opportunément pour Terranova, seulement quelques mois plus tard[280]. Le conseil d'État se montra alors plus conciliant avec le duc, acceptant de nommer son candidat, Juan de Angulo, au poste de capitaine général de l'artillerie[281].

Victoire politique manifeste du duc de Terranova, cette nomination tendit à cantonner le capitaine général de l'artillerie au rôle d'exécutant des ordres du vice-roi. On ne trouve ainsi aucune lettre de Juan de Angulo envoyée au conseil d'État. Toute son activité était discutée sur place avec le vice-roi, qui lui-même entretenait la communication avec le conseil d'État. Or, l'activité de l'île en matière d'artillerie était relativement intense au vu de sa modeste taille. Depuis les réformes défensives des années 1570, la Sicile disposait d'importantes garnisons d'artilleurs, auxquelles s'ajoutait tout un réseau d'écoles d'artillerie[282]. L'escadre de galères siciliennes nécessitait d'être ravitaillée en armes et munitions[283]. Les villes de Messine et de Palerme possédaient donc des fonderies de canons qui constituaient les principaux établissement d'armement de l'île[284]. Pas moins de six ingénieurs à temps plein inspectaient les fortifications et dirigeaient de nouveaux chantiers de construction[285]. Juan de Angulo servit donc de chef d'orchestre de cet ensemble jusqu'à sa mort

277 AGS EST leg. 1144/73 (16/07/1575).

278 *Ibid.*

279 *Ibid.*

280 Les nouvelles du remplacement de Bernardino de Velasco suite à son décès se trouve dans AGS EST leg. 1146 (année 1576).

281 La nomination de Juan de Angulo se trouve aussi dans AGS EST leg. 1146 (année 1576).

282 Favarò, Valentina « La Sicilia fortezza del Mediterraneo », *Mediterranea ricerche storiche*, vol. 1, 2004, p. 31-48. Voir p. 64 pour les garnisons siciliennes et p. 379-381 pour les écoles d'artilleurs.

283 AGS EST leg. 1144/30 et 31 (26/03/1575).

284 Voir par exemple AGS EST leg. 1144/25 (24/03/1575), leg. 1068/58 (28/03/1575), leg. 1156/223 (23/10/1588).

285 AGS EST leg. 1160/14 (18/01/1602). Exemple de chantiers dans les années 1590 : AGS EST leg. 1158/91 (17/05/1596).

survenue en 1602[286]. Le fait qu'un seul et même individu fut pendant près d'un quart de siècle à la tête de la gestion de l'artillerie sicilienne amena à cette administration une certaine stabilité malgré la relative instabilité du gouvernement qui passa, pendant cette période, entre les mains de huit vice-rois. Il en avait résulté un développement prospère de cette administration qui avait atteint, au début du XVIIe siècle, une taille démesurée par rapport au rôle géopolitique déclinant de la Sicile. Après la mort du capitaine général de l'artillerie, le vice-roi du moment proposa une réforme de l'artillerie réduisant les postes et supprimant l'office de Juan de Angulo, jugé inutile[287].

CONTRÔLE DE L'ARTILLERIE DANS LE ROYAUME DE NAPLES

Le royaume de Naples possédait depuis au moins le milieu du XVIe siècle une charge de capitaine général de l'artillerie mais cette dernière tarda à acquérir un véritable sens institutionnel. L'individu qui la reçut en 1561 était le maître de camp Pedro Díaz Carrillo de Quesada, mais il occupait alors le commandement de la forteresse de la Goulette en Afrique du nord[288]. Ce n'est qu'à partir de l'année 1573 qu'il put finalement prendre possession de sa charge à Naples, lorsqu'il fut remplacé dans le commandement de La Goulette suite à la prise de Tunis par don Juan d'Autriche[289]. À partir de ce moment, le poste de capitaine général de l'artillerie fut durablement implanté à Naples dans la mesure où Carrillo de Quesada en fit une affaire de famille. En effet, en 1582, il demanda à prendre sa retraite et à transférer la charge à son gendre Juan Vázquez de Acuña, ce que le conseil d'État accepta[290]. Ce dernier nomma son fils Pedro comme lieutenant d'artillerie en 1598 et, en 1605, il obtint du conseil d'État que sa charge lui serait transmise à sa mort qui survint en 1610[291]. Ce fait constituait une exception notable : Naples fut l'unique territoire de la Monarchie hispanique où

286 AGS EST leg. 1160/54 (06/04/1602).
287 AGS EST leg. 1160/82 (02/09/1602).
288 Son titre : AGS EST leg. 1074/187 (30/04/1561). Des preuves de son commandement à la Goulette dix ans après sa nomination : AGS EST leg. 1136/242 (14/03/1571). L'absence total de son poste napolitain est confirmée par AGS EST leg. 1081/12 (28/12/1579).
289 Son remplacement à la Goulette : AGS EST leg. 1139/4 (23/01/1573).
290 AGS EST leg. 1086/151 (14/06/1582). La retraite de Carrillo de Quesada fut financée par un salaire de lieutenant d'artillerie AGS EST leg. 1086/77 (17/08/1582).
291 AGS EST leg. 1106/286 et 287 (année 1605) et leg. 1116/16 (29/01/1610).

la charge de capitaine général de l'artillerie se développa sur le modèle d'une succession dynastique.

À Naples, la fonction du capitaine général de l'artillerie devint un peu plus politique qu'en Sicile. Ce personnage était en effet invité à siéger au conseil collatéral, principal organe de gouvernement de la vice-royauté napolitaine[292]. Néanmoins, Carrillo de Quesada semble avoir eu quelques difficulté à faire entendre sa voix au sein de cette petite assemblée en charge de conseiller le vice-roi[293]. Ainsi, face à la menace d'une invasion massive des Ottomans en 1575, il se plaignit au roi que le cardinal de Granvelle, alors vice-roi, n'écoutait aucune de ses recommandations et mises en garde[294]. Granvelle conservait manifestement la main haute sur la gestion de l'artillerie. Sous le gouvernement des vice-rois suivants, le marquis de Mondéjar et don Juan de Zuñiga, le capitaine général de l'artillerie tenta d'étendre ses pouvoirs[295]. Carrillo de Quesada souhaitait notamment obtenir l'autorité sur les dépenses en matière d'artillerie, de munitions et de personnel, c'est-à-dire instituer une administration de l'artillerie relativement autonome vis-à-vis du vice-roi, comme celle qui existait en Espagne. Cependant, par deux fois des conseillers s'érigèrent en défenseurs des prérogatives vice-royales et obtinrent que les ordres de paiement du capitaine général de l'artillerie dussent être accompagnés de l'accord du vice-roi[296]. Cela réduisait dans les faits son rôle à celui de simple exécutant dépendant de l'autorité du vice-roi. Par conséquent, la gestion de l'artillerie napolitaine a laissé assez peu de traces dans les archives du gouvernement central madrilène, peu d'éléments quotidiens étant discutés entre Naples et Madrid[297].

Toutefois, la correspondance des vice-rois de Naples avec Madrid ne laisse aucun doute sur le fait que ce royaume de l'Italie méridionale était un important centre d'artillerie et d'armement pour la Monarchie. Il ne s'agissait pas tant de la taille de ses garnisons d'artilleurs qui, comme l'a montré le chapitre précédent, étaient plus faiblement pourvues

---

292 Hernando Sánchez, Carlos José, *Castilla y Nápoles en el siglo XVI*, *op. cit.*,. p. 198-199.

293 Sur l'obligation de conseil de cette institution gouvernementale, voir Peytavin, Mireille, *Visite et gouvernement dans le royaume de Naples, XVIe-XVIIe siècles*, Madrid, Casa de Velázquez, 2003, p. 246.

294 AGS EST leg. 1066/132 (01/03/1575).

295 AGS EST leg. 1074/186 et 188 (26/04/1577) et leg. 1081/12 (28/12/1578).

296 Voir en particulier le rôle joué par le régent Alonso de Salazar, AGS EST leg. 1081/10 (24/12/1579).

297 Je me réfère au fond « *Estado* » des Archives de Simancas.

que la plupart des autres territoires. En revanche, l'atout principal du royaume de Naples gisait dans sa puissance de production. Sa capitale disposait d'une fonderie de canons capable de pourvoir les besoins locaux mais aussi d'exporter[298]. Les importants gisements de fer de l'île d'Elbe, près des *presidios* de Toscane (sous administration de la vice-royauté napolitaine) permettaient d'approvisionner en boulets de canon les États du sud de l'Italie[299]. Naples produisait également de grandes quantités de poudre noire[300]. Dans les faubourgs de la capitale, près de la *Porta Capuana*, l'un des lieux de production de poudre prit accidentellement feu en 1589 et l'explosion qui en suivit souffla les alentours, causant des dizaines de morts et blessés[301]. L'intense activité de production napolitaine permettait de ravitailler en armes et munitions une imposante escadre de galères. Comptant une cinquantaine de navires dans les années 1570, cette unité constituait alors, à elle seule, la moitié des effectifs de galères de toute la Monarchie[302]. Le déclin de l'escadre napolitaine fut par la suite amplement compensé par les énormes nécessités d'armement des galéasses qui furent construites dans les arsenaux napolitains[303]. Enfin, la vice-royauté employait toute

298 AGS EST leg. 1066/56 (19/07/1575). Liste d'artillerie au Portugal dans laquelle se trouvent 20 pièces napolitaines : AGS GYM leg. 688/34 (07/06/1608).

299 Voir une allusion faite par le duc de Terranova aux boulets produits sur l'île d'Elbe, AGS EST leg. 1142/187 (20/12/1574). Il est difficile de savoir qui produisait ces boulets, les agents du vice-roi de Naples, ou bien ceux du Grand Duc de Toscane. La contribution de l'île d'Elbe à la sidérurgie du Grand Duché à été étudiée en détail : Morelli, Roberta, « Men of Iron : Masters of the Iron Industry in Sixteenth-Century Tuscany », dans *The Workplace before the Factory : Artisans and Proletarians, 1500-1800*, Thomas Max Safley et Leonard N. Rosenband (éd.), Ithaca, Cornell University Press, 1993, p. 146-164. Cardarelli, Romualdo, « Le miniere di ferro dell'Elba durante la signoria degli Appiano e l'industria siderurgica toscana nel cinquecento », *Ricerche Storiche : Rivista semestrale del Centro piombinese di studi storici*, vol. 31, « Il ferro e la sua archeologia », 2001, p. 295-427. Cependant, les liens entre les mines d'Elbe et la Monarchie hispanique demeurent peu connus malgré l'importante influence espagnole sur la seigneurie de Piombino et la présence de garnisons à Piombino, Portolongone (aujourd'hui Porto Azurro) et Marina di Rio : Angiolini, Franco, « I Presidios di Toscana : cadena de oro e llave y freno de Italia », dans *Guerra y sociedad en la monarquía hispánica*, *op. cit.*, p. 171-188.

300 AGS EST leg. 1066/10 (22/01/1575), leg. 1089/307 (08/12/1588).

301 AGS EST leg. 1090/24 (22/02/1589).

302 Sur le ravitaillement de ces galères, voir AGS GYM leg. 1065/18 (13/06/1573). Sur les effectifs de galères, voir p. 93-94.

303 Elles étaient généralement armées d'une cinquantaine de pièces chacune, AGS GYM leg. 195/43 (année 1587) et cet armement était procuré par les soins du vice-roi de Naples, AGS EST leg. 1089/307 (08/12/1588).

une cohorte d'ingénieurs qui permettait de quadriller et d'inspecter l'armement et les fortifications de ce vaste territoire[304].

CONTRÔLE DE L'ARTILLERIE DANS LE DUCHÉ DE MILAN

Dernière acquisition de la Monarchie en Italie (1535), le duché de Milan possédait une artillerie dans un état de désordre profond si l'on en croit les nombreux témoignages de l'époque. D'après le *magistrato ordinario* (la cour des comptes milanaise) qui dénonçait cette situation en 1577, ce chaos avait été généré par la multiplicité des administrations en charge de l'artillerie ainsi que leur manque de coopération[305]. Du temps des guerres d'Italie, le capitaine général de l'artillerie et son personnel n'avaient été responsables que du matériel de campagne de l'armée impériale tandis que l'artillerie présente dans les différentes villes et forteresses était demeurée aux mains d'officiers locaux[306]. Autrement dit, comme en Espagne, le commandant en chef de l'artillerie avait d'abord été un capitaine opérationnel sur le champ de bataille mais, à Milan, malgré une longue période de paix, la transition vers le rôle de chef de l'administration ne s'était pas complètement réalisée. Par conséquent, coexistaient encore à la fin des années 1570 diverses administrations, celle de la Monarchie (le capitaine général, le majordome et leurs comptables), celle de l'ancien duché (le *magistrato ordinario*, le commissaire aux munitions et ses officiers), et enfin celles très localisées de quelques châtelains[307].

Afin de remettre de l'ordre dans ces affaires, le capitaine général de l'artillerie Jorge Manrique de Lara[308] sollicita à de multiples reprises l'extension de son autorité à toute l'artillerie, les fortifications et le

304 J'ai pu relever une quinzaine de noms différents pour les années 1570-1580, parmi lesquels le célèbre Giulio Cesare Brancaccio, l'auteur andalou de traités d'artillerie Luis Collado ainsi que d'autres figures importantes telles que Scipione Campi, Gabrio Serbelloni et Domenico Fontana. Voir AGS EST leg. 1065/34 et 35 (année 1571), leg. 1066/10 (22/01/1575) et 82 (29/09/1575), leg. 1142/205 et 206 (année 1574), leg. 1073/79 (17/04/1577), leg. 1106/284 (année 1605).

305 AGS EST leg. 1260/122 (31/01/1577).

306 *Ibid.*

307 *Ibid.*

308 Sans doute un lointain cousin de Juan Manrique de Lara, capitaine général de l'artillerie d'Espagne entre 1551 et 1570. Il obtint sa charge en 1574, AGS EST leg. 1260/118 (25/12/1574).

personnel artilleur du duché[309]. En 1578, sa demande auprès du roi reçut le soutien du gouverneur de Milan, le marquis d'Ayamonte :

> Nous n'avons trouvé aucun sens aux choses de l'artillerie si ce n'est une grande perte d'argent, une confusion et un embarras importants comme il y en aura toujours tant que toute l'artillerie, les munitions, les fortifications et tout ce qui leur est annexe ne seront pas à la charge d'une seule et même personne[310].

Cependant, la tentative se solda par un échec et, lorsque le duc de Terranova reçut le gouvernement de Milan en 1583, il déplora à son tour l'état catastrophique dans lequel se trouvait l'artillerie[311]. Favorable lui aussi à un renforcement des pouvoirs du capitaine général de l'artillerie, il demanda au conseil d'État que fussent envoyés à Jorge Manrique des ordres très clairs et précis quant au rôle qu'on attendait de lui[312]. Le résultat immédiat fut l'envoi d'instructions au capitaine général et au majordome de l'artillerie leur octroyant la main haute sur la gestion de l'artillerie, des fortifications, des munitions et du personnel de l'ensemble de l'État de Milan[313].

Toutefois, l'élite locale milanaise n'apprécia absolument pas ce tour de force qui revenait à la déposséder de tout contrôle sur l'artillerie. On écrivit une plainte au régent Ponzon du conseil d'Italie, comme cela arrivait chaque fois que l'on souhaitait contourner l'autorité du gouverneur[314]. Les instructions du capitaine général de l'artillerie, écrivirent les Milanais, excluaient soudainement du contrôle de l'artillerie le *magistrato ordinario*, institution locale qui avait « toujours » été en charge des canons et munitions[315]. En exprimant leur mécontentement face à cette mesure de centralisation, l'élite milanaise espérait voir le gouvernement madrilène faire marche arrière. En effet, à la suite de la révolte des Pays-Bas en 1567, le duché de Milan était devenu un territoire stratégique

309 AGS EST leg. 1249/59 (08/03/1578). Jorge Manrique évoque ses demandes répétées dans AGS EST leg. 1260/126 (28/10/1583).

310 « *No se ha hallado cossa con cossa sino es mucha perdición de hazienda y confussión y embarazo como le habrá siempre que assí toda el artillería como los pertrechos, fortificaciones y cossas todas anexas a ella deste estado no estén a cargo de una sola persona* », AGS EST leg. 1249/78 (12/03/1578).

311 AGS EST leg. 1260/119 (28/10/1583).

312 *Ibid.*

313 AGS EST leg. 1260/120 à 124.

314 Stefano D'Amico, *Spanish Milan*, *op. cit.* p. 134.

315 AGS EST leg. 1260/134 (sans date, année 1584 ?).

de transit des troupes le long du chemin des Espagnols[316]. Comme l'explique Stefano D'Amico, cette situation avait favorisé l'autonomie de cet État et le gouvernement madrilène avait souvent renoncé à ses projets de centralisation afin de ménager ses sujets milanais[317]. C'est sans doute ainsi qu'il faut expliquer l'absence de réponse de Madrid, pendant plusieurs années, face aux demandes du capitaine général de l'artillerie et des gouverneurs. Cependant, les nombreux succès d'Alexandre Farnèse aux Pays-Bas au début des années 1580 durent sans doute redonner confiance à Philippe II et ses ministres quant à la fin imminente de la révolte[318]. Au milieu de l'année 1585, cinq jours exactement après la capitulation d'Anvers, le roi envoya au gouverneur Terranova l'ordre de mettre fin à tous les abus introduits dans la gestion de l'artillerie afin que « cette chose si importante soit mise en perfection[319] ».

Cette relative timidité de Madrid à prendre le contrôle des affaires stratégiques de l'État milanais est également perceptible à travers la question de la production d'armement et de munitions. Milan avait beau être l'un des principaux centres de production d'armes et d'armures en Europe[320], on n'y trouvait aucun équivalent des manufactures royales d'Eugui ou de Placencia. Pourtant, la Monarchie y faisait régulièrement l'acquisition d'importantes quantité de piques, arquebuses et autres corselets, mais ces objets étaient achetés directement auprès des nombreux fabricants de la ville[321]. La production de salpêtre était également tenue par des acteurs économiques privés, ce qui empêchait le gouverneur de développer une production de poudre noire[322]. En revanche, le château de Milan possédait une fonderie de canons pour laquelle le gouvernement

316 Parker, Geoffrey, *The Army of Flanders and the Spanish Road, 1567-1659*, *op. cit.*

317 D'Amico, Stefano, *Spanish Milan*, *op. cit.* p. 140.

318 Koenigsberger, Helmut, *Monarchies, States Generals and Parliaments*, *op. cit.* p. 315-316. Van Nimwegen, Olaf, *The Dutch Army and the Military Revolutions, 1588-1688*, Woodbridge, The Boydell press, 2010, p. 151.

319 « *Hagays poner por escripto los apuntamientos y cabos necesarios para hazer una muy acertada instrucción que quite todos los abusos que hubiere introduzidos y que de la forma mejor y más conveniente para que lo de la artillería como cosa tan importante se haga en perfición* », AGS EST leg. 1261/91 (22/08/1585). Voir aussi la réponse enthousiaste du duc de Terranova : AGS EST leg. 1260/109 (octobre 1585).

320 D'Amico, Stefano, *Spanish Milan*, *op. cit.* p. 36 et 64.

321 Voir par exemple le capitaine Xuarez envoyé à Milan pour acheter 6 000 piques, 8 000 arquebuses, 2 000 lances de cavalerie, 3 000 morions, 300 cuirasses, 200 corselets, etc. AGS EST leg. 1141/6 (11/12/1574).

322 Terranova au conseil secret de Milan, AGS EST leg. 1260/126 (28/10/1583).

madrilène affichait de grandes ambitions : en 1575, on fit acheter, avec de l'argent castillan, assez de métal pour fabriquer un demi-millier de pièces d'artillerie[323]. Or, treize ans plus tard, les trois quarts de ce métal demeuraient encore inutilisés au château Sforza[324]. La raison de cette faible production était bien simple : les spécialistes et les gouverneurs successifs s'accordaient tous à dire que la fonderie du château de Milan était trop petite et malcommode[325]. Depuis les années 1570, ils n'avaient eu de cesse de répéter au roi qu'il convenait de déménager cette fonderie dans le parc du château de Pavie, bien plus spacieux, possédant déjà de nombreux bâtiments dont un entrepôt de munitions, et situé à proximité du Tessin ce qui facilitait le transport des pièces[326]. Néanmoins, ce projet de déménagement déplaisait fortement au *magistrato ordinario* car ses officiers, habitants à Milan, souhaitaient conserver un accès aisé à la fonderie afin de pouvoir en superviser l'activité[327]. Or, ces considérations d'ordre politique prévalurent longtemps sur les arguments techniques. Ce ne fut que lorsqu'il reçut carte blanche de la part du roi en 1585 que le duc de Terranova mit finalement en place cette fonderie de Pavie[328], sans toutefois parvenir à pérenniser son activité puisque, vingt ans plus tard, on évoquait encore le projet de la rouvrir[329].

Au sein de cet État où les agents de la Monarchie rencontrèrent des difficultés à s'emparer du contrôle de l'artillerie, le capitaine général de l'artillerie assumait un rôle semblable à son homologue napolitain. Sa fonction revêtait une dimension politique puisqu'il était membre du conseil secret, principal organe de gouvernement en charge de conseiller le gouverneur[330]. Comme à Naples et à Palerme, le capitaine

323 La correspondance du roi avec le comte de Cifuentes évoque un achat de 20 000 *q.* de metal (environ 920 tonnes) pour fondre de l'artillerie, AGS EST leg. 1263/80 (année 1588). En comptant une moyenne de 40 *q.* par pièce (1,8 tonnes), ce métal pouvait permettre de fondre environ 500 pièces.

324 *Ibid.*

325 Le gouverneur Ayamonte : AGS EST leg. 1246/69 (13/08/1577). Le gouverneur Terranova : AGS EST leg. 1260/109 (octobre 1585). Le capitaine général de l'artillerie Jorge Manrique : AGS EST leg. 1260/126 (année 1583). Le fondeur d'artillerie Giovan Battista Busca, AGS EST leg. 1260/127 (01/09/1583).

326 *Ibid.*

327 AGS EST leg. 1260/134 (sans date, année 1584 ?).

328 AGS EST leg. 1260/109 (octobre 1585).

329 AGS EST leg. 1294/21 (25/01/1605).

330 Sur le *consiglio segreto*, voir Signorotto, Gianvittorio, *Milano Spanola. Guerra, istituzioni, uomini di governo (1635-1660)*, Milan, Sansoni Editore, 1996, p. 80. Stefano D'Amico,

général de l'artillerie agissait comme un exécutant du commandant militaire suprême. En dépit de sa stabilité, cet office ne s'était jamais construit dans un rapport de force vis-à-vis du gouverneur de l'État. Jorge Manrique de Lara, détenteur de la charge pendant trois décennies, de 1574 au début du XVIIe siècle[331], avait plutôt appris à coopérer avec les gouverneurs afin de mieux contrer les prétentions des institutions milanaises. Son successeur, le capitaine Cristóbal Lechuga[332], célèbre auteur de traités militaires[333], était reconnu comme le favori et protégé du comte de Fuentes, alors gouverneur de Milan[334]. En revanche, lorsque l'office échut à Francisco de Padilla en 1610, ce dernier dénonça les limites de son pouvoir, se plaignant de ce qu'il avait besoin de l'accord du gouverneur pour tout type de dépenses[335]. Il affirmait également que les principaux commandants – le gouverneur et les capitaines des grandes garnisons – le privaient de son pouvoir de nomination des gens d'artillerie et l'empêchaient de leur donner des ordres[336]. En d'autres termes, le capitaine général de l'artillerie à Milan voyait son autonomie et son autorité beaucoup plus limitées que son homologue ibérique.

COORDINATION ET TRANSVERSALITÉS ENTRE PÉNINSULES ITALIENNE ET IBÉRIQUE

Un schéma général de gestion de l'artillerie au sein des trois États italiens de la Monarchie hispanique se dessine. Dans chacun d'eux, l'administration de l'artillerie s'était structurée autour d'un couple de serviteurs monarchiques, le vice-roi et le capitaine général de l'artillerie. Or, au sein de ce duo régnait systématiquement un profond déséquilibre des rapports de force en faveur du premier. Cette situation contrastait

Spanish Milan, *op. cit.* p. 131.

331 Sa nomination : AGS EST leg. 1260/118 (25/12/1574). La dernière mention de Jorge Manrique se trouve dans un compte rendu de visite de fortification par Lechuga : AGS EST leg. 1294/21 (25/01/1605).

332 Voir l'autobiographie de Lechuga dans l'imprimé *Descargos del capitan Christóval Lechuga*, Milan, 1612, dans AGS VIT leg. 278 (19).

333 Lechuga, Cristóbal, *Discurso que trata del cargo de Maestre de Campo General*, Milan, P. Malatesta, 1603. Lechuga, Cristóbal, *Discurso del Capitán Cristóval Lechuga en que trata de la artillería y de todo lo necessario a ella, con un tratado de fortificación y otros advertimientos*, Milan, Marco Tulio Malatesta, 1611.

334 Felipe de Haro parle ainsi du comte de Fuentes lors de sa visite à Milan : « *su favorezido que es el capitán Cristóbal de Lechuga* », AGS EST leg. 1298/8 (13/02/1609).

335 AGS EST leg. 1299/124 (28/07/1610).

336 AGS EST leg. 1299/128 (08/08/1610).

avec celle de la péninsule ibérique où le capitaine général de l'artillerie, membre de la cour et du gouvernement central, disposa d'assez de pouvoir pour construire l'autonomie de son administration vis-à-vis des vice-rois et autres capitaines généraux. La position de force des vice-rois en Italie provenait en partie du système de gouvernement central et des jeux de factions qui s'y déroulèrent. La montée en puissance des *juntas* (réunions gouvernementales restreintes) en marge des conseils conjuguée à l'aristocratisation générale du gouvernement renforcèrent le pouvoir et l'autonomie des *alter ego* du roi en Italie[337]. Contrairement à ce qui se passa au sein de la péninsule ibérique, le personnel de l'artillerie ne joua pas, en Italie, le rôle de contrôle des abus des pouvoirs militaires locaux. D'ailleurs, la Monarchie disposait pour ses possessions italiennes d'un instrument de contrôle spécifique : les *visitas*, sorte d'enquêtes menées sur le terrain, parfois pendant plusieurs années, par des envoyés spéciaux du monarque afin de vérifier la bonne administration de l'État[338]. Or, le personnel de l'artillerie fut même parfois la cible de ces contrôles. À Milan, des charges furent ainsi retenues contre le lieutenant d'artillerie Antonio del Campo en 1588[339], tandis que le capitaine général de l'artillerie Lechuga fut accusé de détournement de fonds lors de la construction du fort de Fuentes au début du XVIIe siècle[340].

L'absence d'une structure de gouvernement de l'artillerie transversale aux vice-royautés ne signifia pas pour autant que chacun de ces centres d'artillerie fonctionnait de manière cloisonnée. Il existait une sorte de coopération entre les différentes vice-royautés italiennes permettant de transférer du matériel de guerre là où la nécessité le requérait. En 1572, le gouverneur de Milan fit ainsi envoyer de la poudre et des armes en Sicile afin de ravitailler la flotte de galères de don Juan d'Autriche avant sa campagne en Méditerranée orientale[341]. L'année suivante, la Sicile et Naples envoyèrent des pièces d'artillerie pour renforcer la défense de la forteresse de La Goulette, en Afrique du nord[342]. Après la prise de cette place forte par les Turcs en aout 1574, la Sicile, menacée d'un

337 Rivero Rodríguez, Manuel, *Felipe II y el Gobierno de Italia*, *op. cit.*

338 La documentation produite par ces visites constitue la section « *Visitas de Italia* » des archives de Simancas.

339 AGS VIT leg. 330 (2) fol. 159 (année 1588).

340 AGS VIT leg. 278 (19).

341 AGS EST leg. 1138/76, (19/03/1572).

342 AGS EST leg. 1139/82 (12/06/1573).

débarquement ottoman, reçut d'urgence de grandes quantités d'armes, de poudre et d'affûts en provenance de Naples et Milan[343]. À la même période, le vice-roi de Naples fit envoyer de la poudre et du salpêtre en Sardaigne au cas où l'attaque serait portée sur cette île[344]. Témoignage des fréquents échanges d'armement à travers la Méditerranée occidentale, on trouvait à Cagliari aussi bien des pièces de Malaga que de Milan[345]. En outre, ces échanges perdurèrent au-delà de la période de forte menace ottomane puisqu'en 1596, par exemple, le vice-roi de Sicile faisait encore l'acquisition d'affûts d'artillerie et de poudre provenant du royaume de Naples[346].

Par ailleurs, à mesure que la pression ottomane diminua, ces centres d'artillerie italiens se trouvèrent de plus en plus connectés à la péninsule ibérique. Dès avant les années 1580, le royaume de Naples fournissait régulièrement de l'artillerie à l'Andalousie[347]. Plus tard, les territoires italiens participèrent au gigantesque effort que requit la Grande Armada de 1588. Ainsi le vice-roi de Sicile offrit des pièces, des hommes, de la poudre et des munitions[348] tandis que Naples envoya quatre galéasses armées d'un total de deux cents pièces[349]. Dans la crise qui suivit le retour catastrophique de cette flotte, tous les États italiens furent mis à contribution. Le vice-roi de Naples fit rapidement armer deux nouvelles galéasses et leur fit transporter d'énormes quantités de poudre[350]. Accompagnées de navires de transport, ces galéasses firent escale à Savone en Ligurie afin d'embarquer une centaine de pièces lourdes fabriquées à Milan et transportées à grands frais sous la supervision du gouverneur[351]. De son côté, le vice-roi de Sicile offrit de l'artillerie, des armes et des armures à l'Espagne[352]. Ces circonstances

343 AGS EST leg. 1141/180 (30/11/1574) et 6 (11/12/1574), leg. 1144/30 (26/03/1575).

344 AGS EST leg. 1066/10 (22/01/1575).

345 AGS GYM leg. 88/43 (27/07/1578).

346 AGS EST leg. 1158/91 (17/05/1596).

347 AGS EST leg. 1079/88 et 89 (30/04/1579). Dans l'entrepôt d'armes de Cadix se trouvaient en 1586 un canon et dix *esmeriles* provenant de Naples : lettre d'Antonio de Guevara à la *casa de la contratación*, AGI CT leg. 5108 (sans num.).

348 Ainsi, 24 pièces d'artillerie bien pourvues de boulets et de poudre furent envoyées de Sicile à Carthagène, AGS EST leg. 1155/87 (20/03/1587) et AGS GYM leg. 195/41 (29/03/1587).

349 Martin, Colin, Parker, Geoffrey, *The Spanish Armada*, *op. cit.*

350 AGS EST leg. 1089/307 (08/12/1588).

351 La moitié de ces pièces étaient des canons de 53 *lb.* de calibre, AGS EST leg. 1264/97 (03/12/1589), AGS EST leg. 1265/85 (20/02/1589) et 55 (18/04/1589).

352 AGS EST leg. 1156/115 (09/03/1589).

particulières stimulèrent la coopération entre les différents territoires de la Monarchie. L'entreprise de 1588 avait engendré des pertes colossales sans diminuer la puissance des Anglais sur mer. Les ressources envoyées par les gouverneurs des États italiens aidèrent donc à reconstruire rapidement une flotte de guerre. Or, comme le chapitre précédent l'a montré, la mise en place d'une armada permanente *del mar Océano* couplée à la croissance du trafic de la *carrera de Indias* générèrent par la suite d'énormes besoins en artillerie. Les structures d'administration de l'artillerie fermement établies à Palerme, Naples et Milan en collaboration avec les vice-rois et le gouvernement madrilène permirent de ravitailler régulièrement les flottes atlantiques. Encore en 1600, le vice-roi de Naples envoyait 62 pièces, 600 *q.* de poudre (plus de 27 tonnes) ainsi que 26 400 boulets à Carthagène où ce matériel fut réceptionné par un agent du capitaine général de l'artillerie Acuña Vela[353].

Dans les dernières décennies du XVIe siècle, malgré les fragmentations politiques, juridictionnelles et administratives, la Monarchie hispanique était donc capable de mobiliser et transférer de l'Italie vers l'Espagne les ressources nécessaires à son tournant géopolitique vers l'Atlantique. Du point de vue de l'artillerie, il y avait bien, malgré quelques frottements et coincements, une machine impériale en fonctionnement. Il s'agissait, en quelque sorte, d'une version informelle et non-systématique du futur projet d'Union des Armes d'Olivares : une coopération militaire et fiscale à l'échelle de la monarchie composite[354]. Au sein de l'espace ibérique, cette coopération fut notamment permise par la mise en place d'une administration transversale. Entre l'Italie et Madrid par contre, la relation était non pas bureaucratique mais personnelle et élitiste. Il s'agissait d'un lien de confiance entre, d'une part, le roi et ses plus proches ministres et, d'autre part, cette haute aristocratie qui leur était très proche socialement – et bien souvent personnellement – et qui fut envoyée gouverner l'Italie[355]. Les administrations de l'artillerie de chacun des territoires italiens se constituèrent donc avant tout comme des instruments renforçant le pouvoir exécutif des représentants du roi,

353 AGS GYM lib. 85 fol. 92v-93r (06/06/1600).
354 Elliott, John H., *Imperial Spain*, *op. cit.* p. 329-332. Schaub, Jean-Frédéric, *Le Portugal au temps du Comte-Duc d'Olivares (1621-1640)*, *op. cit.* p. 2-3.
355 L'étroitesse des liens de loyauté, d'amitié ou de famille entre les vice-rois d'Italie et les factions gouvernementales de la cour de Philippe II est souligné par Rivero Rodríguez, Manuel, *Felipe II y el Gobierno de Italia*, *op. cit.*

parfois contre la volonté des élites locales. Il en résulta une structure qui, bien que de nature polycentrique, pouvait coordonner ses efforts en recourant à des échanges de lettres entre un nombre très limité d'acteurs. Il faut ajouter que la coopération exécutive des vice-rois s'accompagnait également, dans une certaine mesure, d'une coopération fiscale implicite des territoires qu'ils gouvernaient : ainsi, le matériel de guerre fourni par l'Italie à la péninsule ibérique fut régulièrement financé par les chambres des comptes locales des villes ou des royaumes les produisant[356]. L'ampleur de cette coopération fiscale est toutefois difficile à cerner sans une étude détaillée des comptes qui dépasse le cadre de cet ouvrage.

LIMITES AU GOUVERNEMENT DE L'ARTILLERIE À L'ÉCHELLE DE L'EMPIRE

Ce chapitre s'est jusqu'ici efforcé de montrer les processus de centralisation à l'œuvre au sein des territoires de la Monarchie hispanique. Dans la seconde moitié du XVIe siècle, l'État des Habsbourg s'était doté de structures bureaucratiques étroitement liées au gouvernement central de Madrid. De la sorte, avant la fin du XVIe siècle, il devint possible à la Monarchie de s'assurer d'un contrôle direct sur l'artillerie, les fortifications et le matériel de guerre en dépit des multiples fragmentations inhérentes à sa condition d'État composite. Malgré certaines résistances, ce processus de construction d'un système transversal de gestion de l'artillerie connut un succès relatif au sein de la péninsule ibérique et, associé à l'institution vice-royale en Italie, il permit une relative intégration des territoires méditerranéens du roi catholique. Néanmoins, d'autres territoires échappèrent en partie à cette centralisation de l'artillerie. Avant de clore cette analyse des structures de contrôle de l'artillerie, il convient par conséquent de comprendre dans quelle mesure et pour quelles raisons des territoires tels que les Pays-Bas ou les Indes échappèrent en partie au phénomène de centralisation de l'artillerie qui toucha les péninsules italienne et ibérique.

356 Divers exemples en Sicile et à Milan : AGS EST leg. 1068/58 (20/03/1575), leg. 1264/97 (03/12/1588) et AGS GYM leg. 195/41 (29/03/1587).

FRAGMENTATION ADMINISTRATIVE DE L'ARTILLERIE AUX PAYS-BAS

Les processus de construction d'une administration de l'artillerie au sein des territoires présentés jusqu'ici suivirent tous un schéma relativement semblable. D'abord, ces administrations s'établirent souvent sur des structures préexistantes de taille relativement réduite. Ensuite, elles se constituèrent autour d'un capitaine général de l'artillerie qui, commandant d'abord des batteries d'artillerie sur le champ de bataille, devint progressivement une figure politique et administrative ayant vocation à réunir sous son autorité tout le matériel de guerre et le personnel lié à son usage ou à sa production. Aux Pays-Bas cependant, des conditions tout à fait différentes menèrent à une fragmentation relative du contrôle de l'artillerie. D'abord, les structures de gestion de l'artillerie préexistantes avaient déjà connu un important développement depuis le milieu du XVe siècle, ce qui les rendait plus difficiles à intégrer à l'appareil gouvernemental madrilène. Mais surtout, la révolte des Pays-Bas initiée en 1567 plongea cette région dans un état de guerre continuel pendant plusieurs décennies, ce qui nuisit à toute transition du capitaine général de l'artillerie de son rôle opérationnel vers son rôle centralisateur.

Au XVe siècle, les ducs de Bourgogne avaient fait des Pays-Bas l'un des principaux lieux de développement de l'artillerie à poudre moderne en Europe[357]. Sous Philippe le Bon (1419-1467) et Charles le Téméraire (1467-1477), toute une administration de l'artillerie constituée d'un maître, de contrôleurs, de receveurs, de gardes et de lieutenants vit le jour en Bourgogne et en Flandre[358]. Au sein de cette organisation dont le fonctionnement reste flou faute d'études, la ville de Malines acquit une certaine prépondérance non seulement en tant que lieu important de production de poudre et de canons[359] mais aussi en tant que centre de rassemblement des gens d'artillerie[360]. Or, en acquérant les Pays-Bas bourguignons, les Habsbourg héritèrent de cette administration déjà bien

357 Crouy-Chanel, Emmanuel de, « Le canon jusqu'au milieu du XVIe siècle », *op. cit.*

358 Voir les nombreuses occurrences de ces personnages dans *ibid.* Voir aussi Garnier, Joseph, *L'Artillerie des ducs de Bourgogne : d'après les documents conservés aux archives de la Côte-d'Or*, Paris, H. Champion, 1895, en particulier chapitre « le personnel » p. 209 et suiv.

359 Crouy-Chanel, Emmanuel de, « Le canon jusqu'au milieu du XVIe siècle », *op. cit.* en particulier p. 69-70 et 298.

360 Voir les nombreuses demandes d'envoi de canonniers de Malines que fit Charles le Téméraire durant ses campagnes, Van Doren, P.J. *Inventaire des archives de la ville de*

structurée. Lorsqu'en 1542, Charles Quint proclama une « instruction et ordonnance advisée faicte et conclute par l'Empereur sur la conduite des maîtres et officiers de son artillerie en les pays d'Embas », se référant aux maître d'artillerie, contrôleur, lieutenant, receveur, commis, gentils-hommes d'artillerie et canonniers, il ne fit que préciser le fonctionnement d'un système administratif déjà en place et organisé autour de Malines comme principal centre productif et dépôt d'artillerie des Pays-Bas[361]. Cette ordonnance confirmait l'autonomie de l'artillerie flamande au sein de cette superstructure politique en construction qu'était la monarchie composite des Habsbourg.

Or ce système flamant-bourguignon de gestion de l'artillerie survécut à la crise de la révolte des Pays-Bas. Ainsi, les comptes de George Van den Driessche, commis à la recette de l'artillerie entre 1567 et 1574[362], témoignent d'une intense activité de contrôle de l'armement et du personnel rattachés au conseil des finances des Pays-Bas. Ils portent néanmoins sur l'extraordinaire, c'est-à-dire sur les dépenses irrégulières et, si les gages des canonniers de Malines et Mons apparaissent en 1572, c'est parce qu'ils furent engagés à titre exceptionnel dans le siège de Mons[363]. Dans ces listes, on voit apparaître de nombreux « commis à la garde de l'artillerie et munitions » – sans doute équivalents des majordomes d'artillerie en Espagne – de diverses places fortes (Anvers, Maastricht, Charlemont, Arras, Gravelines), des maîtres canonniers à Saint-Quentin, Hesdin et Philippeville, des fondeurs à Malines, Utrecht et Namur, tout un monde d'artisans et de fabricants d'armes et d'affûts à Malines, des conducteurs de chevaux pour transporter l'artillerie d'une ville à l'autre, des gentilshommes de l'artillerie (ordinaires et extraordinaires) ainsi qu'un « receveur général des salpêtres et poudres de sa majesté » répondant au nom d'Antoine Van den Veughe[364]. Cette structure administrative locale de gestion de l'artillerie était responsable de ce que les sources appellent « l'arsenal de Malines » ainsi que d'un certain nombre de

Malines, troisième tome : lettres missives, Malines, Imprimerie de Van Velsen, 1865. p. 192 (07/08/1468), 202 (30/04/1472), 217 (09/04/1475), 227 (05/08/1576).

361 AGS EST leg. 577/131 (01/01/1542).

362 Il exerçait cette fonction au nom du receveur de l'artillerie Hugues de Domicin, gentilhomme de bouche de la duchesse de Parme. Voir AGR CC n° 26 167 à 26 171.

363 AGR CC n° 26 170.

364 AGR CC n° 26 167 à 26 171.

garnisons que les contrôleurs de l'artillerie avaient pour mission de visiter régulièrement[365].

La crise de la révolte des Pays-Bas généra cependant une administration de l'artillerie concurrente. Ainsi, au sein de l'armée du duc d'Albe envoyée en 1567 se trouvaient un *contador* et un *pagador* de l'artillerie chargés de la gestion comptable des nombreux artilleurs, gentilshommes d'artillerie et autres sapeurs accompagnant cette armée de répression de la révolte[366]. Or, loin de s'éteindre rapidement, la révolte d'une partie des provinces des Pays-Bas engendra un conflit de plusieurs décennies avec la Monarchie hispanique qui fut amenée à maintenir sur place la plus grande armée de l'époque, l'armée de Flandre[367]. Par conséquent, ce noyau administratif temporaire de l'artillerie de 1567 devint partie intégrante de l'armée : en 1574, les mêmes *contador* et *pagador* de l'artillerie officiaient encore[368] et en 1598, l'armée de Flandre comptait deux de chacun de ces officiers, signe du développement de sa structure[369]. Cette branche spécifique de l'armée de Flandre gérait les trains d'artillerie essentiels dans cette guerre caractérisée par un grand nombre de sièges[370]. En outre, elle était impliquée dans la gestion des garnisons « espagnoles » où résidaient certains contingents de l'armée[371]. Il s'agissait d'une administration constituée de Castillans, écrivant en castillan et dont les offices reprenaient la terminologie en vigueur en Espagne tandis que l'administration dépendante du conseil des finances des Pays-Bas fonctionnait avec des Flamands et Wallons écrivant en français et sa terminologie la rattachait à celle en vigueur du temps des ducs de Bourgogne. Autrement dit, deux univers administratifs et culturels

365 Voir les nombreuses visites de forteresses du contrôleur de l'artillerie Vincent de Schift dans les premières années du XVIIe siècle, AGR CP n° 560. Dans la même liasse, aux fol. 87r-89v : « inventaire de l'arsenal de Malines » (14/01/1605).

366 Voir les titres de *pagador* de l'artillerie (Juan de Navarrete) et de *contador* de l'artillerie (Miguel de Mendivil), AGS EST leg. 535/318 et 327 (12/03/1567).

367 Sur l'armée de Flandres, voir Parker, Geoffrey, *The Army of Flanders and the Spanish Road, 1567-1659*, *op. cit.* ; González de León, Fernando, *The Road to Rocroi*, *op. cit.*

368 Le *contador* Mendivil et le *pagador* Navarrete sont tous deux cités dans AGS EST leg. 560/99 (19/08/1572).

369 Gaspar de Burgos et Juan de Aycaga étaient alors *contadores* de l'artillerie, tandis que Pedro de Issasi et Pedro de Echavarrías étaient *pagadores* de l'artillerie, AGS EST leg. 615/141 (année 1598).

370 Entre 1578 et 1590, Alexandre Farnèse reconquit ainsi 95 villes, Parker, Geoffrey, *The Army of Flanders and the Spanish Road, 1567-1659*, *op. cit.* p. 7.

371 AGS EST leg. 560/11 (07/11/1574).

différents se partageaient la gestion de l'artillerie du roi catholique aux Pays-Bas. Cette séparation apparaît de manière univoque dans le rapport fait au conseil des finances par l'officier Van Zinnicq, au début du XVIIe siècle, inventoriant toutes les pièces d'artillerie et munitions des places fortes de la région[372]. Certains lieux, tels que Gand, Damme, Nieuport, Dunkerque, Cambrai et Anvers furent exclus de ses visites car, écrivit-il, ils étaient « à la charge de ceulx de l'*exercito*[373] » Ce dernier terme, du castillan *ejército*, renvoyait bien entendu à l'armée de Flandre et à sa branche particulière de gestion de l'artillerie.

Néanmoins, ces deux structures étaient théoriquement réunies sous un seul et même chef. Ainsi, fidèle à la terminologie bourguignonne, le commis à la recette de l'artillerie Van den Driessche intitulait le comte de Meghem « maître de l'artillerie[374] », tandis que les instructions du *contador* Mendivil et du *pagador* Navarrete leur donnaient pour commandant ce même personnage avec le titre de « *capitán general del artillería del ejército*[375] ». Cette situation aurait pu favoriser la fusion des deux structures, mais, en raison de l'état de guerre quasi-permanent, le capitaine général de l'artillerie demeura, aux Pays-Bas, un commandant de terrain plus qu'un chef administratif et politique. Du fait, entre autre, de la dangerosité à commander les batteries de canons en plein combat, cet office fut sujet à une grande instabilité en comparaison de ses équivalents en Espagne et en Italie[376]. Jacques de la Cressonière trouva ainsi la mort au siège de Harlem en 1573[377], le comte de Varax fut tué d'un coup de mousquet à la bataille de Turnhout en 1597[378], tandis que Valentin de Pardieu perdit un bras au siège de l'Écluse en 1587 et fut tué devant Doullens en 1595[379]. D'autres, tels le seigneur

372 AGR CP n° 563.

373 Pour un exemple, voir *ibid.* fol. 9.

374 AGR CC n° 26 169 (année 1571).

375 AGS EST leg. 535/318 et 327 (12/03/1567).

376 L'office changea de mains une quinzaine de fois entre 1567 et les premières années du XVIIe siècle, González de León, Fernando, *The Road to Rocroi*, *op. cit.* p. 39.

377 Mendoza, Bernardino de, *Comentarios de lo sucedido en las guerras de los Paises Baxos desde el año de 1567 hasta el de 1577*, *op. cit.*, p. 182. Mendoza prétend que Jacques de la Cressonière n'était que lieutenant d'artillerie, mais, depuis la mort du comte de Meghem en 1572, il occupait la charge de capitaine général de l'artillerie, voir González de León, Fernando, *The Road to Rocroi*, *op. cit.* p. 39.

378 Coloma, Carlos, *Las guerras de los Estados Baxos*, Barcelone, 1627, p. 237.

379 Diegerick, I.L.A., *Correspondance de Valentin de Pardieu, seigneur de la Motte (1574-1594)*, Bruges, Vandecasteele Werbrouck, 1857, p. 58 et 62.

de Treslon, perdirent cette charge suite à leur inaptitude à commander sur le champ de bataille[380].

Au caractère instable et opérationnel de la charge de capitaine général de l'artillerie s'ajoutait le chaos politique général dû aux dynamiques de la révolte. En 1572, la ville de Malines, arsenal et centre administratif de l'artillerie des Pays-Bas, accueillit les troupes rebelles du prince d'Orange avant d'être mise à sac par l'armée de Flandre quelques mois plus tard[381]. Au plus fort des troubles, lorsqu'en automne 1576, à la suite de la mort du gouverneur Luis de Requesens, les États Généraux et les États rebelles s'entendirent à Gand pour mettre un terme à l'occupation des troupes étrangères[382], cette même ville de Malines bascula du côté de la révolte. Dès lors et jusqu'en 1585, ce centre d'artillerie œuvra au service du prince d'Orange et des provinces rebelles contre l'armée de don Juan d'Autriche et d'Alexandre Farnèse[383]. Cet exemple montre clairement les immenses difficultés que pouvait rencontrer la Monarchie dans le contrôle de son artillerie. Un changement d'allégeance engendrait parfois bien plus de pertes d'artillerie qu'une défaite sur le champ de bataille. D'ailleurs, Valentin de Pardieu, seigneur de La Motte, lieutenant du capitaine général de l'artillerie et, dans les faits, principal commandant de l'artillerie[384], suivit lui aussi la cause des États Généraux en 1576 et ne retourna au camp royaliste qu'en avril 1578[385]. Seule la structure espagnole d'administration de l'artillerie au sein de l'armée de Flandre dut rester, dans cette crise, fidèle au service de la Monarchie hispanique.

Assez paradoxalement, aux Pays-Bas, malgré la présence abondante de troupes armées, le gouvernement madrilène se trouvait dans une position affaiblie pour s'emparer des moyens de contrôle de l'artillerie. La crise de la pacification de Gand (1576) qui conduisit à l'alliance entre

380 Depuis le siège d'Oudewater, le gouverneur Luis de Requesens se plaignit au roi de l'inaptitude de Treslon : AGS EST leg. 564/74 (17/08/1575). Treslon fut par la suite écarté du commandement de l'artillerie : AGS EST leg. 564/137 (19/11/1575).

381 Mendoza, Bernardino de, *Comentarios de lo sucedido en las guerras de los Paises Baxos desde el año de 1567 hasta el de 1577*, *op. cit.* p. 160.

382 Koenigsberger, Helmut, *Monarchies, States Generals and Parliaments*, *op. cit.*, p. 271.

383 Voir les nombreuses lettres des autorités de la ville, Van Doren, P.J., *Inventaire des archives de la ville de Malines, quatrième tome : lettres missives*, Imprimerie de Van Velsen, 1866, p. 244-343

384 AGS EST leg. 564/137 (19/11/1575).

385 Diegerick, I.L.A., *Correspondance de Valentin de Pardieu, seigneur de la Motte (1574-1594)*, *op. cit.* p. 22.

provinces fidèles et provinces rebelles contre l'occupation espagnole fut incontestablement le résultat de la politique de renforcement de l'autorité royale par la violence qu'avait menée le duc d'Albe entre 1567 et 1572[386]. Imposer un contrôle castillan de l'artillerie par la force, c'eût été suivre cette direction qui avait manifestement conduit la Monarchie hispanique droit à la catastrophe. Luis de Requesens, successeur du duc d'Albe, en était conscient, comme en témoigne sa gestion de la dispute qui éclata, en 1574, entre l'administration de l'artillerie espagnole et sa rivale flamande[387]. Le contrôleur Bernard Veussels et le *contador* Miguel de Mendivil se plaignaient ainsi tous deux des interférences qui existaient entre leurs charges. Loin de chercher à favoriser l'administration castillane, le gouverneur Requesens invita les deux partis à l'entente et à la coopération, départageant leur champ d'action selon la source de l'argent dépensé : Mendivil devait s'occuper de ce qui était payé par l'argent en provenance de Castille et Veussels tenir les comptes de ce qui était payé par l'argent des Pays-Bas. Cette décision avait du sens sur le plan politique mais assez peu sur le plan de l'efficacité administrative car, comme le fit remarquer le lieutenant d'artillerie Monsieur de Gomiecourt en 1578 :

> Toute cette machine de l'artillerie est très confuse tant à cause de la multitudes d'ordres particuliers qui ont été donnés à différentes époques que du fait des diverses personnes en charge qui sont très opposées les unes aux autres[388].

La coexistence de deux administrations de l'artillerie distinctes constitua donc une sorte de compromis politique pour la Monarchie hispanique. Le maintien de l'ancienne structure bourguigno-flamande ménageait, dans certaines limites, la sensibilité des sujets des Pays-Bas, tandis que la présence d'une structure espagnole garantissait un minimum de service en cas de défection de la première. Ce compromis politique transparaît également dans le choix des capitaines généraux de l'artillerie. Alors que dans les péninsules italienne et ibérique, cette charge retomba systématiquement entre les mains de Castillans, aux Pays-Bas, entre 1567 et 1618, on compta

386 Koenigsberger, Helmut, *Monarchies, States Generals and Parliaments*, *op. cit.* p. 270.
387 AGS EST leg. 560/99 et 102 (19/08/1574).
388 « *Toda esta machina del artillería va muy confusa, por la diversidad de las ordenes particulares que ay hechas en diversos tiempos, y por diversas personas muy contrarias en sí* », AGS EST leg. 577/130 (21/10/1578).

seulement un capitaine général castillan (Luis de Velasco, entre 1598 et 1602) et un allemand (Charles de Mansfeld entre 1585 et 1590), le reste étant composé d'aristocrates locaux[389]. Cette charge était par conséquent utilisée par la Monarchie comme une forme de patronage et d'attachement de clients localement très puissants. C'est ainsi qu'il faut comprendre le projet de Requesens de nommer capitaine général de l'artillerie le jeune comte d'Arenberg, qui n'était pourtant pas en âge de commander[390]. Avoir un capitaine général de l'artillerie choisi parmi la noblesse du pays facilitait aussi sans doute la relation de l'armée de Flandre avec l'ancienne administration de l'artillerie bourguigno-flamande où tout se passait en langue française et avec des individus locaux.

Dans les faits, la coopération entre « exercito » et administration malinoise fonctionna à de multiples reprises. Au début des troubles, en 1568, le lieutenant d'artillerie Jacques de la Cressonière rejoignit l'armée du duc d'Albe avec l'artillerie de Malines[391]. Après la défection malinoise des années 1576-1585, Alexandre Farnèse continua malgré tout de recourir à cette ville comme dépôt d'artillerie et centre de production de poudre[392]. D'ailleurs, certains ouvriers de l'artillerie du roi y obtinrent des privilèges judiciaires qui n'étaient pas sans rappeler les *fueros* des artilleurs en Espagne[393]. Dans les années 1590, les comptes du commis de l'artillerie et munitions de Malines révèlent de multiples livraisons à l'armée de Flandre[394]. Il remit notamment de nombreuses pièces d'artillerie à Pedro Sommariva, « majordome de l'artillerie du roi au champ », individu appartenant sans doute à la même famille que Bartolomé Sommariva, fondeur de pièces à Malaga, Lisbonne et La Corogne[395]. Parmi les personnes recevant l'artillerie de Malines, on trouve également un *contador* de l'artillerie de l'armée de Flandre, ainsi

389 González de León, Fernando, *The Road to Rocroi*, *op. cit.* p. 39. J'ai exclu de cette liste le comte Peter Ernest de Mansfeld pour n'avoir trouvé aucune confirmation dans les documents du fait qu'il ait occupé cette charge.

390 AGS EST leg. 564/137 (19/11/1575).

391 Mendoza, Bernardino de, *Comentarios de lo sucedido en las guerras de los Paises Baxos desde el año de 1567 hasta el de 1577*, *op. cit.* p. 54.

392 Van Doren, P.J., *Inventaire des archives de la ville de Malines, cinquième tome : lettres missives*, Malines, Imprimerie de Van Velsen, 1868. p. 66, 68, 82, 106, 113.

393 *Ibid.* p. 68 et 127.

394 AGR CP n° 560, fol. 135r-138.

395 Bartolomé Sommariva fondit des pièces à Malaga : AGS GYM leg. 82/146 (24/10/1577), puis à Lisbonne : AGS GYM leg. 222/55 (25/03/1588), puis à La Corogne : AGS GYM lib. 70 fol. 21v-22r (03/08/1594).

que deux capitaines d'artillerie espagnols, Lechuga et Ufano, plus tard célèbres auteurs de traités[396]. Il faut par ailleurs reconnaître que les plaintes quant au grand désordre de l'artillerie des Pays-Bas cessèrent à la fin du XVIe siècle. Lorsqu'en 1593, de grands projets de réforme furent entamés au sein de l'armée de Flandre, l'artillerie fut la seule branche épargnée de toute critique car son général, Valentin de Pardieu seigneur de la Motte, la gérait « avec beaucoup de soin et d'attention[397] ». Sous le gouvernement des archiducs Albert et Isabelle-Claire-Eugénie, l'administration de l'artillerie connut une longue période de stabilité entre 1602 et 1618, sous la direction du comte de Bucquoy[398]. Indice d'une tendance à la centralisation, ce dernier conduisit, en 1609, un projet de standardisation des calibres de pièces fabriquées aux Pays-Bas espagnols[399].

Cependant, même s'il y eut incontestablement une remise en ordre de l'artillerie entre 1590 et 1610, l'administration continua d'y être morcelée. Pour rappel, lorsque l'officier Van Zinnicq fut envoyé visiter les places fortes du pays au début du XVIIe siècle, il ne put inventorier les pièces des garnisons espagnoles[400]. En 1615, le lieutenant d'artillerie Tomas Vingarde dressa une liste de toute l'artillerie des provinces de Flandre, d'Artois et de Hainaut, mais les gouverneurs de Mariembourg, Charlemont et Philippeville refusèrent de lui ouvrir leurs portes faute de lettres patentes qui leur fussent spécifiquement adressées[401]. Par ailleurs, le développement de flottes de guerre à Anvers et Dunkerque engendra d'importants besoins en artillerie et en artilleurs[402] mais leur gestion incomba au conseil de l'amirauté, ce qui les plaçait en dehors des compétences du capitaine général de l'artillerie. Les artilleurs à bord de ces navires étaient ainsi inscrits au sein des compagnies des différents

396 AGR CP nº 560 fol. 135r-138. Le capitaine Cristóbal Lechuga y apparaît comme lieutenant d'artillerie en octobre 1595. Devenu capitaine général de l'artillerie à Milan, il publia le *Discurso del Capitán Cristoval Lechuga en que trata de la artillería, op. cit.* Diego Ufano apparaît quant à lui en tant que gentilhomme de l'artillerie en août 1598. Il fut par la suite capitaine d'artillerie de la citadelle d'Anvers et publia : *Tratado de la artillería y uso della, op. cit.* Sur ces traités, voir p. 458-462.

397 AGS EST leg. 606/237 (année 1593).

398 González de León, Fernando, *The Road to Rocroi, op. cit.* p. 39.

399 Diego Ufano, *Tratado de la artillería y uso della, op. cit.* p. 65.

400 AGR CP nº 563.

401 AGR CP nº 560 fol. 198-220 (année 1615).

402 Voir p. 104 et R.A. Stradling, *The Armada of Flanders, op. cit.*

capitaines au service de l'amirauté, comme le reste des équipages[403]. En d'autres termes, en comparaison de la péninsule ibérique où les mouvements des hommes et du matériel, orchestrés par le capitaine général de l'artillerie et ses lieutenants, peuvent être précisément suivis à partir de la correspondance du conseil de guerre, la gestion de l'artillerie des Pays-Bas, encore dans les premières années du XVIIe siècle, apparaît à l'historien bien moins ordonnée et centralisée.

ABSENCE DE STRUCTURES D'ADMINISTRATION DE L'ARTILLERIE AUX INDES

La situation de l'artillerie dans les territoires américains de la Monarchie hispanique contrastait avec celle de toutes ses possessions européennes. Dans ce nouveau monde, en effet, il n'existait pas de structures d'administration de l'artillerie préexistantes à la conquête espagnole[404]. En outre, ces territoires se caractérisaient par une certaine faiblesse des ressources militaires, tant humaines que matérielles, au regard de leur vaste étendue : comme l'a montré le chapitre précédent, le parc d'artillerie de l'ensemble des Indes occidentales équivalait environ à celui de la Sicile ou du Portugal. Par conséquent, au XVIe siècle, aucune structure différenciée d'administration de l'artillerie ni aucun capitaine général de l'artillerie ne virent le jour outre-Atlantique. La gestion de l'artillerie resta essentiellement une préoccupation des commandants militaires locaux de chaque place forte, voire de chaque région. Cependant, ces multiples autorités partageaient toutes un point commun : leur dépendance extrême envers l'Espagne en matière de ravitaillement d'artillerie, d'armes et de personnel technique. Toutefois, face aux attaques répétées des corsaires anglais ainsi qu'à l'incapacité chronique de Madrid à répondre à leurs besoins, certains de ces commandants parvinrent à réduire progressivement leur dépendance vis-à-vis de la métropole.

L'artillerie fut un souci récurrent des commandants militaires des Indes occidentales. De tous les territoires ultramarins parvenaient continuellement au roi des plaintes quant au manque de pièces, de munitions et d'artilleurs. Ainsi, en 1565, le gouverneur de Cuba García Osorio demanda au monarque l'envoi de quatre pièces de bronze, 36 arquebuses

403 Excellents exemples de ces listes dans les années 1599-1608 à Dunkerque et Anvers : AGR CA n° 79.

404 Martínez Ruiz, Enrique, *La defensa del Imperio, 1500-1700*, *op. cit.*

et deux artilleurs[405]. Une vingtaine d'années plus tard, le commandant de la forteresse de La Havane sollicitait 80 pièces d'artillerie et une trentaine d'artilleurs pour renforcer la défense du lieu et armer les six frégates qui venaient d'y être construites[406]. À peine arrivé à son poste de capitaine de Porto Rico en 1582, Diego Menéndez de Valdés écrivit à Madrid qu'il lui fallait d'urgence six pièces lourdes pour défendre le port ainsi que cinq artilleurs car il n'y en avait plus aucun de vivant sur place[407]. À Carthagène des Indes, le gouverneur Zuazo demandait quant à lui au roi quatre couleuvrines et douze canons de gros calibres pour la forteresse[408]. À Portobelo en 1597, le gouverneur Alonso de Sotomayor réclama 38 pièces d'artillerie et 12 artilleurs pour garnir ses trois fortins[409]. Au Mexique, ce furent les vice-rois successifs qui enjoignirent à Madrid de les pourvoir en artillerie. Ainsi le comte de la Corogne puis le marquis de Villamanrique requirent plusieurs fois l'envoi de pièces pour garnir la forteresse de San Juan de Ulúa[410]. Par conséquent, il est possible d'affirmer que, jusqu'aux dernières années du XVIe siècle, les Indes dépendaient complètement de l'Espagne pour ce qui relevait de l'artillerie.

Or ce système de gestion construit sur un modèle centre-périphérie très polarisé et très étendu présentait un certain nombre de problèmes. D'abord, le gouvernement de la Monarchie se montra continuellement incapable d'assumer le rôle de centre pourvoyeur d'armement que lui demandaient de jouer les commandants militaires des Indes. À Madrid, les requêtes de ces commandants relevaient du ressort du conseil des Indes et la mise à exécution des ordres royaux qui en résultaient incombait aux officiers de la *casa de la contratación*, à Séville[411]. Or, la priorité de ces officiers était la préparation des convois de la *carrera de Indias* qui, comme l'a mis en évidence le chapitre précédent, consommaient des ressources colossales en matière d'artillerie et de munitions. En Andalousie, il devenait parfois difficile aux agents du roi de se procurer ne serait-ce

405 AGI SANTO DOMINGO leg. 99 R.9 N.29 (06/05/1565).

406 Voir la « *relación de lo que ha menester que se envie de España para acabar de fabricar y aparejar las seis fragatas* », et autres documents de l'année 1588 dans AGI CT leg. 5108 (sans num.).

407 AGS GYM leg. 128/56 et 59 (14/07/1582) et leg. 133/200 (27/07/1582).

408 AGS GYM leg. 604/43 (04/04/1603).

409 AGI PANAMA leg. 1/139 (15/11/1597).

410 AGI MEXICO leg. 20/110 (12/04/1583) et leg. 21/9 (22/04/1587).

411 Quelques exemples : AGI SANTO DOMINGO leg. 99 R.9 N.29 (06/05/1565) et leg. 2280 lib.3, fol. 26 et 123 (année 1571). AGI PANAMA leg. 1/139 (15/11/1597).

que de faibles quantités d'armes. Ainsi, Antonio de Guevara, agent du conseil des finances détaché à Séville, fut chargé en 1582 de trouver deux demies-couleuvrines à envoyer à La Havane[412]. Apparemment, les officiers de la *casa de la contratación* n'en avaient aucune de disponible et, en désespoir de cause, Guevara dut demander aux ducs d'Arcos et de Medina Sidonia de les fournir à partir de leur collection privée[413]. Six ans plus tard, la demi-couleuvrine fournie par Medina Sidonia constituait encore la plus grosse pièce de La Havane, ce qui démontre bien que la *casa de la contratación* était alors incapable de faire face à la fois à la demande d'armement lourd des forteresses américaines et à celle des galions et navires marchands de la *carrera de Indias*[414].

Afin de résoudre ce problème récurrent du manque d'artillerie des territoires américains, on recourut à l'organe de gouvernement ayant les ressources les plus adéquates pour y faire face : le conseil de guerre. Bien que le Nouveau Monde demeurât hors du territoire juridico-politique de ce conseil, certaines demandes en artillerie des officiers de la *casa de la contratación* y furent régulièrement l'objet de consultations[415]. D'ailleurs, dans le dernier quart du XVIe siècle, des réunions spéciales (*juntas*) réunissant des membres du conseil de guerre et du conseil des Indes eurent régulièrement lieu[416]. Le capitaine général de l'artillerie Francés de Álava tenta alors d'étendre son influence aux places fortes des Indes. En 1578, il fit ainsi remarquer au roi que le conseil des Indes ne prenait aucune mesure pour remettre de l'ordre dans l'artillerie des garnisons des Caraïbes[417]. Plus tard, il voulut envoyer un de ses hommes, Juan Venegas Quijada[418], pour inspecter les places fortes des Indes et prendre le commandement de Saint-Domingue[419]. Toutefois, les Indes restèrent en dehors du contrôle du capitaine général de l'artillerie et

412 AGS GYM leg. 125/168 (07/04/1582).

413 *Ibid.* et AGS GYM leg. 125/169 (10/04/1582) et 186 (23/04/1582).

414 Lettre du commandant de La Havane le 12/09/1588 dans AGI CT leg. 5108 (sans num.).

415 Le facteur Francisco Duarte, à propos des besoins de la Havane en 1582, AGS GYM leg. 133/257. Le président Bernardino de Avellaneda : AGS GYM leg. 564/231 (17/02/1600). Voir aussi la lettre du capitaine général de Panama, Gerónimo Zuazo, AGS GYM leg. 604/43 (04/04/1603).

416 Fernandez Conti, Santiago, *Los Consejo de Estado y Guerra en la época de Felipe II (1548-1598)*, *op. cit.* p. 134,190 et 197.

417 AGS GYM leg. 88/142 (21/02/1578).

418 Juan Venegas Quijada avait servi de lieutenant du capitaine général de l'artillerie lors de la prise de l'île de Terceira cette même année : AGS GYM leg. 146/269 (juin 1583).

419 AGS GYM leg. 149/215 (13/09/1583).

aucune lieutenance d'artillerie dépendante du conseil de guerre n'y fut créée. Le nœud du problème demeura donc que l'on demandait au capitaine général de l'artillerie de simplement livrer les ressources sous son contrôle à des officiers sous l'autorité du conseil des Indes. En d'autres termes, la participation active à ce système lui revenait peu intéressante car il ne pouvait pas nourrir l'espoir d'étendre son réseau de clientèle, son prestige et son autorité. Il n'y a donc pas à s'étonner que le roi dût envoyer, en 1600, plusieurs rappels à Juan de Acuña Vela pour qu'il daignât faire livrer à Séville des pièces d'artillerie afin d'équiper les forteresses de Portobelo et Carthagène des Indes[420].

À cette difficulté chronique de réponse du centre madrilène aux demandes des gouverneurs, se greffait l'immense problème des rythmes de communication entre l'Amérique et Madrid. En cas de menace soudaine, il était impossible aux commandants locaux d'obtenir à temps l'artillerie nécessaire à la défense. D'autant plus que le théâtre des affrontements avec les Anglais s'étendit peu à peu de l'Atlantique au Pacifique. Ainsi, au début de l'année 1587, le marquis de Villamanrique, vice-roi du Mexique, demandait, comme son prédécesseur avant lui, des pièces pour la forteresse de San Juan de Ulúa[421]. Cependant, ses préoccupations basculèrent soudainement des Caraïbes à la côte ouest lorsqu'il apprit que le corsaire anglais Thomas Cavendish avait passé le détroit de Magellan. À l'automne 1587, il écrivit à Madrid à propos du projet d'avoir une armada de protection sur les côtes du Pérou, expliquant que la principale difficulté n'était pas de construire les navires mais bien de les équiper en artillerie[422]. Cependant, ce projet ne pouvait rien, dans l'immédiat, contre l'avancée du corsaire anglais le long de la côte occidentale de l'Amérique. Le vice-roi avait eu beau demander à de multiples reprises au conseil de le pourvoir en artillerie, ses requêtes avaient toutes été ignorées et les ports du Pacifique se trouvaient totalement dégarnis de canons[423]. Il était bien entendu trop tard pour espérer obtenir aucune aide de l'Espagne. Néanmoins,

420 AGS GYM lib. 85 fol. 82 (04/04/1600).

421 AGI MEXICO leg. 21/9 (22/04/1587).

422 Trois galions et deux *zabras*, AGI MEXICO leg. 21/21 (21/10/1587). Cet escadron se serait ajouté à l'*armada del mar del Sur*, trop occupée à transporter l'argent du Pérou à Panama pour protéger efficacement la côte pacifique. Voir Perez-Mallaína, Pablo E., Ramírez Bibiano, Torres, *La Armada del Mar del Sur*, *op. cit.*

423 AGI MEXICO leg. 21/22 (30/10/1587).

souhaitant protéger les galions de Manille à leur retour vers Acapulco, le vice-roi envoya deux navires sous le commandement de Diego García de Palacio, haut officier de justice de Mexico et auteur de traités d'artillerie et de navigation[424]. Il émit cependant quelques doutes quant à leur chance de succès :

> Le jour suivant, le docteur Palacio est sorti en mer avec ses deux nefs, bien qu'elles ne soient pas aussi bien pourvues qu'il convient en artillerie, en munitions et en personnel, en raison du peu de disponibilité qu'il y a par ici des choses de ce genre, et en particulier d'artillerie[425].

Cette tentative désespérée se solda par un échec. Incapable de rattraper Cavendish à cause de vents et de courants contraires, García de Palacio ne put engager le combat[426]. La fin de l'histoire, le vice-roi la raconta ainsi à Philippe II :

> Lorsque la nef Santa Ana de Votre Majesté vint à naviguer près du port de San Lucas, qui se trouve sur les pointes de Californie, les navires corsaires surgirent et s'en emparèrent après avoir combattu un moment. Comme la nave ne possédait ni artillerie ni armes, son équipage dut se rendre et le corsaire captura tout ce qu'elle transportait en demandant ce qui l'intéressait par le registre, et tout ce qu'il ne pouvait pas charger dans ses cales, il le brûla[427].

Cavendish, avec à peine une centaine d'hommes et deux navires de petite taille[428], était parvenu à s'emparer d'un galion de Manille car tous les

424 Il était auditeur de la *Audiencia Real*, tribunal principal de Mexico, et publia : García de Palacio, Diego, *Dialogos Militares de la formación e información de personas, instrumentos y cosas necessarias para el buen uso de la guerra*, Pedro Ocharte, Mexico, 1583. García de Palacio, Diego, *Instrucción nauthica, para el buen uso y regimiento de las naos, su traça y govierno conforme a la altura de Mexico*, Mexico, Pedro Ocharte, 1587.

425 « *Ha salido el doctor Palacio el día siguiente con sus dos naos aunque no tan bien aderezadas de artillería y municiones y gente como conviene, por la poca comodidad que ay en esta tierra de las cosas de su género y particularmente de artillería* »,AGI MEXICO leg. 21/21 (21/10/1587). Autre témoignage de l'angoisse du vice-roi dans AGI MEXICO leg. 21/22 (30/10/1587).

426 AGI MEXICO leg. 21/30 (12/10/1587).

427 « *Viniendo navegando la nao Santa Ana de Vuestra Magestad junto al puerto de San Lucas, que es en las puntas de California, salieron estos navíos de los cosarios y la tomaron aviendo primero peleado con la gente della algún rato, más como no trayan artillería ni armas se uvieron de rendir y el cosario saqueo todo lo que en ella venía pidiendolo por el registro y, lo que no pudo cargar en sus naos, lo quemo* », AGI MEXICO leg. 21/35 (15/01/1588).

428 Fish, Shirley, *The Manila-Acapulco Galleons : The Treasure Ships of the Pacific : With an Annotated List of the Transpacific Galleons 1565-1815*, Central Milton Keynes, AuthorHouse, 2011, p. 192.

éléments du système défensif espagnol sur la côte pacifique (navires et ports confondus) étaient dépourvus d'artillerie.

Or, le vice-roi proposait une solution à ce problème : comme le cuivre abondait au Mexique, il suffisait de mettre en place une fonderie de canons[429]. Seulement la dépendance de l'Amérique envers l'Espagne en matière d'armement avait de multiples facettes. Le successeur du marquis de Villamanrique à la vice-royauté, don Luis de Velasco y Castilla, voulut mener à bien ce projet, mais il se rendit compte qu'il n'avait ni l'étain suffisant pour produire du bronze, ni les hommes compétents pour fabriquer des canons[430]. Or, comme souvent, la *casa de la contratación* ne put satisfaire sa demande et le nouveau vice-roi résolut donc de faire avec les ressources disponibles localement. En 1591, il associa deux fondeurs de cloches et un artilleur-armurier répondant au nom de Cristóbal Gudiel, se procura de l'étain au prix fort et parvint, malgré certains échecs, à leur faire fondre quelques pièces[431]. À travers cet exemple mettant en scène le vice-roi du Mexique en personne traitant de fonderie avec un unique artilleur compétent et deux particuliers, on voit l'extrême rareté des ressources humaines et matérielles de Nouvelle-Espagne ainsi que l'absence totale de structures de gestion de l'artillerie.

Néanmoins, ce premier projet de fabrication d'artillerie marqua le début d'un processus d'autonomisation du Mexique vis-à-vis de l'Espagne. À la toute fin du XVIe siècle, le comte de Monterrey, successeur de don Luis de Velasco, développa tout un centre d'armement autour de cette première fonderie située dans le bois Chapultepec près de Mexico[432]. On y trouvait notamment des entrepôts d'armes et de munitions, ainsi qu'un moulin à poudre. Le vice-roi avait également passé un contrat pour obtenir en abondance du cuivre de la région du Michoacán et faisait fondre non seulement de petites pièces mais aussi de grandes couleuvrines afin de garnir enfin les bastions du port de San Juan de Ulúa[433]. En 1601, il écrivit au roi qu'une fonderie avait été mise en place à Acapulco afin d'armer les galions de Manille : une dizaine de pièces y avaient déjà été fabriquées[434]. En 1604, la production d'artillerie

429 AGI MEXICO leg. 21/21 (21/10/1587).
430 AGI MEXICO leg. 22/60 (31/10/1591).
431 *Ibid.* Sur le métier de Gudiel, voir AGI MEXICO leg. 21/21 (21/10/1587).
432 AGI MEXICO leg. 24/25 (04/10/1599).
433 *Ibid.*
434 AGI MEXICO leg. 24/65 (01/11/1601).

excédait les besoins locaux et le vice-roi put même vendre des pièces aux navires de la *carrera de Indias* qui en étaient mal équipés[435]. Entre temps était apparue une petite structure administrative locale faisant de la Nouvelle-Espagne un centre émergent d'artillerie de la Monarchie hispanique. On y trouvait désormais un capitaine d'artillerie au côté duquel travaillait l'artilleur Gudiel, promu au titre de *armero mayor de Su Magestad* (armurier principal de Sa Majesté) ainsi que des fondeurs de canons à Acapulco et Chapultepec[436].

De tels processus de développement de centres d'artillerie furent sans doute à l'œuvre dans d'autres territoires des Indes occidentales. Ainsi, on tenta d'installer une fonderie de canons à Manille dans la dernière décennie du XVIe siècle[437]. Grâce au prix très actif des métaux provenant de Chine, on espérait y produire de l'artillerie à moindre coût, mais la *casa de la contratación* ne parvint pas à trouver de fondeurs et les vice-rois du Mexique ne souhaitèrent pas se défaire de leur précieux Cristóbal Gudiel occupé à la fonderie de Chapultepec[438]. À Cuba, en revanche, l'entreprise tourna au succès. L'île possédait d'importants gisements de cuivre qui commencèrent à être exploités au début des années 1590[439]. En 1597, le capitaine général don Juan de Acuña Vela parvint à faire envoyer l'un de ses hommes, Francisco Sánchez de Moya, en tant que capitaine d'artillerie de Cuba[440]. Or, ce capitaine s'en alla à Cuba avec toute une équipe de fondeurs, d'armuriers et de comptables afin d'établir une fabrique de canons à la Havane. En 1599, Cuba et Chapultepec constituaient indubitablement les deux principaux centres de production d'artillerie des Indes puisque Cristóbal Gudiel fut chargé par le vice-roi du Mexique de réaliser une étude comparative des coûts de production de ces deux établissements afin de montrer au roi l'avantage qu'il y avait à fabriquer de grandes quantités d'artillerie au Mexique[441]. Par conséquent, il est possible d'affirmer qu'à la charnière des XVIe et XVIIe siècles, certains territoires des Indes occidentales se constituèrent

435 AGI MEXICO leg. 26/27 (20/04/1604).
436 AGI MEXICO leg. 25/37 (28/05/1603).
437 AGI MEXICO leg. 21/50 (30/11/1588) et leg. 23/50 (19/04/1596).
438 *Ibid.*
439 AGS EST leg. 606/243 (année 1593).
440 AGI CT leg. 5254, N.2, R.1 (26/05/1597). Une biographie de Francisco Sánchez de Moya est consultable p. 227.
441 Voir les documents accompagnant la correspondance du vice-roi, AGI MEXICO leg. 24/25 (04/10/1599).

en tant que centres d'artillerie, ce qui était une première étape vers l'apparition d'une véritable structure d'administration de l'artillerie telle qu'il en existait en Espagne et en Italie.

L'artillerie de l'*Estado da India* portugais était quant à elle dotée de structures depuis la première moitié du XVIe siècle, mais elle conserva une grande autonomie vis-à-vis du gouvernement madrilène après l'annexion du Portugal en 1580. Très tôt au XVIe siècle, des pièces, de la poudre et des munitions furent produites dans plusieurs des principales garnisons portugaises en Asie – Goa, Cochim, Diu[442]. Au sein de la capitale vice-royale, à Goa, un *condestavel mor da India* et un *condestavel mor da Armada* se partageaient le commandement de plusieurs dizaines d'artilleurs sur mer et sur terre[443]. Or, cette structure n'a laissé presqu'aucune trace parmi les documents du gouvernement centrale de la Monarchie hispanique. En d'autres termes, après l'annexion de 1580, les Castillans prirent le contrôle de l'artillerie au Portugal, mais ils laissèrent aux Portugais le soin de gérer l'artillerie de l'*Estado da India.* Entre le gouvernement madrilène et l'administration des Indes orientales, il y avait parfois un peu de coopération mais il y avait surtout une claire séparation administrative. Ainsi, lorsque le conseil de guerre remit de l'artillerie « pour armer les galions partant aux Indes orientales », ses agents dressèrent une liste précise de la valeur de chaque pièce qui était confiée « à la couronne de Portugal[444] ». En outre, peut-être par esprit de revanche contre l'intrusion castillane dans les affaires militaires portugaises, cette administration des Indes orientales refusait d'employer les hommes de l'appareil militaire espagnol. Par exemple, en 1593, lorsque les galions San Pablo et San Simon furent remis à la « couronne de Portugal », cette administration fit renvoyer tous les équipages[445].

442 Machado de Castro, Tiago, « Bombardeiros na Índia », p. 82, 86, 96. Sur la fonderie de Diu, voir la remarque de Diego Ufano sur la gigantesque pièce baptisée « *el tiro de Diu* » à Lisbonne : Ufano, Diego, *Tratado de la artillería y uso della*, *op. cit.* p. 39.

443 Machado de Castro, Tiago, « Bombardeiros na Índia », *op. cit.* p. 54-60.

444 AGS GYM leg. 688/34 (07/06/1608).

445 En témoignent les nombreuses plaintes des artilleurs de ces galions auprès du conseil de guerre, AGS GYM leg. 397/96 (05/02/1593), 124 (16/03/1593) et leg. 389/212 (01/04/1593), 238 (27/05/1593) et 253 (09/05/1593).

CONCLUSION

Cette étude du gouvernement de l'artillerie aboutit à une vision particulière des dynamiques d'intégration à l'œuvre au sein de la Monarchie hispanique. Loin du morcellement habituellement dépeint par l'historiographie de la monarchie composite, la péninsule ibérique apparaît, à la fin du XVIe siècle, sous les traits d'un espace continu au sein duquel le capitaine général de l'artillerie et le conseil de guerre pouvaient, depuis Madrid, orchestrer la gestion du matériel de guerre de Pampelune à Malaga et de Perpignan à Lisbonne. Récente conquête, encore incomplète, cette administration transversale de l'artillerie s'imposa dans une grande partie de la péninsule ibérique et de ses îles grâce à la protection politique et judiciaire du monarque. À ce bloc bureaucratique ibérique relativement cohérent venaient se connecter trois centres administratifs italiens – Palerme, Naples et Milan – qui, bien que fonctionnant chacun séparément, agissaient en coordination avec le gouvernement madrilène à travers le pouvoir des vice-rois et gouverneurs, véritables chefs exécutifs des administrations de l'artillerie de chacun de ces États. Ce complexe politico-administratif centré sur Madrid et s'étendant de Naples à Lisbonne permettait, sans qu'elle fût juridiquement formalisée, une coopération militaire à grande échelle entre différentes unités politiques de la Monarchie hispanique. Néanmoins, cette coordination n'exista pas à l'échelle de l'ensemble de l'empire. Aux Pays-Bas, la guerre rendit difficile l'établissement d'un gouvernement de l'artillerie centralisé dépendant de Madrid comme il y en avait en Italie. Par ailleurs, les territoires américains se caractérisaient au XVIe siècle par l'inexistence de structures d'administration de l'artillerie et ce n'est véritablement qu'au début du XVIIe siècle que certains centres d'artillerie y émergèrent. Enfin, cette peinture structurelle de l'artillerie de la Monarchie hispanique ne saurait être complète sans une analyse socioprofessionnelle des individus qui, parce qu'ils choisirent d'entrer au service de l'artillerie des Habsbourg, contribuèrent au développement et à la vitalité de ces structures administratives. C'est précisément cette lacune que le chapitre suivant entend combler.

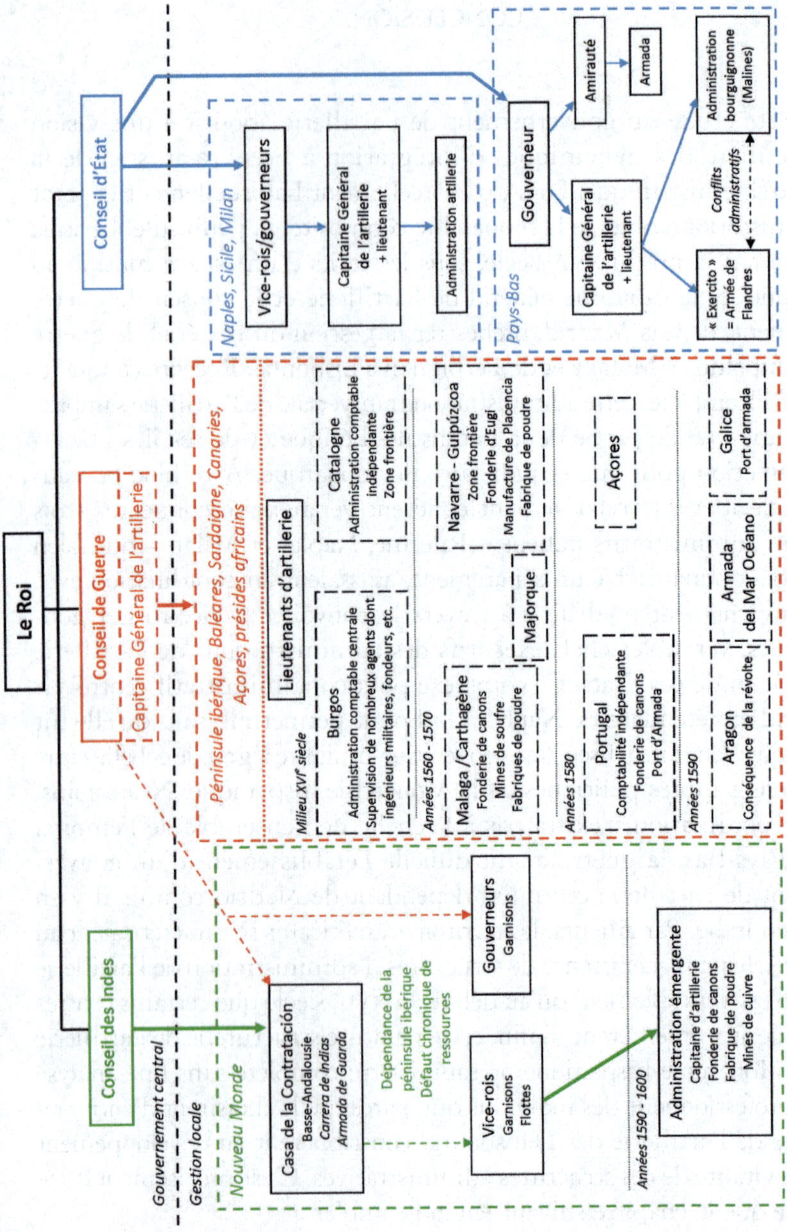

FIG. 18 – Organigramme des structures d'administration de l'artillerie de la Monarchie hispanique.

LES ARTILLEURS AU SERVICE DE LA MONARCHIE HISPANIQUE

Profils, carrières et circulation

> *Las partes, Señor, que a formar un perfecto artillero se requieren, algunas de ellas consisten en la interior virtud del hombre, y dotes de la natura, y otras en las aparencias de defuera. Las que de virtud natural proceden son estas que por quanto el arte del artillería es artificiosa y de grande ingenio, conviene que él que la ha de usar sea hombre agudo y de juizio delicado, para saber prevenir a qualesquiera inconvenientes que se offresceran en aquel officio […] conviene que los artilleros sean hombres animosos, intrépidos, acostumbrados a estimar en poco qualesquiera peligros […] conviene que el artillero sea hombre sobrio y templado en el comer y beber y en el dormir y en las más cosas tocantes al vicio humano […] y que por quanto el arte del artillería en sí es trabajosa y de gran fatiga, conviene que a las plazas de artilleros serán admitidos hombres sanos y robustos y de cuerpo bien formados […] y por quanto el arte en sí es de muchas otras artes menesterosa, conviene que hombres de muchas artes y oficios se hallen a exercitarla como son herreros, canteros, carpinteros, carreteros, arcabuzeros, albañiles, marineros, polvoristas y refinadores de salitre […] y no conviene que haya artilleros estranjeros en ninguna manera*[1].
>
> Luis COLLADO, ingénieur du roi en Lombardie, 1592.

1 Collado, Luis, *Plática manual de artillería, op. cit.*, fol. 102v-103r. « Les éléments, Monsieur, qui sont requis pour former un artilleur parfait consistent d'une part en la vertu intérieure de l'homme et dons de la nature et, d'autre part, en son apparence extérieure. Ceux qui procèdent de la vertu naturelle découlent du fait que, comme l'art de l'artillerie est artificieux et de grande ingéniosité, il convient que celui qui le pratique soit homme vif et de jugement pondéré, afin de savoir prévenir quelque incident qui peut survenir dans cet office. […] Il convient que les artilleurs soient hommes courageux, intrépides

INTRODUCTION

Dans ce long paragraphe issu de l'un des plus célèbres traités d'artillerie du XVIe siècle, l'ingénieur militaire Luis Collado entreprit de dépeindre le parfait artilleur sous les traits d'un homme à l'esprit vif et intelligent, courageux, sans vices, robuste, espagnol et disposant d'une expérience d'artisan, de marin ou de soldat. La question des exigences à avoir quant aux qualités des artilleurs revêtait, pour les agents du roi, une importance grandissante à cette époque où se construisaient des structures de contrôle de l'artillerie. Le choix des individus au service de l'artillerie intégrait des enjeux essentiels tels que la fiabilité, la loyauté, l'efficacité d'usage du matériel. Cependant, à ces contraintes qualitatives s'opposait l'énorme pression quantitative mise en évidence dans le premier chapitre. Par conséquent, les artilleurs qui servirent la Monarchie hispanique constituèrent une sorte de compromis quelque part à l'intersection de ces deux forces contraires. C'est précisément ce compromis que je propose de saisir dans ce chapitre. Qui furent, dans les faits, les artilleurs au service des Habsbourg ? Quels étaient leurs profils, quelles furent leurs trajectoires professionnelles ? Ce troisième chapitre propose donc d'offrir une analyse sociologique des artilleurs afin de compléter les deux chapitres précédents en donnant à l'artillerie un visage humain.

Cette sociologie des artilleurs au service de la Monarchie hispanique se justifie par l'absence totale de publications à ce sujet. Comme cela a déjà été dit en introduction des chapitres précédents, les seules études publiées au sujet des artilleurs portent sur le tournant des XVe et XVIe siècles[2]. Plus généralement, il faut remarquer que peu d'historiens

et habitués à évaluer rapidement tout danger. [...] Il convient que l'artilleur soit homme sobre et modéré avec la nourriture, la boisson, le sommeil et toutes les choses touchant aux vices humains [...] et comme l'art de l'artillerie est laborieux et de grande fatigue, il convient qu'aux postes d'artilleurs soient admis des hommes sains, robustes et bien formés de corps [...] et puisque cet art fait appel à de nombreux autres arts et offices, il convient qu'il soit exercé par une multitude d'hommes de divers arts et offices tels que des forgerons, tailleurs de pierre, charpentiers, charrons, arquebusiers, maçons, marins, fabricants de poudre et raffineurs de salpêtre [...] et il ne convient en aucune manière qu'il y ait des artilleurs étrangers. »

2 Cobos Guerra, Fernando, *La artíllería de los Reyes Católicos*, *op. cit.* Ladero Galán, Aurora, « Artilleros y artillería de los Reyes Católicos (1495-1510) », *op. cit.*

se sont intéressés aux profils des soldats engagés par la Monarchie hispanique. Parmi les rares exceptions se trouve l'étude de Thompson portant sur un échantillon de 3 500 soldats recrutés en Espagne pour l'armée de Flandre[3]. Or, comme l'auteur le remarque, la plupart des publications analysant des profils de soldats restent circonscrites à des espaces et des époques très limitées[4]. Pourtant, les sources pour étudier en détail les individus au service de l'appareil militaire des Habsbourg ne manquent pas.

L'analyse sociologique des artilleurs est en effet rendue possible, entre autres choses, par une pratique administrative fort répandue parmi les comptables militaires de la Monarchie hispanique : la rédaction codifiée de listes de personnel. Il en va ainsi, par exemple, d'un document comptable réalisé en 1602 pour le galion capitaine de l'*armada del mar Océano* de Lisbonne[5]. En présence du *veedor* (inspecteur) de l'armada, l'auteur de ce document établit la liste des hommes d'équipage du galion présents au début de l'année 1602. Cette liste était ensuite utilisée lors de montres régulières (tous les trente à cinquante jours dans le cas présent), à l'occasion desquelles les hommes devaient se présenter devant le *veedor* et le comptable afin de montrer qu'ils continuaient leur service. Dans ce document, les individus présents recevaient une lettre correspondant à la date de la montre (« A » pour la première, « B » pour la seconde, etc.) et il était possible de cette manière de vérifier qui s'absentait ou abandonnait le service. La liste était régulièrement mise à jour, on notait les nouvelles recrues avec leur date d'engagement ainsi que les éventuels transferts des

---

3 Thompson, I. A. A, « El soldado del Imperio : una aproximación al perfil del recluta español en el Siglo de Oro », *Manuscrits : Revista d'història moderna*, vol. 21, 2003, p. 17-38.

4 Thompson cite notamment les études de Asenjo Sedano, C. « Una leva para la guerra de Cataluña : La de Guadix, del año 1642 », *Actas del I Congreso de Historia de Andalucía*, Cordoue, 1978, tomo I, p. 61-88 ; Calvo Poyato, J, « Medio siglo de levas, reclutas y movilizaciones en el reino de Córdoba : 1657-1712 », *Actas II Coloquios Historia de Andalucía*, Cordoue, 1983,Tomo II, p. 25-41 ; Mañeru López, Juan, Cámara Fernández, Carmen, « El reclutamiento militar en Castilla a finales del siglo XVI. Análisis de compañías de soldados levantadas en tierras de Burgos, Ávila, Soria, Álava, La Rioja, Navarra, Segovia y Cáceres », dans *La organización militar en los siglos XV y XVI, Actas de las II Jornadas Nacionales de Historia Militar*, Malaga, 1993, p. 179-189 ; Barrera García, E, Parejo Delgado, M.J., Tarifa Fernández, M.A., « El padrón de soldados de Úbeda y Torreperogil de 1596 », dans *ibid.*, p. 281-289.

5 ANTT Contos do Reino e Casa, NA 679.

anciennes recrues à d'autres navires. Enfin, au moment du paiement des salaires (ici en août 1602), le montant des gages dus à chacun était calculé en fonction du temps de service en tenant compte de la date d'engagement et de la présence aux montres. Ceux de la liste qui recevaient leur salaire étaient notés de la lettre « P » pour *pagado* (« payé ») tandis que les absents pouvaient réclamer leur salaire plus tard, la liste d'équipage conservant trace du fait qu'ils n'avaient pas encore touché leur solde.

Pour éviter les fraudes et, en particulier, la présentation aux montres de faux soldats et marins, ces listes déployaient tout un arsenal d'identification[6]. Chaque individu y faisait l'objet d'une description sous une forme quasi-standardisée. La liste faisait apparaître le nom de la personne, sa fonction au service du roi, le nom de son père, parfois le nom de sa mère. La plupart du temps, ces listes faisaient également figurer le lieu de naissance de la personne en utilisant l'expression *natural de* ou bien parfois (très rarement) le lieu de résidence, introduit par l'expression *vezino de*. Dans son analyse, Thompson met en garde contre la fiabilité de ces informations, la *naturalidad* étant confondue dans certains documents avec la *vezindad*, c'est-à-dire le lieu de résidence officiel[7]. Toutefois, dans tous les cas, le lieu indiqué dans ces listes était un lieu d'attache important de l'individu concerné. En acceptant une certaine marge d'erreur, il est par conséquent possible de connaître de manière sérielle ce paramètre, autrement inaccessible, qu'était l'origine géographique des artilleurs. En outre, dans la grande majorité des cas la description de l'individu incluait aussi son âge, bien que cette information ne fût sans doute pas très précise. Ainsi, comme dans le cas des soldats analysés par Thompson, les artilleurs répertoriés dans mon étude avaient trois fois plus de chances de donner au scribe un âge pair plutôt qu'un âge impair[8]. De même, les dizaines (30, 40, 50 ans) tendaient à concentrer des effectifs au détriment des âges voisins[9].

6 On pourra trouver des centaines de ces descriptions dans la base de données consultable sur https://cadmus.eui.eu//handle/1814/68555.

7 Thompson, I. A. A, « El soldado del Imperio », *op. cit.*

8 *Ibid.* Sur un échantillon de 1 048 artilleurs, je trouve 73 % d'âges pairs et 27 % d'impairs. Statistiques obtenues à partir de la base de données consultable sur https://cadmus.eui.eu//handle/1814/68555.

9 On trouve ainsi 61 artilleurs de 28 ans, 18 de 29 ans, 150 de 30 ans, 11 de 31 ans, 61 de 32 ans.

Non seulement un certain nombre d'individus ne connaissaient probablement pas précisément leur âge mais encore la plupart de ceux âgés de 29 ou 31 ans choisissaient de toute façon de donner la valeur approximative de 30 ans. Du point de vue des officiers comptables, ces approximations à un ou deux ans près revêtaient sans doute peu d'importance : l'âge était un indicateur physique parmi d'autres, permettant de reconnaître et d'identifier l'artilleur lors des montres et du paiement des salaires.

La description physique de l'individu incluait un ensemble d'éléments distinctifs permettant son identification sans trop d'équivoque. Dans 95 % des cas, le comptable notait la stature de l'homme au moyen des expressions *bajo/pequeño/mediano/buen/alto de cuerpo*. Bien entendu, la mesure était subjective et dépendait en partie de l'observateur ainsi que des normes physiques locales. Or, si l'adjectif *mediano* correspondait à une sorte de taille moyenne des Ibériques de l'époque, force est de constater que les artilleurs engagés par la Monarchie avaient un physique hors norme. Deux artilleurs sur trois étaient en effet décrits par les adjectifs *alto* ou de *buen cuerpo* renvoyant à des tailles supérieures à la moyenne. De ce point de vue, le portrait réel de l'artilleur coïncidait avec la description idéale de Collado préconisant des individus robustes capables de faire manœuvrer des pièces souvent très lourdes[10].

Stature	*Alto de cuerpo*	*De buen cuerpo*	*Mediano de cuerpo*	*Pequeño/bajo de cuerpo*	*Gordo/ abultado*
Pourcentage d'occurrences	16,8 %	48,6 %	26,1 %	8,5 %	0,6 %

FIG. 19 – Stature des artilleurs d'après un échantillon de 919 individus. Réalisation à partir de la base de données de l'auteur.

À la stature de l'homme venait s'ajouter un ensemble de détails physiques et particularités annotés selon leur caractère distinctif et reconnaissable. Ainsi par exemple, on notait l'emplacement des grains de beauté sur le visage. La couleur des yeux n'apparaissait que lorsque ceux-ci étaient bleus, signe que ces descriptions visaient

10 Voir la citation en introduction de ce chapitre.

véritablement à saisir les caractéristiques particulières d'un individu par rapport à une norme physique locale (en l'occurrence ibérique). Selon cette même logique, la couleur de peau apparaissait lorsqu'elle revêtait un caractère exceptionnel. Sur près de 1 000 descriptions, la couleur *blanco* ou *moreno* du visage – c'est-à-dire particulièrement blanc ou brun – fut notée dans une centaine de cas seulement, auxquels il faut rajouter trois hommes couleur *mulato* (mulâtre) et un artilleur – libre, précise la description – « de couleur noire ». Notée dans la moitié des descriptions, la couleur des cheveux et de la barbe présentait incontestablement un caractère plus disparate, avec une majorité de cheveux bruns (45 %) voir noirs (22 %) mais aussi une proportion non négligeable de blonds (15 %), de châtains (8 %) ou de roux (5 %). Signe de l'âge un peu plus avancé de certains individus, un artilleur sur dix était grisonnant et une vingtaine d'entre eux étaient notés comme chauves. Une quarantaine d'individus, seulement, avaient perdu au moins une dent visible et une trentaine portaient les cicatrices de la variole. Certains parvenaient à être engagés en tant qu'artilleurs malgré des défauts physiques qui auraient pu sembler rédhibitoires : on trouve ainsi au sein de l'échantillon six individus atteints de strabisme et quatre borgnes. Par ailleurs, ces techniques d'identification se montraient friandes de cicatrices. Dans près de deux cas sur trois, on prenait la peine de noter des traces d'anciennes blessures visibles sur le visage ou sur les mains. La plupart de ces cicatrices étaient tout à fait ordinaires – petite coupure sur un doigt, entaille sur le front ou l'arcade sourcilière – mais certaines d'entre elles révélaient les dangers du métier : traces de brûlures, blessures par balle ou par épée, doigts ou mains amputés, une soixantaine d'individus (sur un millier) portaient ostensiblement les marques de leur expérience du combat.

L'usage de ces listes était relativement répandu au sein de la Monarchie hispanique dès lors que des comptables espagnols étaient impliqués. Mes recherches parmi les comptes royaux, loin d'être exhaustives, ont révélé un recours régulier à ce type de listes lors de l'organisation des flottes de guerre atlantiques, que ce soit la petite escadre de *zabras* de Juan Martínez de Recalde en 1576[11], l'escadron de Castille de la Grande

11 AGS CMC 2ª época leg. 747.

Armada de 1588[12], l'escadre portugaise de l'*armada del mar Océano* de 1602[13], ou encore l'escadre andalouse de 1603[14]. De telles listes durent également exister pour les escadrons de galères méditerranéennes, comme en témoigne un document écrit en castillan et listant l'équipage des galères du génois Marcelo Doria en 1573-1574[15]. Aux Pays-Bas, le comptable Diego de Peralta dressa, en 1597, le même type de listes pour une partie des équipages de l'armada de Dunkerque[16]. Bien que ces listes soient plus difficiles à trouver dans le cas des garnisons royales, elles y étaient incontestablement utilisées, comme le démontrent les documents comptables des forteresses de Perpignan et Collioure datant des années 1550[17]. Tous ces documents utilisent une technique similaire, retiennent le même type d'informations et emploient un vocabulaire identique, ce qui prouve qu'il s'agissait d'une habitude administrative presque standardisée dont seules quelques traces sont parvenues jusqu'à notre époque. Par conséquent, la mise en série de ces informations permet d'approximer le profil des artilleurs à partir d'une analyse quantitative de type prosopographique[18].

Par ailleurs, il faut noter que la plus volumineuse source de données pour cette analyse provient des navires de guerre escortant la *carrera de Indias*. En effet, l'*archivo general de Indias* contient des listes d'équipage par séries entières au sein des sous-sections *cuentas de maestres* et *papeles de armada*[19]. J'ai ainsi trouvé des listes d'identification d'artilleurs dans près d'une liasse consultée sur deux, bien que cette proportion décroisse inexplicablement au début du XVIIe siècle[20]. Ces informations directes sur la composition des équipages de la *carrera de Indias* ont été parfois

12 AGI CT leg. 2934.

13 ANTT Contos do Reino e Casa, NA 679.

14 Il s'agit d'une liste de fugitifs de l'escadre probablement établie à partir de la liste originale des équipages, AGI CT leg. 2973.

15 AGS VG leg. 70.

16 Diego de Peralta, le 09/08/1597. La liste fait partie des archives du conseil de l'amirauté : AGR CA n° 28 (sans numérotation).

17 AGS CSU 2ª época leg. 91.

18 Les données quantitatives de ce chapitre sont pour la plupart issues du traitement statistique des listes d'artilleurs consultables sur https://cadmus.eui.eu//handle/1814/68555.

19 AGI CT leg. 29XX et 39XX.

20 AGI CT leg. 3914 (Tierra Firme – 1570), leg. 2937 (Nueva España – 1574 et 1583), leg. 3915 (Tierra Firme + Guarda de la carrera – 1574), leg. 2940A (Nueva España – 1582), leg. 2941 (Tierra Firme – 1584), leg. 3922 (Tierra Firme – 1586), leg. 2940B (Tierra Firme – 1588), leg. 2945 (Tierra Firme – 1589), leg. 2937 (Nueva España – 1593), leg.

complétées par une autre série importante de données issues des comptes rendus d'examens d'artilleurs[21]. En effet, à Séville, les candidats obtenant le titre d'artilleurs étaient enregistrés par les officiers de la *casa de la contratación* selon une procédure d'identification tout à fait identique à celle qui vient d'être décrite mais incluant aussi souvent la profession de l'individu. De ce fait, cette analyse prosopographique pose un regard statistique quelque peu biaisé par cette prépondérance de la *carrera de Indias* au sein de l'échantillon.

Afin de contourner ce biais et de compléter l'analyse sociologique, il convient également d'y intégrer des sources et des informations plus qualitatives. Dans cette perspective, la correspondance du conseil de guerre et les problèmes soulevés par les différents lieutenants d'artillerie et capitaines permettent de prendre conscience d'un certain nombre de phénomènes d'envergure concernant l'identité, les trajectoires professionnelles et la circulation des artilleurs. Autre source intéressante, les nombreux *memoriales* envoyés par les artilleurs ou leurs proches au conseil de guerre pour solliciter des grâces et des requêtes décrivent de nombreux parcours et situations d'individus au service de l'artillerie de la Monarchie.

En combinant données quantitatives et informations qualitatives, ce chapitre entreprend de cerner les trajectoires professionnelles des artilleurs, leur statut économique et social, ainsi que leur importante circulation à l'échelle de l'Europe. Il s'agira de situer et de replacer le service de l'artillerie dans le parcours professionnel d'un individu afin de saisir quels étaient les voies d'accès et les débouchés potentiels de cette activité. Il est également essentiel de s'intéresser au statut des artilleurs, bénéficiaires de nombreux privilèges et avantages, afin de comprendre les dynamiques d'engagement dans cette carrière. Enfin, l'étude sociologique mettra en évidence le caractère profondément transnational de la profession, les importants besoins en artilleurs de la Monarchie ne pouvant être comblés que par le recours massif à des individus originaires d'Europe du nord et d'Italie. Ce sera l'occasion non seulement de montrer comment cette circulation fut orchestrée par les agents de la Monarchie mais aussi de mettre en évidence les

---

2938 (Tierra Firme – 1592), leg. 2956 (Guarda de la carrera – 1593), leg. 3956 (Honduras – 1597), leg. 2965 (Pataches de escolta – 1599), leg. 2967 (Nueva España – 1601).

21 AGI CT leg. 4871. Sur ces comptes rendus d'examens, voir p. 327.

nombreuses inquiétudes soulevées par ce recours à des personnes dont la loyauté était parfois remise question par les officiers castillans. Il faut rappeler, à ce titre, que Luis Collado acheva son portrait de l'artilleur idéal en exhortant à ne pas engager « d'étrangers » à ces postes clés de l'appareil politico-militaire de la Monarchie hispanique[22].

UNE MULTITUDE DE TRAJECTOIRES PROFESSIONNELLES

L'activité d'artilleur s'inscrivait dans une trajectoire professionnelle qui avait, pour chaque individu, un avant et, parfois, un après. Or, quelques grands traits ressortent de l'analyse des multiples parcours professionnels des hommes servant l'artillerie de la Monarchie hispanique. D'abord, il faut mettre en évidence le fossé infranchissable qui séparait, d'une part, le monde du commandement, des capitaines généraux et de leurs lieutenants et, d'autre part, celui des artilleurs. Les commandants étaient pour l'essentiel des capitaines d'infanterie aguerris tandis que les artilleurs avaient une origine sociale relativement humble, étant issus principalement des professions de marins, de soldats et d'artisans. Devenus artilleurs, ces hommes suivaient des parcours d'une grande diversité, certains oscillaient entre cette profession et d'autres activités, d'autres s'accrochaient au service du roi et parvenaient parfois à prospérer tandis que les plus malchanceux trouvaient la mort. C'est donc cette multitude de trajectoires que je propose d'analyser dans les pages qui suivent.

UN MONDE INACCESSIBLE : LES LIEUTENANTS ET CAPITAINES GÉNÉRAUX DE L'ARTILLERIE

Le commandement de l'artillerie, composé du capitaine général de l'artillerie et de son réseau de lieutenants, constituait le maillon essentiel entre le gouvernement madrilène et le personnel de l'artillerie. Le système de sélection de ses membres faisait la part belle à l'expérience

22 Voir la citation en introduction de ce chapitre.

et aux compétences, revêtant un caractère méritocratique incontestable. Toutefois, il opérait complètement en dehors des possibilités d'ascension professionnelle des artilleurs. Il existait, en ce sens, une sorte de cloisonnement social et administratif entre les carrières de ceux qui commandaient et de ceux qui exécutaient leurs ordres, car le commandement de l'artillerie était un univers réservé aux capitaines vétérans de l'infanterie espagnole.

Le cloisonnement social était particulièrement visible au niveau du commandement suprême. Personnage politique de premier plan, le capitaine général de l'artillerie d'Espagne était choisi, comme le chapitre précédent l'a mis en évidence, parmi la haute aristocratie espagnole[23]. En revanche, parmi la trentaine d'individus qui exercèrent l'office de lieutenant d'artillerie dans la seconde moitié du XVIe siècle[24], on trouve seulement trois hommes auxquels le conseil de guerre accordait la particule *don*[25] et un seul porteur de titre seigneurial, Andrés de Biure, seigneur de San Jorge[26]. Cependant, l'abondance de noms de famille tels que *Rodríguez de Santísteban, de León Peralta, de Espinosa Calderón* permet de soupçonner une forte présence de *hidalgos* parmi les rangs de ces lieutenants. Ainsi par exemple, le capitaine Pedro Fernández de la Carrera, lieutenant d'artillerie en Flandre puis en Navarre, était le fils de l'une des dames de compagnie d'Isabelle de Portugal, épouse de Charles Quint et fut reçu dans l'ordre de Santiago en 1599[27]. Ce fossé social entre commandants et artilleurs rejaillit avec vigueur dans les mots du vieux lieutenant Francisco de Molina qui, en conflit d'autorité avec le maître artilleur de Séville Muñoz le Bueno, mit en avant sa supériorité naturelle de noble :

---

23 Voir p. 135. Don Juan Manrique de Lara était le fils du duc de Nájera, grand d'Espagne, Salazar Y Castro, Luis de, *Historia Genealógica de la Casa de Lara, vol. II, op. cit.* p. 255. Don Francés de Álava y Beamonte était descendant des rois de Navarre et appartenait à l'une des principales familles de Navarre, Rodríguez, Pedro, Rodríguez, Justina, *Don Francés de Álava y Beamonte. op. cit.* Don Juan de Acuña Vela était le fils du premier vice-roi du Pérou, Blas Nuñez de Vela, RAH, leg. 9/301, fol. 48 v (Tabla genealógica de la familia de Vela, señores de Tabladillo).

24 Voir annexe II.

25 Don Diego de Avellaneda, AGS GYM leg. 88/250 (17/08/1578), don Diego de Prado, AGS GYM leg. 364/152 (20/07/1592), don Alonso Alfaro de Narvaez, AGS GYM lib. 57 fol. 194 (05/08/1591).

26 AGS GYM leg. 174/82 (03/07/1576).

27 AHN OM SANTIAGO Exp. 2892.

> Si vos Altesses laissaient participer le dit Muñoz, ce serait rendre égal le sujet à son supérieur ou bien encore un homme humble de peu de mérites et de services à un noble qui tant en a[28].

Cette prépondérance nobiliaire ne signifiait pas pour autant que les offices de commandants étaient acquis par faveur. L'analyse de leurs profils professionnels montre que l'expérience militaire primait avant tout. Les capitaines généraux de l'artillerie et leurs lieutenants étaient tous des hommes de guerre éprouvés par de longues années de service[29]. Ainsi, lorsqu'il obtint son office de lieutenant d'artillerie à Pampelune en 1583, le capitaine Pedro de Icaguirre Vergara avait à son actif 30 années de service en Flandre, à Naples, en Lombardie et au Portugal[30]. Une génération plus tard, Diego de Obregón devint lieutenant d'artillerie du Portugal après 37 années de service durant lesquelles il avait pris part aux batailles navales de Lépante (1571) et de Navarino (1572) ainsi qu'à la prise de Tunis (1573) avant d'enchaîner les postes de commandement dans différents territoires de la Monarchie, depuis la Sicile et le Pays Basque jusqu'aux Açores et à Madère[31]. Tous les lieutenants d'artillerie possédaient le titre de « capitaine », à l'exception de deux individus placés dans des lieutenances périphériques (Majorque et Açores), qui n'étaient qu'*alférez*, c'est-à-dire second au sein d'une compagnie d'infanterie[32]. Pour six d'entre eux, les sources précisaient qu'ils avaient gravis un à un les échelons de l'infanterie, passant de simple soldat à *alférez* puis à capitaine, et pour deux d'entre eux, à *sargento mayor*[33]. La carrière de ces individus s'inscrivait donc dans ce système promoteur de compétences qu'étaient les *tercios* d'infanterie

28 « *Haciendo Vuestras Altezas participar al dicho Muñoz, sería igualar al súbdito con el superior y a un hombre humilde de pocos meritos y servicios, a un noble y que tantos tiene* », Francisco de Molina au conseil des Indes (19/09/1603), dans le dossier « *expediente sobre las exenciones de los artilleros de la casa de la contratación* » AGI IG leg. 2007.

29 Pour les états de service des capitaines généraux, voir chapitre précédent. Pour les lieutenants, consulter la table prosopographique en annexe II.

30 AGS GYM leg. 156/39 (28/04/1583). et leg. 391/5 (13/09/1593).

31 AGS GYM leg. 688/82 (12/12/1608).

32 Il s'agit de l'*alférez* Juan de Cea Mariño, lieutenant d'artillerie à Majorque, AGS GYM leg. 81/154 (20/08/1576), et de l'*alférez* Pedro de Lumbe, lieutenant d'artillerie aux Açores, AGS GYM lib. 63 fol. 77r (23/05/1592). Sur la fonction de l'*alférez* voir Quatrefages, René, *Los tercios españoles (1567-1577)*, *op. cit.*, p. 272.

33 AGS GYM lib. 70 fol. 84v (12/11/1594). fol. 71v (18/10/1594), fol. 85r (12/11/1594), leg. 437/120 (13/03/1595), lib. 77 fol. 199r-201r (26/08/1597), leg. 209/139 (26/08/1587), leg. 364/152 (20/07/1592).

espagnole[34]. Alternant pendant des années les situations de combat, en particulier en Flandre, et les situations de repos, généralement en garnison en Italie, les meilleurs vétérans, devenus capitaines d'une compagnie, obtenaient du roi un poste de commandement en récompense de leurs services.

Autrement dit, les lieutenants d'artillerie étaient choisis parmi les vétérans de l'infanterie espagnole plutôt que parmi ceux de l'artillerie. Les comptes rendus de certaines sessions du conseil de guerre permettent de comprendre le processus de sélection à l'œuvre[35]. Lorsqu'un poste de lieutenant s'ouvrait, un certain nombre de candidatures parvenaient spontanément au conseil. Quelques candidats supplémentaires étaient souvent recommandés par le capitaine général de l'artillerie, ou bien parfois par l'un des conseillers. Le *curriculum* et les qualités de chaque candidat étaient ensuite discutés en session, ce qui produisait une *consulta* faite de recommandations. Ce document parvenait alors au roi qui se réservait le dernier mot quant au choix de l'heureux élu. Force est de constater que la grande majorité des candidats étaient des capitaines d'infanterie et qu'un tiers d'entre eux jouissaient de l'usage de la particule *don*, indice d'une certaine prééminence sociale. Il existait donc une sorte d'accord tacite sur le profil général attendu d'un lieutenant d'artillerie. Le capitaine général de l'artillerie Acuña Vela justifiait cette situation de la manière suivante :

> Au service de Votre Majesté, il est particulièrement convenable que celui qui soit nommé lieutenant du capitaine général de l'artillerie soit une personne très honorable, qui s'attache à l'être et qu'elle ait été capitaine d'infanterie, ayant servi avec grande satisfaction, qu'on la tienne pour très bon soldat, qu'elle soit expérimentée dans le fait de la guerre [...] parce que, si cette personne possède les qualités appropriées, en ayant à sa charge l'artillerie, elle peut apprendre en moins d'une année tout ce qui est nécessaire à son maniement, tandis que si elle est experte en artillerie mais que les autres choses lui font défaut, elle ne pourra pas les apprendre et ne saura ni commander, ni se faire obéir, ni gagner l'estime de ses hommes[36].

---

34 Quatrefages, René, *Los tercios españoles (1567-1577)*, *op. cit.* p. 428-430. González de León, Fernando, *The Road to Rocroi*, *op. cit.*, p. 53-63.

35 J'en ai consulté six : AGS GYM leg. 88/250 (17/08/1578), leg. 364/152 (20/07/1592), leg. 391/186 à 188 (18/07/1593), leg. 387/665 et 683 (07/11/1593), leg. 437/120 (13/03/1595), leg. 688/82 (12/12/1608).

36 « *Al servicio de Vuestra Magestad conviene mucho que él que fuese teniente de capitán general del artillería sea persona muy onrada y que se preçie de serlo y que aya sido capitán de infantería y*

En d'autres termes, l'expérience d'un capitaine et l'aura de prestige que dégageait la réputation de vétéran étaient des garanties essentielles quant à l'aptitude de commandement d'un lieutenant d'artillerie. Selon Acuña Vela, le manque de compétences en matière de canons pouvait être facilement résolu tandis qu'un défaut d'autorité était absolument irrémédiable[37]. C'est exactement ce principe qu'il appliquait dans les faits lors des procédures de sélection. Ainsi, en 1592, Alvaro Paz de Villalobos sollicita un poste de lieutenant d'artillerie[38]. Dans sa lettre au roi, il détaillait ses 23 années de services, dont 16 ans qu'il avait passés en Flandre en tant que soldat, sergent et gentilhomme d'artillerie, ayant eu à sa charge, disait-il, de détruire de nombreuses fois les murailles de places fortes et châteaux[39]. Dans l'infanterie, il avait atteint le grade d'*alférez* en s'engageant dans la Grande Armada en 1588 puis avait même obtenu la lieutenance d'une compagnie de chevau-légers au Portugal. En dépit de cet impressionnant parcours et malgré une lettre de recommandation du célèbre général Alexandre Farnèse en personne, l'absence d'un véritable titre de capitaine d'infanterie engendra un verdict rédhibitoire de la part de Juan de Acuña Vela, comme le notait la *consulta* du conseil de guerre :

> Il lui manque les éléments les plus essentiels qui sont d'avoir été capitaine d'infanterie, d'avoir servi avec satisfaction et réputation de savoir commander et être estimé des hommes[40].

Néanmoins, les compétences en matière d'artillerie étaient indéniablement appréciées au moment de la sélection des lieutenants. Ainsi, en 1593, le capitaine Pedro Fernández de la Carrera fut préféré aux autres capitaines d'infanterie candidats à la lieutenance de Pampelune car il avait démontré ses aptitudes en matière d'artillerie en Flandre et à la fonderie

servido con mucha satisfación y le tengan por muy buen soldado y lo sea y experimentado por tal [...] porque teniendo las [calidades], con tener a su cargo el artillería en un año y en menos se puede haçer plático de todo lo que es necesario para el manejo della y, aunque entienda las cosas de artillería, si le faltan las demás cosas, no lo podrá aprender ni saber ni sabrá mandar ni sabrá hazerse obedecer ni le estimaran », AGS GYM leg. 391/187 (08/07/1593).

37 Cette position d'Acuña Vela est récurrente dans les sources : AGS GYM leg. 364/152 (20/07/1592).

38 AGS GYM lib. 63 fol. 47 (09/12/1592).

39 *Ibid.*

40 « *Le faltan las partes más esenciales de haber sido capitán de infantería y servido con satisfación y reputación de saber mandar y ser estimado* », AGS GYM leg. 364/152 (20/07/1592).

de Malaga[41]. Avant de devenir lieutenant d'artillerie à Carthagène, le capitaine Juan Venegas Quijada avait été chargé par le conseil de guerre d'inspecter les fortifications d'Afrique du nord en 1581 puis avait servi temporairement de lieutenant d'artillerie dans l'armée qui s'empara de la Terceira en 1583[42]. Le capitaine d'infanterie don Alonso Alfaro de Narváez avait quant à lui remplacé à Lisbonne le lieutenant d'artillerie Acosta pendant que ce dernier fut envoyé réprimer le soulèvement aragonais en 1591-1592[43]. Lorsque Acosta décéda en 1595, Narváez fut naturellement privilégié pour le remplacer[44].

D'ailleurs, juge ultime dans le choix des lieutenants, le roi Philippe II était lui-même sensible à l'expertise en matière d'artillerie. À propos de la lieutenance de Burgos en 1593, il annota la *consulta* afin de demander à ses conseillers si les candidats proposés étaient bien compétents en artillerie[45]. Cet intérêt du roi pour l'expertise technique est également visible dans le choix qu'il fit, en 1592, du lieutenant Diego de Prado contre l'avis du conseil de guerre[46]. Comme à son habitude, le conseil dénonçait le manque d'expérience de commandement du candidat, même si le capitaine général Acuña Vela louait ses connaissances exceptionnelles en matière d'artillerie[47]. Or, Acuña Vela était bien placé pour connaître l'expertise de Diego de Prado puisqu'ils avaient travaillé ensemble à Lisbonne à la préparation de la Grande Armada puis à la fonderie de Malaga en 1590[48]. Diego de Prado avait même rédigé un copieux manuscrit d'artillerie qu'il avait dédié au capitaine général de l'artillerie[49]. Malgré la concurrence de nombreux capitaines d'infanterie de grande renommée, ce fut le nom de Diego de Prado que Philippe II

41 AGS GYM leg. 391/188 (18/07/1593). Sur sa présence à la fonderie de Malaga, voir aussi AGS GYM lib. 63, fol. 14 (13/12/1591).

42 Inspection des fortifications, AGS GYM leg. 117/307 à 309 (23/09/1581). Titre de lieutenant d'artillerie de l'armée de la Terceira, AGS GYM leg. 146/269 (Juin 1583). Titre de lieutenant d'artillerie à Carthagène, AGS GYM lib. 63 fol. 105v-106v (28/0/1592).

43 Remplacement temporaire du capitaine Acosta par le capitaine Alfaro de Narváez, AGS GYM lib. 57, fol. 194 (05/08/1591). Comptes de la compagnie d'infanterie de ce capitaine à Lisbonne : ANTT, Contos do Reino a Casa, NA. 676.

44 AGS GYM leg. 437/120 (13/03/1595).

45 AGS GYM leg. 387/683 (22/11/1593).

46 AGS GYM leg. 364/152 (20/07/1592).

47 *Ibid.*

48 AGS GYM leg. 209/189 (04/0/1587) et leg. 284/265 (09/05/1590).

49 Dédicace à don Juan de Acuña Vela, le 10/08/1591, depuis Malaga, Prado, Diego de, « La obra manual y pláctica de artillería », *op. cit.*

inscrivit au bas de la *consulta*. Pour une fois, la compétence technique avait été privilégiée sur l'expérience de commandement.

Par ailleurs, l'origine géographique constituait un autre critère de sélection des lieutenants d'artillerie. On évitait surtout d'attribuer une lieutenance à un individu natif du lieu. Ainsi, lorsqu'il fallut pourvoir la Catalogne d'un lieutenant d'artillerie en 1592, quatre noms furent écartés par le capitaine général de l'artillerie pour la raison suivante :

> Comme ces quatre hommes qui postulent à la place de lieutenant de Catalogne sont tous catalans, don Juan de Acuña dit qu'il ne convient pas qu'ils servent là-bas dans la mesure où ils pourraient tirer avantage du fait que les artilleurs y sont aussi tous catalans et d'autres choses qui pourraient engendrer des inconvénients pour le service et les finances de Votre Majesté[50].

Comme le chapitre précédent l'a mis en évidence, l'un des rôles des lieutenants d'artillerie consistait à limiter les abus des différentes autorités militaires locales. Dans cette perspective, le conseil de guerre ne faisait pas confiance aux natifs car ils étaient bien plus susceptibles d'avoir des intérêts personnels et des réseaux de clientèle locaux allant à l'encontre des intérêts de la Monarchie. Pour cette même raison, des candidats furent écartés des lieutenances de Malaga et de Séville par exemple[51]. Cependant, le discours changeait radicalement lorsqu'il s'agissait de pourvoir la lieutenance de Burgos, en plein cœur de la Vieille Castille : le problème du conflit d'intérêt disparaissait alors et le conseil de guerre n'hésitait pas, dans ce cas, à proposer des candidats originaires de Burgos ou y ayant leur patrimoine[52]. Il y avait, en ce sens, une différence de traitement entre les différents sujets de cette monarchie composite, à l'avantage des Castillans.

Ce déséquilibre était particulièrement visible dans les États italiens de la Monarchie hispanique, où le commandement de l'artillerie revint presque toujours à des vétérans castillans[53]. Les parcours des capitaines

50 « *Por ser catalanes estos cuatro que pretenden la plaza de Cataluña y dice don Juan de Acuña que no conviene que allí la sirven respecto de que con facilidad se aprovecharían de los artilleros que lo son todos y de otras cosas que podría ser de inconveniente al servicio y hacienda de Vuestra Majestad* », AGS GYM leg. 364/152 (20/07/1592).

51 AGS GYM leg. 387/665 (07/11/1593).

52 AGS GYM leg. 387/683 (22/11/1593).

53 En Sicile : Bernardino de Velasco (1574-1575) puis Juan de Angulo (1576-1602), AGS EST leg. 1142/211 et AGS GYM leg. 1160/54. À Naples : Pedro Díaz Carrillo de Quesada

généraux de l'artillerie de Palerme, Milan et Naples différaient de leurs homologues espagnols dans la mesure où leur office revêtait un statut inférieur, subordonné au vice-roi et, en quelque sorte, plus proche des lieutenants d'artillerie de la péninsule ibérique[54]. Ainsi, seule la moitié d'entre eux bénéficiaient de l'usage de la particule *don*[55], et seul l'un d'entre eux, don Jorge Manrique de Lara, était titré[56]. Tous étaient des vétérans mais, en Italie, l'infanterie n'était pas l'unique filière de recrutement. Par exemple, lorsqu'il obtint la charge de l'artillerie sicilienne, don Bernardino de Velasco cumulait près de 40 ans de services et officiait alors en tant que capitaine de galères à Naples[57]. Le capitaine Carrillo de Quesada servit la Monarchie durant 57 ans, d'abord dans l'infanterie jusqu'au rang de *maestre de campo*, c'est-à-dire commandant de *tercio*, puis en tant que commandant de la forteresse de la Goulette en Afrique du nord, et enfin en tant que général de l'artillerie napolitaine[58]. À Milan, don Jorge Manrique de Lara était capitaine d'une compagnie de cavalerie avant de commander l'artillerie[59]. Enfin, la palme de l'originalité revient sans doute à Gabrio Serbelloni, ingénieur militaire milanais qui, malgré son origine italienne et l'absence de titre de « capitaine », fut nommé capitaine général de l'artillerie de la Sainte Ligue lors de la campagne de Lépante en 1571[60]. Cependant, cet office ne fut que temporaire et dura le temps des opérations de don Juan d'Autriche en Méditerranée, qui se clôturèrent en 1573 par la prise de Tunis où cet ingénieur-capitaine général fut chargé de construire une forteresse dont on lui confia le commandement[61].

Qu'elle fût en Italie ou dans la péninsule ibérique, une charge parmi le commandement de l'artillerie constituait pour beaucoup

---

(1561-1582), Juan Vázquez de Acuña (1582-1605), Pedro de Acuña (1605 – ?), AGS EST leg. 1074/187, leg. 1086/151 et leg. 1106/286. À Milan : Jorge Manrique de Lara (1574-1605 ?), Cristóbal Lechuga (1605 ?-1610), Francisco de Padilla (1610 – ?) AGS EST leg. 1260/118, *Descargos del capitán Lechuga* dans AGS VIT leg. 278 (19), p. 109, 128, et AGS EST leg. 1299/128.

54 Voir p. 163-174.

55 Don Bernardino de Velasco, don Pedro de Acuña, don Jorge Manrique de Lara, don Francisco de Padilla.

56 Il fit l'acquisition du titre de Comte de Desio : AGS SSP lib. 1340 fol. 98 (23/12/1580).

57 AGS EST leg. 1065/17 (Janvier 1573) et AGS EST leg. 1144/73 (16/07/1575).

58 AGS EST leg. 1116/16 (21/01/1610) et leg. 1139/4 (25/01/1573).

59 AGS EST leg. 1260/118 (25/12/1574).

60 AGS EST leg. 1136/260 (07/05/1571).

61 AGS EST leg. 1139/134 (18/10/1573).

l'apogée et la fin d'une carrière militaire. Le fait est clair dans le cas des capitaines généraux de l'artillerie, puisque, dans la seconde moitié du XVIe siècle, tous assumèrent cet office jusqu'à leur mort ou leur retraite[62]. Sur une vingtaine de lieutenants d'artillerie dont j'ai pu retracer le devenir, seuls six obtinrent un nouveau poste avant de décéder ou de prendre leur retraite[63]. Pour ces quelques individus, la lieutenance d'artillerie constitua généralement une passerelle vers d'autres offices de commandement militaire. Ainsi, un lieutenant de Navarre fut promu châtelain de la citadelle de Pampelune[64], tandis que deux lieutenants du Portugal obtinrent le commandement du fort d'Othon à Setubal[65]. Un lieutenant de Catalogne fut nommé par le roi comme son capitaine et représentant à Marbella et Ronda[66] et un lieutenant de Navarre reprit du service dans l'infanterie à la tête des compagnies de Fontarrabie et Saint-Sébastien[67]. Il faut également remarquer que les offices de lieutenants étaient à l'évidence moins stables que celui de capitaine général. La plupart des lieutenants n'exerçaient dans une région donnée que quelques années, voire exceptionnellement jusqu'à quinze ans. Cette situation était en partie le résultat des critères de sélection des lieutenants, souvent choisis pour leur longue expérience militaire et, par conséquent, d'un âge avancé pour l'époque. Peut-être s'agissait-il aussi, dans certains cas, d'une mesure préventive du gouvernement central afin d'éviter les risques de fraudes qui augmentaient lorsque ces serviteurs développaient des liens et des intérêts locaux. Par exemple, en 1574, le lieutenant d'artillerie de Malaga Francisco de Molina fut impliqué dans une affaire de détournement d'argent avec d'autres officiers locaux[68]. Bien qu'il fût finalement acquitté, le conseil de guerre décida de muter ce lieutenant à Burgos, afin de le couper de tous les liens qu'il avait tissés à Malaga[69].

---

62 Le seul capitaine général à avoir obtenu une retraite est Pedro Díaz Carrillo de Quesada à Naples. Il passa l'office à son gendre en 1582, et mourut en 1589, AGS EST leg. 1086/151 et leg. 1090/25.

63 Voir annexe II.

64 Il s'agit de Pedro Fernández de la Carrera, AGS GYM leg. 688/17 (24/04/1608).

65 Le premier fut Juan de Molina, juste après l'annexion du Portugal, AGS GYM leg. 105/65 (03/08/1580). Le second fut Melchior de Buitrago, AGS GYM leg. 688/82 (12/12/1608).

66 AGS GYM lib. 77 fol. 199r-201r (26/08/1597).

67 Note du *pagador* Caro del Rincón du 28/04/1583, AGS CMC 2a epoca leg. 414.

68 AGS GYM leg. 81/269, 289 et 308 (05/05/1576).

69 AGS GYM leg. 88/250 (17/08/1578).

LES ARTILLEURS, DES SOLDATS, ARTISANS ET MARINS

L'analyse sociologique et prosopographique des artilleurs révèle un monde bien distinct de celui des commandants d'artillerie. Parmi les deux milliers de noms d'artilleurs que j'ai pu relever, ce sont les García, Rodríguez et autres González qui dominent[70]. Il est bien entendu difficile de connaître l'origine sociale de ces individus uniquement à travers leurs noms mais il faut tout de même remarquer que seulement deux de ces 2 000 artilleurs portaient le *don*[71], proportion extrêmement faible si on la compare à celle du recrutement des soldats des *tercios* espagnols qui, parmi un nombre équivalent d'individus, intégraient près d'une quinzaine de *don*[72]. Contrairement à l'infanterie qui exerçait, encore à cette époque, un certain attrait auprès de la noblesse espagnole, la carrière d'artilleur était avant tout l'apanage d'individus d'origine sociale modeste ou de petits *hidalgos*. C'est d'ailleurs peut-être l'une des raisons pour lesquelles il existait cette sorte de barrière professionnelle infranchissable entre ceux qui utilisaient l'artillerie et ceux qui les commandaient.

On devenait généralement artilleur après au moins quelques années d'exercice d'une autre profession et certains individus le restaient toute leur vie durant. C'est du moins ce qui transparaît de la répartition des âges des artilleurs engagés par la Monarchie hispanique. Sur un échantillon de plus de 500 individus, pour la plupart en service sur les armadas atlantiques, la moyenne d'âge se situait légèrement au-dessus de 32 ans[73]. Le large spectre de distribution des âges, de 20 à 65 ans, cachait de grandes disparités dans la répartition par classe d'âges puisque près des trois-quarts des artilleurs avaient entre 25 et 40 ans. À une époque où l'espérance de vie était relativement faible, et plus encore sur les navires où les conditions de vie étaient particulièrement rudes, les vieux artilleurs de plus de 50 ans se faisaient rares. Les très jeunes artilleurs étaient tout aussi peu fréquents, seulement

70 Voir les séries de noms d'artilleurs dans les armadas de la Monarchie, consultables sur https://cadmus.eui.eu//handle/1814/68555.

71 Don Francisco Hidalgo, artilleur au château de Lisbonne, AGS GYM lib. 63, fol. 289r (28/05/1594), et don Juan de Figueiroa, artilleur sur une *patache* de la *carrera de Indias*, AGI CT leg. 2940B (année 1588).

72 I. A. A Thompson, « El soldado del Imperio », *op. cit.* p. 32.

73 Traitement statistique de la base de données consultable sur https://cadmus.eui.eu//handle/1814/68555.

deux individus avaient 20 ans lorsqu'ils furent engagés, et un peu plus de 10 % avaient moins de 25 ans. Les 25-29 ans étaient par contre bien plus nombreux, mais le pic de recrutement n'était véritablement atteint qu'à partir 30 ans, ce qui signifie que la plupart des artilleurs comptaient au moins autour d'une dizaine d'années d'expérience dans une autre profession.

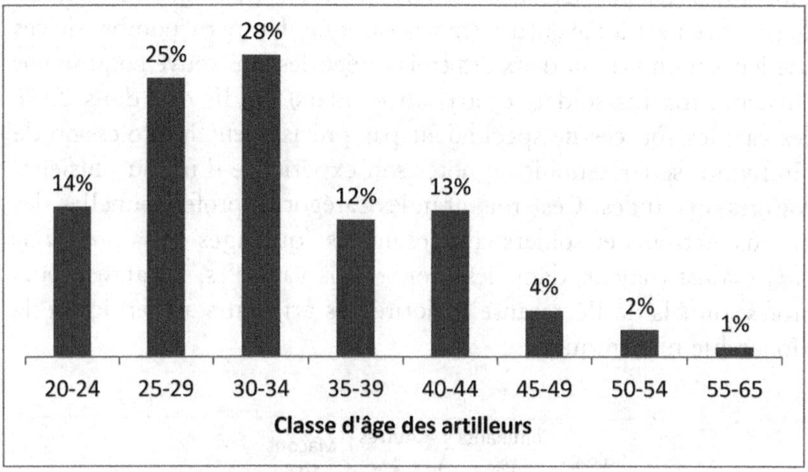

FIG. 20 – Répartition de 570 artilleurs par classe d'âge.
Réalisé à partir de la base de données de l'auteur.

Rares sont les sources permettant une approche quantitative sur l'origine professionnelle des artilleurs. La seule véritable série de données est constituée de près de 400 individus reçus à l'examen d'artilleur de la *casa de la contratación* à Séville, pour lesquels la profession a été enregistrée[74]. Or, les antécédents professionnels de ces artilleurs destinés à servir au sein des flottes transatlantiques se répartissaient en trois grandes catégories. La plus nombreuse était celle des marins et des sous-officiers de marine dont la plupart avaient déjà effectué plusieurs voyages aux Indes. Devenir artilleur faisait, pour ces

74 AGI CT leg. 4871, complétée par la liste des 74 disciples de Ferrofino, AGS GYM leg. 351/283 (06/03/1592). Ces données sont consultables sur https://cadmus.eui.eu//handle/1814/68555. Pour le contexte, voir chapitre « théorie et pratique à l'école d'artilleurs de Séville ».

hommes, partie d'un plan de carrière à bord des navires de la *carrera de Indias*. On trouvait également une proportion plus faible de soldats dont la plupart avaient servi quelque temps dans ces mêmes navires transatlantiques tandis qu'un petit nombre d'entre eux (une dizaine) affichaient une expérience à bord d'autres navires de guerre, principalement les galères d'Espagne. Enfin, réunissant plus d'un quart de l'échantillon, la dernière catégorie se composait d'artisans, principalement des charpentiers, des maçons ou encore des forgerons désireux de prendre part à l'aventure transocéanique. Un petit nombre de ces artilleurs réunissaient deux des trois catégories (on trouve notamment plusieurs marins-soldats et artisans-soldats) tandis que dans 20 % des cas, les sources ne spécifiaient pas précisément la profession de l'individu, se contentant de noter son expérience d'un ou plusieurs voyages aux Indes. Ces trois grandes catégories professionnelles des marins, artisans et soldats composant les équipages de la *carrera de Indias* constituaient, dans des proportions variables, les antécédents professionnels de l'écrasante majorité des artilleurs au service de la Monarchie hispanique.

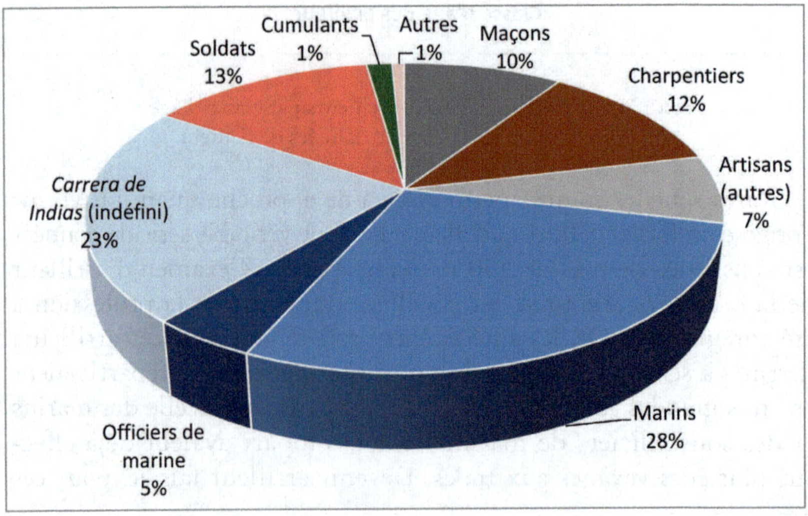

FIG. 21 – Antécédents professionnels de 394 artilleurs de la *carrera de Indias*. Réalisé à partir de la base de données de l'auteur.

Cependant, si le service de l'artillerie sur mer était dominé par les marins, l'artillerie des garnisons revenait quant à elle préférentiellement aux soldats d'infanterie. Ainsi, au milieu du XVIe siècle, sur six places d'artilleurs des châteaux de Roussillon, cinq étaient échues à des arquebusiers et une à un charpentier[75]. Lorsqu'une forteresse fut construite à Jaca en Aragon à la fin du XVIe siècle, les nouveaux postes d'artilleurs furent tous pourvus à partir de soldats de la garnison[76]. Cette pratique de promouvoir des soldats de garnison en artilleurs était assez commune en Espagne si l'on en croit l'instruction donnée au capitaine d'artillerie Andrés de Biedma avant son départ pour une expédition au détroit de Magellan :

> Que, pour les postes d'artilleurs qui viendraient à être vacants, les soldats en garnison dans les forteresses qui souhaiteraient pourvoir ces offices puissent quitter l'infanterie, et que le gouverneur ou les capitaines de ces garnisons ne les en empêchent pas, car c'est ainsi que l'on a l'habitude de procéder dans les forteresses d'Espagne[77].

Il existait manifestement un certain engouement des soldats de garnison à devenir artilleurs. Toutefois, ces mouvements depuis l'infanterie vers l'artillerie déplaisaient fortement à certains commandants qui voyaient leurs compagnies de soldats se réduire au profit des troupes du capitaine général de l'artillerie et de ses lieutenants. Régulièrement, le conseil de guerre dut écrire à ces gouverneurs de forteresses, qu'ils fussent en Navarre[78], en Galice[79], ou encore en Catalogne[80], afin de les exhorter à ne pas empêcher leurs soldats de devenir artilleurs, profession nécessaire et trop rare.

Cette propension des soldats à devenir artilleurs est également perceptible à travers les parcours personnels décrits par de nombreux artilleurs dans leurs requêtes au conseil de guerre. Ainsi, par exemple, Juan Fernández de Vergara, artilleur d'Ibiza, avait servi huit ans dans cette garnison en

---

75 AGS CSU 2ª época leg. 91.

76 AGS GYM lib. 70, fol. 135v (02/04/1595) et fol. 257r (04/02/1596).

77 « *Que para las plaças [de artilleros] que vaquaren puedan salir de la Infantería que estuviere en los fuertes los soldados que las quisieren servir y que el governador y los capitanes dellos no lo estorven, porque esto es lo que se acostumbra en los presidios de España* », AGS GYM leg. 114/66 (11/06/1581).

78 AGS GYM leg. 209/374 (04/11/1587) et leg. 365/123 (11/12/1587).

79 AGS GYM lib. 77 fol. 247v (27/02/1598).

80 Mêmes mots mais adressés au duc de Frias, vice-roi de Catalogne, AGS GYM lib. 77 fol. 251v-252r (07/03/1598).

tant que soldat avant de devenir artilleur[81]. Au Portugal, Francisco de Orozco avait servi 15 ans comme soldat avant de passer artilleur[82] tandis que sur l'île de Madère le soldat Miguel Delgado avait obtenu une promotion d'artilleur après seulement six années de service[83]. Par ailleurs, le passage de soldat à artilleur ne s'inscrivait pas systématiquement dans une logique de promotion mais pouvait aussi parfois résulter de circonstances particulières non désirées de la part des individus qui en subissaient les conséquences. Ainsi, Diego Rodríguez fut soldat puis *cabo de escuadra* (caporal d'un petit contingent de soldats[84]) à Almuñecar avant de s'engager en 1588 dans la Grande Armada contre l'Angleterre. Malheureusement pour lui, il eut à son retour la désagréable surprise de trouver sa place de caporal occupée par quelqu'un d'autre et, obligé de trouver une autre occupation, il s'engagea comme artilleur dans les galères d'Espagne[85]. Enfin, il faut également noter que certaines garnisons disposaient de places intermédiaires d'*ayudante*, des assistants-artilleurs, assurant la transition entre les offices de soldat et d'artilleur : au fort San Felipe de Mahon à Minorque, Sébastian Soler avait ainsi servi cinq ans en tant que soldat et quinze ans en tant qu'*ayudante* avant de devenir artilleur[86].

Sur les navires, des marins et soldats servaient régulièrement d'*ayudantes* afin d'aider les artilleurs à manœuvrer les pièces. D'après une source de l'époque, au départ de chaque navire, le capitaine devait choisir parmi les arquebusiers deux hommes pour chaque pièce d'artillerie qui assisteraient les artilleurs dans toutes leurs actions[87]. Selon Pedro de Zubiaur, général de l'escadron basque de l'*armada del mar Océano*, ces *ayudantes* étaient choisis parmi les marins tout autant que parmi les soldats[88]. Comme ils acquéraient une expérience de l'artillerie, ces marins et soldats jouissaient d'une position privilégiée pour succéder aux artilleurs qui décédaient ou abandonnaient le service[89]. Cette situation

81 AGS GYM leg. 431/41 (10/09/1591).

82 AGS GYM leg. 627/170 (année 1604).

83 AGS GYM lib. 85 fol. 9v (19/08/1598).

84 Quatrefages, René, *Los tercios españoles (1567-1577)*, *op. cit.* p. 263.

85 AGS GYM leg. 389/110 (06/01/1593).

86 AGS GYM leg. 276/273 (06/03/1589).

87 « *Orden e instrucción del modo y manera que se ha de tener para pelear en el Mar* », Coll. Navarrete, vol. 22, doc. n° 47 (année 1575).

88 AGS GYM leg. 378/98 (08/11/1593).

89 Les cas sont nombreux. Par exemple : « *Pasqual Galán, marinero que paso a Lombardero* », AGS CMC 2ª época leg. 747. « *Diego de Argumedo, soldado [...]sirve de Artillero desde diciembre*

explique sans aucun doute la forte présence de marins et de soldats parmi les artilleurs reçus au sein de la *carrera de Indias.*

Cependant, les voies de recrutement étaient multiples et il ne faudrait pas dresser ici une cloison artificielle entre artilleurs de terre et artilleurs de mer. En 1572, le roi ordonnait ainsi au nouveau capitaine général Francés de Álava de mettre fin aux fréquentes absences que certains artilleurs de Burgos avaient pris l'habitude de faire en s'engageant sur des navires :

> Parce que nous avons été informés que certains des artilleurs résidant à Burgos ont l'habitude de faire de longues absences [...], nous ordonnons qu'ils soient avertis que celui qui ne reviendrait pas chaque année pour servir son temps dans la dite Burgos, comme il y est obligé, sans une juste raison de maladie ou autre chose urgente dont il y aurait suffisamment de témoignages, celui-ci sera renvoyé, en particulier s'il s'est mis à servir en mer comme marin sans notre ordre, comme il paraît que certains l'ont fait[90].

Dans ce cas précis, la situation déplaisait fort au gouvernement madrilène car l'engagement des artilleurs se faisait sans autorisation royale mais, fréquemment, des artilleurs de garnisons furent envoyés par ordre du roi servir sur des navires de guerre. Par exemple, une vingtaine d'artilleurs de Burgos furent intégrés aux équipages de la Grande Armada de 1588 et, un an plus tard, un contingent d'artilleurs de Pampelune rejoignit l'émergente *armada del mar Océano*[91].

Néanmoins, selon certains avis de l'époque, les meilleurs artilleurs sur mer étaient les marins d'expérience. Les marchands de la *carrera de Indias* réclamaient ainsi que les artilleurs reçus par la *casa de la contratación* fussent aussi marins[92]. Selon le lieutenant d'artillerie de Lisbonne Hernando de Acosta, les artilleurs qu'il était nécessaire de

---

1593 [...] Juan Antonio Urbas, marinero, sirve de artillero en plaza de Alonso de Monteagudo, fallecido. [...] Sebastián Rodríguez, soldado de la Capitana, sirve de artillero en plaza de Gaspar Martínez, ausente en tres de marzo de 1594 » AGI CT leg. 3937. « *Juan Griego, marinero, sirve plaza de artillero desde diez dias del mes de octubre de 1574 [...] Pedro de Grandes, grumete, sirve plaza de artillero desde diez dias del mes de octubre de 1574 [...] Diego López, grumete, sirve plaza de artillero desde trece dias del mes de octubre de 1574* » AGI CT leg. 3915.

90 « *Porque somos informado que algunos de los dichos artilleros que residen en la dicha Burgos suelen hazer tan grandes ausencias [...] mandamos que se les aperçiva que él que no volviere cada año a servir su tanda en la dicha Burgos como es obligado sin justa causa de enfermedad o de otra cosa urgente de que aya testimonio bastante, se despedirá, mayormente si se metieren en la mar a ser marineros sin horden nuestra como dizen que lo an hecho algunos* », AGS GYM leg. 76/133 (17/05/1572).

91 AGS GYM leg. 203/31 (08/11/1587) et leg. 271/34 (année 1589).

92 AGS GYM leg. 82/174 (27/10/1577).

recruter pour les équipages de l'*armada del mar Océano* devaient « être des marins sans quoi ils ne seront d'aucun bénéfice[93] ». Partageant cette opinion, le capitaine Marcos de Aramburu, vétéran de la Grande Armada contre l'Angleterre[94], se montrait néanmoins plus réaliste quant aux difficultés à trouver des marins-artilleurs en nombre suffisant. Face aux besoins importants des flottes de guerre après 1588, il prônait le recours aux artilleurs de garnison afin de former des marins :

> Que de Malaga, Carthagène, Alicante et toutes ces côtes, l'on réquisitionne tous les artilleurs de terre que l'on peut, car bien qu'ils ne soient pas les plus experts dans l'usage de leur office sur mer, ils transmettront la doctrine de l'artillerie aux marins qui sauront quant à eux bien l'utiliser, puisqu'il est nécessaire de connaître la navigation pour utiliser l'artillerie en mer[95].

L'autre groupe socioprofessionnel présent à la fois au sein des forteresses et à bord des navires était celui des artisans. Les chiffres de la *carrera de Indias* (figure 21) révèlent plus d'un quart d'artisans-artilleurs, dont une majorité de charpentiers et de maçons. Les parcours personnels de certains artilleurs laissent supposer une situation semblable au sein des garnisons. Citons l'exemple de l'artilleur-armurier de Mexico Cristóbal Gudiel[96], ou bien encore ceux d'Antonio Forner et de Juan Rodríguez, tous deux forgerons, serruriers et artilleurs, le premier au château de Mahon à Minorque[97] et le second dans la forteresse de São Julião près de Lisbonne[98]. Parmi ces artisans-artilleurs se trouvaient également un certain nombre de fabricants de poudre habitués à travailler avec des matières explosives : aux quatre *artilleros-polvoristas* de l'échantillon concernant la *carrera de Indias*, on peut ajouter Juan Ruiz de Riela à Pampelune[99], ainsi que Juan Sánchez Quijano qui, pendant 40 ans, circula entre les différents centres de fabrications de poudre à Burgos, Malaga, Carthagène et en Navarre[100].

93 AGS GYM leg. 254/182 (16/12/1589).

94 Martin, Colin, Parker, Geoffrey, *The Spanish Armada*, *op. cit.*

95 « *Que de Málaga, Cartagena y Alicante y todas sus costas se saquen los artilleros de tierra que se pudieren pues aunque no son los más platicos para husar su oficio en la mar, darán doctrina del artillería a los marineros que la sabrán usar bien, respetando de ser menester que sepa de navegación quien a de usar la artillería en la mar* », AGS GYM leg. 254/168 (17/12/1589).

96 AGI MEXICO leg. 21/21 (21/10/1587).

97 AGS GYM leg. 389/164 (09/02/1593).

98 AGS GYM lib. 77 fol. 105r et v (13/12/1596).

99 AGS GYM leg. 213/14 (08/01/1587).

100 AGS GYM leg. 305/121 (27/08/1590).

Ces artisans convertis en artilleurs présentaient certains avantages pour le service de l'artillerie. Dans sa description du parfait artilleur, Luis Collado expliquait que ces individus devaient être favorisés car ils étaient habitués à manier les outils nécessaires à l'artilleur tels que la règle, l'équerre et le compas[101]. Il faisait également remarquer que les compétences de certains artisans étaient directement utiles au service de l'artillerie[102]. Le fait était évident dans le cas des fabricants de poudre de par leur expertise en explosifs, mais il se vérifiait aussi pour les charpentiers et forgerons dont les compétences pouvaient être utilisées à la fabrication ou à la réparation des affûts supportant l'artillerie. Comme le rappelait le capitaine général de l'artillerie Francés de Álava, les maçons, charpentiers et forgerons disposaient de compétences utiles à n'importe quelle armée ou forteresse[103] – et sur n'importe quel navire. Lorsqu'à la suite de l'annexion du Portugal, il fallut doter d'une garnison le château São Jorge de Lisbonne, les recommandations du duc d'Albe spécifièrent :

> Il paraît à son Excellence que, pour le service de l'artillerie et munitions qu'il y a dans le dit château, il faut un *cabo* avec vingt artilleurs parmi lesquels un forgeron, un maître de hache, un charpentier, un maître charron et quelques autres artisans, avec un salaire adéquat[104].

Ainsi, en engageant des artilleurs par ailleurs maçons, charpentiers et forgerons, la Monarchie faisait l'acquisition de doubles compétences en économisant un salaire.

Les marins et soldats devenant artilleurs constituaient eux aussi des combinaisons techniques intéressantes et économiques pour la Monarchie. Parmi les équipages des galions atlantiques, se trouvait une certaine proportion d'individus engagés non pas en tant que *artillero* mais en tant que *marinero y artillero* (« marin et artilleur »)[105]. Payés la plupart du temps au même salaire qu'un artilleur, ces individus constituaient sans aucun doute des ressources humaines précieuses et bon marché, même si leur

101 Collado, Luis, *Plática manual de artillería*, *op. cit.* fol. 103r.

102 *Ibid.*

103 AGS GYM leg. 82/174 (27/10/1577).

104 « *Paresce a su Excelencia que para el servicio de la dicha artillería y municiones que ay en el dicho castillo, un cabo con veinte artilleros en que se incluyan herrero, maestro d'axa, carpintero, maestro de carros y algunos otros officios con el sueldo competente* », AGS GYM leg. 110/15 (06/01/1581).

105 Voir par exemple la liste d'équipage de la *Capitana* et de l'*Almiranta* de la flotte de Nouvelle-Espagne, année 1592, AGI CT leg. 3937. Listes consultables sur https://cadmus.eui.eu//handle/1814/68555.

double statut rendait leur rôle confus en cas de combat naval, comme le faisait remarquer Francés de Álava[106]. De même, l'expérience de soldat de certains artilleurs était parfois utilisée au bénéfice de la Monarchie. Un certain Domingo del Rivero avait par exemple pris part à l'armée d'invasion du Portugal puis à celle de conquête des Açores avant d'être envoyé, en tant qu'artilleur de Burgos, au port de Laredo où, en plus de son office d'artilleur, il entraînait au maniement des armes les gens de la milice locale et servait d'assistant à leur commandant[107]. Ces divers exemples montrent toute la complexité des trajectoires professionnelles de ces artilleurs aux multiples compétences.

FAIRE CARRIÈRE D'ARTILLEUR

Une fois engagés comme artilleurs, une importante proportion de ces marins, soldats et artisans poursuivait une carrière au service de la Monarchie. C'est en tout cas l'impression qui se dégage à la lecture des requêtes d'artilleurs traitées en conseil de guerre. Sollicitant des augmentations, des changements de postes, des retraites, ou bien encore le paiement d'arriérés de soldes, les artilleurs y détaillaient souvent leurs parcours afin de s'attirer les bonnes grâces des ministres du roi. On pourrait argumenter que ces courtes narrations autobiographiques sont peu dignes de foi car teintées de touches hagiographiques. Aussi convient-il de rappeler que les états de service relatés par les solliciteurs s'accompagnaient souvent de lettres de recommandations de leurs capitaines ainsi que d'attestations de service fournies par les comptables militaires[108]. Le biais induit par ces sources se situe donc plutôt au niveau de la représentativité de ces parcours : les artilleurs demandant des faveurs étaient systématiquement des vétérans ayant servi la Monarchie durant de longues années et, par conséquent, la lecture de ces documents ne permet d'apercevoir que les carrières des plus fidèles serviteurs.

Ces *memoriales* d'artilleurs vétérans montrent que certains individus construisaient toute une carrière au service du roi. Après avoir consulté

106 AGS GYM leg. 82/174 (27/10/1577).

107 AGS GYM leg. 307/202 et 203 (27/11/1590).

108 Exemples de memoriales accompagnés de justificatifs comptables : AGS GYM leg. 389/238 (27/05/1593), leg. 316/153 et 431 (année 1590). Ou bien, si les justificatifs n'étaient pas présentés, le conseil de guerre se chargeait de vérifier : AGS GYM leg. 305/121 (30/09/1590), lib. 70, fol. 266r (14/12/1596).

une cinquantaine de parcours, il apparaît que ces artilleurs sollicitant une faveur avaient à leur actif au moins six ans de service, parfois jusqu'à plus de 50 ans, pour une moyenne autour de 25[109]. La plupart étaient encore actifs tandis que trois veuves sollicitaient des faveurs en considération des services rendus par leur mari en l'espace de quarante ans[110]. Le service semble avoir été particulièrement stable et durable pour les artilleurs en poste en garnison. À ce titre, on peut citer les exemples de Jayme Managuerra en poste à Barcelone et Perpignan pendant 45 ans[111], Antonio Camaron à Ibiza pendant 38 ans[112], ou encore Joachim de Padilla y del Águila à Manfredonia en Italie pendant 23 ans[113]. Les carrières au sein des galères ou des galions étaient significativement plus courtes : en moyenne, les artilleurs servant au sein des armadas et demandant des grâces au conseil affichaient dix ans de service de moins que ceux en garnison[114]. Le service de l'artillerie en mer était sans nul doute plus éprouvant et l'obtention d'une place en garnison constituait une sorte de récompense pour certains vétérans des armadas. On peut citer à titre d'exemples les cas de Francisco Hidalgo qui obtint une place dans la garnison de Lisbonne après 28 ans de services en mer[115], et d'Alonso Ordonez, envoyé à la garnison du Ferrol après 12 ans de services dans les armadas[116]. De même, les artilleurs d'armada estropiés qui ne pouvaient plus servir sur un navire obtenaient parfois des postes de garnison[117].

109 AGS GYM leg. 182/49, 99, 136 (16), 165, 167 (8), 168 (10 et 12), 172 (5), 175 (4), leg. 212/64, 96, 297, leg. 213/49, 285, 551, leg. 268/36, leg. 276/273 et 275, leg. 305/121, leg. 307/202 et 203, leg. 316/98, 153, 430, 431, leg. 365/174, leg. 389/164, 238, 240, 273, 274, 542, 543, leg. 394/111, 271, 314, leg. 397/5, leg. 627/170, leg. 654/93, lib. 57, fol. 25v, lib. 63, fol. 181v-182v, 289r, lib. 70, fol. 38v, 236r, 266r, lib. 77, fol. 28r, 105r, 247r, 275r, lib. 85, fol. 9v, 10r, 35r, 91r, AGI IG leg. 2007 (sans numérotation, documents sur le parcours de Diego García de Copete), AGS EST leg. 1709/7.

110 AGS GYM leg. 305/121 (27/08/1590). leg. 365/174 (26/09/1592). lib. 85 fol. 91r (31/05/1600).

111 AGS GYM leg. 182/172 (5) (année 1585).

112 AGS GYM leg. 212/64 (17/0/1587).

113 AGS EST leg. 1709/7 (année 1605).

114 On trouve une moyenne de 18 ans pour vingt individus concernés, tandis que la moyenne de service des artilleurs de garnisons est autour de 27 ans.

115 AGS GYM lib. 63 fol. 289r (28/05/1594).

116 AGS GYM lib. 70 fol. 266r (14/02/1596).

117 Maestro Ambrosio, 20 ans de service en mer, infirme d'une jambe, obtint une place à Santander, AGS GYM lib. 57 fol. 25v (09/06/1590). Juan Ramirez, devenu manchot, fut envoyé à la garnison du fort de San Julián près de Lisbonne AGS GYM leg. 212/290 (année 1590). Manfre Bernegal, artilleur de l'*armada del mar océano*, devenu manchot après 40 ans de services, muté à la garnison de Lisbonne AGS GYM lib. 85 fol. 35r et v (21/12/1598).

Il faut par ailleurs souligner la mobilité de certains individus durant leur longue carrière au service de la Monarchie. Par exemple, en 40 années de service, Rodrigo de Saavedra fut tour à tour artilleur à Oran, puis dans les galères d'Espagne et enfin à Cadix[118]. Un autre Saavedra, Diego de son prénom, avait servi en Flandre, en Espagne et sur l'île de Terceira pendant une vingtaine d'années[119]. Le chef artilleur Pedro de la Sierra avait quant à lui participé à la guerre de Grenade contre le soulèvement des *moriscos*, puis aux campagnes de don Juan d'Autriche à Lépante et à Tunis, puis à l'annexion du Portugal et, au début des années 1590, il servait dans l'escadron de galères de Bretagne stationné dans le port de Blavet – aujourd'hui Port-Louis[120]. Même les artilleurs jouissant d'une place stable en garnison se voyaient parfois contraints au mouvement à l'occasion d'une grande campagne militaire. Ainsi, Pedro de Veynca, artilleur de la garnison de Saint-Sébastien, abandonna temporairement son poste pour participer aux batailles de São Miguel et la Terceira en 1582-1583, puis plus tard encore à l'occasion de la Grande Armada contre l'Angleterre[121]. Le phénomène semble avoir été assez généralisé puisqu'un tiers des cinquante parcours consultés mentionnent au moins une participation à une grande opération militaire telle que Grenade (1568), Lépante (1571), Navarino (1572), Tunis (1573), l'annexion du Portugal (1580), la bataille de São Miguel (1582), de la Terceira (1583), la Grande Armada (1588). En sus de ces parcours précis, il faut ajouter les nombreuses requêtes d'artilleurs se contentant d'indiquer de manière floue leur participation à « de nombreuses batailles ». Il paraît donc raisonnable d'affirmer que la majorité de ces artilleurs vétérans, qu'ils fussent en garnison ou en armada, prirent part à une grande bataille au moins une fois au court de leur carrière.

La présentation de quelques trajectoires singulières rendra compte de ce que pouvaient espérer les plus chanceux et les plus doués de ces artilleurs faisant carrière au service du roi. Le parcours de Juan Zorrilla

118 AGS GYM lib. 77 fol. 247r (03/03/1598).

119 AGS GYM lib. 77 fol. 275r (11/07/1598).

120 AGS GYM leg. 389/238 (27/05/1593). Le corps expéditionnaire espagnol stationné à Blavet (Port-Louis) sous le commandement de Juan del águila, fut un renfort envoyé par Philippe II au duc de Mercœur, alors gouverneur de Bretagne et dernier ligueur contre l'autorité du roi de France Henri IV. Les troupes de Juan del águila demeurèrent en Bretagne de l'année 1590 au traité de Vervins qui marqua la paix entre la France et l'Espagne en 1598.

121 AGS GYM leg. 316/153 (année 1590).

fournit à cet égard une idée de l'expérience de vie d'un artilleur de garnison. Ce dernier s'engagea au service de la Monarchie en 1572, devenant artilleur ordinaire de Burgos[122]. Cette ville constituait, comme le chapitre précédent l'a montré, le principal centre d'artillerie de Castille et ses nombreux artilleurs étaient régulièrement appelés à prendre les armes pour quelque grande opération. Ainsi, Juan Zorrilla fut de ceux qui prirent part à l'invasion du Portugal en 1580, puis à la campagne de récupération des Açores en 1582-1583[123]. Devenu *cabo de artilleros* (chef artilleur) à son retour à Burgos, il fut convoqué de nouveau en 1588 pour participer à l'Armada contre l'Angleterre en tant que chef des artilleurs du galion *Nuestra Señora del Rosario*, l'un des navires les plus lourdement armés de toute la flotte[124]. Malheureusement, l'un des mâts du galion rompit lors de la première escarmouche avec les Anglais près de Plymouth et, abandonné par le reste de l'armada, il fut capturé par le *Revenge* de Francis Drake[125]. Prisonnier en Angleterre pendant huit mois, Zorrilla dut s'engager à payer une rançon de 320 écus (l'équivalent de plusieurs années de salaire) pour se libérer[126]. Comble d'infortune, sur le trajet de retour en Espagne, il reçut un tir d'arquebuse dans l'épaule lors d'un affrontement avec un navire anglais[127]. Il put cependant récupérer sa place de chef artilleur de Burgos, bénéficia d'une aide pour le paiement de sa rançon[128] et, peu après, il obtint une certaine compensation de ses malheurs puisqu'il fut promu capitaine des régiments de sapeurs de l'armée royale levée pour réprimer le soulèvement aragonais de 1591[129]. Sa trace se perd en 1594, date à laquelle il ne faisait plus partie des artilleurs de Burgos[130].

122 AGS GYM leg. 277/9 (12/08/1589).

123 Voir la liste des artilleurs de Burgos payés dans l'armée de Portugal le 10/11/1580 : AGS CMC 2ª época leg. 500. Sur la campagne des Açores, voir les paiements du 25/08/1584 au retour de Juan Zorrilla à Burgos : AGS CMC 2ª época leg. 414.

124 AGS GYM leg. 277/9 (12/08/1589). Avec 46 pièces d'artillerie et un port de 1150 t., l'énorme galion de Pedro de Valdés était *Capitana* de l'escadron d'Andalousie, Martin Colin, Parker, Geoffrey, *The Spanish Armada*, *op. cit.* p. 40 et 62.

125 *Ibid.*, p. 168-169.

126 AGS GYM leg. 277/9 (12/08/1589).

127 AGS GYM leg. 268/36 (14/10/1589).

128 AGS GYM leg. 268/36 (14/10/1589).

129 AGS GYM lib. 63, fol. 256v (13/03/1594). À cette date, le document spécifie qu'il était artilleur de Burgos.

130 Il n'apparaît plus dans la liste des artilleurs de Burgos en Septembre 1594, AGS GYM lib. 70, fol. 39r (10/09/1594).

Le cas de Diego García Copete offre le pendant naval de l'expérience de Juan Zorrila. Né vers 1550, García Copete commença sa carrière en tant que soldat lors de la Guerre de Grenade en 1568, puis devint *cabo de escuadra*, c'est-à-dire chef d'un petit groupe d'une douzaine d'hommes au sein d'une compagnie d'infanterie[131]. Après plusieurs années de service dans l'infanterie, il décida de s'engager comme artilleur dans la *carrera de Indias* et y fit carrière, combattant de nombreuses fois et recevant de multiples blessures selon ses propres propos[132]. En 1599, on le retrouve à bord d'un navire envoyé aux Açores pour escorter la flotte à son retour des Indes ; âgé d'une cinquantaine d'années, il tenait alors le rôle de *condestable*, c'est à dire de commandant des artilleurs du navire et se faisait accompagner de son fils de 22 ans, artilleur lui aussi[133]. L'année suivante, il demanda au conseil des Indes à être engagé en tant que chef des artilleurs de l'*armada de guarda de la carrera de Indias* commandée par Marcos de Aramburu[134]. En 1604-1605, il fut même nommé capitaine d'artillerie de la flotte de Nouvelle-Espagne du général Juan Gutiérrez de Garibay[135]. Souhaitant capitaliser ce nouveau statut, il sollicita, dès son retour, un poste de capitaine d'artillerie au port de Veracruz[136], qu'il dut obtenir puisqu'en 1621, usé par 53 années de service, il touchait encore ce salaire sans être en état d'assurer ses fonctions[137]. Il faut noter que l'obtention d'un titre de « capitaine » représentait une consécration absolue pour cet artilleur vétéran qui se faisait un point d'honneur à voir figurer son précieux statut sur tout document le concernant :

---

131 Diego García de Copete au conseil des Indes (08/02/1600) AGI IG leg. 2007 (sans numérotation). Sur le rôle du *cabo de escuadra*, voir Quatrefages, René, *Los tercios españoles (1567-1577)*, *op. cit.* p. 263.

132 Diego García de Copete au conseil des Indes (08/02/1600), AGI IG leg. 2007 (sans numérotation).

133 Liste de l'équipage de la flotte de Juan de Salas et Pedro Sánchez Escudero, année 1599. Il était sur la *patache Nuestra Señora de la Concepción*, et le suivant dans la liste est son fils, AGI CT leg. 2965.

134 Diego García de Copete au conseil des Indes (08/02/1600) AGI IG leg. 2007 (sans numérotation). Sur l'escadron de Marcos de Aramburu composé de sept galions, voir Chaunu, Huguette, Chaunu, Pierre, *Séville et l'Atlantique, 1504-1650*, *op. cit.*, tome 4, p. 92.

135 La *casa de la contratación* au roi, informations à propos de Diego García Copete (08/05/1606), AGI IG leg. 2008 (sans numéroration). Sur la flotte de Juan Gutiérrez de Garibay, voir Chaunu, Huguette, Chaunu, Pierre, *Séville et l'Atlantique, 1504-1650*, *op. cit.*, tome 4, p. 198.

136 Voir l'information de la *casa de la contratación* au roi à propos des prétensions de Diego García Copete (08/05/1606), AGI IG leg. 2008 (sans numérotation).

137 AGI IG leg. 2076/264 (12/05/1621).

> Il supplie Votre Majesté de bien vouloir l'honorer du titre de capitaine, comme il l'a obtenu par la cédule royale que voici [...] et que Votre Majesté ordonne que, dans les cédules et courriers qui lui sont adressés, on n'omette pas le dit titre[138].

La trajectoire de Francisco Sánchez de Moya fut encore plus originale. En 1575, à l'âge de dix-huit ans, il s'engagea comme soldat d'infanterie à Naples où il servit jusqu'en 1579, après quoi il passa en Navarre[139]. Au début des années 1580, il obtint une place d'artilleur au sein de la garnison de Pampelune[140] puis il gravit rapidement les échelons puisque, en 1587, les sources s'y référaient en tant que *caporal* des artilleurs de la ville, principale autorité en matière d'artillerie en-dessous du lieutenant d'artillerie de Navarre[141]. À cette même date, un poste de *contador* de l'artillerie du Portugal s'ouvrit et, grâce à l'appui du capitaine général de l'artillerie Acuña Vela, cet artilleur de Pampelune devint comptable à Lisbonne en décembre 1589[142]. Une telle promotion était tout à fait exceptionnelle et il est important de noter que ce cas d'un artilleur devenant comptable militaire est le seul et unique que j'ai pu relever. Ce transfert fut sans doute le résultat d'une relation particulière de confiance entre Juan de Acuña Vela et cet individu qu'un autre artilleur de Pampelune affirmait être *criado del general*[143] (« serviteur du général »). Il ne s'agissait toutefois pas que de favoritisme car Francisco Sánchez de Moya semble avoir réellement possédé de solides compétences. Avant d'obtenir officiellement le poste de *contador*, il fut appelé par le capitaine général de l'artillerie à Lisbonne afin de l'assister lors de la préparation de la Grande Armada contre l'Angleterre[144]. Plus tard, le capitaine général de l'artillerie raconta comment lui-même, deux ingénieurs italiens et Sánchez de Moya s'étaient réunis de nombreuses fois autour d'une table

138 « *Suplica a Vuestra Majestad que fuese servido de honrarle con el título de capitán como consta de la cedula real que tiene [...] y que Vuestra Majestad mande que en las cedulas y despachos que se le dieren no se le quite el dicho título* », *ibid.*

139 Voir le dossier de près de 100 pages constitué par sa veuve : AGI SANTO DOMINGO, leg. 20/8 (année 1621).

140 Voir les comptes du *contador* de Burgos Caro del Rincón : AGS CMC 2ª época leg. 414.

141 AGS GYM leg. 209/172 (sans date, probablement année 1587).

142 Sa candidature fut même proposée par le capitaine général de l'artillerie en conseil de guerre, *ibid.* Sur sa fonction de *contador*, voir AGS GYM leg. 378/38 (23/10/1593).

143 Il s'agissait de l'artilleur Pedro de Monsalbe, par ailleurs en procès avec la femme de Sánchez de Moya, AGS GYM leg. 215/121 (année 1587).

144 AGI SANTO DOMINGO, leg. 20/8 (année 1621).

à Pampelune afin de discuter des problèmes de fabrication de boulets de canon[145]. Une fois en poste à la comptabilité de l'artillerie portugaise, Sánchez de Moya devint l'un des principaux acteurs du développement de l'artillerie à Lisbonne à cette période cruciale de mise en place de l'*armada del mar Océano*, et il demanda à plusieurs reprises des augmentations[146] finissant par obtenir une nouvelle promotion : en mai 1597, il fut nommé capitaine d'artillerie et envoyé à Cuba à la tête d'un groupe de fondeurs, forgerons et charpentiers – pour la plupart portugais, des connaissances faites à Lisbonne – afin d'y démarrer la production de canons[147]. Il fit installer une fonderie d'artillerie à la Havanne, développa les mines de cuivre non loin du port de Santiago de Cuba, fit édifier tout un village d'artisans et d'esclaves bientôt formés aux techniques de minage et de forge et il devint l'un des principaux notables de la région, s'en faisant même remettre le gouvernement par intérim suite au décès soudain du gouverneur Juan de Villaverde en 1612[148]. À sa mort en 1620, ses revenus étaient supérieurs au salaire du capitaine général de l'artillerie d'Espagne[149].

Il faut cependant souligner que ces trois artilleurs devenus « capitaines » eurent des carrières particulièrement réussies. À l'exception des lieutenances d'artillerie – inaccessibles aux artilleurs – rares étaient les postes de capitaines au sein de l'administration de l'artillerie. Les titres de *capitán de artillería* étaient la plupart du temps liés à des armées temporaires, à des escadrons de navires ou à certaines régions des Indes, c'est-à-dire en marge des structures ordinaires d'administration de l'artillerie[150]. Il était donc très peu probable pour un artilleur de devenir un jour capitaine. Fait tout aussi rare, Luis Collado, l'auteur du portrait

145 AGS GYM leg. 280/255 (18/01/1590).

146 AGS GYM leg. 378/38 (23/10/1593) et lib. 77 fol. 68r (17/08/1596).

147 AGI CT leg. 5254, N.2, R.1. (26/05/1597).

148 AGI SANTO DOMINGO, leg. 20/8 (année 1621). Macías Domínguez, Isabelo, *Cuba en la primera mitad del siglo* XVII, *op. cit.*

149 D'après sa veuve, il touchait l'énorme somme de 1 640 ducats par an, *ibid.* Le salaire du capitaine général de l'artillerie d'Espagne était de 1 000 ducats par an, AGS GYM lib. 43 fol. 22v-35r (30/08/1586).

150 En plus des trois biographies précédentes : Juan Lopez, *capitan de artillería* de l'armée d'Aragon, AGS GYM lib. 57 fol. 206-208 (18/08/1591). Pedro Díaz Borja, Juan de Villalobos, *idem* au sein des galères d'Espagne, AGS GYM leg. 280/245 (12/01/1590) et leg. 364/152 (20/07/1592). Gotardo Giacquetto, *idem* dans les galères de Sicile, AGS EST leg. 1156/249 (25/08/1589). Melchior Veloso et Pedro de Castro, *idem* dans la flotte de Nouvelle-Espagne, AGI CT leg. 219, n° 2, R.5 (année 1581) et AGI CT leg. 2940B.

du parfait artilleur en introduction de ce chapitre, parvint à se hisser du statut d'artilleur à celui d'ingénieur militaire de Lombardie[151]. Autre exception, à Milan, un certain Jacopo de la Cruz, noble de naissance, entra dans la cavalerie lourde après avoir été artilleur du château[152]. Or, le schéma de réussite le plus fréquent au service de la Monarchie consistait à devenir chef d'un petit groupe d'artilleurs en tant que *cabo de artilleros* au sein d'une garnison, ou bien *condestable* à bord d'un navire. Ces sous-officiers n'avaient pas tous des décennies d'expérience dans l'artillerie. D'après mon échantillon d'artilleurs des armadas atlantiques, les *condestables* étaient en moyenne seulement cinq ans plus âgés que les artilleurs. La répartition par classe d'âge tend à révéler que la plupart des *condestables* atteignaient ce poste à partir de 30 à 40 ans, et les très vieux *condestables* étaient presqu'aussi rares que les très vieux artilleurs. En d'autres termes l'ancienneté entrait en ligne de compte dans la promotion des individus, mais elle n'était pas l'unique facteur d'avancement, et ce type de postes constituait une perspective de carrière à la portée de tout artilleur ayant quelques années d'expérience.

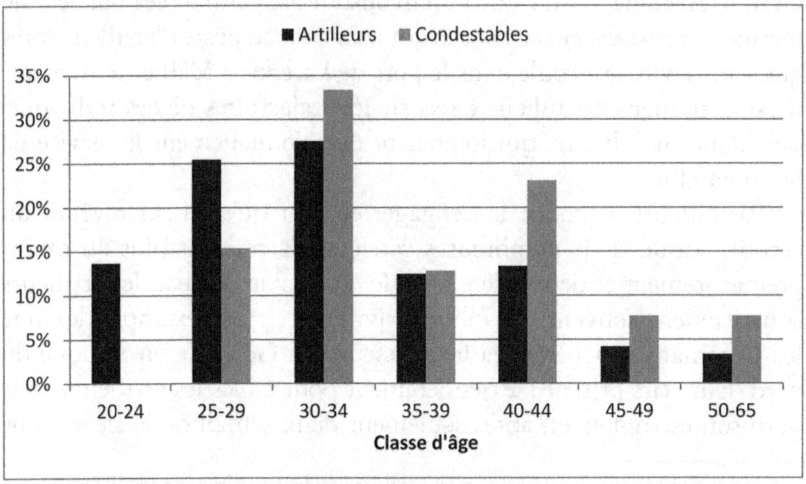

FIG. 22 – Comparaison de l'âge des artilleurs et des *condestables* (respectivement 570 et 39 individus). Réalisé à partir de la base de données de l'auteur.

151 États de service relatés par sa fille, AGS EST leg. 1704/266-268 (10/08/1604).
152 Voir les *descargos* du lieutenant del Campo : AGS VIT leg. 330 (2) fol. 159 (17/03/1588).

À côté de ce noyau de professionnels assidus au service de la Monarchie et faisant réellement carrière d'artilleur, il faut souligner la présence d'une nébuleuse d'individus ayant eu des intérêts plus ponctuels. C'est ainsi sans doute qu'il faut considérer tout un groupe d'artisans ayant gravité autour d'Andrés Muñoz el Bueno, maître artilleur de la *casa de la contratación* à Séville[153]. Charpentier à l'origine, ce dernier s'était engagé dans l'artillerie en 1579 à l'occasion de l'invasion du Portugal, en compagnie d'un collègue, Cristóbal Martín, qui était depuis retourné à son métier d'ébéniste[154]. À l'occasion de la conquête des Açores en 1582 et 1583, Muñoz el Bueno s'entoura cette fois de tout un petit groupe d'amis artisans de Séville : Juan Ruiz de Baltodano (menuisier), Bartolomé Muñoz (maçon), Alonso Cortés Malaver (serrurier) et le même Cristóbal Martín (ébéniste), tous retournés à leur travail d'artisan après 1584, à l'exception du serrurier, qui avait poursuivi le service au roi en tant qu'artilleur et soldat[155]. Ainsi, le service de l'artillerie pouvait, en quelque sorte, être occasionnel, au gré des opportunités qui se présentaient. Il pouvait être aussi temporairement forcé, soit par un statut particulier comme dans le cas de cet artilleur esclave engagé dans la Grande Armada[156], soit par les circonstances, comme ces officiers de marine (*contramaestre* et *despensero*) qui passèrent au poste d'artilleur après que leur navire eût coulé dans le port de Laredo[157]. Malheureusement, il est extrêmement difficile de saisir les trajectoires de ces individus, sans doute nombreux, qui joignaient occasionnellement le service de la Monarchie.

Par ailleurs, le choix de s'engager en tant qu'artilleur revêtait un certain risque et de nombreuses carrières s'arrêtèrent plus ou moins prématurément et de manière brutale. En cas de combat, les artilleurs constituaient souvent des cibles privilégiées : par exemple, lorsque les Ottomans assiégèrent la forteresse de La Goulette en Afrique du nord, leurs tirs prirent particulièrement pour cibles les artilleurs de la garnison espagnole et, après seulement deux semaines de siège, il ne

---

153 Sur ce personnage, voir le chapitre suivant sur l'école d'artilleurs de Séville.

154 Cet ébéniste fait partie des témoins de la procédure d'information de l'année 1593 faisant partie du dossier intitulé « *Andrés Muñoz el Bueno, artillero, sobre que se le haga merced del officio que esta vaco por Andrés de Espinosa* », AGI IG leg. 2007.

155 Ces détails biographiques se déduisent des témoignages présents dans *ibid.*

156 « *Andres Pacheco, artillero de color mulato esclavo de Nufro Rodríguez* », AGI CT leg. 2934.

157 AGS CMC 2ª época leg. 747 (année 1576).

restait plus que neuf des vingt-trois artilleurs initialement présents[158]. En 1589, lorsqu'un navire marchand de la *carrera de Indias* fut attaqué par des corsaires anglais à son retour de Nouvelle-Espagne, les deux navires ennemis visèrent les gens d'artillerie, tuant le *condestable* et un artilleur, si bien que le capitaine fut contraint de servir lui-même comme artilleur[159]. Éliminer les artilleurs de l'adversaire était semble-t-il une tactique courante permettant d'estropier et de paralyser l'artillerie adverse. Lorsqu'ils ne mouraient pas sur le coup, les individus victimes de ces attaques étaient souvent grièvement blessés et parfois amputés, ce qui contraignait certains à arrêter leur carrière[160]. Les situations de combat étaient en ce sens particulièrement dangereuses pour les artilleurs, même si elles étaient loin de représenter leur quotidien.

En revanche, il y avait un risque au quotidien à manipuler de la poudre noire et les explosions n'étaient pas rares. Le capitaine général Juan de Acuña Vela racontait ainsi un de ces accidents survenus lors des préparatifs de la Grande Armada de 1588 à Lisbonne :

> À deux heures aujourd'hui, nous avons testé quelques pièces d'artillerie nouvellement fabriquées et il est survenu un grand malheur. Certains artilleurs qui chargeaient une de ces pièces, après l'avoir fait tirer une fois, mirent une cuillère de poudre qui prit feu à l'intérieur du canon et la flamme atteignit une autre cuillère de poudre que l'on mettait dans une autre pièce et, les deux cuillères ensemble provoquèrent une explosion telle qu'elle projeta à vingt pas trois artilleurs, lesquels furent gravement blessés. Deux d'entre eux ont succombé à leurs blessures tandis que le dernier a perdu un bras. [...] Les dégâts sont importants, mais ils auraient pu l'être bien plus car deux gentilshommes d'artillerie tombèrent sans se blesser et nous marchions tous non loin du drame[161].

---

158 AGS EST leg. 1141/122 (1).

159 Le capitaine Villamarin à la *casa de la contratación* (22/11/1589), AGI CT leg. 5108 (sans numérotation).

160 L'artilleur Juan Ramirez perdit sa main lors de l'attaque du port de Ferrol par les Anglais AGS GYM leg. 212/290 (année 1590). Maestro Ambrosio fut blessé à la jambe lors de l'Armada de 1588 et dut renoncer à servir en mer, AGS GYM lib. 57 fol. 25v (09/06/1590). Pedro de Bureta perdit quant à lui sa jambe durant cette même opération, AGS GYM lib. 57 fol. 153 (21/04/1591). Autre exemple d'amputation, l'artilleur Manfre Bernegal perdit son bras droit et dut arrêter le service, AGS GYM lib. 85 fol. 35r et v (21/12/1598).

161 « *A los dos deste se provaron unas pieças nuevas de artillería y acaescio una gran desgracia porque unos artilleros que cargavan la una, habiendola disparado una vez, metieron una cuchara de pólvora y dentro se encendió y la llama dio en otra cuchara de pólvora que se metía en otra pieça y entrambos hizieron tal estrago que arrojaron más de 20 pasos a tres artilleros, los quales fueron*

Sans être extrêmement fréquentes, de telles explosions accidentelles se produisaient cependant régulièrement lors des tests de nouvelles pièces ou au sein de l'espace confiné d'un navire ou bien parfois même en plein combat[162]. Autre risque quotidien, la pratique régulière du tir au canon pouvait à long terme engendrer une cécité partielle ou totale et un certain nombre de vétérans finissaient par perdre la vue[163].

La mortalité de la profession devait être relativement élevée car, en plus de ces risques liés à l'usage des pièces d'artillerie, les conditions de service mettaient souvent les corps à rude épreuve. En 1580, trente artilleurs de Burgos se joignirent à l'armée d'invasion du Portugal et, malgré une campagne militaire sans combat, ou presque, une douzaine de ces individus décéda ou tomba malade[164]. La vie à bord des galions était également difficile. Pour un voyage aller-retour aux Indes, Perez Mallaína estime que la mort, principalement due aux épidémies et aux naufrages, frappait autour de 12 % de l'équipage, ce qui était trois fois plus élevé que le taux de mortalité annuel des habitants de la péninsule ibérique[165]. D'après l'étude de Delphine Tempère sur les galions du XVIIe siècle, la probabilité de décéder de maladie ou d'un naufrage était, chez les artilleurs comme chez les autres acteurs de la *carrera de Indias*, bien plus élevée que celle de mourir au combat[166]. En d'autres termes, s'engager en tant qu'artilleur était un pari relativement risqué qui s'effectuait dans l'espoir de tirer certains profits. Aussi convient-il maintenant d'analyser les bénéfices que pouvaient obtenir ces marins, soldats et artisans qui faisaient le choix de servir l'artillerie de la Monarchie hispanique.

---

muy mal heridos, los dos son ya muertos y el otro tiene un braço menos [...] El daño fue harto pero pudiera ser mayor porque también cayeron dos gentiles hombres de la artillería, no recibieron otro daño y todos andábamos por allí cerca », AGS GYM leg. 220/15 (22/05/1588).

162 Quelques accidents : AGS GYM leg. 305/58 (09/07/1590), AGI CT leg. 928 N.26 (année 1595). Récit de l'attaque de corsaires français sur le port de Santiago de Cuba par le capitaine Gomez de Rojas Manrique AGI CT leg. 5108 (sans numérotation).

163 Sebastian Soler, devenu aveugle après 35 ans de service, AGS GYM leg. 276/273 (06/03/1589). Francisco Hidalgo devenu aveugle après 28 ans de services, AGS GYM lib. 63 fol. 289r (28/05/1594). Esteban de Roda, devenu aveugle après 43 ans, cécité sans doute causée par des flammes lors d'un combat, AGS GYM lib. 63 fol. 181v-182v (22/06/1593).

164 AGS GYM leg. 105/131 (20/09/1580).

165 Perez-Mallaína, Pablo, *Spain's Men of the Sea*, *op. cit.*, p. 186.

166 Tempère, Delphine, *Vivre et mourir sur les navires du Siècle d'Or*, Paris, Presses Universitaires de Paris-Sorbonne, 2009, p. 259.

STATUT SOCIO-ÉCONOMIQUE DES ARTILLEURS

Essentielles pour comprendre les dynamiques d'engagement, les récompenses que la Monarchie hispanique offrait pour le service de son artillerie revêtaient différentes formes. Ainsi, comme l'écrivait le capitaine général de l'artillerie Acuña Vela en 1604 :

> Dans toutes les forteresses d'Espagne il y a des artilleurs, dans certaines avec un salaire modéré, dans d'autres avec un salaire faible, dans d'autres avec presque rien et dans d'autres sans aucun salaire, car ils servent seulement pour les privilèges[167].

Ces quelques mots montrent que la forme la plus évidente de rémunération des artilleurs, leur salaire, était toujours modeste voire faible bien que variable d'un lieu de service à un autre. Cependant, le service de l'artillerie offrait d'autres types de rétributions. Comme l'affirmait Juan de Acuña Vela, certains individus s'engageaient en tant qu'artilleurs sans salaire, uniquement pour jouir des privilèges. Par conséquent, il s'agit maintenant de cerner l'ensemble des bénéfices économiques et sociaux attachés au statut d'artilleur de la Monarchie hispanique.

UN SALAIRE MODESTE

Le niveau de salaire des artilleurs de la fin du XVIe siècle était un héritage des premières structures d'administration de l'artillerie de l'époque d'Isabelle et Ferdinand. Ainsi dans les premières années du XVIe siècle, il existait trois niveaux de salaire pour les artilleurs de Castille, à 50, 60 et 70 *maravédis* par jour[168]. À la fin du siècle, on retrouvait précisément les mêmes niveaux de salaire parmi les artilleurs

---

167 « *En todos los demás presidios de España hay artilleros, en algunos con sueldo moderado, en otros con corto, en otros con casi ninguno y en otros sin él, que sirven por solas las preeminencias* », AGS GYM leg. 688/58 (14/08/1604).

168 Voir le document « *Nominas de la artillería de Medina del Campo en 1498 y 1507* » transcrit dans Cobos Guerra Fernando, *La artillería de los Reyes Católicos*, *op. cit.* Ces trois niveaux de salaire apparaissent également dans la comptabilité de l'artillerie des années 1525-1526 : AGS CMC 1[a] época leg. 635 (4).

ordinaires de Burgos, qui étaient en quelque sorte les héritiers les plus proches du noyau administratif développé au temps des Rois Catholiques[169]. Ces trois niveaux constituaient différents paliers d'avancement permettant de promouvoir les vétérans. Équivalent à des sommes de 4 à 5,6 ducats par mois[170], ces salaires représentaient en 1500 le triple de ce que pouvait espérer gagner un manouvrier en Castille[171]. Néanmoins, l'afflux massif de métaux précieux américains engendra, en particulier à partir des années 1550, une inflation dont l'importance et la persistance lui a valu de la part des spécialistes de l'histoire économique l'expression de « révolution des prix[172] ». La stagnation du salaire des artilleurs de Burgos durant tout le XVIe siècle se traduisit donc en réalité par une baisse relative de leurs revenus par rapport au niveau des prix.

Les salaires des artilleurs dans le reste des garnisons espagnoles tendirent à s'aligner sur la norme de Burgos. Très tôt, dans les grandes garnisons frontières qu'étaient Perpignan et Pampelune, les salaires avoisinèrent ceux des artilleurs de Burgos[173]. Toutefois à Saint-Sébastien, Fontarrabie ou encore Gibraltar, les artilleurs ne touchaient, dans les

169 Pour les années 1570-1580, voir AGS CMC 2ª época leg. 414. Salaires toujours constants en 1590 : AGS GYM lib. 57, fol. 52r-56v. Et en 1594 : AGS GYM lib. 70, fol. 39r.

170 *Maravédis* et *ducados* étaient les monnaies de comptes les plus couramment utilisées au XVIe siècle, avec une équivalence stable de 1 *ducado* pour 375 *maravédis*. Voir Febvre, Lucien, « L'afflux des métaux d'Amérique et les prix à Séville : un article fait, une enquête à faire », *Annales d'histoire économique et sociale*, vol. 2, nº 5, 1930, p. 68-80. En reprenant la méthode comptable des sources citées précédemment, je compte 30 jours par mois.

171 Un ouvrier pouvait espérer gagner 20 ducats par an en 1500 selon Elliott, John H., *Imperial Spain*, *op. cit.*, p. 117. Confirmé par les chiffres de Hamilton, Earl J., *American Treasure and the Price Revolution in Spain, 1501-1650*, Cambridge (Massachusetts), Harvard University Press, 1934. p. 394.

172 Le concept de « révolution des prix » proposé par Hamilton a été l'objet d'un long débat historiographique : Hamilton, Earl J. *American Treasure and the Price Revolution in Spain, 1501-1650*, *op. cit.* ; Gould, J. D., « The Price Revolution Reconsidered », *The Economic History Review, New Series*, vol. 17, nº 2, 1964, p. 249-266 ; Cipolla, Carlo, « The So-Called 'Price Revolution' : Reflections on the 'Italian Situation' », dans *Economy and Society in Early Modern Europe. Essays from Annales*, Peter Burke (éd.), Londres, Routledge & Kegan Paul, 1972, p. 43-46 ; Fisher, Douglas, « The Price Revolution : A Monetary Interpretation », *The Journal of Economic History*, vol. 49, nº 4, 1989, p. 883-902.

173 Les artilleurs de Pampelune étaient payés pour la plupart 50 maravédis par jour, 70 pour leur caporal, AGS CMC 2ª época leg. 414. Depuis le milieu du XVIe siècle, ceux de Perpignan touchaient entre 4,4 ducats et 5 ducats par mois, AGS CSU 2ª época leg. 91.

années 1570, que la moitié de cette somme[174]. Néanmoins, les informations sur les salaires circulaient entre les différentes places fortes espagnoles et, en 1584, les artilleurs de Fontarrabie dénoncèrent une situation qu'ils jugeaient injuste puisqu'ils réalisaient exactement le même travail que leurs collègues de Pampelune et Burgos[175]. La Monarchie fut contrainte d'augmenter leur salaire si bien qu'à la fin du XVIe siècle, les artilleurs de Fontarrabie et Saint-Sébastien touchaient un peu plus de trois ducats par mois[176]. En 1604, ils se plaignirent de nouveau afin d'obtenir une égalité complète de traitement avec les artilleurs de Burgos[177]. En conséquence de ces ajustements, les salaires des artilleurs en garnison en Espagne eurent tendance à converger autour de quatre à cinq ducats par mois : les nouveaux artilleurs envoyés en renfort de la défense de Cadix en 1594 furent engagés à quatre ducats par mois et ceux nommés en 1595 à la nouvelle citadelle de Jaca en Aragon recevaient des gages mensuels de six ducats[178].

Les salaires d'artilleur étaient sensiblement plus élevés dans les territoires adjacents aux royaumes de Castille et d'Aragon. Un artilleur touchait autour de sept ducats par mois sur les îles de São Miguel et Madère[179], autour de six ducats à Angra do Heroismo, à Ibiza ou encore dans la forteresse de La Goulette en Afrique du nord[180]. Les îles semblent avoir été particulièrement peu attractives pour les natifs de la péninsule. Ainsi, en 1599, le lieutenant d'artillerie de Majorque expliquait au conseil de guerre que

---

174 Les salaires de 2 ducats par mois de ces artilleurs apparaissent également dans AGS CMC 2ª época leg. 414.

175 AGS GYM leg. 174/153 (sans date, *consultas* de l'année 1584).

176 En 1594, chaque artilleur de Fontarrabie et Saint-Sébastien touchait 15 000 maravédis par an, équivalent à 3,3 ducats par mois, AGS GYM lib. 70 fol. 38r.

177 AGS GYM leg. 627/55 et 103 (14/01/1604).

178 AGS GYM lib. 63 fol. 268v-269r (13/04/1594) ; AGS GYM lib. 70, fol. 135v (02/04/1595).

179 Artilleurs de Ponta Delgada payés à 7,5 *escudos* à 10 *reales* par mois selon AGS GYM leg. 149/338 (18/09/1583). *Idem* à Madère, AGS GYM lib. 77, fol. 28r (18/05/1596). Pour l'équivalence entre *escudo* à 10 *reales* et *ducados*, il faut convertir en *maravédis*, en sachant que 1 *real* = 34 *maravédis* et 1 *ducado* = 375 *maravédis*. L'équivalent était donc de 6,8 ducats par mois.

180 Salaire de 6 *escudos* à Angra selon AGS GYM leg. 148/317 (20/08/1583), en sachant que l'*escudo* variait de 350 à 400 *maravédis*, le salaire se situait entre 5,6 et 6,4 ducats. *Idem* pour les places d'artilleurs à Ibiza, AGS GYM leg. 389/795 (08/11/1593). Salaire de 6 *escudos* à 350 *maravédis* » (environ 5,76 ducats), au sein de la forteresse de La Goulette, AGS GYM leg. 77/206 (01/03/1573).

> le Roi Notre Seigneur qui est à présent au ciel ordonna jadis à Francés de Álava, alors capitaine général de l'artillerie, d'envoyer au dit royaume [de Majorque] 16 artilleurs avec un caporal pour qu'ils servent chacun avec quatre ducats par mois, mais seulement deux personnes consentirent à y aller[181].

Les places d'artilleur de Majorque à quatre ducats n'intéressaient que les individus locaux. Aussi, le conseil de guerre proposa-t-il d'engager dix Majorquins à ce salaire tandis que six salaires furent augmentés à six ducats par mois afin d'attirer des Espagnols du continent[182]. Non seulement l'attractivité du lieu mais aussi le coût de la vie influençaient grandement le niveau des salaires. À Lisbonne, ville la plus chère de la péninsule ibérique selon certains témoignages de l'époque[183], les salaires des artilleurs passèrent de cinq ducats dans les années 1580 à près de neuf ducats par mois en 1601[184].

Ces sommes, généralement autour de quatre à six ducats par mois, constituaient le salaire d'une place ordinaire d'artilleur de garnison mais certains individus touchaient un salaire plus élevé. Un certain nombre d'artilleurs jouissaient d'une *ventaja*, un avantage qui venait s'ajouter au salaire ordinaire. Cette *ventaja* récompensait parfois la loyauté et l'ancienneté, comme dans le cas de Rodrigo de Saavedra qui bénéficiait de trois ducats supplémentaires pour ses 40 années de service[185]. Souvent, lorsqu'un individu assumait une double fonction d'artisan-artilleur, il jouissait de deux ou trois ducats supplémentaires[186]. Certains individus au talent exceptionnel pouvaient également obtenir ce type d'avantages : ainsi, selon le conseil régent de Portugal, l'artilleur Juan Garlon, du château de Sagres, méritait amplement ses quatre ducats de *ventaja* car en quelques mois à peine, il était parvenu

181 « *El Rey Nuestro Señor que está en el cielo mandó a don Francés de Álava que fue capitán general del artillería que enviase al dicho Reyno 16 artilleros con un cabo para que sirviesen con cada 4 ducados al mes y ninguno quiso pasar allá sino fueron dos* », AGS GYM leg. 552/11 (04/01/1599).

182 *Ibid.*

183 AGS GYM leg. 655/347 (12/11/1606).

184 Salaire de 5 ducats établi dans la région de Lisbonne en 1581, AGS GYM leg, 115/269 (Juillet 1581). Salaire de 9 *escudos* à 11 *reales* au début du XVIIe siècle, AGS GYM leg. 3143 (03/07/1601).

185 AGS GYM lib. 77, fol. 247r (03/03/1598).

186 AGS GYM leg. 212/77 (02/10/1587), leg. 389/795 (08/11/1593), lib. 77 fol. 105r et v (13/12/1596).

à couler deux navires ennemis et à en endommager bien d'autres[187]. Le conseil était tant satisfait de ses services qu'il proposait de le promouvoir caporal des artilleurs de Sagres, avec un salaire total d'une quinzaine de ducats[188]. Ces postes de caporal, parfois aussi appelés *cabo de artilleros* dans les sources, constituaient pour beaucoup l'aboutissement d'une carrière d'artilleur. Dans l'ancien système encore en vigueur à Burgos, la différence de salaire entre caporal et artilleur était minime[189], mais là où de nouveaux postes de caporal étaient créés, les salaires étaient souvent de l'ordre de dix à douze ducats par mois, soit le double de ce que gagnait un artilleur de garnison[190].

En Italie et en Flandre, les artilleurs de la Monarchie hispanique touchaient des gages légèrement plus faibles. Ainsi, au château de Milan, les places d'élite avec *ventaja* atteignaient à peine cinq à six ducats par mois[191]. En Sardaigne, les artilleurs recevaient trois à quatre ducats et les caporaux cinq[192]. En Sicile, le salaire des *cabos* allait de quatre à sept ducats, ce qui laisse supposer que la solde des artilleurs était inférieure[193]. Dans la garnison de Luxembourg, les artilleurs touchaient, en 1601, autour de trois ducats par mois, et leur caporal (le gentilhomme d'artillerie) en percevait un peu plus de six[194]. Ce salaire pouvait néanmoins être doublé en cas de participation à une opération militaire : lors du siège de Mons en 1572, les canonniers accompagnant l'armée de Flandre étaient tous

187 AGS GYM leg. 431/70 (16/09/1595).

188 *Ibid.*

189 Les trois caporaux de Burgos gagnaient 70 maravédis par jour et les autres artilleurs entre 50 et 60 maravédis, AGS CMC 2ª época leg. 414.

190 À la Goulette, un caporal à 10 *escudos* à 360 *maravedis* (9,6 ducats) par mois, (AGS GYM leg. 77/206 (01/03/1573). À Lisbonne en 1581, un caporal à 10 ducats par moir, AGS GYM leg 115/269 (Juillet 1581). À Carthagène, un caporal à 12 ducats par mois, AGS GYM leg. 254/221 (22/12/1589). *Idem* aux Canaries, AGS GYM lib. 45 fol. 83r (09/12/1588).

191 Deux postes d'artilleur à Milan avec *ventaja* à 5,5 et 6 *escudos*, AGS EST leg. 1260/126 (année 1583). Le document ne précise pas la nature de ces *escudos*, mais le document étant rédigé en castillan, je les considère comme des *escudos* espagnols valant entre 350 et 400 maravédis.

192 AGS GYM leg. 88/43 (27/07/1578).

193 AGS EST leg. 1157/103 (30/05/1591).

194 AGR CP nº 621. Les salaires y sont exprimés en florins ; pour obtenir un équivalent en monnaie de compte espagnole, il faut compter 3 florins = 400 maravédis, soit 1 ducado = 2,8 florins : Esteban Estríngana, Alicia, *Guerra y finanzas en los Paises Bajos Católicos*, *op. cit.*, p. 23.

payés plus de six ducats par mois[195]. Cette différence de salaire entre les artilleurs d'Espagne et ceux de Flandre ou d'Italie matérialisait les écarts de coût de la vie entre ces différentes régions d'Europe, la péninsule ibérique ayant certainement le niveau de prix le plus élevé de l'époque[196]. Ainsi, quelque soit le territoire, le salaire ordinaire d'un artilleur demeurait fort modeste, comme le faisait remarquer le vice-roi de Sardaigne en 1578[197].

Les garnisons des Indes étaient sans doute les moins attractives aux yeux des artilleurs de l'époque. Ainsi, en 1582, les agents du roi rencontrèrent de grandes difficultés pour trouver, en Andalousie, six artilleurs désireux de servir à Cuba et Porto Rico et, lorsque finalement ils y parvinrent, les volontaires désertèrent avant le départ de la flotte[198]. L'artilleur de Porto Rico Bartolomé Merced expliquait l'année suivante que le salaire ordinaire d'artilleur de quatre ducats était tellement insuffisant que deux artilleurs avaient choisi d'abandonner la garnison[199]. D'après le comptable de la place forte, Bartolomé Merced était resté fidèle à son poste pour la simple raison qu'il avait été augmenté à plus de neuf ducats par mois[200]. Ce manque d'attractivité des places fortes du Nouveau Monde, principalement dû au coût élevé de la vie et à la pénibilité du travail en sous-effectif, demandait à être compensé par des niveaux de salaire deux à trois fois plus élevés que ceux de la péninsule ibérique. Dans les années 1590, la ville de Panama versait à ses frais une quinzaine de ducats par mois à chacun de ses deux artilleurs[201]. Lorsqu'en 1602, il fallut doter la nouvelle forteresse de Portobelo d'un

195 Il s'agit de 18 canonniers de Malines et 19 canonniers de Mons payés douze sols par jour (18 florins par mois) et apparaissant dans AGR CC n° 26170.

196 Van Zanden, Jan L., « Wages and the standard of living in Europe, 1500-1800 », *European Review of Economic History*, vol. 3, n° 2, 1999, p. 175-197.

197 AGS GYM leg. 88/46 (30/07/1578).

198 AGS GYM leg. 125/186 (23/04/1582) et leg. 126/176 (12/05/1582).

199 AGI SANTO DOMINGO leg. 14/14 (année 1583). Le fait est confirmé par plusieurs officiers de l'île.

200 D'après le témoignage de Francisco Rodríguez, *contador general en la isla*, le salaire de Bartolomé Merced avait été augmenté à 1200 *reales* par an, soit un peu plus de 9 ducats par mois, *ibid.*

201 Deux artilleurs payés 500 *pesos*, AGI PANAMA leg. 14, R.8, N. 44 (30/06/1592). L'unité des *pesos* regroupant une multitude de valeurs différentes, j'ai choisi l'équivalence la plus usitée, le *peso de ocho Reales*, d'une valeur de 272 maravédis : voir Fuente, Alejandro de la, *Havana and the Atlantic in the Sixteenth Century*, Chapel Hill, University of North Carolina Press, 2008, p. 59 ; Hoffman, Paul E, *The Spanish Crown and the Defense of the Caribbean,*

caporal d'artillerie, le gouverneur déclara qu'il fallait offrir un salaire minimum de 20 ducats par mois, car la région était extrêmement chère et les maladies fréquentes[202].

À l'exception des galères, au sein desquelles les salaires des artilleurs oscillait entre deux et trois ducats[203], le service de l'artillerie sur mer était légèrement mieux rémunéré que celui en garnison. Dès les années 1570, le salaire d'un artilleur à bord d'un galion d'escorte de la *carrera de Indias* était de cinq ducats, et celui d'un caporal (appelé *condestable*) de six ducats[204]. Au sein de la Grande Armada de 1588, les artilleurs touchaient également cinq ducats par mois et la paie de certains caporaux atteignait 12 voire même 20 ducats[205]. Mise en place dans les années 1590, l'*armada del mar Océano* offrait environ six ducats par mois pour le service de l'artillerie, et huit à dix ducats pour les caporaux[206]. Il faut noter une fois de plus les importants écarts entre les différents territoires de la Monarchie hispanique : les paies au sein des navires de guerre d'Anvers et de Dunkerque étaient significativement plus faibles, autour de trois ducats pour un artilleur et cinq ducats pour un caporal[207].

1535-1585 : Precedent, Patrimonialism, and Royal Parsimony, Baton Rouge, Louisiana State University Press, 1980, p. 255.

202 AGI PANAMA leg. 1/165 (20/04/1602).

203 Nombreux exemples des galères d'Espagne : AGS GYM leg. 175/4 (28/09/1571), leg. 126/175 (12/05/1582), AGS GYM leg. 175/169 (année 1584). Salaires comparables à Naples : AGS EST leg. 1065/25 (année 1574) ; et au sein des galères génoises : AGS VG leg. 70 (année 1573-1574) et leg. 77 (année 1600). Il faut noter que, d'une manière générale, les salaires du personnel des galères étaient particulièrement bas.

204 Voir par exemple AGI CT leg. 3915 (année 1574). Mêmes salaires une génération plus tard : AGI CT leg. 3956 (année 1597).

205 Les artilleurs étaient tous payés 220 *reales* pour quatre mois : AGI CT leg. 2934 (année 1588). Le caporal Hanz Mertens touchait une douzaine de ducats par mois, AGS GYM lib. 45 fol. 27r ; *idem* pour le défunt Anton Polo, AGS GYM leg. 222/54 ; de douze à vingt ducats pour un *gentilhombre del artillería* selon Juan de Acuña Vela, AGS GYM leg. 203/31 (08/11/1587).

206 Escadron de Portugal : ANTT Contos do Reino e Casa, NA 679 (01/01/1601) et salaire de l'artilleur Velanger (66 *reales* par mois) AGS GYM leg. 397/96 (05/02/1593). Escadron de la côte cantabrique : AGS GYM leg. 378/85 (12/10/1593).

207 « *Relación de la gente mareante que al presente ay effectiva en la Armada que se entretiene en el puerto de la villa de Dunkerque* » (sans date, probablement année 1599) et « *Relación de la gente mareante que queda en servicio en el equipaje de Amberes* » (12/07/1608), AGR CA nº 79. Le salaire ordinaire de ceux de Dunkerque était de 10 florins, et ceux d'Anvers touchaient normalement 9 florins, parfois plus avec les *ventajas*. Pour obtenir un équivalent en monnaie de compte espagnole, il faut compter 3 florins = 400 maravédis, soit 1 ducado = 2,8 florins : Esteban Estríngana, Alicia, *Guerra y finanzas en los Paises Bajos Católicos*, *op. cit.*, p. 23.

Lieu	Date	Salaire en ducats / mois		Sources
		Artilleur	Caporal	
Espagne	**1550-1570**	2-5	4,8-5,6	–
Burgos	XVIe siècle	4-4,8	5,6	AGS CMC 2ª época leg. 414
Pampelune	1570-1600	4	5,6	AGS CMC 2ª época leg. 414
Saint-Sebastien et Fontarrabie	1570	2	4,8-5,6	AGS CMC 2ª época leg. 414
Gibraltar	1570	2	4,8	AGS CMC 2ª época leg. 414
Perpignan	1560-70	4,4-5	5	AGS CSU 2ª época leg. 91
Espagne	**1570-1600**	3,3-6	5,6-12	–
Burgos	XVIe siècle	4-4,8	5,6	AGS CMC 2ª época leg. 414
Pampelune	1570-1600	4	5,6	AGS CMC 2ª época leg. 414
Saint-Sebastien et Fontarrabie	1594	3,3	–	AGS GYM lib. 70 fol. 38r
Cadix	1594	4	–	AGS GYM lib. 63 fol. 268v-269r
Carthagène	1589	–	12	AGS GYM leg. 254/221
Jaca	1594	6	–	AGS GYM lib. 70, fol. 135v
Îles Méditerranéennes	**1570-1600**	4-6	10	–
Majorque	1599	4-6	–	AGS GYM leg. 552/11
Ibiza	1593	6	–	AGS GYM leg. 389/795
La Goulette (Afrique)	1573	6	10	AGS GYM leg. 77/206
Portugal	**1580-1600**	5-9	10	–
Lisbonne	1581	5	10	AGS GYM leg, 115/269
Lisbonne	1601	9		AGS GYM leg. 3143
Madère	1583	7,5	–	AGS GYM leg. 149/338
Açores	1596	6,8	–	AGS GYM lib. 77, fol. 28r
Italie	**1580-1600**	3-4	4-7	–
Milan	1583	–	5-6	AGS EST leg. 1260/126
Sardaigne	1578	3-4	5	AGS GYM leg. 88/43
Sicile	1591	–	4-7	AGS EST leg. 1157/103
Pays-Bas	**1570-1600**	3-6	6	–
Luxembourg	1601	3	6	AGR CP nº 621
Mons (siège)	1572	6	–	AGR CC nº 26170

Lieu	Date	Salaire en ducats / mois		Sources
		Artilleur	Caporal	
Amérique	1580-1600	4-15	20	–
Porto Rico	1583	4-9	–	AGI SANTO DOMINGO leg. 14/14
Panama	1592	15	–	AGI PANAMA leg. 14 R.8 N. 44
Portobelo	1602	–	20	AGI PANAMA leg. 1/165
Galères	1570-1600	2,5-4	–	–
Galères d'Espagne	1571	2,5	–	AGS GYM leg. 175/4
Galères d'Espagne	1584	3	–	AGS GYM leg. 175/169
Galères de Naples	1574	2,5	–	AGS EST leg. 1065/25
Galères de Gênes	1600	3-4	–	AGS VG leg. 77
Armada	1570-1600	3-6	5-20	–
Carrera de Indias	1570-1600	5	6	AGI CT leg. 3915 et 3956
Grande Armada	1588	5	12-20	AGI CT leg. 2934
Armada del mar Océano	1590-1600	6	8	ANTT CRC NA 679 AGS GYM leg. 397/96 AGS GYM leg. 378/85
Armada de Dunkerque	1600	3	5	AGR CA n° 79

FIG. 23 – Comparaison des salaires d'artilleurs dans divers territoires de la Monarchie hispanique.

En dépit de leur variabilité, il est possible d'affirmer que ces sommes d'argent signifiaient un statut économique relativement modeste des artilleurs. À titre de comparaison, les lieutenants d'artillerie jouissaient de 25 ducats par mois, soit environ cinq fois le salaire ordinaire d'un artilleur[208]. Le contraste avec d'autres techniciens au service de la Monarchie est particulièrement frappant : les ingénieurs militaires bénéficiaient de salaires incommensurablement plus élevés, de la trentaine à la centaine de ducats par mois[209]. Les maîtres fondeurs

208 Le salaire de 300 ducats par an devint une constante pour les lieutenants d'artillerie : voir par exemple AGS GYM leg. 88/250 (17/08/1578), AGS GYM leg. 156/39 (28/04/1583), AGS GYM lib. 70 fol. 84v (12/11/1594).

209 À la fin des années 1570, les ingénieurs Fratin et Antonelli touchaient 800 ducats par an, AGS CMC 2ª época leg. 414. À la fin du siècle, l'ingénieur Rojas était payé 50 ducats

travaillant pour le roi recevaient entre 25 et 50 ducats par mois[210]. Selon Perez-Mallaína, un pilote de la *carrera de Indias* gagnait quant à lui entre 300 et 400 ducats par voyage[211]. Cependant, la Monarchie hispanique requérait ces professions techniques onéreuses en faibles quantités, de l'ordre de quelques dizaines d'individus au mieux. En revanche, il lui était certainement impossible de maintenir des niveaux de salaires comparables pour des artilleurs qu'elle devait recruter par centaines voire par milliers Le salaire offert aux artilleurs les rapprochait en réalité des sous-officiers. Généralement supérieur de 25 à 50 % à celui des soldats et des marins, il équivalait approximativement à celui d'un *cabo* (caporal) ou *tambor* (en charge du tambour) de l'infanterie ou bien à celui d'un *guardian* (responsable de l'ordre) ou d'un *alguacil del agua* (responsable des rations d'eau) sur un navire[212]. La paie des artilleurs les situait au niveau du personnel qualifié d'un galion composé des charpentiers, chirurgiens-barbiers et scribes[213].

À la fin du XVIe siècle toutefois, compte tenu de la montée des prix, le salaire ordinaire d'un artilleur rendait cet office assez peu attractif pour un ouvrier qualifié. Ainsi, un artilleur du fort de Luxembourg gagnait neuf florins par mois contre une douzaine de florins en moyenne pour un maçon à Anvers et environ sept florins pour un journalier[214]. À Séville, un charpentier ou un maçon pouvait espérer acquérir une dizaine de ducats par mois, soit le double du salaire d'un artilleur de la *carrera de Indias*, qui empochait en fait à peine plus qu'un journalier

---

par mois, AGS GYM lib. 77 fol. 85r (02/10/1596) et Tiburzio Spanocchi une centaine de ducats par mois, AGS GYM lib. 63 fol. 292v (13/06/1594). À Milan, Collado et Ferrari recevaient 25 ducats par mois, AGS EST leg. 1272/215 (02/11/1593). En Sicile, Vincenzo Locadello jouissait d'une centaine de ducats par mois et son fils de 25 ducats, AGS EST leg. 1156/184. Dans l'armée des Flandres, les salaires d'ingénieur allaient de 25 à 40 ducats, à l'exception Scipione Campi qui était payé 110 ducats par mois, AGS EST leg. 577/145 (07/11/1578) et leg. 606/99 (année 1593).

210 AGS CMC 2ª epoca leg. 414.

211 Perez-Mallaína, Pablo, *Spain's Men of the Sea*, *op. cit.*, p. 123.

212 Pour la comparaison avec l'infanterie, voir Quatrefages, René, *Los tercios españoles (1567-1577)*, *op. cit.* p. 311-312. La plupart des documents comptables précédents permettent de comparer les salaires de ces différentes professions. Voir par exemple ceux de l'Armada de 1588 : AGI CT leg. 2934 ; ceux de l'expédition à Magallanes : AGI CT leg. 2933. Même situation sur les galères : AGS GYM leg. 126/175 (12/05/1582).

213 *Carpinteros*, *calafates*, *barberos* et *escribanos* dans AGI CT leg. 2934 (année 1588).

214 Verlinden, C., Craeybeckx, J., Scholliers, E., « Price and Wage Movements in Belgium in the Sixteenth Century (1955) » dans *Economy and Society in Early Modern Europe. Essays from Annales*, Peter Burke, (éd.), Londres, Routledge & Kegan Paul, 1972, p. 55-84.

en Castille[215]. Cependant, plus que le service de l'artillerie, c'était le service du roi, en général, qui était mal rémunéré. L'attractivité était si faible que la Monarchie devait parfois recourir à la violence pour recruter ses marins[216]. Lors de ces campagnes de recrutement forcé, les places d'artilleurs, mieux payées, étaient offertes aux individus les plus enthousiastes et les plus influents afin qu'ils motivent et encouragent les autres marins à joindre l'armada[217]. Il faut par conséquent considérer l'artilleur comme un individu privilégié parmi l'énorme masse de serviteurs de la Monarchie. Les inventaires après décès des artilleurs morts à bord des galions de la *carrera de Indias* tendent à le confirmer. La plupart d'entre eux voyageaient avec plusieurs dizaines voire plusieurs centaines de ducats de possessions : capes, vêtements, épées et autres armes, outils d'artilleur ou d'artisan, argent comptant, bijoux et parfois même barres d'or et perles sont autant de preuves que bon nombre d'artilleurs parvenaient à s'enrichir sur les navires de la Monarchie[218]. Il est également nécessaire de rappeler que l'on trouvait parmi les rangs des artilleurs de nombreux artisans qualifiés – charpentiers, maçons, forgerons – pour lesquels le service de l'artillerie du roi demeurait attractif malgré la faiblesse des salaires. En réalité, accéder au statut d'artilleur s'accompagnait de la jouissance de nombreux privilèges et avantages économiques et sociaux qu'il convient de présenter.

AVANTAGES ÉCONOMIQUES ET SOCIAUX DU SERVICE DE L'ARTILLERIE

Le salaire n'était que le plus visible des bénéfices économiques qu'un individu pouvait tirer du service au roi. La Monarchie offrait par exemple une forme de sécurité sociale aux artilleurs qui l'avaient

215 Perez-Mallaína, Pablo, *Spain's Men of the Sea*, *op. cit.* p. 115. Hamilton, Earl J., *American Treasure and the Price Revolution in Spain*, *op. cit.* p. 400.

216 Goodman, David C., *Spanish Naval Power, 1589-1665*, *op. cit.*, p. 195-203.

217 Recrutement forcé en Guipúzcoa en 1592, AGI IG leg. 433 lib. 2 fol. 120v-121r. *Idem* pour la Biscaye et Cuatro Villas fol. 124.

218 AGI CT leg. 216 N.4 R.6 (18/07/1579), leg. 476 N.1 R.11 (09/08/1580), leg. 219, N.2, R.5 (13/09/1581), leg. 236 N.1 R.14 (16/09/1590), leg. 254 N.4 R.3 (12/07/1599), leg. 265A N.1 R.8 (19/07/1603) leg. 285A, N. 3 (01/10/1609). La palme de ma recherche est détenue par Miguel Masa, artilleur niçois qui transportait avec lui plus de 2000 ducats d'or et de perles, voir le procès concernant son héritage : AGI CT leg. 928 N.26 (1595-1597).

servie au moins quelques années. Les individus estropiés, malades ou trop vieux pour servir jouissaient parfois de *plazas muertas*, touchant un salaire dans une garnison sans obligation de service[219]. Les veuves d'artilleurs vétérans pouvaient obtenir des pensions versées au nom d'un de leur fils ou bien, lorsqu'elles n'en avaient pas, elles étaient invitées à se remarier avec un soldat qui jouirait de la sorte d'une *ventaja*[220]. Servir la Monarchie permettait également de faciliter l'embauche de certains proches et les duos d'artilleurs frères, père-fils ou oncle-neveu étaient relativement fréquents[221]. Quelquefois, l'ascension sociale au service de la Monarchie se faisait en deux étapes, comme dans le cas de Manuel de Abreo, fils d'un artilleur de Porto Rico, qui devint pilote de la *carrera de Indias*[222]. L'exemple le plus manifeste de ces stratégies familiales de service dans l'artillerie fut sans doute celui des Ballesteros : neuf Ballesteros furent artilleurs de Burgos dans les 1570-1590, deux d'entre eux parvinrent au grade de caporal[223] et deux individus de la génération suivante (Francisco et Hernando) firent de brillantes carrières

219 Artilleur de l'armada devenu aveugle et touchant un salaire au château de Lisbonne : AGS GYM lib. 85 fol. 11v-12r (22/08/1598). *Idem* pour des artilleurs manchots, mis au compte de Lisbonne : AGS GYM leg. 212/290 (année 1590) et lib. 85 fol. 35r et v (21/12/1598). Artilleur de Minorque devenu aveugle et mis au compte de la garnison locale : AGS GYM leg. 276/273 et 275 (06/03/1589). Artilleur de Perpignan *jubilado* (retraité) après 50 ans de service : AGS GYM lib. 70, fol. 38v (10/09/1594).

220 Quatre ducats par mois de pension pour la veuve d'un *condestable*, versée à son fils aîné, AGS GYM leg. 305/58 (09/07/1590). Six ducats par mois de rente versée à chacun de ses deux fils pour la veuve du caporal d'Ibiza, AGS GYM leg. 277/71 (année 1589). Cas d'une veuve sans fils invitée à se remarier, AGS GYM leg. 391/448 (année 1593). Le conseil de guerre attribua à ce nouveau couple 6 ducats de *ventaja*, AGS GYM leg. 387/737 (17/12/1593).

221 Exemples : les frères Pedro et Juan de Villanueva à Pampelune, AGS GYM leg. 305/189 (05/10/1590) ; Diego García de Copete, son fils Diego García de Copete El Mozo dans la *carrera de Indias*, AGI CT leg. 2965 (année 1599) et son autre fils Cristobal, passant l'examen d'artilleur à Séville en décembre 1603, AGI CT leg. 4871 ; Juan de Vergara et son neveu Juan Fernández de Vergara, artilleurs à Ibiza, AGS GYM leg. 389/795 (08/11/1593).

222 Le père et le fils groupèrent leurs demandes de grâces : AGI SANTO DOMINGO leg. 14/14 (17/04/1583).

223 Dans les années 1570 : Rodrigo, Martín et Juan de Ballesteros. Puis dans les années 1580, Hernando de Ballesteros, Hernando de Mena Ballesteros, Hernán Ruiz Ballesteros el Viejo, Hernán Ruiz Ballesteros el Mozo. Dans les années 1590, Rodrigo et Hernando devinrent *cabos*, tandis qu'un nouveau García Ruiz Ballesteros fit son apparition comme artilleur. Voir AGS CMC 2ª época leg. 414 (années 1570-1580), leg. 500 (artilleurs de Burgos envoyés pour l'invasion du Portugal en 1580) et AGS GYM lib. 70, fol. 39r (10/09/1594).

en tant que fondeurs d'artillerie dans les premières années du XVIIe siècle à Lisbonne, Cuba et Séville[224].

Par ailleurs, au sein des garnisons, l'office d'artilleur occupait rarement les individus à plein temps. Les artilleurs de Burgos avaient ainsi une obligation de résidence de seulement quatre mois sur douze, ce qui signifie qu'ils étaient libres de cumuler ce salaire avec celui d'une autre activité durant huit mois de l'année[225]. Le service de l'artillerie dans la plupart des autres garnisons requérait une présence permanente, mais cette présence pouvait être compatible avec une seconde activité. Ainsi, au château de Milan, l'artilleur Alberto Saeta fabriquait des armes qu'il vendait sur l'une des places principales de la ville[226]. D'autres artilleurs produisaient de la poudre noire chez eux avec l'assistance de leur femme[227]. Dans certaines garnisons, développer une activité annexe était probablement une question essentielle de subsistance dans la mesure où les artilleurs ne touchaient parfois aucun salaire pendant plusieurs années[228]. Dans d'autres lieux, l'office d'artilleur n'était d'ailleurs pas envisagé comme l'activité principale d'un individu : ainsi, à Malaga et à Carthagène, les artilleurs servaient sans solde, uniquement pour la jouissance des privilèges[229]. La même logique d'activité semi-professionnelle s'appliquait certainement aux places de *ayudantes* (assistants artilleurs) de Perpignan et de Sardaigne payées un ducat par mois, ou bien à celles de Majorque, non-payée[230].

224 Francisco et Hernando de Ballesteros figurent comme assistants fondeurs de Burgos en 1594, AGS GYM lib. 70, fol. 39r (10/09/1594). Devenus fondeurs à Lisbonne, ils furent invités à suivre Francisco Sánchez de Moya dans le projet de mise en place d'une fonderie à Cuba, AGI CT leg. 5254 N° 2, R.1 (année 1597). Puis Francisco de Ballesteros prit la succession de Juan Morel à la fonderie de Séville en 1608 jusqu'à sa mort en 1631 : Mora Piris, Pedro, *La Real fundición de bronces de Sevilla, siglos XVI a XVIII, op. cit.*, p. 33-34.

225 AGS GYM leg. 76/133 (17/05/1572).

226 Ribot García, Luis Antonio « Soldados españoles en Italia », *op. cit.*

227 Lorsqu'elles devenaient veuves, ces femmes sollicitaient parfois du roi le droit de continuer à fabriquer de la poudre à leur domicile : AGS GYM leg. 305/121 (27/08/1590) ; AGS GYM leg. 365/174 (26/09/1592).

228 Les plaintes et demandes de paiements étaient fréquentes. Voir AGS GYM leg. 316/98 (année 1590), leg. 307/95 (04/04/1590), leg. 316/153, 430 et 431 (année 1590) et leg. 391/376 (21/08/1593).

229 AGS GYM leg. 254/221 (22/12/1589) et leg. 281/240 (13/02/1590).

230 Places d'*ayudantes* en Sardaigne, AGS GYM leg. 88/43 (27/07/1578) ; à Perpignan, AGS CSU 2a época leg. 91 (années 1550-1570) ; à Majorque, AGS GYM leg. 552/11 (04/01/1599).

En outre, pour comptabiliser les revenus d'un artilleur de l'époque, il faut également inclure les avantages perçus en nature. Les artilleurs de l'île de Madère par exemple recevaient chaque année deux barriques de vin[231]. De même, tous les hommes d'équipage des navires de guerre du roi avaient droit à des rations quotidiennes de pain, de vin et de nourriture. Il faut noter que, contrairement au salaire comptant qui perdit de la valeur du fait de l'inflation, ce paiement en nourriture suivit le phénomène d'augmentation des prix. Aussi, la valeur de ces victuailles pouvait-elle presque doubler le salaire d'un artilleur à la fin du XVIe siècle[232]. Certains n'hésitaient pas à économiser leurs rations lors des traversées puis à les revendre lors des escales ou à les ramener à leur foyer[233]. Dans certains escadrons et, notamment, à bord des galères, les artilleurs jouissaient d'un traitement de faveur et recevaient même des rations supplémentaires qui pouvaient sans aucun doute servir à la revente ou bien à la consommation familiale[234]. Ces avantages en nature permettaient certainement de contrebalancer le manque d'attractivité du salaire très faible des galères.

Par ailleurs, les navires d'escorte de la *carrera de Indias* présentaient un immense avantage économique puisqu'ils offraient un accès au commerce entre l'Europe et l'Amérique. Chaque membre d'équipage avait en effet droit à un volume de fret, appelé *quintanada*, que certains louaient à des marchands tandis que d'autres l'utilisaient à leur propre profit[235]. Les inventaires des artilleurs décédés en cours de voyage vers les Indes révèlent souvent des malles remplies de bibelots de toutes sortes : des vêtements et du textile, des couteaux et des épées, des miroirs et des peignes, des colliers et des chapelets en verre coloré ou en faux corail[236]. En 1589, lorsque les officiers de la *casa de la contratación* firent ouvrir la

231 AGS GYM leg. 213/285 (année 1587).

232 À bord des navires de la *carrera de Indias*, la ration quotidienne était estimée à 34 *maravédis* en 1566, et à 50 *maravédis* en 1600, Perez-Mallaína, Pablo, *Spain's Men of the Sea*, *op. cit.* p. 114.

233 Voir le testament de l'artilleur Miguel Griego : AGI CT leg. 476 N.1 R.11 (09/08/1580). Autre exemple dans le testament suivant : AGI CT leg. 254 N.4 R.7 (11/11/1599).

234 La norme semble avoir été d'une ration et demie sur les galères d'Espagne : AGS GYM leg. 175/4 (28/09/1571) et leg. 126/175 (12/05/1582). Pour un exemple de rations doublées pour les artilleurs, voir l'escadron de Juan Martinez de Recalde, AGI CT leg. 3921 (année 1582).

235 Perez-Mallaína, Pablo, *Spain's Men of the Sea*, *op. cit.* p. 99.

236 Voir par exemple AGI CT leg. 476 N.1 R.11 (09/08/1580) et leg. 236 N.1 R.14 (16/09/1590).

caisse de l'artilleur napolitain Juan Fernández Rojo, assassiné près de Séville avant le départ de la flotte, ils eurent la surprise de découvrir des centaines de marchandises hétéroclites que cinq particuliers – dont la fiancée du défunt – avaient remis à cet artilleur pour qu'il les vendît de l'autre côté de l'Atlantique[237]. À leur retour des Indes, certains artilleurs voyageaient avec de véritables petites fortunes en or et en argent provenant des ventes de leur cargaison[238]. C'est la raison pour laquelle, d'après le duc de Medina Sidonia, il était impossible à l'*armada del mar Océano* de rivaliser avec l'attractivité de la *carrera de Indias* malgré des salaires ordinaires supérieurs :

> Il n'y a pas homme qui, flairant quelque chose des Indes, n'accourt pas à ce service parce qu'ils y gagnent, prospèrent et y font leur petit commerce, et il en résulte qu'ils quittent les armadas de Votre Majesté[239].

De plus, pour certains individus, s'engager dans les équipages de la *carrera de Indias* était une manière de gagner l'Amérique sans demander d'autorisation à la *casa de la contratación*. Delphine Tempère a ainsi identifié plusieurs de ces passagers clandestins auxquels les capitaines de navire vendaient des places d'artilleurs puis les laissaient s'enfuir dans quelque port américain[240].

À côté de ces multiples bénéfices économiques, les artilleurs jouissaient de privilèges judiciaires qui contribuaient indéniablement à l'attractivité de la profession autant qu'ils en façonnaient le statut[241]. Ils jouissaient ainsi de la liberté de porter des armes tant défensives qu'offensives et pouvaient donc arborer fièrement leur casque, armure, épée, dague et arquebuse marquant leur statut d'hommes de guerre[242].

---

237 AGI CT leg. 923 N.9 (année 1589).

238 Une bourse de 150 ducats en monnaie d'argent est évoquée dans le cas de l'artilleur Antonio de Mesa, AGI CT leg. 486 N.1 R.6 (année 1591). Des barres d'or d'une valeur totale d'environ 1 400 ducats figurent dans l'inventaire après décès de l'artilleur Alonso de Cadenas, AGI CT leg. 285A, N.3 (01/10/1609). Le record est détenu par l'artilleur niçois Miguel Masa qui revenait avec une fortune de plus de 2 000 ducats, AGI CT leg. 928 N.26 (années 1595-1597).

239 « *En oliendo cosa de Indias no hay hombre que no acuda al este servicio porque ganan y medran en él y tienen su grangería y assí huyen de las armadas de Vuestra Majestad* », AGS GYM leg. 655/285 (10/12/1606).

240 Tempère, Delphine, *Vivre et mourir sur les navires du Siècle d'Or*, *op. cit.*, p. 145-146.

241 Voir p. 150-151 pour une mise en contexte de ces privilèges.

242 Cédule du 10/02/1553, AGS GYM leg. 114/203.

Ils étaient non seulement exemptés de nombreuses corvées – tours de garde, accueil des soldats dans leurs maisons – mais ils bénéficiaient aussi d'une sorte d'immunité judiciaire qui ne les rendait justiciables que par le capitaine général de l'artillerie. Le chapitre précédent a montré combien ce *fuero* artilleur fut important dans le processus de consolidation du pouvoir central mais, sur le plan de la relation entre l'artilleur et la société, il contribuait à construire l'image d'un homme au-dessus des lois, jouissant en quelque sorte d'une forme de noblesse acquise par le service à la Monarchie. Il n'y a par conséquent rien d'étonnant à ce que ces privilèges aient généré un certain engouement pour la carrière d'artilleur. À Malaga et à Carthagène, près d'une centaine d'individus servaient gratuitement le roi contre le seul bénéfice de ces avantages[243]. Partout où des écoles d'artilleurs émergèrent, la jouissance des privilèges joua un rôle clé dans la motivation de centaines d'apprentis[244]. Ces avantages économiques et juridiques offerts par le pouvoir royal participaient indéniablement à la construction d'une forte identité socioprofessionnelle des artilleurs au sein de l'univers social de leur temps.

LES ARTILLEURS ET LA RELIGION

La relation qu'entretenaient les artilleurs avec la religion apparaît de manière sporadique dans les sources de l'appareil d'État espagnol. D'abord, certains documents démontrent une forme de tolérance envers la religion des artilleurs au service de la Monarchie hispanique. Comme la partie suivante le met en évidence, une importante proportion d'artilleurs était recrutée dans des territoires à majorité protestante. Le gouvernement madrilène donnait pour consigne de n'engager que des individus catholiques, mais les agents chargés du recrutement se confrontaient à une réalité de terrain bien distincte et demandaient parfois un peu de souplesse en la matière. Ainsi, en 1589, le conseil d'État avait confié au duc de Terranova, alors gouverneur de Milan, le recrutement de deux cents artilleurs allemands pour compenser les pertes de l'Invincible Armada[245]. Trouver autant d'experts de l'artillerie allemands de religion catholique s'avéra une tâche impossible, comme Terranova l'expliqua au roi :

243 AGS GYM leg. 254/221 (22/12/1589)et leg. 281/240 (13/02/1590).

244 Voir chapitres « théorie et pratique à l'école d'artilleurs de Séville » et « des écoles d'artilleurs pour soutenir un empire ».

245 AGS EST leg. 1265/97 (18/04/1589).

> Le secrétaire Calmona, qui est parti au Tyrol pour trouver les 200 artilleurs comme j'en ai précédemment informé Votre Majesté, m'a écrit qu'il ne sera pas possible d'en trouver autant de catholiques, ni même d'hérétiques, sans beaucoup de temps et de travail ni sans aller les chercher en Saxe et dans les cités maritimes de la Hanse. [...] Je supplie Votre Majesté de m'informer si Elle accepterait que l'on en recrute de la nouvelle religion, car autrement, il ne faut pas songer trouver 200 artilleurs compétents dans cet art. En outre, j'ai appris que, lorsque le comte Jérome de Lodrone s'en fut au Portugal avec son régiment, il fournit 100 artilleurs sans se préoccuper de leur religion, car, comme il l'affirme, ces individus sont des mercenaires qui servent convenablement du moment qu'on les paie[246].

Le comte de Lodrone, qui était l'un des principaux capitaines de mercenaires allemands au service de Philippe II[247], avait manifestement fourni à la Monarchie hispanique des contingents d'artilleurs luthériens. Le type de négociations engagées dans le cas présent entre le pouvoir central et les autorités militaires chargées localement du recrutement des artilleurs révèle l'existence d'une certaine marge de flexibilité quant à la religion des individus entrant au service du Roi Catholique.

Cet exemple invite à formuler l'hypothèse d'un régime d'exception religieuse qui se serait appliqué aux artilleurs. Ces techniciens étaient devenus tellement vitaux pour les ambitions géopolitiques de la Monarchie hispanique qu'ils semblent avoir obtenu une forme de protection vis à vis des autorités ecclésiastiques, en dépit de l'énorme poids politique et social de l'Inquisition et de la Contre-Réforme au sein de la péninsule ibérique[248]. À ce sujet, il faut une fois de plus rappeler que les artilleurs

246 « *El secretario Calmona que fue a Tirol por lo de los 200 artilleros como avisé a VM me ha escripto que no sera posible hallarlos católicos ni tampoco hereges sin mucho tiempo y trabajo y haverlos de yr a buscar a Sajonia y las ciudades marítimas [...] supplico a VM mande avisarme si es servido que se tomen de la nueva religión porque de otra manera no ay pensar hallar los 200 platicos y hábiles de tal ministerio, y entiendo que quando el Conde Hieronimo Lodron fue a Portugal en regimiento, dio 100 dellos a VM sin reparar en la religión, pues siendo gente mercenaria, dize que sirve bien con solo el respecto de la paga* », *ibid.*

247 Maffi, Davide, *Il baluardo della Corona. Guerra, esercito, finanze e società nella Lombardia seicentesca (1630-1660)*, Florence, Le Monnier Università, 2007, p. 100.

248 Kamen, Henry, *The Spanish Inquisition : A Historical Revision, 4th ed.*, New Haven, Yale University Press, 2014. Lynn, Kimberly, *Between Court and Confessional : The Politics of Spanish Inquisitors.*, Cambridge, Cambridge University Press, 2013. Werner Thomas, *Los protestantes y la Inquisición en España en tiempos de Reforma y Contrarreforma*, Louvain, Leuven University Press, 2001. Benassar Bartolomé, *Inquisición Española : poder político y control social*, Barcelone, Editorial Crítica, 1981.

bénéficiaient de privilèges qui ne les rendaient justiciables que par le capitaine général de l'artillerie et le conseil de guerre, ce qui constituait certainement un frein aux potentielles menées des autorités ecclésiastiques. Néanmoins, la validation de cette hypothèse nécessiterait de mener des recherches approfondies dans des fonds archivistiques qui n'ont pas été consultés pour cette étude car trop éloignés de son thème central, mais qui permettraient peut-être de repérer les traces d'artilleurs ayant eu des déboires avec l'Inquisition[249].

Cependant, même si la profession d'artilleur au service de la Monarchie offrit ponctuellement une protection à quelques individus non-catholiques, la religion catholique demeurait omniprésente en son sein, notamment à travers le patronage de Sainte Barbe – *Santa Bárbara*. On trouve des traces du culte de cette sainte par des artilleurs dès le début du XVIe siècle : le 4 décembre 1521, sa fête fut célébrée par les artilleurs de l'expédition de Fernand de Magellan aux Moluques[250] et, l'année suivante, les artilleurs de Burgos firent tirer plusieurs canons en son honneur[251]. Dans la seconde moitié du XVIe siècle, ce culte se vit institutionnalisé par la création de confréries d'artilleurs. Ainsi, en 1582, le capitaine général Francés de Álava favorisa la création d'une confrérie de Sainte Barbe à Burgos[252]. Ce même personnage fut également responsable de la mise en place d'une confrérie similaire à Lisbonne[253]. À propos de Pampelune en 1595, le conseil de guerre évoquait « la salve que l'on a coutume de faire le jour de la Sainte Barbe dans l'église où les artilleurs ont une chapelle et une confrérie à leur compte[254] ». Autrement dit, à la fin du XVIe siècle, la plupart des grandes garnisons devaient sans doute posséder leur confrérie d'artilleurs dédiée à Sainte Barbe. Le phénomène gagna également la mer. Ainsi, à bord des navires de la *carrera de Indias*, les artilleurs jouissaient d'un espace qui leur était réservé, habituellement appelé

---

249 Notamment la section *consejo de Inquisición* de l'*Archivo Histórico Nacional* ainsi que divers centres d'archives provinciaux (*archivos históricos provinciales*).

250 Corderas Descárrega, José, *Un estudio de Santa Bárbara*, Séville, Asociación de Señoras de Santa Bárbara, 1986, p. 35.

251 Diez Saez, Esteban, « Cofradía burgalesa de Santa Bárbara de los artilleros, año 1582. Asociación de señoras de Santa Bárbara de los artilleros de Burgos, año 1898. », *Boletín de la Institución Fernán González*, n° 216, 1998, p. 147-161.

252 *Ibid.*

253 AGS GYM leg. 280/349 (20/01/1590).

254 AGS GYM lib. 70, fol. 113r (08/01/1595).

rancho de Santa Bárbara, où ils mangeaient et dormaient ensemble en plus d'y entreposer le matériel[255]. Cette relation privilégiée entre les artilleurs et Sainte Barbe était répandue à l'époque et l'on trouvait des confréries semblables en Flandre[256] ainsi qu'en Italie[257]. Il faut également noter que le culte a perduré jusqu'à nos jours parmi les artilleurs et s'est même étendu à d'autres professions techniques telles que les mineurs ou les ingénieurs[258].

Ce patronage religieux des artilleurs par Sainte Barbe revêtait diverses fonctions. Selon la légende, lorsque cette martyre chrétienne avait été décapitée par son propre père, la foudre s'était abattue sur ce dernier, le tuant sur le coup[259]. C'est la raison pour laquelle le culte qui s'était développé par la suite lui attribuait des vertus de protection contre la mort violente. Confronté quotidiennement aux risques du maniement des explosifs, les artilleurs valorisaient naturellement son intercession. Le célèbre auteur de traité d'artillerie Luis Collado décrivait ainsi le mode opératoire à suivre pour charger un canon :

> Mais avant de mettre le boulet, l'artilleur doit le prendre avec les deux mains et, par dévotion et bonne usance, il doit faire un signe de croix avec devant la gueule de la pièce en invoquant le nom de la glorieuse Sainte Barbe son intercesseuse et avocate, puis il peut insérer le boulet. [...] Lorsqu'il veut faire feu avec la pièce, il doit invoquer à nouveau Sainte Barbe pour qu'elle intercède auprès de Dieu Nôtre Seigneur en faveur de l'artilleur et le protège de la morte subite et de tout autre risque de perdre la vie[260].

---

255 Tempère, Delphine, *Vivre et mourir sur les navires du Siècle d'Or*, *op. cit.* p. 112. Phillips, Carla R., *Six Galleons for the King of Spain*, *op. cit.*, p. 153.

256 Diez Saez, Esteban, « Cofradía burgalesa de Santa Bárbara de los artilleros, año 1582 », *op. cit.* p. 151.

257 Voir la *scuola di Santa Barbara* évoquée par Mallett Michael E., Hale, John R., *The Military Organisation of a Renaissance State : Venice c. 1400 to 1617*, Cambridge University Press, 2006, p. 403. Je reviendrai sur cette confrérie p. 367.

258 Voir par exemple les motivations du colonel d'artillerie Corderas Descarrega pour entreprendre son étude de Sainte Barbe : José Corderas Descárrega, *Un estudio de Santa Bárbara*, *op. cit.* Sainte Barbe est même encore célébrée dans la *navy* américaine selon Phillips, Carla R., *Six Galleons for the King of Spain*, *op. cit.* p. 70.

259 Corderas Descárrega, José, *Un estudio de Santa Bárbara*, *op. cit.* p. 5.

260 « *Pero antes de meter la [bala] tomela con las dos manos el artillero y, por devoción y buena usança, haga la señal de la cruz con ella à la boca de la pieça y invocando el nombre de la gloriosa Sancta Bárbara intercessora y abogada suya, mettala dentro de la pieça [...] Queriendo pues dar fuego a la pieza, invoque de nuevo a Sancta Bárbara que interceda à Dios Nuestro Señor por el artillero y lo defienda de muerte subitánea y de qualquier otro peligro de vida* », Collado, Luis, *Plática manual de artillería*, *op. cit.* fol. 46v.

Par ailleurs, si la sainte était censée offrir une protection quotidienne face aux dangers de la profession, la confrérie permettait quant à elle de bénéficier d'avantages sociaux qui venaient compléter ceux octroyés par la Monarchie à ses serviteurs les plus fidèles. Ses membres devaient s'entraider face à la maladie et aux difficultés économiques ; à leur mort, ils bénéficiaient de prières pour le salut de leur âme[261]. La création de ces confréries de Sainte Barbe s'inscrivait dans un phénomène plus large de multiplication des confréries religieuses dans les territoires catholiques après le Concile de Trente[262]. Il devint en effet fréquent en Europe de voir des métiers s'organiser autour de ce type d'organisations charitables et solidaires[263]. Dans le cas des artilleurs cependant, en l'absence de véritables corporations de métier, la confrérie était souvent le principal élément qui réunissait localement les individus de cette profession. Ainsi, à Burgos, tous les artilleurs de la forteresse avaient obligation de s'inscrire au sein de la confrérie de Sainte Barbe[264]. En d'autres termes, ces confréries participèrent à la construction de l'identité socioprofessionnelle des artilleurs et à sa différenciation du reste de la société.

---

261 Diez Saez, Esteban, « Cofradía burgalesa de Santa Bárbara de los artilleros, año 1582 », *op. cit.* p. 152.

262 Flynn, Maureen M., « Charitable Ritual in Late Medieval and Early Modern Spain », *The Sixteenth Century Journal*, vol. 16, n° 3, 1985, p. 335-348.

263 Farr, James Richard, *Artisans in Europe, 1300-1914*, Cambridge ; New York, Cambridge University Press, 2000, p. 228 et suiv. Mackenney, Richard, *Tradesmen and Traders : the World of the Guilds in Venice and Europe, c. 1250-c. 1650*, Totowa, N.J., Barnes and Noble Books, 1987, p. 4-6 et 47.

264 Diez Saez, Esteban, « Cofradía burgalesa de Santa Bárbara de los artilleros, año 1582 », *op. cit.* p. 156.

ORIGINES GÉOGRAPHIQUES ET CIRCULATION DES ARTILLEURS

Au XVIe siècle, la profession d'artilleur, comme de nombreuses autres professions techniques, se caractérisait par une importante mobilité internationale[265]. Les listes d'artilleurs recrutés pour les flottes atlantiques révèlent ainsi une circulation européenne d'artilleurs d'Italie, de Flandre, des ports hanséatiques voire même de plus loin, venus servir sur les galions de la *carrera de Indias* ou des armadas espagnoles[266]. Ce recrutement à l'échelle de l'Europe s'appuyait principalement sur les réseaux diplomatiques et commerciaux de l'Espagne. La Monarchie organisait ainsi parfois la migration de groupes de dizaines d'artilleurs originaires de territoires alliés tandis qu'en Espagne, on usait du pouvoir attractif de l'argent américain mêlé parfois à un peu de violence afin de s'attacher le service d'artilleurs de passage sur des navires marchands étrangers. Toutefois, ce recours fréquent à des mercenaires étrangers déplaisait à un certain nombre d'officiers espagnols qui mettaient en avant les risques élevés de sabotage et de trahison de la part d'individus qui n'étaient pas sujets du roi d'Espagne. Il s'agit ici donc expliquer cette tension entre, d'une part la nécessité d'un recrutement européen compte tenu des besoins croissants en artillerie et, d'autre part, les difficultés et risques que ce recrutement représentait pour la Monarchie hispanique.

UNE CIRCULATION EUROPÉENNE DES ARTILLEURS

Les séries de données concernant l'origine des individus recrutés comme artilleurs parmi les galions d'escorte de la *carrera de Indias*

265 Il s'agit d'un exemple de plus de la grande mobilité des techniciens qualifiés à l'époque moderne, bien que dans le cas des artilleurs, cette mobilité ne soit pas organisée par des guildes. Voir Epstein, Stephan R., « Labour Mobility, Journeyman Organisations and Markets in Skilled Labour in Europe, 14th-18th Centuries », dans, *Le technicien dans la cité en Europe Occidentale, 1250-1650*, Mathieu Arnoux et Pierre Monnet (éd.), Rome, École française de Rome, 2004, p. 251-269. Reith, Reinhold « Circulation of Skilled Labour in Late Medieval and Early Modern Central Europe » dans, *Guilds, Innovation and the European Economy, 1400-1800*, Stephan R. Epstein et Marteen Prak (éd.) New York, Cambridge University Press, 2008., p. 114-142.

266 Traitement statistique réalisé à partir de la base de données consultable sur https://cadmus.eui.eu//handle/1814/68555.

dessinent plusieurs grandes zones de recrutement. Parmi elles, la plus évidente était la région de Séville et de la Basse-Andalousie où les flottes étaient appareillées chaque année. Il s'agissait de la zone principale d'approvisionnement de la *carrera de Indias* en marins[267], mais sa contribution aux équipages d'artilleurs fut dans un premier temps assez modeste : au tournant des années 1560 et 1570, la proportion d'artilleurs originaires d'Andalousie avoisinait les 15 % seulement. Cependant, le recrutement local se renforça et, dans le dernier quart du XVIe siècle, les Andalous (principalement de Séville, Triana, Ayamonte, Sanlúcar de Barrameda, Jerez de la Frontera, Moguer et Puerto de Santa María) constituaient souvent près d'un tiers des effectifs d'artilleurs.

Au sein du royaume de Castille, l'autre principale région de recrutement d'artilleurs était située au nord, le long de la côte cantabrique, entre San Vicente de la Barquera et Fontarrabie. Ces nombreux ports des provinces de Guipúzcoa, Biscaye et Cuatro Villas où l'on fabriquait la plupart des galions de la Monarchie alimentaient en hommes les flottes de guerre du roi d'Espagne[268]. Dans les années 1560, cette région fournissait aux galions transatlantiques près d'un tiers de leurs artilleurs mais sa participation déclina significativement à la fin du XVIe siècle, probablement en raison de la peste et d'un épuisement général de ses ressources humaines[269]. En marge de ces deux grands pôles de recrutement, les artilleurs espagnols avaient des origines très disparates à l'intérieur de la péninsule ibérique bien qu'il faille souligner une certaine prépondérance des villes portuaires, qu'elles fussent en Galice (Bayona, Vigo, Cangas, Pontevedra), aux Baléares (particulièrement Palma de Majorque) ou encore en Catalogne (Barcelone et Palamos)[270]. En additionnant ces différentes contributions, les royaumes de Castille et d'Aragon pourvoyaient systématiquement plus de la moitié des effectifs d'artilleurs.

Hors de la péninsule ibérique, la zone de recrutement des artilleurs de la Monarchie hispanique s'étendait à l'Est en Méditerranée. L'Italie constitua, pendant de nombreuses décennies, un important contributeur

267 Perez-Mallaína, Pablo, *Spain's Men of the Sea*, *op. cit.*, p. 54.

268 Goodman, David C., *Spanish Naval Power, 1589-1665*, *op. cit.* p. 90 et 182. Perez-Mallaína, Pablo, *Spain's Men of the Sea*, *op. cit.* p. 54.

269 Goodman, David C., *Spanish Naval Power, 1589-1665*, *op. cit.* p. 182.

270 Voir figures 24, 25, 26 et 29.

aux effectifs d'artilleurs des galions de la *carrera de Indias*. Cependant, fait surprenant, ces artilleurs italiens ne provenaient pas, pour la plupart, des territoires assujettis à la Monarchie hispanique. Ce sont surtout des Génois, des Vénitiens et des Niçois qui figurent dans les listes d'équipage que j'ai consultées. On y trouve également quelques Romains, des Toscans, mais seulement une poignée de Napolitains et aucun Sicilien ou Milanais. Plus à l'Est, quelques individus venaient des îles grecques sous domination vénitienne telles que la Crète (*Candia* dans les sources) ou encore Céphalonie, ce qui confirme les observations de Schwartz quant à la participation des experts grecs aux grandes conquêtes de la Monarchie hispanique[271].

Enfin, les galions de la *carrera de Indias* avaient besoin de recourir massivement à des individus venant du nord de l'Europe. Les documents laissent entrevoir ce manque de familiarité culturelle entre, d'une part, ces étrangers septentrionaux forcés de décliner leur identité, leur âge et leur lieu de naissance dans une langue qu'ils ne maîtrisaient pas et, d'autre part, ces officiers comptables espagnols transcrivant tant bien que mal dans une phonétique latine les sons germaniques qu'ils entendaient. Même si les sources spécifient souvent la région de référence (Flandre, Hollande, Haute ou Basse Allemagne, Tyrol, etc.), l'identification précise des villes d'origine de ces individus est parfois difficile et sujette à interprétation. Ainsi, lorsqu'un certain Cristóbal Barquiman embarqua en tant qu'artilleur à bord du galion *Trinidad* de la Grande Armada contre l'Angleterre, on annota qu'il venait de « Danayque », écriture phonétique castillane probable de La Haye, prononcée « Den Haag » en néerlandais[272]. Il en résulte que les cartes des figures 24 à 29 contiennent sans doute quelques erreurs qui ne changent certainement pas les grandes lignes des résultats de mes recherches.

271 Schwartz, Stuart, « The Greek Gunners and the Spanish Conquest », dans *Grecia en España : hacía una historia de la cultura mediterránea*, Madrid, Ediciones Clásicas, 1999, p. 337-342.

272 AGI CT leg. 2934.

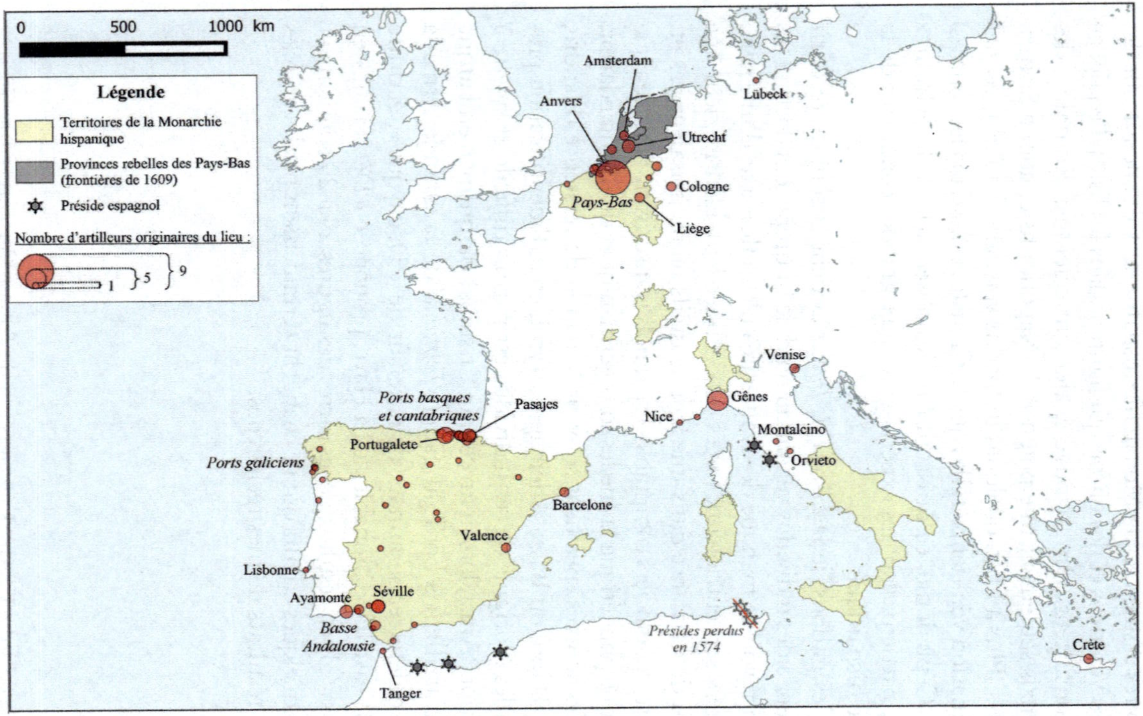

Fig. 24 – Origines géographiques de 117 artilleurs de la *carrera de Indias* (années 1570).
Carte réalisée par l'auteur. Sources : AGI CT leg. 3914 (flotte de Tierra Firme, 1570), leg. 2937 (flotte de Nouvelle-Espagne, 1574), leg. 3915 (flotte de Tierra Firme + armada de guarda, 1574).

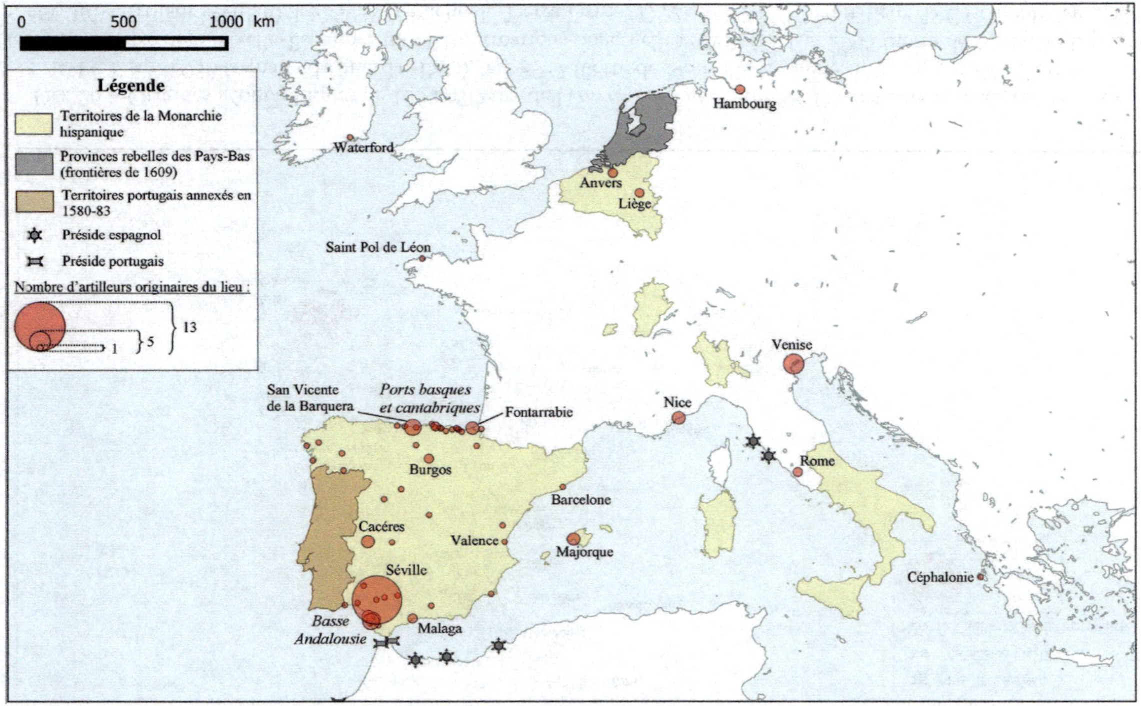

FIG. 25 – Origines géographiques de 99 artilleurs de la *carrera de Indias* (années 1580). Carte réalisée par l'auteur.
Sources : AGI CT leg. 2933 (armada de Magallanes, 1581), leg. 2940A (flotte de Nouvelle-Espagne, 1582), leg. 2941 (flotte de Tierra Firme, 1584), leg. 2940B (flotte de Tierra Firme, 1588). Informations ponctuelles : AGI CT leg. 3922 (flotte de Tierra Firme, 1586).

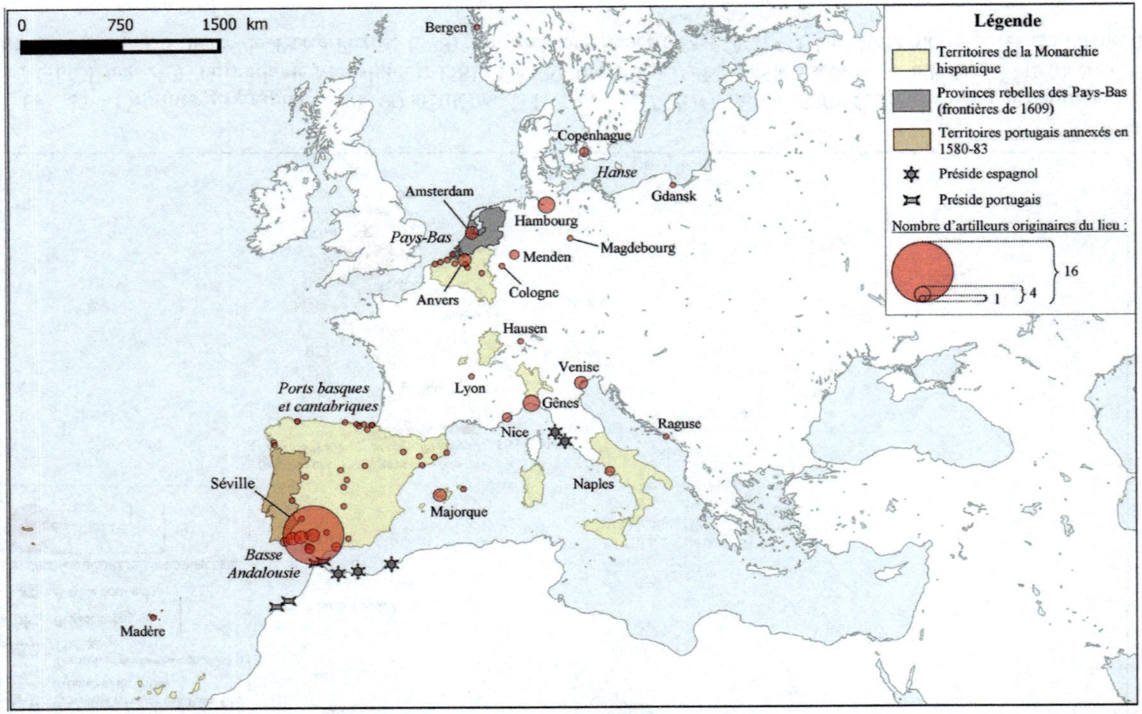

FIG. 26 – Origines géographiques de 106 artilleurs de la *carrera de Indias* (années 1590). Carte réalisée par l'auteur.
Sources : AGI CT leg. 2956 (armada de guarda, 1593), leg. 3937 (flotte de Nouvelle-Espagne, 1593), leg. 3956 (Flotte de Honduras, 1597), leg. 2967 (flotte de Nouvelle-Espagne, 1601). Informations ponctuelles : AGI CT leg. 2945 (flotte de Nouvelle-Espagne, 1589), leg. 486/1(6) (artilleur sévillan), leg. 3938 (patache de Tierra Firme, 1592), leg. 254/4(3) (artilleur de Castropol), leg. 254/4(2) (artilleur flamand), leg. 264/1(7) (artilleur de Malaga), AGS GYM leg. 281/138 (condestable de Cologne).

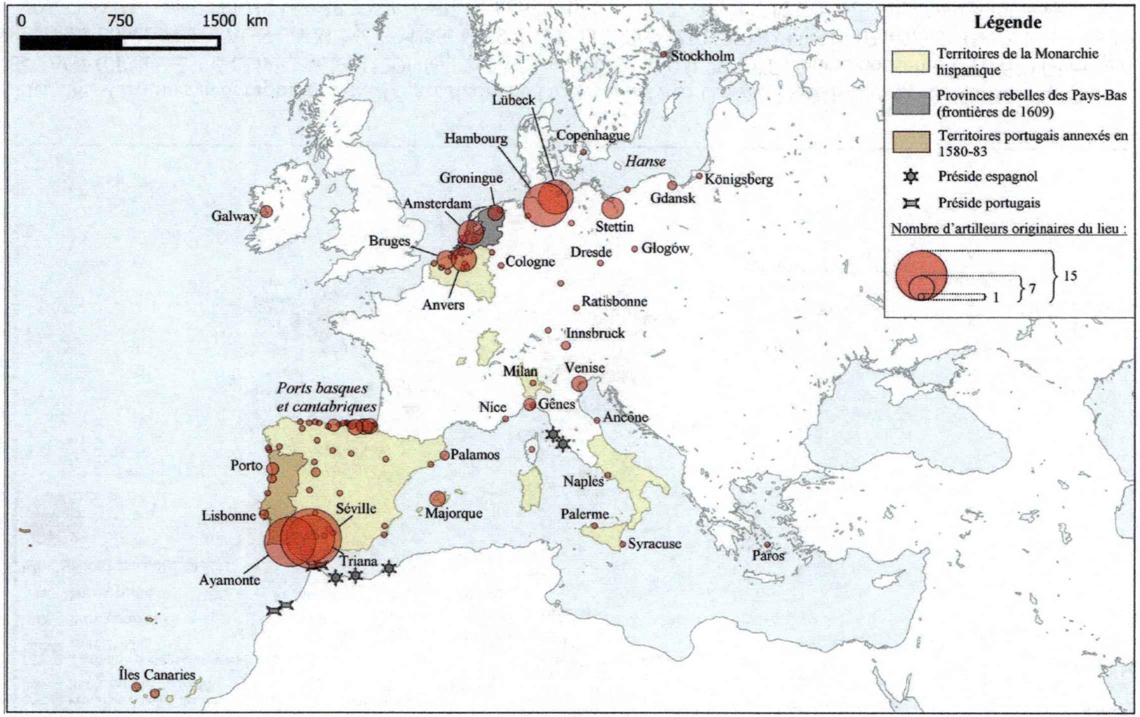

FIG. 27 – Origines géographiques de 248 artilleurs de la Grande Armada de 1588 (escadron de Castille appareillé en Andalousie). Carte réalisée par l'auteur. Source : AGI CT leg. 2934. Informations ponctuelles : AGS GYM leg. 316/144 (artilleur napolitain), lib. 45, fol. 27r (*condestable* allemand), leg. 222/54 (*cabo* sicilien).

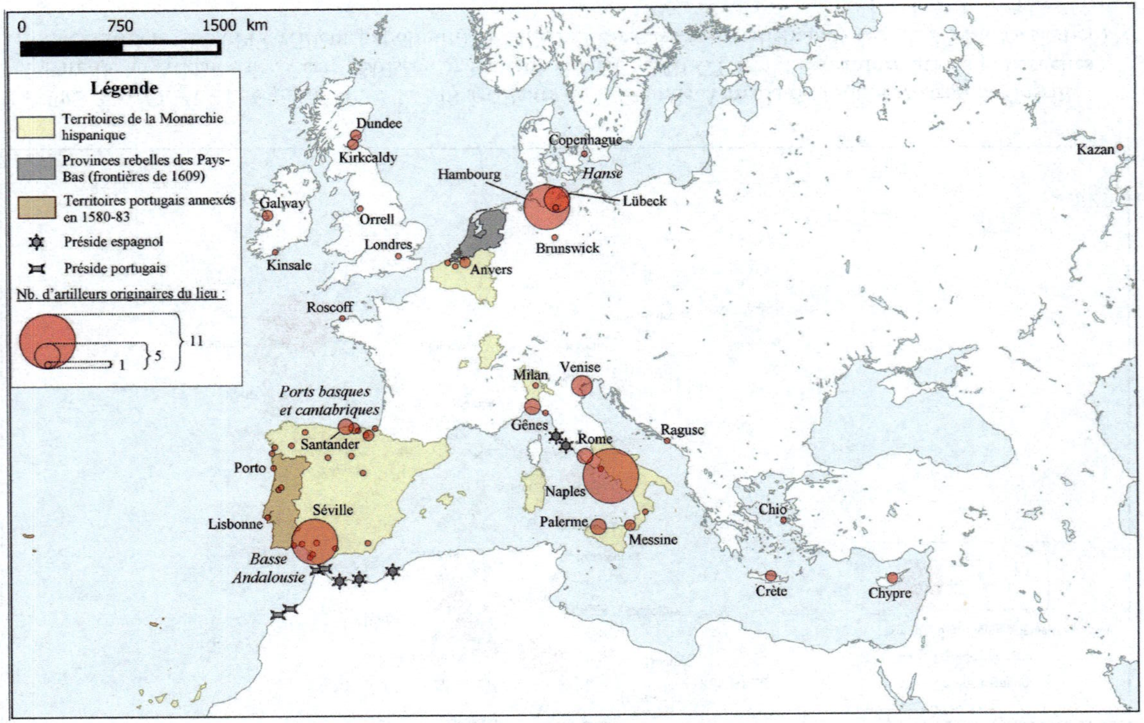

FIG. 28 – Origines géographiques de 105 artilleurs de l'*armada del mar Océano* (1590-1603). Carte réalisée par l'auteur.
Sources : AGI CT, leg. 2965 (Andalousie, 1599), leg. 2973 (Andalousie, 1603). ANTT Contos do Reino NA. 679 (Portugal, 1602).
Informations ponctuelles : AGS GYM leg. 394/68, 69, 91, 111, 112, 269, 270, 271, 285, 315 (Portugal, 1593), leg. 389/249, 273, 296, 799 (Portugal, 1593), leg. 387/232 (artilleur flamand), leg. 397/5, 72, 82, 121 (Portugal, côte cantabrique, 1593).

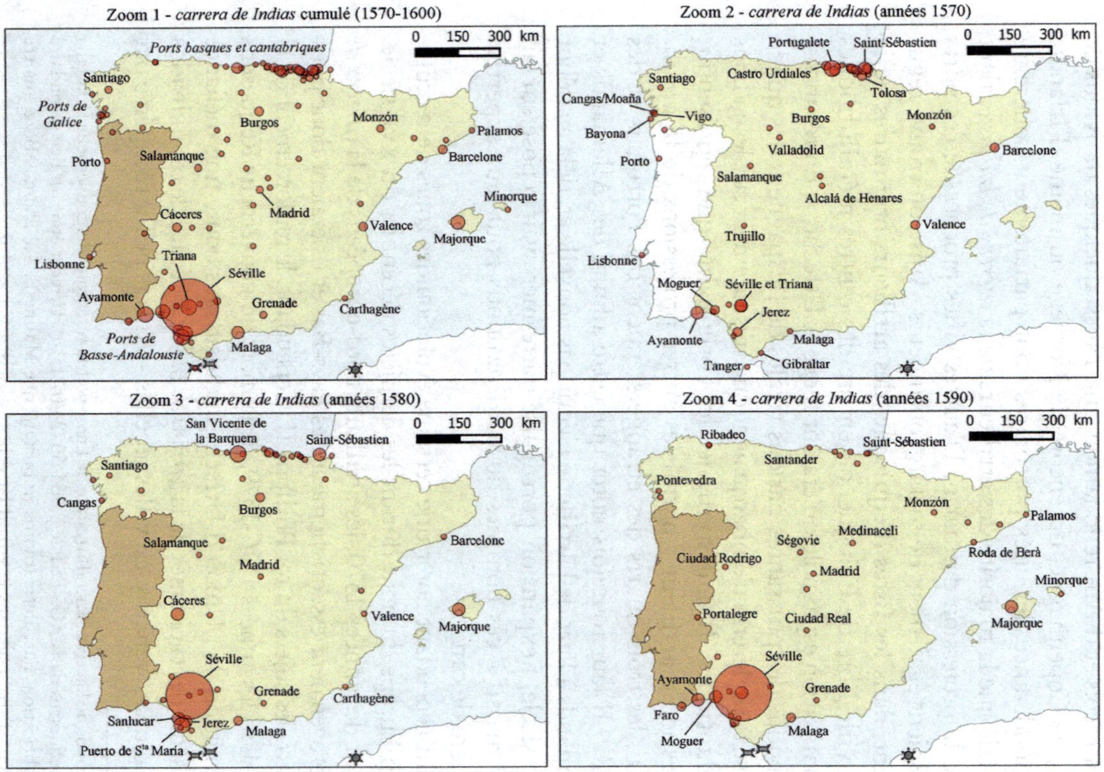

FIG. 29 – Origines géographiques des artilleurs de la *carrera de Indias*, zoom sur la péninsule ibérique. La première visualisation compile les données des figures 24, 25, 26 tandis que les trois suivantes reprennent dans le même ordre les données de chacune de ces cartes.

Cette expertise technique nord-européenne provenait avant tout des grands ports des Pays-Bas et de la Hanse. Parmi les artilleurs de la *carrera de Indias*, on trouvait ainsi un grand nombre d'Anversois, de Hambourgeois et d'Amstellodamois, mais aussi quelques individus de Lübeck, de Copenhague, ou encore de Norvège ou même d'Irlande. La prépondérance des cités portuaires était parfaitement cohérente avec le fait que la majorité des artilleurs de la *carrera de Indias* étaient issus de la profession de marin. D'autres villes proches de ces ports fournissaient également de menus contingents. Ainsi, on trouve régulièrement, dans les listes d'équipage, des artilleurs originaires de la grande ville libre de Cologne, ou encore des centres métallurgiques sous domination espagnole qu'étaient Liège et Utrecht[273]. En revanche, les individus des puissantes nations rivales de l'Espagne telles que la France et l'Angleterre n'embarquaient que très rarement sur les galions transatlantiques. Il faut souligner ici l'originalité que représentait la profession d'artilleur : parmi les autres professions de la *carrera de Indias*, les trois-quarts des étrangers étaient des Portugais et des Italiens[274]. Il faut toutefois noter que cette affinité des Allemands et des Flamands à l'art de l'artillerie n'était pas nouvelle et, déjà au début du XVIe siècle, l'expansion portugaise outre-mer avait reposé sur un recours massif à ces hommes du nord reconnus pour leur expertise en matière de canons[275].

Il faut cependant noter une certaine évolution des zones de recrutement en Europe du nord durant les dernières décennies du XVIe siècle. Au début des années 1570, les artilleurs nord-européens de la *carrera de Indias* provenaient essentiellement des Pays-Bas et ils étaient donc pour la plupart des sujets du roi Philippe II. Cependant, le renforcement de la révolte dans les années 1576-1579, de la mort du gouverneur Requesens à la formation de l'Union d'Utrecht, induisit sans doute une méfiance grandissante des capitaines de la *carrera de Indias* à l'égard de ces individus dont la plupart venaient de villes rebelles – Anvers ne fut récupérée par

---

273 À propos de l'activité métallurgique de Liège voir la remarque du gouverneur Don Luis de Requesens dans AGS EST leg. 564/60 (23/07/1574). Utrecht était un lieu secondaire de fabrication d'artillerie (moins important que Malines) : « à Thomas Botz, maître fondeur d'artillerie dans la ville d'Utrecht… » AGR CC n° 26167.

274 Perez-Mallaína, Pablo, *Spain's Men of the Sea*, *op. cit.* p. 57. Tempère, Delphine, *Vivre et mourir sur les navires du Siècle d'Or*, *op. cit.* p. 134.

275 Machado de Castro, Tiago, « Bombardeiros na Índia », *op. cit.*, p. 35-43.

Alexandre Farnèse qu'en 1585[276]. C'est sans doute la raison pour laquelle le recours aux artilleurs flamands chuta brusquement dans les années 1580 au profit d'un recrutement local, en Andalousie, alors en pleine expansion grâce à la mise en place de l'école d'artilleurs de Séville[277]. Toutefois, les pertes de la Grande Armada de 1588 et la nécessité d'équiper rapidement des flottes de guerre grandissantes eurent raison de cette tendance au repli régional : on assista, dans les années 1590, à une phase d'internationalisation de la profession d'artilleur, avec non seulement le retour en force des Pays-Bas – et même de la ville rebelle d'Amsterdam – mais aussi un recours croissant aux individus des villes hanséatiques d'Hambourg, Gdansk et Copenhague.

Le spectre géographique de recrutement variait selon l'intensité des besoins et les ressources disponibles. Par exemple, en 1576, un escadron de 20 *zabras* et 3 *pinazas* fut appareillé sur la côte cantabrique afin d'être envoyé en Flandre sous le commandement de Juan Martínez de Recalde[278]. Le nombre total d'artilleurs requis pour ces navires de taille modeste ne dépassait pas la quarantaine d'individus. En outre, cette région du nord de l'Espagne était, on l'a vu, l'une des plus abondantes en techniciens du canon. Par conséquent, les listes d'équipage de cet escadron révèlent que le recrutement fut entièrement local, les artilleurs étant tous originaires de ports situés à moins de 100 kilomètres du lieu d'appareillage[279].

L'opération de tous les records que fut la Grande Armada de 1588 nécessita quant à elle la participation d'artilleurs venus véritablement des quatre coins de l'Europe. La carte du recrutement des artilleurs embarqués dans l'escadron de Castille, appareillé en Andalousie, partage un certain nombre de caractéristiques avec les cartes de recrutement de la *carrera de Indias*[280]. La Basse-Andalousie (et notamment Séville, Triana, Ayamonte), ainsi que les ports basques et cantabriques fournirent plus des trois-quarts des artilleurs ibériques. La proportion d'artilleurs non-ibériques atteignait par contre un niveau record à près de 45 % des effectifs totaux. La contribution italienne, avec Venise et Gênes

276 Koenigsberger, Helmut, *Monarchies, States Generals and Parliaments*, *op. cit.*, p. 261-293 et 315-316.

277 Voir chapitre « théorie et pratique à l'école d'artilleurs de Séville ».

278 AGS CMC 2ª época leg. 747 (année 1576).

279 *Ibid.*

280 Voir figure 27.

toujours en tête, était sensiblement plus modeste que lors des trajets transatlantiques. En dépit des affrontements qui se poursuivaient aux Pays-Bas entre troupes royalistes et rebelles, la Monarchie hispanique avait fait embarquer d'importants effectifs d'artilleurs originaires des ports d'Anvers, d'Amsterdam, de Bruges et de Groningen. Cependant, les principaux foyers fournisseurs d'artilleurs s'étaient clairement déplacés vers l'est et le nord, préfigurant la tendance que l'on a notée dans le recrutement de la *carrera de Indias* des dernières années du XVIe siècle : les ports hanséatiques de Hambourg, Lübeck, Stettin et Gdansk primaient sur ceux des Pays-Bas et étaient secondés, dans une moindre mesure, par les villes de Copenhague, Stockholm et Königsberg. À ces individus de la Hanse et de la Baltique venaient s'ajouter un petit nombre d'artilleurs de Haute Allemagne, du Tyrol et d'Irlande qui, par affinités religieuses ou par lien diplomatique, se trouvaient impliqués dans les luttes contre l'Angleterre élisabéthaine.

Mise en place après le désastre de l'Invincible Armada, dans une période de manque constant d'artilleurs, l'*armada del mar Océano* représenta l'apex des équipages cosmopolites de la période. Les Ibériques ne constituaient qu'un tiers des artilleurs tandis que les deux autres tiers étaient équitablement partagés entre nord-Européens et méridionaux d'Italie et de Grèce. Le recrutement des artilleurs septentrionaux suivait cette même tendance générale à la supplantation des Flamands par les Hanséates, principalement originaires de Hambourg et de Lübeck. Les galions de la Monarchie hispanique s'étaient aussi considérablement ouverts aux artilleurs irlandais, écossais et, dans une moindre mesure, anglais, dans cette période d'interventionnisme espagnol en Irlande[281]. L'autre changement notable concernait l'origine des artilleurs méridionaux puisque les Génois, Vénitiens et Romains, bien que toujours présents, étaient désormais en infériorité numérique face aux sujets du roi d'Espagne en particulier napolitains et siciliens. Le service de l'artillerie de l'*armada del mar Océano* drainait également plus d'individus de la

281 Sur les multiples liens forts (religieux, militaires, politiques, économiques) de l'époque entre l'Espagne et l'Irlande contre l'ennemi commun anglais, voir García Hernán, Enrique, *Ireland and Spain in the Reign of Philip II*, Dublin, Four Courts Press, 2009. Sur l'intervention espagnole à Kinsale en 1601 pour soutenir la révolte d'une partie de la noblesse catholique irlandaise, voir García Hernán, Enrique, *Irlanda y la monarquía hispánica : Kinsale, 1601-2001 : guerra, política, exilio y religión*, Madrid, Consejo Superior de Investigaciones Científicas, 2002.

Méditerranée orientale, des îles de Crète, Chypre et Chios ainsi qu'un « Turc » que les sources disaient originaire de Kazan[282].

La nature cosmopolite des équipages d'artilleurs à bord des navires espagnols est confirmée par divers témoignages qui n'ont pu être intégrés aux données cartographiques à cause de leur manque de précision. En 1593, Pedro de Zubiaur, général de l'escadron biscayen, écrivait au conseil de guerre que sur 92 artilleurs sous son commandement, 32 étaient d'origine flamande, allemande, ou hongroise et huit étaient italiens[283]. Des noms tels que *Bartolomé de Niza*, *Jusepe Veneciano* ou encore *Bautista de Venecia* laissent supposer une forte présence d'Italiens parmi les artilleurs des galères de Bretagne, à la fin du XVIe siècle[284]. Le fait que la Monarchie hispanique retint à son service un grand nombre de soldats étrangers n'a rien d'une nouveauté historiographique : comme le rappelle Henry Kamen, la victoire « espagnole » de Saint-Quentin (1557) fut acquise par une armée dont seulement un dixième des effectifs était espagnol[285]. Cependant, au sein de l'armée de Flandre, les soldats étaient tous regroupés dans des *tercios* selon leur « nation » – espagnole, italienne, allemande, wallonne, bourguignonne, irlandaise, anglaise[286] – tandis que les équipages d'artilleurs mélangeaient quant à eux les individus. En 1593, à bord du navire *Nuestra Señora de Begoña* de l'*armada de guarda de la carrera de Indias*, se côtoyaient autour d'un noyau de six Basques, trois Hambourgeois, trois Génois, deux Vénitiens, deux Andalous, deux Amstellodamois, un Ragusain, un Danois, un Norvégien, un Majorquin et un Minorquin[287]. On peut imaginer les soucis de communication lorsqu'il fallait coordonner les manœuvres de l'artillerie. Aussi, lorsqu'il fallut trouver un prêtre pour la confrérie de Sainte Barbe à Lisbonne, le lieutenant d'artillerie recommanda-t-il le père Ricardo, d'origine irlandaise, polyglotte sachant parler l'italien, l'allemand et le castillan, « ce qui était absolument nécessaire pour confesser les artilleur étrangers[288] ».

282 « *Marco Aurelio Turco, hijo de Vicencio, natural de Cazan* », ANTT Contos do Reino e Casa, NA 679 (année 1602).

283 AGS GYM leg. 378/85 (08/10/1593).

284 AGS CSU 2ª época leg. 201 (année 1597).

285 Kamen, Henry, *Empire*, *op. cit.*, p. I.

286 Parker, Geoffrey, *The Army of Flanders and the Spanish Road (1567-1659)*,*op. cit.*, p. 26-27.

287 AGI CT leg. 2956.

288 « *Aquí ay un santo clérigo yrlandés llamado el padre Ricardo [...] sabe la lengua alemana, ytaliana y española [...] y para confesar artilleros estrangeros es muy necesario y para la conservación*

Bien que la composition des garnisons soit plus difficile à saisir en l'absence de données sérielles, il est possible d'affirmer que le recrutement y revêtait aussi une certaine dimension internationale. Les comptes de la place forte de Perpignan révèlent, pour la période 1550-1570, la présence de trois Flamands, deux Français (l'un du Rouergue, l'autre de Bourgogne) et un Portugais, tandis que le reste des effectifs dont l'origine était spécifiée se partageaient équitablement entre les royaumes de Castille et d'Aragon[289]. Les sources mentionnent fréquemment des artilleurs étrangers en garnison : un artilleur flamand au château de Setubal[290] sept artilleurs allemands dans les forteresses de Galice[291], trois autres Allemands à Madère[292], quatre artilleurs anglais aux Açores[293], un Anglais à la Havane ainsi qu'un Flamand et un Portugais – avant l'union des Couronnes ibériques – à Carthagène des Indes[294]. Des compagnies de cinquante ou cent artilleurs allemands furent même engagées pour certaines opérations telles que la conquête du Portugal et des Açores (1580-1583) ou encore la répression de la révolte aragonaise de 1591[295]. Par ailleurs, il faut souligner la complexité des mouvements à l'œuvre car, si beaucoup d'étrangers venaient servir dans les flottes et garnisons d'Espagne, un certain nombre d'Espagnols étaient envoyés servir loin de chez eux. La ville stratégique de Milan, à la fois verrou de l'Italie et point de départ du chemin des Espagnols vers les Pays-Bas, possédait ainsi une garnison principalement constituée de Castillans au sein de laquelle le service de l'artillerie ne faisait pas exception à la règle[296]. Dans cette même logique, l'artillerie de Lisbonne n'était pas placée entre les mains de sujets locaux et l'on préférait nommer aux postes d'artilleurs des Espagnols, voire des Italiens ou des Allemands[297]. Comme le chapitre précédent l'a mis en évidence, cette

de Nuestra Santa cofradía », AGS GYM leg. 280/349 (20/01/1590).

289 AGS CSU 2ª época leg. 91.

290 AGS GYM lib. 57 fol. 108v (13/01/1591).

291 AGS GYM leg. 131/32 (20/09/1582).

292 AGS GYM leg. 213/285 (année 1587).

293 AGS GYM leg. 284/136 (19/05/1590).

294 AGS GYM leg. 88/142 (21/02/1578).

295 La compagnie de 48 artilleurs allemands du capitaine Baltasar Troyer fut démobilisée après la conquête de Angra do Heroismo : AGS GYM leg. 162/105 (30/05/1584). Un contingent de 108 artilleurs allemands fut envoyé en Aragon : AGS GYM lib. 57 fol. 206r-208v (18/08/1591).

296 Ribot García, Luis Antonio « Soldados españoles en Italia »,*op. cit.*

297 AGS GYM leg. 280/349 (20/01/1590).

politique de nomination participait d'un processus de renforcement général du contrôle madrilène sur l'artillerie des différents territoires de la monarchie composite.

Aux Pays-Bas cependant, le recrutement des artilleurs semble être demeuré plus local. Bien que les documents comptables n'indiquent pas l'origine des individus, celle-ci peut être partiellement déduite des noms inscrits dans les registres. Or, ces noms suivent la prédominance linguistique de chaque ville, ce qui laisse supposer un recrutement fortement local. Ainsi, dans la garnison de Luxembourg, la quasi-totalité des patronymes affichent de fortes consonances germaniques[298] (Rutger Schlosser, Peter Roloff, Mathias Schmidt) tandis que les canonniers de Mons possédaient tous des noms français (François du Bois, Jehan Andrieu) et ceux de Malines pour la plupart des noms flamands (Jan Van Muylen, Ructer Van Loeven) ainsi que quelques noms français (Jehan Sevard, Anthoine de Carpent)[299]. Le même constat ressort de la lecture des listes d'équipage des navires des armadas de Dunkerque et d'Anvers : parmi les dizaines de patronymes inscrits en tant qu'artilleurs par le comptable espagnol se trouvent une écrasante majorité de noms flamands (Jansen, Cornelis, Jong, etc.) au milieu desquels l'on devine parfois quelques Allemands (Cristian Lubeque) tandis que les patronymes à consonance française (Calaut, Jurel, Outrelet) représentaient 10 à 20 % des artilleurs[300]. Autrement dit, en Flandre et en Wallonie, les ressources humaines qualifiées étaient suffisamment abondantes pour pourvoir les places d'artilleurs des garnisons et des navires de guerre locaux malgré l'émigration massive d'artilleurs flamands vers la péninsule ibérique. En revanche, la présence des méridionaux au nord se faisait extrêmement rare puisqu'apparaissent seulement trois noms espagnols (Andrés de Uribe, Juan Felipe, Pedro de Sobrado) et un italien (Antonio Rosso) dans l'ensemble des escadrons de Dunkerque et Anvers[301]. Il faut cependant rappeler que les salaires d'artilleurs y étaient significativement inférieurs à ceux de la péninsule ibérique ce qui ne manquait pas de rendre le service de l'artillerie flamande peu attractif aux Espagnols et aux Italiens.

298 AGR CP n° 621 (année 1601).
299 AGR CC n° 26170, fol. 15r (année 1572).
300 AGR CA n° 79 (listes de 1599-1601 et 1608).
301 *Ibid.*

CANAUX DE RECRUTEMENT : RÉSEAUX DIPLOMATIQUES ET MARCHANDS

Maintenant que l'existence d'un vaste marché international des artilleurs a été mis en évidence, il convient de comprendre de quelle manière et par quels moyens il put être mis en place et fonctionner avec autant de dynamisme. L'un des principaux canaux de recrutement était le fruit du développement étatique. Il s'agissait d'une coopération entre l'administration militaire et les réseaux diplomatiques de la Monarchie hispanique. Les mécanismes en jeu apparaîtront clairement à travers l'analyse du recrutement de compagnies d'artilleurs en Haute Allemagne. Ces compagnies regroupant une cinquantaine voire une centaine d'individus furent régulièrement levées pour des besoins ponctuels tels que les campagnes de don Juan en Méditerranée (1571-1573)[302], la conquête du Portugal et des Açores (1580-1583)[303] ou encore la répression de la révolte aragonaise (1591)[304]. À la fin des campagnes, ces artilleurs mercenaires allemands n'étaient pas systématiquement démobilisés et l'on trouve régulièrement des mentions de quelques effectifs demeurés en garnison, par exemple en Galice, à Lisbonne, ou encore en Aragon[305].

L'une de ces levées d'artilleurs allemands intervint au lendemain du désastre de l'armada d'Angleterre. Confronté aux nombreuses pertes humaines, le roi envoya en février 1589 un courrier au gouverneur de Milan (le duc de Terranova) lui ordonnant de réunir d'urgence 200 artilleurs du Tyrol, de Venise ou d'ailleurs, prêts à servir en Espagne[306]. Cette mission allait mobiliser les réseaux diplomatiques de la Monarchie dans trois directions différentes. Le duc de Terranova proposait de s'occuper lui-même de recruter quelques individus en terres vénitiennes et à Milan[307]. Par ailleurs, l'ambassadeur de Philippe II à Gênes, don

302 AGS EST leg. 1245/64 (année 1576).

303 Voir les gages de la compagnie de 48 artilleurs du capitaine Baltasar Troyer, AGS GYM leg. 162/105 (30/05/1584).

304 AGS GYM lib. 57 fol. 206r-208v (18/08/1591).

305 Ces artilleurs allemands étaient souvent rattachés à la comptabilité et au commandement des colonels d'infanterie allemande : liste des comptes de soldats à Lisbonne, ANTT Contos do Reino e Casa, NA. 673, fol 38r (année 1594). En Galice, AGS GYM leg. 131/32 (20/09/1582). Problème de paiement des artilleurs allemands d'Aragon et de leur capitaine en 1587, AGS GYM leg. 212/254 (année 1587).

306 AGS EST leg. 1265/210 (03/02/1589).

307 AGS EST leg. 1265/97 (18/04/1589).

Pedro de Mendoza, fut également impliqué dans l'affaire et fournit au duc de Terranova un petit contingent d'artilleurs anglais, catholiques expatriés[308]. Enfin, la plupart des effectifs furent trouvés au nord des Alpes. Dès réception des ordres du roi, Terranova envoya en Autriche son secrétaire, Antonio Calmona, qui était « en très bons termes avec l'archiduc et ses ministres[309] ». La démarche s'inscrivait clairement dans le jeu diplomatique de Philippe II avec ses cousins Habsbourg d'Autriche. Des récompenses étaient également prévues pour les autres princes prêts à coopérer. Ainsi, pour lever des hommes dans la ville de Salzbourg, Calmona négocia un titre de colonel et un habit de l'ordre d'Alcantara ou de Calatrava pour le frère de l'archevêque[310]. Malheureusement, les résultats du recrutement ne furent pas à la hauteur des espérances : faute de temps, le secrétaire Calmona n'était pas parvenu jusqu'à la Saxe et aux cités de la Hanse qui, on l'a vu, regorgeaient d'artilleurs[311]. De ces efforts combinés à Venise, à Gênes, en Autriche et en Bavière, on parvint finalement à réunir 57 artilleurs allemands, italiens et anglais[312].

À l'été 1589, cette compagnie devait embarquer à Gênes avec une troupe de 3 000 fantassins allemands afin d'être transférée en Espagne, mais, à cause des prétentions excessives de l'infanterie allemande, Philippe II décida d'envoyer un ordre d'annulation et de renvoi des troupes juste avant leur embarquement en Ligurie[313]. Signe des grandes difficultés qu'il y avait à trouver des artilleurs, le duc de Terranova prit la précaution de ne pas renvoyer la petite compagnie acquise avec tant d'efforts, comme il l'écrivit au monarque :

> Ce type de personnel, une fois renvoyé, ne peut se retrouver sans beaucoup de temps, d'argent et de difficultés. Aussi est-il de plus de service à Votre Majesté de garder ces artilleurs sous la main, sans regarder à la dépense que l'on pourrait économiser en les renvoyant[314].

---

308 *Ibid.*

309 Terranova au roi : « *El señor Calmona, persona no menos de recaudo y abil y muy acepta al Archiduque y sus ministros* », AGS EST leg. 1265/90 (04/03/1589).

310 AGS EST leg. 1265/102 (20/03/1589).

311 AGS EST leg. 1265/97 (18/04/1589).

312 AGS EST leg. 1265/43 (04/11/1589).

313 AGS EST leg. 1265/143 (12/08/1589).

314 « *No es gente que, si se despiden una vez, se podrá hallar sin mucho tiempo, gasto y dificultad, y es más servicio de Vuestra Majestad tenerla en pie sin mirar en lo poco que en despedirla se puede ahorrar* », *ibid.*

L'ambassadeur de Philippe II à Gênes fut finalement chargé d'organiser l'acheminement de ces artilleurs vers la péninsule ibérique et tous embarquèrent en octobre 1589 dans un bateau en partance pour Alicante[315].

À leur arrivée en Espagne, l'administration du capitaine général de l'artillerie prit le relais. Don Juan de Acuña Vela désigna Alonso Carrasco de Cuellar, officier d'artillerie qui avait l'habitude de traiter avec les artilleurs allemands, afin d'acheminer cette compagnie d'Alicante à Burgos[316]. Le voyage entre la côte méditerranéenne et le haut plateau de Burgos, situé à près de 900 mètres d'altitude, signifiait un parcours de plus de 600 kilomètres au beau milieu de l'hiver. En outre, le convoi était composé non seulement d'hommes mais aussi de femmes et d'enfants car certains de ces mercenaires s'étaient faits accompagner de leur famille. Aussi le capitaine général de l'artillerie insista-t-il pour qu'on leur réservât le meilleur traitement possible, en mettant à leur disposition charrettes, victuailles et cédules royales de libre-passage et de droit de logement[317]. Ce déplacement jusqu'à la capitale de l'artillerie castillane était motivé par plusieurs raisons. D'abord, Burgos, ville bon marché, était vue comme une étape assez commode vers la destination finale de cette troupe : l'escadron cantabrique de l'*armada del mar Océano*[318]. En outre, ce haut lieu de l'art de l'artillerie possédait les ressources humaines et matérielles permettant de tester les compétences des mercenaires étrangers et de combler leurs lacunes éventuelles, comme cela fut le cas lorsque cette compagnie arriva au milieu du mois de février 1590[319].

La venue de cette troupe à Burgos souleva cependant un nouveau problème. Il fallait loger temporairement de nombreuses familles à une distance raisonnable du château afin que les mercenaires pussent s'y rendre en journée pour s'exercer avec les artilleurs castillans qui y résidaient. De plus, Carrasco de Cuellar refusait qu'ils fussent dispersés car il avait, disait-il, besoin de les garder tous sous sa vigilance afin d'éviter, en particulier, les abus d'alcool[320]. Ce problème engendra un échange triangulaire de courriers entre Carrasco de Cuellar, le conseil

315 AGS EST leg. 1265/43 (04/11/1589).
316 AGS GYM leg. 254/220 (21/12/1589).
317 *Ibid.*
318 *Ibid.*
319 AGS GYM leg. 281/272 (16/02/1590).
320 AGS GYM leg. 281/273 (19/02/1590).

de guerre et les autorités locales réticentes à ce projet de logement[321]. Cependant, la situation se résolut d'elle même car, au mois de mai suivant, cette compagnie d'artilleurs embarqua à Santander sur divers navires de l'escadron de Martin de Bertendona[322]. L'opération avait été coûteuse en temps et en argent ; elle avait nécessité un an et trois mois d'efforts menés par divers agents de la Monarchie hispanique en Italie, en Autriche et en Espagne pour un gain d'une cinquantaine d'artilleurs mercenaires.

Ce terme de « mercenaire » était précisément celui employé par les sources. Comme la partie précédente l'a évoqué, une certaine souplesse était parfois demandée au gouvernement madrilène afin de tolérer le recrutement d'artilleurs luthériens, comme ce fut le cas pour cette cinquantaine d'artilleurs allemands. Or, l'argumentation en faveur de ce type de requête s'appuyait sur la logique du mercenariat, expliquant que ces individus étaient prêts à servir n'importe quel maître du moment qu'ils recevaient leur argent[323]. Comme le disait le duc de Terranova, l'essentiel était que les artilleurs mercenaires fussent dument payés. Les Allemands avaient d'ailleurs la réputation d'être très pointilleux et de n'accepter aucun retard dans le paiement de leurs soldes[324]. Cette compagnie d'artilleurs recrutés en Allemagne refusa de s'embarquer à Gênes sans être payée[325] et Carrasco de Cuellar expliquait combien il était difficile de leur faire entendre raison quant à leurs inacceptables exigences de paiement en milieu de mois[326]. Par conséquent, le service de ces artilleurs qui n'étaient pas sujets du roi d'Espagne s'inscrivait dans le cadre d'un rapport économique entre employeur et employé dont le contrat était scellé et ritualisé par une cérémonie lors de laquelle les mercenaires juraient leurs bons et loyaux services[327].

Du fait de ce statut contractuel et du manque chronique d'artilleurs, il arrivait non seulement que la Monarchie engageât des protestants, mais aussi des adversaires. Un document du conseil de l'amirauté de Flandre recense les noms de l'équipage d'un navire hollandais capturé en 1597

321 AGS GYM leg. 281/274 (17/02/1590).
322 AGS GYM leg. 284/52 (26/05/1590).
323 AGS EST leg. 1265/97 (18/04/1589).
324 AGS GYM leg. 254/220 (21/12/1589).
325 AGS GYM leg. 280/253 (16/01/1590).
326 AGS GYM leg. 281/272 (16/02/1590).
327 AGS GYM leg. 254/220 (21/12/1589).

par le capitaine Gaspard Rombouts de l'escadron de Dunkerque[328]. Faisant figurer l'origine des individus, cette liste donne d'abord une idée du spectre géographique de recrutement des Provinces-Unies. Il apparaît que, comme la Monarchie hispanique, les Provinces-Unies recouraient à des mercenaires étrangers pour le maniement de l'artillerie puisque, sur douze artilleurs présents dans la liste, cinq étaient Hollandais, un Wallon (de West-Cappel), quatre Allemands (de villes proches des Pays-Bas telles que Cologne, Munster ou encore Brunswick), et les deux derniers venaient de Scandinavie, plus précisément de Norvège et du Danemark. Il y avait indubitablement un flux important d'artilleurs mercenaires originaires des cités d'Allemagne du nord et de Scandinavie louant leurs services aussi bien aux Pays-Bas qu'en Espagne. Cette même année 1597, le conseil de l'amirauté passa d'ailleurs un contrat avec un capitaine suédois qui devait amener de Stockholm un navire de guerre entièrement équipé en hommes et en artillerie[329]. Néanmoins, la liste de cet équipage capturé aux ennemis hollandais présente un autre intérêt : il s'agissait en réalité d'une liste de recrutement établie par le comptable militaire Diego de Peralta afin de valider l'entrée de ces artilleurs au service de Philippe II[330]. Considérés comme des mercenaires contractuels, certains artilleurs pouvaient visiblement changer de camp du jour au lendemain comme s'il s'agissait simplement de changer d'employeur. C'est sans doute cette souplesse liée au statut de mercenaire et à la difficulté de trouver des individus aptes à l'office qui explique qu'autant d'artilleurs originaires de villes protestantes (de la Hanse et de Scandinavie) ou de cités rebelles (Amsterdam, Utrecht, Groningen) furent malgré tout engagés à bord des galions espagnols de la *carrera de Indias*, de la Grande Armada contre l'Angleterre ou encore de l'*armada del mar Océano*.

Le réseau diplomatique et militaire de la Monarchie hispanique fut certainement le canal le mieux organisé pour le recrutement des mercenaires artilleurs mais il fut loin d'être le seul. Une proportion importante (peut-être même majoritaire) de cette circulation internationale d'artilleurs s'effectuait à travers les réseaux commerciaux. La péninsule ibérique se situait au carrefour entre les trafics maritimes

328 Liste établie par Diego de Peralta le 08/08/1597, AGR CA n° 28.

329 AGR CA n° 5, fol. 11v (01/02/1597).

330 AGR CA n° 28.

méditerranéen, atlantique et nord-européen. Depuis au moins le XVe siècle, la Basse-Andalousie exportait son huile d'olive et son vin vers Bruges, Anvers, Londres, l'Irlande et la Bretagne[331]. Lorsqu'elle n'était pas productrice, cette région jouait un rôle de connexion comme dans le cas de la cochenille produite aux Canaries puis au Mexique et exportée vers Anvers et l'Italie[332]. Séville abritait une importante communauté de marchands génois ayant des affaires en Italie, en Flandre et au Nouveau Monde[333]. L'Espagne constituait à la fois un partenaire commercial et une escale vers l'Angleterre et les Pays-Bas pour les Vénitiens dont le trafic vers le Ponant s'intensifia au XVIe siècle en raison du développement de l'industrie textile (requérant de la laine) et de la nécessité d'approvisionner en céréales une population toujours plus nombreuse[334]. Les Flamands entretenaient quant à eux un important trafic commercial avec les ports cantabriques et andalous jusqu'à ce que leurs hourques se fassent peu à peu détrôner à la fin du XVIe siècle par les *vlieboots* hollandais lancés à la conquête du commerce entre la Méditerranée et l'Europe du nord[335]. Au début des années 1560, la péninsule ibérique représentait ainsi près des deux-tiers du commerce des Pays-Bas[336]. Autrement dit, dans la seconde moitié du XVIe siècle, de nombreux navires de fret en provenance d'Anvers, de Gênes, de Venise ou encore d'Amsterdam faisaient régulièrement escale dans les ports de Basse-Andalousie. Ce trafic maritime constituait à n'en pas douter la voie principale par laquelle tant d'artilleurs anversois, génois, vénitiens et amstellodamois s'engagèrent sur les galions espagnols appareillés en Andalousie.

331 Bernal Rodríguez A.M., Collantes de Terán Sánchez, A., « El puerto de Sevilla, de puerto fluvial medieval a centro portuario mundial (siglos XIV-XVII) » dans *I porti come impresa economica*, Simonetta Cavaciocchi (éd.), Prato, Le Monnier, Istituto Internazionale di Storia Economica F. Datini, 1988, p. 779-824.

332 *Ibid.* et Bernal, Antonio Miguel, *La financiación de la Carrera de Indias (1492-1824). Dinero y crédito en el comercio colonial español con América*, Séville, Fundación El Monte, 1992, p. 92-93.

333 Pike, Ruth, *Enterprise and Adventure : the Genoese in Seville and the Opening of the New World*, Ithaca, Cornell U P, 1966.

334 Judde de Larivière, Claire, *Naviguer, commercer, gouverner. Economie maritime et pouvoirs à Venise (XVe-XVIe siècles)*, Leiden, Brill, 2008, p. 242-266.

335 Gómez Centurión Jiménez, Carlos, *Felipe II, la empresa de Inglaterra y el comercio septentrional (1566-1609)*, *op. cit.*, p. 22-29 et 291.

336 Lynch, John, *Spain under the Habsburgs. Volume one : Empire and Absolutism 1516-1598*, New York ; Londres, New York University Press, 1981, p. 288.

La présence croissante des artilleurs hanséates fournit un argument supplémentaire en faveur de cette hypothèse du trafic marchand comme principal canal de circulation des mercenaires. Depuis la fin du Moyen Âge, le commerce des grands ports de la Hanse (Hambourg, Brême, Lübeck, Gdansk) avec la péninsule ibérique avait principalement pour destination le Portugal car il s'agissait surtout d'échanger les céréales de la Baltique contre le sel portugais[337]. La situation changea cependant dans les années 1580, lorsque la Monarchie hispanique se lança dans une guerre économique contre les Anglais et Hollandais, multipliant les embargos dans les ports ibériques[338]. Une forme d'alliance fut alors forgée entre Philippe II et les cités hanséatiques dans la perspective dans les voir remplacer les Hollandais et les Anglais dans le commerce entre la péninsule ibérique et l'Europe du nord[339]. Cette politique donna un formidable élan à la présence hanséate en Espagne. Avant la fin du siècle, les marchands de la Hanse s'étaient emparé de plus de 20 % du commerce de la *carrera de Indias*[340]. De ce commerce avec l'Espagne, les Hambourgeois se taillèrent la part du lion. À la fin du XVIe siècle, 80 à 90 navires faisaient annuellement l'aller-retour entre Hambourg et la péninsule ibérique[341]. Les deux autres principaux partenaires de ce trafic furent, dans l'ordre, Lübeck et Gdansk[342]. Ce tournant commercial, dans les années 1580-1600, en faveur de la Hanse et au détriment des Pays-Bas reflète exactement ce qui peut être observé en cartographiant l'origine des artilleurs : les effectifs étaient proportionnels au volume du trafic de chaque port, classant dans le même ordre d'importance Hambourg, Lübeck et Gdansk comme principaux foyers d'origines des mercenaires artilleurs[343].

Il est difficile de savoir si ces artilleurs mercenaires effectuaient le voyage dans le but spécifique de vendre leurs compétences au roi d'Espagne ou

---

337 Voir en particulier le chapitre « Le rôle de Lübeck dans le commerce hanséatique en Espagne et au Portugal au XVIe siècle » dans Jeannin, Pierre, *Marchands du Nord. Espaces et trafics à l'époque moderne*, Paris, Presses de l'Ecole Normale Supérieure, 1996, p. 279-309.

338 Gómez-Centurión Jiménez, Carlos, *Felipe II, la empresa de Inglaterra y el comercio septentrional (1566-1609)*, *op. cit.* p. 187.

339 *Ibid.* p. 224-225.

340 *Ibid.* p. 246.

341 *Ibid.* p. 261.

342 Un total recensé de 1627 navires lübeckois et 750 de Gdansk pour la période 1557-1627, *ibid.*

343 Voir figures 24 à 28.

s'ils agissaient par pur opportunisme. Il faut rappeler ici que quasiment tous les navires marchands de l'époque naviguaient avec de l'artillerie et des artilleurs à leur bord[344]. De passage en Andalousie, un certain nombre de ces artilleurs de navires marchands étaient certainement tentés par les opportunités qu'offrait la *carrera de Indias*. Les écarts de salaire entre la péninsule ibérique et les Pays-Bas ou l'Italie alimentaient sans doute cet afflux de mercenaires. Un salaire de six ducats par mois sur un galion de l'*armada del mar Océano* était moyennement attractif pour un travailleur qualifié castillan tandis qu'il représentait un gain d'environ 50 % pour un maçon anversois[345]. S'engager pour l'Espagne constitua également pour certains catholiques, en particulier anglais, écossais et irlandais, un moyen de fuir les persécutions dans leur pays[346].

Il faut par ailleurs considérer que le passage des mercenaires artilleurs depuis les navires marchands vers les flottes de guerre de la Monarchie hispanique s'opérait parfois par l'usage de la force. De nombreux navires privés en mouillage dans les ports de la péninsule ibérique étaient régulièrement saisis par les agents du roi en vue de la préparation des armadas. Contrairement aux embargos ciblant les Anglais et Hollandais dans le cadre du blocus commercial, ces réquisitions visant à s'approvisionner en ressources militaires pouvaient frapper tout navire de fret, quelle que fût sa provenance. C'est d'ailleurs ainsi que fut constituée une partie de la Grande Armada de 1588 : l'escadron du Levant se composait d'une dizaine de grandes caraques originaires de Venise, Gênes et Raguse et celui des hourques rassemblait plus de vingt navires originaires des Pays-Bas, de Hambourg, de Gdansk et du reste de la Baltique[347].

Les hommes d'équipage, comme les navires, étaient parfois la cible de ces pratiques coercitives. Ainsi, lorsque la Monarchie dut faire face à une forte pénurie d'artilleurs au lendemain du désastre de la Grande Armada, le capitaine Marcos de Aramburu, qui avait pris part à cette dernière, proposait qu'un officier fût envoyé en Andalousie pour recruter

344 Voir p. 107-112.

345 Je calcule 12 florins par mois à raison de 20 jours travaillés à 12 patards par jour, Verlinden, J. Craeybeckx, E. Scholliers, « Price and Wage Movements in Belgium in the Sixteenth Century (1955), *op. cit.* Je considère un taux de conversion de 3 florins = 1 escudo, Esteban Estríngana, Alicia, *Guerra y finanzas en los Paises Bajos Católicos*, *op. cit.*, p. 23.

346 AGS GYM leg. 364/92 (04/05/1593).

347 Martin, Colin, Parker, Geoffrey, *The Spanish Armada : Revised Edition*, Manchester, Manchester University Press, 1999, p. 26 et 263-264.

> les artilleurs qu'il pourra trouver dans les hourques allemandes, les navires français et du Levant y faisant escale et qu'il les attire avec les moyens les plus agréables possibles et des salaires d'avance pour que davantage d'artilleurs se joignent. [...] Et si cela ne suffit pas, [...] que l'officier porte sur lui une commission l'autorisant à user d'une force modérée afin de réquisitionner quelques individus à chaque navire en fonction de ce qu'il possède[348].

Le duc de Medina Sidonia qui, en qualité de capitaine général d'Andalousie, se retrouva en charge de l'exécution de ce projet possédait alors des informations précises sur les navires de commerce présents dans les ports de Basse-Andalousie et le nombre d'artilleurs que chacun transportait[349]. Il demeurait cependant pessimiste quant aux possibilités de recruter ces artilleurs de leur plein gré, expliquant qu'il avait fallu récemment en « forcer » quelques-uns à joindre les navires du roi[350]. Le duc préconisait donc d'agir avec beaucoup de discrétion et suggérait même le recours à des moyens coercitifs plus sévères pour éviter toute possibilité de fuite :

> Si Votre Majesté ordonne qu'on s'empare de ces individus de force, il conviendra qu'ils soient ensuite mis aux galères ou dans quelque prison pour les garder en sûreté, car autrement ils ne resteront pas. Et pour cette raison, il me semble falloir éviter tout bruit et démonstration dans cette affaire car sinon ils prendront la fuite[351].

Le recrutement dans de telles conditions n'offrait sans doute pas la meilleure garantie de services de la part des artilleurs. Néanmoins, cette pratique apparaît peu souvent dans les sources, signe qu'elle resta marginale, utilisée simplement en cas de forte nécessité.

---

348 « *Los artilleros que pudiere de las urcas alemanas, navíos franceses y de Levante que allí hubiese con medios los más agradables que se pudiese para que vayan agregándose otros con esto y con las pagas adelantadas* [...] *Que si entendiendo en esto no bastase* [...] *lleve comisión para husar de un rigor moderado de sacarles alguna gente, a cada uno la que pudiere en consideración de la que tuviese* », AGS GYM leg. 254/168 (17/12/1589).

349 Il dénombrait un total de 190 navires ragusains, français, flamands, la plupart avec un seul artilleur, AGS GYM leg. 280/228 (16/01/1590).

350 *Ibid.*

351 « *Mandando Vuestra Majestad que se recojan haziendoles fuerça, convendrá que luego se metan en galera o en alguna cárcel para tenerlos seguros, pues no lo podrán estar de ninguna otra manera. Y así por esta causa, no me a parescido hazer ningun ruydo ni demostrazión en esta diligencia porque no sirviera de más que de recogerlos por una parte y ellos yrse por otra* », *ibid.*

DANGERS, CRAINTES ET SABOTAGES : L'ENJEU DE LA LOYAUTÉ

Ce système de recours à des mercenaires souleva cependant d'importantes questions de loyauté et de confiance. Le manque de fiabilité des troupes mercenaires, que Machiavel jugeait « désunies, ambitieuses, indisciplinées et déloyales », s'était érigé en un véritable *topos* de la littérature politique de l'époque[352]. Remis au goût du jour par le courant humaniste, cet idéal anti-mercenaire attaché aux pratiques de guerre de la Rome républicaine était devenu un élément courant du discours des réformateurs militaires de la Renaissance[353]. Cependant, ce discours masquait une réalité bien différente : comme l'a récemment montré David Parrott, les transformations de la révolution militaire induisirent un recours croissant aux mercenaires, entrepreneurs et autres professionnels de la guerre[354]. En ce sens, le recrutement d'artilleurs venus des quatre coins de l'Europe s'inscrivait dans une tendance plus générale à la montée en puissance du marché privé de la guerre. Néanmoins, certaines considérations concrètes s'appliquant au cas spécifique des artilleurs venaient compléter la rhétorique humaniste anti-mercenaire. Les artilleurs, dont les compétences étaient fort recherchées par toutes les puissances militaires de l'époque, furent en effet les acteurs d'une guerre de l'ombre, faite d'espionnage et de sabotages, entre les différents États de la Renaissance.

En février 1574, le duc de Terranova, alors président de Sicile[355], conclut un marché avec deux artilleurs originaires de l'île de Chios[356]. Ces deux hommes avaient appris l'art de l'artillerie à Constantinople où ils avaient vécu plusieurs années mais, lorsque les Ottomans s'emparèrent de leur île natale en 1566, ils décidèrent de changer de maître et s'engagèrent comme artilleurs sur les galères de Sicile. Nourrissant un projet de revanche contre leur précédent employeur, ils proposèrent au duc de Terranova d'user de leurs contacts à Constantinople afin de s'introduire dans l'arsenal ottoman et d'y produire un terrible incendie à l'aide de mixtures dont ils avaient le secret. Le duc accepta le marché, leur livra une belle somme d'argent et promit de verser leurs salaires à leurs

352 Machiavelli, Niccolò, *Il Principe*, Florence, Antonio Blado d'Asola, 1532, chapitre 12.

353 Parrott, David, *The Business of War*, *op. cit.*, p. 17 et 28.

354 *Ibid.*

355 La fonction de président de Sicile équivalait dans les faits à celle de vice-roi, mais le duc de Terranova étant sicilien, il ne pouvait pas bénéficier du titre officiel de vice-roi de Sicile.

356 AGS EST leg. 1141/11 (15/02/1574).

femmes durant leur absence[357]. De passage à l'île de Chios en mai 1574, ils aperçurent l'armada turque en route pour l'attaque de La Goulette et en informèrent le duc, jouant donc un premier rôle d'espions[358]. Ils arrivèrent à Constantinople au début du mois de juillet 1574 et, comme l'arsenal était vide suite au départ de la flotte, ils ourdirent un autre plan. Grâce à la complicité d'un cuisinier, ils parvinrent à s'introduire dans le palais de Topkapi, résidence du sultan, et y allumèrent un feu inextinguible qui ravagea en grande partie les cuisines et marqua l'histoire de l'édifice[359]. Ils parvinrent ensuite à retourner en Sicile et proposèrent même une seconde tentative de sabotage, pour l'année suivante, avec la complicité d'un maître artisan de l'arsenal[360].

De toute évidence, l'artilleur jouissait à l'époque d'une position privilégiée pour ce genre d'opérations non seulement de par ses compétences en pyrotechnie mais aussi parce qu'il bénéficiait, semble-t-il, d'un statut accepté de mercenaire international qui ouvrait bien des portes, lui permettant, sans trop d'inconvénients, de se glisser à travers divers territoires ennemis. Par ailleurs, le duc de Terranova était manifestement un spécialiste de l'organisation de ce type de missions d'infiltration. En décembre 1588, lorsqu'il était gouverneur de Milan, il passa un nouveau marché visant cette fois l'Angleterre[361]. La rumeur circulait alors qu'un gentilhomme anglais avait été chargé par la reine Elizabeth de recruter des artilleurs en terres vénitiennes[362]. Il faut d'abord constater que pour l'Angleterre, comme pour l'Espagne, la région de Venise constituait un lieu de prédilection pour le recrutement d'artilleurs mercenaires. Il était cependant risqué pour les Anglais de recruter dans un territoire si proche de l'influence hispanique. Le duc de Terranova reçut en effet à Milan une proposition de la part d'un certain Giulio Maria Barone, artilleur au profil itinérant, vénitien d'origine ayant grandi à Marseille

357 *Ibid.*

358 Voir le rapport de leur activité, AGS EST leg. 1141/191 (sans date, probablement fin 1574).

359 Sur l'impact de cet incendie, voir les différentes mentions dans Davis, Fanny, *The Palace of Topkapi in Istanbul*, New York, Scribner, 1970, p. 60. Freely, John, *The Grand Turk : Sultan Mehmet II – Conqueror of Constantinople, Master of an Empire and Lord of Two Seas*, Londres, I.B. Tauris, 2009, p. 90. Ortaylı, İlber, *Private and Royal Life in the Ottoman Palace*, New York, Blue Dome Press, 2015.

360 AGS EST leg. 1141/191 (sans date, probablement fin 1574).

361 AGS EST leg. 1264/104 (24/12/1588).

362 *Ibid.*

et servi Philippe II à Naples et au Portugal. Avec six compagnons artilleurs, il souhaitait offrir ses services au gentilhomme anglais afin d'infiltrer l'armée ennemie et commettre quelque méfait[363]. Le duc envoya aussitôt de Milan un courrier urgent au roi car il fallait décider au plus vite avant que le gentilhomme anglais ne quittât l'Italie. Le roi et le conseil d'État se réjouirent de l'initiative. Une fois en Angleterre, ces artilleurs espions devaient se mettre en contact avec l'ambassadeur don Bernardino de Mendoza (alors en France) et l'on discuterait de ce qui pourrait être fait[364]. Dans l'idéal, disait la réponse du roi au duc de Terranova, ces hommes devaient tenter de soulever l'équipage d'un navire anglais et d'en faire la capture[365]. L'histoire ne dit malheureusement pas ce qu'il advint de cette opération mais ce qu'il importe ici de comprendre, c'est que la Monarchie hispanique se servait du phénomène général de circulation internationale des artilleurs pour espionner et perpétrer des attaques en marge du champ de bataille.

Pratiquant ce type de tactiques, la Monarchie hispanique risquait également d'en être victime. En 1577, le capitaine général de l'artillerie dénonçait ainsi la présence de nombreux artilleurs flamands, allemands et français espionnant les routes de la *carrera de Indias* :

> Ils se rendent experts de cette navigation et il en résulte un grand problème qui est que, certains d'entre eux décident d'aller servir dans des navires de leurs nations et, avec la connaissance qu'ils ont acquis de nos routes, ils vont piller les Indes et tous les navires d'Espagne qui voyagent sur la *carrera*[366].

En engageant des mercenaires étrangers, la Monarchie courait donc le risque de dévoiler ses secrets et faiblesses aux corsaires et pirates. Parfois, les conséquences du recrutement d'étrangers étaient bien plus directes, comme le révèle le cas du *San Pelayo*, l'un des principaux navires de guerre de la flotte envoyée en 1565 sous le commandement de l'*adelantado* Pedro Menéndez de Avilés pour chasser les Français établis en Floride[367]. Le

363 *Ibid.*
364 AGS EST leg. 1265/213 (12/01/1589).
365 *Ibid.*
366 « *Se hacen pláticos en esta navegación de que viene a resultar un grande inconveniente que es cada que les parezca pasarse a servir en navíos de sus naciones y con la plática que tienen, ir a robar con ellos las Indias y a todos los navíos de España que andan en aquella carrera* », AGS GYM leg. 82/174 (27/10/1577).
367 Perez-Mallaína, Pablo, *Spain's Men of the Sea*, *op. cit.* p. 56.

San Pelayo fut perdu à la suite d'une mutinerie ayant impliqué tous les hommes d'équipage étrangers : deux Français et deux Anglais prisonniers à bord parvinrent en effet à convaincre dix-huit *Levantiscos* (originaires de la Méditerranée orientale, principalement de Grèce), deux Catalans et un groupe de sept artilleurs flamands, de se soulever contre la quinzaine de marins espagnols et de tuer leurs commandants[368]. Les Grecs souhaitaient se faire pirates en Méditerranée, mais les Français, avec la complicité des artilleurs flamands imposèrent violemment leurs vues et mirent cap sur la France. Toutefois, en l'absence de pilote, le *San Pelayo* erra et alla finalement s'échouer sur les côtes danoises. Sans nul doute, cette mutinerie répondait plus à de l'opportunisme qu'à un véritable plan d'opération comparable à celui du duc de Terranova et de Giulio Maria Barone contre l'Angleterre, mais l'épisode montre clairement la vulnérabilité des bâtiments de guerre à ce genre d'attaques. Un autre type d'attaque à la portée de tout artilleur mal intentionné consistait à faire exploser le navire. Ainsi, la première perte de la Grande Armada de 1588 résulta d'une explosion interne probablement causée par un artilleur allemand par esprit de vengeance personnelle contre un membre d'équipage espagnol – officier ou capitaine, les histoires divergent[369].

Ces risques bien concrets générèrent un climat général de suspicion des officiers espagnols à l'égard des artilleurs étrangers. Présent à Alicante lors du débarquement de la troupe d'artilleurs envoyée depuis Milan par le duc de Terranova en 1589, le marquis de la Fabara écrivit au roi qu'il y avait, parmi ces mercenaires, un chef anglais « dont on ne pouvait avoir confiance » et qui lui paraissait fort « suspect[370] ». De même, le commandant de l'île de Terceira affirmait au conseil de guerre ne pas pouvoir se fier aux artilleurs anglais sous ses ordres[371]. Le risque imminent d'une attaque ennemie tendait à exacerber ce sentiment de méfiance. Ainsi au début du mois de juillet 1586, tandis qu'un escadron de vingt-neuf navires anglais sous le commandement de Francis Drake rôdait encore dans les Caraïbes[372], le commandant de la forteresse de la Havane se dit prêt à renvoyer tous les artilleurs étrangers de sa garnison :

368 Pour les détails du récit, je suis retourné au document source : AGI Justicia leg. 886/14.
369 Martin, Colin, Parker, Geoffrey, *The Spanish Armada*, *op. cit.* p. 167.
370 AGS GYM leg. 254/227 (22/12/1589).
371 AGS GYM leg. 186/85 (24/06/1586).
372 Konstam, Angus, *The Great Expedition : Sir Francis Drake on the Spanish Main, 1585-1586*, Oxford, Osprey Publishing, 2011.

> Les étrangers ne sont bons d'aucune manière, l'on ne peut jamais avoir confiance en eux. Ainsi, je suis déterminé à expulser de la forteresse tous les artilleurs étrangers et à les renvoyer à Séville avec la flotte de passage ici, même si je manque terriblement d'artilleurs[373].

Au début du XVIIe siècle, plusieurs capitaines de navires furent invités à témoigner devant les officiers de la *casa de la contratación* de leurs mauvaises expériences avec des artilleurs étrangers[374]. Fort de 26 années d'expérience à bord des galions de la *carrera de Indias*, le capitaine Miguel de Valdés affirmait ainsi avoir vu certains artilleurs étrangers manifester parfois le désir d'une victoire ennemie[375]. Lors de l'attaque anglaise sur la flotte du général Francisco del Corral en 1597, les artilleurs étrangers de son navire ne causèrent aucun dommage à l'ennemi car, disait-il, ils pointaient volontairement mal leurs pièces[376]. Le jeune capitaine Sancho de Beurco raconta quant à lui que, au retour des galions de Luis Fajardo en 1601, il y eut une escarmouche lors de laquelle certains artilleurs étrangers firent feu sans boulet, pour protéger les ennemis[377]. Il ajoutait qu'il était difficile de prévenir de tels sabotages discrets, car le commandant de bord « ne pouvait se trouver partout à la fois[378] ». Un autre capitaine avait néanmoins trouvé une parade à ce problème en assignant à chaque artilleur étranger des soldats ou marins espagnols chargés autant d'aider à opérer les pièces que de veiller à leur « sécurité[379] ».

Selon ces capitaines, les artilleurs étrangers pouvaient causer des troubles bien plus graves encore lorsqu'ils étaient en charge des pièces

---

373 « *Estranjeros de ninguna manera son buenos ni en ningun tiempo se puede tener dellos confianza y así tengo determinado de, en esta flota, echar de la fuerza quantos estranjeros hay artilleros y enviarlos con ella a Sevilla, aunque la falta de artilleros es mucha* », Luis Hernández de Quiñones à la *casa de la contratación*, AGI CT leg. 5108 (02/07/1586).

374 Procédure d'information de l'année 1602 faisant partie du dossier « *Expediente sobre las exenciones de los artilleros de la casa de la contratación* », AGI IG leg. 2007.

375 *Ibid.*

376 *Ibid.* Sur la flotte de Francisco del Corral voir Chaunu, Huguette, Chaunu, Pierre, *Séville et l'Atlantique, 1504-1650*, *op. cit.* tome 4, p. 46.

377 « *Expediente sobre las exenciones de los artilleros de la casa de la contratación* », AGI IG leg. 2007. Il s'agissait de l'*armada de guarda de la carrera de Indias* sous le commandement de Luis Fajardo, Chaunu, Huguette, Chaunu, Pierre, *Séville et l'Atlantique, 1504-1650*, *op. cit.*, tome 4, p. 112.

378 « *Expediente sobre las exenciones de los artilleros de la casa de la contratación* », AGI IG leg. 2007.

379 *Ibid.*

d'une forteresse. À Portobelo, une rumeur publique circulait, affirmant que le sac de la ville par le corsaire anglais William Parker en 1601 avait été rendu possible grâce à la complicité des artilleurs étrangers de la forteresse :

> Le témoin [Miguel de Valdés] a entendu au port comme une chose publiquement et notoirement connue que, lorsque l'ennemi anglais surgit, il entra de nuit par le chenal, s'empara du lieu, le mit à sac et partit sans recevoir de dégâts d'aucun boulet d'artillerie du château et l'on raconte que cela était survenu ainsi parce que les artilleurs du dit château étaient étrangers et ils tiraient volontairement au-dessus de l'ennemi[380].

Cet exemple révèle la circulation orale d'histoires dénonçant les trahisons d'artilleurs étrangers. Ces rumeurs étaient même relayées par la publication d'imprimés. Dans son traité d'artillerie, Luis Collado rejetait catégoriquement le recours aux mercenaires étrangers[381]. Pour justifier sa position, l'auteur transcrivait une histoire « que lui avait racontée » le fameux général Sancho Dávila, dans laquelle on retrouvait les techniques de sabotage décrites par les capitaines de la *carrera de Indias* : assiégé à Anvers, le général espagnol n'avait pu riposter car ses artilleurs, tous flamands, tiraient les pièces sans boulets ou sans viser correctement, afin d'éviter de blesser leurs compatriotes rebelles[382].

Dans tous ces témoignages, il est difficile de séparer la réalité des faits de ce qui relève d'une rhétorique anti-mercenaire alors très en vogue[383], ou bien même de ce qui se range du côté de la xénophobie pure et simple. Il faut cependant noter que, contrairement à Machiavel et aux admirateurs du modèle antique de la milice-armée, ces récits

---

380 « *El testigo [Miguel de Valdés] lo supo en el dicho puerto por cosa llana pública y notoria que habiendo llegado allí el Inglès enemigo, entró con la noche por la dicha barra y tomo el lugar y le saqueó y se volvió a salir de noche sin que le hubiesen ofendido con ninguna bala de artillería del castillo, lo qual se decía y dijo que había sucedido por ser los artilleros del dicho castillo extranjeros y que hechaban las balas por alto* », *ibid.* Le manque de précision des tirs d'artillerie depuis la forteresse est attesté par le gouverneur de Portobelo, AGI PANAMA leg. 1/156 (05/04/1601).

381 Voir le portrait du parfait artilleur en introduction de ce chapitre.

382 « *Contavame Sancho D'Avila, que hallandose sitiado en el Castillo d'Anvers, dondé por falta de Artilleros Spañoles, eran casi todos Flamencos los que allí havía, y haviendose de nuevo rebelado los Estados, y siendo necessario tirar y offender el Castillo a los enemigos, que todos los tiros eran vanos porque o los tiravan sin meter balas, o salvavan por encima las trincheras* », dans Collado, Luis, *Plática manual de artillería*, *op. cit.* fol. 103r.

383 Parrott, David, *The Business of War*, *op. cit.* p. 17.

ne reprochaient aucunement aux mercenaires de faire de la guerre un commerce[384]. Quelle que soit son origine, un artilleur au service de la Monarchie était payé pour ses services, le fait était accepté. La critique portait uniquement sur le caractère « étranger » de ces artilleurs mercenaires, mais encore fallait-il s'entendre sur la définition de ce terme. Pour certains, la séparation d'avec l'étranger était construite sur le lien de vassalité entre le souverain et les sujets de ses différents États[385]. Mais alors pourquoi se méfiait-on des artilleurs flamands, pourtant sujets du roi d'Espagne ? La définition de l'artilleur étranger, fort subjective et variable selon les lieux et les points de vue, reposait sur des composantes avant tout politiques et secondairement culturelles : on craignait surtout de confier l'artillerie à l'ennemi anglais, au rebelle flamand, au rival français et, dans une moindre mesure, à l'hérétique allemand.

Il faut toutefois rappeler que, en dépit de ce sentiment fort répandu de défiance envers les artilleurs étrangers, la Monarchie hispanique continua de recourir massivement aux mercenaires. La cartographie montrant l'origine des artilleurs révèle plutôt, on l'a vu, une tendance à l'internationalisation de la profession dans les dernières années du XVIe siècle et les premières années du XVIIe siècle. Le développement de la puissance navale espagnole dans l'Atlantique dévorait un grand nombre d'artilleurs et nécessitait d'être nourri par un flux constant de techniciens importés d'ailleurs. Loin d'être tous des espions infiltrés, ces artilleurs étrangers faisaient même parfois carrière au service de la Monarchie hispanique. L'anversois Cosme Adrian servit ainsi régulièrement sur les galions de la *carrera de Indias* au moins à partir de 1570 et mourut sur l'un d'entre eux en 1581[386]. Les artilleurs Jacome de Lubeque (allemand), Donato Juan (irlandais), Francisco Antonio Speculia (italien), Ventura Cifalonia (grec) et Luis Velanger (flamand) étaient tous venus participer à la Grande Armada de 1588 et servaient encore en 1593 sur les navires de Philippe II[387].

384 Sur les critiques des mercenaires par Machiavel, voir les remarques de Parrott, *ibid.* p. 6 et 28.

385 AGS EST leg. 1245/62 (01/10/1576).

386 Il apparaît dans les listes d'équipage suivantes : AGI CT leg. 3914 (année 1570), leg. 3915 (année 1574). Voir son inventaire après décès : AGI CT leg. 219, N.2, R.5 (13/09/1581).

387 AGS GYM leg. 397/5 (12/01/1593), leg. 394/111 (03/02/1593), leg. 389/274 (09/04/1593), leg. 389/249 (09/05/1593), leg. 394/314 (07/05/1593).

CONCLUSION

À l'aube du XVIe siècle, l'artilleur était un expert technique rare et cher. Les informations manquent pour évaluer précisément le statut et le profil de ces premiers canonniers au service des Rois Catholiques[388]. Les salaires, on l'a vu, étaient nettement supérieurs à ceux de la plupart des ouvriers qualifiés. En France, le niveau des soldes plaçait les artilleurs « parmi les nantis du monde militaire » pour reprendre l'expression de Paul Benoit[389]. Quelques dizaines de ces coûteux techniciens suffisaient alors à faire la guerre aux États voisins[390]. Un siècle plus tard, suite à la multiplication des forteresses à bastions et des navires de guerre de haut-bord, l'artilleur était devenu un technicien plus commun. Dans ce processus de transformation, il avait perdu son statut de privilégié du monde militaire. Largement exclu des structures d'encadrement mises en place autour de lui, il se situait désormais clairement du côté de l'exécutant, de l'opérateur, même s'il jouissait d'une certaine prééminence économique par rapport aux innombrables autres serviteurs tels que les soldats d'infanterie et les marins.

Néanmoins, cette transformation avait ouvert de multiples possibilités pour de nombreux contemporains. Le recrutement en masse de ces artilleurs facilita l'accès à la profession d'un spectre élargi de la population. Pour des centaines de marins et de soldats, ce fut synonyme de promotion sociale et d'augmentation de salaire. Pour certains artisans, cela offrit l'occasion de joindre le service du roi et les nombreux privilèges qui y étaient associés. Pour de nombreux étrangers, il fut alors possible d'obtenir une petite part des immenses richesses espagnoles et américaines. Certains consacraient leur carrière entièrement à l'artillerie, d'autres joignaient le service du roi le temps

388 Cobos Guerra, Fernando, *La artillería de los Reyes Católicos*, *op. cit.* Ladero Galán, Aurora, « Artilleros y artillería de los Reyes Católicos (1495-1510) » *op. cit.*

389 Benoit, Paul, « Artisans ou combattants ? Les canonniers dans le royaume de France à la fin du Moyen Âge », *op. cit.*

390 Pour la période des Rois Catholiques, le nombre d'artilleurs était de 17 en 1495, 34 en 1505, 100 en 1508, voir Ladero Galán, Aurora, « Artilleros y artillería de los Reyes Católicos (1495-1510) », *op. cit.* La France, en avance sur ses voisins, comptait 81 canonniers ordinaires en 1491, Contamine, Philippe, « L'artillerie royale française à la veille des guerres d'Italie », *op. cit.*

d'une campagne ; rares étaient ceux qui faisaient fortune, mais tout aussi rares étaient ceux qui mouraient sans legs. Tous alimentaient un appareil militaire qui avait désespérément besoin de leurs compétences pour fonctionner. Ce monde socioculturel de l'artillerie, alors extrêmement dynamique, était en train de prendre forme. Or, sous l'action de cette force qui augmentait irrésistiblement l'usage de l'artillerie pour faire face aux puissances rivales, la rencontre entre ces multiples trajectoires individuelles et les structures étatiques émergentes produisit une importante innovation : des écoles de formation à l'artillerie apparurent sous le patronage de l'État, contribuant à redessiner la relation entre compétences, savoirs et individus à l'aube des grandes transformations scientifiques du XVIIe siècle.

SECONDE PARTIE

L'ÉCOLE D'ARTILLEURS, UN NOUVEAU PARADIGME DE L'APPRENTISSAGE TECHNIQUE

THÉORIE ET PRATIQUE À L'ÉCOLE D'ARTILLEURS DE SÉVILLE

> *Es forzoso que [los artilleros] estén habilitados porque no es como el de soldado que en dándole una pica sale pelear con ella*[1].
> Francisco DE MOLINA, capitaine d'artillerie, Séville, 1598.

INTRODUCTION

Cette citation du capitaine Francisco de Molina pose directement la question de la formation et des compétences des artilleurs. Faire fonctionner une pièce d'artillerie n'avait en effet rien de trivial car il s'agissait d'un objet technique complexe dans l'usage duquel intervenaient de nombreux paramètres. Un artilleur était avant tout un technicien qualifié. En ce sens, la question des compétences fut au cœur des problèmes générés par la multiplication de l'usage du canon à l'époque moderne. Comme le premier chapitre l'a mis en évidence, le nombre d'artilleurs au service de la Monarchie hispanique passa de quelques dizaines à plusieurs milliers en moins d'un siècle. Cette transformation constitua naturellement un formidable défi en termes de ressources humaines qualifiées. Comment est-on parvenu à générer et multiplier les compétences en artillerie pour faire face aux besoins croissants de cette puissance politique en pleine construction ? Comment ces milliers d'individus parvinrent-ils à apprendre le maniement de l'artillerie ?

1 AGI CT leg. 746/4. « Il est indispensable que [les artilleurs] soient formés parce qu'il n'en est pas de même que du soldat qui, du moment qu'on lui donne une pique, part combattre avec. »

L'apprentissage demeure une question centrale en histoire des techniques, même s'il s'agit d'un thème encore peu étudié. L'intérêt récent pour ce champ de recherche provient principalement de chercheurs en histoire économique interrogeant la contribution de l'apprentissage à la croissance économique et à l'innovation technique, avec pour horizon intellectuel la révolution industrielle, le progrès matériel et la Grande Divergence[2]. L'une des idées conductrices de cette littérature consiste à expliquer que les systèmes d'apprentissage mis en place à l'époque moderne en Europe ont généré une importante masse de capital humain qualifié qui non seulement eut un impact économique positif sur l'Europe occidentale, mais qui fut aussi à l'origine de la révolution industrielle. Cette partie propose d'appliquer ce type de raisonnement non pas au champ économique mais aux champs politique et militaire afin de répondre cette question : quels systèmes d'apprentissage permirent-ils, à l'époque moderne, de générer le capital humain nécessaire au déploiement d'une puissance politique de l'envergure de la Monarchie hispanique ?

Les pratiques d'apprentissage étudiées par ces spécialistes de l'histoire économique interviennent toujours dans le cadre socio-institutionnel des corporations de métiers et autres guildes d'artisans. Leurs publications invitent notamment à réévaluer positivement le rôle de ces institutions en tant que principaux producteurs de ressources humaines qualifiées à l'époque moderne[3]. À la fin du Moyen Âge, dans de nombreuses villes d'Europe occidentale, l'apprentissage de maître à apprenti fut progressivement institutionnalisé par des corporations et des guildes, régulé par des contrats et des règles d'accès à la profession garantissant une certaine qualification et stipulant les modalités du transfert

2 Epstein, Stephan R., « Craft Guilds, Apprenticeship and Technological Change in Preindustrial Europe », *The Journal of Economic History*, vol. 58, n° 3, 1998, p. 684-713. Epstein Stephan R., Prak, Marteen (éd.), *Guilds, Innovation and the European Economy, 1400-1800*, New York, Cambridge University Press, 2008. Prak, Marteen, Van Zanden, Jan L.(éd.), *Technology, Skills and the Pre-Modern Economy in the East and the West*, Leiden ; Boston, Brill, 2013. Mokyr, Joel, *The Gifts of Athena : Historical Origins of the Knowledge Economy*, Princeton, N.J. ; Oxford, Princeton University Press, 2002.

3 Epstein, Stephan R., « Craft Guilds, Apprenticeship and Technological Change in Preindustrial Europe », *op. cit.* De Munck, Bert, *Technologies of Learning. Apprenticeship in Antwerp Guilds from the 15th Century to the End of the Ancien Régime*, Turnhout, Brepols, 2007. Epstein, Stephan R., Prak, Marteen (éd.), *Guilds, Innovation and the European Economy, 1400-1800*, *op. cit.*

de compétences[4]. Ce système d'apprentissage revêtait une nature privée puisqu'il s'agissait d'un échange économique entre un maître qui transmettait ses compétences et ses savoirs et un apprenti qui le payait en argent et en heures de travail[5]. L'apprentissage intervenait au sein de l'espace de travail, dans l'atelier, par la pratique du métier. Il impliquait une échelle d'enseignement très limitée : un maître ne formait que quelques apprentis durant toute sa carrière[6]. Cette échelle réduite était peu adaptée aux besoins colossaux en artilleurs de la Monarchie hispanique.

Les deux chapitres qui suivent ont pour objet de mettre en évidence l'émergence de systèmes de formation technique bien différents de ceux institutionnalisés au sein des corporations. Dans les dernières décennies du XVIe siècle, des écoles d'artilleurs furent créées afin de faire face aux nécessités grandissantes de la Monarchie hispanique. Or, ces écoles proposaient un paradigme alternatif de l'apprentissage technique. Mettant en scène un maître face à des dizaines d'apprentis, elles permettaient de transformer l'échelle de l'enseignement technique. Elles déplaçaient le transfert de compétences du lieu de travail vers un espace spécifiquement dédié à l'apprentissage. Placées sous le patronage de l'État, ces écoles revêtaient un caractère public bien distinct du cadre traditionnellement privé de l'apprentissage technique. Il convient par conséquent d'analyser en profondeur le fonctionnement de ces institutions censées générer le capital humain vital au développement d'une puissance étatique établie sur plusieurs continents. Pour ce faire, cette partie du livre propose une approche en deux temps : l'école d'artilleurs comme institution sera d'abord étudiée à travers une étude de cas qui sera ensuite mise en perspective à l'échelle de l'empire dans le chapitre suivant.

4 De Munck, Bert, *Technologies of Learning*, *op. cit.* Deceulaer, Harald, Jacobs, Marc, « Qualities and Conventions. Guilds in 18th Century Brabant and Flanders : an Extended Economic Perspective », dans *Guilds, Economy and Society*, Séville, Fundación Fomento de la Historia Económica, 1998, p. 91-107. Brooks, Christopher, « Apprenticeship, Social Mobility and the Middling Sort, 1550-1800 » dans *The Middling Sort of People. Culture, Society and Politics in England, 1550-1800*, Barry, Jonathan, Brooks, Christopher (éd.), Londres, The MacMillan Press, 1994, p. 52-83. Farr, James R., *Artisans in Europe, 1300-1914*, *op. cit.* Mackenney, Richard ; *Tradesmen and Traders*, *op. cit.*

5 De Munck, Bert, *Technologies of Learning*, *op. cit.* p. 50.

6 De Munck affirme par exemple qu'à Anvers, un maître formait en moyenne au cours de sa carrière 5 à 7 apprentis, chiffre qui s'élevait au maximum à une vingtaine d'individus, *ibid.* p. 46 et 211.

SÉVILLE, *LA CASA DE LA CONTRATACIÓN* ET *LA CARRERA DE INDIAS*

Créée en 1576, l'école d'artilleurs de Séville fut sans doute l'un des plus clairs exemples d'institutionnalisation des pratiques d'enseignement de l'artillerie à cette époque. Cependant, situer une étude de cas à Séville, dans les années 1570-1610, n'est pas un choix anodin. À cette époque, non seulement Séville était-elle la plus grande ville de la péninsule ibérique, riche cité portuaire entre Méditerranée et Atlantique, mais elle jouait également un rôle particulièrement important dans les dynamiques impériales de la Monarchie hispanique en tant que principale porte vers l'Amérique. L'existence d'une école d'artilleurs dans cette ville ne saurait être séparée de ces mouvements maritimes d'allers-retours réguliers entre Ancien et Nouveau Mondes. L'école était rattachée à la *casa de la contratación*, institution contrôlant la *carrera de Indias* et préparant les convois qui traversaient l'Atlantique. Avant toute chose, il apparaît donc nécessaire de présenter brièvement la ville et le complexe technico-institutionnel qui en faisait le principal point d'interaction avec l'Amérique.

Les années 1570-1610 correspondent précisément à l'âge d'or sévillan. Sa situation à la confluence de la Méditerranée et de l'Atlantique avait déjà fait de Séville une cité portuaire importante à la fin du Moyen Âge[7]. Tout un monde capitaliste de banquiers et de marchands s'y était développé pendant plusieurs siècles. Enraciné localement par l'implication de l'aristocratie andalouse, il s'étendait bien au-delà à travers des réseaux marchands internationaux faits en particulier de Génois, Flamands et Portugais, pour lesquels Séville constituait un carrefour idéal entre les commerces méditerranéen, atlantique et nord-européen[8]. Mais c'est surtout avec l'aventure américaine du XVIe siècle que cette ville connut son essor le plus spectaculaire. En moins d'un siècle, sa population se vit multipliée par trois, hissant Séville parmi les principaux centres urbains d'Europe[9]. En tant que grand port commerçant, elle accueillait une importante

7 Collantes de Teran Sanchez, Antonio, *Sevilla en la Baja Edad Media : la ciudad y sus hombres*, Séville, Sección de Publicación del Excmo. ayuntamiento, 1977.

8 Bernal, Antonio Miguel, *La financiación de la Carrera de Indias (1492-1824)*, *op. cit.* Bernal Rodríguez, A.M., Collantes de Terán Sánchez, A., « El puerto de Sevilla, de puerto fluvial medieval a centro portuario mundial (siglos XIV-XVII) », *op. cit.* Pike, Ruth, *Enterprise and Adventure*, *op. cit.*

9 Sentaurens, Jean, « Séville dans la seconde moitié du XVIe siècle : population et structures sociales. Le recensement de 1561 », *Bulletin Hispanique*, Tome 77, n° 3-4, 1975, p. 321-390.

communauté de professionnels de la mer bien implantés dans le quartier extra-muros de Triana et dont la plupart n'étaient souvent que de passage. À ces marchands et marins s'ajoutait également une grande population d'artisans dont l'activité contribuait substantiellement à la prospérité de la ville. Séville comptait au XVIe siècle un nombre conséquent de *gremios* (corporations) reflétant la diversité de ses activités parmi lesquelles les principales étaient la céramique, le textile, la construction navale et le savon[10].

Le tournant décisif du destin de Séville date des premières années du XVIe siècle, lorsque les Rois Catholiques lui concédèrent le monopole du trafic avec le Nouveau Monde. Il s'agissait alors pour la Monarchie de concentrer l'ensemble des flux en un point stratégique afin de percevoir aisément les taxes et contrôler strictement l'émigration vers l'Amérique. Plusieurs raisons motivèrent vraisemblablement le choix de Séville pour ce rôle[11]. D'abord, en tant que grand centre financier et marchand, place cambiste de premier plan, cette ville possédait les ressources nécessaires au développement d'un commerce transatlantique. De plus, du point de vue de la navigation, elle constituait un point de départ idéal pour bénéficier des alizés, ces vents permettant de gagner l'Amérique. Elle avait toutefois un inconvénient de taille. Située à 80 kilomètres de la mer, sur le Guadalquivir, ses eaux étaient trop peu profondes pour permettre à une grande partie des navires transatlantiques de remonter jusqu'à son port[12]. En fait, le monopole fit de Séville le centre administratif et financier d'un dispositif qui impliquait toute la Basse-Andalousie et plus particulièrement les ports atlantiques de Sanlúcar de Barrameda et Cadix.

Le monopole de Séville fut matérialisé par la création, en 1503, de la *casa de la contratación*, l'institution chargée de contrôler les flux entre l'Espagne et l'Amérique[13]. Ses prérogatives allaient bien au-delà de son activité fiscale de perception des différentes taxes et droits de douanes sur les marchandises[14]. Cette institution constituait en réalité un organe administratif dépendant du conseil royal des Indes, autorité suprême

10 Morales Padrón, Francisco, *Historia de Sevilla Tomo III : La ciudad del Quinientos*, Séville, Secretariado de Publicaciones, Universidad de Sevilla, 1977, p. 145.

11 Chaunu, Huguette, Chaunu, Pierre, *Séville et l'Atlantique, 1504-1650*, *op. cit.*, tome 8-1, p. 161-192.

12 Perez-Mallaína, Pablo, *Spain's Men of the Sea*, *op. cit.*, p. 3.

13 Chaunu, Huguette, Chaunu, Pierre, *Séville et l'Atlantique, 1504-1650*, *op. cit.*, Tome 8-1, p. 167 et suivantes.

14 Acosta Rodríguez, Antonio, González Rodríguez, Adolfo, Vila Vilar, Enriqueta (éd.), *La Casa de la Contratación y la navegación entre España y las Indias*, Séville, Universidad

chargée du gouvernement du Nouveau Monde. Elle servait de tribunal particulier de la *carrera de Indias*, réglant notamment les différents entre marchands[15]. Ses officiers portaient d'ailleurs le titre de « juges » et siégeaient au cœur du symbole de la royauté à Séville, l'Alcazar, dans la salle des amiraux et les pièces adjacentes. Entre 1508 et 1519, la création des offices de *piloto mayor* (pilote principal) et de *cartografo mayor* (cartographe principal) lui conféra une dimension scientifique : à partir de ces dates, la *casa de la contratación* fut impliquée dans la formation des pilotes, la réalisation de cartes nautiques et la fabrication d'instruments[16]. Autre aspect souvent négligé de son activité, cette institution était chargée d'organiser la défense de la *carrera de Indias*, de préparer les convois, d'appareiller et d'équiper les galions d'escorte[17].

Le commerce entre Séville et l'Amérique se développa tout au long du XVIe siècle[18]. La période au cœur de ce chapitre, qui va de 1570 à 1610, correspond précisément à l'âge d'or du monopole de la *carrera de Indias* en termes de volumes et de valeur marchande transportée,

---

de Sevilla, CSIC, Fundación El Monte, 2003. Díaz Blanco, José Manuel, *Así trocaste tu gloria. Guerra y comercio colonial en la España del siglo XVII*, Madrid, Marcial Pons, 2012.

15 Fernández Castro, Ana Belem, « Juzgar las Indias. La práctica de la jurisdición de la Casa de la Contratación de Sevilla (1583-1598) », thèse soutenue à l'Institut Universitaire Européen, Florence, 2015.

16 Collins, Edward, « Francisco Faleiro and the Scientific Methodology at the *Casa de la Contratación* in the Sixteenth Century », *Imago Mundi, the International Journal for the History of Cartography*, vol. 65, n° 1, 2013, p. 25-36. Sandman, Alison Deborah, « Cosmographers vs Pilots : Navigation, Cosmography and the State in Early Modern Spain », thèse soutenue à l'université Wisconsin-Madison, 2001. Vicente Maroto, Isabel, Esteban Piñeiro, Mariano, « La Casa de Contratación y la Academia Real matemática » dans *Historia de la ciencia y de la técnica en la Corona de Castilla. Vol. III, Siglo XVI y XVII*, José María López Piñero (éd.), Valladolid, Junta de Castilla y León, 2002, p. 35-50. Plus généralement sur l'activité scentifique de la *casa de la contratación*, voir Barrera-Osorio, Antonio, *Experiencing Nature*, *op. cit.* Cañizares Esguerra, Jorge, *Nature, Empire and Nation*, *op. cit.*

17 Cette dimension militaire de la *casa de la contratacion* est souvent négligée par l'historiographie, comme le rappelle Alvárez Nogal, Carlos, « Instituciones y desarrollo económico : la Casa de la Contratación y la Carrera de Indias (1503-1790) » dans *La Casa de la Contratación y la navegación entre España y las Indias*, Acosta Rodríguez, Antonio, González Rodríguez, Adolfo, Vila Vilar, Enriqueta (éd.), Séville, Universidad de Sevilla, CSIC, Fundación El Monte, 2003, p. 21-51. L'activité militaire de la *casa de la contratación* est pourtant omniprésente dans les tomes des Chaunu : Chaunu, Huguette, Chaunu, Pierre, *Séville et l'Atlantique, 1504-1650*, *op. cit.*

18 Ce trafic est analysé en détail dans les milliers de pages de l'œuvre des Chaunu. Chaunu, Huguette, Chaunu, Pierre, *Séville et l'Atlantique, 1504-1650*, *op. cit.* Voir aussi García-Baquero González, Antonio, *La Carrera de Indias : suma de la contratación y océano de negocios*, Séville, Algaida, 1992.

l'année 1608 en détenant le record absolu. Le trafic impliquait chaque année de 100 à 280 navires, entre 30 000 et 70 000 *toneladas* de marchandises, incluant des produits de grande valeur tels que la cochenille de Nouvelle-Espagne, les perles de Tierra Firme ou encore les tonnes d'argent extraites des mines de Potosí. Ces échanges constituaient des quantités très importantes à l'échelle de l'économie mondiale de l'époque[19]. Néanmoins, une telle richesse ne manqua pas d'attirer les convoitises : la course, d'abord française et barbaresque, puis anglaise et hollandaise, se développa à mesure que le commerce prit de l'ampleur. Le monopole des trésors américains nécessitait par conséquent un système de protection contre les menaces de corsaires et pirates[20].

Comme le premier chapitre l'a évoqué, à partir des années 1560, la *carrera de Indias* s'organisa en un système de convois voyageant sous escorte de galions royaux. Chaque année, deux flottes partaient, l'une pour la Nouvelle-Espagne (correspondant à l'actuel Mexique), l'autre pour la Tierra Firme (correspondant approximativement aux côtes du Panama, de la Colombie et du Venezuela)[21]. À partir des années 1570, ces flottes furent généralement accompagnées d'un escadron de six à dix galions, l'*armada de guarda de la carrera de Indias*, financés par une taxe sur les marchandises appelée *avería*, et dont les équipages étaient au service du roi[22]. Cette armada puissamment armée jouait un double rôle, escortant les navires de commerce mais aussi transportant avec plus de sécurité l'argent américain absolument essentiel à la trésorerie de la Monarchie. Des agents de la *casa de la contratación* supervisaient la préparation de ces convois et s'occupaient de la gestion des navires de guerre sous administration royale. La fabrication des pièces d'artillerie était réalisée à Séville par la famille Morel, véritable dynastie de fondeurs de canons qui traversa le XVIe siècle[23].

---

19 Flynn, David O., Giraldez, Arturo, « Born again : Globalization's sixteenth century origins », *Pacific Economic Review*, vol. 13, 2008, p. 359-387. Aram, Bethany,Yun Casalilla, Bartolomé (éd.), *Global Goods and the Spanish Empire, 1492-1824. Circulation, Resistance, Diversity*, Basingstoke, Palgrave Macmillan, 2015.

20 Martínez Ruiz, Enrique, *La defensa del Imperio, 1500-1700*, *op. cit.*

21 Perez-Mallaína, Pablo, *Spain's Men of the Sea*, *op. cit.* p. 9-10. Les rythmes des voyages sont analysés en détail dans les volumes de Chaunu, Huguette, Chaunu, Pierre, *Séville et l'Atlantique, 1504-1650*, *op. cit.* Pour une étude détaillée des navires constituant ces convois, voir aussi Serrano Mangas, Fernando, *Función y evolución del galeón en la carrera de Indias*, *op. cit.*

22 Phillips, Carla R., *Six Galleons for the King of Spain*, *op. cit.* Cespedes del Castillo, Guillermo, *La avería en el comercio de Indias*, *op. cit.*

23 Goodman, David C., *Power and Penury*, *op. cit.*, p. 113. Morales Padron, Francisco, *Historia de Sevilla Tomo III : La ciudad del Quinientos*, *op. cit.*, p. 157.

Les autres préparatifs incluaient, entre autres choses, le recrutement de l'équipage, la constitution des stocks de nourriture, d'eau, d'armes, de munitions, de cordages, de toiles et de nombreux autres éléments indispensables aux longues traversées, ainsi que l'installation et la vérification des pièces d'artillerie. Ces opérations étaient généralement réalisées au large de Sanlúcar de Barrameda, à l'embouchure du Guadalquivir ou dans la baie de Cadix. Elles impliquaient aussi parfois l'aide de l'aristocratie locale. Ainsi, le duc de Medina Sidonia, qui commanda la Grande Armada contre l'Angleterre en 1588, participait régulièrement à la préparation des flottes depuis son château de Sanlúcar, en qualité de capitaine général des côtes andalouses[24].

D'ailleurs, les convois de la *carrera de Indias* n'étaient pas les seules flottes à être appareillées dans ces ports. Comme le premier chapitre l'a montré, de nombreuses flottes de guerre y furent préparées. On peut citer notamment les expéditions de Floride en 1565-1566, celle au détroit de Magellan de 1581-1584, les différentes opérations de la conquête du Portugal et des Açores (1580-1583) ainsi qu'une partie de la Grande Armada de 1588. Régulièrement, lorsque des raids anglais ou hollandais menaçaient les côtes andalouses, les Canaries ou les Açores, de petites flottes de secours étaient rapidement mises sur pied pour intervenir[25]. Enfin, dans les dernières années du XVIe siècle, lorsque la Monarchie hispanique construisit son *armada del mar Océano*, l'un des escadrons fut assigné au port de Cadix[26]. En d'autres termes, dans les années 1570-1610, le complexe Séville-Sanlúcar-Cadix jouait un rôle prépondérant dans la préparation des flottes et des armadas de la Monarchie hispanique. C'est précisément cette situation qui explique l'importance de l'école d'artilleurs qui fut mise en place à Séville à partir de 1576.

L'ÉCOLE D'ARTILLEURS DE SÉVILLE : SOURCES ET HISTORIOGRAPHIE

L'école d'artilleurs de Séville atteignit sans doute un degré d'institutionnalisation inégalé par les autres centres de formation de

24 Salas Almena, Luis, *Colaboración y conflicto*, *op. cit.*

25 À titre d'exemple, voir la flotte de huit navires de guerre légers assemblée par le duc de Medina Sidonia en 1590 pour faire face aux menaces de raid dans les Açores. AGS GYM leg. 280/232 et 237.

26 Goodman, David C., *Spanish Naval Power, 1589-1665*, *op. cit.*, p. 9.

cette époque. Il en résulte une abondance relative de sources qui constitue d'ailleurs une autre justification du choix de Séville comme étude de cas. Mes recherches ont porté principalement sur deux centres d'archives, l'*archivo general de Indias* et l'*archivo general de Simancas*, ainsi que, dans une moindre mesure, sur les archives municipales de Séville. Conservant les documents de la *casa de la contratación* (section *contratación*) et du conseil des Indes (section *indiferente general*), *l'archivo de Indias* est celui qui renferme le plus grand nombre de documents concernant le fonctionnement de l'école. L'*archivo general de Simancas* possède quant à lui des documents du conseil de guerre (section *guerra y marina*) qui mettent en évidence l'intérêt que cette école suscita parmi ses membres ainsi que les tentatives de ce conseil d'étendre son pouvoir sur cette institution rattachée originellement au conseil des Indes.

Cette documentation sur l'école d'artilleurs de Séville a particulièrement attiré l'attention des officiers de l'armée espagnole qui, à la fin du XIXe siècle, ont cherché à constituer une généalogie de leur profession. Cesáreo Fernández Duro, capitaine dans la marine espagnole, a ainsi écrit une histoire en six tomes des aventures militaires espagnoles sur mer[27]. Ces livres abordent brièvement l'enseignement de l'artillerie à Séville et transcrivent quelques documents intéressants. De même, le capitaine d'artillerie Adolfo Carrasco y Saiz del Campo a publié dans la revue *Memorial de Artillería* un grand nombre d'articles concernant l'artillerie espagnole du XVIe siècle. L'un de ces articles porte sur l'histoire « des systèmes d'instruction du corps d'artillerie » et aborde la question de l'enseignement des artilleurs à Séville à travers l'étude de quelques instructions données aux professeurs[28].

Deux courtes études publiées plus récemment ont constitué un point de départ de mes recherches. En 1997, le colonel d'artillerie Guillermo Frontela Carreras, autre militaire en quête de généalogie, a publié un article sur l'enseignement de l'artillerie dépendant du conseil des Indes[29]. Il s'agit à ce jour de l'étude la plus complète réalisée sur ce sujet, son

27 Fernández Duro, Cesáreo, *Disquisiciones náuticas*, Madrid, Impr. de Aribau y c.a (sucesores de Rivadeneyra), 1876-1880.

28 Carrasco y Saiz, Adolfo, « Apuntes sobre los sistemas y medios de instrucción del cuerpo de artillería », *Memorial de Artillería*, serie 3a, Tomo XVI, p. 392-408, p. 609-616, et Tomo XVII, p. 423-433, p. 544-556, p. 622-643, p. 733-741, Madrid, 1887.

29 Frontela Carreras, Guillermo, « La enseñanza de la artillería dependiendo del Consejo de Indias », *Militaria, Revista de cultura militar*, nº 10, 1997, p. 277-290.

auteur proposant une histoire de l'école depuis sa création en 1576 jusqu'à la fin du XVIIe siècle. La principale critique qu'il est possible de lui faire est qu'il s'appuie surtout sur des documents normatifs, tels que des instructions et des textes législatifs[30], laissant de côté la question des pratiques. Quelques années plus tard, l'historienne des sciences María Isabel Vicente Maroto, collaboratrice des projets de López Piñero[31], a publié un article sur les écoles d'artillerie dans lequel elle se concentre principalement sur l'enseignement à Séville[32]. Appuyé sur des recherches réalisées aux archives de Simancas, ce travail est intéressant car il révèle les liens entre l'école de Séville et le conseil de guerre. Néanmoins, négligeant les fonds les plus abondants, ceux de l'*archivo de Indias*, il offre une vision de l'école limitée à la période de 1591-1593, lorsque le conseil de guerre en prit le contrôle direct.

Ce chapitre propose un approfondissement de ces travaux en combinant les documents de la *casa de la contratación*, du conseil des Indes et du conseil de guerre afin d'offrir une vision complète du processus d'institutionnalisation progressive de l'école d'artilleurs de Séville qui eut lieu à la fin du XVIe siècle. L'étude minutieuse des documents utilisés par les études citées précédemment, ainsi que la mise au jour de sources jusqu'ici non étudiées, donnera à ce chapitre un niveau de détails supplémentaire permettant notamment de soulever la question des pratiques réelles. L'échelle réduite de cette micro-analyse permettra de mieux appréhender ce monde local qu'était l'enseignement de l'artillerie à Séville. Il s'agira de mettre en évidence la chronologie de cette institution, fortement liée aux enseignants qui prirent part à son développement. En outre, l'analyse des pratiques d'enseignement révèlera la double nature de la formation des artilleurs, à la fois théorique et pratique, sanctionnée par un examen oral devant un jury. Enfin, cette étude sera également l'occasion de s'interroger sur la fréquentation de l'école sévillane, sur les effectifs et profils de ses étudiants.

---

30 Le travail repose en partie sur la *Recopilación de leyes de los reinos de las Indias : mandadas imprimir y publicar por la Majestad Católica del rey Don Carlos II, nuestro señor.*, Madrid, Impr. por Julián de Paredes, 1681.

31 López Piñero, José María (éd.), *Historia de la ciencia y de la técnica en la Corona de Castilla. Vol. III, Siglo XVI y XVII*, Valladolid, Junta de Castilla y León, 2002.

32 Vicente Maroto, María Isabel, « Las escuelas de artillería en los siglos XVI y XVII », *Quaderns d'història de l'enginyera*, V, 2003-2002, p. 1-9.

L'INSTITUTION : UNE ÉCOLE LIÉE À UN OFFICE

Attachée à l'office de l'*artillero mayor* (artilleur principal) *de la casa de la contratación*, la mise en place de l'école d'artilleurs de Séville reposa en grande partie sur l'activité de trois hommes qui dirigèrent successivement l'école et y enseignèrent la profession d'artilleur. Il s'agit d'Andrés de Espinosa, premier *artillero mayor*, qui établit, avec l'aide du conseil des Indes et de la *casa de la contratación*, un enseignement public de l'artillerie à Séville entre 1576 et 1591. Il fut remplacé dans cette tâche par le docteur Julián Ferrofino, juriste et mathématicien italien originaire de Lombardie, qui mit en place, entre 1591 et 1593, un enseignement dépendant du conseil de guerre. Enfin, Andrés Muñoz el Bueno, qui fut l'assistant et l'élève de ces deux premiers enseignants, prit leur succession au départ de Ferrofino, et devint *artillero mayor* pendant plusieurs décennies, assurant ainsi la pérennité de l'école. Un retour sur la chronologie détaillée d'institutionnalisation de l'école sous l'action de ces trois individus permettra de mieux saisir ce que fut l'enseignement de l'artillerie à Séville.

LES PREMIERS PAS : L'*ARTILLERO MAYOR* ANDRÉS DE ESPINOSA (1576-CA.1591)

La création de l'école d'artilleurs de Séville peut être datée du mois de février 1576, lorsque le conseil des Indes dépêcha une série d'ordres relatifs à la mise en place d'un enseignement de l'artillerie à destination de la *carrera de Indias*[33]. En réalité, parler d'une école à cette date serait un abus de langage. Contrairement à ce que pourrait laisser entendre l'acception actuelle du mot « école », cette série d'instructions ne créait ni une institution, ni un lieu d'apprentissage. D'ailleurs, le mot *escuela* n'apparaît dans les documents que quelques mois plus tard[34]. En fait, les ordres de février 1576 créaient, ou plutôt modifiaient les prérogatives d'un office, celui d'*artillero mayor* (artilleur principal), en lui octroyant un rôle d'enseignant. Ils furent envoyés à l'individu en charge de cet office, l'artilleur Andrés de Espinosa, ainsi qu'aux officiers de la *casa de*

33 AGI IG leg. 1968, lib. 21, fol. 3 (20/02/1576), fol. 5v-6v (25/02/1576), fol. 7r-8r (28/02/1576).
34 AGI IG leg. 1968, lib. 21, fol. 108r (18/11/1576).

la contratación qui le supervisaient à Séville. Il est essentiel de remarquer que ce qui, dans les sources, apparaît sous le terme d'*escuela* n'avait en soi aucune existence institutionnelle propre en dehors de l'activité de l'*artillero mayor*. Par conséquent, l'histoire de « l'école » de Séville repose d'abord sur l'étude de ses enseignants, à commencer par Andrés de Espinosa.

Qui était Andrés de Espinosa et sur quels critères fut-il choisi pour enseigner l'artillerie à Séville ? Avant de devenir *artillero mayor*, Andrés de Espinosa était l'un des 60 artilleurs de Burgos[35]. Pour rappel, Burgos était à cette époque un des hauts lieux de la péninsule ibérique en matière d'artillerie. Cette ville accueillait l'un des lieutenants du capitaine général de l'artillerie ainsi que le comptable général de l'artillerie. Ses artilleurs jouissaient d'une certaine renommée de sorte qu'ils étaient régulièrement cités en exemple dans les documents du conseil de guerre. Andrés de Espinosa joignait à ce statut reconnu une certaine expérience de la guerre. En 1568, il participa aux affrontements qui suivirent la révolte des Morisques dans les Alpujarras[36]. Plus important encore, il avait effectué des voyages à bord de navires de la *carrera de Indias*. En 1573, il avait acquis un statut suffisamment élevé pour être invité à transmettre son avis au conseil des Indes concernant l'artillerie des flottes[37]. Lorsque les ordres de février 1576 furent expédiés au nom du roi par le conseil des Indes, ils étaient adressés à « notre artilleur principal de l'armada qui patrouille la route et les côtes de mes Indes[38] ». En d'autres termes, Espinosa était à ce moment-là une sorte de capitaine des artilleurs de l'*armada de guarda de la carrera de Indias*, cet escadron d'escorte des flottes marchandes qui était chargé d'acheminer vers l'Andalousie les précieuses cargaisons d'argent américain. Ces ordres transformèrent donc son rôle d'officier de la *carrera de Indias* en enseignant stationné de manière permanente à Séville.

Les instructions de 1576 fournissent également la raison du changement introduit dans le rôle de *l'artillero mayor* :

> Puisque il nous a été relaté par vous, Andrés de Espinosa, [...] que dans la dite *carrera* s'engagent peu d'artilleurs qui soient natifs de Nos Royaumes

35 AGI IG leg. 1968, lib. 21, fol. 160r (22/03/1577).

36 AGS GYM leg. 114/202 (24/06/1581).

37 AGI IG leg. 1956, lib. 1, fol. 141 (11/08/1573).

38 « *Nuestro artillero mayor de la armada que anda en guarda de la carrera y costas de las mías Indias* » AGI IG leg. 1968, lib. 21, fol. 3 (20/02/1576).

> et qu'il y a grand besoin d'eux tant pour l'armada que pour les flottes qui naviguent aux Indes[39].

Cette phrase de justification rend explicite les deux problèmes à l'origine de la mise en place d'un enseignement à Séville : d'une part, le besoin grandissant des flottes en artilleurs et, d'autre part, le risque de recourir aux mercenaires étrangers. Le conseil des Indes était parfaitement conscient de la proportion relativement élevée d'artilleurs étrangers au sein de la *carrera de Indias*. Comme le chapitre précédent l'a mis en évidence, il s'agissait même d'une réalité qui commençait à soulever des inquiétudes parmi le commandement castillan. L'idée derrière ce projet était par conséquent de former à l'usage des pièces d'artillerie des individus originaires des royaumes de Castille et d'Aragon afin de remplacer les mercenaires que l'on jugeait suspects et coûteux.

Cette citation met par ailleurs l'accent sur la grande nécessité de ces artilleurs au sein de l'armada et des flottes commerciales de la *carrera de Indias*. La croissance des échanges entre Séville et l'Amérique avait sans doute atteint une taille critique pour laquelle il devenait chaque année plus difficile de pourvoir en artilleurs une flotte marchande de plus en plus importante. S'appuyant sur les chiffres de l'enquête des Chaunu, la figure 30 situe le moment de la création de l'école dans cette évolution générale du trafic de la *carrera de Indias*[40]. De plus, il faut prendre en considération que les années 1570 coïncidèrent avec la mise en place régulière de l'*armada de guarda de la carrera de Indias*[41], dont les galions lourdement armés étaient fort demandeurs en artilleurs. C'est d'ailleurs dans cet escadron qu'Andrés de Espinosa servait à l'époque. Les instructions de février 1576 ne laissent aucun doute quant au fait qu'il fut l'individu à l'origine de cette initiative : témoin de premier plan du manque d'artilleurs pour la *carrera de Indias*, il supplia le roi et le conseil des Indes de lui donner une licence d'enseignement[42].

---

39 « *Por cuanto por parte de vos Andrés de Espinosa [...] nos ha hecho relación que en la dicha carrera andan pocos artilleros que sean naturales de estos Nuestros Reinos y que se padece mucha necesidad de estos así en la armada como en las flotas que navegan a las dichas Indias* », AGI IG leg. 1968, lib. 21, fol. 3 (20/02/1576).

40 Chaunu, Huguette, Chaunu, Pierre, *Séville et l'Atlantique, 1504-1650*, *op. cit.*, tome 6, p. 335 et suiv.

41 Goodman, David C., *Spanish Naval Power, 1589-1665*, *op. cit.*, p. 3.

42 AGI IG leg. 1968, lib. 21, fol. 3 (20/02/1576).

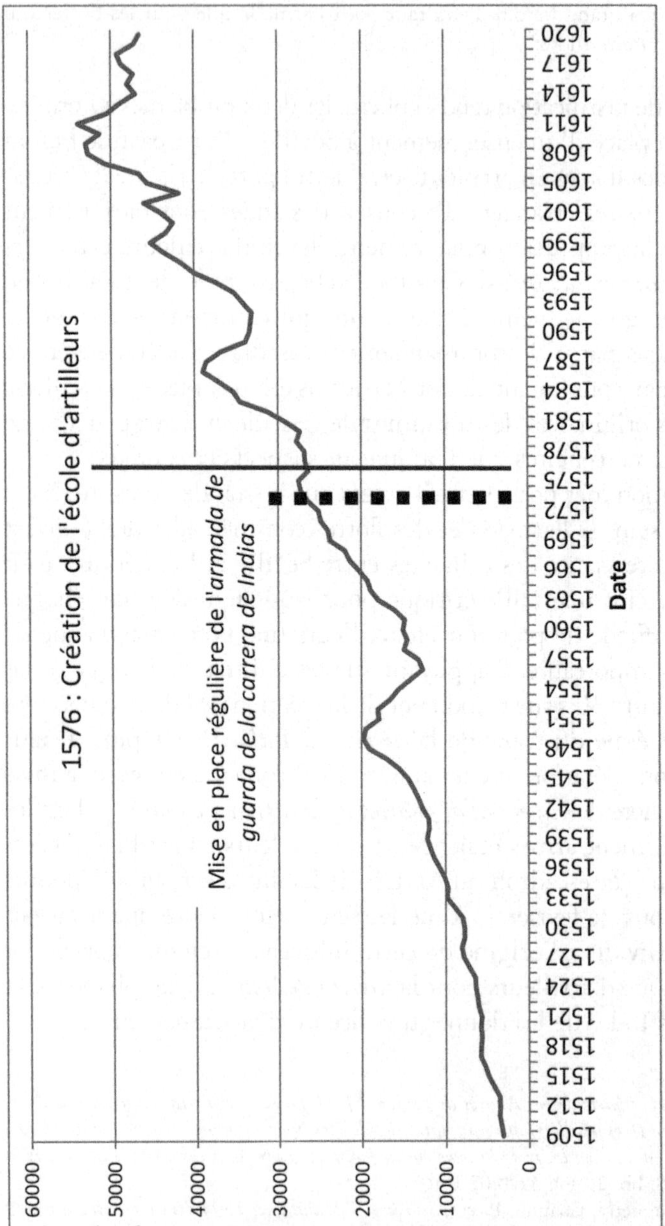

FIG. 30 – Évolution du tonnage annuel de la *carrera de Indias* et création de l'école d'artilleurs de Séville. Graphique réalisé à partir des chiffres fournis par Chaunu, *Séville et l'Atlantique*, *op. cit.* Les valeurs sont celles des moyennes mobiles sur 7 ans permettant de niveler les fluctuations annuelles.

Ce changement de fonction d'Andrés de Espinosa s'accompagna d'une importante promotion financière. En tant qu'artilleur de Burgos, il touchait le salaire habituel de 60 ducats par an. Devenu formateur des artilleurs à Séville, ce chiffre fut plus que quadruplé, s'élevant à 250 ducats annuels[43]. Un tel salaire le rapprochait du statut des lieutenants du capitaine général de l'artillerie, payés à l'époque 300 ducats par an et figurant parmi les plus hauts salaires du personnel en charge de l'artillerie[44]. Cette haute rémunération de l'*artillero mayor* témoigne de l'importance que les membres du conseil des Indes accordèrent à sa mission d'enseignement. Ce salaire lui fut même augmenté à 350 ducats en 1590[45]. Toutefois, Andrés de Espinosa eut sans cesse des difficultés pour toucher cette somme. Ainsi, en 1578, le conseil des Indes dut envoyer l'ordre de payer sans délai tout l'argent qui était dû à l'*artillero mayor* car ce dernier se trouvait couvert de dettes[46]. En 1581, Andrés de Espinosa se plaignit à nouveau au conseil qu'on lui devait plus de 1 000 ducats[47]. En 1590, on lui devait encore 500 ducats de son salaire[48]. Ces difficultés récurrentes pour obtenir le fruit de son travail provenaient de la manière dont était financé l'enseignement de l'artillerie à Séville.

L'office d'*artillero mayor* était payé non pas par la Monarchie mais par les armateurs et capitaines impliqués dans la *carrera de Indias*. À ce sujet, les instructions de 1576 précisaient que

> le fait d'avoir cette personne dans cette ville pour le dit effet est au bénéfice général et à l'utilité des propriétaires et capitaines de navires qui naviguent la *carrera de Indias* et qui sont obligés d'embarquer des artilleurs aptes. Par conséquent, il est juste que ceux-ci contribuent au paiement du salaire du dit *artillero* [*mayor*][49] .

Autrement dit, comme la formation des artilleurs à Séville visait à pourvoir en équipages les navires marchands, chaque bateau de la *carrera*

43 AGI CT leg. 5784 lib. 1, fol. 182v-183r (22/03/1577).
44 AGS GYM leg. 88/250 (17/08/1578).
45 AGI CT leg. 5784 lib. 3 (05/11/1590).
46 AGI IG leg. 1969 fol. 194v-195r (23/09/1578).
47 AGS GYM leg. 114/202 (24/06/1581).
48 AGI CT leg. 5784 lib.3 (05/11/1590).
49 « *El haber esta persona en esa ciudad para el dicho efecto es general beneficio y utilidad de los dueños y maestres de naos que navegan en la Carrera de Indias, que son obligados a llevar en sus naos artilleros personas diestras y es justo que contribuyan para la paga del salario del dicho artillero* », AGI IG leg. 1968 lib. 21, fol. 6v (25/01/1576).

de Indias était censé fournir une petite somme d'argent qui devait être reversée à Andrés de Espinosa par l'*universidad de mareantes*, la corporation rassemblant les maîtres, pilotes et propriétaires de navires de la *carrera de Indias*. Cependant, ces derniers se montrèrent réticents face à ce nouveau prélèvement et, après quelques protestations, ils parvinrent à modifier les modalités de paiement. Comme un certain nombre d'artilleurs formés par Espinosa étaient aussi supposés servir dans les galions de la Monarchie, ils obtinrent du roi qu'environ un quart de la somme fût payée avec l'argent des peines et amendes résultant des verdicts du tribunal de la *casa de la contratación*[50].

Néanmoins, certains propriétaires et capitaines de navires, insatisfaits par cet arrangement, optèrent pour une autre tactique de protestation et retardèrent pendant plusieurs années le paiement de l'*artillero mayor*, espérant certainement le voir renoncer à son office suite au non-paiement d'une grande partie de ses gages. En 1586, Andrés de Espinosa, à qui l'*universidad de mareantes* devait désormais la somme exorbitante de 1 700 ducats, se plaignit une nouvelle fois auprès des juges de la *casa de la contratacion* qui se décidèrent enfin à agir[51]. Ils constituèrent une liste de tous les navires et capitaines qui avaient participé à la *carrera de Indias* depuis la création de l'école et donnèrent l'ordre à leurs huissiers de procéder au recouvrement de la somme, ces derniers étant autorisés à recourir à l'emprisonnement si nécessaire[52]. Cette mesure provoqua une forte réaction de la part des maîtres et propriétaires de navires qui firent appel de cette décision auprès du conseil des Indes, à Madrid.

Ils constituèrent alors tout un plaidoyer en leur défense. Cependant, il est intéressant de noter qu'à aucun moment, il ne s'agit de remettre en cause l'utilité de l'*artillero mayor*. Le problème était plutôt de savoir à qui il revenait de le payer. Les maîtres et propriétaires de navire considéraient que leur contribution à la défense des convois devait se borner à engager et payer des artilleurs, non pas à financer leur formation[53]. Le bénéfice d'avoir de bons artilleurs à bord des navires retombait sur eux, certes, mais aussi sur les marchands qui affrétaient leurs marchandises, sur

50 AGI IG leg. 1968 lib. 21, fol. 160v (22/03/1577).

51 AGI ESCRIBANIA leg. 1070A/1, « *Pleito entre Espinosa, artillero mayor y los mareantes* » (année 1586).

52 *Ibid.*

53 AGI ESCRIBANIA, leg. 1070A/1, fol. 64r.

le roi qui faisait transiter ses propres richesses et sur les passagers qui se rendaient aux Indes[54]. Ils proposaient comme solution de financer l'enseignement de l'artillerie à partir de l'argent de l'*avería*, cette taxe sur la valeur des marchandises qui servait à financer les galions d'escorte et l'*armada de guarda*. Finalement, le conseil des Indes opta pour un compromis tenant compte des différents intérêts en jeu : le salaire de l'*artillero mayor* serait payé à hauteur d'un tiers par les peines et amendes de la *casa de la contratación*, à un autre tiers par l'*avería*, et enfin à un dernier tiers par l'*universidad de mareantes*[55]. Toutefois, en 1590, la participation des maîtres et armateurs fut à nouveau augmentée à hauteur de la moitié du paiement du salaire de l'*artillero mayor*, l'autre moitié étant financée par l'*avería*[56]. Afin d'éviter tout retard de paiement, Andrés de Espinosa devait réclamer son salaire à chaque maître de navire avant le départ des flottes, lors de son inspection de l'artillerie.

Il est important de noter à cette occasion que l'enseignement ne fut pas l'unique activité de l'*artillero mayor*. Andrés de Espinosa devait entre autres choses tester les pièces d'artillerie et armes à feu en partance pour l'Amérique afin de vérifier leur bonne facture[57]. Il devait également être présent à Sanlúcar et Cadix, au départ et à l'arrivée des flottes de la *carrera de Indias*, afin d'inspecter l'artillerie embarquée[58]. Ces activités parallèles, qui nécessitaient parfois des déplacements de plusieurs jours, devaient sans aucun doute interrompre régulièrement l'enseignement à Séville. L'absence la plus significative fut néanmoins un voyage qu'entreprit Andrés de Espinosa pendant plus de trois ans. En effet, en juin 1581, le général Diego Flores de Valdés demanda à l'*artillero mayor* de l'accompagner dans son expédition de colonisation du détroit de Magellan[59]. Cette longue période de voyage montre à quel point l'existence de l'école d'artilleurs de Séville était, dans ces premières années, intégralement liée à l'office de l'*artillero mayor*. Lorsqu'Andrés de Espinosa accompagna le général Flores, sa qualité d'enseignant le suivit. On apprend ainsi qu'il tint une « école » d'artilleurs sur le chemin, en particulier à Rio de Janeiro, là où la flotte hiverna, ainsi que

---

54 *Ibid.*, fol. 65r.

55 *Ibid.* fol. 95r (02/10/1586).

56 AGI CT leg. 5784 lib. 3 (05/11/1590).

57 AGI IG leg. 1969 fol. 85 (24/02/1578).

58 AGI IG leg. 2006 (21/11/1584).

59 AGS GYM leg. 114/202 (24/06/1581).

sur la galéasse *capitana* de la flotte[60]. Pendant ce temps, à Séville, aucune structure ne prévoyait de suppléer l'absence de l'*artillero mayor* même s'il y eut quelques tentatives improvisées en ce sens. Ainsi, en août 1581, le conseil des Indes proposa à deux artilleurs, qui étaient de passage à Séville en direction de Saint-Domingue, de remplacer temporairement Andrés de Espinosa en attendant le départ de la flotte de Nouvelle-Espagne[61]. Néanmoins, il apparaît clairement que l'enseignement de l'artillerie cessa de fonctionner à Séville pendant l'absence d'Espinosa, ce dernier se justifiant, après coup, de ne pas avoir eu le temps de se trouver un remplaçant[62].

Malgré cette longue coupure de trois ans et en tenant compte des multiples brèves interruptions dues aux diverses activités de l'*artillero mayor*, il est tout de même possible d'affirmer que l'enseignement d'Andrés de Espinosa à Séville s'inscrivit dans la longue durée, perdurant une quinzaine d'années, depuis 1576 jusqu'à sa mort au début des années 1590. Il est par ailleurs difficile de dater précisément cet évènement. La dernière trace écrite de cet individu est une signature du début de l'année 1591[63]. Or, un document d'avril 1593 évoque la disparition d'Andrés de Espinosa comme un évènement relativement lointain[64]. L'*artillero mayor* décéda donc vraisemblablement entre 1591 et 1592, clôturant ainsi la première phase de fonctionnement de l'école d'artilleurs de Séville. Cette période fut caractérisée par l'inexistence d'une institution persistante et indépendante de la figure d'Andrés de Espinosa. Sa mort aurait pu en ce sens signifier la fin de l'expérience, mais il n'en fut rien. Ayant connu un certain succès, l'enseignement de l'artillerie à Séville se poursuivit, avec toutefois une certaine altération de son fonctionnement due à l'entrée en scène d'un nouvel acteur : le conseil de guerre.

LE POUVOIR AU CONSEIL DE GUERRE : LE DOCTEUR JULIÁN FERROFINO (1591-1593)

Le conseil de guerre et plus particulièrement l'un de ses membres, le capitaine général de de l'artillerie Francés de Álava, manifesta rapidement

60 « *En el camino, tuvé escuela y platica en la galeaça y en el Rio de Guenero donde hinverno la armada* », AGI IG leg. 2006 (année 1584), sans num. de folio.

61 AGI IG leg. 739/354 (12/08/1581).

62 AGI IG leg. 1952 lib. 3 (22/02/1586).

63 AGI CT leg. 5784 lib. 3, fol. 61v (11/01/1591).

64 AGS GYM leg. 395/103 (30/04/1593).

de l'intérêt pour la création de l'école d'artilleurs de Séville. Cela ne surprend guère si l'on se souvient des importantes prérogatives que possédait ce personnage en matière d'artillerie. Le capitaine général de l'artillerie avait autorité sur l'ensemble des artilleurs de la péninsule ibérique. Il avait également le privilège de leur nomination et de leur renvoi. Néanmoins, comme Andrés de Espinosa et ses élèves étaient rattachés à la *casa de la contratación* et au conseil des Indes, lui aussi organe suprême de gouvernement, ils échappaient en grande partie au contrôle direct du capitaine général de l'artillerie. L'unique rôle qui était dévolu à ce dernier consistait à signer les titres d'artilleurs obtenus par les élèves, afin de leur octroyer les privilèges de leur profession. Dans un premier temps, cette situation ne souleva aucun problème du côté du capitaine général. Un an et demi après les débuts de l'école, Francés de Álava en fit la visite et, comme il l'écrivit dans une longue lettre au roi, il fut particulièrement enthousiaste à son égard[65].

Les relations entre l'*artillero mayor* et le capitaine général de l'artillerie s'envenimèrent toutefois à partir des années 1580. En juin 1581, Andrés de Espinosa écrivit au roi à propos de l'état alarmant dans lequel se trouvait son école[66]. Ses étudiants l'avaient désertée car le capitaine général Francés de Álava refusait de signer leurs cédules privilèges, c'est-à-dire le principal signe de reconnaissance de leur statut d'artilleur. Selon Espinosa, Álava était en colère contre lui pour avoir court-circuité la hiérarchie : il avait présenté au roi un modèle de construction de pont sans consulter le capitaine général de l'artillerie. Le successeur de Francés de Álava, Juan de Acuña Vela, se montra encore plus critique envers l'*artillero mayor*. En 1589, il dénonça les mauvaises pratiques d'Andrés de Espinosa et souhaita mettre en place une nouvelle école avec un autre enseignant à sa tête[67]. Il demanda également au roi d'interdire à Espinosa de nommer des artilleurs sans son autorisation. Ces petites querelles manifestaient la volonté croissante du capitaine général de l'artillerie et du conseil de guerre de prendre le contrôle de l'enseignement de l'artillerie à Séville.

Pour y parvenir, le conseil de guerre joua l'un de ses principaux atouts : le docteur Julián Ferrofino. Figure beaucoup moins obscure

65 AGS GYM leg. 82/174 (27/10/1577).
66 AGS GYM leg. 114/202 (24/06/1581).
67 AGS GYM leg. 246/191 (20/02/1589).

qu'Andrés de Espinosa, Ferrofino apparaît de manière récurrente dans l'historiographie des sciences espagnole[68]. Originaire d'Alexandrie, dans le duché de Milan, Julián Ferrofino suivit un parcours universitaire en droit jusqu'à obtenir un titre de docteur. Il se mit ensuite au service du roi d'Espagne en devenant son avocat à la cour de Rome[69]. En parallèle de ses compétences juridiques, il développa des connaissances en mathématiques et en ingénierie militaire. À la fin des années 1580, il prétendait avoir ainsi enseigné l'art de la fortification et de l'artillerie à Milan pendant une douzaine d'années. Les documents du conseil de guerre lui attribuent d'ailleurs parfois, en sus du titre de « docteur », celui d'« ingénieur[70] ».

En 1589, Julián Ferrofino chercha à entrer directement au service du conseil de guerre de Philippe II. Pour ce faire, il voulut démontrer ses talents en proposant de former plus de 200 artilleurs « si bien instruits et dextres qu'ils pourraient rivaliser avec les individus les plus vieux et expérimentés de cette profession[71] ». Avant toute prise de décision, le conseil de guerre souhaita obtenir confirmation de ses compétences. Aussi fut-il examiné à Madrid par Hernando de Acosta, lieutenant du capitaine général de l'artillerie, qui le trouva « très docte en mathématiques », « très bon pour former à la théorie[72] ». Ferrofino devint dès lors une ressource de grande valeur pour le conseil de guerre qui chercha à en tirer les meilleurs bénéfices. Il fut d'abord envoyé à Burgos pour y enseigner l'artillerie à partir de l'été 1589[73]. Le capitaine général Juan de Acuña Vela avait néanmoins d'autres plans pour lui. En novembre de la même année, il demanda au docteur Ferrofino de le rejoindre à

68 López Piñero, José María, *Historia de la ciencia y de la técnica en la Corona de Castilla. Vol. III, Siglo XVI y XVII*, *op. cit.* p. 137-143. Martínez Ruiz, Enrique, *Felipe II, la ciencia y la técnica*, Madrid, Actas, 1999, p. 125-126. Un ouvrage récent propose une biographie de Julián Ferrofino : Silva Suárez, Manuel, *Técnica e ingeniería en España – Tomo 1 : El Renacimiento*, Saragosse, Real Academia de Ingeniería, Institución « Fernando el Católico », Prensas universitarias de Zaragosa, 2008. Toutefois, cette biographie ne semble pas fiable dans la mesure où il y est affirmé que le docteur Ferrofino enseignait à Burgos depuis 1574, ce que démentent plusieurs des sources consultées ici.

69 AGS GYM leg. 263/224 (sans date, année 1589).

70 AGS GYM leg. 262/284 (27/06/1589).

71 « *Instruiría 200 y más artilleros tan cumplidamente enterados y platicos en la profesión que puedan concurrir con los mas viejos en este ministerio* », AGS GYM leg. 263/224 (sans date, année 1589).

72 *Ibid.*

73 AGS GYM leg. 263/115 (01/08/1589).

Malaga quelque temps avant d'aller enseigner à Cadix et à Séville[74]. Signe que Ferrofino était une ressource disputée pour sa valeur, le lieutenant Hernando de Acosta réclamait au même moment au roi sa présence à Lisbonne[75] mais ce fut finalement le capitaine général qui eut le dernier mot[76]. Au début de l'année 1590, Julián Ferrofino était à ses côtés à Malaga, profitant de ce grand centre de fonderie des pièces d'artillerie pour confronter ses connaissances théoriques à la réalité matérielle[77]. Durant ce séjour de quelques mois, il enseigna les mathématiques aux artilleurs de la ville[78], tandis que Juan de Acuña Vela préparait son transfert à Séville. En juillet 1590, ce dernier demanda notamment aux autorités de Séville de préparer un espace et une pièce d'artillerie pour que Ferrofino pût y installer son école[79].

La mission d'enseignement du docteur Ferrofino à Séville commença véritablement en 1591. En février, le capitaine général de l'artillerie lui donna une instruction précisant quelques modalités de fonctionnement de cette nouvelle école dépendante du conseil de guerre[80]. En juillet, de la poudre fut livrée à Ferrofino pour les exercices de tir, ce qui témoigne du début de son fonctionnement[81]. Les instructions stipulaient – tout comme celles envoyées à Espinosa 15 ans plus tôt – qu'il s'agissait de former des artilleurs originaires des royaumes de Castille et d'Aragon. Le lien explicite avec la *carrera de Indias* avait toutefois disparu dans le cas présent car il était peu favorable aux intérêts du conseil de guerre. Par ailleurs, le statut de l'enseignant fut augmenté d'un cran par rapport à celui de *l'artillero mayor* de la *casa de la contratación*. La position bénéficiait du prestige de Ferrofino qui collectionnait les titres : « docteur », « avocat du roi à la cour de Rome », « ingénieur ». Ce statut hors norme se traduisait par le salaire très élevé que touchait Ferrofino, qui montait à 40 écus par mois, soit plus de 500 ducats annuels à comparer aux 350 ducats que touchait Andrés de Espinosa[82]. Avec un enseignant

74 AGS GYM leg. 277/8 (22/11/1589).

75 AGS GYM leg. 254/179 (03/12/1589).

76 AGS GYM leg. 280/255 (18/01/1590).

77 AGS GYM leg. 281/230 (12/02/1590).

78 AGS GYM leg. 284/265 (09/05/1590).

79 AGS GYM lib. 57, fol. 36v/37r (29/07/1590).

80 AGS GYM leg. 351/284 (08/02/1591).

81 AGS GYM lib. 63, fol. 54v (02/07/1591).

82 Le salaire de Ferrofino est précisé dans AGS GYM leg. 351/284 (08/02/1591). Pour obtenir la conversion entre écus et ducats, il faut considérer qu'un écu valait 400 maravédis et

d'une telle qualité, le capitaine général Juan de Acuña Vela remplissait toutes les conditions pour que les leçons dispensées par son agent supplantassent celles de la *casa de la contratación*.

L'opposition et la discontinuité entre les enseignements d'Andrés de Espinosa et de Julián Ferrofino apparaît néanmoins beaucoup moins claire dans les faits. D'abord, rien ne permet d'affirmer que ces deux enseignements coexistèrent à Séville. En effet, comme cela a été mentionné plus haut, la dernière trace de vie d'Andrés de Espinosa date du mois de janvier 1591 tandis que Ferrofino reçut ses instructions pour aller à Séville le mois suivant. Il est par conséquent tout à fait possible que les deux écoles se soient succédé dans le temps. En outre, la liste des 74 apprentis de l'école de Ferrofino datant du début de l'année 1592 met en évidence un élément de continuité avec l'enseignement d'Andrés de Espinosa[83]. Le premier individu de cette liste, Andrés Muñoz el Bueno, prétendait avoir été pendant plusieurs années l'assistant d'Andrés de Espinosa :

> Je dis que j'ai servi Votre Majesté [...] beaucoup de temps dans la ville de Séville en compagnie du capitaine Andrés de Espinosa, qui servait l'office d'*artillero mayor de la casa de la contratación*, demeurant à sa place en son office chaque fois qu'il s'absentait pour aller au départ des flottes et armadas[84].

Ce fut ce personnage fortement impliqué dans l'enseignement dispensé par Espinosa qui aida le docteur Ferrofino à recruter des apprentis artilleurs[85]. En d'autres termes, la communauté constituée autour de Julián Ferrofino se construisit à partir d'éléments de l'école d'Andrés de Espinosa peu avant ou peu après sa mort. L'idée d'une continuité entre ces deux enseignements est confortée par le fait qu'Andrés Muñoz el Bueno, qui fut successivement assistant d'Espinosa et de

un ducat valait 375 maravédis.

83 AGS GYM leg. 351/283 (06/03/1592).

84 « *Digo que yo he servido a Vuestra Majestad [...] mucho tiempo en la ciudad de Sevilla en compañía del capitán Andrés de Espinosa que servía el oficio de artillero mayor en la dicha Casa de Contratación, quedando, siempre que él iba a los despachos de las armadas y flotas, en su lugar en el dicho oficio* », AGI IG leg. 2007 (03/11/1595).

85 Andrés Muñoz el Bueno se porta garant de chacun des 73 apprentis de la liste de 1592, prouvant ainsi qu'il les connaissait tous AGS GYM leg. 351/283 (06/03/1592). Par ailleurs, plusieurs témoins confirment que Muñoz el Bueno fut l'homme qui recruta les apprentis pour Ferrofino dans le dossier « *Andrés Muñoz el Bueno, artillero, sobre que se le haga merced del oficio que está vaco por Andrés de Espinosa* », AGI IG leg. 2007.

Ferrofino, prit plus tard la direction de l'école, comme cela va être expliqué plus loin.

La mission de Julián Ferrofino à Séville fut d'une durée relativement courte car elle visait à former un nombre limité d'artilleurs. En avril 1593, il déclara avoir mené à bien la mission de formation des 200 artilleurs pour laquelle le conseil de guerre l'avait engagé[86]. Il resta dans l'attente d'une promotion durant quelque temps puis, en septembre 1595, il obtint du roi le poste de professeur de mathématiques à la cour, atteignant ce faisant le point culminant de sa carrière[87]. Enseigner aux artilleurs de Séville lui servit finalement de tremplin vers les plus hautes sphères de la société, signe de l'importance attribuée à cette position. En outre, le séjour de ce mathématicien apporta indubitablement un capital en termes de prestige à l'enseignement de l'artillerie à Séville et favorisa en ce sens la pérennité de l'école. Lorsqu'en 1593 Ferrofino déclara avoir terminé sa mission, le conseil de guerre tomba d'accord sur le fait qu'il fallait lui trouver un successeur à Séville, comme en témoigne une annotation derrière la lettre du docteur :

> Pour que ces gens aient quelqu'un qui leur enseigne, et ceux qui souhaiteraient servir dans le futur, quelqu'un qui les instruise, il conviendrait de nommer un chef artilleur avec un salaire adéquat, en lui attribuant la place d'Espinosa[88].

Par conséquent, après s'être emparé du contrôle de l'école d'artilleurs de Séville pendant quelque temps, le conseil de guerre était prêt à poursuivre l'expérience en rétablissant l'office initial d'*artillero mayor de la casa de la contratación* laissé vacant par la mort d'Andrés de Espinosa.

LA CONSOLIDATION : L'*ARTILLERO MAYOR* ANDRÉS MUÑOZ EL BUENO (1593-1616+)

La tâche de rechercher un nouvel *artillero mayor* fut confiée aux juges de la *casa de la contratación* qui constituèrent tout un dossier sur leur candidat favori afin d'obtenir l'approbation du roi[89]. Constitué entre

86 AGS GYM leg. 395/103 (30/04/1593).

87 AGI IG leg. 426 lib. 28, fol. 222v-223v (30/09/1595).

88 « *Para que esta gente tenga quien les enseñe, y los demás que quisiesen servir delante, quien les instruyese, convendría nombrar para cavo con salario competente proveyéndole en la plaza de Espinosa* », AGS GYM leg. 395/03 (30/04/1593).

89 « *Andrés Muñoz el Bueno, artillero, sobre que se le haga merced del oficio que está vaco por Andrés de Espinosa* », AGI IG leg. 2007.

juin et septembre 1593, ce dossier renfermait différentes preuves du parcours professionnel de cet individu, présentant son titre d'artilleur, une lettre de recommandation d'un capitaine de galère qui avait été son commandant ou encore une lettre attestant de ses bons et loyaux services rédigée par Mateo de Zurita, un des officiers de la *casa de la contratación*. Enfin, l'élément le plus volumineux de ce dossier était constitué d'un interrogatoire contenant les réponses de sept individus à un questionnaire sur l'expérience professionnelle du potentiel *artillero mayor*. Ces dépositions avaient été enregistrées par les scribes de la *casa de la contratación*, sous le regard des juges de cette institution, favorisant de la sorte l'honnêteté des réponses et les légitimant auprès du roi et de l'administration centrale. En plus de ce dossier sur le parcours du candidat, les officiers de la *casa de la contratación* assuraient au roi que ce même individu s'était montré le plus habile au concours de tir qu'ils avaient organisé pour pourvoir le poste.

Ce candidat n'était autre qu'Andrés Muñoz el Bueno, l'homme qui avait aidé le docteur Ferrofino à recruter ses élèves. L'abondante documentation réunie par la *casa de la contratación* permet de reconstituer brièvement son parcours. Né à Castro del Rio, près de Cordoue vers 1554, il avait d'abord exercé le métier de charpentier[90]. À la fin des années 1570, il apprit l'usage de l'artillerie à Séville avec l'*artillero mayor* Andrés de Espinosa et fut donc impliqué dans l'école d'artilleurs dès ses premières années de fonctionnement. Il participa ensuite à quelques grandes opérations militaires. En 1580, il s'engagea comme artilleur sous les ordres du capitaine général de l'artillerie Francés de Álava afin de prendre part à l'armée d'invasion du Portugal commandée par le duc d'Albe. En 1582, il accompagna la flotte du Marquis de Santa Cruz lors de l'expédition de récupération des Açores et participa à la grande bataille navale de l'île de Terceira lors de laquelle la flotte française du général Strozzi fut mise en déroute. Après cette victoire, Andrés Muñoz el Bueno resta pendant un an sur l'île São Miguel et collabora au chantier de rénovation de la forteresse de Ponta Delgada. Enfin, il prit part à la dernière opération militaire d'envergure dans les Açores : la conquête de l'île de Terceira durant l'été 1583, touchant alors la solde d'un artilleur *con ventaja*, à 10 ducats par mois. Autrement dit, à son retour à Cadix quelque temps plus tard, il était reconnu comme un artilleur vétéran.

90 Voir les informations dans la liste AGS GYM leg. 351/283 (06/03/1592).

Andrés Muñoz el Bueno fut alors fortement impliqué dans le fonctionnement de l'école d'artilleurs sévillane. Comme cela a été mentionné précédemment, il servit d'assistant à l'*artillero mayor* et le remplaça chaque fois que ce dernier s'absentait pour inspecter les flottes à Cadix et Sanlúcar. Lorsque le docteur Ferrofino vint à Séville, non seulement Muñoz el Bueno l'aida-t-il à constituer un groupe d'élèves mais il l'assista également dans son enseignement durant trois ans. Après le décès d'Andrés de Espinosa, il réalisa toutes les tâches habituelles de l'*artillero mayor* concernant la fabrication et les tests de pièces. Autrement dit, Andrés Muñoz el Bueno était à la fois le successeur d'Espinosa et de Ferrofino et il fut donc tout naturellement perçu comme le candidat idéal pour reprendre l'office d'*artillero mayor*. Le 8 octobre 1593, le roi donna son accord à la *casa de la contratación* pour que Muñoz el Bueno enseignât à Séville, avec toutefois seulement la moitié du salaire que touchait Andrés de Espinosa, c'est-à-dire 175 ducats par mois. Il s'agissait malgré tout d'une première victoire pour Andrés Muñoz el Bueno qui se voyait ainsi officiellement reconnu dans son rôle d'enseignant et de premier artilleur de la *casa de la contratación*.

Il est légitime de se demander à ce point de la narration pourquoi, après avoir fourni des efforts pour prendre le contrôle de l'enseignement à Séville, le conseil de guerre accepta finalement le rétablissement d'un office hors de son administration directe. En réalité, cette situation fut le fruit de négociations et de discussions entre le conseil des Indes et le conseil de guerre à la fin de l'année 1593. Au début du mois de novembre, ces deux conseils s'étaient mis d'accord sur une liste de candidats potentiels pouvant être envoyés à Séville comme capitaine d'artillerie[91]. Parmi ces hommes, le roi choisit Francisco de Molina, qui exerçait alors l'office de lieutenant du capitaine général de l'artillerie à Burgos[92]. Le lieutenant Molina avait derrière lui toute une carrière au service de l'artillerie de la Monarchie hispanique, ayant exercé sa charge de lieutenant pendant plusieurs dizaines d'années[93]. Il était un correspondant régulier du conseil de guerre et l'un des officiers

91 AGS GYM leg. 387/665 (07/11/1593).

92 Voir la réponse du roi à la *consulta* précédente, *ibid.*

93 En 1589, il prétendait être au service du roi depuis 56 ans. AGS GYM leg. 263/16 (20/02/1589).

directement sous les ordres du capitaine général de l'artillerie Juan de Acuña Vela.

En d'autres termes, le choix d'envoyer cet officier vétéran dut certainement satisfaire le conseil de guerre, du moins dans un premier temps. Toutefois, le conseil des Indes parvint à obtenir pour le lieutenant Molina les pleins pouvoirs sur l'artillerie et la nomination des artilleurs de Séville[94]. Comme le fit alors remarquer le capitaine général de l'artillerie Acuña Vela, cette mesure coupait dans les faits le lieutenant Molina de l'autorité du conseil de guerre[95]. En conséquence, jusqu'à la mort de Francisco de Molina et Juan de Acuña Vela dans les premières années du XVIIe siècle, le conseil des Indes et la *casa de la contratación* eurent la main mise sur l'école de Séville. Plus tard, le successeur d'Acuña Vela, le marquis de San Germán, réussit lui aussi à s'immiscer dans le fonctionnement de l'école et fit envoyer l'un de ses hommes, Juan Pérez de Argarate[96]. Cependant, à cette époque, en 1608, l'homme au cœur du fonctionnement de l'école demeurait encore l'*artillero mayor de la casa de la contratación* Muñoz el Bueno[97].

Andrés Muñoz el Bueno mit néanmoins plusieurs années à consolider sa position d'*artillero mayor*. Bien qu'il eût obtenu, en 1593, le consentement du roi pour enseigner aux artilleurs, il tarda longtemps à recevoir la confirmation royale de son titre et ne toucha, entre temps, que la moitié du salaire de son prédécesseur. En 1595, il envoya une requête au conseil des Indes, sans toutefois obtenir gain de cause[98]. Il réitéra sa démarche l'année suivante avec le soutien des officiers de la *casa de la contratación* : ces derniers firent parvenir au conseil des Indes le dossier qu'ils avaient constitué en 1593 accompagné de nouvelles lettres de recommandation, justifiant l'utilité d'Andrés Muñoz el Bueno malgré le travail du capitaine d'artillerie Francisco de Molina[99]. Ce dernier fut d'ailleurs consulté sur la compétence du

94 AGS GYM leg. 365/83 (04/03/1594).

95 *Ibid.*

96 Coll. Navarette, vol. 23, doc. n° 50 (05/02/1608), p. 302.

97 « *Porque Andrés Muñoz el Bueno, Artillero Mayor de la dicha Casa de la Contratación es el que ha enseñado y habilitado a todos los dichos artilleros, lo haréis vos juntamente con él* », *ibid.*

98 AGI IG leg. 2007, lettre accompagnée de tout un programme d'enseignement (03/11/1595).

99 C'est d'ailleurs sous sa forme retravaillée de 1596 que ce dossier a été préservé dans les archives sous le titre : « *Andrés Muñoz el Bueno, artillero, sobre que se le haga merced del oficio que está vaco por Andrés de Espinosa* », AGI IG leg. 2007.

prétendant, qu'il approuva[100]. À force d'insistance, le roi et le conseil des Indes finirent par reconnaître officiellement Andrés Muñoz el Bueno, lui conférant son titre d'*artillero mayor* en novembre 1597, accompagné du salaire de 350 ducats par mois que touchait son prédécesseur Andrés de Espinosa[101].

Andrés Muñoz el Bueno fut particulièrement actif à la tête de l'école et il contribua indubitablement à sa consolidation institutionnelle. En 1595, il fit imprimer un programme d'enseignement précis dont un exemplaire fut envoyé au conseil des Indes[102]. Il défendit également la communauté des artilleurs face aux autorités municipales de Séville en constituant, avec l'aide des juges de la *casa de la contratación*, un volumineux dossier sur le respect des privilèges d'artilleurs[103]. Il développa par ailleurs un enseignement de l'artillerie à destination des marins des ports de Basse-Andalousie trop pauvres pour séjourner à Séville, créant ainsi des sortes d'antennes locales de l'école sévillane[104]. Il tâcha également de systématiser les tests de pièces d'artillerie embarquées dans les navires de la *carrera de Indias* avant leur départ pour l'Amérique. Pour donner une idée de l'ampleur de cette tâche, en 1602, il donnait ainsi au conseil des Indes les résultats des tests de 542 pièces d'artillerie pour lesquelles 32 s'étaient rompues et 20 avaient été jugées peu fiables[105]. Au début du XVIIe siècle, il était véritablement parvenu à asseoir son autorité sur l'artillerie de la Basse-Andalousie. La meilleure preuve en est la lettre que le capitaine Francisco de Molina écrivit au roi en 1603 afin de se plaindre du pouvoir accumulé par l'*artillero mayor*[106]. Le vieux lieutenant se sentait alors dépouillé des prérogatives qu'il avait jadis exercées et, signe de son impuissance, il cherchait à le discréditer en mettant en contraste son propre statut supérieur de noble et de vétéran face à l'origine humble de charpentier d'Andrés Muñoz. Cette aigreur du vieux Francisco de Molina ne

100 La demande du roi se trouve dans AGI IG leg. 1952 lib. 4, fol. 117 (03/01/1597). La réponse de Molina dans AGI IG leg. 2007 (23/01/1597).

101 « *Titulo de Artillero Mayor de la Casa de Contratación de Sevilla para Andrés Muñoz el Bueno* », AGI IG leg. 1952 lib. 4 fol. 178v (01/11/1597).

102 AGI IG, leg. 2007.

103 « *Expediente sobre las exenciones de los artilleros de la Casa de la Contratación* », AGI IG leg. 2007, (année 1602).

104 AGI IG leg. 1957, lib. 5, fol. 242v (31/01/1602) et fol. 244 (02/02/1602).

105 *Ibid.* fol. 243 (31/01/1602).

106 AGI IG leg. 2007 (19/09/1603).

semble toutefois pas avoir eu de conséquences sérieuses sur la carrière de Muñoz el Bueno.

Dans les premières années du XVIIe siècle, Andrés Muñoz el Bueno fit de l'artillerie une affaire familiale. En 1604, il expliqua au roi que trois de ses fils étaient devenus artilleurs et il sollicita à cette occasion la création d'un office d'assistant de *l'artillero mayor* pour son aîné, Diego López Muñoz el Bueno afin qu'il l'aidât dans ses tâches d'enseignant et qu'il pût le remplacer pendant ses absences lors de l'inspections des flottes[107]. L'objectif annoncé était que le père formât le fils au métier d'enseignant et lui transmît l'office à sa mort. Un an après, le roi et le conseil des Indes acceptèrent cette proposition : il fut offert à Diego López Muñoz el Bueno le salaire de 96 ducats par an, financé par la taxe de l'*avería* pour la protection des convois. Le succès de l'*artillero mayor* fut alors à son comble puisque, non content de fournir à son fils une position mieux payée que la plupart des artilleurs, il parvint aussi à obtenir une augmentation pour lui-même de 50 ducats par an, faisant monter son salaire annuel à 400 ducats, c'est-à-dire presqu'à la hauteur de ce que touchait le prestigieux docteur Julián Ferrofino une dizaine d'années auparavant[108].

La pérennité de l'école d'artilleurs de Séville fut alors assurée pour plusieurs décennies. Andrés Muñoz el Bueno resta en charge de son office au-delà de la chronologie de cette étude. En 1616, il tenta d'obtenir une position de capitaine d'artillerie pour l'un de ses fils qui portait le même nom[109]. Malheureusement, cette parfaite homonymie introduit une certaine confusion qu'il n'est pas aisé de mettre au clair. En effet, compte tenu de l'implication des fils dans l'école, il est difficile, à partir de cette date, d'être certain que le nom d'Andrés Muñoz el Bueno renvoyait au père. Toutefois, que l'office d'*artillero mayor* eût ou non changé de mains, ce même nom s'inscrivit dans le temps. En 1627, un manuel d'artillerie fut publié par un certain Andrés Muñoz el Bueno[110] qui, s'il était le même homme que l'*artillero mayor* de 1593, avait alors 73 ans. Cette hypothèse signifierait qu'Andrés Muñoz

107 AGI IG leg. 1953, lib. 5, fol. 283 (25/09/1604).

108 AGI CT leg. 5784, lib. 3, fol. 135-136 (16/11/1605).

109 AGI FILIPINAS leg. 5/133 (20/02/1616).

110 Andrés Muñoz el Bueno, *Instrucción y Regimiento para que los marineros sepan usar de la artillería*, Malaga, Juan Rene, 1627.

el Bueno eut une longévité hors norme pour l'époque, décédant en 1635 aux alentours de 80 ans. L'office d'*artillero mayor* passa alors à un certain Diego Ruiz de Avendaño, témoignant de la poursuite de l'enseignement de l'artillerie à Séville[111]. D'ailleurs, l'étude du colonel Frontela Carreras montre que ce même office exista au moins jusqu'en 1710[112]. Or, lorsqu'en 1576, Andrés de Espinosa reçut ses instructions pour enseigner l'office d'artilleurs à Séville, rien ne garantissait le futur de son activité. En ce sens, l'école d'artilleurs de Séville devint une institution dans la mesure où la continuité de l'office d'*artillero mayor* s'imposa progressivement comme nécessaire et inscrite dans la longue durée. Il reste cependant encore à savoir en quoi consistait cette activité d'enseignement de l'artillerie des dernières années du XVIe siècle et des premières années du XVIIe siècle.

PRATIQUES D'ENSEIGNEMENT ET D'EXAMEN : LE CURSUS DE L'ÉCOLE

L'école d'artilleurs de Séville se construisit autour de l'activité des enseignants Andrés de Espinosa, Julián Ferrofino et Andrés Muñoz el Bueno, dont la mission principale fut d'enseigner le métier d'artilleur à tous ceux qui souhaitaient en faire l'apprentissage. En quoi consistait donc cet enseignement ? En confrontant les ordres et discours normatifs aux indices concernant les pratiques, il s'agit maintenant de mettre en évidence les trois dimensions essentielles de la formation des artilleurs à Séville : les exercices pratiques de tir sur un terrain d'entraînement, l'enseignement théorique quotidien et le contrôle des connaissances acquises à travers l'examen des aspirants artilleurs. De la sorte, il sera possible de montrer comment ces trois éléments interagirent afin de constituer une communauté, une sorte de corporation d'artilleurs de la *carrera de Indias*.

111 AGI IG leg. 434 lib. 7, fol. 93-94 (21/06/1635).

112 Frontela Carreras, Guillermo, « La enseñanza de la artillería dependiendo del Consejo de Indias », *op. cit.*, p. 290.

ENSEIGNEMENT PRATIQUE SUR LE TERRAIN D'ENTRAÎNEMENT

L'un des principaux éléments constitutifs de l'école apparaît dans les instructions données en 1576 à Andrés de Espinosa :

> Par la présente, nous donnons licence et pouvoir à vous, Andrés de Espinosa, pour que vous puissiez constituer un *terrero* (i.e. terrain d'entraînenement) à proximité de Séville, où notre *asistente* vous l'indiquera, afin de manier et faire tirer des pièces d'artillerie et enseigner l'office d'artilleur[113].

Il était donc attendu d'Andrés de Espinosa qu'il mît en place un *terrero*, un terrain d'entraînement où il serait possible de tirer avec des pièces d'artillerie. Le roi et le conseil des Indes comptaient sur l'*asistente* de Séville, c'est-à-dire le représentant royal auprès de la municipalité[114], pour désigner un endroit en bordure de la ville où l'*artillero mayor* pourrait exercer les artilleurs. Cet espace était alors envisagé comme le futur lieu principal de l'école, comme en témoigne la première occurrence du mot *escuela*. Il s'agissait d'un rappel fait par le roi aux autorités de la ville afin d'octroyer à Espinosa un endroit où « faire son terrain d'entraînement » pour qu'il pût « installer son école[115] ». Néanmoins, la mise en place de ce terrain d'entraînement n'aboutit qu'à l'issue d'un long processus.

Aucun terrain d'entraînement des artilleurs ne vit le jour avant plusieurs années de négociation entre l'*artillero mayor*, le pouvoir royal et les autorités locales. En effet, la municipalité se montra très réticente à l'idée d'avoir un champ de tir d'artillerie près de ses murailles. Les plaintes régulières de l'*artillero mayor* au roi et au conseil des Indes dénonçaient clairement la responsabilité des principaux décisionnaires de la ville dans le retard de cette mise en place. En février 1578, le conseil des Indes réitéra sa demande de cession d'un terrain pour l'école d'artilleurs auprès des autorités de la ville[116]. En 1581, juste avant

---

113 « *Por la presente damos licencia y facilidad a vos el dicho Andrés de Espinosa para que podáis hacer terrero junto de Sevilla, donde por el nuestro asistente de ella os fuere señalado, para poder jugar y disparar piezas de artillería y enseñar el dicho ministerio de artillero* », AGI IG leg. 1968 lib. 21, fol. 3r (20/02/1576).

114 Morales Padrón, Francisco, *Historia de Sevilla Tomo III : La ciudad del Quinientos*, *op. cit.*, p. 210-214.

115 « *Que se le señalase y diese sitio junto a esa ciudad donde pudiese hacer terrero [...] para que pueda poner su escuela* », AGI IG leg. 1968, lib. 21, fol. 108r (18/11/1576).

116 AGI IG leg. 1969, fol. 87 (24/02/1578).

de partir pour l'expédition vers le détroit de Magellan, Espinosa se plaignit au roi que le lieu d'installation de son terrain d'entraînement n'avait toujours pas été signalé par la ville[117]. Quelques mois après son retour en 1584, la situation demeurait inchangée[118]. D'après Espinosa, le comte de Barajas, *asistente* de la ville, avait désigné un lieu mais des personnages locaux importants s'étaient opposés à la mise à exécution du projet. Malheureusement, les archives municipales ne semblent pas avoir gardé de traces de ces discussions. Selon toutes probabilités, ces difficultés persistèrent jusqu'à la mort d'Andrés de Espinosa puisque, lorsque le docteur Ferrofino fut envoyé à Séville, le capitaine général de l'artillerie Juan de Acuña Vela demanda à ce qu'il lui fût indiqué un lieu propice à l'installation d'un terrain d'entraînement pour son école d'artilleurs[119].

L'exercice de tir était cependant un élément trop essentiel de la formation des artilleurs pour que les enseignants puissent s'en passer. La correspondance entre Andrés de Espinosa et le conseil des Indes révèle qu'en réalité, des exercices de tir avaient bien lieu malgré l'absence d'un terrain d'entrainement officiel près de Séville. Espinosa donnait tout simplement ses leçons pratiques « très loin » de la ville, probablement dans un lieu en pleine campagne où les artilleurs ne gênaient personne[120]. Une telle situation nuisait toutefois à l'affluence des apprentis dont bon nombre perdaient leur motivation à cause des longs déplacements pour se rendre au champ de tir. La question de l'emplacement du terrain d'entraînement semble néanmoins s'être clarifiée avec l'arrivée du docteur Julián Ferrofino. Les lettres du capitaine général Juan de Acuña Vela évoquent l'existence d'un champ de tir où furent utilisées une, puis deux pièces d'artillerie, mais dont la localisation reste inconnue[121].

Ce n'est que sous la direction d'Andrés Muñoz el Bueno que le terrain d'entraînement s'implanta véritablement dans le paysage périurbain de Séville. En effet, en 1604, l'*artillero mayor* soumit au conseil des Indes le projet d'aplanissement et de réalisation d'une plateforme sur le petit

117 AGS GYM leg. 114/202 (24/06/1581).

118 AGI IG leg. 2006 (21/11/1584).

119 AGS GYM lib. 57, fol. 36v-37r (20/07/1590).

120 « *A donde ahora se va a disparar es muy lejos* », AGI IG leg. 2006 (21/11/1584), « *va a enseñar el jugar de la dicha artillería muy lejos de esa ciudad* », AGI IG leg. 1952 lib. 2, fol. 190r (11/12/1584).

121 AGS GYM leg. 351/284 (08/02/1591), AGS GYM lib. 63 fol. 87v (10/07/1592).

monticule appelé *La Voleta*, à côté de la *Puerta de la Carne*, la porte de Séville la plus proche de l'Alcazar[122]. Cet emplacement, situé dans le quartier extramuros de San Bernardo, avait déjà un lien étroit avec l'artillerie puisqu'il s'agissait du lieu où la famille Morel fabriquait des canons pour la *carrera de Indias*[123]. À l'époque d'Andrés Muñoz el Bueno, la fonderie de Juan Morel possédait trois fours servant à produire l'armement des galions et des navires marchands avant leur départ pour l'Amérique[124]. La proximité entre le terrain d'entraînement et la principale fonderie de Séville n'était sans doute pas le fruit du hasard. Pour rappel, l'une des missions de l'*artillero mayor* consistait à tester les pièces d'artillerie en partance pour le Nouveau Monde, c'est-à-dire (en grande partie) celles produites par les Morel. Or, au début des années 1590, ces tests étaient supposés avoir lieu sur le fameux *terrero*, le terrain d'entraînement[125]. Il était par conséquent assez judicieux d'installer ce terrain à côté de la fonderie. C'est aussi ce qui transparaît dans une lettre de Muñoz el Bueno conservée aux archives municipales de Séville, dans laquelle l'*artillero mayor* demandait à ce que lui fût signalé un terrain « pour tester les pièces d'artillerie et exercer au tir ses disciples[126] ». Ce document n'est malheureusement pas daté mais son résultat fut selon toute probabilité la cession de cet espace près de la fonderie des Morel. Finalement, la Monarchie accepta de financer le projet à hauteur de 100 ducats, incluant la construction d'une maisonnette en bois pour ranger les pièces d'artillerie et les munitions utilisées durant les exercices de tir[127].

Le principal objectif de ce terrain était de permettre aux artilleurs de s'entraîner à la pratique du tir d'artillerie. Pour cela, dès l'époque d'Andrés de Espinosa, les enseignants disposaient d'une ou deux pièces

122 AGI IG leg. 1953, lib. 5, fol. 243v-244r (14/01/1604).

123 Il s'agissait approximativement de l'emplacement de l'actuelle *Fabrica Reál de Artillería* construite au XVIIIe siècle, Morales Padrón, Francisco, *Historia de Sevilla Tomo III : La ciudad del Quinientos*, *op. cit.*, p. 157. Ocerin, Enrique de, *Apuntes para la historia de la Fabrica de artillería*, Séville, Imprenta de la Fábrica de Artillería, 1966, p. 14-16.

124 AGI IG leg. 1952, lib. 4, fol. 101v-102r (03/11/1596).

125 « *La prueba y exsamén de la artillería que se ha probado en el terrero* », AGI IG leg. 2007, (10/09/1593).

126 « *Cada día se ofrecen ocasiones de pruebarla [artillería] y no hay terrero diputado para poderlo hazer. Pido y suplico a Vuestra Señoría se sirva de mandar señalar sitio que sirva de terrero para lo susodicho y para que los artilleros se puedan exercitar en tirar* », AMS Sección IV Tomo 5, doc. 41 (sans date).

127 AGI IG leg. 2007, sans num. (09/06/1604).

d'artillerie d'une livre de calibre, c'est-à-dire parmi les plus légères de l'époque[128]. Les exercices de tir prenaient quant à eux une dimension agonistique mise en scène à travers des concours de tir sur cible avec des prix à gagner, généralement des paires de gants[129]. Si ces concours possédaient incontestablement un caractère ludique, ils revêtaient également un enjeu de taille dans la formation des apprentis artilleurs puisque ces derniers devaient gagner plusieurs prix avant d'être en mesure de demander leur titre d'artilleur.

Ce terrain était tout autant un lieu d'entraînement qu'un lieu de rencontre autour duquel se réunissait la communauté des artilleurs. À l'époque du premier *artillero mayor* Andrés de Espinosa, l'absence d'un terrain proche de la ville empêchait sans doute des réunions trop fréquentes. À l'époque du docteur Julián Ferrofino, les sessions de tir avaient lieu les jours de fête[130]. Cette fréquence était toujours en place quelques années plus tard, sous la direction d'Andrés Muñoz el Bueno, qui réunissait les artilleurs sur le terrain d'entraînement tous les dimanches et jours de fête[131]. Il semble par conséquent raisonnable d'affirmer que les exercices de tir se déroulaient une fois par semaine, toujours un jour férié, de sorte que tous pussent participer, même ceux qui exerçaient une profession en parallèle de leur formation. Par ailleurs, il est important de remarquer que ces sessions de tir réunissaient non seulement les apprentis artilleurs mais aussi des artilleurs confirmés séjournant à Séville. Par exemple, l'apprenti artilleur Juan Gutiérrez gagna durant l'année 1581 un total de six prix, dont quatre furent remportés sur des artilleurs professionnels parmi lesquels figurait un vétéran de la *carrera de Indias*, le chef artilleur vénitien Maestro Gerónimo[132]. Le terrain de tir était donc fréquenté par un certain nombre d'artilleurs confirmés qui venaient s'entraîner et tester les futures recrues. Le *terrero* était en ce sens un lieu et un moment essentiels de l'école en tant que communauté d'artilleurs et d'apprentis.

---

128 Voir p. 48.

129 Voir les descriptions de ces concours dans les procès verbaux des examens d'artilleurs, AGI CT leg. 4871.

130 AGS GYM leg. 351/284 (08/02/1591).

131 AGI IG leg. 1952, lib. 4, fol. 89 (11/07/1596) et leg. 2007 (02/03/1600).

132 Voir le procès verbal de l'examen de Juan Gutierrez, AGI CT leg. 4871. Maestro Geronimo apparaît comme *condestable* dans la liste de recrutement du galion amiral de la flotte de Nouvelle-Espagne en 1574, AGI CT leg. 2937.

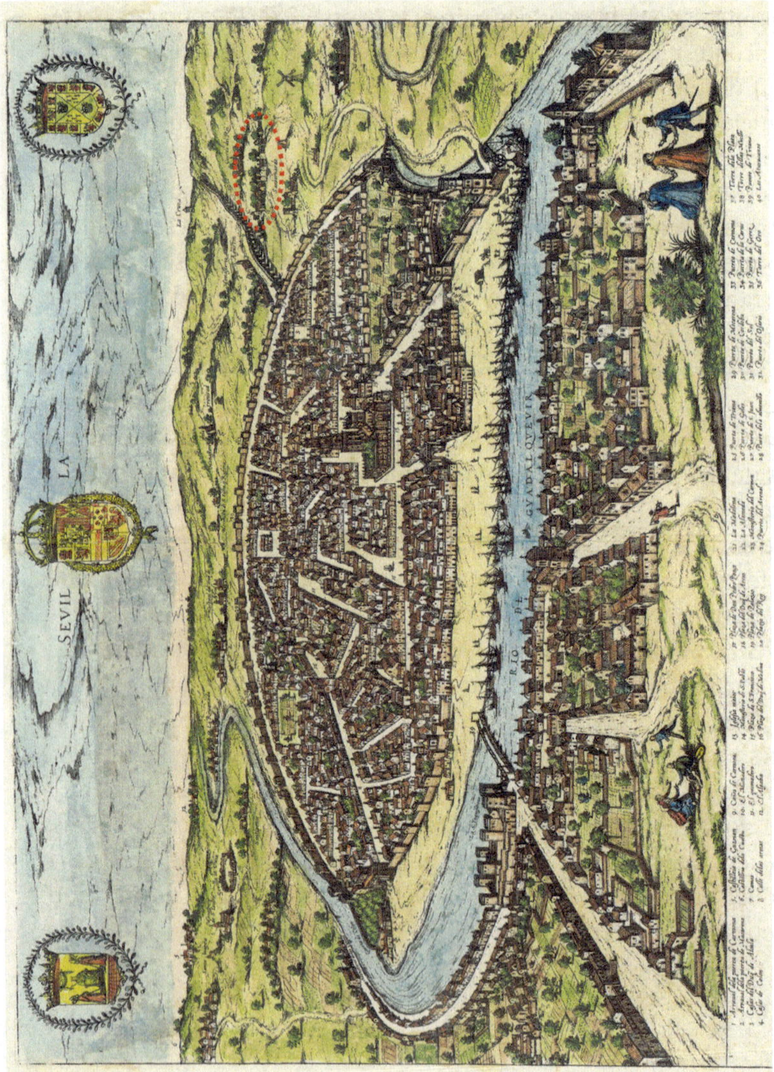

FIG. 31 – Gravure de Séville, Braun et Hogenberg, *Civitatis orbis terrarum vol. IV*, 1588. En rouge, quartier extra-muros de San Bernardo, emplacement probable du terrero après 1604. Document provenant des collections de l'Institut Géographique National d'Espagne (Fondos del IGN, CC-BY 4.0. ign.es).

ENSEIGNEMENT THÉORIQUE

Le second élément essentiel de la formation des artilleurs, l'enseignement théorique, n'apparaît pas clairement à l'époque d'Andrés de Espinosa. Selon les instructions de 1576, l'*artillero mayor* était censé enseigner et discuter de l'art de l'artillerie chaque jour, deux heures le matin et deux heures l'après-midi[133]. Or, l'inexistence d'un terrain d'entraînement proche de Séville forçait alors Espinosa et ses apprentis à se déplacer loin de la ville pour leurs exercices de tir. Une telle contrainte paraît peu compatible avec le caractère quotidien de l'enseignement tel qu'il était prescrit dans les instructions. Même si les preuves manquent, il faut par conséquent émettre l'hypothèse d'une séparation concrète, dès cette époque, entre les exercices de tir qui avaient lieu une fois par semaine loin de la ville, et l'enseignement prodigué tous les jours par Espinosa. Selon toutes probabilités, ces leçons quotidiennes se déroulaient quelque part dans l'enceinte de Séville ou dans ses environs immédiats. Il faut par ailleurs noter que, même si Andrés de Espinosa était un vétéran et un homme de terrain, il possédait certaines connaissances théoriques et mathématiques qui lui permirent de proposer quelques projets d'architecture : le fameux modèle de construction d'un pont qui lui valut l'inimitié du capitaine général Francés de Álava[134] ainsi que le tracé d'un fort lorsqu'il accompagna le général Diego Flores sur les côtes sud de l'Amérique[135].

Il faut toutefois attendre l'époque de Julián Ferrofino pour que la distinction entre leçons théoriques et exercices de tir apparaisse explicitement dans les documents. Cela a bien entendu à voir avec le profil de cet individu grâce auquel la composante théorique de l'enseignement est clairement mise en avant dans les sources. Julián Ferrofino était issu du monde universitaire ; les documents du conseil de guerre lui adjoignent les titres de « docteur », « mathématicien ». Une certaine anecdote racontée par le capitaine général de l'artillerie Juan de Acuña Vela lors du séjour de Ferrofino à la fonderie de Malaga met bien en évidence le contraste entre son fort bagage théorique et son inexpérience de la guerre et de l'armement :

---

133 AGI IG leg. 1968 lib. 21, fol. 8r (28/02/1576).

134 AGS GYM leg. 114/202 (24/06/1581).

135 « *Hizo el deber en su oficio y trazo el fuerte y le puso en defensa* », AGI IG leg. 2006 (pas de date, probablement 1584).

> Il a été fort nécessaire qu'il vienne ici et qu'il voie et touche de ses propres mains certaines choses de l'artillerie parce qu'il a réalisé qu'il y avait des différences avec ce qu'il croyait tenir pour certain et vérifié par les mathématiques[136].

En d'autres termes, Ferrofino eut son premier vrai contact avec des pièces d'artillerie peu de temps avant d'arriver à Séville. Il n'y fut donc pas envoyé pour enseigner le fruit de sa longue expérience du maniement du canon mais bien pour parler de théorie et de mathématiques.

Cette dualité entre théorie et pratique rejaillit en juillet 1592 dans un échange entre le roi et Ferrofino à propos de l'acquisition de deux nouvelles pièces d'artillerie pour le terrain d'entraînement. Le fauconneau alors utilisé lors des exercices de tir était inutilisable, vraisemblablement suite à un incident de tir :

> Le docteur Julián Ferrofino est venu me rendre compte de l'état dans lequel se trouve l'école d'artilleurs de Séville. En substance, il dit avoir une liste de 74 artilleurs dont 50 sont si bien formés qu'ils peuvent déjà très bien servir dans cet art, tandis que 130 autres ont été instruits dans la théorie mais que, souhaitant poursuivre l'école, il lui a manqué la pièce d'artillerie et les munitions nécessaires[137].

Ainsi, l'absence d'une pièce d'artillerie en état de fonctionner n'avait pas empêché le docteur Ferrofino de former 130 artilleurs « à la théorie » même s'il leur manquait encore la composante pratique de leur formation.

À cette époque, la distinction entre leçons théoriques et exercices de tir était alors marquée physiquement par une répartition de l'enseignement entre deux professeurs. Les différentes tentatives d'Andrés Muñoz el Bueno pour obtenir le titre d'*artillero mayor* entre 1593 et 1597 informent sur le rôle qu'il joua à l'époque de Ferrofino :

136 « *Ha sido muy necesario que el haya venido aquí y haya visto y tocado con las manos algunas cosas de la artillería porque ha visto haber diferencia de lo que él tenía por muy cierto y averiguado por la matemática* », AGS GYM leg. 281/235 (25/02/1590).

137 « *El doctor Julián Ferrofino ha venido a darme cuenta del estado en que tiene la escuela de los artilleros en Sevilla que en sustancia dice que tiene alistados hasta 74 artilleros y que los 50 de ellos tiene tan platicos que pueden muy bien servir en este arte y otros 130 habilitados en la teórica y que queriendo continuar la escuela le ha faltado la pieza de artillería y munición que para ello ha menester* », AGS GYM lib. 63 fol. 87v (10/07/1592).

> Je me suis occupé d'aider le dit docteur Ferrofino à rassembler et former les dits artilleurs avec une pièce d'artillerie dans la campagne, mettant en application les règles que le dit docteur donnait et enseignait par la théorie[138].

Autrement dit, entre 1591 et 1593, le docteur Julián Ferrofino enseignait les « règles » de l'artillerie aux apprentis tandis qu'Andrés Muñoz el Bueno, homme d'expérience en artillerie, dirigeait les exercices de tir sur le terrain d'entraînement. La dualité était également marquée spatialement. Les sessions de tir avaient lieu hors les murs alors que les leçons de Ferrofino se déroulaient à l'intérieur de la ville.

Cette distinction claire entre leçons théoriques et exercices de tir se poursuivit sous la direction d'Andrés Muñoz el Bueno. Ce dernier argumentait régulièrement en faveur de l'importance de combiner le couple théorie-pratique afin de former adéquatement les artilleurs[139]. En outre, la division spatiale se précisa. Comme cela a été précisé plus haut, le terrain d'entraînement s'établit près de l'enceinte de Séville, dans le quartier de San Bernardo. Les cours furent quant à eux donnés dans différents bâtiments à l'intérieur de la ville. Dans un premier temps, l'*artillero mayor* enseigna les règles de l'artillerie durant quatre mois dans « l'université » de la ville[140]. Cette expression assez vague peut se référer à l'un des collèges de l'université de Séville, créée au début du XVIe siècle[141]. Cette hypothèse serait intéressante car elle révèlerait des liens jusqu'ici invisibles entre deux univers de savoirs relativement séparés. Toutefois, le plus probable est que le document faisait référence à l'*universidad de mareantes*, l'association des armateurs, capitaines et pilotes de la *carrera de Indias*, qui faisait concurrence à la *casa de la contratación* concernant l'éducation des pilotes[142]. Toutefois, quelle que fût cette « université »,

---

138 « *Me ocupé en ayudar al dicho doctor Ferrofino a juntar y hacer diestros los dichos artilleros con une pieza de artillería en el campo, poniendo en execución las Reglas que el dicho doctor por theórica daba y enseñaba* », AGI IG leg. 2007 sans num. de folio (03/11/1595). Voir aussi, dans le même *legajo*, les témoignages confirmant cette affirmation dans le dossier « *Andrés Muñoz el Bueno, artillero, sobre que se le haga merced del oficio que está vaco por Andrés de Espinosa* ».

139 « *Las liçiones y estudio no serán provechosos si con la práctica y exercicio no se experimenta* », AGI IG leg. 2007 sans num. de folio (02/03/1600).

140 « *Después que el dicho Doctor hizo ausencia de la dicha ciudad de Sevilla, yo les torné a leer y referir todo lo que él les había leído lo cual hice 4 meses dentro de la universidad de la dicha ciudad* », AGI IG leg. 2007 sans num. de folio (03/11/1595).

141 Morales Padrón, Francisco, *Historia de Sevilla Tomo III : La ciudad del Quinientos*, *op. cit.*, p. 286-290.

142 *Ibid.*, p. 88.

Andrés Muñoz el Bueno opta rapidement pour une solution indépendante : il proposa de donner ses cours dans sa propre maison, dans le quartier riche et commerçant de San Vicente, près du Guadalquivir[143]. Enfin, au début du XVIIe siècle, l'*artillero mayor* consacrait une partie de son salaire à la location d'une maison spécifiquement dédiée à ses leçons[144]. Ce loyer représentait sans doute un poids financier non négligeable pour Muñoz el Bueno ; aussi la Monarchie accepta-t-elle à partir de 1614 de lui verser 120 ducats par an pour louer ce local, finalisant de la sorte l'institutionnalisation de l'espace de l'école d'artilleurs[145].

L'EXAMEN D'ARTILLEUR

La formation théorique et pratique des artilleurs était sanctionnée par le passage d'un examen dont la procédure était déjà décrite dans les instructions données en 1576 à Espinosa[146]. D'abord, selon ce texte, les aspirants artilleurs devaient remplir un certain nombre de conditions avant de passer cette épreuve. Concernant leur formation théorique, il leur était demandé d'avoir suivi quotidiennement, pendant au moins deux mois consécutifs, les leçons de l'*artillero mayor*. Afin de valider leurs acquis pratiques, il leur fallait gagner trois prix lors des compétitions de tir sur le terrain d'entraînement, dont au moins deux d'entre eux devaient être remportés sur des artilleurs reconnus. Lorsqu'un apprenti réunissait ces conditions, il pouvait demander à passer l'examen d'artilleur. Cette épreuve prenait place dans l'une des salles de la *casa de la contratación*, autrement dit dans l'Alcazar de Séville, symbole du pouvoir royal. Elle se déroulait sous le regard de l'un des juges de cette institution et réunissait l'*artillero mayor* ainsi qu'un petit groupe d'artilleurs « examinés », c'est-à-dire ayant déjà passé l'examen avec succès. Ces instructions de 1576 précisent également la nature de l'épreuve, sans toutefois spécifier son contenu. Il s'agissait de « *preguntas y repreguntas* », c'est-à-dire d'une série de questions que les artilleurs présents posaient au candidat. Si ses réponses se montraient insuffisantes, l'apprenti devait reprendre le processus d'apprentissage à zéro et retourner pendant deux mois aux leçons de l'*artillero mayor*. Si au contraire il répondait avec satisfaction, il

143 AGS GYM leg. 351/283 (06/03/1592).
144 AGI IG leg. 1953 lib. 5, fol. 108 (20/03/1601).
145 AGI CT leg. 5784 lib. 3, fol. 200 (11/12/1614).
146 AGI IG leg. 1968 lib. 21, fol. 7r-8r (28/02/1576).

devenait alors un artilleur « examiné », acquérant le titre et les privilèges allant de pair. Son examen faisait également l'objet d'un compte rendu permettant au pouvoir royal d'enregistrer l'évènement, le statut acquis et l'identité de la personne concernée.

Certains de ces comptes rendus conservés à Séville permettent de confronter le discours normatif de 1576 aux pratiques réelles[147]. Ces documents, dont la forme était pour ainsi dire standardisée, montrent que la procédure décrite précédemment était presque systématiquement respectée. Lorsqu'un apprenti souhaitait passer l'examen, il se présentait devant les officiers de la *casa de la contratación* avec une lettre signée par l'*artillero mayor* attestant qu'il remplissait bien les conditions requises. Cette lettre, généralement recopiée ou attachée à chaque compte rendu, fournissait quelques caractéristiques d'identification de l'individu – âge, lieu de naissance, nom des parents, brève description physique – confirmait qu'il avait bien assisté pendant au moins deux mois à l'enseignement de l'*artillero mayor* et précisait quelquefois le nom des artilleurs contre lesquels il avait remporté ses prix sur le terrain d'entraînement. Certaines circonstances particulières autorisaient parfois un apprenti à passer l'examen sans ce dernier pré-requis. Ainsi, en 1600, Lazaro Gutiérrez Guerra fut admis à l'examen sans avoir pu faire ses preuves sur le terrain d'entraînement par manque de poudre disponible, mais l'*artillero mayor* se porta garant de ses compétences, les ayant vues à l'œuvre à plusieurs reprises lors de tests de pièces d'artillerie[148].

Ayant la preuve que les conditions d'admission étaient remplies, les officiers de la *casa de la contratación* convoquaient alors quelques jours plus tard, à l'Alcazar, l'*artillero mayor* et, quelquefois, une poignée d'artilleurs examinés. Une pièce d'artillerie était amenée, accompagnée de quelques instruments en bois et en métal, afin que le candidat pût montrer comment s'en servir – sans faire feu bien entendu. Un scribe de la *casa de la contratación* enregistrait les circonstances de l'épreuve, précisant quels juges, officiers et artilleurs étaient présents. Le déroulement de l'examen n'était malheureusement pas retranscrit en détail, le compte rendu se bornant généralement à dire que le candidat avait

147 AGI CT leg. 4871. La plupart de ces comptes rendus datent de 1600-1606 bien que les deux plus anciens remontent à 1581 et confirment ainsi la forme de ces pratiques dès l'époque d'Andrés de Espinosa. Pour des exemples d'examens, voir l'annexe I.

148 *Ibid.* (04/05/1600). Cette anecdote montre d'ailleurs que les tests de pièces s'intégraient bien à l'enseignement pratique.

satisfait l'audience en répondant aux *preguntas y repruntas*, c'est-à-dire aux questions successives qui lui avaient été adressées. Enfin, le nom et l'identité de l'heureux candidat étaient enregistrés dans un livre à part et la *casa de la contratación* lui délivrait une lettre d'attestation de passage de l'examen (*carta de examén*) lui permettant d'embarquer comme artilleur dans n'importe quel navire de la *carrera de Indias*. En d'autres termes, la pratique de l'examen d'artilleur suivait scrupuleusement les prescriptions données par le conseil des Indes en 1576.

Doit-on pour autant en conclure que tous les artilleurs de la *carrera de Indias* étaient passés par cette épreuve ? Telle eût été la volonté des enseignants mais ils étaient néanmoins incapables d'exercer un contrôle absolu sur l'embauche des artilleurs par les capitaines de navire. Les limites du pouvoir de l'*artillero mayor* transparaissent dans une lettre du conseil des Indes à la *casa de la contratación* datant de 1584 :

> Aux postes d'artilleurs vont beaucoup de personnes qui ne le sont pas et qui ne savent pas user de l'artillerie, ce qui est un inconvénient aussi important qu'on peut l'imaginer. Aussi conviendrait-il que [...] l'ordre soit donné que personne ne puisse voyager vers ces régions (i.e. l'Amérique) au poste d'artilleur d'un navire marchand ou d'armada sans être vu et approuvé par Andrés de Espinosa ou la personne qui exercerait son office dans cette ville[149].

Une vingtaine d'années plus tard, la situation n'avait guère changé : Andrés Muñoz el Bueno expliquait au roi en 1602 que le nombre d'artilleurs examinés était insuffisant et que, par conséquent, les capitaines de la *carrera de Indias* étaient forcés de recourir à des individus non examinés[150]. Pour pallier ce problème, et comme il était de son devoir d'être présent au départ des flottes pour inspecter les pièces d'artillerie, Muñoz el Bueno proposait de donner sur place (à Sanlúcar ou Cadix) une formation minimale accélérée à ces prétendus artilleurs[151]. Autrement

149 « *En plazas de artilleros van muchas personas que no lo son ni saben usar del artillería y es de tan grande inconveniente como se podrá considerar y que así convendría que [...] se diese orden como ninguno pasase a aquellas partes en la dicha plaza de artillero en las naos de armada y merchante sin que sea visto y aprobado por él [Andrés de Espinosa] o la persona que ejerciere su oficio en esa dicha ciudad* », AGI IG leg. 1952 lib. 2, fol. 287v (05/12/1584).

150 AGI IG leg. 2007 sans num. de folio (16/01/1602).

151 « *Pues yo asisto en los puertos de Sanlúcar y Cádiz a los despachos de las armadas y flotas [...]convendría que Vuestra Majestad mande a los dichos visitadores que no consientan ni den lugar a que ninguna persona se aliste en plaça de artillero sin que primero haya asistido conmigo algunos días* », *ibid.*

dit, même si l'examen à la *casa de la contratación* avait vocation à être la seule et unique clé d'entrée aux postes d'artilleur des navires en partance pour l'Amérique, cette règle ne fut dans les faits jamais appliquée de manière stricte et systématique.

En outre, plusieurs documents évoquent certaines pratiques de corruption lors des examens qui mettent en doute l'intégrité de la procédure. Ainsi, en 1589, le capitaine général de l'artillerie Juan de Acuña Vela accusa l'*artillero mayor* Andrés de Espinosa de vendre ses examens pour quatre *reales*, permettant de cette manière à des individus de passer illégalement en Amérique[152]. Il faut toutefois se garder de prendre ces accusations pour argent comptant. Il est nécessaire de rappeler qu'à ce moment-là, Juan de Acuña Vela voyait d'un mauvais œil que l'*artillero mayor* échappât à son contrôle. Ces accusations servaient en ce sens au capitaine général à réclamer au roi l'autorité directe sur une personne qui, sans aucun contrôle, causait du tort à la Monarchie. Il existait pourtant bel et bien un contrôle de l'*artillero mayor*. Les comptes rendus d'examens conservés montrent une présence quasi-systématique des juges de la *casa de la contratación*. C'étaient eux que l'on chargeait de veiller à l'intégrité de la procédure. En leur présence, la corruption devenait certainement plus compliquée. Toutefois, à ce niveau-là encore, il exista quelques exceptions. Dans les dernières années du XVIe siècle, les officiers de la *casa de la contratación* laissèrent le capitaine Francisco de Molina passer les examens sans leur surveillance. L'expérience fut catastrophique et les individus reçus comme artilleurs s'avérèrent être des gens de mauvaise vie ignorant totalement l'usage du canon[153]. Ces quelques exceptions n'empêchent pas moins de confirmer la règle générale : la plupart des examens durent se dérouler comme les quelques centaines de comptes rendus conservés à Séville les dépeignent.

Ces pratiques d'examens sont particulièrement intéressantes car elles révèlent la double nature de l'épreuve conduisant au titre d'artilleur. En effet, comme l'enseignement, l'examen comportait des dimensions à la fois pratiques et théoriques. Toutefois, dans le cas de l'examen, l'épreuve pratique, à savoir le pré-requis de gagner des concours de tir, était en

152 AGS GYM leg. 246/191 (20/02/1589).

153 « *Algunos días que se hizo fuera de esta casa y sin asistencia del juez de ella por solo el dicho capitán Francisco de Molina se examinaron muchas personas faltos de crédito y llenos de defectos* », AGI IG leg. 2007 sans num. de folio (31/10/1600).

quelque sorte subordonnée à l'épreuve théorique (la série de questions) qui, elle seule, portait le nom d'« examen ». Autrement dit, l'examen d'artilleur de la *casa de la contratación* accordait une place et un statut particulier aux connaissances vis-à-vis des compétences. Pour devenir un artilleur « examiné », il ne suffisait pas de réaliser une performance de tir mais il fallait surtout montrer ce que l'on savait à travers un échange verbal. Ce chapitre maintient close, à dessein, la porte de cette vaste question des savoirs qui ne sera ouverte que dans la dernière partie du livre. Par ailleurs, il est pertinent de se demander si ces examens furent une spécificité de la *casa de la contratación*. Pour rappel, cette institution était responsable de la formation des pilotes et des maîtres de navire ; des examens y étaient pratiqués pour ces professions à des périodes antérieures à celle des artilleurs[154]. Sur ce point, le prochain chapitre tâchera d'élargir le cas sévillan en mettant en perspective ces pratiques d'examen des artilleurs à travers les différents territoires de la Monarchie hispanique. Une dernière question mérite pour l'heure d'être au moins en partie abordée.

Quel sens donner à l'apparition de cette pratique de l'examen à Séville ? L'intérêt du point de vue de la Monarchie hispanique a déjà été souligné. La mise en place d'un enseignement répondait au déficit chronique d'artilleurs, en particulier suite au développement des flottes atlantiques de protection des convois. L'examen constituait en ce sens une sorte de garantie de compétence et de qualification allant tout à fait dans l'intérêt de l'État. Dans cette perspective, on pourrait croire que la mise en place de ces examens fut le résultat d'un pouvoir coercitif fort. Néanmoins, il est difficile d'affirmer que le processus d'institutionnalisation de l'école décrit précédemment fut imposé du haut vers le bas, du pouvoir central vers les individus. Ce fut bien Andrés de Espinosa qui, tandis qu'il était capitaine des artilleurs de l'*armada de guarda de la carrera de Indias*, suggéra la création d'un enseignement de l'artillerie à Séville. De plus, l'école n'aurait jamais perduré sans un certain engouement local. Par conséquent, l'institutionnalisation des pratiques d'examen fut au moins autant un mouvement de bas en haut que de haut en bas. Mais alors, comment expliquer ce phénomène ?

154 Sandman, Alison Deborah, « Cosmographers vs Pilots : Navigation, Cosmography and the State in Early Modern Spain » *op. cit.* Vicente Maroto, María Isabel, Estebán Piñeiro, Mariano, « La Casa de Contratación y la Academia Reál matemática », *op. cit.*

La réponse à cette question réclame de faire un léger détour par l'anthropologie et la notion de rites de passage, qui, appliquée à la pratique de l'examen, lui donne un éclairage intéressant. Cette notion fut développée au début du XXe siècle par l'ethnologue Arnold Van Gennep qui publia une étude sur les rites accompagnant les grands changements d'état, d'âge ou de position sociale dans diverses sociétés traditionnelles[155]. Les rites de passage y sont présentés comme un enchaînement d'actions symboliques, codifiées, ayant une forte dimension sacrée, et que Van Gennep divise schématiquement en trois grandes phases : la séparation d'avec le monde antérieur, le moment du seuil où l'individu balance entre deux univers et enfin l'agrégation dans le nouveau groupe.

La formation des artilleurs à Séville et l'épreuve de l'examen peuvent, dans une certaine mesure, être assimilées à un rite de passage. D'ailleurs, Van Gennep lui-même évoquait dans son livre les similitudes entre ces rites des sociétés traditionnelles et les cérémonies d'entrée dans certaines professions de son temps[156]. L'inscription aux leçons de l'*artillero mayor* serait en ce sens la phase préliminaire de séparation d'avec le monde antérieur. Il s'en suivrait une longue phase de seuil de plusieurs mois d'apprentissage durant laquelle l'individu flotterait entre deux mondes, celui des artilleurs et celui du reste de la société, des profanes. Cette phase trouverait son apex lors de l'épreuve de l'examen, lorsque l'individu était véritablement sur le point d'entrer dans le groupe. Enfin, l'agrégation au nouveau groupe passerait par l'émission du titre d'artilleur, de la *carta de examén* et l'enregistrement dans des livres archivés. La sacralité du rite ne proviendrait pas, dans ce cas, d'une quelconque autorité religieuse mais résulterait de la présence de hauts officiers du roi, les juges de la *casa de la contratación*, et du lieu même de l'épreuve, l'Alcazar royal de Séville. Le rôle des *sacra*, les objets sacrés du rituel, serait ici endossé par les instruments d'artilleur en bois et en métal, combiné à la présence d'une pièce d'artillerie.

Cette comparaison ne prend tout son sens que si elle est mise en perspective avec les travaux de Victor Turner, anthropologue britannique qui, dans les années 60 et 70, approfondit la notion de rites de passage

155 Van Gennep, Arnold, *Les rites de passage*, Paris, Mouton et Maison des Sciences de l'Homme, 1969.

156 *Ibid.*, p. 146-147.

de Van Gennep[157]. Selon Turner, ces rites de passage interviennent dans la constitution de ce qu'il nomme des *communitas*, des groupes sociaux fondés sur des liens horizontaux entre individus prétendant à une certaine uniformité, en contraste avec les structures qui définissent les liens sociaux verticaux et hiérarchiques de la société. Turner fait remarquer qu'à force d'interaction avec les structures verticales, les *communitas* tendent à se normaliser, à s'institutionnaliser et à devenir elles-mêmes une partie de la structure.

La mise en place des examens d'artilleurs à la *casa de la contratación* serait en ce sens la clé de voûte d'un processus de construction et de normalisation d'une *communitas* d'artilleurs de la *carrera de Indias*. En même temps qu'il limitait l'accès au statut d'artilleur, l'examen délimitait un groupe social, une communauté unie par des liens sociaux horizontaux. La frontière qui fut érigée entre ce groupe d'individus et le reste de la société se construisit sur l'élément productif essentiel de l'école d'artilleurs : les savoirs. De ce point de vue, l'école de Séville fut autant un dispositif de formation des artilleurs qu'un appareil de construction communautaire. La construction de cette *communitas* ne put se faire que *via* une hybridation avec les structures de pouvoir déjà en place et susceptibles d'être intéressées par les savoirs possédés par ce groupe. En l'occurrence, ces structures furent celles de l'administration royale, le roi, son conseil des Indes et la *casa de la contratación*. Cette puissante structure fournissait aux artilleurs de Séville les moyens de leur démarcation : une certaine légitimité de leurs pratiques, une protection contre les structures sociales en compétition telles que les autorités locales, ainsi que de l'argent et des moyens matériels. Autrement dit, l'école d'artilleurs de Séville fut une sorte de corporation qui, contrairement à la plupart de celles-ci, ne se construisit pas en relation avec les autorités de la ville mais choisit plutôt de lier son destin au pouvoir central de la Monarchie.

157 Turner, Victor, *The Ritual Process : Structure and Anti-Structure*, New York, Aldine de Gruyter, 1995. Turner, Victor, *Dramas, Fields, and Metaphors : Symbolic Action in Human Society*, New York, Cornell University Press, 1974.

UNE COMMUNAUTÉ D'ARTILLEURS

L'école d'artilleurs de Séville fut donc un groupe d'individus qui se réunit, grâce aux structures de la Monarchie hispanique, autour de l'objectif commun de la transmission des savoirs sur l'artillerie. Il convient maintenant de s'intéresser plus en détail à cette communauté d'apprentis artilleurs, afin d'identifier leurs profils et de cerner leurs effectifs. Il s'agit de comprendre dans quelle mesure l'école permit de transformer l'échelle de l'apprentissage technique afin de faire face aux besoins exponentiels de la *carrera de Indias* mais aussi de saisir les similitudes et différences entre les profils des étudiants fréquentant l'école et ceux des artilleurs dont les carrières ont été analysées dans le précédent chapitre. Cette brève étude sociologique sur les apprentis artilleurs de Séville se conclura par un questionnement concernant le coût de la formation, qui contribua dans une certaine mesure à sélectionner les profils des participants.

UN CHANGEMENT D'ÉCHELLE DE L'APPRENTISSAGE TECHNIQUE

L'un des aspects les plus innovants de cet apprentissage technique à l'école était sans aucun doute le changement d'échelle qu'il produisait par rapport au système traditionnel des corporations et des guildes d'artisans. À Anvers, dans la plupart des métiers, un maître formait généralement quelques apprentis au cours de sa carrière, parfois jusqu'à une vingtaine[158]. En comparaison, les performances de l'école d'artilleurs de Séville en termes de production de compétences étaient incommensurables. Entre 1576 et son départ pour le détroit de Magellan en 1581, Andrés de Espinosa avait formé 120 individus qui avaient passé l'examen avec succès[159]. Autrement dit, dans les premières années de fonctionnement, l'enseignement de l'artillerie à Séville concernait deux douzaines d'apprentis chaque année. Cette moyenne devrait cependant être revue à la hausse car Espinosa expliqua juste avant d'embarquer dans l'expédition de 1581 que 50 apprentis étaient prêts à passer l'examen mais qu'ils ne l'avaient pas encore fait car le capitaine général de l'artillerie Francés de

158 De Munck, Bert, *Technologies of Learning*, *op. cit.* p. 46 et 277.

159 AGS GYM leg. 114/202 (24/06/1581).

Álava refusait de signer leurs titres d'artilleur, suite à une dispute qu'il avait eue avec l'*artillero mayor*[160]. En incluant ces individus, il faut admettre que l'école d'Espinosa formait plus d'une trentaine d'artilleurs par an.

Les chiffres concernant l'activité du docteur Ferrofino sont quant à eux plus précis. Entre son arrivée en 1591 et le début de l'année 1592, il avait réuni autour de lui 74 apprentis artilleurs dont les archives ont conservé une liste détaillée[161]. Toutefois ces inscrits ne représentaient que le noyau dur d'un groupe plus large puisque quelques mois plus tard, Ferrofino évoquait, à côté de ces 74 inscrits, 130 apprentis formés à la théorie mais à qui il restait encore à travailler sur la pratique et les exercices de tir[162]. Enfin, au début de l'année 1593, il considérait sa mission à Séville terminée puisqu'il avait formé 200 artilleurs parfaitement capables[163]. En considérant que son activité s'étala sur environ deux ans, du début de l'année 1591 au mois d'avril 1593, la moyenne d'artilleurs formés sous sa direction s'éleva à une centaine par an. Il s'agissait par conséquent d'un saut quantitatif important par rapport aux premières années d'existence de l'école.

L'ordre de grandeur d'une centaine d'artilleurs formés par an se poursuivit sous la direction d'Andrés Muñoz el Bueno. En 1595, ce dernier affirmait avoir formé 300 artilleurs depuis le départ du docteur Ferrofino deux ans plus tôt[164]. En 1602, quatre capitaines de navires et deux officiers de la *casa de la contratación* s'accordaient sur le chiffre de 1500 artilleurs formés par Muñoz el Bueno depuis qu'il tenait l'office, dont 800 étaient alors en service au sein des navires de la *carrera de Indias* et dans les forteresses des Indes[165]. Ces chiffres signifiaient qu'environ 150 artilleurs sortaient chaque année de l'école sévillane à la fin du XVIe siècle. Pour une communauté professionnelle de l'époque, il s'agissait de chiffres considérables, même dans une grande ville comme Séville. En 1561, les cens et documents juridiques indiquent qu'il y avait à Séville un peu plus de 100 charpentiers et 200 cordonniers[166]. Autrement dit,

---

160 *Ibid.*

161 AGS GYM leg. 351/283 (06/03/1592).

162 AGS GYM lib. 63, fol. 87v.

163 AGS GYM leg. 395/103 (30/04/1593).

164 En accompagnement d'une lettre du 09/11/1595 : « *he habilitado después que sirvo el dicho oficio 300 hombres* », AGI IG leg. 2007, sans num. de folio.

165 « *Expediente sobre las exenciones de los artilleros de la Casa de la Contratación* », AGI IG leg. 2007, sans num de folio (année 1602).

166 Sentaurens, Jean « Séville dans la seconde moitié du XVIe siècle : population et structures sociales. Le recensement de 1561 », *op. cit.*, p. 337.

à la fin du XVIe siècle, l'*artillero mayor* formait chaque année l'équivalent d'un corps entier d'une profession courante de cette grande ville.

L'analyse sérielle des comptes rendus d'examens permet d'obtenir avec plus de précisions les variations annuelles et mensuelles des effectifs de l'école. L'*archivo general de Indias* conserve en effet une série de 593 procès verbaux d'examens d'artilleurs enregistrés à la *casa de la contratación* entre mai 1599 et juillet 1607[167]. Le volume d'examens d'artilleurs pour les années 1604, 1605 et 1606 confirme les chiffres annoncés précédemment : entre 110 et 160 personnes étaient formées chaque année par l'*artillero mayor*[168]. En revanche, le faible nombre d'examens enregistrés pour les années 1600 à 1603 est assez déconcertant. Il pourrait résulter d'un problème de conservation de sources car rien ne garantit que la série soit complète. Plus probablement, ce creux d'activité révèle certainement une crise temporaire de l'école de Séville. En effet, en octobre 1601, le conseil des Indes avait été informé que :

> l'*artillero mayor* Andrés Muñoz el Bueno a écrit que peu de gens se présentent aux entraînements à l'office de l'artillerie et que, là où il y avait par le passé toujours plus de soixante apprentis, il n'y en a même pas une vingtaine aujourd'hui. La cause en est que, comme ils bénéficient de tant de privilèges en s'engageant comme soldats auprès de la milice de cette ville, tout le monde veut en profiter puisqu'il y a moins d'obligations, et ils ne souhaitent plus être artilleurs[169].

À cette époque, l'école de l'*artillero mayor* souffrait de la concurrence résultant de la récente mise en place d'une milice d'infanterie sévillane offrant des privilèges équivalents à ceux des artilleurs, mais avec moins de contraintes. En outre, le respect des privilèges d'artilleurs rencontrait à Séville, comme ailleurs, une certaine résistance des pouvoirs locaux. Face à cette situation de crise, Andrés Muñoz el Bueno et les officiers de la *casa de la contratación* résolurent de renforcer l'application des privilèges et constituèrent un dossier contenant des témoignages de capitaines de la *carrera de Indias* afin de défendre l'intérêt de l'école auprès

167 AGI CT leg. 4871. Les informations concernant ces 593 apprentis ont été retranscrites dans la base de données consultable sur https://cadmus.eui.eu//handle/1814/68555.

168 Voir le schéma de l'évolution des effectifs d'apprentis (fig. 33).

169 « *El artillero mayor Andres Muñoz el Bueno ha escripto que acude muy poca gente al exercitarse en aquel ministerio del artillería y que donde solía aver de sesenta pláticantes arriba, agora no ay veinte a causa de que como gozan de tantas preeminencias alistandose por soldados de la milicia dessa ciudad acuden todos a aquello por ser con menos obligaciones y dexan de ser artilleros* », AGI IG leg. 1957 lib. 5 fol. 236v (09/10/1601).

du roi[170]. La démarche fut couronnée de succès puisque le 21 novembre 1603, le roi promulgua une ordonnance protégeant spécifiquement les artilleurs examinés à la *casa de la contratación*[171]. La stratégie ne tarda pas à produire l'effet escompté et l'activité de l'école revint au niveau des dernières années du XVIe siècle, c'est-à-dire à plus de cent individus formés par an.

La série de comptes rendus des années 1600 à 1607 montre également que les examens tendaient à être regroupés dans le temps sous forme de sessions lors desquelles plusieurs candidats étaient successivement examinés. Ces sessions avaient généralement lieu une fois par mois, parfois deux voire même trois fois lorsqu'il y avait beaucoup de candidats. Cette fréquence élevée résultait sans doute du cursus relativement court de l'apprentissage : il faut ici rappeler que les règles de l'école prévoyaient seulement deux mois de formation au minimum, ce qui signifiait qu'il y avait très régulièrement des apprentis prêts à passer le test final. Par ailleurs, grouper les examens lors de sessions permettait certainement de limiter les efforts, car l'épreuve requérait la présence d'un juge officier de la *casa de la contratación* et d'une pièce d'artillerie qu'on amenait à l'Alcazar de Séville spécialement pour l'occasion. Pour la période 1600-1607, la vaste majorité des examens eurent lieu d'octobre à mai, ce qui laisse penser que l'activité de l'école était interrompue durant les mois d'été, lorsque les flottes étaient en mer. Parfois, à la fin du printemps, les derniers examens de la saison avaient d'ailleurs lieu à Sanlúcar de Barrameda, juste avant le départ d'une flotte[172]. À l'automne, dès le retour des premiers équipages, l'enseignement et les examens reprenaient. Ce rythme d'activité de l'école, calqué sur celui de la *carrera de Indias*, résultait certainement du profil des apprentis, dont la plupart servaient à bord des navires transatlantiques.

---

170 « *Expediente sobre las exenciones de los artilleros de la Casa de la Contratación* », AGI IG leg. 2007, sans num. de folio (année 1602).

171 Une copie manuscrite de cette ordonnance se trouve au cœur du *legajo* d'examens d'artilleurs : AGI CT leg. 4871.

172 « *En la ciudad de Sanlúcar de Barrameda a 22 del mes de Junio de 1605, ante el señor Don Antonio López de Calatayud contador mayor juez official por su Magestad de la Casa de la Contratación de las Indias de la ciudad de Sevilla, con asistencia de Andrés Muñoz el Bueno, artillero mayor por su Magestad de las flotas e armadas que se despachan a las Indias, por ante mí, Pedro de Chaves, escribano propietario de la dicha Casa de la Contratación que estoy en esta dicha ciudad de Sanlúcar con el dicho contador en el despacho de la flota que este presente año se despacha a Nueva España general Alonso de Chaves Galindo, se hizo traer ante el dicho contador una piezuela de bronce y otros instrumentos tocantes al arte para examinar artillero. Pareció Tomas Rodríguez, natural de Badajoz en Estremadura, hijo de Gerónimo…* », AGI CT leg. 4871.

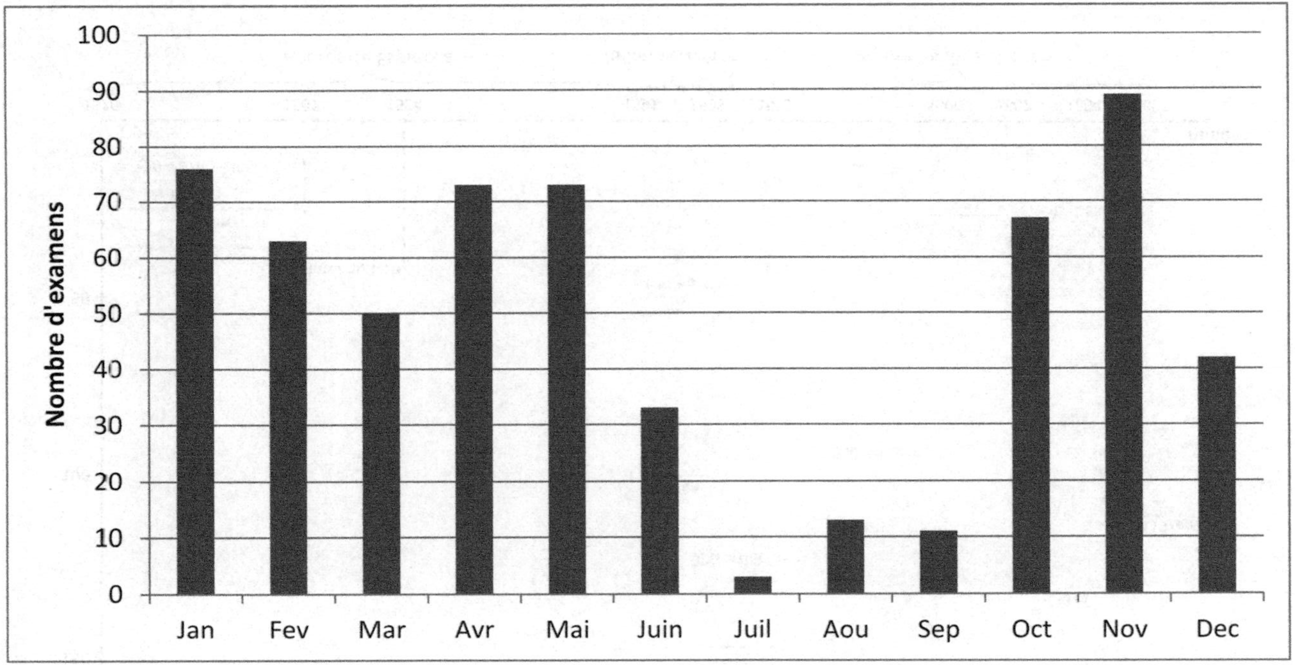

FIG. 32 – Rythme annuel des examens à l'école d'artilleurs de Séville.
Données concernant 593 examens de la période 1600-1607. Source : AGI CT leg. 4871.

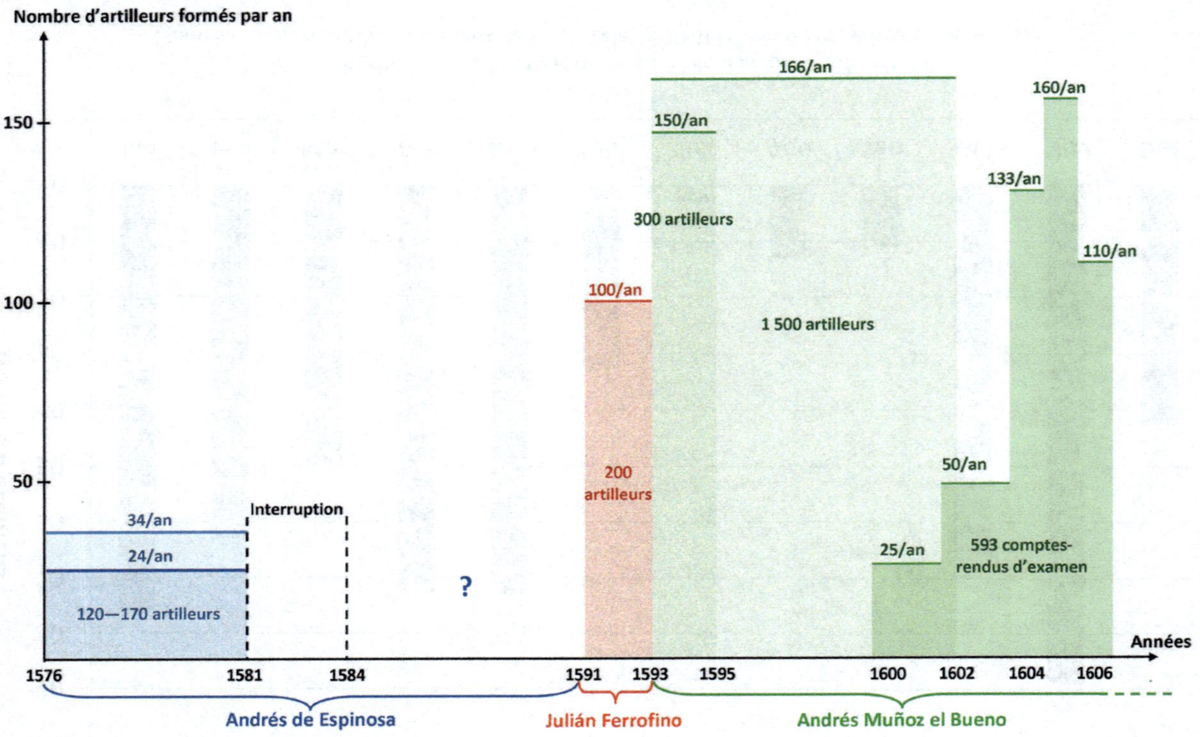

FIG. 33 – Schéma représentant l'évolution approximative des effectifs d'apprentis à l'école d'artilleurs de Séville.

PROFILS DES APPRENTIS

Sur les navires de la *carrera de Indias*, les postes d'artilleurs décédés en cours de voyage revenaient souvent à des marins et des soldats formés au maniement du canon après avoir servi en tant qu'assistant-artilleur[173]. Ces postes d'assistants représentaient d'ailleurs la principale forme d'apprentissage de l'artillerie avant la création de l'école[174]. Lorsque, en 1576, l'enseignement de l'artillerie fut mis en place à Séville, il fut naturellement pensé comme étant principalement destiné à ces mêmes marins et soldats de la *carrera de Indias*. Ainsi, l'une des règles d'admission à l'école était que l'individu

> ait réalisé au moins un voyage aux Indes en tant que marin ou artilleur d'un navire ou bien soldat d'un galion d'escorte, et qu'il puisse le prouver[175].

Incontestablement, de nombreux hommes de la *carrera de Indias* assistèrent aux leçons de l'*artillero mayor.* Les deux seuls comptes rendus d'examen de l'année 1581 ayant été préservés concernent des candidats qui avaient déjà voyagé en Amérique, l'un en tant que marin, l'autre sans précisions[176]. Pour la période 1600-1607, les marins représentaient un tiers des individus passant l'examen tandis que la proportion de soldats était significativement inférieure (14 %)[177]. L'écrasante majorité des apprentis avait cependant une expérience des voyages transatlantiques puisque, aux effectifs de marins et de soldats, il faut ajouter 22 % d'individus pour lesquels les sources mentionnent leur participation à la *carrera de Indias* sans spécifier leurs antécédents professionnels.

---

173 Voir p. 218. Pour des cas de marins et soldats devenus artilleurs en pleine traversée de l'Atlantique, voir les nombreux exemples dans AGI CT leg. 3937 et AGI CT leg. 3915.

174 Pour la formation sur le terrain de ces individus, voir ce qu'écrivait le général Pedro de Zubiaur : AGS GYM leg. 378/98 (08/11/1593). Voir aussi « *Orden e instrucción del modo y manera que se ha de tener para pelear en el Mar* », Coll. Navarrete, vol. 22, doc. n° 47 (année 1575).

175 « *Haya hecho a lo menos un viaje a las Indias por marinero o artillero de alguna nao o soldado de la nao capitana o almiranta y constando de ello* », AGI IG leg. 1968 lib. 21, fol. 7r (28/02/1576).

176 Examén de Juan de Toro (19/04/1581), de Juan Gutierrez (19/05/1581), AGI CT leg. 4871.

177 Voir figure 34. Données provenant de AGI CT leg. 4871, consultables sur https://cadmus.eui.eu//handle/1814/68555.

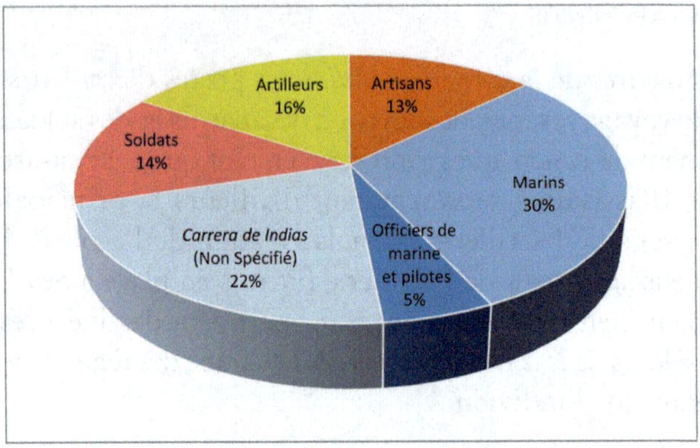

FIG. 34 – Antécédents professionnels de 355 apprentis de l'école d'artilleurs de Séville (période 1600 à 1607). Source : AGI CT leg. 4871.

Dès ses premières années de fonctionnement, l'école fut également fréquentée par un important contingent d'individus issus des milieux artisans. Ainsi, lors de sa visite en 1577, le capitaine général de l'artillerie Francés de Álava remarqua que la majorité des personnes qui assistaient aux leçons d'Andrés de Espinosa étaient des maîtres charpentiers, maçons et forgerons[178]. L'année suivante, la législation de l'école s'adapta à cette réalité : désormais, l'*artillero mayor* pouvait recevoir à l'examen des individus qui n'avaient jamais effectué de voyage au Nouveau Monde, du moment qu'ils étaient artisans[179]. Ces profils d'apprentis présentaient certainement un intérêt dans la mesure où ils combinaient des compétences souvent très utiles à bord d'un navire (charpentier, forgeron) ou dans une forteresse (maçon, serrurier). À l'école de Séville, ces artisans représentèrent cependant une minorité. Les statistiques des individus reçus à l'examen d'artilleur pour la période 1600-1607 révèlent une proportion de 13 % d'artisans, pour la plupart charpentiers, maçons et forgerons[180].

Il faut néanmoins noter que la liste des 74 premiers inscrits aux leçons du docteur Ferrofino révèle une écrasante majorité d'artisans, pour la

178 AGS GYM leg. 82/174 (27/10/1577).

179 Ley XXII, 11/03/1578, *Recopilación de leyes de los reinos de las Indias*, *op. cit.*, Tomo III, p. 297.

180 Voir la base de données consultable sur https://cadmus.eui.eu//handle/1814/68555.

plupart charpentiers ou maçons[181]. Néanmoins, cette mainmise apparente des artisans sur l'école à l'époque du docteur Julián Ferrofino s'explique en partie par les mécanismes d'inscription des apprentis. Chaque inscrit devait fournir deux garants, c'est-à-dire des personnes reconnues dans le milieu local des artilleurs et témoignant de connaître l'individu en question. En tant qu'assistant du défunt *artillero mayor*, le premier de la liste, Andrés Muñoz el Bueno, fut apparemment dispensé de cette formalité. En revanche, il se porta garant de chacun des 73 autres inscrits, ce qui signifie qu'il les connaissait tous. Certains de ces hommes étaient des connaissances de longue date. C'était le cas de Juan Ruiz de Baltodano, quatrième de la liste, qui était un ami de Muñoz el Bueno depuis plus de dix ans et qui l'avait suivit en 1582 et 1583 lors de la bataille des Açores et de la construction d'un fort sur l'île de São Miguel[182]. La plupart des seconds garants étaient d'autres individus de l'école, l'un des plus récurrents étant Pedro de Arganda, second de la liste, lui-même introduit par Muñoz el Bueno et Juan Morel, le principal fondeur de canons de Séville. En d'autres termes, la communauté d'apprentis artilleurs qui se constitua autour du docteur Ferrofino en 1591-1593 était un groupe d'amis et de connaissances réunis autour d'individus possédant un important réseau social à Séville, tels que Muñoz el Bueno et Arganda. En sachant que ces deux individus étaient respectivement charpentier et maçon, il n'y a donc rien d'étonnant à trouver tant d'individus issus des métiers du bois et de la pierre. Pour se constituer, l'école d'artilleurs s'appuyait donc en grande partie sur des réseaux socioprofessionnels préexistants.

Il faut par ailleurs noter que la formation proposée à l'école s'adressait uniquement à des adultes. L'instruction de 1576 adressée à Andrés de Espinosa stipulait qu'il fallait être âgé de vingt ans minimum pour pouvoir passer l'examen d'artilleur[183]. La seule exception à cette règle semble avoir été le fils d'Andrés Muñoz el Bueno qui obtint sans doute une dérogation grâce à la position de son père et passa l'examen d'artilleur à l'âge de dix-huit ans[184]. La moyenne d'âge des candidats reçus à l'examen

181 AGS GYM leg. 351/283 (06/03/1592).

182 Juan Ruiz de Baltodano témoigna en effet en 1593 devant les juges de la *casa de la contratación* afin que Muñoz el Bueno pût obtenir le poste d'*artillero mayor*. Voir « *Andrés Muñoz el Bueno, artillero, sobre que se le haga merced del oficio que está vaco por Andrés de Espinosa* », AGI IG leg. 2007.

183 AGI IG leg. 1968 lib. 21, fol. 7r.

184 Andrés Muñoz el Bueno, examen du 12/03/1604, AGI CT leg. 4871.

était bien plus élevée, se situant autour de 29 ans. Certains semblaient même plutôt à la fin de leur carrière, comme ce soldat vétéran, Gonzalo Pérez Galván, qui passa l'examen d'artilleur à l'âge de 55 ans[185]. Sur ce point également, l'école d'artilleurs différait du système d'apprentissage technique traditionnel au sein duquel les apprentis étaient formés dans leur prime jeunesse[186]. En réalité l'âge des apprentis de l'école n'était que légèrement inférieur à celui des artilleurs engagés sur les galions de la Monarchie[187]. Si l'on compare la distribution proportionnelle par classes d'âge, le pic d'affluence se situait, pour les apprentis comme pour les artilleurs, dans la catégorie des 30-34 ans. Néanmoins, à l'école, la proportion d'individus âgés de 20 à 29 était bien supérieure. À l'échelle de la carrière d'un individu, la mise en place de l'enseignement à Séville accéléra donc quelque peu l'accès à la profession d'artilleur.

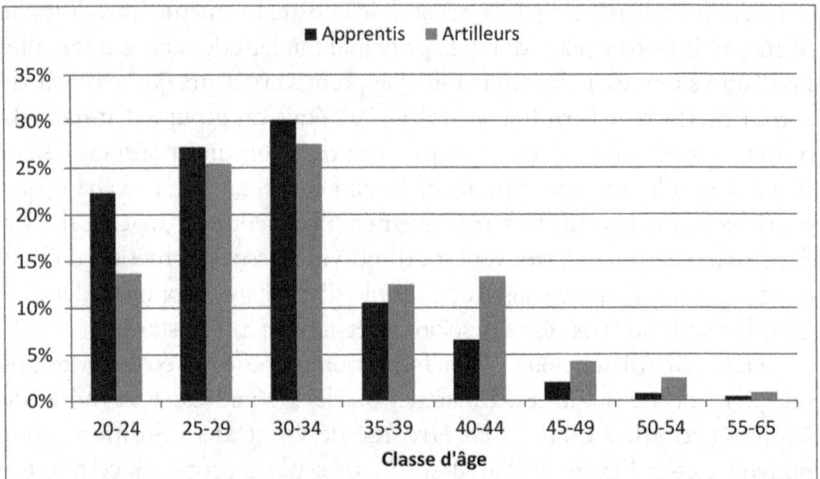

FIG. 35 – Comparaison de l'âge des apprentis de l'école de Séville et des artilleurs en activité. Pour les artilleurs en activité, les données concernent 570 individus et ont été reprises de la figure 20. Pour les apprentis, les données concernent 654 individus et proviennent de AGI CT leg. 4871 et AGS GYM leg. 351/283.

185 Examen du 19/04/1605, AGI CT leg. 4871.
186 Selon James Farr, la plupart des apprentissages commençaient entre les âges de 12 et 20 ans : Farr, James Richard, *Artisans in Europe, 1300-1914*, *op. cit.* p. 35.
187 Voir figure 35. Données consultables sur https://cadmus.eui.eu//handle/1814/68555.

Un autre chiffre ne manque pas de surprendre à propos du profil des candidats. Environ 16 % d'entre eux affirmaient avoir déjà servi en tant qu'artilleurs de la *carrera de Indias* avant de suivre l'enseignement de l'*artillero mayor*. Ainsi, Gaspar de los Reyes, homme de 27 ans originaire de Triana, avait effectué, selon Andrés Muñoz el Bueno, sept voyages aux Indes comme marin et deux en tant qu'artilleur[188]. Ce type de profils montre la coexistence des deux systèmes d'apprentissage, celui informel à bord des navires et celui institutionnalisé de la *casa de la contratación*. Gaspar de los Reyes, comme plusieurs dizaines d'apprentis de mon échantillon, avait sans doute appris à manier l'artillerie à bord des galions de la *carrera de Indias*, en tant qu'assistant-artilleur (*ayudante*) et était parvenu à obtenir à deux reprises une place d'artilleur malgré l'absence de reconnaissance officielle de son statut par la *casa de la contratación*. Cependant, suivre l'enseignement de l'*artillero mayor* et passer l'examen officiel était vraisemblablement attractif pour tous ces artilleurs non-reconnus. Le titre d'artilleur décerné par les officiers de la Monarchie hispanique contribuait sans doute à renforcer leur position en tant que spécialistes de l'artillerie à bord des navires. Mais surtout, ce statut officiel d'artilleur « examiné » permettait de jouir des privilèges que le roi accordait à tous les artilleurs de la péninsule ibérique.

Comme dans le reste de la péninsule ibérique, l'une des principales motivations de ces hommes à devenir artilleur fut la possibilité de jouir des privilèges de la profession. Conscients de cette réalité, les enseignants de l'école luttèrent auprès du gouvernement madrilène pour que leurs élèves puissent bénéficier des privilèges d'artilleur. Andrés de Espinosa mais aussi Julián Ferrofino sollicitèrent du roi l'obtention des fameuses cédules des privilèges signées par le capitaine général de l'artillerie[189]. Au début du XVIIe siècle, comme il en a été fait mention précédemment, le non-respect récurrent de ces privilèges par les autorités de Séville avait produit un creux de fréquentation de l'école, conduisant Andrés Muñoz el Bueno à constituer un épais dossier en défense des *preeminencias*[190]. Ces différents documents révèlent également qu'un certain nombre d'élèves ne servaient pas comme artilleurs

188 Examen du 05/10/1605, AGI CT leg. 4871.

189 Pour Espinosa, voir AGS GYM leg. 114/202 (24/06/1581). Pour Ferrofino, voir AGS GYM leg. 370/313 (12/1592).

190 Voir le dossier « *expediente sobre las exenciones de los artilleros de la Casa de la Contratación* », AGI IG leg. 2007.

après leur examen ; ils se contentaient de jouir des privilèges tout en continuant leur activité d'artisan. Ils étaient néanmoins censés servir la Monarchie à chaque fois que le besoin se manifestait, constituant en quelque sorte une milice sévillane d'artilleurs. En cas d'urgence, cette réserve était rapidement prête à l'action. Lorsque, en 1596, une flotte anglaise fondit sur Cadix pour la mettre à sac, le capitaine Francisco de Molina put rapidement disposer de 105 artilleurs de Séville afin de mener une contre-offensive[191].

Enfin, pour compléter l'exposé il faut mentionner les capitaines et pilotes de la *carrera de Indias* qui participèrent aux leçons d'artillerie. Le phénomène apparaît clairement dans le dossier constitué par Muñoz el Bueno pour défendre les privilèges des artilleurs de Séville[192]. Ainsi, le premier témoin interrogé, Miguel de Valdés, capitaine d'un galion de la *carrera de Indias* pendant plus de 26 ans, affirma que :

> il sait et a vu que le dit Andrés Muñoz el Bueno, *artillero mayor*, a enseigné et enseigne d'ordinaire publiquement dans cette ville de Séville le dit art, leçon à laquelle ce témoin s'est trouvé à de multiples reprises[193].

De même, le second témoin, le capitaine Juan de Morales, affirmait savoir de quoi il parlait car « il fréquentait la maison de l'*artillero mayor* et son école[194] ». Par ailleurs, les comptes rendus des années 1600 à 1607 enregistrent une douzaine de pilotes, deux maîtres et deux capitaines de navire ayant passé l'examen d'artilleur[195]. D'après la municipalité du port d'Ayamonte, ces « pilotes, capitaines et propriétaires de navires » passaient l'examen pour pouvoir bénéficier des privilèges d'artilleurs[196]. La petite ville se plaignait du nombre grandissant de cette population privilégiée, armée et surtout chez qui il était impossible, en vertu de ces privilèges, de loger les nombreux soldats en transit entre l'Andalousie et le Portugal. Le capitaine Francisco de Molina, alors coresponsable

191 AGI CT leg. 746/4 (année 1598).

192 « *Expediente sobre las exenciones de los artilleros de la Casa de la Contratación* », AGI IG leg. 2007 (31/07/1602).

193 « *Sabe y ha visto que el dicho Andrés Muñoz el Bueno artillero mayor ha leído y lee de ordinario en esta ciudad de Sevilla el dicho arte de su oficio públicamente a la cual lición este testigo se ha hallado muchas veces* », *ibid.*

194 « *Lo sabe este testigo por ser capitán y persona que trata con ellos [los artilleros] y los conoce y acude a casa del dicho artillero mayor y a su escuela* », *ibid.*

195 AGI CT leg. 4871.

196 AGI CT leg. 746/4 (année 1598).

des examens avec l'*artillero mayor*, ne démentit pas la situation. Au contraire, il la justifia en expliquant que, comme ces hommes étaient en charge du recrutement de l'équipage, ils devaient avoir de solides connaissances en artillerie afin d'être capables de distinguer les bons artilleurs des mauvais. L'école d'artilleurs de Séville fonctionna par conséquent comme un espace de socialisation pour les hommes de la *carrera de Indias*, où les commandants pouvaient non seulement recevoir une formation en artillerie mais aussi rencontrer leurs futurs membres d'équipage.

UNE COMMUNAUTÉ D'ESPAGNOLS ?

Pour rappel, l'une des principales motivations à la mise en place d'un enseignement de l'artillerie à Séville fut la volonté d'augmenter la proportion d'artilleurs espagnols au sein des équipages de la *carrera de Indias*. Les instructions envoyées à Andrés de Espinosa en 1576 insistaient particulièrement sur ce point : l'*artillero mayor* ne devait enseigner son art qu'à des individus originaires des royaumes de Castille et d'Aragon[197]. Il faut toutefois noter que cette clause ne semble pas avoir été respectée à la lettre lors des premières années de fonctionnement de l'école. L'un des deux comptes rendus d'examen de cette période concerne un certain Juan Gutiérrez, qui venait de la ville d'Anvers[198]. Il avait par ailleurs remporté une compétition de tir contre un certain Maestro Gerónimo, qui selon ce document était un « artilleur examiné » que d'autres sources identifient comme originaire de Venise[199]. Par conséquent, il était parfaitement possible, à cette époque, de passer l'examen d'artilleur de la *casa de la contratación* sans être né ni en Castille ni en Aragon.

Par ailleurs, les informations contenues dans les comptes rendus d'examens des années 1600-1607 ainsi que dans la liste des inscrits à l'enseignement du docteur Ferrofino permettent de dresser une cartographie de l'origine de plus de 600 apprentis[200]. L'un des résultats les plus frappants est l'implantation fortement locale du recrutement

197 AGI IG leg. 1968 lib. 21, fol. 7r (28/02/1576).

198 AGI CT leg. 4871, examén de Juan Gutierrez (19/05/1581).

199 AGI CT leg. 2937 (année 1574).

200 AGI CT leg. 4871 et AGS GYM leg. 351/283 (06/03/1592). Voir les données consultables sur https://cadmus.eui.eu//handle/1814/68555.

des apprentis. Près d'un tiers d'entre eux étaient en effet originaires de la ville même de Séville ou bien de sa voisine Triana. Un autre tiers des effectifs était fourni par la région environnante, depuis les ports atlantiques de Sanlúcar de Barrameda et Ayamonte jusqu'aux villes de Cordoue, Malaga et Grenade. Cette attraction locale de l'école avait été désirée dès l'origine du projet puisque les ordres royaux de 1576 demandaient aux juges de la *casa de la contratación* de propager la nouvelle de la création de l'école aux villes de Malaga, Cadix et aux territoires alentours afin que les individus intéressés pussent accourir à Séville[201]. Cette proportion très élevée d'Andalous s'explique autant par la proximité de l'école que par l'implication massive de ces hommes dans la *carrera de Indias*.

Le dernier tiers des apprentis était constitué d'individus ayant émigré à Séville depuis diverses régions de la péninsule ibérique. Les multiples ports du Pays Basque (Bilbao, Saint-Sébastien, Portugalete) et des *Cuatro Villas* (Santander, Laredo, San Vicente de la Barquera, Castro Urdiales) constituaient l'une des principales régions d'origine des apprentis artilleurs. Le phénomène était cependant moins marqué que dans l'étude prosopographique du chapitre précédent puisque, en tout, seulement 8 % des individus provenaient de cette côte septentrionale de l'Espagne. En revanche, le centre de la péninsule ibérique était bien mieux représenté puisque plus d'une centaine d'apprentis (18 % de l'échantillon) venaient de villes et de villages de Vieille et de Nouvelle Castille ainsi que d'Estrémadure. Au sein de cette tendance générale, aucun centre de recrutement ne se distingue significativement des autres, les grandes villes telles que Tolède ou Valladolid ayant contribué seulement légèrement plus que les petits bourgs et villages. À cette participation castillane il fallait également ajouter la contribution d'autres régions habituées de longue date à fournir des artilleurs à la *carrera de Indias*, notamment Barcelone, Palma de Majorque et les îles Canaries.

Au total, les données révèlent que 96 % des artilleurs de l'école respectaient la règle initiale requérant d'être natif des royaumes de Castille ou d'Aragon[202]. Cela signifiait que l'école de Séville acceptait,

201 AGI IG leg. 1968 lib. 21, fol. 3 (20/02/1576).

202 C'est-à-dire sur un échantillon de 601 apprentis dont les informations sont disponibles dans les documents : AGI CT leg. 4871 et AGS GYM leg. 351/283 (06/03/1592).

dans une moindre mesure, quelques étrangers. Le spectre de recrutement était toutefois incomparablement moins large que parmi les équipages des armadas royales dont les artilleurs venaient véritablement des quatre coins de l'Europe, comme le chapitre précédent l'a mis en évidence. Dans le cas de l'école sévillane, la plupart des apprentis qui n'étaient originaires ni de Castille ni d'Aragon demeuraient tout de même des sujets du roi d'Espagne. Ainsi, on trouvait parmi les effectifs de l'école huit Portugais, quatre Napolitains, quatre Siciliens, deux Sardes et deux Anversois. Les véritables étrangers sans aucun lien de vassalité ne furent que quatre : un Vénitien, un Génois, un Ragusain et un Écossais. Avant d'être admis, tous ces individus avaient fait l'objet d'enquêtes et de procédures de contrôle menées par la *casa de la contratación*. Par exemple, en 1606, l'*artillero mayor* refusa d'enseigner à Johan Alvárez de Gúzman, né à Anvers mais habitant à Séville depuis l'âge de cinq ans et marié à une sévillane. Ce dernier se plaignit aux juges de la *casa de la contratación*, produisit des témoins afin de démontrer qu'il était parfaitement intégré à la vie sévillane, qu'il était un *vecino*, c'est-à-dire un citoyen résident de Séville et il finit par obtenir gain de cause[203]. À l'époque, prouver sa *vecindad*, son appartenance à la communauté locale, permettait à un étranger de revendiquer les mêmes droits que les natifs de Castille[204]. En ce sens, l'école d'artilleurs de Séville n'était pas strictement réservée aux Castillans et aux Aragonais, mais elle effectuait une forme de contrôle, excluant ceux des étrangers qui n'étaient pas capables de démontrer leur intégration locale. Il faut aussi noter que l'école devint un instrument d'exclusion au sein de la *carrera de Indias*. En 1603, l'*artillero mayor* dénonça ainsi au roi la présence dans l'*armada de guarda* d'un chef artilleur italien qui n'avait pas été examiné et le conseil des Indes exigea son remplacement immédiat[205].

---

203 Le cas est détaillé au milieu des comptes rendus d'examens, AGI CT leg. 4871 (07/11/1606).

204 Sur ce thème, voir Herzog, Tamar, *Defining Nations : Immigrants and citizens in Early Modern Spain and Spanish America*, New Haven, Yale University Press, 2003.

205 AGI IG leg. 1953 lib. 5 fol. 228v-229 (30/08/1603).

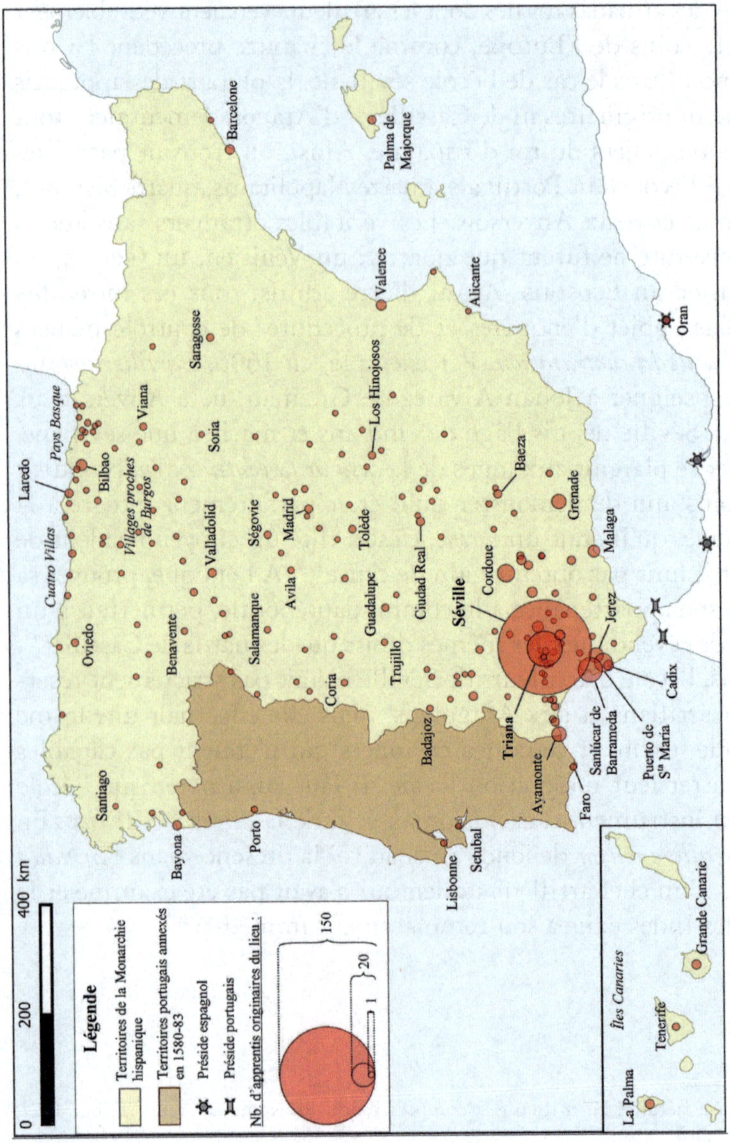

FIG. 36 – Origines géographiques de 601 apprentis de l'école d'artilleurs de Séville.
Carte réalisée par l'auteur. Sources : AGI CT leg. 4871 et AGS GYM leg. 351/283.

LE COÛT DE LA FORMATION D'ARTILLEUR

Dès les instructions envoyées à Andrés de Espinosa en 1576, la Monarchie hispanique afficha sa volonté de proposer une formation ouverte à tous ceux qui souhaitaient apprendre l'art de l'artilleur[206]. Les leçons n'étaient pas véritablement publiques puisque, comme cela vient d'être exposé, certains critères de sélection relatifs à l'origine géographique et professionnelle des apprentis étaient appliqués avec plus ou moins de rigueur. Cependant, une fois reçu l'assentiment de l'*artillero mayor* pour suivre les cours, les étudiants n'avaient pas à payer leur formation qui était, en ce sens, gratuite. Comme cela a été précisé plus haut, le salaire de l'enseignant était couvert, dans des proportions qui varièrent selon les époques, par la Monarchie ainsi que par l'*universidad de mareantes*, la corporation rassemblant les maîtres, pilotes et propriétaires de navires de la *carrera de Indias*. Par conséquent, l'organisation du financement de l'école était en total adéquation avec les profils plutôt humbles des apprentis. Toutefois, suivre la formation à Séville engendrait des coûts indirects qui filtrèrent, dans une certaine mesure, les individus pouvant accéder à l'école d'artilleurs.

Le premier de ces coûts indirects concernait la poudre et les munitions utilisées lors des exercices pratiques de tir. En cohérence avec son projet de vouloir former tous les individus qui souhaitaient apprendre l'artillerie, la Monarchie fournissait une certaine quantité de poudre noire pour ces exercices, afin de promouvoir la participation des apprentis les plus pauvres. Sous Ferrofino, ce montant semble avoir atteint 400 livres par an, permettant de tirer environ 400 tirs annuels[207]. Ce geste de générosité du monarque était toutefois loin de suffire à la consommation de poudre, en particulier à l'époque d'Andrés Muñoz el Bueno, lorsque plus d'une centaine d'apprentis étaient formés chaque année. Ce dernier s'en plaignit au conseil des Indes car certains de ses élèves n'avaient d'autre choix que d'abandonner le terrain d'entraînement faute de moyens pour payer la poudre et les boulets[208]. Cet élément constitua donc une limite importante au caractère gratuit de la formation d'artilleur proposée à Séville.

---

206 AGI IG leg. 1968, lib. 21, fol. 3 (20/02/1576), fol. 5v-6v (25/02/1576), fol. 7r-8r (28/02/1576).

207 Deux quintaux de poudre livrés au docteur Julián Ferrofino au milieu de 1591, AGS GYM lib. 63, fol. 54v (02/07/1591). D'après le capitaine Francisco de Molina, Ferrofino recevait chaque année 4 quintaux de poudre pour les exercices de tir, AGI IG leg. 74/82 (22/06/1598).

208 « *Las personas que acuden aprender esta arte son gente muy pobre [...] los cuales sienten mucho haber de comprar la pólvora, balas con que han de tirar y a esta causa dejan de acudir al terrero que tanto importa* », AGI IG leg. 2007, sans num. (09/04/1604).

L'autre coût indirect, non-négligeable, d'une formation à l'école d'artilleurs de la *casa de la contratación* résultait des dépenses relatives au séjour en ville. La durée minimale de formation pour pouvoir passer l'examen s'élevait à deux mois, ce qui signifie que, pour bon nombre d'individus, le passage à l'école d'artilleurs s'étalait sur plusieurs mois. La problématique de séjourner à Séville durant une si longue période était très différente selon les trajectoires des individus. D'abord, il vient d'être montré qu'un tiers des apprentis étaient originaires de Séville même ou bien de Triana, sa voisine de l'autre côté du Guadalquivir. De plus, même s'il est vrai que l'école rassemblait des individus natifs des quatre coins de la péninsule ibérique, comme la carte de la figure 36 le met en évidence, un certain nombre d'entre eux résidaient déjà à Séville lorsqu'ils s'inscrivaient à l'école. Le fait apparaît clairement sur la liste des 74 apprentis de Ferrofino en 1592 : bien que certains d'entre eux fussent nés dans d'autres villes, quasiment tous ces hommes étaient des artisans installés à Séville, avec le statut de officiel de résident (*vecino*)[209]. Pour ces individus natifs ou résidents locaux, l'enjeu essentiel pour suivre la formation était sa compatibilité avec leur activité professionnelle. C'est sans doute la raison pour laquelle Andrés Muñoz el Bueno proposait deux sessions quotidiennes pour ses cours, l'une la journée, l'autre le soir[210]. Il en allait de même pour les exercices de tir qui avaient uniquement lieu, il faut le rappeler, les dimanches et jours de fête.

De même, parmi les nombreux marins et soldats qui suivirent les leçons de l'*artillero mayor*, il est important de se souvenir qu'une vaste majorité travaillait déjà à bord de navires de la *carrera de Indias* et devait justifier d'avoir traversé l'Atlantique au moins une fois. Même s'ils étaient natifs de provinces lointaines, bon nombre de ces hommes s'étaient installés à Séville ou Triana, comme résidents. Durant l'hivernage des flottes, ils disposaient de quelques mois pour suivre la formation proposée par l'école d'artilleurs. Durant ce temps mort, une partie de ces individus vivaient grâce aux gains accumulés lors de la traversée tandis que d'autres devaient avoir une activité professionnelle annexe compatible avec les horaires des leçons. Cette situation explique parfaitement le rythme

209 AGS GYM leg. 351/283 (06/03/1592).

210 « *Que el dicho artillero mayor sea obligado a tener escuela publica en que lea y enseñe el arte del artillería todos los días dos horas, una de 3 o 4 de la tarde, otra después de anochecido por que los oficiales y gente ocupada que no puede acudir entre dia se aproveche de la liçion de la noche* », AGI IG leg. 2007 sans num. de folio (03/11/1595).

annuel des examens qui, comme la figure 32 l'a précédemment mis en évidence, connaissait un creux d'activité durant la période estivale, après le départ annuel des flottes pour l'Amérique.

Cependant, un certain nombre des marins de la *carrera de Indias* résidaient dans les ports atlantiques d'Andalousie tels que Huelva, Sanlúcar de Barrameda, Ayamonte ou Puerto de Santa María. Aussi, venir à Séville pour quelques mois de formation représentait-il un coût trop important pour une partie d'entre eux. C'est la raison pour laquelle des enseignements furent mis en place localement dans ces ports. À la fin du XVIe siècle, le lieutenant d'artillerie Francisco de Molina avait ainsi placé à Ayamonte un sergent artilleur chargé d'entraîner les artilleurs locaux[211]. Quelques années plus tard, il fut décidé que l'*artillero mayor* irait temporairement enseigner en personne l'artillerie aux marins d'Ayamonte et de Sanlúcar de Barrameda :

> De nombreux marins originaires du comté de Niebla, du marquisat d'Ayamonte et de Sanlúcar renoncent à prendre part à l'école et à l'examen d'artilleur parce qu'ils sont pauvres et ne peuvent séjourner à Séville, loin de leurs maisons. [...] J'ai donc décidé qu'il était bien que Vous, Andrés Muñoz el Bueno, au moment où votre absence de Séville aura le moins de conséquences, vous rendiez aux dits lieux pour y enseigner l'artillerie et instruire les dits marins, en emmenant à cet effet une pièce d'artillerie qui est en votre pouvoir pour exercer les artilleurs, ainsi que de la poudre[212].

Par conséquent, au début du XVIIe siècle, l'enseignement de l'*artillero mayor* se déplaçait, avec tout le matériel (pièce d'artillerie, poudre et munitions comprises), quelques semaines par an vers les ports de la côte atlantique, afin de former à la profession d'artilleur des hommes ayant une expérience de la mer.

Enfin, il faut également admettre qu'une proportion inconnue d'apprentis venaient à l'école d'artilleurs sans être résidents ni avoir d'emploi à Séville ou dans la *carrera de Indias*. Ainsi, Bartolomé de Paz,

211 AGI CT leg. 746/4 (année 1598).

212 « *Muchos marineros naturales del condado de Niebla, marquesado de Ayamonte y Sanlúcar dejan de acudir a la escuela y examen de artilleros por ser pobres y no poder asistir fuera de sus casas en Sevilla [...] He tenido por bien que Vos el dicho Andrés Muñoz el Bueno en el tiempo que menos falta pueda hacer vuestra ausencia de la dicha ciudad de Sevilla, salgáis por los dichos lugares a platicar el artillería y habilitar los dichos marineros llevando para ello la pieza de artillería que tenéis en vuestro poder para exercitar los artilleros y alguna pólvora* », AGI IG leg. 1957 lib. 5, fol. 242v (31/01/1602).

soldat au château de Lisbonne, avait obtenu du roi un congé pour aller à Séville afin de soigner une certaine maladie[213]. Durant sa convalescence, il décida de s'inscrire à l'école du docteur Ferrofino et obtint son titre d'artilleur. La source ne dit pas avec quels moyens il vivait au quotidien durant sa convalescence : avait-il de l'argent de côté ? était-il allé se soigner à Séville parce qu'il avait de la famille sur place ? Ou bien avait-il même inventé cette histoire de cure afin d'obtenir la licence du roi pour rejoindre Séville et son école, renommée parmi les cercles militaires de Lisbonne ? Il est impossible de saisir de manière exhaustive la multitude de trajectoires et de situations qui conduisirent plus d'une centaine d'individus chaque année à suivre l'enseignement dispensé dans cette école. Ce qui apparaît de manière certaine, ce sont les efforts fournis par les enseignants, souvent soutenus par la Monarchie, afin de rendre la formation d'artilleur accessible à la fois aux artisans de Séville et aux hommes de la *carrera de Indias*, qui étaient les deux principaux groupes auxquels cet enseignement était destiné.

CONCLUSION

Pour conclure sur cette école de Séville, il est important de revenir sur les débouchés des apprentis et leur adéquation avec les objectifs initiaux de pourvoir en artilleurs espagnols les convois américains. Il faut tout d'abord savoir qu'il est difficile de connaître précisément les débouchés de l'école. Bien que l'enseignement fût principalement envisagé pour la *carrera de Indias*, les artilleurs formés à Séville pouvaient suivre d'autres voies. Un certain nombre d'entre eux poursuivaient leur activité d'artisan, faisant partie, à Séville, d'une milice d'artilleurs de réserve employée uniquement en cas d'extrême nécessité. Les documents évoquent également d'autres débouchés. Le capitaine général de l'artillerie Francés de Álava suggérait ainsi en 1577 qu'une partie de ces artilleurs fussent envoyés en garnison dans les différentes forteresses des côtes d'Andalousie, d'Afrique du nord et d'Amérique[214]. En 1602, les

213 AGS GYM lib. 63, fol. 200v (17/07/1593).
214 AGS GYM leg. 82/174 (27/10/1577).

capitaines de la *carrera de Indias* appelés à témoigner affirmaient avoir vu un certain nombre d'artilleurs formés à Séville servir dans les ports fortifiés du Nouveau Monde, tels que la Havane et Carthagène des Indes, ainsi que dans des forteresses d'Espagne[215].

Néanmoins, le débouché principal évoqué par la plupart des documents était sans aucun doute constitué par les flottes de la *carrera de Indias* et de l'*armada de guarda* chargée du transport de l'argent américain. En 1586, les juges de la *casa de la contratación* faisaient l'éloge du travail d'Andrés de Espinosa en faveur de la *carrera de Indias* en ces termes :

> Ont été examinées de nombreuses personnes natives de ces royaumes qui servent Votre Majesté dans cette navigation des Indes, tant dans les navires d'armada que dans ceux de commerce[216].

Cependant, il est possible d'affirmer qu'à cette époque l'école ne formait pas assez d'artilleurs pour satisfaire pleinement la forte demande des convois transatlantiques. En effet, dans la même lettre, les officiers ajoutaient que, en raison du nombre important de navires, il était encore nécessaire de recourir aux artilleurs étrangers, en particulier dans les galions du roi. De plus, il s'avère que les plaintes des officiers andalous quant au manque d'artilleurs se poursuivirent jusqu'au début du XVIIe siècle malgré l'intense activité de l'école[217]. Pour saisir la raison de ce manque persistant, il est absolument impératif de tenir compte du fait que, même si les effectifs de l'école augmentèrent, les besoins en artilleurs eux aussi s'accrurent. Le volume de la *carrera de Indias* fut en effet plus que doublé entre la création de l'école en 1576 et les premières

215 « *Les ha visto este testigo ir sirviendo en las flotas y armadas de su Mag. de la Carrera de Indias y en los puertos y presidios della y mucho número de gente la que anda en el servicio y en los presidios* » (capitaine Juan de Morales), « *los ha visto y conocido residir en los presidios de la Havana y Cartagena* » (capitaine Miguel de Valdés), « *ha visto este testigo grande número y copia de artilleros en las armadas y flotas que van a las Indias y en los presidios dellas y en los de España* » (capitaine Sancho de Beurco), AGI IG leg. 2007 (31/07/1602).

216 « *Se han examinado muchas personas naturales de estos reinos que sirven a Vuestra Magestad en esta navegación de las Indias así en las naos de armada como en las de marchantía* », AGI IG leg. 2006 (23/03/1586).

217 Le conseil des Indes à la *casa de la contratación* : « *la falta que hay de artilleros para las armadas y flotas de las Indias* », AGI IG leg. 1957 lib. 5 fol. 242v (31/01/1602). Le duc de Medina Sidonia au roi : « *la falta de marineros y artilleros y artillería es la que Vuestra Majestad sabe, que tantas vezes se ha dicho para estas armadas* », AGS GYM leg. 655/282 (06/11/1606).

années du XVIIe siècle[218]. En outre, la mise en place à partir de 1590 d'un escadron de l'*armada del mar Océano* attaché au port de Cadix ajouta un peu plus de pression sur ces ressources humaines disputées. Aussi, bien que l'école fut incapable de satisfaire entièrement la demande en capital humain de cette flotte de guerre grandissante, elle contribua sans doute néanmoins à rendre son déploiement possible.

Au XVIe siècle, parmi les différentes initiatives d'institutionnalisation d'un enseignement de l'artillerie, l'école d'artilleurs de Séville connut sans aucun doute l'un des plus francs succès. Cette réussite se manifesta d'abord par la pérennité de son enseignement qui, établi progressivement de manière continue dans les dernières décennies du XVIe siècle, perdura au moins jusqu'au début du XVIIIe siècle. Dès ses premières années de fonctionnement, l'école avait suscité un certain enthousiasme de la part du capitaine général de l'artillerie Francés de Álava[219], mais c'est surtout l'engouement des partis prenants de la *carrera de Indias* qui fournit l'indice le plus clair de son succès. En 1586, lorsque les maîtres et armateurs de navires rédigèrent un plaidoyer pour éviter d'avoir à payer 1 700 ducats de salaire qu'ils devaient à Andrés de Espinosa, ils ne souhaitèrent à aucun moment remettre en cause la légitimité de l'activité de l'*artillero mayor.* Au contraire même, ils affirmaient que l'enseignement de l'artillerie était un « bien universel » dont les bénéfices retombaient sur tous[220]. Cette conception du bénéfice public de l'enseignement de l'artillerie était déjà présente dans les mots d'Espinosa lui-même en 1584 et fut reprise dans une réponse du roi à l'*artillero mayor*[221].

Le seul qui, dans cette affaire, s'exprima contre Andrés de Espinosa fut le contrôleur de l'*avería.* Il se retrouvait soudainement à devoir payer l'*artillero mayor* à un moment où les dépenses de défense des convois augmentaient de manière exponentielle – l'*avería* connut d'ailleurs une faillite quatre ans plus tard[222]. Pour lui, l'activité d'Andrés de Espinosa n'était pas absolument vitale à la protection des convois car

218 Voir p. 294-295 et 302.

219 AGS GYM leg. 82/174 (27/10/1577).

220 « *El exercicio de artilleria que enseña el dicho capitan resulta en bien universal destos Reynos y de todos los tratantes y navegantes en las Indias e yslas* », AGI ESCRIBANIA leg. 1070A, fol. 88v.

221 « *Dizen que no les toca a ellos solos y mirado bien tienen razón pues este exercicio es bien universal* », AGI IG leg. 2006 (21/11/1584). Réponse du conseil des Indes : AGI IG leg. 1952 lib. 2, fol. 286v (05/12/1584).

222 Le taux d'*avería* passa de 1,7 % de la valeur des marchandises en 1585, à 4 % en 1587, puis à 8 % en 1591, année où sa gestion fut cédée en contrat privé, Chaunu, Huguette,

> Pour qu'il y ait des artilleurs, il n'est pas nécessaire qu'il y ait des maîtres de l'artillerie car sans eux il y a bien eu de très bons artilleurs, et puisque l'on a bien navigué depuis tant d'années sans avoir de maître d'artillerie, on pourrait continuer ainsi[223].

Néanmoins, ces remarques laissèrent les membres du conseil des Indes totalement indifférents. Ils confirmèrent leur verdict, forçant l'administration de l'*avería* à financer la formation des artilleurs.

L'opinion des partis prenants de la *carrera de Indias* était encore favorable à l'école une quinzaine d'années plus tard. En 1602, lorsque l'*artillero mayor* Muñoz el Bueno sentit son école menacée suite au non-respect récurrent des privilèges d'artilleurs par les autorités sévillanes, il put compter sur plusieurs capitaines de la *carrera de Indias* et deux juges de la *casa de la contratación* pour témoigner de l'importance cruciale de son rôle pour la sécurité des convois vers l'Amérique[224]. Ainsi, un quart de siècle après sa mise en place, l'enseignement de l'artillerie à Séville paraissait être devenu indispensable aux yeux du commandement de la *carrera de Indias*. Entre temps l'institutionnalisation des pratiques de formation des artilleurs s'était généralisée au sein de l'empire espagnol.

Chaunu, Pierre, *Séville et l'Atlantique, 1504-1650*, *op. cit.*, Tome 1, p. 208.

223 « *Para que haya artilleros no es forçoso que haya maestros de artillería que sin él ha habido y hay muy buenos artilleros y como se ha navegado de tantos años a las Indias sin que hubiese maestro de artillería, se podrá navegar de aquí adelante* », AGI ESCRIBANIA leg. 1070A, fol. 98v (21/10/1586).

224 « *Expediente sobre las exenciones de los artilleros de la Casa de la Contratación* », AGI IG leg. 2007 (31/07/1602).

DES ÉCOLES D'ARTILLEURS POUR SOUTENIR UN EMPIRE

> *En tiempo que los Romanos fueron señores del mundo, tenían unas escuelas en Roma donde se aprendía el termino y prática que los soldados han de tener y, de allí, los sacaban para ir a hazer las jornadas que se ofrezían. Y por ir tan diestros y exercitados, siempre salían vitoriosos, siendo ellos menos que sus enemigos. [...] Pareciendo al imperio romano que no había en el mundo quien le pudiese ofender, mandaron que no hubiese más las escuelas de la milizia que solía haber y, en quitando, que las quitaron, en poco tiempo fueron perdidos y sujetos*[1].
>
> Un « humble soldat » écrivant au roi le 23 décembre 1589.

INTRODUCTION

Ce soldat anonyme jouant l'*arbitrista* auprès du roi et de son conseil de guerre raconte une histoire qui, bien que très courte, est riche en enseignements. Selon lui, le succès de l'empire romain reposait avant tout sur des « écoles » où les soldats recevaient leur formation avant d'acquérir une véritable expérience du combat. Lorsque, péchant

1 AGS GYM leg. 254/265. « Du temps où les Romains furent seigneurs du monde, ils avaient des écoles à Rome où l'on apprenait la manière et la pratique que les soldats doivent avoir et, de là, ils partaient directement prendre part à toutes les occasions de combat qui se présentaient. Comme ils étaient si habiles et exercés, ils sortaient toujours victorieux, tout en étant moins nombreux que leurs adversaires. [...] Comme il parut à l'empire romain qu'il n'y avait personne dans le monde qui pût le menacer, il fut ordonné de mettre fin aux écoles de soldats qu'il y avait jadis et, lorsqu'elles furent supprimées, comme ce fut bien le cas, en peu de temps les Romains furent perdus et assujettis. »

d'orgueil, les Romains décidèrent de fermer ces centres de formation militaire, l'empire s'effondra. De là à faire le parallèle entre l'ancien empire romain et l'actuel empire de Philippe II, il n'y avait qu'un pas… Cette lettre pourrait très bien être interprétée comme exprimant l'opinion excentrique d'un individu inconnu, mais il s'avère qu'elle est conservée au milieu des documents traités par le conseil de guerre durant le mois de décembre 1589. La réflexion sur les rapports entre puissance impériale et formation militaire de cet humble individu attira certainement l'attention des têtes de l'administration militaire de la Monarchie hispanique. Dans ce moment de crise qui suivit le désastre de la Grande Armada, le mot *escuela* (école) revenait de plus en plus fréquemment dans les discussions du conseil. Nul doute que certains de ses membres, si ce n'est tous, commençaient à partager l'avis de ce soldat anonyme sur l'importance de la formation militaire pour soutenir la puissance impériale.

L'étude précédente sur l'école d'artilleurs de Séville soulève de nombreuses questions quant aux mécanismes de formation des artilleurs au service de la Monarchie hispanique. Il faut le souligner une fois de plus, un tel degré de formalisation et d'institutionnalisation des pratiques de transmission des savoirs apparaît tout à fait original à cette époque où la grande majorité des connaissances étaient transmises de manière informelle, de maître à apprenti, parfois dans le cadre institutionnalisé d'une corporation[2]. Mais alors, l'école de Séville fut-elle un cas isolé, un cas particulier, même au sein du monde socioprofessionnel de l'artillerie ? Si d'autres centres de formation des artilleurs existèrent, combien furent-ils ? À quelle date furent-ils mis en place ? Dans quel contexte ? Et d'où viennent ces pratiques d'examen et d'enseignement théorique et pratique ? Sont-elles spécifiques aux artilleurs ?

La mise en place d'écoles d'artilleurs pour soutenir les besoins de l'empire espagnol est un sujet méconnu car très peu étudié par l'historiographie. Certes, ces écoles sont brièvement mentionnées dans

2 Voir les remarques de Pamela Smith sur la nature manuelle des savoirs transmis entre artisans, Smith, Pamela H., *The Body of the Artisan*, *op. cit.* p. 7. Voir aussi Farr, James Richard, *Artisans in Europe, 1300-1914*, p. 34-37, 135, 284-286. Epstein, Stephan. R., « Craft Guilds, Apprenticeship and Technological Change in Preindustrial Europe », *op. cit.* De Munck, Bert, *Technologies of Learning*, *op. cit.*

quelques grandes œuvres[3], mais rares sont les historiens qui leur ont consacré plus de quelques lignes. Les récentes publications au sujet des écoles d'artilleurs sont pour la plupart le fait de militaires à la recherche d'une généalogie du corps d'artillerie moderne[4]. La seule exception notable est le groupe d'historiens des sciences espagnols construit autour de José María López Piñero[5] et incluant Mariano Esteban Piñeiro[6] ainsi que María Isabel Vicente Maroto[7]. Néanmoins, les développements de tous ces auteurs à propos des écoles d'artilleurs (en dehors du cas de l'école de Séville) reposent principalement sur le travail de Jorge Vigón[8], qui s'est lui-même appuyé essentiellement sur des articles écrits par des militaires espagnols à la fin du XIXe siècle. Autrement dit, aucun travail approfondi sur des documents d'archives n'a été effectué depuis qu'Adolfo Carrasco y Sáiz publia en 1887 un long article sur les « systèmes d'instruction du corps d'artillerie[9] », étude intéressante et pionnière, mais ne citant pas ses sources. Par conséquent,

3 Braudel, Fernand, *La Méditerranée et le monde méditerranéen à l'époque de Philippe II – Tome 2*, Paris, Armand Colin, 1976, p. 133 ; Goodman, David C., *Power and Penury*, *op. cit.*, p. 123.

4 Voir le numéro spécial des 250 ans d'existence de l'académie d'artillerie de Ségovie, et en particulier : Medina Avila, Carlos, « De la escuela a la academia. Los centros de formación de artilleros », Revista de Historia Militar, Extraordinario I, 250 Aniversario del Real Colegio de artillería, 2014, p. 13-72. Herrero Fernández-Quesada, Dolores « El Real Colegio de artillería. De la fundación a la consolidación de un modelo de centro docente militar y científico-técnico », *ibid.*, p. 73-134. De plus anciens exemples : Barrio Gutierrez, Juan, « La Enseñanza de la Artillería en España hasta el Colegio de Segovia », Revista de Historia Militar, XIV, n° 28, 1970, p. 39-66. Frontela Carreras, Guillermo, « La enseñanza de la artillería dependiendo del Consejo de Indias », *op. cit.*

5 López Piñero, José María, *Ciencia y tecnica en la sociedad española de los siglos XVI y XVII*, *op. cit.*, p. 94, 106-107.

6 Esteban Piñeiro, Mariano, « Los oficios matematicos en la España del siglo XVI », dans *II Trobades d'Història de la Ciència i de la Tècnica*, Victor Navarro Brotons (éd.), Barcelone, Societat Catalana d'Història de la Ciència i de la Tècnica, 1993, p. 239-251. Esteban Piñeiro, Mariano, « La ciencia aplicada y la técnica en la Castilla del siglo XVI », dans *La filosofia española en Castilla y León : de los origenes al siglo de Oro*, Valladolid, Universidad de Valladolid, 1997, p. 421-430.

7 Vicente Maroto, María Isabel, « Las escuelas de artillería en los siglos XVI y XVII », *op. cit.* Vicente Maroto María Isabel, García Tapia, Nicolas, « Las escuelas de artillería y otras instituciones técnicas », dans *Historia de la ciencia y de la técnica en la Corona de Castilla. Vol. III, siglos XVI y XVII*, José María López Piñero (éd.), Valladolid, Junta de Castilla y León, 2002, p. 73-82.

8 Vigón, Jorge, *Historia de la Artillería Española*, *op. cit.*, p. 149, 267-272.

9 Carrasco y Saiz, Adolfo « Apuntes sobre los sistemas y medios de instrucción del cuerpo de artillería », *op. cit.*

ce chapitre propose de retourner aux sources pour comprendre la mise en place et le fonctionnement des écoles d'artilleurs de la Monarchie hispanique.

Les paragraphes suivants mettront d'abord en évidence que les premières écoles de la Monarchie apparurent dans ses territoires italiens, à Milan et en Sicile. En réalité le concept et le terme d'école d'artilleurs n'étaient en rien innovants ; ils trouvaient leur source d'inspiration dans ce qui se faisait au sein des États voisins et notamment à Venise. Néanmoins, cette origine « italienne » des écoles d'artilleurs ne doit pas masquer le fait qu'il y avait, dans la péninsule ibérique, dès le milieu du XVIe siècle, des pratiques de formation et d'examen des artilleurs qui, sans revêtir la forme institutionnalisée de l'« école », en partageaient un certain nombre de caractéristiques. Le chapitre montrera également que ces pratiques n'étaient pas spécifiques au monde de l'artillerie et qu'il existait des examens sous forme de questions dans d'autres professions liées à la Monarchie mais aussi liées au monde de l'artisanat. Enfin, ce chapitre relatera comment les créations d'écoles d'artilleurs se généralisèrent au lendemain du désastre de l'Invincible Armada, la Monarchie hispanique se dotant alors d'un important réseau de centres de formation destinés à générer les compétences vitales à ses grands projets atlantiques.

L'ORIGINE ITALIENNE DES *ESCUELAS DE ARTILLEROS*

Dans la documentation de l'administration militaire espagnole, les *escuelas de artilleros*, c'est-à-dire les écoles d'artilleurs, sont pour la première fois mentionnées en relation avec les possessions italiennes de la Monarchie. Dans le duché de Milan, dès les années 1560, des projets d'école furent conçus en s'inspirant des modèles voisins et en particulier des écoles que les Vénitiens avaient mises en place dans les principales villes de leur territoire. Toutefois, les projets milanais traînèrent en longueur et c'est finalement en Sicile qu'un personnage politique de premier plan, le duc de Terranova, institua à partir de 1575 les premières écoles d'artilleurs véritablement pérennes. Cette partie vise donc à comprendre la mise en place de ces premières institutions et à s'interroger sur leur origine italienne et sur leur contexte d'apparition.

LES PREMIÈRES ÉCOLES À MILAN ET L'INSPIRATION VÉNITIENNE

L'établissement d'une école d'artilleurs à Milan fut le résultat d'un long processus qui s'étendit des années 1560 aux années 1580. La première mention d'une école remonte à l'année 1564, lorsqu'un certain Adrian Verbeque présenta au gouverneur de Milan, Gabriel de la Cueva, duc d'Alburquerque, les grandes lignes d'un projet de mise en place d'une école de cent artilleurs à Milan[10]. La dimension pédagogique du projet est soulignée par le recours répété au vocabulaire écolier. Non seulement le document de Verbeque emploie-t-il systématiquement le terme de *escuela* (« école ») pour désigner cet établissement, mais il inclut également les salaires de quatre caporaux *para enseñar a los escolares* (« pour enseigner aux écoliers »). Contrairement au cas sévillan où l'école avait d'abord été conçue comme un office, le projet milanais apparaissait dès l'origine comme une véritable institution de formation. Malheureusement, ce document demeure assez flou quant aux réelles pratiques impliquées dans le cursus, le seul point clair étant que chaque *escolar* (« écolier ») devait s'entraîner au tir deux fois par mois. Ce premier projet mit toutefois beaucoup de temps à voir le jour. En 1567, il reçut l'approbation de deux personnages importants, Gabrio Serbelloni, capitaine et ingénieur militaire de grande renommée, et César de Napoles, le capitaine général de l'artillerie du duché de Milan[11]. En 1569, sur ordre du roi, le duc d'Alburquerque lança la mise en place de cette *escuela de artilleros*, première institution de ce nom que j'ai pu trouver dans les sources concernant les territoires de la Monarchie hispanique[12].

Néanmoins, cette première école d'artilleurs n'eut pas d'existence pérenne. En 1576, le marquis d'Ayamonte, successeur du duc d'Alburquerque au gouvernement du duché de Milan, écrivait que

10 AGS EST leg. 1260/115 (année 1564).

11 AGS EST leg. 1222/50 (08/08/1567). Pour en savoir plus sur Gabrio Serbelloni, voir p. 212.

12 AGS EST leg. 1260/117 (10/09/1569).

> lorsque, sur la recommendation d'Adrian Verbeque, sa Majesté ordonna il y a quelques années la mise en place et le maintien d'une école d'artilleurs dans cette ville [...], celle-ci fut commencée et l'on s'y entraîna, mais tout s'arrêta parce que certains magistrats ordinaires y firent obstacle[13].

Une école d'artilleurs fut donc manifestement établie à Milan en 1569, mais les conflits de gestion de l'artillerie opposant les agents du roi aux élites milanaises[14] résultèrent en sa fermeture, après seulement quelques années de fonctionnement, d'après le capitaine général de l'artillerie don Jorge Manrique[15]. Plusieurs *cabos* (« chefs d'escadre »), payés entre quatre et six écus par mois, y avaient été chargés de la formation d'un nombre inconnu d'*escolares*[16]. Contrairement au cas de l'école de Séville où les apprentis ne touchaient aucune indemnité durant leur formation, cette première école milanaise offrait comme incitation aux apprentis non seulement la jouissance de privilèges particuliers tels que le port d'arme mais aussi la perception d'un salaire d'un écu par mois.

Le constat d'échec de cette première expérience menée en 1569 par Adrian Verbeque et le duc d'Alburquerque incita quelques années plus tard le nouveau gouverneur, le marquis d'Ayamonte, et son capitaine général de l'artillerie, le même Jorge Manrique, à proposer un nouveau projet d'école. En 1576, le marquis écrivit au roi à propos des avantages qu'il y avait à disposer d'une telle institution[17]. En 1577, le roi et son conseil d'État donnèrent leur accord pour qu'un nouveau projet d'école vît le jour[18]. Signe de l'avancement du projet, en mars 1578, le marquis d'Ayamonte envoya à Madrid les règles de fonctionnement d'une nouvelle école d'artilleurs que lui avait remises le capitaine général de l'artillerie don Jorge Manrique[19].

13 « *Haviendo su Magestad mandado los años passados por advertencia de Adrian Verbeque que en esta ciudad de Milan se hiziese y mantuviese una escuela de artilleros [...] se començo a hazer y exercitar pero dexose de continuar por causa de algunos del magistrado ordinario que lo estorvaron* », AGS EST leg. 1245/64 (01/10/1576).

14 Ces conflits sont exposés plus en détail p. 170-173.

15 « *Todo el tiempo que duro la dicha scuela que fue no sé quantos años* », AGS EST leg. 1249/80 (12/03/1578).

16 *Ibid.*

17 AGS EST leg. 1245/62 et 64 (01/10/1576).

18 AGS EST leg. 1246/69 (13/08/1577).

19 AGS EST leg. 1249/78, 80 et 81 (12/03/1578). Le document 81 contient les règles de fonctionnement de l'école, sous le titre « *Los capitulos que parece se podrían hazer con*

Ce dernier document fournit de précieuses informations sur le fonctionnement théorique de l'école. Comme dans le cas de Séville, la formation s'adressait à des individus en milieu de parcours professionnel. En effet, pour intégrer l'école, les apprentis (toujours *escolares* dans les sources) devaient avoir entre 25 et 40 ans. La problématique de la loyauté au roi était également essentielle puisqu'on ne pouvait participer aux leçons qu'à condition d'être né dans un territoire vassal de Philippe II et de lui jurer une exclusivité de service. Comme dans le premier projet d'Adrian Verbeque, cette école était censée accueillir 100 apprentis. À sa tête, un directeur touchant six écus par mois était en charge « d'enseigner toutes les choses appartenant à l'art de l'artilleur[20] ». Il était en quelque sorte un équivalent de l'*artillero mayor* de Séville, mais il était en plus secondé dans sa tâche par quatre *cabos de escuadra* (« chefs d'escadre »), chacun chargé de la formation particulière de 25 apprentis. Chaque escadre devait se réunir au moins une fois par semaine tandis que l'ensemble des apprentis devait se réunir au moins une fois par mois « pour s'entraîner ». La présence d'un terrain d'entraînement, comme dans le cas sévillan, ne faisait absolument aucun doute. En revanche, les règles de fonctionnement de l'école n'explicitaient pas clairement l'existence d'un enseignement théorique séparé des pratiques de tir. Enfin, cette formation était, comme à Séville, sanctionnée par la pratique de l'examen d'artilleur. En effet, les règles de l'école spécifiaient que l'accès aux postes rémunérés d'artilleur était conditionné par le passage d'un examen devant le capitaine général de l'artillerie.

Cet ensemble de cent apprentis était censé constituer une sorte de réserve dans laquelle la Monarchie pouvait puiser ses futurs artilleurs selon ses besoins. En effet, les règles précisaient que, si une place d'artilleur se libérait dans l'une des garnisons du duché de Milan, le meilleur des apprentis aurait la possibilité de l'obtenir. Cette règle visait avant tout à générer de l'émulation dans le but d'améliorer les compétences de chacun. De plus, la Monarchie se réservait le droit

---

los escolares de la scuela de los artilleros que su Magestad manda que se haga en el estado de Milan ».

20 « *Haviendose de señalar y proveer de un hombre suficiente para cabeça de la scuela, que sea obligado de enseñar todas las cosas pertenientes al arte del artillero* », AGS EST leg. 1249/81 (12/03/1578).

de disposer d'eux selon son bon vouloir en cas de nécessité puisque les règles stipulaient que

> ceux qui joignent l'école doivent jurer de servir Sa Majesté aussi bien ici qu'à tout endroit où il y aurait besoin de les envoyer, selon les nécessités, sans faire aucune résistance[21].

Autrement dit, ces apprentis pouvaient être recrutés en préparation des grandes opérations militaires, lorsque les besoins en artilleurs se faisaient soudainement plus pressants. En contrepartie de cette obligation, et en incitation à l'effort d'apprentissage, les élèves de l'école bénéficiaient de privilèges assez proches de ceux des artilleurs de la péninsule ibérique[22]. On leur octroyait notamment le droit de porter des armes ainsi que des exemptions de taxes dont la valeur était estimée par le capitaine général de l'artillerie à environ deux écus par an et par individu.

Ce projet d'école ne vit toutefois pas le jour avant plusieurs années. En effet, lorsqu'en 1583, le duc de Terranova arriva à Milan en tant que nouveau gouverneur, il décrivit au roi l'état catastrophique dans lequel se trouvait l'artillerie, ajoutant qu'il manquait d'artilleurs et que très peu d'entre eux connaissaient suffisamment leur art[23]. Le capitaine général de l'artillerie qui était toujours le même don Jorge Manrique, proposa une nouvelle fois qu'on mît enfin à exécution le projet[24]. Terranova mena semble-t-il son enquête, rassemblant des documents relatifs aux premiers projets d'écoles et envoya un dossier au roi, en 1585, insistant sur l'importance de cette institution[25]. Cette démarche porta sans aucun doute ses fruits, puisque l'école d'artilleurs de Milan existait encore en 1596, même si, malheureusement, les détails de son fonctionnement restent inconnus[26]. Mise en place par l'auteur du projet de 1578 à partir des documents de 1569, il est tout de même raisonnable d'émettre l'hypothèse que son fonctionnement se rapprochait de celui décrit précédemment par les règles de 1578.

---

21 « *Los que entraren en la dicha scuela juren de servir a Su Magestad assí aqui como a las partes donde se offreciere haberlos de enviar, conforme las necessidades, sin hazer resistencia ninguna* », *ibid.*

22 Sur ces privilèges, voir p. 150-151.

23 AGS EST leg. 1260/119 (28/10/1583).

24 AGS EST leg. 1260/126 (sans date, accompagnant une lettre du 28/10/1583).

25 AGS EST leg. 1260/109, 113 et suivants (12/10/1585).

26 AGS EST leg. 1280/30 (05/01/1596).

Les difficultés engendrées par la mise en place de cette école milanaise qui s'étala sur une vingtaine d'années ont par bonheur généré une certaine quantité de documents permettant de mieux comprendre les origines de l'institution. D'abord les raisons de l'ouverture de cette école apparaissent de manière univoque. À Milan, comme à Séville, l'école fut ouverte pour éviter le recours aux artilleurs étrangers, en particulier allemands[27]. Comme le troisième chapitre l'a mis en évidence, Milan était un avant-poste de recrutement des artilleurs de Haute Allemagne et les gouverneurs successifs furent pour la plupart confrontés aux difficultés de recruter ces artilleurs étrangers, de contrôler leurs aptitudes et de les conserver au service de la Monarchie hispanique[28]. Adrian Verbeque, l'initiateur du premier projet, en avait certainement fait l'expérience puisqu'il était un spécialiste reconnu de ces recrutements, comme le montre cette lettre du roi au duc de Terranova :

> Le manque d'artilleurs qu'il y a par ici nous fait regarder du côté du comté de Tyrol et d'autres régions où l'on pourrait recruter un certain nombre d'entre eux [...] et comme Adrian Verbeque est familier de ces régions et de ce type de démarches pour s'en être occupé d'autres fois [...] vous pourrez l'envoyer[29].

D'ailleurs, qui était cet individu qui fut le premier à proposer un projet d'école d'artilleurs ? Son nom, probablement « Verbeke », porte à croire qu'il était d'origine flamande. Depuis le début des années 1560 jusqu'à la fin du siècle, il servit le roi dans le duché de Milan en qualité de lieutenant du *veedor general*, l'officier royal supervisant la gestion quotidienne de l'appareil militaire milanais[30]. De plus, comme la citation précédente le met en évidence, Adrian Verbeque était impliqué dans le recrutement des mercenaires allemands, tâche pour laquelle il fut parfois envoyé sur place, en tant que commissaire de montre[31]. Il est tout à fait possible que son projet d'école fût inspiré de ce qu'il vit lors de ses déplacements dans les territoires d'autres princes.

27 AGS EST leg. 1245/64 (01/10/1576).

28 Voir p. 268-271.

29 « *La falta que hay por aca de artilleros ha hecho mirar en que en el Condado de Tirol, o en otras partes podría levantar algún numero dellos [...] y porque Adrian Berbech es plático dessas partes y deste manejo por haberse ocupado otras vezes en otros semejantes [...] lo podreys enviar* », AGS EST leg. 1265/210 (03/02/1589).

30 AGS VIT leg. 330 (1) fol. 151 (11/04/1587) et AGS EST leg. 1284/182 (année 1597).

31 AGS EST leg. 1068/42 (03/03/1575).

D'autres indices permettent d'identifier les sources potentielles d'inspiration de ce projet à l'extérieur des territoires de la Monarchie hispanique. Ainsi en 1569, le projet soutenu par le duc d'Alburquerque était bien de créer une école de cent artilleurs « comme l'ont les Vénitiens et d'autres princes en Italie[32] ». En 1576, le rayon d'inspiration s'était élargi puisqu'on souhaitait créer une école d'artilleurs « comme cela se fait en Allemagne dans de nombreuses cités libres et en Italie, dans les terres des Vénitiens et autres[33] ». En 1585, encore, le duc de Terranova réitérait le recours à l'exemple des « États voisins et d'autres d'Europe » qui possédaient déjà ce type d'institutions[34]. Ces divers témoignages révèlent donc que des écoles d'artilleurs existaient dans certains États italiens et allemands avant les années 1570. Le duché de Milan, plaque tournante des armées de la Monarchie hispanique entre la péninsule italienne et l'Allemagne, constituait un avant-poste d'observation des pratiques d'administration militaire des États voisins. Les agents tels qu'Adrian Verbeque, Jorge Manrique et les gouverneurs successifs de Lombardie furent aux premières loges de l'apparition de ces écoles d'artilleurs, et ils n'hésitèrent pas à s'en inspirer pour le service du roi d'Espagne. Une brève comparaison avec les écoles de la République de Venise, modèle d'inspiration le plus récurrent dans les sources, mettra clairement en évidence les nombreuses ressemblances avec les écoles d'artilleurs créées sous Philippe II.

La République de Venise fut très probablement le premier État à ouvrir des écoles d'artilleurs[35]. En effet, l'existence d'une école réunissant les artilleurs de la ville de Venise remonte à l'année 1500[36]. Deux années plus tard, une école de trente apprentis fut mise en place à Vérone, puis des efforts furent réalisés en 1506 pour en ouvrir une à Padoue[37]. Dans

32 « *Instituir una escuela de cient artilleros como la tienen Venecianos y otros principes en Italia* », AGS EST leg. 1260/117 (10/09/1569).

33 « *Haviendo su Magestad mandado los años passados por advertencia de Adrian Verbeque que en esta ciudad de Milan se hiziese y mantuviese una escuela de artilleros y carpinteros que se ejercitasen como se haze en Alemaña en muchas ciudades francas y en Ytalia, en tierras de Venecianos y otras* », AGS EST leg. 1245/64 (01/10/1576).

34 « *Sería acertado el mandar Vuestra Magestad que se introdujiesse en este estado la escuela de los artilleros que en todos estos vezinos, y en otros diversos de Europa se usa* », AGS EST leg. 1260/109 (12/10/1585).

35 Ces écoles ont été partiellement étudiées par Mallett, Michael E., Hale, John R., *The Military Organisation of a Renaissance State : Venice c. 1400 to 1617*, Cambridge University Press, 2006, p. 403-407.

36 Le livre de règle de cette école-confrérie permet de rendre compte de son existence continue à partir de l'année 1500. Voir ASV, Scuole Piccole, Ba 257.

37 Mallett, Michael E., Hale, John R., *The Military Organisation of a Renaissance State*, *op. cit.*, p. 86.

les années 1570, le phénomène avait pris une certaine ampleur et de telles écoles étaient en place dans toutes les grandes villes de *Terra Ferma* telles que Brescia, Vicenza, Bergame, Udine, Orzinuovi, Trévise, Crema. Des centaines d'artisans charpentiers, maçons, forgerons et tailleurs de pierre y recevaient une formation les préparant à servir dans la flotte vénitienne et dans ses nombreuses forteresses en Méditerranée[38]. Comme dans le cas de l'Espagne, une relation explicite peut être établie entre l'existence de ces centres de formation d'artilleurs et le maintien d'un vaste empire maritime[39]. Malgré une relative abondance de sources qui n'attendent que d'être dépouillées, ces écoles vénitiennes ont très peu attiré l'attention des historiens. Néanmoins, un rapide aperçu de leur fonctionnement suffira à mettre en évidence les ressemblances avec les projets de l'école de Milan, ainsi qu'avec les pratiques de l'école de Séville.

Les pratiques d'enseignement en usage dans les écoles vénitiennes n'apparaissent clairement dans la documentation qu'après plusieurs décennies de fonctionnement. En effet, dans le vocabulaire administratif vénitien, le mot *scuola* renvoyait avant tout aux confréries, ces associations rassemblant des individus autour du culte à un saint patron. Par conséquent, à la création de l'école en 1500, il est difficile d'identifier précisément si le terme de *scuola* renvoyait déjà à l'idée d'un lieu de formation et de transmission des savoirs ou bien s'il s'agissait simplement d'une confrérie d'artilleurs dédiée au culte de Sainte Barbe[40]. Cependant, entre les années 1530 et 1570, un faisceau d'indices permet de mettre en évidence l'existence des trois composantes de l'enseignement identifiées dans le cas de l'école de Séville : un enseignement pratique sur un terrain d'entrainement, une formation théorique à l'art de l'artilleur et, enfin, la pratique de l'examen d'artilleur sous forme de questions.

D'abord, les artilleurs de la *scuola* de Sainte Barbe de Venise se réunissaient régulièrement pour des sessions de tir sur cible. Ainsi, dès les

38 *Ibid.*, p. 404-405. Le Sénat vénitien expliquait ainsi le rôle clé de ces écoles : « *E importantissima la provisione de Bombardieri, essendo necessario mandarne buon numero in Armata et altri luoghi, et isole nostre* » ASV, Senato Terra, reg. 49, fol. 81 (13/12/1572).

39 Le Sénat vénitien expliquait ainsi le rôle clé de ces écoles : « La provision d'artilleurs est très importante, car il est nécessaire d'en envoyer bon nombre dans l'armada et autres lieux et îles nous appartenant », (« *E importantissima la provisione de Bombardieri, essendo necessario mandarne buon numero in Armata et altri luoghi, et isole nostre* » ASV, Senato Terra, reg. 49, fol. 81 (13/12/1572).

40 Le texte de création de l'école par Paolo da Canale date du 31 octobre 1500 : ASV, Scuole Piccole, Ba 257, fol. 1r.

années 1530, des concours de tirs au fauconneau furent organisés deux fois par an entre les artilleurs de l'école de Venise et ceux des autres écoles de *Terra Ferma*[41]. En 1570, le livre de la *scuola* précisait que le premier dimanche de chaque mois, les artilleurs devaient s'exercer au tir lors de ce qui s'appelait un *palio*, c'est-à-dire un concours lors duquel il y avait probablement un prix à gagner pour les meilleurs tireurs[42]. En 1571, lorsque le conseil des Dix fit imprimer des règles pour l'école, il donna un statut institutionnel à cette pratique du *palio* organisé le premier dimanche de chaque mois et réunissant les 300 artilleurs de l'école[43]. Signe de la volonté d'implication de l'État dans cette école-confrérie, la Sérénissime fournissait même la poudre nécessaire à l'exercice, qui avait lieu, selon Mallet et Hale, sur le champ de Sant'Alvise, au bord de la lagune[44]. En outre, cette pratique s'inscrivit dans le temps puisqu'elle figurait encore dans les règles de 1607 imprimées par les provéditeurs à l'artillerie[45]. En plus de ces concours mensuels, les règles de 1571 prévoyaient des réunions de tous les artilleurs de l'école sous forme de montres lors desquelles chaque individu devait tirer avec une pièce d'artillerie devant les membres du conseil des Dix et les provéditeurs à l'artillerie[46]. En 1607, les règles apportèrent les précisions suivantes quant au déroulement de ces deux montres annuelles :

> L'on doit faire chaque année deux montres sur le Lido, en présence au moins d'un Illustrissime Seigneur Provéditeur, lors desquelles en démonstration, les artilleurs devront s'exercer à tirer avec six fauconneaux, en tirant à terre à une distance de 300 ou 400 pas et, lors de la seconde montre, ils tireront sur une cible en mer à une distance de 400 pas[47].

41 ASV, Scuole Piccole, Ba 257, fol. 20v (année 1534).

42 *Ibid.* fol. 45v (20/04/1570).

43 « *Parte presa nell'Eccelso Conseglio di Dieci in materia de Bombardieri di Venetia, stampata per Pietro Pinelli, stampator ducale* », ASV, Savio alla Scrittura, Ba 193 (18/07/1571).

44 Mallett, Michael E., Hale, John R., *The Military Organisation of a Renaissance State*, *op. cit.*, p. 405.

45 « *Terminatione et regolatione delli Illustrissimi Signori Proveditori alle artellarie in materia de' Bombardieri. Stampata per Antonio Pinelli, stampator ducale* », ASV, Savio alla Scrittura, Ba 193 (25/01/1607).

46 « *Parte presa nell'Eccelso Conseglio di Dieci in materia de Bombardieri* », ASV, Savio alla Scrittura, Ba 193 (18/07/1571).

47 « *Si debbano far due mostre al Lido ogni anno alla presentia di un'Illustrissimo Signor Proveditor al meno, dove in una mostra si essercitino a tirar con sei falconi, tirando in terra in distantia di 300 over 400 passa et nell'altra Mostra tirando in un segno in Mare distantia di 400 passa* »,

Comme dans les cas de Séville et de Milan, l'enseignement théorique est plus difficile à distinguer dans les sources. Le livre de la *scuola* indiquait en 1573 que douze chefs d'escadre étaient obligés de réunir leurs artilleurs deux fois par mois pour leur « enseigner les choses relevant de l'artillerie[48] ». Ces réunions bimensuelles par petits groupes de 25 individus étaient sans doute l'occasion d'échanger des connaissances sur un plan plus théorique que les sessions de tir du dimanche. Les règles de 1607 reprenaient cet élément d'enseignement bimensuel en petit comité tout en y ajoutant une composante supplémentaire :

> Que le chef des artilleurs de cette ville soit tenu en hiver comme en été de réunir chaque soir chez lui le nombre d'artilleurs qu'il estimera adapté, afin de leur enseigner et de les examiner dans toutes les choses de l'art[49].

Ces réunions en fin de journée chez le principal maître artilleur de la ville n'étaient sans rappeler les deux heures quotidiennes de leçons que l'*artillero mayor* proposait aux apprentis artilleurs de Séville. La terminologie employée dans ce document suggère qu'il y avait bien un enseignement théorique dans cette école vénitienne au plus tard à partir du début du XVIIe siècle.

La pratique de l'examen paraît quant à elle remonter aux premières années de fonctionnement de la *scuola*. Un règlement de 1507 stipulait que pour être admis en tant que *maestro bombardiero* (« maître artilleur ») au sein de la confrérie, il était nécessaire d'être « examiné sur les choses appartenant à l'art[50] ». Puis les règles de la communauté fusionnèrent progressivement avec les structures de l'État qui employait ses membres. Ainsi, en 1533, le conseil des Dix, mécontent de l'incompétence de

---

document intitulé « *Terminatione et regolatione delli Illustrissimi Signori Proveditori alle artellarie in materia de' Bombardieri* », ASV, Savio alla Scrittura, Ba 193 (25/01/1607).

48 « *Che li 12 capi di squadra che sarano elletti siano obligati due volte al mese [riunire ?] li soi bombardieri et insegnarli delle cose pertinenti all artellaria* », ASV, Scuole Piccole, Ba 257, fol. 50v (année 1573).

49 « *Che il Capo de Bombardieri di questa Città sia tenuto cosi l'inverno come l'estate ridur ogni sera in casa sua tutti quelli Bombardieri che stimera atti, insegnandoli et essaminandoli in tutte le cose dell'Arte* », dans le document intitulé « *Terminatione et regolatione delli Illustrissimi Signori Proveditori alle artellarie in materia de' Bombardieri…* », ASV, Savio alla Scrittura, Ba 193 (25/01/1607).

50 « *Da poi che el ditto [bombardiero] havera meso in deposito ducado do hover el valor de quelli non haltramente se intenda vegnir a la prova et poi essaminado dele cose hapartinente hal arte…* », ASV, Scuole Piccole, Ba 257, fol. 10r (04/07/1507).

certains artilleurs sur ses galères, demanda à tout artilleur de l'école de passer un examen en présence d'un député de l'arsenal[51]. Ces individus devaient y démontrer leurs compétences dans le maniement de l'artillerie et la confection des artifices de feu. En 1539, la réglementation se durcit : tout artilleur au service de la Sérénissime était obligé de passer un examen devant le provéditeur à l'artillerie et différentes autorités techniques telles que le chef des artilleurs, les fondeurs et les officiers en charge de la poudre[52]. Les règles de l'école publiées en 1571 expliquaient sans ambigüité que le passage du statut de *scolari* à celui de *maestri* (c'est-à-dire d'apprenti à maître) était sanctionné par un examen[53]. Enfin les règles de 1607 précisaient que chaque apprenti disposait d'une durée de six mois pour passer son examen, renouvelable seulement une fois en cas d'échec[54]. Ce même document spécifie que les chefs d'escadre devaient quant à eux passer un examen propre à leur fonction de formateur et que l'un d'entre eux devait être présent lors des examens d'artilleur. Quant à la nature de cet examen, elle nous est fournie par un document des archives particulières de Giacomo Contarini portant le titre d'« examen qui se fait aux artilleurs à l'arsenal[55] ». Bien que sans date, ce document remonte probablement aux années 1593-1595, lorsque Contarini fut provéditeur à l'arsenal[56]. Or, il présente une série de questions à poser aux artilleurs accompagnées des réponses attendues, ce qui n'est pas sans rappeler les *preguntas y repreguntas* faites aux apprentis artilleurs de Séville devant les juges de la *casa de la contratación*. À Venise, comme à Séville, le contrôle des compétences des artilleurs était avant tout un contrôle de connaissances.

Par ailleurs, il faut noter que les similitudes entre l'organisation des écoles vénitiennes et les projets de l'école de Milan sont flagrantes. À Venise, l'école fut placée sous l'autorité d'un directeur qui n'était autre

51 ASV, Capi del Consiglio dei Dieci, Notatorio, reg. 10, c. 19r-v (28/04/1533).

52 ASV, Scuole Piccole, Ba 257, fol. 23v (19/04/1539).

53 « *Parte presa nell'Eccelso Conseglio di Dieci in materia de Bombardier* », ASV, Savio alla Scrittura, Ba 193 (18/07/1571).

54 « *Terminatione et regolatione delli Illustrissimi Signori Proveditori alle artellarie in materia de' Bombardieri* », ASV, Savio alla Scrittura, Ba 193 (25/01/1607).

55 « *Examinatione che si fa nel Arsenale alli bombardieri* », ASV, Archivio propio Giacomo Contarini, Ba 25.

56 Hochmann, Michel « La collection de Giacomo Contarini », *Mélanges de l'École française de Rome. Moyen Âge, Temps modernes*, vol. 99, n° 1, 1987, p. 447-489.

que le chef des artilleurs de l'arsenal[57]. Toutefois, la taille de l'école, rassemblant 300 artilleurs, rendait la mission d'enseignement difficile à réaliser pour un seul homme. C'est la raison pour laquelle il était secondé par douze « *capi di squadra* », chefs d'escadre, chacun à la tête d'un groupe de 25 individus[58]. Il s'agissait précisément du chiffre indiqué en 1578 dans le projet de l'école d'artilleurs de Milan proposé par le capitaine Jorge Manrique[59]. Il n'y a ici que peu de place pour la coïncidence. Le projet de création d'une école d'artilleurs à Milan s'inspirait clairement du modèle des voisins vénitiens. Le vocabulaire employé par les agents de la Monarchie hispanique traduisait en castillan les vocables vénitiens *scuola/escuela*, *scolari/escolares*, *capi di squadra/cabo de escuadra*, etc. Le système de rémunération du projet milanais reprenait presque à l'identique celui de la Sérénissime où le directeur et les chefs d'escadre recevaient un salaire, tandis que les apprentis bénéficiaient simplement de privilèges, notamment le port d'armes ainsi qu'une exemption de taxe d'environ deux ducats[60]. L'idée que l'école de Milan fût une sorte de réserve d'artilleurs dont l'État pouvait se servir selon ses besoins correspondait aussi précisément au rôle des écoles vénitiennes. À Venise, les artilleurs devenus maîtres après avoir passé leur examen étaient prioritaires pour les postes de garnisons en *Terra Ferma*[61]. De même, tous les membres des écoles d'artilleurs avaient un devoir de service et ne pouvaient s'absenter sans autorisation des provéditeurs à l'artillerie[62]. Autrement dit, les projets successifs d'implanter une école d'artilleurs à Milan furent autant de tentatives d'intégrer à l'administration militaire de Lombardie une institution vénitienne que certains agents du roi d'Espagne considéraient comme particulièrement intéressante.

57 « *Parte presa nell'Eccelso Conseglio di Dieci in materia de Bombardieri* », ASV, Savio alla Scrittura, Ba 193 (18/07/1571).

58 ASV, Scuole Piccole, Ba 257, fol. 50v (année 1573). « *Terminatione et regolatione delli Illustrissimi Signori Proveditori alle artellarie in materia de' Bombardieri* », ASV, Savio alla Scrittura, Ba 193 (25/01/1607).

59 AGS EST leg. 1249/81 (12/03/1578).

60 Mallett, Michael E., Hale, John R., *The Military Organisation of a Renaissance State*, *op. cit.*, p. 406. ASV, Scuole Piccole, Ba 257, fol. 45v (année 1570).

61 « *Parte presa nell'Eccelso Conseglio di Dieci in materia de Bombardieri* », ASV, Savio alla Scrittura, Ba 193 (18/07/1571).

62 Mallett, Michael E., Hale, John R, *The Military Organisation of a Renaissance State*, *op. cit.*, p. 406. « *Terminatione et regolatione delli Illustrissimi Signori Proveditori alle artellarie in materia de' Bombardieri* », ASV, Savio alla Scrittura, Ba 193 (25/01/1607).

Le modèle vénitien des écoles d'artilleurs s'exporta-t-il en dehors du duché de Milan ? L'intérêt du cas milanais réside dans le fait que les sources révèlent un lien explicite entre les projets de création d'une école d'artilleurs et les institutions en place dans les États voisins au premier chef desquels figuraient les Vénitiens. Les informations concernant ces écoles circulaient toutefois très probablement dans tout l'empire à travers divers moyens. D'abord, il faut rappeler l'importante circulation des individus. Comme l'a montré le troisième chapitre, les flottes atlantiques employaient une certaine proportion d'artilleurs vénitiens qui durent sans aucun doute parler de ces institutions[63]. Comment évaluer par exemple l'influence d'un certain Maestro Gerónimo, vénitien d'origine, qui servait en tant que *condestable* sur les principaux galions de la *carrera de Indias*[64] à l'époque de la création de l'école de Séville ? Vu sa position remarquable parmi les artilleurs des flottes transatlantiques, il connaissait certainement Andrés de Espinosa, l'homme à l'origine de la création de l'école sévillane, qui avait lui aussi servi dans les mêmes flottes. D'ailleurs, quelques années après la création de l'école, on retrouvait ce même Maestro Gerónimo sur le terrain d'entraînement[65]. Des informations sur les écoles d'artilleurs furent également échangées entre les têtes de l'administration militaire de la Monarchie, puisque les gouverneurs successifs de Milan informèrent le roi et les conseillers madrilènes de leurs initiatives. Un exemple plus tardif (1604) de tels échanges apparaît dans une lettre du capitaine général don Juan de Acuña dans laquelle il raconte s'être inspiré d'un papier du gouverneur de Milan pour réformer certaines écoles d'artilleurs de la péninsule ibérique[66].

Enfin, l'imprimerie contribua également à la diffusion du modèle vénitien. L'un des traités d'artillerie les plus connus de l'époque, publié à Milan par Luis Collado en 1592, proposait ainsi des règles de fonctionnement pour les écoles d'artilleurs[67]. Sa manière de traiter du sujet montre qu'à son époque, les écoles d'artilleurs étaient devenues des institutions relativement courantes. Collado, expliquait ainsi qu'en général,

---

63 Voir p. 255-258.

64 Maestro Geronimo apparaît comme *condestable* dans la liste de recrutement du galion amiral de la flotte de Nouvelle-Espagne en 1574, AGI CT leg. 2937.

65 Voir le compte rendu d'examen de Juan Gutierrez du 19 mai 1581 : « *ha ganado seis precios a Geronimo Lopez, y a Maestre Geronimo, y a Gaspar de Ubaldeche, y a Pedro Hernández…* », AGI CT leg. 4871.

66 AGS GYM leg. 688/58 (14/08/1604).

67 Collado, Luis, *Plática manual de artillería*, *op. cit.*, fol. 103r-104v.

ces écoles possédaient un *terrero*, terrain de tir d'environ 300 pas de long, doté de cibles en bois. Un *cabo maestro* ou chef instructeur était chargé de superviser les tirs, mais aussi de donner un enseignement théorique aux élèves. Un majordome, souvent sans salaire, était responsable du matériel. Il gagnait sa vie en vendant la poudre et les balles aux apprentis qui souhaitaient pratiquer en dehors des cours, ainsi qu'aux nombreux aventuriers ayant un goût pour l'artillerie et souhaitant simplement tirer pour le plaisir, sans faire partie de l'école. Enfin, Luis Collado fournissait un ensemble de règles de vie pour cette communauté, dont un certain nombre d'œuvres pieuses dédiées au culte de Sainte Barbe, ce qui démontre une fois de plus l'intrication entre lieu d'enseignement et confrérie religieuse. Or, à la fin de son exposé, Luis Collado couvrit de louanges le modèle vénitien des écoles d'artilleurs, le meilleur selon lui, et sans aucun doute sa principale source d'inspiration. Son traité, écrit en castillan, adressé au roi Philippe II et tiré à de nombreux exemplaires, contribua sans doute à diffuser dans l'empire espagnol le concept d'école d'artilleurs qui avait émergé en Italie quelques décennies plus tôt. Néanmoins, comme la suite de ce chapitre le montrera, l'apparition des écoles d'artilleurs dans l'empire espagnol fut un phénomène complexe, dépassant le seul emprunt aux écoles vénitiennes.

LE DUC DE TERRANOVA, PROMOTEUR D'ÉCOLES EN SICILE ET À MILAN

La mise en place d'écoles d'artilleurs pérennes dans les États italiens de la Monarchie hispanique fut le résultat de l'action d'un personnage politique de premier plan : Carlo d'Aragona e Tagliavia, duc de Terranova. Né à Palerme vers 1530, Carlos de Aragon, comme il est souvent nommé dans les sources castillanes, venait de la très haute aristocratie sicilienne, descendant d'une branche bâtarde de la famille royale des Aragon de Sicile[68]. Son père, Juan de Tagliavia, seigneur de Castelvetrano et marquis de Terranova, avait assumé à deux reprises le rôle de président et capitaine général du royaume de Sicile. Carlos

68 Voir les enquêtes pour l'attribution d'un habit de l'ordre de Santiago à ses fils Pedro et Cesar, respectivement AHN OM-Santiago, Exp. 496 (année 1571), et AHN OM-Santiago, Exp. 495 (année 1593). Voir aussi les autres membres de la famille, Juan le petit-fils et Hernando le neveu, respectivement AHN OM-Santiago, Exp. 491 (années 1592-1595) et AHN OM-Santiago, Exp. 487 (années 1592-1596).

était quant à lui parvenu à collectionner les titres puisqu'il était devenu prince de Castelvetrano[69], duc de Terranova, marquis d'Avola et comte de Borghetto. Il était sans aucun doute l'un des personnages les plus puissants de Sicile, portant les titres de Grand Amiral et de Grand Connétable du conseil de Sicile[70]. Ses réseaux s'étendaient bien au-delà de son île natale puisqu'il était un proche du puissant entrepreneur génois Gian Andrea Doria, perçu comme l'un des cinq principaux acteurs du « parti de la guerre » au conseil d'État du roi Philippe II, à Madrid[71]. Il jouissait indéniablement de la confiance de son souverain qu'il servit en tant que président de Sicile[72] entre 1566 et 1568, et entre 1571 et 1577, puis en tant que vice-roi de Catalogne (1581-1582) et enfin en tant que gouverneur du duché de Milan de 1583 à 1592. Lorsqu'en 1578, l'empereur Rodolphe proposa de présider, à Cologne, une réunion avec les députés des États rebelles des Pays-Bas en vue d'une pacification, ce fut le duc de Terranova que Philippe II choisit comme son représentant pour mener les négociations[73]. Preuve ultime de la satisfaction de ses services, il obtint du roi, en décembre 1585, le collier de l'ordre de la Toison d'Or[74]. La relation de confiance entre Philippe II et cet homme à la carrière politique exceptionnelle est perceptible dans une lettre que le monarque écrivit de ses propres mains au duc en 1589 pour annoncer qu'il offrait à ce grand serviteur de la Monarchie de nombreuses grâce à ses descendants :

---

69 Titre octroyé par Philippe II en 1564 selon Villabianca, Francesco Maria Emanuele e Gaetani (marchese) di, *Della Sicilia nobile*, Palerme, Stamperia de' Santi Apostoli per Pietro Bentivenga, 1754, Parte II Libro I, p. 20.

70 Voir sa titulature complète dans les instructions qu'il reçoit du roi pour son ambassade auprès de l'Empereur en 1578, Lefèvre, Joseph, *Correspondance de Philippe II sur les affaires des Pays-Bas, deuxième partie, Tome I (1577-1580)*, Bruxelles, Palais des Académies, 1940, p. 351.

71 Ce parti rassemblait le secrétaire Juan de Idiaquez, le marquis de Santa Cruz, le cardinal de Granvelle, Gian Andrea Doria et le duc de Terranova : Carpentier, Bastien, « L'économie politique de la guerre. Giovanni Andrea Doria, la république de Gênes et la monarchie hispanique (1560-1606) », thèse soutenue à l'Université du Littoral Côte d'Opale, 2017, p. 260.

72 Fonction équivalente au vice-roi, mais le duc de Terranova ne pouvait porter le titre de vice-roi de Sicile en raison de son origine sicilienne – car le titre vicerégale était réservé aux gouverneurs non natifs de la région à gouverner.

73 Lefèvre, Joseph, *Correspondance de Philippe II sur les affaires des Pays-Bas, deuxième partie, Tome I (1577-1580)*, *op. cit.* p. 329 et 351. Cet ouvrage contient l'essentiel de la correspondance entre Philippe II et Terranova lors de cette mission menée à Cologne entre 1578 et 1580.

74 La cérémonie eut lieu à Piacenza le 11 décembre 1585, AHN EST leg. 7690, Exp. 7.

> La grande satisfaction que j'ai de votre personne peut se reconnaître dans la confiance que j'ai toujours eu en vous, et pour continuer de la sorte, je veux maintenant user avec Vous de mots que j'use avec peu de gens[75]…

L'intérêt de ce puissant personnage pour les écoles d'artilleurs émergea dans un contexte précis de crise au milieu des années 1570. Le duc de Terranova avait commencé sa carrière au service de la Monarchie hispanique par la voie militaire, prenant part à l'entreprise d'Alger en 1541 puis aux guerres en Allemagne et dans le nord de la France jusqu'à la fin des années 1550[76]. Entre 1566 et 1568, il obtint son premier véritable rôle politique important, celui de président de Sicile, assumant, sans en avoir le titre, la fonction de vice-roi. En 1571, juste après la victoire de Lépante, il fut nommé pour la seconde fois à cet office[77]. Or, la Sicile joua alors un rôle clé d'avant-poste en Méditerranée dans ces dernières années d'affrontement avec l'Empire Ottoman. Dans l'espoir de tirer quelques bénéfices de la faiblesse des forces navales ottomanes suite aux lourdes pertes subies à Lépante, des projets de conquête de ports d'Afrique du nord furent discutés parmi les principaux acteurs du gouvernement de Philippe II[78]. La cible choisie fut la ville de Tunis, située juste en face de la Sicile, lieu stratégique permettant un verrouillage de la Méditerranée occidentale. Qui plus est, malgré la conquête de la ville par les Ottomans en 1569, les Espagnols étaient parvenus à conserver la forteresse de La Goulette contrôlant l'accès de Tunis à la mer. La Monarchie souhaitait donc y renforcer sa position. À l'automne 1573, le héros de Lépante, don Juan d'Autriche, partit à la tête d'une armée de plus de cent galères et conquit la ville sans difficulté[79]. Il y laissa une importante garnison, placée en partie sous le commandement de l'ingénieur Gabrio Serbelloni, qui s'était proposé de construire une forteresse près de la ville, le reste des hommes étant confié au gouverneur

75 « *La mucha satisfación que he tenido de vuestra persona se ha podido conocer en la confiança que siempre he hecho della y continuando en lo mismo quiero agora usar con Vos de términos que uso con pocos…* », AGS EST leg. 1265/10 (21/10/1589).

76 Voir la dédicace que fait Luis Collado au duc de Terranova en 1586, dans laquelle il retrace brièvement sa carrière militaire, Collado, Luis, *Pratica Manuale di arteglieria*, Venise, Pietro Dufinelli, 1586.

77 AGS EST leg. 1135/100 (01/11/1571).

78 García Hernán, Enrique, « La conquista y la pérdida de Túnez por don Juan de Austria (1573-1574) », *op. cit.*

79 Le récit de la prise de Tunis par don Juan d'Autriche figure dans AGS EST leg. 1139/131 (11/10/1573).

de la Goulette, Pedro Portocarrero[80]. Cependant, du fait de la proximité entre Tunis et la Sicile, l'approvisionnement et la sécurité de ces deux forteresses étaient placés sous la responsabilité du président de Sicile, le duc de Terranova[81].

La crise survint toutefois en 1574, lorsqu'une gigantesque flotte ottomane fut envoyée pour chasser les Espagnols de Tunis et la Goulette. Ces deux places fortes étaient de taille tout à fait exceptionnelle, considérées comme imprenables par les experts de l'époque. Leur artillerie s'y comptait en dizaine de pièces[82] et don Juan d'Autriche y avait laissé, après la conquête de Tunis, une garnison de 8 000 hommes[83]. Cependant, les effectifs envoyés par la Grande Porte étaient encore d'une toute autre échelle : selon un esclave échappé des galères turques, une armée de plus de 50 000 hommes avait été embarquée sur près de 250 navires de guerre, transportant plus d'une centaine de pièces de batterie[84]. Les Turcs arrivèrent le 13 juillet 1574 et se déployèrent en vue d'un long siège. La détresse des défenseurs face à l'avancée inexorable de cette immense armée est perceptible à travers la correspondance que purent entretenir Gabrio Serbelloni et Pedro Portocarrero avec le duc de Terranova, grâce au courage de quelques individus qui parvinrent régulièrement à se glisser, de nuit, par barque, entre les galères du blocus ottoman[85]. Subissant de lourdes pertes, complètement débordés par les forces ottomanes, ces deux commandants ne cessèrent de demander en vain une aide extérieure[86]. Après seulement quelques semaines de siège, le 25 août,

80 AGS EST leg. 1139/134 (18/10/1573).

81 Voir par exemple le rapport du capitaine Ayala sur l'état de la Goulette : AGS EST leg. 1139/46 (avril 1573). Terranova envoie 2000 fantassins espagnols et dix artilleurs à la Goulette, avant la prise de Tunis, AGS EST leg. 1139/49 (18/04/1573). Puis des renforts d'artilleurs et d'artillerie envoyés après la prise de Tunis AGS EST leg. 1139/86 (20/05/1574) et AGS EST leg. 1142/24 (24/05/1574).

82 Les besoins en artillerie de la Goulette en 1573 s'élevaient à 73 pièces, AGS EST leg. 1139/46 (Avril 1573). Ces besoins semblent avoir été comblés après la conquête de Tunis, voir par exemple l'envoi de douze grandes pièces napolitaines, AGS EST leg. 1142/24 (24/05/1574). Voir aussi l'avis positif du capitaine Jaime Losada sur les préparatifs de défense des forteresses, AGS EST leg. 1139/86 (20/05/1574).

83 AGS EST leg. 1139/134 (18/10/1573).

84 AGS EST leg. 1141/95 (17/07/1574).

85 Les nombreuses lettres reçues par le duc de Terranova sont contenues dans deux *legajos* de Simancas : AGS EST leg. 1141 et 1142.

86 D'après Enrique García Hernán, le conseil d'État avait pris la décision de ne pas envoyer de renforts, peu importe la tournure que prendraient les évènements, García Hernán, Enrique, « La conquista y la pérdida de Túnez por don Juan de Austria (1573-1574) »,

l'armée ottomane lança un dernier assaut qui emporta la Goulette, laissant seulement 73 survivants parmi les 2 800 hommes que comptait à l'origine la garnison[87]. Le 13 septembre, Gabrio Serbelloni rendit à son tour le fort qu'il venait de construire à Tunis quelques mois plus tôt.

Il s'avère que, lors de ce siège, la problématique de disposer d'un nombre suffisant d'artilleurs apparut comme un enjeu essentiel. La forteresse de la Goulette disposait au début de l'année 1573 de 34 artilleurs, un maître artilleur et un capitaine d'artillerie, auxquels le duc de Terranova ajouta en avril 1573 un renfort de dix artilleurs siciliens[88]. Cependant, lors des combats, ces artilleurs furent systématiquement pris pour cibles par les tirs ottomans. Le 26 juillet, le commandant Pedro Portocarrero informa ainsi Terranova qu'il avait perdu déjà deux artilleurs sans compter les blessés[89]. Le 6 août, il ne lui restait plus que neuf artilleurs, et le fort de Tunis n'en avait plus que huit, de sorte qu'il devenait difficile, d'après le commandant Portocarrero, d'utiliser l'artillerie[90]. Ce constat alarmant fut réitéré de vive voix par le capitaine Pedro de Loaysa qui, après s'être échappé du siège le 9 août 1574, confirma au duc de Terranova qu'il n'y avait plus que huit artilleurs survivants à la Goulette[91]. Malgré des ressources et une marge de manœuvre limitées, Terranova chercha des solutions de secours. Vers le 10 août, il envoya d'urgence à la Goulette, dans une petite embarcation, huit artilleurs sous le commandement du capitaine Federico Venusta dont le duc louait les aptitudes[92]. La relation d'un ragusain échappé du camp turc confirma à Terranova que l'envoi de ces artilleurs contrecarrait la tactique des Turcs qui cherchaient à réduire à néant la capacité de feu

---

op. cit. ; Il faut ici rappeler que la Monarchie hispanique était alors occupée sur de nombreux fronts et organisait notamment une grande armada à Santander à destination des Flandres : Pi Corrales, Magdalena, *« La otra Invencible », 1574 : España y las potencias nórdicas*, *op. cit.*

87 Voir le récit d'Alonso de Salamanca : Salamanca, Alonso de, Manuscrit II/1330, Palacio Real de Madrid. Voir aussi González Castrillo, Ricardo, « La perdida de la Goleta y Túnez en 1574 y otros sucesos de historia otomana narrados por un testigo presencial : Alonso de Salamanca », *Anaquel de estudios árabes*, vol. III, 1992.

88 Pour les effectifs, voir AGS GYM leg. 77/206 (01/03/1573). Pour l'envoi de renfort, voir AGS EST leg. 1139/49 (18/04/1573).

89 AGS EST leg. 1141/108 (26/07/1574).

90 AGS EST leg. 1141/122 (06/08/1574).

91 AGS EST leg. 1141/114 (09/08/1574).

92 Nouvelles de l'arrivée du groupe d'artilleurs et effet positif sur le moral des troupes dans AGS EST leg. 1141/132 (17/08/1574) et 134 (22/08/1574). Sur le capitaine Federico Venusta, voir le désir du duc de le récupérer après sa capture par les Ottomans : AGS EST leg. 1144/3 (04/01/1575).

de la Goulette et qui, soudainement, souffraient en particulier de l'un d'entre eux – s'agissait-il du fameux Venusta ? – « faisant de nombreux artifices de feu[93] ». Entre temps, Terranova avait préparé l'envoi de deux galères, qu'il était prêt à risquer afin de faire entrer en renforts dans la Goulette 300 soldats et 21 artilleurs, chiffre qu'il n'avait pu atteindre, selon ses dires, qu'au prix de grands efforts[94]. Parties le 16 août, ces galères souffrirent de mauvais vents et ne purent parvenir à destination avant la prise de la Goulette le 25 août[95].

Les conséquences immédiates de la perte de ces deux forteresses furent un traumatisme important mêlé à des craintes d'une invasion ottomane, en particulier en Sicile qui se trouvait si proche du lieu des combats. Informé dans les moindres détails de ce qui s'était passé à la Goulette, le duc de Terranova était alors parfaitement conscient de la vulnérabilité de l'île dont il avait le commandement. En complément des plans préventifs du conseil d'État (envoyés depuis Madrid) visant à renforcer les garnisons siciliennes et napolitaines[96], Terranova lança quelques procédures d'urgence pour la défense du royaume[97]. Portant principalement sur l'artillerie et les munitions, ses ordres montrent qu'il avait clairement su tirer une leçon des combats à la Goulette : il était indispensable de disposer d'artilleurs qualifiés en nombre suffisants. Il envoya l'ingénieur Locadello inspecter les effectifs d'artilleurs de toutes les forteresses et le lieutenant d'artillerie Baldassare Gago leur faire passer un examen pour vérifier leurs compétences[98]. Au même moment, il demanda à Locadello « d'essayer de faire une école d'artilleurs[99] ». Le duc de Terranova était donc manifestement au courant, en 1575, de l'existence de ce type d'institutions, preuve que le concept circulait en Italie.

93 « *Che li Turchi sentirano pena et mormoravano di non haver presa la fregata prima che fussero entrati li detti bombardieri [...] perche credevano che non havesse piu bombardieri stanti che non si tirava piu artigliaria. Che si dolevano li Turchi ch'era entrato dentro la Goleta uno che faceva molti artifici di fuoco et ch'abbruciava li Turchi* », AGS EST leg. 1141/135 (21/08/1574).

94 AGS EST leg. 1141/115 (15/08/1574).

95 La date de départ se déduit de AGS EST leg. 1141/129 (16/08/1574). Sur l'échec des renforts voir AGS EST leg. 1141/140 (02/09/1574).

96 García Hernán, Enrique, « La conquista y la pérdida de Túnez por don Juan de Austria (1573-1574) », *op. cit.* p. 92-93.

97 AGS EST leg. 1141/1 (10/11/1574).

98 Pour la mission de Locadello, voir *ibid.* Pour la mission de Gago, voir AGS EST leg. 1141/10 (15/12/1574).

99 « *A Locadello – Che si trata di far scuola di bombardieri* » dans AGS EST leg. 1141/1 (10/11/1574).

En contraste complet avec le cas de Milan, en Sicile, face à l'urgence de la situation, le projet de création d'une école d'artilleurs devint une réalité en deux mois à peine. Début janvier 1575, une école d'artilleurs ouvrit à Palerme[100]. Terranova expliqua au roi qu'il aurait souhaité mettre à la tête de cette école le fameux Federico Venusta qu'il avait envoyé en renfort à la Goulette, mais que, étant donné que ce dernier était captif des Ottomans, il avait résolu de confier cette tâche à deux artilleurs espagnols, Pedro de Iniesta et Martín García. Or, il spécifia que ces hommes, tous deux servant au château de Palerme, « avaient été formés à la discipline de Milan[101] ». Il faut sans doute déduire de ces mots que ces deux individus avaient pris part à la première école de Milan, celle de 1569, qui n'avait fonctionné que quelques années.

Il faut en outre remarquer que les règles de l'école de Palerme ressemblaient grandement à celles du projet milanais et donc, par extension, à celles pratiquées à Venise[102]. D'abord, le vocabulaire employé était très semblable, puisqu'on parlait d'une *scuola d'artiglieri* et que les apprentis étaient désignés sous le terme de *scuolari*. Comme à Milan, il s'agissait de former cent artilleurs, mais à Palerme la structure d'encadrement était plus réduite puisqu'il n'y avait que deux enseignants (appelés *maestri* et non pas *capi*), au lieu de quatre plus un directeur à Milan. Comme à Venise, l'école jouait aussi le rôle de confrérie dédiée au culte de Sainte Barbe et le recrutement visait principalement des artisans forgerons, charpentiers, maçons, fondeurs, fabricants d'armes[103]. Comme à Venise, à Milan et, plus tard, à Séville, l'école devait disposer d'un terrain d'entraînement sur lequel des sessions de tir partiellement financées par la Monarchie devaient régulièrement avoir lieu. Preuve qu'il y avait des cours théoriques séparés des exercices de tir, les maîtres de l'école devaient également « enseigner par des leçons la profession et doctrine du bon artilleur[104] », s'appuyant sur un programme d'enseignement prédéfini dans les règles de création de l'école[105]. Enfin, leur formation

---

100 AGS EST leg. 1144/3 (04/01/1575).

101 « *Due huomini della medesima professione spagniuoli, casati in questo regno, i quali havevano piazze nel castello di questa citta, et sono esercitati nella disciplina di Milano* », *ibid.*

102 Ces règles figurent dans le document « *Instruttioni alli maestri dell'artiglieria* », AGS EST leg. 1144/4 (04/01/1575).

103 *Ibid.*

104 « *Insegnare con lettioni [...] la professione et dottrina di buon artigliero* », *ibid.*

105 Le contenu de ce programme est l'objet d'une analyse approfondie p. 535-547.

était sanctionnée par le passage d'un examen devant les maîtres de l'école ainsi que le lieutenant du capitaine général de l'artillerie. Comme dans les autres exemples d'écoles, les apprentis jouissaient du privilège de port d'armes, ainsi que de quelques exemptions, très proches, en réalité, de celles octroyées aux artilleurs de la péninsule ibérique, ce qui pourrait être le résultat de la participation active des deux maîtres espagnols à l'élaboration des règles de l'école. Enfin, ces artilleurs étaient bien censés constituer, comme à Milan et à Venise, une réserve d'artilleurs disponibles selon les besoins de la Monarchie puisque les apprentis devaient jurer de servir sur terre ou sur mer n'importe où la cour royale de Sicile le leur ordonnerait[106].

Non seulement cette institution s'inscrivit-elle dans le temps, mais son succès fut confirmé par l'ouverture d'autres écoles siciliennes. Ainsi, en 1591, il y avait des écoles d'artilleurs à Palerme, à Messine, à Trapani et à Syracuse[107]. Probablement créées dans les années qui suivirent l'ouverture de l'école de Palerme, ces écoles avaient été logiquement établies dans les principales garnisons de l'île, celles qui possédaient le plus grand nombre de pièces d'artillerie[108]. Ces institutions constituaient d'importantes réserves d'artilleurs compte tenu de la modeste taille du territoire. Ainsi, en 1591, le personnel de l'école de Palerme, initialement composé de deux maîtres, avait été augmenté d'un *cabo de escuela*, c'est-à-dire un directeur d'école[109]. Ce développement laisse supposer que les effectifs initiaux de l'école, d'une centaine d'apprentis, avaient été probablement dépassés dans les années suivantes, justifiant l'emploi d'un troisième homme. À Trapani, le directeur de l'école, Alonso de Salamanca, d'origine espagnole et faisant partie des rares survivants du siège de la Goulette, enseignait avec l'aide d'un autre maître à un ensemble de 70 apprentis[110]. Avec le même encadrement, l'école de Messine devait sans doute accueillir un nombre comparable d'élèves. Enfin, celle de Syracuse était probablement de taille plus modeste, avec seulement un maître d'école. En d'autres termes, ces quatre écoles représentaient

106 « *Instruttioni alli maestri dell'artiglieria* », AGS EST leg. 1144/4 (04/01/1575).

107 Une réforme des salaires des maîtres de ces écoles eut lieu en 1591, ce qui indique qu'elles fonctionnaient déjà bien avant cette date, AGS EST leg. 1157/103 (30/05/1591).

108 Sur l'importance de chacune des garnisons siciliennes, voir p. 64.

109 AGS EST leg. 1157/103 (30/05/1591).

110 C'est ce qu'il affirmait devant le conseil de guerre en 1590, AGS GYM leg. 313/121 et 122 (19/02/1590).

une importante réserve d'environ 300 artilleurs non payés, mais deux à trois fois plus nombreux que les artilleurs payés par la Monarchie en garnison sur l'île[111].

Pourquoi ce territoire disposait-il de tant d'écoles à l'heure où la menace ottomane déclinait sensiblement ? D'abord, il faut noter que, malgré la diminution de la pression ottomane, la Sicile resta le principal avant-poste méditerranéen de la Monarchie hispanique. Ainsi, en 1591, le comte d'Alba de Liste, qui occupait la fonction de vice-roi, justifiait le maintien de ces écoles par le fait que cette île constituait une « frontière » avec l'empire ottoman[112]. À cette époque, la Sicile disposait de plusieurs grandes forteresses et d'un escadron de douze galères qui requéraient un certain nombre d'artilleurs[113]. En outre, le conseil de guerre du roi reconnaissait que ces écoles, et en particulier celle de Trapani, étaient également cruciales dans la lutte contre l'intense activité des corsaires d'Afrique du nord[114]. Enfin, générant un surplus d'artilleurs à l'échelle locale, ces écoles permettaient d'alimenter les grands projets d'armada mis sur pied sur les côtes ibériques. Des contingents d'artilleurs siciliens furent ainsi régulièrement envoyés en Andalousie, en Galice ou à Lisbonne, pour servir dans les équipages des galions. Par exemple, au début de 1587, le vice-roi envoya en Espagne une douzaine d'artilleurs lors des préparatifs de la Grande Armada[115]. De tels envois durent se répéter car les documents mentionnent souvent des groupes d'artilleurs siciliens embarqués à bord des différentes armadas[116]. Par conséquent, il est possible de conclure que ces écoles siciliennes assuraient un double rôle, constituant une réserve défensive locale, tout en participant aussi à l'effort général de développement de la puissance navale atlantique de la Monarchie hispanique.

---

111 Voir p. 64 pour les effectifs d'artilleurs dans les garnisons siciliennes.

112 « *Tanpoco conviene que en ninguna manera se borren las escuelas y cabos dellas, respeto de ser como sabeys la oficina donde se afinan y de donde se sacan para artilleros los escolares que se crian en ellas, de que es necesario tener proveydo este Reyno por ser frontera del común enemigo* », AGS EST leg. 1157/103 (30/05/1591).

113 Voir p. 64 et 93.

114 En 1590, le conseil de guerre pressait le retour à Trapani du directeur de l'école Alonso de Salamanca précisément pour cette raison, AGS GYM leg. 313/121 (18/02/1590).

115 AGS EST leg. 1155/87 (20/03/1587) et AGS GYM leg. 195/41 (29/03/1587).

116 Par exemple, Anton Polo, « cabo de los artilleros de Sicilia », décédé lors d'une explosion accidentelle à Lisbonne, peu avant le départ de la Grande Armada, AGS GYM leg. 220/15 (25/02/1588). Voir aussi, en 1589, le groupe d'artilleurs siciliens autour d'Evangelista, « *cabo de una de las escuadras de artilleros de campaña que vinieron de Sicilia* », AGS GYM leg. 254/100 (08/12/1589).

Il faut par ailleurs insister sur le rôle décisif du duc de Terranova dans la mise en place des écoles d'artilleurs, en Sicile comme, plus tard, à Milan. Le succès et la rapidité de mise à exécution du projet de l'école de Palerme doivent sans aucun doute être attribués à ce personnage politique de premier plan qui disposait d'un pouvoir local important. En 1583, Terranova arriva avec le titre de gouverneur[117] à Milan où, comme cela a été expliqué plus haut, les projets d'ouverture d'une école d'artilleurs avaient traîné en longueur depuis près de vingt ans. Dès les premiers mois, il manifesta au roi la nécessité d'ouvrir une école, signe qu'il était particulièrement sensible à l'importance stratégique de la formation des artilleurs :

> Il me paraît fort nécessaire [...] que tous les artilleurs s'exercent régulièrement et aient une école, pour qu'ils enseignent à d'autres que l'on pourra ainsi assigner aux postes vacants[118].

Avec l'aide du capitaine général de l'artillerie don Jorge Manrique, Terranova reconstitua l'historique des projets de création d'écoles d'artilleurs à Milan. En 1585, il envoya au roi tout un dossier à ce sujet, afin d'obtenir un soutien politique et financier de Madrid[119]. Il y a fort à parier que nulle autorité locale n'osa s'opposer à un projet qui était poussé par un homme arrivé au sommet de sa puissance – il reçut le collier de la Toison d'Or exactement à la même période[120]. Le poids politique de ce grand personnage conjugué à son intérêt particulier pour la formation des artilleurs – acquis suite au siège traumatique de la Goulette en 1574 – expliquent sans doute pourquoi ce gouverneur de Lombardie réussit là où ses prédécesseurs avaient échoué. Une école d'artilleurs fut donc créée à Milan, qui existait encore une dizaine d'années plus tard, en 1596[121].

En 1604, la formation des artilleurs du duché de Milan prit une nouvelle échelle puisque le comte de Fuentes, alors gouverneur, fit ouvrir

117 Terranova arrive à Gênes début mars 1583, s'apprêtant à prendre ses fonctions à Milan dans les semaines suivantes, AGS EST leg. 1417/80 (06/03/1583).

118 « *Tengo por muy necessario [...] que los unos y los otros artilleros se exerciten ordinariamente y tengan escuela dello, para que vayan aprendiendo otros, con quien se puedan inchir las plaças que fueren vacando* », AGS EST leg. 1260/119 (28/10/1583).

119 AGS EST leg. 1260/109 (12/10/1585) et feuillets suivants.

120 AHN EST leg. 7690, Exp. 7 (11/12/1585).

121 Voir la suggestion du successeur de Terranova au gouvernement de Milan, d'augmenter le nombre d'apprentis de l'école : AGS EST leg. 1280/30 (05/01/1596).

trois nouvelles écoles dans les principales garnisons du territoire : à Pavie, Alexandrie et Crémone[122]. Leur fonctionnement, bien que peu détaillé dans les sources, suivait le concept habituel de formation d'artilleurs sans salaire mais jouissant de privilèges et servant de réserve dès que le besoin se faisait sentir. En tout, avec l'école de Milan, les quatre centres de formation constituaient une réserve de deux cents artilleurs non payés, venant s'ajouter aux quelques dizaines d'artilleurs payés servant dans les garnisons du duché[123]. Ainsi, au début du XVIIe siècle, la Sicile et la Lombardie s'étaient dotées chacune de quatre écoles d'artilleurs servant à la fois des objectifs défensifs locaux et permettant d'alimenter partiellement les flottes atlantiques extrêmement demandeuses en artilleurs. Pendant ce temps, le modèle des écoles d'artilleurs s'était également exporté dans d'autres territoires de la Monarchie hispanique, à l'image de Séville. Il s'agit par conséquent maintenant de comprendre comment s'est développé et institutionnalisé l'enseignement de l'artillerie dans d'autres espaces du vaste conglomérat d'États réunis sous l'autorité du roi d'Espagne.

PRATIQUES D'ENSEIGNEMENT ET D'EXAMEN DANS LA PÉNINSULE IBÉRIQUE

Si le développement précédent s'est attaché à mettre en évidence l'émergence des premières écoles d'artilleurs en Italie, cette seconde partie se propose quant à elle de déplacer la focale de l'analyse vers la péninsule ibérique. Il s'agira dans un premier temps de montrer que, bien que les sources n'emploient pas le terme d'*escuela*, des pratiques de formation et d'examen des artilleurs relativement proches de celles décrites dans les écoles italiennes existaient déjà en Espagne depuis au moins le milieu du XVIe siècle. Ceci indique donc qu'il n'est pas possible d'établir un lien généalogique certain entre les écoles d'artilleurs italiennes et espagnoles. Par conséquent, dans un second temps, cette partie souhaite s'interroger sur les différentes sources d'inspiration potentielles

122 AGS EST leg. 1293/24 (06/05/1604).

123 Le nombre de 200 apprentis est fourni par Fuentes lui-même, *ibid.*

des pratiques en usage parmi les artilleurs d'Espagne, en observant ce qui se passait pour d'autres professions telles que les pilotes ou certains groupes d'artisans. De cette manière, il devrait apparaître clair que les pratiques d'enseignement et d'examen d'artilleurs émergèrent dans un contexte élargi de transformation, à la Renaissance, des pratiques d'apprentissage parmi de nombreuses professions.

DES PRATIQUES D'ENSEIGNEMENT ET D'EXAMEN AVANT LES ÉCOLES

En Espagne, à l'exception notable du cas de Séville, l'expression *escuela de artilleros* ne se rencontre pas dans les sources avant la fin des années 1580. Il ne faudrait toutefois pas en conclure que les artilleurs d'Espagne ne recevaient aucune formation avant cette date. En réalité, depuis au moins le milieu du XVIe siècle, certaines places fortes de la péninsule ibérique organisaient un entraînement des artilleurs en garnison et la pratique de l'examen se retrouve même mentionnée dans des documents du début du XVIe siècle. Par conséquent, pour comprendre l'émergence des écoles d'artilleurs, il est nécessaire de prendre la mesure de ce que furent ces pratiques d'enseignement et d'examen avant l'existence d'écoles à proprement parler.

Le meilleur exemple d'existence d'un centre de formation d'artilleurs sans emploi du mot *escuela* est certainement la garnison de Burgos. Comme le second chapitre l'a montré, le château de Burgos, en plus d'accueillir une fonderie, était un lieu central d'administration de l'artillerie[124]. Un corps de 60 artilleurs, appelés « de Burgos » parce qu'ils étaient attachés à cette garnison, jouissaient du salaire du roi moyennant le respect d'un certain nombre de règles dont l'objet principal était l'entraînement. Il s'agissait d'une pratique institutionnalisée vers les années 1540 et qui demeura presque inchangée tout au long du XVIe siècle[125]. Ces 60 artilleurs étaient divisés en trois groupes de 20, chacun sous l'autorité d'un chef d'escadron. Un système de rotation obligeait chaque groupe à être présent quatre mois de l'année, de sorte qu'il y avait toujours 20 artilleurs à Burgos.

124 Voir p. 143.

125 Les règles étaient déjà en usage en 1543, AGS GYM leg. 146/59 (01/05/1543). Puis on les retrouve décrites dans les instructions de chaque capitaine général de l'artillerie, voir celles de Francés de Álava dans AGS GYM leg. 76/133 (17/05/1572) et celles de Juan de Acuña Vela dans AGS GYM lib. 43 fol. 22v-35r (30/08/1586).

Or, cette présence à Burgos se justifiait non pas par les impératifs de défense du château mais par l'obligation qu'avaient ces artilleurs de s'entraîner[126]. Les sources insistent de manière récurrente sur le fait qu'ils devaient *abilitarse*, c'est-à-dire se rendre aptes à la profession. Des détails sur le contenu de cet entraînement apparaissent clairement dans les sources. Ainsi, les artilleurs devaient voir comment les pièces étaient fabriquées dans la fonderie et comment la poudre était préparée par les spécialistes présents à Burgos. Mais surtout, ils devaient s'entraîner au tir d'artillerie sur un terrain d'entraînement, le terme le plus courant dans les sources, *exercitarse*, faisant référence à des exercices pratiques. En outre, les nouveaux venus devaient rester non pas seulement quatre mois mais toute une année, afin de se perfectionner dans l'art, jouissant de la moitié du salaire des autres. Autrement dit, dans sa logique de fonctionnement, la garnison d'artilleurs de Burgos tendait à se rapprocher du système des écoles que l'on trouvait dans les territoires italiens. D'abord, comme dans les écoles italiennes, l'une des motivations principales des participants était de bénéficier de privilèges. La première grande ordonnance royale sur les privilèges des artilleurs en Espagne (1553) concernait spécifiquement ceux de Burgos[127]. Qui plus est, l'objectif annoncé était là aussi de constituer une réserve d'artilleurs prêts à servir dans les grandes opérations militaires de la Monarchie[128]. Et c'est exactement ce qui se passait dans les faits. Ainsi par exemple en 1580, trente artilleurs de Burgos furent appelés à joindre l'armée d'invasion du Portugal[129]. De même, un groupe de vingt artilleurs de Burgos, sous le commandement du maître Juan Zorrilla fut embarqué dans l'un des plus grands galions de l'Invincible Armada[130]. On retrouve encore trente d'entre eux en 1591 dans l'armée destinée à réprimer le soulèvement de l'Aragon[131].

Burgos n'était pas la seule garnison à servir de centre de formation pour les artilleurs. Ainsi les comptes des années 1550 de la garnison de

---

126 *Ibid.*

127 Voir la version imprimée dans AGS GYM leg. 114/203 (10/02/1553).

128 AGS GYM leg. 146/59 (01/05/1543).

129 « *Asientos de 30 artilleros que por mandado de Su Magestad y orden de Don Francés de Alava vinieron de Burgos a servir en este ejercito* » AGS CMC 2ª epoca, leg. 500 (03/11/1579).

130 Sur l'arrivée des vingt artilleurs à Lisbonne, voir AGS GYM leg. 203/31 (08/11/1587). Voir aussi la lettre de Juan Zorrilla, capturé par les anglais sur le galion de Pedro de Valdés, AGS GYM leg. 268/36 (04/10/1589). La capture du galion de Valdés par les Anglais est racontée dans Martin, Colin, Parker, Geoffrey, *The Spanish Armada*, *op. cit.*, p. 168.

131 AGS GYM lib. 63, fol. 79r (23/05/1592).

Barcelone affichent des dépenses mensuelles de poudre donnée aux artilleurs *para exercitarse y abilitarse*[132]. Toujours avec le même vocabulaire, dans les années 1570, des documents comptables révèlent que les artilleurs de Fontarrabie, Saint-Sébastien et Pampelune avaient des dépenses mensuelles de poudre *para su abilitación*, ce qui indique que des exercices de tir y avaient lieu[133]. Il est par conséquent manifeste que ces grandes garnisons de la frontière pyrénéenne opéraient également comme des centres de formation, possédant chacune entre vingt et trente artilleurs. Ces contingents constituaient bien sûr un élément défensif important de ces forteresses face au royaume de France. Néanmoins, ils jouaient parfois aussi, tout comme Burgos – et les écoles italiennes – le rôle de réserve à la disposition des grands projets de la Monarchie. Ainsi, le chef des artilleurs de Fontarrabie dut former et accompagner un contingent d'artilleurs dans l'armada de Santander préparée et avortée en 1574[134]. De même, Pedro de Veynca, artilleur de la garnison de Saint-Sébastien, participa à la bataille des Açores (1582) et à la Grande Armada (1588) dans l'escadron de Guipúzcoa de Juan Martinez de Recalde[135]. Autre exemple, un groupe d'une dizaine d'artilleurs de Pampelune fut embarqué dans une flotte réunie au Ferrol en 1589 en protection des attaques anglaises[136].

En outre, la plupart des petites garnisons, même si elles ne généraient pas de surplus d'artilleurs, mettaient tout de même en jeu des pratiques d'entraînement impliquant des sessions de tirs sur cible. Les documents comptables prouvent en effet que, dès les années 1570, dans de petites places telles que Estella en Navarre (3 artilleurs) ou encore Gibraltar (7 artilleurs), des exercices de tirs avaient régulièrement lieu afin d'entraîner les artilleurs[137]. De même, une ordonnance royale de 1580 obligeait tous les ports fortifiés des Indes à disposer d'un terrain d'entrainement au tir pour leurs artilleurs :

132 AGS CMC 1ª epoca leg. 600.

133 Voir les comptes de Miguel Caro del Rincón, AGS CMC 2ª epoca leg. 414.

134 « *Juan Perez de Yracaval 3 400 maravedis a buena cuenta de lo que oviere de aber por el tiempo que se ocupare en havilitar e criar algunos artilleros que an de servir en la dicha Armada* » avec notation marginale « *los artilleros que estan a su cargo durante la dicha Armada* », AGS CMC 2ª epoca leg. 489. Juan Perez de Yracaval apparaît comme artilleur de Fontarrabie en 1570 et comme caporal d'artilleurs en 1580, AGS CMC 2ª epoca leg. 414. Pour en savoir plus sur l'organisation de cette armada de l'*adelantado* Menendez de Avilés, destinée à rejoindre les Pays-Bas mais décimée par la peste, voir p. 98-99 et Pi Corrales, Magdalena, « *La otra Invencible* », *1574*, *op. cit.*

135 AGS GYM leg. 316/153, 430 et 431 (année 1590).

136 AGS GYM leg. 271/34 (année 1589).

137 AGS CMC 2ª epoca leg. 414.

> Nous ordonnons aux gouverneurs et capitaines généraux des ports où il y aurait des forteresses ainsi qu'aux châtelains qu'ils fassent très attention à ce que dans chaque fort il y ait un *terrero* (terrain d'entraînement) où les artilleurs puissent régulèrement s'exercer au tir[138].

Il faut par conséquent considérer que les pratiques de tir sur un *terrero* étaient relativement courantes dans la plupart des places fortes de la Monarchie dans la seconde moitié du XVIe siècle. Ces modestes garnisons assuraient le rôle de centre de formation à l'artillerie à une échelle locale tandis que les grandes garnisons de Burgos et de la frontière pyrénéenne, parce qu'elles étaient capables de générer des surplus de main d'œuvre qualifiée, servaient les desseins de la Monarchie à plus grande échelle.

Enfin, un modèle alternatif de formation des artilleurs existait à Malaga. Comme le second chapitre l'a montré, cette ville était le principal centre de production d'artillerie d'Espagne[139]. La Monarchie y entretenait également une milice de 50 artilleurs qui servaient sans salaire, uniquement pour bénéficier des privilèges d'artilleurs[140]. D'après le capitaine général de l'artillerie, la plupart d'entre eux travaillaient en ville comme charpentiers, menuisiers, maçons ou forgerons et se rassemblaient pour l'entraînement certains dimanches. Or, ce contingent d'artilleurs ne constituait pas seulement une garnison défensive bon marché. Ils étaient en effet parfois réquisitionnés pour participer à certaines opérations, comme ce fut le cas en 1579, lorsque le capitaine général Francés de Álava demanda à une trentaine d'entre eux de servir dans l'entreprise d'invasion du Portugal[141]. Bien que le mot *escuela* ne soit pas prononcé dans les sources, ce système d'organisation des artilleurs de Malaga fait bien entendu étrangement penser au fonctionnement des écoles italiennes.

Les pratiques d'enseignement au sein de ces garnisons étaient-elles donc équivalentes à celles en usage dans les véritables *escuelas de artilleros* ? La réponse est de toute évidence positive concernant la dimension pratique de l'enseignement. Tout comme les écoles, les garnisons

138 « *Mandamos a los gobernadores y capitanes generales de los puertos donde hubiere presidios y fortalezas y a los alcaides que tengan mucho cuidado de que en cada uno haya un terrero donde de ordinario se ejerciten en tirar los artilleros* », *Recopilación de leyes de los reinos de las Indias*, *op. cit.*, Libro III, Tit. X, Ley XXX (26/08/1580).

139 Voir p. 139.

140 AGS GYM leg. 281/230 (12/02/1590) et 240 (13/02/1590).

141 AGS GYM leg. 92/121 (année 1579).

d'artilleurs réunissaient apprentis et vétérans autour de sessions de tir sur un terrain d'entraînement. En revanche, la dimension théorique de l'enseignement est, comme toujours, plus difficile à cerner. Le cas de la garnison de Perpignan offre quelques éléments de réflexion intéressants à ce sujet. Faisant partie du système de défense contre le royaume de France, la forteresse de Perpignan était l'une des plus lourdement armées de tous les territoires de l'empire espagnol, possédant près de 120 pièces et une garnison de 36 artilleurs pour s'en occuper[142]. Comme dans les autres garnisons, les documents comptables attestent, dès les années 1560, de l'existence d'exercices de tir pour les artilleurs environ une fois par semaine[143]. Par chance, ces documents sont accompagnés d'une instruction de 1560 fournissant des indications sur les détails de la formation des artilleurs[144]. Il y est inscrit notamment que les sessions de tir s'effectuaient habituellement avec des pièces très légères, de type *falconete*, mais que, pour que offrir aussi une expérience avec d'autres armes, certains exercices intégraient des pièces plus lourdes de type *sacres* ainsi que des mortiers. De plus, leur formation allait au-delà du seul exercice de tir puisqu'ils devaient également s'entraîner à fabriquer de la poudre et étaient encouragés à pratiquer la construction de mines remplies d'explosifs pour saper les murailles. Enfin, en accompagnement de ces documents se trouve un feuillet de quelques pages dans lequel ont été couchées par écrit de nombreuses connaissances sur l'art de l'artilleur[145]. La présence de ce feuillet aux allures de manuel dans un ensemble de documents plus généralement dédiés à l'entraînement des artilleurs laisse penser qu'en plus d'un enseignement purement pratique, oral et gestuel, des connaissances étaient construites, formalisées, discutées, échangées au sein de ces forteresses[146]. Néanmoins, dans les garnisons, cette composante plus théorique de la formation des artilleurs n'eut certainement pas de caractère formel ni systématique avant les dernières années du XVIe siècle, au moment où le mot *escuela* devint partie intégrante du vocabulaire des officiers militaires de la Monarchie, comme cela sera montré plus loin.

---

142 Voir p. 66.

143 AGS CSU 2ª epoca leg. 91.

144 « *La horden que se ha de tener en la abilitación y exercicio de los artilleros conforme a lo que su Magestad tiene mandado en esta manera* », *ibid.* (12/03/1560).

145 Ce bref manuel porte le titre de « *Avisos de cosas tocantes al artillería* », *ibid.* (sans date).

146 La nature de ces connaissances sera discutée dans le dernier chapitre.

Troisième pilier de la formation proposée dans les écoles en Italie et à Séville, la pratique de l'examen remontait au début du XVIe siècle en Espagne. La première mention de cette pratique se trouve dans l'instruction de 1501 donnée à Mosen San Martín, *proveedor et veedor general del artillería* (ancêtre de l'office de capitaine général de l'artillerie) qui avait la charge

> d'examiner tous les fondeurs, artilleurs, bombardiers et tireurs, pour renvoyer ceux d'entre eux qu'il ne trouverait pas *abiles* (capables)[147].

L'officier à la tête de l'artillerie des Rois Catholiques disposait donc de cette prérogative de l'examen permettant de séparer le bon grain de l'ivraie, c'est-à-dire d'identifier les artilleurs *abiles* de ceux qui ne l'étaient pas. Néanmoins, l'instruction suggère qu'il s'agissait plus d'une procédure de vérification après coup que d'un rituel de passage systématique auquel tout individu devait se soumettre pour obtenir un poste d'artilleur. Il faut en outre noter que dans les faits, cette prérogative de l'examen d'artilleur était déléguée à des subalternes. Ainsi par exemple, en 1545, Francisco de Rojas, lieutenant du capitaine général de l'artillerie, fut envoyé faire passer des examens aux artilleurs des garnisons de Fontarrabie et Saint-Sébastien[148].

Il est peu probable que cette pratique de l'examen ait eu un caractère systématique dès la première moitié du XVIe siècle, mais son usage se répandit de sorte qu'elle devint souvent la norme pour obtenir une place d'artilleur dans la seconde moitié du XVIe siècle. Notons d'abord que la prérogative octroyée à Mosen San Martin en 1501 figura plus tard dans les instructions de tous les capitaines généraux de l'artillerie[149]. Cette prérogative se traduisait dans les faits par un contrôle des compétences des individus accédant aux postes d'artilleurs. Ainsi par exemple, dès les années 1560, les artilleurs de la forteresse de Perpignan devaient systématiquement passer un examen devant des artilleurs vétérans afin de valider l'acquisition de leur office[150]. Au château San Felipe de

147 « *Desaminar todos los fundidores e artilleros e lombarderos e tiradores para que los que dellos no hallare abiles les despida* », AGS EMR leg. 82/5 (02/03/1501) recopié dans Arántegui y Sanz, José, *Apuntes históricos sobre la artillería española en la primera mitad del siglo* XVI, *op. cit.*, p. 209.

148 *ibid.*, p. 276.

149 Titre et instructions de Francés de Álava, AGS GYM leg. 76/133 (17/05/1572). Formulation exactement identique pour Juan de Acuña Vela, AGS GYM lib. 43 fol. 22v-35r (30/08/1586).

150 Certains enregistrements de ces examens ont été conservés. Voici un exemple de ce type de document, datant du 23 mars 1564 : « *Yo Alejandro de Aguilón caporal de los artilleros*

Mahon, sur l'île de Minorque, les artilleurs devaient régulièrement passer un examen en présence du *veedor* – c'est-à-dire du contrôleur royal[151]. L'examen était même en vigueur dans les petites garnisons, telles que Salses, avec seulement quatre artilleurs[152]. En outre, cette pratique n'était pas répandue que dans les places fortes mais aussi au sein des armadas : en 1586, tandis que le capitaine Juan Martínez de Recalde recrutait ses équipages pour préparer un nouvel escadron de galions, il demanda au roi qu'on lui fournît un homme capable d'examiner les artilleurs[153]. Enfin, certains cas particuliers montrent l'importance que le haut commandement accordait à cette pratique dans les dernières décennies du XVIe siècle. À Pampelune, le conseil de guerre exigeait des aspirants aux places d'artilleurs le passage d'un examen devant le vice-roi de Navarre, premier représentant du roi sur place[154], ce qui n'était pas sans rappeler les examens à Séville, qui avaient lieu, quant à eux, devant les juges de la *casa de la contratación*[155]. En d'autres termes, le contrôle des compétences des artilleurs devint, durant le XVIe siècle, non seulement une prérogative théorique du pouvoir royal mais une pratique courante jugée nécessaire par le haut commandement militaire.

Les raisons du développement de cette pratique de l'examen sont multiples. D'abord, du point de vue de la Monarchie et du conseil de guerre, l'examen était bien évidemment perçu comme un moyen de contrôler les compétences d'hommes placés à des postes à la fois dangereux et essentiels. Cet enjeu de la fiabilité des artilleurs augmenta proportionnellement au nombre d'artilleurs au service de la Monarchie hispanique. Non seulement le risque devenait généralement plus élevé du

---

de Barcelona digo que por orden del señor de San Jorge capitán del artillería de su Magestad he esaminado a Pedro de Aldaba que fue proveido de artillero en plaza de Segovia difunto que era del numero de Perpiñan y doy fee que el dicho Pedro de Aldabala es abil y suficiente para servir la dicha plaza conforme a lo que el señor don Juan Manrique capitán general del artillería por su cedula manda porque es la verdad lo firme de mi nombre » AGS CSU 2ª epoca leg. 91.

151 « *Sebastian Soler, sirviendo de artillero, [...] en los examenes que en mi presencia se le hizieron, dio buena quenta y razon de lo que era obligado saver por razon de su officio como hombre esperto y suficiente al arte* », AGS GYM leg. 276/275 (06/03/1589).

152 AGS GYM leg. 401/136 et 137 (23/05/1594).

153 AGS GYM leg. 186/25 (28/06/1586).

154 « *No se resciva ningún soldado por artillero sino fuere alguno que sea platico en el manejo del artillería y que para entender si lo se examine en presencia del Vissorey y capitán general* », AGS GYM leg. 209/374 (04/11/1587) confirmé par leg. 365/123 (11/12/1587).

155 Voir p. 326-329.

fait de la prolifération de l'artillerie, mais encore la pression grandissante exercée sur un ensemble de ressources humaines limitées forçait à recourir à des individus dont la fiabilité et les compétences étaient douteuses. La pratique de l'examen tâchait de fixer de la sorte une limite basse de recrutement, garantissant un minimum de sécurité et d'efficacité dans l'utilisation de l'artillerie. Il ne faudrait toutefois pas exagérer cette interprétation considérant l'examen comme un moyen de contrôle social par le pouvoir monarchique. Les artilleurs furent probablement complices de ce changement. Le chapitre précédent sur l'école de Séville a en effet tenté de fournir une interprétation socio-anthropologique à cette pratique s'apparentant à un rite de passage. Dans cette perspective d'analyse, la pratique de l'examen peut être interprétée comme un artefact fabriqué par les artilleurs eux-mêmes, construisant une communauté, une corporation s'intégrant et fusionnant avec les structures, alors émergentes, de l'administration militaire de la Monarchie. L'examen, pratique liminale, était un puissant instrument de distinction sociale permettant de justifier un accès au service rémunéré du roi ainsi que la jouissance de nombreux privilèges socio-économico-juridiques. Mais alors, quelle était la nature de cette limite entre l'artilleur et le profane mise en place par la pratique de l'examen ?

Il est difficile de cerner avec précision le degré d'homogénéité des pratiques d'examens d'artilleurs. Malheureusement, bien que les mentions d'examens soient fréquentes dans les sources, la forme et le contenu de la procédure ne sont pour ainsi dire jamais décrits. Il faut toutefois noter qu'une phraséologie caractéristique se développa autour de ces pratiques, suggérant, d'une part, leur fréquence et, d'autre part, leur relative homogénéité. D'abord, le contrôle des compétences était désigné, en castillan, par un unique mot, *examen* – parfois sous la forme *desamen* – et ses variantes verbale (*examinar*) et qualificative (*examinado*). Le résultat attendu de ce contrôle était presque toujours exprimé avec les mêmes termes dans les sources qui viennent d'être citées : un examen était mené pour savoir si un individu était *abil y suficiente* ou s'il avait la *suficiencia y abilidad* pour être artilleur. À ce couple venait parfois se greffer d'autres mots tels que *platico* ou *esperto*, renvoyant eux aussi aux aptitudes de l'artilleur. À Palerme, le capitaine général de l'artillerie, qui était en charge, d'après les règles de l'école d'artilleurs, d'examiner les nouvelles recrues, employait exactement les mêmes expressions pour qualifier cette activité[156]. De même, ces mots sont précisément ceux qui étaient utilisés dans les comptes rendus d'examens d'artilleurs à Séville[157].

Comme le chapitre précédent l'a mis en évidence, les examens d'artilleurs prenaient, à Séville, la forme de questions et réponses portant sur les savoirs du candidat. Faut-il déduire de cette ressemblance de vocabulaire que la pratique de l'examen transformait partout le contrôle des compétences en contrôle des connaissances ? Certains détails présents dans les sources permettent de mettre en doute la spécificité du cas sévillan sur ce point. Ainsi, à Perpignan le 16 mars 1563, les artilleurs Juan Navarro et Toribio de Escobedo procédèrent à l'examen de Pasqual de Vera, enregistrant l'acte de la manière suivante :

> Nous examinons Pasqual de Vera pour vérifier s'il est *abil y suficiente* (capable et compétent) afin de servir sa Majesté au poste d'artilleur qu'il vient d'obtenir et il doit donc montrer comment il tire et s'il connaît toutes les autres choses relevant du service de l'artillerie[158].

Ce document met clairement en évidence que le candidat devait non seulement savoir faire feu avec une pièce d'artillerie, mais qu'il devait aussi posséder les connaissances adéquates. De même, le *veedor* (inspecteur) de Minorque expliquait au conseil de guerre en 1589 qu'il avait plusieurs fois assisté aux examens de l'artilleur Sébastian Soler, et que ce dernier avait toujours « bien rendu compte de ce qu'il était obligé de *savoir* en raison de son office[159] ». Il semble par conséquent raisonnable d'admettre que la pratique de l'examen consistait à vérifier les aptitudes d'un individu à travers un contrôle de ses connaissances au moins tout autant que de ses compétences.

---

156 Lettre de don Bernardino de Velasco, capitaine général de l'artillerie de Sicile : « *no tienen por bien les maestros rationales que yo reciba artillero ni le despida no siendo habil ni suficiente* », AGS EST leg. 1144/73 (16/07/1575).

157 « *El dicho Andrés de Espinosa, artillero mayor y los dichos tres artilleros dixeron a los dichos señores presidente y juez que el dicho Juan de Toro que se avia examinado tenía platica y abilidad y suficiencia por poder usar el dicho officio de artillero* », examen de Juan de Toro, 19 avril 1581, AGI CT leg. 4871.

158 « *Desaminamos Pasqual de Vera si es abil y suficiente para servir a su Magestad en la plaza de artillero que esta proveído, ansí pasa a tirar como a conocer todas las otras cosas pertenecientes y tocantes al servicio* », AGS CSU 2ª epoca leg. 91.

159 « Dio buena quenta y razón de lo que era obligado saver por razón de su officio como hombre esperto y suficiente al arte » AGS GYM leg. 276/275 (06/03/1589).

Il faut par ailleurs souligner l'intime relation, dès la première moitié du XVIe siècle, entre la pratique de l'examen et la formation donnée aux artilleurs. Par exemple, en 1545, trois artilleurs du roi furent envoyés à Fontarrabie pour former quelques individus de cette garnison[160]. Pendant quatre mois, ils devaient « leur montrer comment tirer avec les pièces d'artillerie, comment fabriquer de la poudre et bien d'autres choses requises pour l'office d'artilleur[161] ». Passé ce délai, ces trois enseignants étaient censés s'assurer que chacun de leurs élèves était *abil y suficiente* – synonyme d'examen, même si le mot ne figure pas dans la source – et renvoyer ceux qui ne le seraient pas. D'ailleurs, ce lien indissociable entre enseignement et examen trouve un écho étymologique dans le vocabulaire employé puisque l'entraînement et la formation des artilleurs dans les garnisons étaient souvent désignés par le vocable *abilitación* tandis que l'examen jugeait de l'*abilidad* du candidat. Ainsi, dans le courant du XVIe siècle, formation et examen devinrent deux faces d'une même pièce. Toutefois, apparaissant plus tôt dans les sources, la pratique de l'examen semble avoir été une force motrice dans la mise en place de structures de formation des artilleurs. Ce fut clairement le cas à Milan, où les examens d'artilleurs se pratiquaient bien avant l'établissement définitif de l'école[162]. D'autre part, même après la création de l'école milanaise, les pratiques d'examen s'étendaient au-delà du cadre de l'école puisqu'en 1589, l'ingénieur Luis Collado dut par exemple examiner à Milan des artilleurs engagés en Allemagne et envoyés en Espagne[163].

En d'autres termes, les écoles qui émergèrent dans les années 1570 à Séville, à Milan et en Sicile, puis dans les années 1590 dans la péninsule ibérique, furent donc bien souvent construites à partir de pratiques et même de structures déjà en place depuis au moins le milieu du XVIe siècle. Certes l'encadrement de la formation des artilleurs n'était pas aussi formalisé, systématique ni institutionnalisé que dans le cas des écoles d'artilleurs, mais force est de constater que de nombreux éléments de

160 Arántegui y Sanz, José, *Apuntes históricos sobre la artillería española en la primera mitad del siglo XVI*, *op. cit.*, p. 295-297.

161 « *Tengais cargo de haver que los artilleros de yuso declarados se abiliten y exerciten en su oficio de artilleros mostrandoles como han de tirar como su Majestad lo tiene mandado y asi mismo como se hace la polvora y el salitre [...] y otodo lo demas que se requiere de artilleros* », *ibid.*

162 « Un bombardiere francese "bocciato" negli esami nel 1530 », *Bolletino storico della Svizzera italiana*, Année 1891, num. 7 et 8, p. 147-150. Je remercie Fabrizio Ansani pour cette référence.

163 Collado, Luis, *Plática manual de artillería*, *op. cit.* fol. 103.

fonctionnement de ces écoles existaient antérieurement. Dans la plupart des garnisons de l'empire espagnol, un enseignement pratique avec des sessions de tir sur un terrain d'entraînement (le *terrero*) fut mis en place dans la seconde moitié du XVIe siècle. Parfois, cet enseignement intégrait même une dimension théorique, comme c'était manifestement le cas à Perpignan. En outre, les plus grandes garnisons de la péninsule ibérique incarnaient le rôle des futures écoles, générant des surplus d'artilleurs utilisables par la Monarchie lors de ses grandes opérations militaires. Ces ressemblances entre garnisons et écoles prouvent combien il est difficile d'identifier et de délimiter des structures d'enseignement encore fort malléables et relativement hétérogènes car en processus de construction. Enfin, il faut insister sur l'importance de l'examen dans ce phénomène de construction. Cette pratique était l'aboutissement de la formation, son objectif, et c'est sans aucun doute autour d'elle que s'établit l'enseignement. C'est la raison pour laquelle il paraît important, avant de s'intéresser à la mise en place des écoles dans les années 1590, de s'interroger sur la diffusion de cette pratique. Dans quelle mesure l'examen fut-il spécifique au monde de l'artillerie ?

UNE CULTURE DE L'EXAMEN DES CONNAISSANCES À LA RENAISSANCE ?

Les artilleurs ne furent pas les seuls individus soumis à l'examen au sein de l'administration militaire de la Monarchie hispanique. Ainsi par exemple, en 1577, le capitaine général de l'artillerie Francés de Álava émit des doutes quant aux compétences de Diego Sobrino, fondeur de boulets pour le compte de la Monarchie. Le conseil de guerre, qui considérait qu'une certaine inimitié entre les deux hommes remettait en question l'objectivité du général, demanda à « faire la preuve et l'examen de son *abilidad* (compétence)[164] ». Il s'agit ici précisément du vocabulaire employé pour décrire les examens d'artilleurs. En outre, comme dans le cas des artilleurs de Séville, l'examen impliquait des démonstrations à l'aide d'instruments[165]. Le fondeur devait démontrer ce qu'il « savait devant quelqu'un capable de le comprendre[166] ». Par conséquent, ce contrôle des compétences consistait là aussi, en un contrôle des connaissances.

---

164 « *Hazer la prueba y examen de su abilidad* », AGS GYM leg. 82/58 (année 1577).

165 « *Es necesario para ello instrumentos* », *ibid.*

166 « *Hazer la prueva de lo que sabe delante de quien lo entienda* », *ibid.*

Il est essentiel de remarquer que de tels examens n'avaient rien d'exceptionnel au sein des milieux techniciens au service de l'empire espagnol. Ainsi, en 1591, le roi ordonna que les maîtres artisans de la grande fabrique d'armes de la Monarchie à Eugui, en Navarre, ne pussent être admis sans passer un examen devant des pairs et en présence du directeur de la fabrique, Lope de Elio[167]. Ce dernier était censé organiser ces examens, choisir les juges et donner des titres d'examens (*carta de examen*) après l'épreuve. Enfin, le monarque justifiait cette ordonnance par la coutume, affirmant que c'était ainsi que l'on procédait pour les autres artisans. Même les ingénieurs militaires étaient parfois concernés par ce type de pratiques. En 1589, le napolitain Marco Antonio Nicoletta, servant alors comme soldat dans une compagnie d'infanterie à Lisbonne, prétendait avoir consacré beaucoup de temps à l'étude des mathématiques, de la science des mesures, des machines et des fortifications[168]. Il demandait au conseil de guerre à être examiné par des ingénieurs militaires afin d'obtenir une place d'assistant d'ingénieur[169]. Ces multiples indices permettent d'émettre l'hypothèse que la pratique de l'examen s'étendait, à la fin du XVIe siècle, à une grande partie des professions techniques de l'administration militaire, pour la plupart rassemblées sous l'autorité du capitaine général de l'artillerie[170]. Le rôle de grand contrôleur des compétences techniques joué par ce puissant personnage est d'ailleurs confirmé dans les instructions reçues par Francés de Álava en 1572 et Juan de Acuña Vela en 1586[171].

Le capitaine général de l'artillerie n'était toutefois pas la seule autorité suprême de contrôle des compétences au sein de la Monarchie hispanique. La *casa de la contratación* assurait aussi cette fonction en ce qui concernait l'organisation des convois de la *carrera de Indias*, puisque, comme le chapitre précédent l'a mis en évidence, les examens d'artilleurs à Séville avaient lieu sous la supervision et l'autorité des juges de cette

167 AGS GYM lib. 57, fol. 145r (24/03/1591).

168 AGS GYM leg. 276/270 (25/12/1589).

169 « *Supplica a Vuestra Majestad que siendo menester en Reynos de España, en Lisboa o en La Coruña o otra parte de Teniente de Ingeniero o que el haga tambien este oficio, mande que sea esaminado de personas de la profesión* », *ibid.*

170 La structure d'administration de ces techniciens est décrite p. 137.

171 « *Visitareis los officiales y artilleros que oviere a nuestro sueldo en toda la dicha artilleria y en las partes sobre dichas y entendereis si son de la avilidad que conviene cada uno en el officio que a de hazer* », titre de Francés de Álava, AGS GYM leg. 76/133 (17/05/1572), repris à l'identique dans le titre d'Acuña Vela AGS GYM lib. 43, fol. 22v-35r (30/08/1586).

institution, dans le cadre d'un programme de formation mis en place en 1576. Il faut mentionner à ce propos que, déjà bien avant cette date, la *casa de la contratación* était impliquée dans des pratiques d'enseignement à destination de techniciens absolument essentiels au développement du trafic américain : les pilotes[172]. Afin d'être guidé et de suivre en toute sécurité les routes maritimes de l'Atlantique et des Caraïbes, chaque navire embarquait alors au moins un de ces experts en navigation. Dès 1508, un homme tenant l'office de *piloto mayor de la casa de la contratacion* était responsable de la formation de ces pilotes. L'étude d'Alison Sandman révèle que, dans la première moitié du XVIe siècle, de grandes disputes eurent lieu concernant la nature de cette profession[173]. D'un côté, les tenants de la pratique, pour la plupart pilotes vétérans, affirmaient que le pilotage était un art s'apprenant par l'expérience de la navigation. Face à eux, les tenants d'une approche plus « théorique », désignés par Sandman comme « cosmographes », défendaient la toute-puissance des mathématiques et de l'astronomie appliqués à la navigation. Or, le triomphe de cette seconde posture se manifesta, selon Sandman, par l'institionnalisation de pratiques d'examen liées à de l'enseignement : en 1552, le conseil des Indes instaura une chaire de cosmographie dépendant de la *casa de la contratación* et dispensant des leçons quotidiennes aux pilotes[174]. De la sorte, la conception de ce qu'était le pilotage de navire glissa progressivement du statut de compétence acquise par l'expérience en mer à celui de connaissance apprise en classe et validée par un examen. Il faut par ailleurs noter que, dans la seconde moitié du XVIe siècle, les *maestres* (maîtres) de la *carrera de Indias* devaient se soumettre exactement aux mêmes obligations de suivi des cours de cosmographie et de passage d'un examen théorique[175]. L'explication réside dans le fait que, sur la

172 Ce champ d'étude de la formation des pilotes bénéficie manifestement d'un regain d'intérêt depuis plusieurs années. Voir Sandman, Alison Deborah, « Cosmographers vs Pilots : Navigation, Cosmography and the State in Early Modern Spain », *op. cit.* Collins, Edward, « Francisco Faleiro and the Scientific Methodology at the Casa de la Contratación in the Sixteenth Century », *op. cit.* Esteban Piñeiro, Mariano, Vicente Maroto, María Isabel, « La Casa de Contratación y la Academia Real matemática » dans *Historia de la ciencia y de la técnica en la Corona de Castilla. Vol. III, Siglo XVI y XVII*, José María López Piñero (éd.), Valladolid, Junta de Castilla y León, 2002, p. 35-50.

173 Sandman, Alison Deborah, « Cosmographers vs Pilots : Navigation, Cosmography and the State in Early Modern Spain », *op. cit.*

174 *Ibid.* p. 213.

175 Voir l'examen d'Alonso de Hidalgo pour devenir « *maestre* » de la route de Nouvelle-Espagne, AGI CT leg. 52A, num. 39 (06/02/1587).

plupart des navires de commerce, les *maestres* étaient non seulement en charge de la gestion de l'équipage et des marchandises, mais ils disposaient de l'autorité suprême en matière de navigation et pouvaient remplacer le pilote en cas d'indisposition ou de décès[176].

La procédure de l'examen de pilote, relativement bien connue pour la seconde moitié du XVIe siècle, reflète le statut particulier acquis par la connaissance sur la compétence[177]. La pratique de cet examen peut-être mieux saisie à travers un exemple caractéristique : celui du candidat Antón Sánchez, datant de l'année 1580[178]. Son dossier rassemblait plusieurs dizaines de pages manuscrites, la plupart constituant une enquête sur l'origine, l'expérience et les mœurs du candidat. L'expérience de la navigation était nécessaire au passage de l'examen puisqu'un certain nombre de personnes devaient témoigner du fait qu'Antón Sánchez avait participé à la *carrera de indias* pendant plus de six années. Elle n'était néanmoins pas suffisante. Le dossier de Sánchez contenait également un certificat de Rodrigo Zamorano, l'homme en charge des leçons de cosmographie, indiquant que le candidat avait bien assisté à ses cours pendant 60 jours. Sánchez fit alors auprès du *piloto mayor* Alonso Chavez la demande d'être examiné en tant que pilote de la route de Nouvelle-Espagne. Ce dernier convoqua dans une des salles de l'Alcazar de Séville dix-huit pilotes experts de cette navigation pour le jour de l'examen, fixé au 13 novembre 1580. Le contenu de l'examen est inconnu car le procès verbal spécifie que les pilotes réunis ce jour jurèrent de garder le secret[179]. Cette source précise néanmoins qu'il fut demandé à chaque pilote de poser au candidat trois questions, les plus difficiles possibles[180]. Puis, les pilotes réunis autour du *piloto mayor* votèrent pour ou contre la validation du candidat. Comme ce dernier obtint la majorité des voix, il

---

176 Santos García, Inés María, « El oficio de maestre en la Carrera de Indias », *Revista general de marina*, vol. 263, 2012, p. 23-39. Fernández-López, Francisco, « El proceso de admisión de maestres de navíos en la Casa de la Contratación : expedientes y procedimiento », *Anuario de Estudios Americanos*, vol. 75, nº 1, 2018, p. 43-66.

177 Pour une brève description de cette procédure, voir Phillips, Carla R., *Six Galleons for the King of Spain*, *op. cit.*, p. 133. Les examens de pilotes de la seconde moitié du XVIe siècle sont en grande partie contenus dans AGI CT leg. 52A et B et 53A et B.

178 AGI CT leg. 52A, num. 6 (13/11/1580).

179 « *Que tomase juramento a todos los dichos pilotos que guardaran el secreto de lo que pasare en el dicho examen* », *ibid.*

180 « *Que cada uno dellos le haran tres preguntas las más dificiles que supiere en el arte de la navegación de las Indias* », *ibid.*

reçut son titre de pilote de la route de Nouvelle-Espagne, inclus dans ce même dossier car Antón Sánchez le rendit à la *casa de la contratación* une dizaine d'années plus tard. Comme son mauvais état de conservation en témoigne, ce titre remis en 1580 avait de toute évidence grandement souffert des voyages de son propriétaire, qui souhaitait en obtenir une copie en meilleure état.

La description précédente met en évidence le rôle particulier joué par les connaissances dans la vérification des compétences techniques des pilotes. Il faut bien saisir la transformation à l'œuvre : dans la seconde moitié du XVIe siècle, la preuve ultime des compétences en navigation ne se faisait plus sur un navire mais dans l'une des salles de l'Alcazar de Séville, face aux questions d'autres experts. Alison Sandman a sans doute raison d'affirmer que les « cosmographes » théoriciens l'emportèrent sur les « pilotes » de terrain, mais le phénomène me semble toutefois dépasser le cadre d'un débat sur l'art de la navigation à la *casa de la contratación*. Les ressemblances entre les examens des pilotes et ceux des artilleurs sont frappantes, même si l'enregistrement de cette pratique a produit plus de traces écrites dans le cas des pilotes, peut être parce que la profession était plus sensible. À la fin du XVIe siècle, servir le roi en tant que technicien, que l'on fût artilleur, fabricant d'armes, ingénieur ou pilote, réclamait de se soumettre à une épreuve particulière lors de laquelle la priorité était donnée aux connaissances. Au début du XVIIe siècle, on trouvait même ce type de pratiques appliquées aux notaires envoyés en Amérique[181]. S'agissait-il d'une spécificité du service au monarque ? Le caractère précieux et crucial de ces compétences techniques pour le fonctionnement de la machine impériale avait-il généralisé un type d'évaluation jusque-là étranger aux pratiques d'administration ?

L'histoire des pratiques d'examen est un vaste chantier encore peu ouvert par les historiens. L'examen est devenu, dans nos sociétés, partie intégrante de nos systèmes d'éducation et de sélection, une « institution sociale à part entière[182] ». Depuis la fin du XVIIIe siècle, il a acquis un rôle central dans la sélection des élites, soutenant l'idée de recrutement égalitaire et méritocratique contre les barrières sociales des privilèges de

181 Voir un feuillet de documents « *examenes de notarios* » de l'année 1625 inséré au milieu du legajo sur les examens d'artilleurs de la *casa de la contratación*. On retrouve encore une fois la même terminologie : « *os mando le exsamineis y hallándole hábil y suficiente* », AGI CT leg. 4871.

182 Belhoste, Bruno, « L'examen », *Histoire de l'éducation*, vol. 94, 2002, p. 5-16.

l'Ancien Régime[183]. Avant la Révolution, cette pratique trouva d'ailleurs un terrain fertile de développement au sein des filières d'enseignement militaire mises en place, en France, dans le courant du XVIIIe siècle – l'école royale du génie militaire de Mézières (1748), l'école militaire de Paris (1751), ou encore l'école royale des élèves d'artillerie de la Fère (1756)[184]. Pour les périodes antérieurs, l'espace principal d'implantation de l'examen était, depuis le Moyen Âge, l'université. La licence, jalon final du cursus universitaire octroyant le droit d'enseigner, consistait en un double examen[185]. D'une part, comme dans le cas des examens de pilotes de la *casa de la contratación*, la naissance et les mœurs du candidat étaient vérifiés. D'autre part, la procédure de vérification de la science de l'élève passait par une *disputatio*, une dispute orale sous forme d'un jeu de questions-réponses avec les maîtres. Les examens d'artilleurs, d'ingénieurs et de pilotes ont peut-être emprunté certains aspects de cette pratique courante de l'université médiévale.

Toutefois, fait méconnu et très peu étudié, la pratique de l'examen se rencontre, au XVIe siècle, dans un univers social plus proche des techniciens militaires : celui des corporations. Ainsi à Malaga en 1552, les statuts des travailleurs de la soie spécifiaient qu'il était nécessaire, pour ouvrir son propre atelier, d'être « examiné en théorie et en pratique » par les instances supérieures de la corporation[186]. Or, les quelques exemples de lettres d'examen (*carta de examen*) survivantes rappellent de manière saisissante les termes employés par les sources militaires en ce qui concerne les examens d'artilleurs[187]. De hautes autorités de la corporation examinaient un candidat pour savoir s'il était *abil y suficiente.* Pour ce faire, en plus de lui demander la réalisation d'une œuvre, on lui posait des « questions[188] ». Autrement dit, la corporation des tra-

183 Julia, Dominique, « Sélection des élites et égalité des citoyens. Les procédures d'examen et de concours de l'Ancien Régime à l'Empire », *Mélanges de l'Ecole française de Rome. Italie et Méditerranée*, vol. 101, n° 1, 1989, p. 339-381.

184 Julia, Dominique, « Gaspard Monge, examinateur », *Histoire de l'éducation*, vol. 46, n° 1, 1990, p. 111-133.

185 Verger, Jacques, *Culture, enseignement et société en Occident aux XIIe et XIIIe siècles*, Rennes, Presses universitaires de Rennes, 1999, p. 166-167.

186 Bejarano Robles, Francisco, *La industría de la seda en Málaga durante el siglo XVI*, Madrid, Consejo Superior de Investigaciones Científicas, 1951, p. 56.

187 Ces lettres sont transcrites à la fin de l'ouvrage de Bejarano Robles, *ibid.* p. 213-218.

188 « *Al qual han hallado abil y suficiente, por quanto para saber y entender lo que en el dicho oficio sabía le hizieron las preguntas y repreguntas que se requieren a las quales dio bastantes razones así de platica como de obra que de sus manos le vieron fazer* », *ibid.* p. 218.

vailleurs de la soie de Malaga régulait l'entrée de nouveaux membres en contrôlant non seulement leurs compétences manuelles mais aussi leurs connaissances, à l'oral.

Ce type d'évaluation par un examen oral sous forme de questions existait dans d'autres corporations de la Renaissance. Ainsi à Séville, les ordonnances de différents métiers de la fin du XVe siècle et du début du XVIe siècle – forgerons, fabricants d'épées, fileurs d'or – interdisaient à quiconque d'ouvrir boutique et de pratiquer l'office sans avoir préalablement été « examinés » par les autorités de la corporation élues à cet effet[189]. La nature de l'examen n'est malheureusement pas précisée dans ces textes, mais une ordonnance, plus tardive (1606), de la corporation des confituriers, offre quelques pistes d'interprétation[190]. Cette ordonnance royale explique que la fabrication de confitures atteignait alors d'importants volumes à Séville mais que cette activité n'y possédait pas d'ordonnance ni d'examen – « contrairement à bien d'autres villes ». Il était par conséquent nécessaire d'y remédier afin de garantir une production saine de confiture. Ce préambule révèle combien la pratique de l'examen était répandue dans la péninsule ibérique au début du XVIIe siècle. L'association entre *examen* et *ordenanzas* – c'est-à-dire statuts – montre que l'examen pouvait être considéré comme un élément essentiel de la définition d'une profession et de l'institutionnalisation d'un métier[191]. Les détails de la procédure rappellent quant à eux ce qui se pratiquait auprès des artilleurs et des pilotes puisque, d'après ce document, l'examen de confiturier réunissait jusqu'à douze confituriers qui devaient poser des « questions » au candidat. À l'issue de cette épreuve, quelques uns d'entre eux, élus par les autres, disposaient d'un droit de vote permettant d'accepter ou non le candidat[192]. Rien ne résume mieux, en Espagne, cette pénétration de l'examen parmi les arts

189 La même formulation revient à chaque fois : « *Qualquier del dicho oficio que quisiera poner tienda e usar de dicho oficio y obra presta no sea osado de la poner ni tener sin que sea primero esaminado por el dicho alés y veedor de dicho oficio* », AMS Sección XVI, doc. nº 17, fol. 71r (*herreros*), fol. 78v (*tirados de hilo de oro*), fol. 83v (*espaderos*).

190 AMS Sección I, Tome 15, doc. nº 24 « *ordenanza de el oficio de los maestros confiteros, impresa en 1723* », signée par le roi Philippe III à Madrid le 20/05/1606.

191 « *Nos fue hecho relación que el trato y confituria en la dicha ciudad de Sevilla era muy grueso por ser muy grande como nos era notorio, y [...] no había examen del dicho oficio, ni ordenanzas, habiendo como había en otras ciudades de estos nuestros reynos examen del dicho oficio* », *ibid.*

192 « *Que a el dicho examen se hallen presentes juntamente con los dichos veedores otros dos oficiales examinados, que así mismo nombren los dichos oficiales confiteros a el tiempo que hizieren la eleción*

mécaniques que la définition du mot *examen* publiée dans le dictionnaire de Covarrubias de 1611 :

> Dans toutes les sciences, disciplines, facultés, arts libéraux et mécaniques, il y a un examen pour valider ceux qui l'exercent ou les rejeter : et cet acte rigoureux les fait étudier et travailler pour qu'ils donnent une bonne image d'eux-mêmes[193].

En outre, ce phénomène ne semble pas avoir été circonscrit aux seuls artisans de la péninsule ibérique. Des examens sous forme de questions étaient en vigueur dans certains métiers à Venise, là où apparurent les premières écoles d'artilleurs. Ainsi, en 1509, les statuts de la corporation des tisseurs de soie intégrèrent une nouvelle régulation portant sur la pratique de la *prova*[194]. Tout tisseur de soie souhaitant devenir maître devait être « examiné » par des officiers de la corporation[195]. Le document précisait que le candidat devait être « interrogé » ce qui indique que cette pratique de l'examen s'effectuait certainement sous forme de questions[196]. On retrouve ici aussi une forte implication de l'État puisque la régulation fut modifiée par le *console dei mercanti*, organe d'administration de la Sérénissime aux mains des patriciens. L'originalité de ce cas réside cependant dans le rapport particulier à l'écrit de cet examen, puisque les candidats sachant écrire étaient invités à coucher leurs réponses sur une feuille de papier[197] tandis que les réponses des illétrés devaient être prises en notes par un scribe[198]. La preuve écrite des réponses du candidat, conservée durant huit jours, fournissait ainsi une base de discussion en cas de contestation du résultat de l'examen.

---

de los doze que assistan a el dicho examen y puedan hazer preguntas, con que no tengan voto con los dichos veedores », *ibid.*

193 « *En todas las ciencias, disciplinas, facultades, artes liberales y mecánicas, ay examen para aprovar a los que las professan o reprobarlos : y este acto riguroso les haze estudiar y trabajar para dar buena cuenta de sí* », Covarrubias Horozco, Sebastián, *Tesoro de la lengua castellana o española*, Madrid, Luis Sánchez, 1611.

194 Je remercie Luca Molà de m'avoir transmis cette référence permettant d'enrichir cet aperçu de l'ampleur de la pratique de l'examen. Biblioteca del Museo Correr, Venezia, Mariegole, n. 48, Tessitori di seta : CAP.120 : fol. 59v-61r (27/06/1509).

195 « *Che ogni volta che qualcuno vorrà mettersi alla prova per essere fatto maestro, fatto il deposito di un ducato secondo legge, sia esaminato dai Provveditori e Giudici* », *ibid.*

196 « *Sarà interrogado* » et un peu plus loin « *quando saranno esaminati e interrogati da Giudici e Provveditori* », *ibid.*

197 « *Et se el saverà scriver et che el dagi in nota la risposta sua in scriptura* », *ibid.*

198 « *El scrivan debi notar fidelmente, iuxtamente et distinctamente quello che loro responderano* », *ibid.*

L'examen d'artilleur émergea donc dans un contexte probablement bien plus large de transformation du monde professionnel. Un nouveau régime de la preuve des compétences professionnelles faisait alors son apparition aussi bien dans les corporations d'artisans que dans l'administration militaire de certains États[199]. Peut-on aller jusqu'à parler d'émergence d'une véritable culture de l'examen à la Renaissance ? Plus d'études sont nécessaires pour évaluer précisément l'ampleur de ce phénomène, ses racines et son degré d'homogénéité. Ce qui est certain, c'est qu'après ce détour par les examens d'artisans, la comparaison entre école d'artilleurs et corporation apparaît d'autant plus pertinente. La mise en place d'une formation à l'artillerie sanctionnée par un examen avec des questions reprenait les mécanismes de construction d'identité professionnelle et de différenciation sociale utilisés par les métiers de l'époque. Cependant, les examens d'artilleurs se distinguèrent par le caractère relativement centralisé de la structure qui les mit en jeu – l'administration militaire de la Monarchie hispanique – et par l'échelle remarquable de leur application – des milliers d'individus à travers tout un empire. C'est sans aucun doute la raison de leur importante visibilité en comparaison des pratiques locales des corporations d'artisans. Est-il alors possible de dresser une cartographie de l'ampleur de ce phénomène à l'échelle de l'empire espagnol de la fin du XVIe siècle ?

L'ENSEIGNEMENT DE L'ARTILLERIE APRÈS LA GRANDE ARMADA DE 1588

Les développements précédents ont mis en évidence la création d'écoles d'artilleurs dans les États italiens de la Monarchie hispanique à partir de la fin des années 1560. À la même époque, en Espagne, de nombreux témoignages attestent de l'existence de centres de formation des artilleurs ainsi que de la pratique courante de l'examen. Or, du

199 Aux cas vénitiens et espagnols, on peut rajouter celui de certaines guildes et administrations des Pays-Bas dans le courant du XVIIe siècle : Davids, Karel « Apprenticeship and Guild Control in the Netherlands, c. 1450-1800 » dans *Learning on the Shop Floor : Historical Perspectives on Apprenticeship*, Bert De Munck, Steven L. Kaplan et Hugo Soly (éd.), Oxford, New York, Berghahn Books, 2007, p. 65-84.

fait du développement des grandes armadas atlantiques, les besoins en artilleurs de la Monarchie hispanique augmentèrent considérablement à la fin du XVIe siècle. Au lendemain du désastre de la Grande Armada de 1588, les initiatives de créations d'écoles d'artilleurs se multiplièrent soudainement, constituant un vaste réseau de centres de formation. L'enseignement de l'artillerie prit une dimension nouvelle à laquelle les élites durent également s'adapter. L'art du tir au canon fut de plus en plus enseigné non seulement à ceux qui maniaient les canons, mais aussi à ceux qui les commandaient et devaient évaluer leurs connaissances et leurs compétences.

CARTOGRAPHIE DES ÉCOLES D'ARTILLEURS APRÈS 1588

Le tournant atlantique de la Monarchie hispanique et la nécessité de trouver suffisamment d'artilleurs pour servir dans les flottes stimula l'institutionnalisation de l'enseignement de l'artillerie au sein de la péninsule ibérique. En Espagne avant l'année 1588, l'école de Séville était le seul centre de formation appelé *escuela de artilleros* dans les sources. Sur ce plan, le désastre de l'Invincible Armada (1588) marqua un tournant décisif. Comme les chapitres précédents l'ont montré, du point de vue de l'artillerie, cette entreprise mobilisa des quantités de ressources jamais vues auparavant. Des navires, des pièces d'artillerie et des artilleurs de toute la Méditerranée occidentale et du nord de l'Europe convergèrent vers la péninsule ibérique afin de préparer cette opération. Or, les pertes en ressources humaines – Parker les estime à environ la moitié des équipages[200] – et particulièrement en artilleurs, handicapèrent lourdement la machine impériale. De plus, malgré tous ces efforts de mobilisation, la Grande Armada fut vaincue à Gravelines par la supériorité de l'artillerie anglaise[201]. Cette défaite mettait en évidence des défauts techniques, tactiques et structurels importants des flottes de guerre espagnoles. La contre-offensive anglaise sur la Galice, Lisbonne et les Açores en 1589 montra clairement à Philippe II et à ses ministres qu'il fallait réagir vite[202]. Des escadrons permanents de galions, réunis sous le nom d'*armada del mar Océano*, furent mis

200 Parker, Geoffrey, *The Grand Strategy of Philip II*, *op. cit.*, p. 269.

201 Voir p. 86 ainsi que Martin, Colin, Parker, Geoffrey, *The Spanish Armada*, *op. cit.* ; Geoffrey Parker, *The Grand Strategy of Philip II*, *op. cit.*

202 Wernham, Richard B., *After the Armada*, *op. cit.*

en place dès 1590. En outre, la tactique navale espagnole tâcha de s'adapter à l'adversaire anglais : comme le premier chapitre l'a mis en évidence, l'armement des galions s'alourdit considérablement et le nombre d'artilleurs par galion augmenta d'environ 30 %[203]. Cette transformation rendait compte de l'importance qu'attribuaient désormais à l'artillerie embarquée les têtes de l'administration militaire espagnole.

Ce nouveau programme de construction, juste après l'Invincible Armada, d'une flotte de guerre lourdement équipée en artillerie se traduisit par une préoccupation accrue pour la formation des artilleurs. À Lisbonne, en décembre 1589, Hernando de Acosta, lieutenant du capitaine général de l'artillerie, écrivit au roi qu'il y avait une grande nécessité d'artilleurs pour les flottes[204]. Avec Marcos de Aramburu, l'un des principaux capitaines rescapés de la Grande Armada, ils proposaient une série de mesures d'urgence[205]. Outre les solutions classiques telles que le recours aux artilleurs étrangers par voix diplomatiques ou embargos, les deux hommes proposaient d'utiliser des artilleurs pour « enseigner l'usage du canon » et « montrer la doctrine de l'artillerie » aux marins[206]. Quelques semaines plus tard, le duc de Medina Sidonia, malheureux général de l'Invincible Armada, fit au roi le même constat du grand besoin d'artilleurs pour les flottes, suggérant que, dans chaque port de la côte andalouse, fût créée une « école d'artilleurs » – le mot était prononcé[207] ! Quatre ans plus tard, Pedro López de Soto, comptable de l'artillerie de l'armada en Galice, évoquait l'importance qu'il y avait de former 1 000 artilleurs sur les côtes espagnoles en mettant en place des « écoles d'artilleurs » dans chaque port[208]. Comme dans le cas des écoles en Italie et à Séville, pour

203 Voir p. 87-88.

204 AGS GYM leg. 254/171 et 181 (09/12/1589).

205 Voir la lettre de Marcos de Aramburu au roi : AGS GYM leg. 254/167 et 168 (10/12/1589).

206 « *Que se saquen los artilleros de tierra que se pudieren pues [...] darán doctrina del artillería a los marineros [...] y se yran ellas cada día enseñando como la han de hussar en la mar* », *ibid.*

207 « *E oydo tratar a unos que seria bien que en cada lugar de los destas costas huviese una escuela de artilleros* », AGS GYM leg. 280/228 (06/02/1590).

208 « *Vuelvo a acordar de la importancia grande que sería havilitar un numero de 1000 artilleros marineros en las costas de España para tenerlos en ellas sin sueldo sufficientes y examinados todas las vezes que sean menester, lo qual con muy poco gasto se podria, poniendo un cabo que tuviese escuela en cada uno de los lugares maritimos de más concurso* », AGS GYM leg. 398/294 (19/02/1594).

tous ces projets d'écoles, il s'agissait de former des groupes d'artilleurs non payés mais jouissant de privilèges et prêts à s'embarquer dans les flottes dès qu'on le leur ordonnerait.

La création d'écoles d'artilleurs dans les ports de la péninsule ibérique ne resta pas à l'état de projet. En 1588, Bartolomé de Andrada, artilleur venu de Sicile à Lisbonne pour participer à la Grande Armada, dut renoncer à s'embarquer en raison de sa santé défaillante. Or, Andrada était un vétéran avec plus de vingt ans de service à son actif ; en Sicile, il était maître d'une des quatre écoles d'artilleurs. Le conseil de guerre voulut par conséquent tirer profit de son expérience et, dès avant le retour de l'Armada, en août 1588, on lui proposa un poste au château São Jorge de Lisbonne, avec obligation « d'enseigner en école[209] ». Au début de l'année 1590, l'enseignement de l'artillerie s'était multiplié au Portugal : le capitaine général de l'artillerie don Juan de Acuña Vela indiquait que des maîtres artilleurs étaient chargés d'enseigner et donner des cours publics d'artillerie dans les châteaux São Jorge et São Julião de Lisbonne ainsi qu'au fort São Felipe de Setubal[210]. Au même moment, le contrôleur de l'artillerie Lópes de Soto expliquait que, conformément aux ordres royaux, dans les ports du Ferrol et de la Corogne en Galice, deux maîtres artilleurs d'origine italienne avaient mis en place deux écoles rassemblant 49 artilleurs et visant à former de nouvelles recrues pour l'armada[211]. D'ailleurs, il faut noter que l'un de ces deux hommes, nommé Evangelista, faisait partie d'un contingent d'artilleurs venus de Sicile[212]. Une tendance claire se dessine. Les nouvelles écoles mises en place après l'échec de l'Invincible Armada se construisirent autour de maîtres siciliens (ou plus généralement italiens) qui transférèrent leur expérience d'enseignement de l'artillerie d'Italie vers la péninsule ibérique.

En plus de ces écoles attachées à un port, d'autres initiatives d'enseignement furent mises en place en relation directe avec des escadrons spécifiques de navires. Ainsi, à la fin de l'année 1589, le

209 « *Que por su orden començo a servir en el dicho castillo con que sea obligado a enseñar en escuela quando se lo mandaren porque lo hizo en Sicilia* », AGS GYM lib. 45, fol. 62r (24/08/1588).

210 AGS GYM leg. 280/255 (18/02/1590).

211 « *A 49 artilleros de campaña que ay se an dado quatro pagas. Tienen puesta escuela aqui [Ferrol] y en la Coruña dos cabos Italianos [...] En quanto a las dichas escuelas, la de aqui sirve de abilitar los artilleros de mar, y hazer algunos de nuevo* », AGS GYM leg. 281/32 (07/02/1590).

212 Le marquis de Cerralbo au roi : AGS GYM leg. 254/100 (08/12/1589).

commandant des galéasses, don Bernardino de Avellaneda, souhaita profiter de la période des fêtes pour entraîner ses artilleurs au tir avec une pièce de 4 lb. et demanda au roi l'autorisation d'utiliser de la poudre et des munitions à cet effet[213]. Cette initiative locale donna néanmoins peu de fruits car, comme les galéasses stationnaient alors à Lisbonne, le conseil de guerre répondit à Avellaneda qu'il devait envoyer ses artilleurs à l'école de la ville, mise en place l'année précédente. Pourtant, à la même époque, le chef artilleur de l'escadron de huit galères stationnées à Lisbonne tenait en place une « école[214] ». Fils d'un artilleur, cet individu répondant au nom de Lazaro de la Isla avait une longue carrière au service de l'artillerie de Philippe II, ayant pris part à la bataille de Lépante (1571), la prise de Tunis (1573) et ayant joué un rôle de premier plan dans l'invasion de la Terceira (1583)[215]. En 1590, il parvint à transformer son initiative locale en institution puisqu'il obtint l'accord officiel du monarque « pour enseigner l'artillerie sur les galères à tous ceux qui souhaiteraient apprendre cet art[216] ».

D'autres initiatives de ce genre apparurent dans les mêmes années. Ainsi, en 1593, Pedro de Zubiaur, général de l'escadron de *filibotes* de la côte cantabrique, expliqua au conseil de guerre qu'il avait mis en place une école dotée d'une pièce d'artillerie pour l'entraînement au tir[217]. De cette manière, les marins désirant devenir artilleurs (avec une augmentation de salaire de 50 % expliquait Zubiaur) pouvaient recevoir la formation nécessaire et ainsi passer l'examen[218]. Zubiaur

---

213 AGS GYM leg. 254/169 et 170 (09/12/1589).

214 « *Maestre Lazaro de la Isla, cavo maestro de los artilleros de las ocho galeras que llevo a cargo a Lisboa el capitan Cristoval de Monguna […] tenía escuela de artilleros donde se enseñavan los que querían aprender el dicho arte* », AGS GYM leg. 271/37 (05/12/1589).

215 Des indices de sa biographie sont contenus dans le document précédent. Voir aussi la préface au lecteur du livre qu'il publia cinq ans plus tard, Isla, Lazaro de la, *Breve tratado de artillería, geometría y artificios de fuegos*, Madrid, Viuda de Pedro Madrigal, 1595. Pour son rôle dans l'invasion de la Terceira en 1583, voir AGS GYM leg. 148/311 (année 1583).

216 Demande de Lazaro de la Isla : « *A Vuestra Majestad suplica de nuevo sea servido darle licencia que pueda enseñar el arte de artillería* ». Réponse du conseil de guerre : « *que el Adelantado de Castilla haga y procure que en las galeras se enseñen estas cosas a los que se quisieren inclinar a ello* », AGS GYM leg. 316/117 (année 1590).

217 « *Abiendo considerado la falta de artilleros que a avido […] les he puesto escuela y una pieça con que tiran* », AGS GYM leg. 378/85 (12/10/1593).

218 Voir *ibid.* et AGS GYM leg. 378/98 (08/11/1593).

affirmait que 92 hommes avaient déjà été examinés de la sorte et que bien d'autres marins seraient formés sous peu afin d'être disponibles comme artilleurs selon les besoins des armadas. Il faut remarquer que dans ce cas, comme dans ceux de Lisbonne et la Corogne, le maître chargé de l'école et des examens était italien, d'origine milanaise[219] ce qui renforce la thèse de l'influence italienne du modèle de l'école d'artilleurs. Toutefois, ces écoles attachées à un escadron différaient de celles de Palerme, de Venise ou de Milan en ce qu'elles ne pouvaient fonctionner que par intermittence, lors de l'hivernage des flottes. Il faut également noter que ces initiatives de formation des artilleurs au sein des flottes, bien que rarement institutionnalisées, étaient sans doute très courantes. Ainsi, un document administratif de la fin du XVIe siècle recommandait au chef des artilleurs de chaque navire de donner des leçons à l'équipage, d'entraîner les soldats à aider au maniement de l'artillerie, d'enseigner aux autres artilleurs et de les entraîner par des exercices de tir en sortant une pièce du navire lorsqu'il était au mouillage[220].

En plus de ces formations implantées dans les ports d'attache des flottes de guerre espagnoles, d'autres écoles furent mises en place en Espagne. Ainsi, au début de l'année 1589, le capitaine général de l'artillerie écrivit au roi :

> Concernant ce qu'il conviendrait pour avoir davantage d'écoles d'artilleurs, si Votre Majesté l'accepte, on pourrait mettre en place une école à Burgos, une autre à Pampelune, une autre à Saint-Sébastien, une autre à Fontarrabie et enfin une autre à Gibraltar[221].

Cet extrait montre que, quelques mois seulement après le retour de la Grande Armada, le roi et son conseil de guerre avaient demandé au capitaine général de l'artillerie ce qu'il convenait de faire pour mettre en place de nouvelles « écoles d'artilleurs ». Toutefois, la réponse de ce dernier ne manque pas d'étonner puisqu'il suggéra d'implanter des

219 « *Los esamina Juan Merlo, milanés, condestable de la Capitana* », AGS GYM leg. 378/85 (12/10/1593).

220 Coll. Navarete, vol. 22, doc. n° 47. Le document est inséré dans un ensemble provenant du conseil des Indes à la fin des années 1570.

221 « *En quanto a lo que convendrá para que aya escuelas de artilleros fuera de las que ay, siendo Vuestra Majestad servido se podrá poner una escuela en Burgos, otra en Pamplona, otra en San Sevastian, otra en Fonterevia, y otra en Gibraltar* », AGS GYM leg. 246/191 (20/02/1589).

écoles dans tous les principaux centres de formation d'artilleurs existants avant les écoles. Don Juan de Acuña Vela justifiait ce choix par le fait que ces lieux possédaient déjà des maîtres capables d'enseigner l'artillerie. Autrement dit, ces « écoles » se construisirent sur des structures d'enseignement mises en place dans les décennies antérieures. C'est aussi ce qui se passa à Lisbonne où l'école de Bartolomé de Andrada fut créée à la fin de l'année 1588 sur la base préexistante d'exercices de tir pour « l'habilitation » des artilleurs établis depuis 1584 dans les garnisons de la région[222]. Cette évolution des formations d'artilleurs en garnison vers des écoles d'artilleurs est également perceptible dans le cas de Séville. En effet, comme l'a montré le chapitre précédent, le premier maître de cette école, Andrés de Espinosa, était l'un des 60 artilleurs de Burgos, la garnison de formation des artilleurs par excellence.

La transformation de ces grandes garnisons en écoles d'artilleurs signifia-t-elle un véritable changement pour la formation des artilleurs ? Comme cela a été dit précédemment, dans les faits, le fonctionnement de ces garnisons se rapprochait de celui des écoles créées en Italie et à Séville. On y trouvait un terrain d'entraînement au tir, des pratiques d'examens. Tout comme les écoles, ces garnisons servaient de réserve d'artilleurs pour les grandes opérations militaires de la Monarchie[223]. En ce sens, l'usage du mot *escuela*, devenant courant dans les sources à partir de l'année 1589, pourrait simplement signifier un glissement de vocabulaire, une influence de la terminologie italienne résultant de la venue en Espagne de nombreux artilleurs italiens lors des préparatifs de la Grande Armada en 1588. Mais alors, comment expliquer l'exception du cas de Séville, appelé *escuela* depuis l'année 1576 ?

Quelques indices tendent à prouver qu'il existait de légères différences de fonctionnement entre les garnisons et les écoles d'artilleurs. Ces différences s'expriment d'abord au niveau des destinataires de l'enseignement. Dans les garnisons, la formation s'adressait à des hommes qui étaient déjà au service de la Monarchie, payés par l'argent

222 « *Desde el año pasado de 84 yo he mandado que los artilleros de los castillos de Lisboa, su ribera y comarca se ejerciten y habiliten en su officio* », Le roi à Hernando de Acosta, AGS GYM lib. 57, fol. 9 (29/04/1590).

223 Ces grandes garnisons continuèrent de jouer ce rôle après l'armada de 1588. Voir par exemple les artilleurs de Burgos embarqués pour l'armada de 1597 : AGS GYM lib. 77 fol. 202r (26/08/1597).

du roi. En revanche, à l'école de Séville, comme à celles de Palerme ou de Milan, l'enseignement de l'artillerie était public et ouvert « à tous ceux qui voudraient apprendre l'art » comme le répétaient les différentes instructions des maîtres. Les élèves, pour la plupart marins ou artisans, pouvaient s'inscrire gratuitement, mais sans rémunération – hormis, dans certains cas, la jouissance de privilèges. Dans cette perspective l'emploi généralisé du terme *escuela* après 1588 faisait aussi plutôt référence à un enseignement public. Il en allait ainsi de l'école de Bartolomé de Andrada à Lisbonne[224]. De même, la création d'écoles à Burgos, Pampelune, Fontarrabie et Saint-Sébastien visait, selon le capitaine général de l'artillerie, à instruire les natifs de ces régions, en particulier les artisans charpentiers, forgerons et tailleurs de pierre, invités à s'inscrire en échange de la jouissance des privilèges et de l'obligation à servir la Monarchie en cas de nécessité[225]. Autrement dit, le glissement de vocabulaire vers le mot *escuela* correspondit à une évolution de l'enseignement de l'artillerie, de plus en plus ouvert au public et visant à générer des artilleurs à partir d'autres métiers plutôt que de perfectionner des artilleurs déjà au service du roi.

En outre, ce passage des garnisons d'artilleurs aux écoles s'accompagna d'une insistance de plus en plus marquée sur les cours théoriques. Avant 1588, seule la forteresse de Perpignan fournit un indice fort de l'existence de cours théoriques. Cependant, la situation changea dans la dernière décennie du XVIe siècle. À l'école de Séville, il fallut attendre la venue, en 1591, du mathématicien italien Julián Ferrofino pour obtenir la preuve irréfutable que des cours théoriques étaient donnés séparément des exercices de tir[226]. Le parcours de cet homme avant son arrivée à Séville est révélateur de la nouvelle tournure que prenait alors l'enseignement de l'artillerie dans la péninsule ibérique. Il faut d'abord noter une fois de plus le lien évident avec les écoles italiennes puisque Ferrofino avait enseigné l'artillerie et la fortification à Milan pendant six ans[227]. Lorsque cet homme arriva en Espagne en 1589, Hernando de

224 D'après les mots de don Juan de Acuña Vela : « *Ay alli quien enseñe y publicamente lo muestran a quien lo quiere oyr* », AGS GYM leg. 280/255 (18/02/1590).

225 AGS GYM leg. 246/191 (20/02/1589).

226 Voir p. 324-325.

227 « *El doctor Julian Ferrofino dize a professado en matheria de forticaciones y artillería en que a servido a Vuestra Majestad de 6 años a esta parte en el estado de Milan* », AGS GYM leg. 262/284 (27/06/1589).

Acosta, lieutenant de l'artillerie à Lisbonne fut chargé de donner son opinion sur le savant :

> Il est très docte en mathématiques et je suis certain que, en ce qui concerne la théorie, il instruira très bien à l'emploi de l'artillerie, et avec la facilité qu'il promet, tous ceux qui l'écouteront, ce qui conviendrait parfaitement et est fort nécessaire au service de Votre Majesté[228].

Cet homme que le lieutenant Acosta jugeait excellent pour enseigner les aspects théoriques de l'artillerie, le conseil de guerre jugea pertinent de l'envoyer à l'« école » de Burgos – il s'agit de la première occurrence chronologique de ce mot appliqué au centre de formation de Burgos[229]. Comme le chapitre précédent l'a montré, après un bref séjour à Burgos, Ferrofino fut finalement appelé auprès du capitaine général de l'artillerie à Malaga, où il donna également des leçons aux artilleurs de la ville. Signe de la valeur attribuée à cet individu capable de bien enseigner la théorie, le lieutenant Hernando de Acosta réclama sa présence à Lisbonne[230]. Il est par conséquent possible d'affirmer que ces écoles d'artilleurs étaient considérées comme des centres de formation à la théorie de l'artillerie autant qu'à la pratique. D'ailleurs, l'usage plus fréquent du mot *escuela* s'accompagna d'un glissement de vocabulaire des verbes *abilitar* et *ejercitar* rappelant les exercices de tir, vers le mot *enseñar*, se référant à un enseignement plus formel[231].

L'enseignement de l'artillerie connut un franc succès dans les deux décennies qui suivirent le désastre de l'Invincible Armada. En plus des écoles créées dans les ports d'attache des escadrons de l'*armada del mar Océano*, le capitaine général de l'artillerie ordonna la mise en place, en décembre 1589, d'une école d'artilleurs à Carthagène, sur le modèle milicien de Malaga où la seule rémunération des artilleurs était

228 « *Es muy docto en las matemáticas y tengo por cierto que en lo que es teórica intruirá muy bien y con la facilidad que promete en el ministerio de la artillería a todos los que le oyeren, lo qual convendría mucho y es bien necesario al servicio de Vuestra Majestad* », AGS GYM leg. 263/224 (année 1589).

229 « *Instruira muy bien y con la facilidad que promete a todos los que le oyeren en lo de ser artilleros [...] començando por Burgos dondé ay escuela dellos, adonde acudirían otros muchos* », AGS GYM leg. 262/284 (27/06/1589).

230 « *Si el doctor Millio [Ferrofino] que así entiendo se llama él a quien Vuestra Majestad a mandado yr a leer a Burgos esta materia de artillería viniese aquí seria a mi juicio mucho más servicio de Vuestra Majestad* », AGS GYM leg. 254/179 (03/12/1589).

231 Voir les nombreuses citations des pages précédentes.

la jouissance des privilèges[232]. Au début du XVIIe siècle, avec celle de Gibraltar, trois écoles en tout fonctionnaient complètement comme une milice citoyenne[233]. Probablement après le sac de la ville par les Anglais en 1596, une école d'artilleurs fut également ouverte à Cadix où fut envoyé quelques années plus tard Lazaro de la Isla, le maître artilleur qui avait enseigné sur les galères de Lisbonne[234]. Par ailleurs, l'existence des autres écoles perdura dans le temps. Ainsi, à la Corogne, le maître Gerónimo Ruiz remplaça en 1594 le sicilien Evangelista[235]. De même au château São Jorge de Lisbonne, l'artilleur vétéran Juan Carlos succéda à l'enseignement de Bartolomé de Andrada[236]. La situation semblait inchangée au début du XVIIe siècle puisque, dans un document dédié aux écoles d'artilleurs en 1605, don Juan de Acuña Vela écrivait au conseil de guerre que

> en Catalogne, Navarre, Galice, Portugal et à Cadix, il y a des écoles où s'exercent les artilleurs qu'il y a dans ces régions ainsi que ceux qui souhaitent devenir compétents, et à Gibraltar, Malaga et Carthagène, ils s'exercent aussi mais sans aucun salaire, jouissant seulement des privilèges[237].

Ces écoles de Catalogne, Navarre, Galice et Portugal citées par le général de l'artillerie, renvoient certainement aux places fortes de Perpignan, Barcelone et Pampelune considérés à cette date comme des « écoles », ainsi que les *escuelas* du Ferrol, La Corogne et Lisbonne.

Les cartes des figures 37 et 38 mettent en évidence la constitution de ce réseau de centres de formation à l'artillerie. Ces cartes n'ont pas l'ambition d'être exhaustives. En particulier la seconde carte fait figurer les différents centres qu'au moins une source identifie comme *escuela*. Par conséquent, de nombreuses petites garnisons incluant un

---

232 « *Poner escuela para que aprendan y para ello se les de una pieza de artillería pequeña y la polvora y pelotas que pareciere que bastaran y poner aquí un muy buen artillero por cavo para que enseñe y avilite los que ahora ay y hubiere de haver* », AGS GYM leg. 254/221 (22/12/1589).

233 AGS GYM leg. 688/57 (14/03/1605).

234 « *Se le [Lazaro de la Isla] a mudado a Cádiz para que allí sirba en enseñar y abilitar los artilleros* », AGS GYM leg. 627/126 (16/06/1604).

235 AGS GYM leg. 398/291 (19/02/1594).

236 AGS GYM lib. 70 fol. 58r (28/09/1594).

237 « *En Catalunia, Navarra, Galicia, Portugal y Cádiz ay escuelas donde se ejercitan los artilleros que ay en estas partes y los que quieren abilitarse y en Gibraltar, Málaga y Cartagena también se ejercitan y no llevan sueldo y solo gozan de las dichas exenciones* », AGS GYM leg. 688/57 (14/03/1605).

terrain d'entraînement et une formation des artilleurs à l'échelle locale ne sont pas représentées. Comme la frontière entre garnisons formant des artilleurs et véritables écoles d'artilleurs était relativement ténue, il est tout à fait possible que certains lieux soient passés au travers des mailles de mes recherches. De plus, comme les traces de ces écoles dans les sources sont relativement rares, il n'est pas possible d'affirmer leur continuité totale de fonctionnement. L'étude du cas détaillé de Séville dans le chapitre précédent a bien démontré combien il pouvait être difficile pour ces établissements semi-institutionnalisés de perdurer dans le temps, sans discontinuité, au-delà de leur contexte de création et des parcours des maîtres auxquels ils étaient initialement attachés. Cependant, malgré ces imprécisions, ces deux cartes permettent de visualiser clairement le phénomène de multiplication des centres de formation d'artilleurs entre 1588 et 1605. Elles montrent également la principale force motrice de ce phénomène : la constitution des flottes de guerre atlantiques, engendrant une concentration des centres de formation près des côtes, dans les ports où stationnaient les armadas espagnoles.

Par ailleurs, cette cartographie de l'enseignement présente de grandes disparités de répartition puisque plusieurs écoles se concentrent parfois sur un espace réduit tandis que d'autres territoires bien plus vastes tels que les Pays-Bas, le royaume de Naples et l'Amérique apparaissent comme totalement démunis d'écoles. Comment expliquer de tels écarts ? Dans le cas de l'Amérique, il a été mis en évidence dans la partie précédente que les principaux ports fortifiés étaient censés posséder un *terrero*, c'est-à-dire un terrain d'entraînement pour les artilleurs en garnison. Il est possible que davantages de recherches ciblées sur cet espace révèlent l'existence de véritables écoles d'artilleurs ayant émergé de ces *terreros*. Toutefois, il faut rappeler qu'à la fin du XVIe siècle, ces garnisons reposaient encore en grande partie sur la péninsule ibérique pour le recrutement d'artilleurs[238]. Pour des raisons démographiques, il était certainement plus difficile de générer un surplus d'artilleurs à Carthagène des Indes qu'à Séville ou à Lisbonne, villes importantes et principaux centres d'affluence des migrations de toute la péninsule ibérique et d'au-delà. Quant aux Pays-Bas et au royaume de Naples, les archives de Simancas ne mentionnent aucune trace d'écoles

238 Voir p. 187-190.

d'artilleurs, mais il est tout à fait possible que des recherches dans les archives de Bruxelles et de Naples révèleraient quelque surprise à ce sujet. Toutefois, ces territoires ayant joué des rôles secondaires dans la construction de la puissance navale espagnole en Atlantique, il n'y a rien non plus d'absurde à ce qu'ils soient restés en marge du grand mouvement de création d'écoles d'artilleurs qui suivit la défaite de l'armada de 1588.

D'autres exemples viennent soutenir l'hypothèse d'une relation causale entre la dynamique de création d'écoles d'artilleurs et la construction d'une puissance navale pour soutenir un vaste empire. En effet, la Monarchie hispanique ne fut pas le seul État à recourir massivement à ce type d'institutions pour soutenir un empire s'étalant entre différentes mers et océans. À Venise, le Sénat justifiait le maintien de ses écoles d'artilleurs par les besoins de sa flotte de guerre et de ses places fortes disséminées dans toute la Méditerranée orientale[239]. L'Angleterre, principale rivale de l'Espagne dans l'Atlantique, commença également à se doter d'une école d'artilleurs[240]. De manière parfaitement symétrique à ce qui est observable dans la péninsule ibérique, les artilleurs de la Tour de Londres commencèrent dans les années 1580 à s'entraîner dans les faubourgs de la ville. Les apprentis étaient appelés *scholars* dans les sources, ce qui ne manquera pas de rappeler les vocables de *scolari* et *escolares* usés dans les écoles d'artilleurs italiennes et espagnoles. Bien que le phénomène eut une portée plus limitée en Angleterre, puisque Walton n'évoque l'existence que d'une seule école d'artilleurs, l'exemple démontre que, d'une part, les modèles de formation à l'artillerie circulaient à travers toute l'Europe – mais cela étonne peu compte tenu de l'importante circulation des artilleurs eux-mêmes – et, d'autre part, que la formation des artilleurs devenait un sujet de plus en plus crucial pour tout État ayant l'ambition d'être une puissance navale internationale.

---

239 « *E importantissima la provisione de Bombardieri, essendo necessario mandarne buon numero in Armata et altri luoghi, et isole nostre* » ASV, Senato Terra, reg. 49, fol. 81 (13/12/1572).

240 Walton, Steven A. « The art of gunnery in Renaissance England », *op. cit.*, p. 294 et suiv.

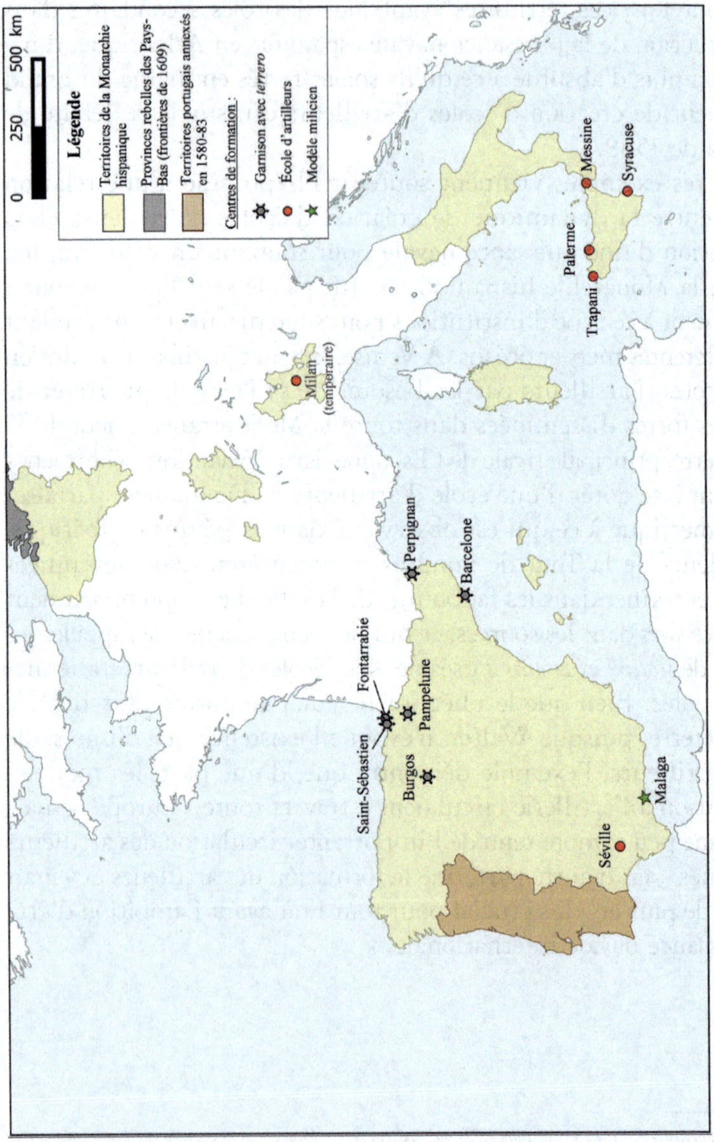

FIG. 37 – Écoles d'artilleurs et autres centres de formation à l'artillerie de la Monarchie hispanique vers 1570-80.
Carte réalisée par l'auteur.

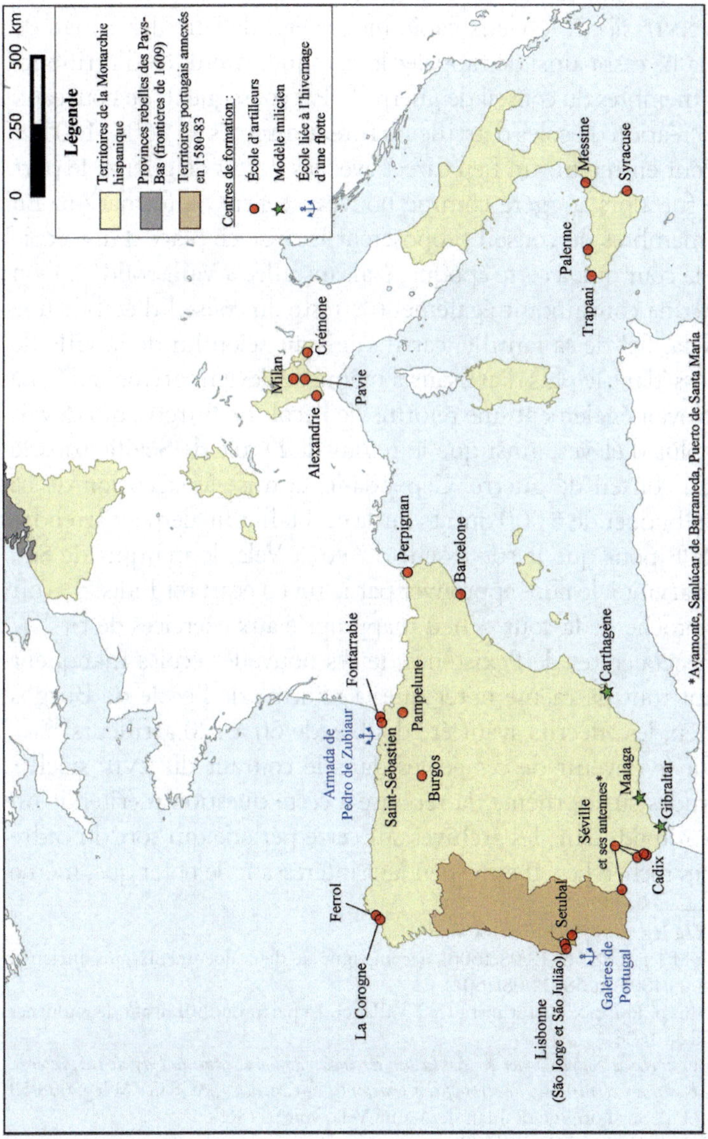

FIG. 38 – Écoles d'artilleurs de la Monarchie hispanique vers 1600.
Carte réalisée par l'auteur.

Néanmoins, malgré son important réseau d'écoles d'artilleurs, la Monarchie hispanique n'était pas capable de satisfaire les besoins colossaux en artilleurs engendrés par ses grandes ambitions. Dans les premières années du XVIIe siècle, le vieux capitaine général de l'artillerie Juan de Acuña Vela ne cessa ainsi de rappeler le manque chronique d'artilleurs aux autres membres du conseil de guerre[241]. Par conséquent, de nouveaux projets de création d'écoles d'artilleurs furent discutés en 1604, 1605 et 1606[242]. Pour entretenir un lien direct avec les flottes de guerre, le port de Bilbao fut alors suggéré comme nouveau centre de formation. En outre, les membres du conseil proposèrent la mise en place d'une école proche de la cour qui, à cette époque, était installée à Valladolid[243]. Don Juan de Acuña convainquit également le reste du conseil d'établir une école à Avila, fief de sa famille, car il s'agissait selon lui de la ville de Castille possédant le plus d'artisans à même de devenir artilleurs[244]. Le projet prévoyait également une réforme de l'école de Burgos, qui devait accueillir plus d'élèves, ainsi que le retour de l'école de Séville sous le contrôle du conseil de guerre. Cependant, la mise à exécution de ce projet d'un budget de 6 000 ducats tarda et il fallut finalement attendre l'année 1608 pour que le successeur d'Acuña Vela, le marquis de San Germán, parvînt à le faire approuver par le roi en écartant l'idée d'avoir une école proche de la cour, « lieu inapproprié aux exercices de tir[245] ». Les preuves concrètes de l'existence de ces nouvelles écoles manquent mais il faut tout de même noter que la réforme de l'école de Burgos eut bien lieu, les effectifs ayant été doublé, de 60 à 120 artilleurs[246].

Que fut le devenir de ces écoles dans le courant du XVIIe siècle ? Faute d'études sur ce thème, la réponse à cette question mériterait un travail approfondi dans les archives sur cette période qui sort du cadre fixé par mes recherches. Il est cependant intéressant de noter que, même

241 AGS GYM leg. 688/58 (14/08/1604).

242 AGS GYM leg. 688/56 (18/08/1606), accompagné de deux documents plus anciens : n° 57 (14/03/1605) et 58 (14/08/1604).

243 La cour du roi Philippe III fut installée à Valladolid à partir de 1601 avant de retourner à Madrid en 1606.

244 « *La otra escuela se podría poner en Avila per ser lugar que mas cantidad ay de carpinteros, canteros, herreros y cerrajeros y de otros oficios semejantes de Castilla* », AGS GYM leg. 688/58 (14/08/1604). Sur l'origine de Juan de Acuña Vela, voir p. 136.

245 AGS GYM leg. 688/55 (17/10/1608).

246 Coll. Aparici, Tomo XLVIII, sig. 1-3-16, AGS, Mar y Tierra, leg. 1230, année 1638 : « *introducir en Burgos la escuela de los 120 artilleros que allí había* ».

si certaines de ces institutions, comme l'école de Séville, traversèrent le siècle, d'autres tombèrent en désuétude à des dates inconnues. Ainsi, en 1638, le capitaine général de l'artillerie demanda la réouverture de l'école de Burgos apparemment fermée quelques années plus tôt[247]. En outre, en 1678, le conseil de guerre réalisa qu'il y avait alors un grand manque d'artilleurs dans le royaume et proposa d'ouvrir des écoles d'artilleurs à Cadix, Saint-Sébastien, Barcelone, La Corogne, Malaga, c'est-à-dire dans des villes où avaient précédemment existé des écoles d'artilleurs au début du même siècle[248]. Il semble donc qu'au milieu du XVIIe siècle, dans un moment de crise pour l'empire espagnol, la plupart des écoles d'artilleurs avaient été fermées.

Cependant, sur le long terme, l'enseignement de l'artillerie sous une forme institutionnalisée devint la norme puisque, à partir du XVIIIe siècle, la plupart des grands États européens se dotèrent d'écoles d'artillerie[249]. Néanmoins, les structures des administrations militaires avaient entre temps évolué au point que, à la fin de l'époque moderne, les élèves sortant des écoles d'artillerie de La Fère (en France), de Ségovie (en Espagne), ou de Woolwich (en Angleterre) n'étaient plus de simples artilleurs mais des officiers d'artillerie en charge de les commander. À ce titre, il convient donc de s'interroger sur les conséquences, au XVIe siècle, de l'apparition des premières écoles d'artilleurs sur la formation du corps officier encadrant ces techniciens de la poudre.

---

247 *Ibid.*

248 « *El capitán general de la artillería de España informo que no tan solo se debía hazer la escuela en Cádiz sino es en todos los puertos de mar como era en Malaga, San Sebastian, la Coruña, Mallorca, eligiendo y recibiendo mozos que tengan edad de poder mover las piezas [...] y señalarles sueldo al menos de 4 escudos [...] Otra escuela en Cathaluñia que también es precisa* », consulte du conseil de guerre de 04/07/1678, AGS GYM leg. 2407, sans numérotation de folio. Le thème revient régulièrement à l'ordre du jour des réunions du conseil de guerre de l'année 1678 : le 16/05, le 15/07, le 29/07 et le 21/10. Je remercie Antoine Sénéchal pour cette référence trouvée au détour de ses recherches sur Oran.

249 Andújar Castillo, Francisco, « La educación de los militares en la España del siglo XVIII », *Chronica nova : Revista de historia moderna de la Universidad de Granada*, n° 19, 1991, p. 31-56. d'Orgeix, Emilie, « Supports d'enseignement et édition militaire en France : du cahier d'exercice manuscrit à la publication savante (1750-1840) », dans *Les savoirs de l'ingénieur militaire (1751-1914)*, Paris, Ministère de la Culture et de la Communication, 2013, p. 61-70. Vallet de Viriville, Auguste, *Histoire de l'instruction publique en Europe et principalement en France, depuis le christianisme jusqu'à nos jours : Universités, colléges, écoles des deux sexes, académies, bibliothèques publiques, etc*, Administration du Moyen Âge et de la Renaissance, 1849, p. 266 et suiv.

FORMATION À L'ARTILLERIE DES OFFICIERS

L'incorporation des pratiques d'enseignement et d'examens des artilleurs aux structures administratives de la Monarchie hispanique ne put se faire qu'avec la participation de nombreux officiers en charge d'assister aux examens, de recruter et de commander les artilleurs ou encore de gérer le matériel. Au premier rang de ces cadres de l'artillerie figuraient bien entendu le capitaine général de l'artillerie et ses lieutenants, qui, lorsqu'ils manquaient d'expertise en artillerie, devaient se former dans les quelques mois suivants leur nomination[250]. Toutefois, bien d'autres postes de l'administration militaire requéraient quotidiennement des connaissances sur l'artillerie. Ainsi, tout le personnel comptable de l'artillerie – les *mayordomos*, *contadores* et *pagadores* – devaient quotidiennement travailler en étroite collaboration avec les artilleurs afin d'identifier, fabriquer, préparer et réparer le matériel[251]. De telles fonctions ne pouvaient être que difficilement assurées par ces individus s'ils n'étaient pas en mesure de juger du niveau de compétences et d'expertise des artilleurs avec lesquels ils travaillaient. En outre, il faut rappeler que lors des examens, même si les questions étaient posées par des artilleurs, la procédure se faisait souvent sous l'œil scrutateur d'autres officiers contrôlant son bon déroulement. À Séville, il s'agissait des juges de la *casa de la contratación*[252], à Minorque le *veedor* y prenait part[253], à Milan l'ingénieur militaire Luis Collado en était chargé[254] et à Pampelune, c'était le vice-roi lui-même qui devait surveiller l'examen[255]. Par ailleurs, comme la pratique de l'examen n'était pas systématique, les recruteurs eux-mêmes devaient être capables de juger des compétences des artilleurs qu'ils engageaient. Il en allait ainsi des capitaines de navire tout comme du recruteur de mercenaires allemands Adrian Verbeque. En d'autres termes, le contrôle formel ou informel des compétences des artilleurs obligeait une pléthore d'officiers au service du roi à développer leurs connaissances sur l'artillerie.

Cette nécessité qu'avaient les officiers de se former à l'artillerie est tout à fait perceptible dans les sources. Ainsi, dans un rapport de l'année

250 Voir les remarques p. 208 concernant la procédure de sélection des lieutenants.
251 Pour une description de cette structure administrative, voir p. 137.
252 Voir p. 326-329.
253 AGS GYM leg. 276/275 (06/03/1589).
254 AGS EST leg. 1704/66 (10/08/1604).
255 AGS GYM leg. 209/374 (04/11/1587).

1582 sur l'état de défense des Caraïbes, un agent du roi recommandait que les capitaines de navires et commandants de forteresses fussent eux-mêmes examinés en matière d'artillerie :

> Pour capitaine, il faut un homme qui comprenne la guerre, comment se charge une pièce, comment l'ajuster. De plus, j'en avise Votre Majesté, il en va de même de tous les châtelains de forteresses à votre service, car cela est de grande importance et ils devraient être examinés comme le sont les caporaux artilleurs de ces forteresses ainsi que les artilleurs eux-mêmes. Parce que j'ai vu de nombreux capitaines de navires et de forteresses qui, au moment où l'artilleur veut faire feu sur l'ennemi, s'enfuient car ils ont peur de la pièce d'artillerie [...], mais s'ils comprenaient son maniement, les châtelains des forteresses seraient toujours présents et verraient si les artilleurs réalisent bien leur office[256].

D'après cet agent de la Monarchie, la formation des commandants à l'artillerie était un impératif pour contrôler l'activité des artilleurs, cruciale sur le plan tactique. D'après d'autres sources, les capitaines de navire devaient savoir poser les questions d'examens aux artilleurs afin d'optimiser l'usage de leur artillerie[257]. Le conseil des Indes songea même à obliger les maîtres et pilotes à passer l'examen d'artilleur afin d'être en mesure de surveiller et juger de la qualité d'action de leurs artilleurs[258].

Les officiers disposaient de diverses solutions pour se former à l'artillerie. D'abord, un certain nombre de capitaines et de lieutenants d'artillerie tiraient leurs connaissances des nombreuses années d'expérience de combats qu'ils avaient à leur actif. Certains comblaient leurs lacunes au contact de spécialistes plus expérimentés. Ainsi, lorsque Francés de Álava fut nommé capitaine général de l'artillerie, on lui adjoignit un

---

256 « *Tiene necesidad de capitán hombre tal que entienda la milicia, como se a de cargar una pieza y asestarla y lo propio advierto a Vuestra Majestad que an de tener todos los alcaides de fortalezas que servieren a Vuestra Majestad porque es de grande importancia, y que sean exsaminados como lo son los condestables de las dichas fortalezas y artilleros porque he visto muchos capitanes de naos y fortalezas que al tiempo que el hartillero quiere disparar para el enemigo hechan a ir de miedo de la pieza [...] [pero] entendiendo esto los alcaides de las fortalezas estarían siempre presentes y verían como el artillero o artilleros hacían su oficio* », AGS GYM leg. 133/245 (année 1582).

257 « *Y el capitán y maestre que supiere esto y las preguntas que ha de hacer al Artillero, sabra pelear en la mar con menos gente y menos artillería* » dans le document intitulé « *Orden e instrucción del modo y manera que se ha de tener para pelear en el Mar* », Coll. Navarete, vol. 22, doc. nº 47 (ca 1575).

258 AGI IG leg. 1957 lib.5 fol. 236v-237r (09/10/1601).

lieutenant d'artillerie vétéran pour l'assister dans sa tâche et le former[259]. De plus, certains officiers recouraient directement aux centres de formation des artilleurs. Comme le chapitre précédent l'a mis en évidence, des capitaines de la *carrera de Indias* fréquentaient l'école d'artilleurs de Séville et assistaient aux leçons quotidiennes de l'*artillero mayor.* En outre, le développement d'une littérature technique sur l'artillerie fournit certainement à d'autres officiers la possibilité d'apprendre les aspects théoriques de l'art[260]. Enfin, des institutions entièrement destinées à former le commandement firent leur apparition en parallèle des écoles d'artilleurs.

À partir du mois d'octobre 1583, une académie royale de mathématiques fut ouverte à la cour de Philippe II[261]. Un an plus tard, le porteur du projet, l'éminent architecte Juan de Herrera, fit publier un livret explicatif du programme de cette institution et des raisons de son existence[262]. D'après ce document, le but de cette académie était de proposer aux jeunes de la cour des leçons gratuites de sciences mathématiques incluant notamment la cosmographie, l'architecture, l'ingénierie militaire, la mécanique et l'artillerie. Le public visé était celui des futurs grands serviteurs de la Monarchie : « les fils des nobles qui, à la Cour et au Palais de sa Majesté s'éduquent et s'instruisent [...] avant d'aller à la guerre et aux charges de gouvernement[263] ». Comme je viens de le souligner, avoir des connaissances en artillerie pouvait s'avérer utile à ces jeunes gens dans leur future carrière d'officiers du roi, qu'ils devinssent capitaines ou même vice-rois. Cependant, cette

259 AGS GYM leg. 77/179 (année 1572).

260 Voir chapitres « la Nouvelle Science » et « traités d'artillerie et écoles d'artilleurs ».

261 Cette institution a été étudiée par Mariano Esteban Piñeiro et María Isabel Vicente Maroto dans plusieurs livres et articles : Vicente Maroto, María Isabel, Esteban Piñeiro, Mariano, *Aspectos de la ciencia aplicada en la España del Siglo de Oro*, Valladolid, Junta de Castilla y León, Consejería de cultura y turismo, 2006. Esteban Piñeiro, Mariano, « La academia de matemáticas de Madrid » dans *Felipe II, la ciencia y la técnica*, Enrique Martinez Ruiz (éd.) Madrid, Actas, 1999, p. 113-132. Esteban Piñeiro, Mariano, « Las academias técnicas en la España del siglo XVI », *Quaderns d'història de l'enginyeria*, vol. 5, 2003-2002, p. 10-19. L'enseignement démarra en octobre 1583, d'après cette lettre de Juan de Herrera : AGS GYM leg. 165/249 (01/01/1584).

262 Herrera, Juan de, *Institución de la Academia Real Mathemática*, Madrid, Guillermo Droy, 1584 ; Publié en facsimilé : Herrera, Juan de, *Institución de la Academia Real Mathemática*, Madrid, Instituto de estudios Madrileños, 1995.

263 « *Los hijos de los nobles que en la Corte y palacio de Su magestad se crían y se instruyen en el lenguaje y trato cortesano tengan, entretanto que salen a la guerra y cargos del govierno* », Herrera, Juan de, *Institución de la Academia Real Mathemática*, *op. cit.*, fol. 4r.

académie s'inscrivait dans les projets plus larges de formation des techniciens de l'empire. En effet, le livret de Juan de Herrera prévoyait une sorte de système centralisé de contrôle de l'enseignement attribuant aux étudiants sortant de l'académie le monopole de l'enseignement de certaines professions telles que l'artillerie[264]. En outre, Juan de Herrera souhaitait créer tout un réseau d'académies de mathématiques dans les grandes villes du royaume de Castille[265]. Néanmoins, d'après Esteban Piñeiro, ni le système centralisé de contrôle de l'enseignement, ni les académies de province ne virent le jour.

En revanche, l'académie de mathématiques de la cour eut une existence plus pérenne. Toutefois dans ses premières années de fonctionnement, le large panel de disciplines mathématiques présenté dans le programme de 1584 était en réalité réduit à l'arithmétique, la géométrie et la cosmographie, les cours étant dispensés dans une maison près du palais royal de Madrid par le cosmographe portugais Lavanha et son disciple Ondériz[266]. Une décennie plus tard, à l'aube du XVIIe siècle, l'enseignement de l'académie commença peu à peu à se diversifier avec Andrés García de Cespedes à la cosmographie, l'*alferez* Rodriguez à la formation des escadrons de soldats, ou encore Cristóbal de Rojas aux fortifications[267]. Différents témoignages mettent par ailleurs en évidence que ces cours rencontrèrent un franc succès parmi les jeunes aristocrates de la cour. D'importants personnages y firent leurs premiers pas, tels que le poète Lope de vega, le comte de Puñoenrostro, le marquis de Moya ainsi que de nombreux autres courtisans et gentilshommes, tels que le *regidor* de Murcie – le représentant local du roi – Ginés de Rocamora[268].

C'est dans ce contexte que, en 1595, le mathématicien italien Julián Ferrofino fut promu professeur de mathématique à la cour[269]. Les sources ne précisent malheureusement pas le contenu de ses leçons de « mathématiques ». Plusieurs indices laissent néanmoins penser que l'enseignement de ce professeur portait en grande partie sur l'artillerie. D'abord, il est primordial de rappeler qu'avant d'être professeur à la

264 *Ibid.* fol. 19r et v.
265 Esteban Piñeiro, Mariano, « Las academias técnicas en la España del siglo XVI », *op. cit.*
266 Vicente Maroto,Maria Isabel, Esteban Piñeiro, Mariano, *Aspectos de la ciencia aplicada en la España del Siglo de Oro*, *op. cit.* p. 80-89.
267 *Ibid.* p. 108, 135 et suiv.
268 *Ibid.* p. 141.
269 AGI IG leg. 426, lib. 28 fol. 222v-223v (30/09/1595).

cour, Ferrofino avait dû faire ses preuves en enseignant plusieurs années à l'école d'artilleurs de Séville[270]. Par ailleurs, les notes manuscrites « tirées des brouillons de Ferrofino » à l'époque où il enseignait à la cour portent essentiellement sur l'artillerie. De plus, bien que, comme les autres professeurs de l'Académie, sa chaire dépendît du conseil des Indes – qui lui payait la généreuse somme de 800 ducats par an – le contenu de ses cours était dicté par don Juan de Acuña Vela, capitaine général de l'artillerie[271]. Signe clair que la spécialité reconnue de cet homme était l'artillerie, les ordres du roi stipulaient que, malgré son poste à la cour, Ferrofino devait être prêt à aller enseigner l'artillerie partout où le capitaine général choisirait de l'envoyer[272].

Autrement dit, à partir de 1595, les jeunes aristocrates de la cour recevaient des leçons d'artillerie par le même homme qui avait formé les artilleurs de la *carrera de Indias* quelques années plus tôt. Ce cas montre clairement que la mise en place d'une formation des nobles et futurs officiers du roi était un phénomène interconnecté avec celui de l'apparition des écoles d'artilleurs et des pratiques d'examens. En outre, il est à noter que cette chaire de mathématiques et d'artillerie connut une longue existence aux mains de la famille Ferrofino puisque, à la mort de Julián en 1604, son fils Julio César lui succéda. En effet, à partir de 1605, le conseil de guerre le chargea, comme son père avant lui, d'enseigner les matières que recommanderait le capitaine général de l'artillerie[273]. Non seulement assuma-t-il cette charge jusqu'en 1650, mais il publia également deux traités d'artillerie et constitua l'autorité principale de cette discipline à la cour pendant la première moitié du XVIIe siècle[274].

Le cas de cette chaire d'artillerie et de mathématiques des Ferrofino mise en place à la cour d'Espagne montre que l'émergence, à la Renaissance, d'une culture mathématique de cour n'est pas un phénomène socioculturel interne à l'univers courtisan. Dans le cas de l'artillerie, il s'agit d'un processus complexe traversant différentes couches sociales, s'appuyant sur

270 Voir p. 309-311.

271 AGI IG leg. 427 lib. 31 fol. 238r-239r (18/09/1604).

272 *Ibid.*

273 Vicente Maroto, Maria Isabel, Esteban Piñeiro, Mariano, *Aspectos de la ciencia aplicada en la España del Siglo de Oro*, *op. cit.*, p. 173 et suiv.

274 Voir ses deux œuvres : Ferrofino, Julio César, *Plática Manual y breve compendio de artillería*, Madrid, Viuda de Alonso Martin, 1626. Ferrofino, Julio César, *El Perfeto artillero*, Madrid, Juan de Barros, 1642.

des pratiques semi-institutionnalisées de l'administration militaire et mettant en jeu un système où les connaissances étaient appelées à jouer un rôle considérable dans les dynamiques de promotion socio-économique. En ce sens, la cour ne fut que l'une des deux faces de cette pièce de monnaie que constitua le développement d'une culture mathématique, l'autre étant formée des techniciens subordonnés. Avec la prolifération des artilleurs dans les dernières décennies du XVIe siècle, de plus en plus de nobles au service de la Monarchie se retrouvaient tôt au tard confrontés à la nécessité d'acquérir les connaissances leur permettant de commander ces individus. Il ne s'agit pas d'exagérer l'impact des écoles d'artilleurs et des pratiques d'examens sur la culture de cour. Cependant, la transformation du rôle des savoirs devenant une norme de médiation entre différents milieux sociaux au sein des armées renforça certainement le succès des mathématiques auprès des gentilshommes[275] et le succès des mathématiciens au sein des cours princières[276].

CONCLUSION

Le sujet des écoles d'artilleurs demeure aujourd'hui encore un thème marginal, voire inexistant au sein de l'historiographie. Le long exposé centré sur le cas sévillan pourrait inciter à considérer le phénomène de création d'écoles d'artilleurs comme un fait isolé ou ponctuel. Toutefois, l'objet de ce chapitre a été de démontrer que l'école d'artilleurs devint, aux XVIe et XVIIe siècles, une institution relativement répandue en Europe occidentale. Lorsque l'empire espagnol se dota de tels centres de formation, il ne fit que copier un modèle en place chez les États voisins, notamment chez les Vénitiens. Les discussions du haut commandement militaire autour de la création de la première école à Milan laissent entendre qu'il y avait déjà, dans les années 1560 et 1570, des écoles d'artilleurs

275 Walton, Steven A., « Mathematical Instruments and the Creation of the Scientific Military Gentleman » dans *Instrumental in War : Science, Research, and Instruments between Knowledge and the World*, Boston, Brill, 2005, p. 17-46.

276 Biagioli, Mario, « The Social Status of Italian Mathematicians, 1450-1600 », *History of Science*, Mars 1989, n° 27, 1989, p. 41-95. Biagioli, Mario, *Galileo, Courtier : the Practice of Science in the Culture of Absolutism*, Chicago, The University of Chicago press, 1993.

dans plusieurs États d'Italie et d'Allemagne. Quelques décennies plus tard, au tournant du XVIIe siècle, ce modèle proliférait à travers les structures de la Monarchie hispanique. Au même moment, les rivaux anglais s'en étaient également dotés et avaient mis en place une école à Londres[277]. Dans les décennies qui suivirent, d'autres États durent leur emboiter le pas, à l'image de la France de Louis XIV qui ouvrit plusieurs « écoles » dans les années 1680 à La Fère, Metz, Strasbourg, Grenoble et Perpignan[278]. Toutefois, l'histoire de la circulation de ce modèle de formation reste encore en grande partie à faire.

Le sujet des écoles d'artilleurs est pourtant essentiel pour mieux saisir certaines grandes transformations de l'époque moderne. Dans le cas de la Monarchie hispanique, le vaste réseau d'écoles d'artilleurs servit notamment à développer la force de projection navale en permettant de générer l'expertise nécessaire à l'usage des milliers de canons se trouvant à bord des navires et des forteresses d'un État qui s'étendait à travers plusieurs continents. De plus, la démultiplication du transfert de compétences induite par le système de l'école d'artilleurs contribua indubitablement au changement d'échelle caractéristique de la révolution militaire[279]. Cependant, un élément fondamental demeure à étudier pour mieux comprendre les mécanismes en jeu dans ce changement d'échelle : il s'agit des savoirs au cœur du transfert de compétences. L'existence d'un enseignement théorique, l'implication de mathématiciens, l'examen par questions sont autant d'indices d'une transformation de la nature des savoirs artilleurs. En outre, le fait que la pratique de l'examen par questions ne soit pas spécifique au monde des artilleurs invite à envisager l'hypothèse d'une transformation plus large de la relation des contemporains aux savoirs formalisés. C'est donc cet univers des connaissances autour de l'artillerie que propose d'analyser la partie suivante de l'ouvrage.

---

277 Walton, Steven A. « The art of gunnery in Renaissance England », *op. cit.*, p. 294 et suiv.

278 Lemau de LA Jaisse, Pierre, *Carte générale de la monarchie françoise*, Paris, l'auteur, 1733, section « artillerie du Roy, au 15 février 1730 ». Ces écoles sont également mentionnées par Lesueur, Boris, « L'artillerie et les colonies sous l'Ancien Régime », *Revue historique des armées*, vol. 271, 2013, p. 6-19 ; Peter, Jean, *Les artilleurs de la marine sous Louis XIV*, Paris, Economica, 1995.

279 Parker, Geoffrey, *The Military Revolution*, *op. cit.*

TROISIÈME PARTIE

LES ARTILLEURS ET LEURS SAVOIRS

LA « NOUVELLE SCIENCE »

Construction d'un champ de savoirs sur l'artillerie

Y así, por la larga esperiencia del huso ha salido una linda arte para bien gobernarla que se llama la arte nueva de la artillería como lo dice Nicolo Tartaglia[1].
Diego DE PRADO, lieutenant du capitaine général de l'artillerie, Malaga, 1591.

INTRODUCTION

En introduction à son manuscrit dédié au capitaine général de l'artillerie, le lieutenant Diego de Prado identifiait un champ de savoir – un « art » – qui avait émergé afin de bien « gouverner » l'artillerie. Le lieutenant d'artillerie soulignait la nouveauté de ce champ de savoir, et en affirmait également le caractère empirique, employant les mots « usage » et « expérience ». Il en présentait même l'autorité centrale, le mathématicien brescian Niccolò Tartaglia. En 1537, Tartaglia avait en effet publié à Venise le premier traité d'artillerie du genre, intitulé la *Nova Scientia*, la « Nouvelle Science[2] ». Depuis cette publication, comme le faisait remarquer Diego de Prado, un grand nombre d'auteurs avaient écrit à ce sujet, le plongeant dans une grande confusion dont il proposait maintenant de sortir les lecteurs[3]. Or,

1 Prado, Diego de, « La obra manual y pláctica de artillería », *op. cit.*, fol. 2. « Et ainsi, par la longue expérience de l'usage a émergé un bel art pour bien la gouverner, qui s'appelle l'art nouveau de l'artillerie, comme le dit Niccolò Tartaglia. »

2 Tartaglia, Niccolò, *Nova scientia inventa da Nicolò Tartalea*, Venise, Stephano da sabio, 1537.

3 « *Los que an escrito della la tienen tan confusa y sin principios que no pueden sacar el fruto que es raçon asta que con largos años la esperimentan y sacan la berdad* », Prado, Diego de, « La obra manual y pláctica de artillería », *op. cit.* fol. 2.

les chapitres précédents l'ont montré, en tant que lieutenant d'artillerie à Perpignan et assistant du capitaine général de l'artillerie, Diego de Prado fut un personnage particulièrement bien intégré dans le milieu des artilleurs de la Monarchie hispanique. Il prétendait coucher par écrit « ce qu'était obligé de savoir tout bon artilleur souhaitant bien faire son office[4] ». Une telle affirmation venant d'un homme de terrain invite donc à interroger la relation entre le processus de formalisation et de publication de savoirs sur l'artillerie et le milieu des artilleurs.

UNE HISTORIOGRAPHIE MARQUÉE PAR LA DICHOTOMIE SAVANT/ARTISAN

En 1988, David Goodman, hispaniste spécialiste de l'histoire des techniques sous Philippe II, écrivait :

> Il est clair que toutes les tentatives de fonder des théories mathématiquement précises de balistique ou les tables de portée n'avaient aucune pertinence vu la grossièreté des canons de l'époque. Dans tous les coins d'Europe, les canons avaient des calibres imprécis, leurs âmes étaient évasées exprès pour éviter les blocages dûs à l'irrégularité de forme des boulets. Avec des tirs qui partaient du canon à des angles imprédictibles et avec une force imprédictible en raison des grandes variations dans la poudre noire, les tâtonnements successifs étaient de bien meilleurs guides que les mathématiques. Le tir précis à longue portée était impossible, et il n'était même pas désirable car les fortes charges de poudre auraient augmenté la probabilité d'explosion des pièces fragiles. Par conséquent, les artilleurs du XVIe siècle, en Espagne comme ailleurs, tiraient à courte portée et sans l'assistance des mathématiques[5].

Cette affirmation, par David Goodman, de l'existence d'une séparation claire entre mathématiciens et artilleurs est symptomatique d'une lecture

4 « *He escrito estos pocos ringlones deste libro yntitulado la "obra manual de la artillería" que es lo que está obligado saber qualquier que se preciare ser buen artillero, para poder hacer bien su officio* », *ibid.*

5 « *It is clear that all attempts at mathematically precise theories of ballistics or tables of range were irrelevant to the crude guns of the time. In all parts of Europe, guns were inaccurately bored; their bores were also purposely widened to prevent blockage by the irregularly cast shot. With shots leaving cannon at unpredictable angles and with unpredictable force because of the wide variations in gunpowder, trial and error was a much better guide than mathematics. Accurate firing at long range was not possible; nor was it desirable to attempt it – the greater powder charges would have increased the likelihood of bursting the weak guns. Consequently sixteenth century gunners from Spain and elsewhere fired at close range and without assistance from mathematics* », Goodman, David C., *Power and Penury*, *op. cit.*, p. 125.

de l'histoire à travers des catégories d'analyse préconçues. Encore fréquente au sein de l'historiographie des sciences et des techniques, cette représentation tend à opposer de manière dichotomique – et souvent avec une hiérarchie implicite – les couples savant/artisan, science/technique, théorie/pratique[6].

L'acceptation répandue de cette séparation entre monde savant et monde artisan doit beaucoup au succès du récit de la « révolution scientifique » tel que l'ont relaté les historiens des sciences Alexandre Koyré, Herbet Butterfeld et Alfred Rupert Hall au milieu du XXe siècle[7]. En quelques mots, la révolution scientifique se réfère à une transformation relativement brutale de la physique – ou selon la terminologie plus récente de Thomas Kuhn, un « changement de paradigme[8] » – qui survint en Europe occidentale dans le courant du XVIIe siècle. Ce bouleversement est marqué par le passage de la philosophie naturelle aristotélicienne fondée sur des notions qualitatives telles que l'ordre cosmique et la substance de la matière, à ce qui est aujourd'hui considéré comme la physique moderne mathématisée. Cette histoire des sciences est avant tout une histoire des idées et des grands hommes. Son récit débute avec la figure prométhéenne de Galilée qui, faisant s'écrouler le cosmos aristotélicien à l'aide de son télescope, offrit à l'humanité le projet de lire « le livre de la Nature écrit dans un langage mathématique ». Ainsi initiée dans les premières décennies du XVIIe siècle en Toscane, la révolution scientifique trouva son aboutissement en Europe du nord à la fin du XVIIe siècle, grâce à un autre grand homme de science, Newton, dont l'œuvre maîtresse, les « principes mathématiques de la philosophie naturelle », publiée à Londres en 1686, établit les lois fondamentales du mouvement, scellant définitivement le lien entre physique et mathématiques. Cette histoire intellectuelle à la recherche d'une généalogie de la science moderne a eu tendance à placer hors de son domaine d'étude ce qui ne relevait pas du champ

6 Cette situation est bien résumée par Lissa Roberts et Simon Schaffer dans la préface de : Roberts, Lissa, Schaffer, Simon, Dear, Peter (éd.), *The Mindful Hand*, *op. cit.*

7 Koyré, Alexandre, *Études d'histoire de la pensée scientifique*, *op. cit.* Hall, Alfred R., *The Scientific Revolution, 1500-1800 : The Formation of the Modern Scientific Attitude*, Boston, Beacon Press, 1966. Butterfield, Herbert, *The Origins of Modern Science, 1300-1800*, Londres, G. Bell and Sons Ltd., 1949.

8 Kuhn, Thomas S.,*The Structure of Scientific Revolutions*, Chicago, University of Chicago Press, 1970.

scientifique selon les critères du XXe siècle appliqués rétrospectivement à l'époque moderne[9].

Dans les années 1980, l'histoire des sciences connut cependant un profond tournant historiographique sous l'influence du constructivisme, de la sociologie des sciences et des *science studies*[10]. L'étude des controverses a ainsi démontré que, loin d'être une idée universelle, la science est une pratique culturelle inscrite dans un contexte historique et dans un environnement social et politique qui influencent sa production[11]. La révolution galiléenne devient de ce fait le résultat d'une profonde mutation sociologique, celle du mathématicien transformé en philosophe et homme de cour[12]. Ce tournant historiographique a fini par remettre en question le concept même de révolution scientifique[13]. Ce « travail décapant », comme le formule Stéphane Van Damme, a critiqué la singularité, la rupture, la périodisation et la géographie de ce concept historiographique[14]. L'existence même de l'objet d'étude spécifique de l'histoire des sciences, la « science » en tant qu'entité culturelle cohérente, a été remise en question pour des périodes antérieures au XVIIIe siècle[15]. Néanmoins, malgré cette déconstruction, le concept de révolution scientifique continue d'être employé par les historiens des sciences comme catégorie d'analyse, signe du besoin de pouvoir se référer au fossé qui sépare les pratiques scientifiques du début et de la fin de l'époque moderne[16].

Ce bouleversement historiographique a également poussé les historiens des sciences à réexaminer les acteurs de la révolution

9 Long, Pamela O., *Artisan/Practitioners and the Rise of the New Sciences, 1400-1600*, *op. cit.* p. 24-25.

10 Ce tournant est analysé en détail par Golinski, Jan, *Making Natural Knowledge : Constructivism and the History of Science, with a new Preface*, Chicago, University of Chicago Press, 2008.

11 Shapin, Steven, Schaffer, Simon, *Leviathan and the Air-Pump : Hobbes, Boyle, and the Experimental Life*, Princeton, N.J., Princeton University Press, 1985.

12 Biagioli, Mario, *Galileo, Courtier*, *op. cit.*

13 Voir l'introduction provocative de Shapin, Steven, *The Scientific Revolution*, Chicago, Chicago Press University, 1996, p. 1.

14 Pestre, Dominique, Van Damme, Stéphane, Raj, Kapil, Sibum, Otto, Bonneuil, Christophe (éd.), *Histoire des sciences et des savoirs*, Paris, Éditions du Seuil, 2015, tome 1, p. 20.

15 Shapin, Steven, *The Scientific Revolution*, *op. cit.* p. 3.

16 Voir les remarques pertinentes de Deborah Harkness en conclusion de son livre : Harkness, Deborah E., *The Jewel House. Elizabethan London and the Scientific Revolution*, New Haven ; Londres, Yale University Press, 2007, p. 255.

scientifique. S'inspirant des travaux d'Edgar Zilsel[17], contemporain de Koyré mais dont l'œuvre a connu un écho bien plus limité, certains chercheurs ont récemment proposé de réévaluer positivement la contribution des artisans aux transformations scientifiques de l'époque moderne[18]. Comme l'écrit Pamela Long, il s'agit pour ces historiens de montrer que la culture artisanale a influencé le développement des méthodologies empiriques des nouvelles sciences en fournissant aux sociétés de l'époque un ensemble de valeurs – la croyance en l'efficacité de l'expérience individuelle, l'observation, la mesure, l'usage d'instruments, la précision[19]. Dans un ouvrage collectif publié en 2007, ces chercheurs offrent comme programme de reconsidérer la fracture artificielle entre monde savant et monde artisan en mettant en évidence le caractère hybride de la production des savoirs à l'époque moderne[20]. Cette production s'inscrivait dans des lieux spécifiques, des *trading zones* (« espaces d'échange ») où des individus formés à l'université purent interagir avec des individus formés dans l'atelier[21]. Ces récits présentent un nouveau visage de la figure prométhéenne de Galilée, fréquentant désormais les ateliers des artisans et l'arsenal vénitien[22]. De la sorte, cette nouvelle historiographie des sciences entend renouer le dialogue avec les historiens des techniques[23].

Par ailleurs, dans le champ de l'histoire des techniques, l'une des propositions les plus influentes concernant les savoirs est celle de Joël

---

17 Zilsel, Edgar, « The Genesis of the Concept of Scientific Progress », *op. cit.*

18 Smith, Pamela H., *The Body of the Artisan*, *op. cit.* Roberts, Lissa, Schaffer, Simon, Dear, Peter (éd.), *The Mindful Hand*, *op. cit.* Long, Pamela O., *Artisan/Practitioners and the Rise of the New Sciences, 1400-1600*, *op. cit.* Harkness, Deborah E., *The Jewel House*, *op. cit.*

19 Long, Pamela O., *Artisan/Practitioners and the Rise of the New Sciences, 1400-1600*, *op. cit.* p. 27. Long, Pamela O., « Trading Zones : Arenas of Exchange during the Late medieval/Early Modern Transition to the New Empirical Sciences », *op. cit.*, p. 6.

20 Voir l'introduction de Roberts, Lissa, Schaffer, Simon, Dear, Peter (éd.), *The Mindful Hand*, *op. cit.* En France, les travaux de Liliane Hilaire-Pérez leur font écho : Hilaire-Pérez, Liliane, *La pièce et le geste. Artisans, marchands et savoirs techniques à Londres au XVIIIe siècle*, Paris, Albin Michel, 2013. Hilaire-Pérez, Liliane, Simon, Fabien, Thébaud-Sorger, Marie (éd.), *L'Europe des sciences et des techniques, XVe-XVIIIe siècles. Un dialogue des savoirs*, Rennes, Presses Universitaires de Rennes, 2016.

21 Long, Pamela O., « Trading Zones : Arenas of Exchange during the Late medieval/Early Modern Transition to the New Empirical Sciences », *op. cit.*

22 Valleriani, Matteo, *Galileo Engineer*, New York, Springer, 2010.

23 Roberts, Lissa, Schaffer, Simon, Dear, Peter (éd.), *The Mindful Hand*, *op. cit.*

Mokyr et son concept de *useful knowledge*[24]. Les savoirs y sont étudiés dans le cadre de leur « utilité », c'est-à-dire de leur contribution à un but précis, qui est en l'occurrence pour Mokyr la capacité de production des sociétés, avec pour horizon intellectuelle la révolution industrielle. Or cette perspective utilitariste permet à l'auteur d'échapper à la dichotomie traditionnelle entre théorie et pratique qu'il remplace par le couple savoirs Ω/savoirs λ. Les savoirs λ constituent la technique en action, la recette, les instructions, le « comment » et ils reposent en partie sur l'emploi des savoirs Ω qui, eux, rassemblent tous types de connaissances systématiques, classifiées et formalisées portant sur les régularités de la nature et de la technique[25]. L'auteur insiste sur ce point, les savoirs Ω embrassent bien plus que ce que notre société actuelle considère comme scientifique puisqu'ils incluent les savoirs d'artisans et d'ingénieurs tentant de formuler des relations empiriques entre différentes propriétés mesurables[26]. Dans la perspective explicative de Mokyr, la distinction entre ce qui relève du scientifique et le reste n'est pas pertinente car ce qui est intéressant, c'est le résultat productif des savoirs λ et Ω. En appliquant ce modèle à l'étude de la révolution industrielle, Mokyr explique que le dynamisme des interactions entre savoirs Ω et λ, en particulier à partir des années 1750, permit de soutenir pendant de nombreuses décennies la croissance industrielle de l'Europe occidentale.

Ce chapitre sur la construction d'un champ de savoirs sur l'artillerie a vocation à contribuer aux recherches récentes des historiens des sciences souhaitant réévaluer l'influence des artisans sur la transformation des pratiques scientifiques à l'époque moderne. Dans le cas de l'artillerie, les producteurs de savoirs étaient, pour la plupart, des acteurs de niveau intermédiaire au sein des structures administratives de l'artillerie : il s'agissait de caporaux artilleurs, de lieutenants d'artillerie, d'ingénieurs, c'est-à-dire d'individus aux profils professionnels techniciens plutôt qu'universitaires et savants. Les savoirs produits relevaient principalement de la catégorie Ω en ce sens qu'ils étaient formalisés, classifiés, organisés et recherchaient les régularités de la technique du tir au canon (par des règles et des instruments de mesures). Ils avaient cependant une vocation prescriptive, de nature λ, puisqu'il s'agissait, comme l'écrivait Diego de Prado, de pouvoir « bien

24 Mokyr, Joel, *The Gifts of Athena*, *op. cit.*
25 *Ibid.* p. 4.
26 *Ibid.*, p. 5, 36, 81.

gouverner l'artillerie[27] ». Ce champ de savoirs offre donc un cas d'étude d'un système d'interactions entre savoirs Ω et savoirs λ développé à une période bien antérieure à celle du début de la révolution industrielle et qui ne peut être analysée qu'en dehors de la perspective économique choisie par Joël Mokyr. Ici, l'horizon est politique et militaire, il concerne les moyens de déploiement d'une puissance militaire mondiale au XVIe siècle.

LA *NOUVELLE SCIENCE* DE L'ARTILLERIE ET L'HISTORIOGRAPHIE DES SCIENCES

La « balistique », c'est-à-dire l'étude des tirs de canons, revêt un statut particulier au sein des récits de la révolution scientifique. Son objet était sans doute propice à la rencontre entre physique et mathématiques dans la mesure où cette science avait en partie vocation à calculer des trajectoires. D'ailleurs, les principaux héros de la révolution scientifique ont tous écrit à son sujet, que ce soit Galilée, Huygens ou encore Newton[28]. Or, les grands récits de la révolution scientifique reconnaissent que la balistique est née au XVIe siècle, c'est-à-dire avant la révolution galiléenne. Aussi son inventeur, le mathématicien Niccolò Tartaglia, apparaît-il dans le récit d'Alexandre Koyré comme une sorte de précurseur de Galilée[29]. Cependant, comme ses deux livres concernant l'artillerie, la *Nova Scientia*[30] *et les Quesiti et Inventioni Diverse*[31], ne parvinrent pas à se défaire de la philosophie naturelle d'Aristote, Koyré considéra les travaux de Tartaglia comme une tentative incomplète d'application des mathématiques à l'étude du mouvement. De même, Alfred R. Hall mentionne Tartaglia et les auteurs de la Renaissance qui le reprirent pour leur contribution à la révolution scientifique en tant qu'initiateurs d'un nouveau projet scientifique d'étude du mouvement des projectiles, mais il disqualifie le contenu de leurs écrits, jugé trop aristotélicien[32]. De plus, Hall fait remarquer que cette science de l'artillerie était inapplicable dans la mesure où la production de pièces d'artillerie était bien trop irrégulière pour qu'aucun tir « scientifique »

27 Prado, Diego de, « La obra manual y pláctica de artillería », *op. cit.*

28 Hall, Alfred R., *Ballistics in the Seventeenth Century*, *op. cit.*

29 Chapitre intitulé « La dynamique de Niccolo Tartaglia » dans Koyré, Alexandre, *Études d'histoire de la pensée scientifique*, *op. cit.*, p. 101-121.

30 Tartaglia, Niccolò, *Nova scientia*, *op. cit.*

31 Tartaglia, Niccolò, *Quesiti et inventioni diverse*, Venise, Venturino Ruffinelli, 1546.

32 Hall, Alfred R., *Ballistics in the Seventeenth Century*, *op. cit.*, p. 36-37.

ne fût possible[33]. La révolution scientifique ainsi purgée de ses relations compromettantes avec la guerre, apparaît donc comme le fruit d'un pur développement intellectuel positiviste réalisé par des hommes de science curieux d'étudier le mouvement des corps. C'est précisément le poids de cet héritage historiographique qui pèse si fort dans le jugement de David Goodman cité en introduction de ce chapitre.

Malgré cela, le binôme science-guerre s'est constitué comme un élément récurrent des études sur l'histoire des sciences à l'époque moderne[34]. Ainsi, avant la publication des travaux de Koyré et Hall, l'influence de la guerre sur la production scientifique fut au cœur des premières recherches du fondateur de la sociologie des sciences, Robert Merton[35]. Plus récemment, chez Biagioli, autre sociologue des sciences, la mathématisation de l'art militaire dans l'Italie de la Renaissance offrit une opportunité inopinée pour les mathématiciens d'élever leur statut social[36]. Ce fut cette transformation qui, selon Biagioli, permit au mathématicien Galilée de se hisser au statut de philosophe avant de révolutionner l'étude du mouvement jusque-là sous l'autorité des philosophes aristotéliciens[37]. La guerre comme force motrice de la production scientifique et de l'innovation est également présente dans le récit des historiens des sciences visant à réévaluer positivement la contribution des artisans à la production scientifique[38]. Pamela Long identifie ainsi les arsenaux militaires comme l'une des principales zones d'échange, à la Renaissance, entre monde savant et monde artisan[39]. L'auteur de traités d'artillerie Niccolò Tartaglia tient d'ailleurs un rôle de premier

33 *Ibid.*, p. 16.

34 Steele, Brett D., Dorland, Tamera (éd.), *The Heirs of Archimedes : Science and the Art of War through the Age of Enlightenment*, The MIT Press, 2005. Bret, Patrice, *L'État, l'armée, la science. L'invention de la recherche publique en France, 1763-1830*, Rennes, Presses Universitaires de Rennes, 2002. Pour l'Espagne, voir González de León, Fernando, « "Doctors of the Military Discipline" : Technical Expertise and the Paradigm of the Spanish Soldier in the Early Modern Period », *The Sixteenth Century Journal*, vol. 27, nº 1, 1996, p. 61-85.

35 Merton, Robert K., *Science, Technology and Society in Seventeenth Century England*, New York, Howard Fertig, 1970. Initialement publié dans *Osiris : Studies on the History and Philosophy o Science, and on the History of Learning and Culture*, Bruges, The St. Catherine Press, Ltd., 1938, IV, 2, p. 360-632.

36 Biagioli, Mario, « The Social Status of Italian Mathematicians, 1450-1600 », *op. cit.*

37 Biagioli, Mario, *Galileo, Courtier*, *op. cit.*

38 Voir l'introduction de Roberts, Lissa, Schaffer, Simon, Dear, Peter (éd.), *The Mindful Hand : Inquiry and Invention from the Late Renaissance to the Early Industrialisation*, *op. cit.* p. 1 et suiv.

39 Long, Pamela O., *Artisan/Practitioners and the Rise of the New Sciences, 1400-1600*, *op. cit.* p. 96 et suiv.

plan dans les écrits d'Edgar Zilsel qui ont inspiré l'agenda de recherche de ces historiens[40].

La thèse de Mary J. Voss constitue à ce jour l'une des principales études approfondies des liens entre cultures militaire et mathématique dans l'Italie du XVIe siècle[41]. Selon cette historienne, les travaux de Tartaglia sur l'artillerie, s'inspirant d'auteurs anciens tels qu'Euclide ou Archimède, et médiévaux tels que Jordan de Némore, s'inscrivirent dans le phénomène plus large de « Renaissance des mathématiques » que Paul Lawrence Rose présente comme un regain d'intérêt des Humanistes italiens pour les anciens textes de mathématiques, d'architecture et de mécanique[42]. Tartaglia aurait joint à cette démarche humaniste la tradition de l'abaque, c'est-à-dire des mathématiques appliquées au commerce et aux arts mécaniques qui étaient alors enseignées dans les nombreuses écoles d'abaque de la péninsule italienne. Du point de vue de l'histoire des idées, sa principale réalisation aurait été de faire entrer la philosophie aristotélicienne, en la déformant, dans le champ d'étude des mathématiques. Dans une perspective de sociologie des sciences, en s'attaquant à un objet d'étude telle que l'artillerie – particulièrement utile à la haute noblesse en charge du commandement militaire – la contribution de Tartaglia aurait été de diffuser la culture mathématique émergente au sein des cours princières, futur espace clé de la révolution scientifique.

Plus récemment, les travaux de Pascal Brioist ont montré la richesse des interactions entre les mathématiques et la guerre dans l'Europe du XVIe siècle[43]. Il met en évidence l'énorme littérature technique sur la guerre produite à cette époque, ses principaux objets d'étude – la fortification, l'artillerie, l'infanterie – et ses auteurs, à la jonction entre milieux militaires et milieux savants. Ainsi, tout un champ de savoirs, avec ses problématiques, ses grands thèmes, ses débats et ses autorités se constitua du fait de l'importante circulation de ces textes à l'échelle de l'Europe. L'autorité qui s'imposa clairement parmi les écrits sur l'artillerie fut ce même Niccolò

40 Zilsel, Edgar, « The Genesis of the Concept of Scientific Progress », *op. cit.*

41 Voss, Mary J., « Between the Cannon and the Book : Mathematicians and Military Culture in Sixteenth-Century Italy »,*op. cit.*

42 Rose, Paul L., *The Italian Renaissance of Mathematics : Studies on Humanists and Mathematicians from Petrarch to Galileo*, Genève, Librairie Droz, 1975.

43 Brioist, Pascal, « La guerre et les sciences à la Renaissance », dans, *Histoire des sciences et des savoirs, tome 1*, Dominique Pestre et Stéphane Van Damme (éd.), Paris, Éditions du Seuil, 2015, p. 111-131. Brioist, Pascal, « Les mathématiques et la guerre au XVIe siècle : France, Italie, Espagne, Angleterre », *op. cit.*

Tartaglia qui figure dans les grandes narrations de la révolution scientifique. En cherchant à retracer la réception de Tartaglia parmi les auteurs de traités militaires italiens, anglais, français et espagnols, Pascal Brioist montre les différents milieux intéressés par ce type d'écrits : les cours, les savants, mais aussi les commandants, les ingénieurs militaires et les maîtres artilleurs eux-mêmes. Or, les milieux hispanophones, en prise directe avec la pratique de l'artillerie, ont été particulièrement réceptifs aux écrits de Tartaglia et des auteurs italiens qui ont suivi son projet de création d'une « nouvelle science ». L'approfondissement de ces recherches sur la production de traités d'artillerie écrits en castillan permet en ce sens de s'interroger sur le lectorat de cette littérature et son lien hypothétique avec les artilleurs de terrain.

LEYENDA NEGRA ET SCIENCE DU *SIGLO DE ORO*

S'intéresser à la production de traités d'artillerie écrits en castillan, c'est aussi se confronter à un vieux débat historiographique sur les sciences dans l'Espagne du XVIe siècle. D'une part, l'Espagne de Philippe II souffre du mythe de la *leyenda negra*, la légende noire, qui dépeint un pays dominé par le fanatisme religieux et l'obscurantisme. Remontant à la propagande protestante de l'époque, amplifié par les Lumières[44], confirmé par le succès de Max Weber qui perçoit la modernité dans le monde protestant, ce mythe proclame l'archaïsme et le retard scientifique de la Monarchie hispanique[45]. Or, l'historiographie des sciences est encore aujourd'hui profondément marquée par cette légende noire. Ainsi, l'Espagne est totalement absente des récits classiques de la révolution scientifique dont les héros sont italiens, anglais, français, allemands ou encore hollandais[46]. Les études les plus influentes du tournant sociologique et constructiviste de l'histoire des sciences n'ont pas cherché à sortir de ce cadre spatial au sein duquel l'Angleterre et l'Italie tiennent des rôles de premier plan[47]. Les publications récentes proposant de

44 Voir notamment l'article « Espagne » de Masson de Morvilliers, Nicolas, *Encyclopédie méthodique ou par ordre des matières. Géographie moderne – Volume I*, Paris, Pandoucke, 1782, p. 554-568.

45 Pimentel, Juan, « The Iberian Vision : Science and Empire in the Framework of a Universal Monarchy, 1500-1800 »,*op. cit.*

46 Koyré, Alexandre, *Études d'histoire de la pensée scientifique*, *op. cit.* Hall, Alfred R., *Ballistics in the seventeenth century*, *op. cit.*

47 À titre d'exemples : Merton, Robert K., *Science, Technology and Society in Seventeenth Century England*, *op. cit.* ; Shapin, Steven, Schaffer, Simon, *Leviathan and the Air-Pump*, *op. cit.* Biagioli, Mario, *Galileo, Courtier*, *op. cit.*

réévaluer l'influence des artisans en histoire des sciences se situent également toujours dans le même croissant fertile de développement des sciences européennes qui, s'étalant de l'Italie à l'Angleterre, recouvre aussi l'Allemagne, les Pays-Bas et la France[48]. Le poids extrêmement lourd de cette tradition historiographique a pourtant été dénoncé par certains chercheurs hispanophones qui, s'adressant en anglais à une communauté internationale d'historiens, ont invité à reconsidérer positivement la contribution des Ibériques aux transformations des pratiques scientifiques de l'époque moderne[49].

D'autre part, en réponse à la légende noire s'est développée en Espagne toute une littérature du *siglo de oro*, le siècle d'or, qui, avec des accents nationalistes et patriotiques, s'est attachée à forger le mythe de la domination espagnole aussi bien sur les plans politique et militaire que scientifique et technique. Depuis une trentaine d'années, l'historiographie des sciences de l'Espagne du XVIe siècle a connu un regain d'intérêt de la part des historiens espagnols, en particulier suite à l'impulsion donnée par José María López Piñero[50]. Cette littérature a mis en évidence la nécessité de remettre en question les préjugés de la *leyenda negra*. En effet, les nombreuses publications de ces historiens ont révélé, à l'époque de Philippe II, une intense activité scientifique dans de multiples domaines tels que les mathématiques, la cosmographie, l'histoire naturelle ou encore l'astronomie. Néanmoins, cette historiographie n'échappe pas tout à fait à la légende dorée dans la mesure où elle conserve systématiquement un cadre d'étude national – l'Espagne, voire la Castille – et par conséquent une narration légèrement empreinte de patriotisme.

48 Smith, Pamela H., *The Body of the Artisan*, *op. cit.* Roberts, Lissa, Schaffer, Simon, Dear, Peter (éd.), *The Mindful Hand*, *op. cit.* Harkness, Deborah E., *The Jewel House*, *op. cit.* Long, Pamela O, *Artisan/Practitioners and the Rise of the New Sciences, 1400-1600*, *op. cit.*

49 Pimentel, Juan, « The Iberian Vision : Science and Empire in the Framework of a Universal Monarchy, 1500-1800 », *op. cit.* Cañizares Esguerra, Jorge, *Nature, Empire and Nation*, *op. cit.* Bleichmar, Daniela, De Vos, Paula, Huffine, Kristin, Sheehan, Kevin (éd.), *Science in the Spanish and Portuguese empires, 1500-1800*,*op. cit.* Barrera-Osorio, Antonio, *Experiencing Nature*, *op. cit.*

50 López Piñero, José María, *Ciencia y técnica en la sociedad española de los siglos* XVI *y* XVII, Barcelone, Labor, 1979. García Tapia, Nicolás, *Técnica y poder en Castilla durante los siglos* XVI *y* XVII, Valladolid, Junta de Castilla y León, Consejería de Cultura y Bienestar Social, 1989. Martinez Ruiz, Enrique *Felipe II, la ciencia y la técnica*, *op. cit.* ; López Piñero, José María, *Historia de la ciencia y de la técnica en la Corona de Castilla. Tomo III, Siglo* XVI *y* XVII, *op. cit.* ; Eamon, William, Navarro Brotons, Víctor, *Más allá de la leyenda negra : España y la revolución científica*, *op. cit.*

L'intérêt qui sera porté dans ce chapitre à la production de traités d'artillerie en castillan visera en ce sens à réévaluer positivement la contribution de la Monarchie hispanique à l'activité scientifique de son temps. Toutefois, il s'agira, autant que faire se peut, d'éviter l'écueil du nationalisme que pourrait représenter l'étude des traités uniquement écrits en castillan. Par conséquent, il paraît indispensable d'intégrer dans l'analyse suivante les traités italiens les plus influents auprès des auteurs hispanophones. La constitution de ce corpus hispano-italien trouve de multiples justifications. En réalité, auteurs espagnols et italiens empruntèrent abondamment les uns aux autres, débattirent des mêmes problèmes et se répondirent. Ces échanges étaient facilités d'une part par la forte présence espagnole dans la péninsule italienne et d'autre part par l'intense circulation d'artilleurs italiens en Espagne[51]. D'ailleurs, comme la suite de ce chapitre le montrera, un certain nombre de traités écrits en castillan furent publiés en Italie. Il n'y a par conséquent aucune raison de dresser une cloison artificielle entre les productions italienne et espagnole de traités d'artillerie. Comme le suggèrent les travaux de Pascal Brioist, la construction d'une science de l'artillerie fut en réalité un phénomène transnational à l'échelle de l'Europe et, s'il est impossible d'embrasser dans ce chapitre un ensemble plus vaste constitué de traités allemands, anglais ou encore français, il s'agira au moins de montrer, à travers l'exemple des échanges italo-espagnols, l'intense circulation de ces écrits malgré l'apparente barrière linguistique.

ÉMERGENCE D'UN CHAMP DE SAVOIRS SUR L'ARTILLERIE

La fondation d'une science de la balistique est généralement datée de la publication des traités de Niccolò Tartaglia en 1537 et 1546[52]. Cependant, avant d'analyser comment s'est construit un vaste champ de savoir sur l'artillerie à partir des publications de Tartaglia, il convient

51 Sur la présence d'artilleurs italiens en Espagne, voir p. 254-260 et 264-265.

52 Tartaglia, Niccolò, *Nova scientia*, *op. cit.* Tartaglia, Niccolò *Quesiti et inventioni diverse*, *op. cit.*

de noter qu'un certain nombre de manuscrits s'attachèrent avant lui à étudier l'artillerie à poudre. L'un des plus connus est sans aucun doute le *Feuerwerkbuch*[53], texte allemand de la première moitié du XVe siècle centré sur la fabrication de la poudre noire, dont il existe de nombreuses copies ainsi que des traductions, notamment en français[54]. De cette même époque datent le *Bellifortis* de l'allemand Conrad Kyeser et le manuscrit des guerres hussites, représentant chacun quelques bouches à feu[55]. À partir du milieu du XVe siècle, une école italienne de traités d'ingénierie militaire se développa également. Mary J. Voss fait ainsi remarquer que vers 1450, l'architecte Alberti évoquait, dans son manuscrit « *Ludi rerum mathematicarum* », des problèmes de mathématiques appliquées à l'usage des instruments de bombardiers[56]. Le manuscrit de l'ingénieur militaire Taccola[57] ainsi que l'ouvrage imprimé de Roberto Valturio[58] témoignent d'une certaine curiosité pour l'étude des machines de guerre, bien que les inventions qu'ils présentent oscillent souvent entre fantasme et réalité. À la toute fin du XVe siècle, à la cour du duc de Milan Lodovico Sforza, Léonard de Vinci coucha par écrit des réflexions intéressantes sur la fonderie et le tir de canon, représentant même des trajectoires paraboliques[59]. Ces dernières étaient probablement le fruit de discussions avec des professionnels de la guerre tels le *condotierre* Pietro Monte, qui écrivit lui aussi au sujet des trajectoires de tir[60]. Enfin, quelques feuillets des archives de Simancas montrent que des préoccupations similaires touchaient certains militaires castillans de la première moitié

53 Le *Feuerwerkbuch* est considéré comme le premier traité d'artillerie. Écrit en allemand vers 1420, il aurait connu une large diffusion, avec plus de cinquante-cinq manuscrits encore conservés, selon Crouy-Chanel, Emmanuel de, Contamine, Philippe, *Canons médiévaux : puissance du feu*, Rempart, Paris, 2010, p. 29.

54 « Le Livre du secret de l'art de l'artillerye et canonnerye », Bibliothèque Nationale de France. ms. latin 4653, c. 1430, fol. 125-170.

55 Voir chapitre « l'école allemande » dans Gille, Bertrand, *Les ingénieurs de la Renaissance*, Paris, Éditions du Seuil, 1978, p. 57-81.

56 Voss, Mary J., « Between the Cannon and the Book », *op. cit.*, p. 222.

57 Taccola, Mariano, *L'art de la guerre : machines et stratagèmes de Taccola, ingénieur de la Renaissance*, traduit et publié en facsimilé par Eberhard Knobloch, Paris, Gallimard, 1992.

58 Valturio, Roberto, *De re militari*, Vérone, 1472.

59 Brioist, Pascal, « Les mathématiques et la guerre au XVIe siècle : France, Italie, Espagne, Angleterre », *op. cit.*, p. 331-342.

60 Brioist, Pascal, *Léonard de Vinci, Homme de Guerrre*, Paris, Alma, 2013, p. 122-126.

du XVIe siècle[61]. L'auteur anonyme y décrit notamment les différents types de pièces d'artillerie, leurs proportions, ainsi que les différents éléments à prendre en compte lors d'un tir, insistant sur la variation de portée en fonction de l'angle de hausse de la pièce. Toutefois, en termes de circulation et de recherche d'exhaustivité, cette première production diluée sur un siècle et demi ne peut se comparer au succès rencontré par le projet du mathématicien Niccolò Tartaglia de fonder la Nouvelle Science de l'artillerie.

LA NOUVELLE SCIENCE DE TARTAGLIA ET LA PREMIÈRE GÉNÉRATION DE TRAITÉS D'ARTILLERIE (1537 – C. 1580)

Les biographies de Niccolò Tartaglia (1500-1557) abondent du fait, sans doute, de la fascinante originalité de son parcours[62]. Né à Brescia dans un milieu modeste, orphelin de père dès son plus jeune âge, Niccolò Fontana dut son surnom de *Tartaglia* (« le bègue ») à un défaut d'élocution provenant d'une blessure qu'il reçut à 12 ans lors du sac de Brescia par les troupes de Gaston de Foix. Trop pauvre pour aller à l'école, il se forma lui-même en parfait autodidacte, devenant maître de mathématiques dans une école d'abaque à Vérone puis à Venise. Malgré ce statut relativement humble, Tartaglia acquit une renommée internationale et fut reconnu comme l'un des grands mathématiciens de son temps. Il se rendit particulièrement célèbre par l'invention d'une solution générique des équations du troisième degré puis par la dispute publique qui en résulta avec deux autres mathématiciens italiens, Girolamo Cardano et son disciple Lodovico Ferrari, qui trahirent son secret en publiant l'*Ars Magna* en 1545. Impliqué dans le commerce de livres[63], Tartaglia fut aussi connu pour son activité humaniste de traduction en italien d'œuvres scientifiques anciennes comme celles d'Euclide (1543), d'Archimède (1543) et de Jordan de Némore (1565).

61 AGS GYM leg. 13/67 (c. 1530).

62 En sus des classiques d'histoire des sciences cités en introduction, voir Martin Casalderrey, Francisco, *Cardano y Tartaglia : las matemáticas en el Renacimiento italiano*, Madrid, Nivola, 2000. Hamon, Gérard, Degryse, Lucette, *Niccolò Tartaglia : mathématicien autodidacte de la Renaissance italienne : le livre IX des « Quesiti et inventioni diverse » ou l'invention de la résolution des équations du troisième degré*, Paris, Hermann, 2010. Valleriani, Matteo, *Metallurgy, Ballistics, and Epistemic Instruments : The Nova scientia of Tartaglia*, Berlin, epubli GmbH, 2013.

63 Voss, Mary J., « Between the Cannon and the Book », *op. cit.*, p. 361.

Enfin et surtout, il gagna une grande notoriété grâce à ses travaux sur l'artillerie contenus dans deux ouvrages, la *Nova Scientia* et les *Quesiti et Inventioni Diverse*[64].

Comme son titre l'indique, l'ambition de la *Nova Scientia*, publiée à Venise en 1537, fut de créer une nouvelle science de l'artillerie. Le frontispice de l'ouvrage, conçu par l'auteur lui-même[65], résume parfaitement ce projet : entouré d'allégories de la géométrie, de l'arithmétique et de diverses sciences mixtes telles que l'astronomie, la musique ou la géographie, Tartaglia s'approche d'un groupe d'artilleurs afin de leur offrir une nouvelle science mixte alliant la philosophie naturelle d'Aristote et de Platon – en haut de l'image – aux mathématiques d'Euclide – en bas de la scène. Suivant une structure euclidienne de type hypothético-déductif, l'ouvrage propose des définitions, pose des axiomes, c'est-à-dire des suppositions non-démontrées, puis fournit des propositions démontrées, pour la plupart, à l'aide d'arguments géométriques et numériques.

Dans cet opuscule, le propos de Tartaglia se concentre essentiellement sur la balistique externe. Il s'agit de décrire et de caractériser les trajectoires de boulets de canon, ainsi que de mettre en évidence leur régularité, leur proportionnalité et leur évolution selon l'angle de hausse de la pièce. En outre, Tartaglia y fournit quelques techniques et instruments de mesure utiles à cette nouvelle science parce qu'ils permettent, par exemple, de mesurer des distances. Le plus célèbre de ces instruments, parfois appelé « équerre de Tartaglia », était une équerre disposant d'un fil à plomb et d'un cadran muni de douze graduations qui permettait de mesurer les angles d'élévation d'une pièce d'artillerie. Par ailleurs, il faut noter que les logiques de patronage amputèrent cet ouvrage de deux des cinq parties prévues initialement[66]. Sollicitant le patronage du duc d'Urbino, Francesco Maria della Rovere, alors capitaine général de l'armée vénitienne, Tartaglia prétendait en effet avoir composé son livre à la hâte tandis que la Sérénissime se préparait à affronter la menace ottomane pour défendre ses possessions en Grèce. Il proposait au duc, si ce dernier était satisfait par cette publication, de s'entretenir avec lui en privé afin de lui dévoiler bien d'autres secrets.

---

64 Tartaglia, Niccolò, *Nova scientia*, *op. cit.* ; Tartaglia, Niccolò, *Quesiti*, *op. cit.*

65 Voss, Mary J., « Between the Cannon and the Book », *op. cit.*, p. 372.

66 Voir la lettre de dédicace au duc d'Urbino Niccolò Tartaglia, *Nova scientia*, *op. cit.*

FIG. 39 – Frontispice de la *Nova Scientia* de N. Tartaglia, publiée à Venise en 1537. Document appartenant aux collections de la bibliothèque de l'Académie d'artillerie de Ségovie.

Neuf années plus tard, en 1546, Tartaglia consacra un tiers des *Quesiti et Inventioni Diverse* à l'approfondissement du projet entamé dans la *Nova Scientia*. La sollicitation du patronage du duc d'Urbino n'avait pas porté ses fruits puisque ce dernier mourut l'année suivant la publication de la *Nova Scientia*. Toutefois, le projet de créer une science de l'artillerie avait soulevé de nombreuses questions non seulement de la part du duc lui-même mais aussi de la part de Gabriel Tadino di Martinengo, superintendant des fortifications et de l'artillerie vénitienne, de l'ingénieur militaire Giulio Savorgnano, du fondeur de canons Alberghetto di Alberghetti, ainsi que d'artilleurs anonymes. Les *Quesiti* mettent en scène ces dialogues, fictifs bien que probablement fondés sur une certaine réalité de fréquentation entre l'auteur et ces hommes de guerre au service de la Sérénissime. Le contenu, plus concret que celui de la *Nova Scientia*, vint la compléter. Tartaglia tâcha notamment de tenir compte des divers facteurs de balistique interne, avant que le boulet ne sorte du canon. À une époque où, il faut le rappeler, la fabrication de l'armement n'était pas normalisée, il s'agissait notamment de caractériser les pièces selon leurs proportions, de les charger avec le type et le volume de poudre adéquat, de disserter sur la taille et les matériaux des boulets ou encore de régler les mires d'un canon par rapport à son âme, son axe interne, qui était rarement parfaitement parallèle aux bords extérieurs. Pour toutes ses actions, le mathématicien-géomètre avait des solutions, des techniques et des instruments à offrir à l'artilleur.

Ces traités ont tous deux été de grands succès d'édition, connaissant chacun plusieurs rééditions à Venise au cours du XVIe siècle et jusqu'aux premières années du XVIIe siècle[67]. D'après le nombre d'exemplaires conservés aujourd'hui dans les bibliothèques, l'édition de la *Nova Scientia* de 1558 fut sans doute celle qui connut la plus grande diffusion[68], tandis que l'édition la plus importante des *Quesiti et Inventioni Diverse* fut celle de 1554[69]. En d'autres termes, ce ne fut réellement que dans la seconde moitié du XVIe siècle que les œuvres de Tartaglia circulèrent

67 La *Nova Scientia* fut réimprimée en 1550, 1558 et 1583 et les *Quesiti et Inventioni Diverse* en 1546, 1554, 1562. En 1606, toutes deux furent incluses dans une compilation de plusieurs œuvres de Tartaglia, Tartaglia, Niccolò, *Opere del famossissimo Nicolo Tartaglia*, Venise, Al segno del lione, 1606. Voir, en annexe III, la forte proportion d'exemplaires survivants dans les bibliothèques.

68 Valleriani, Matteo, *Metallurgy, Ballistics, and Epistemic Instruments*, *op. cit.*, p. 45.

69 Voir annexe III.

abondamment. Elles connurent d'ailleurs des traductions dans plusieurs langues[70] et furent, à n'en pas douter, lues d'un certain nombre de militaires au service du roi d'Espagne.

Il y eut, d'abord, des contacts personnels entre Tartaglia et quelques grands serviteurs de la Monarchie hispanique. Les *Quesiti* mettent notamment en scène de nombreux dialogues de l'auteur avec Gabriel Tadino di Martinengo, chevalier de l'ordre de Malte et prieur de Barletta, auquel l'auteur dédia sa traduction d'Euclide en 1543. Bien qu'au service des Vénitiens à l'époque de ses contacts avec Tartaglia, cet homme avait été, quelques années auparavant, capitaine général de l'artillerie de Charles Quint en Espagne[71]. De plus, après la mort du duc d'Urbino, Tartaglia chercha le patronage d'un autre commandant important, le marquis del Vasto, alors gouverneur de Milan au service de Charles Quint. Il lui fit parvenir, grâce à Girolamo Cardano, deux exemplaires de la *Nova Scientia* accompagnés d'instruments[72]. Ce fut d'ailleurs en échange de ce service que Tartaglia dévoila à Cardano sa solution secrète des équations du troisième degré à l'origine de la dispute entre les deux hommes. Même si cette tentative de sollicitation de patronage se solda par un échec, elle met en évidence la diffusion, très tôt, de la *Nova Scientia*, vers l'un des territoires italiens de la Monarchie hispanique. Enfin, Tartaglia rencontra et s'entretint à Venise avec l'ambassadeur de Charles Quint, don Diego Hurtado de Mendoza, entre 1539 et 1546. Ce dernier mit sans doute à disposition de Tartaglia quelques-uns de ses ouvrages, notamment sur la science des poids[73]. Aussi est-il tout à fait probable qu'en échange, l'ambassadeur put enrichir sa bibliothèque de quelques ouvrages du mathématicien italien. Il faut ajouter que cette bibliothèque fut léguée à Philippe II en 1576, à la mort de Hurtado de

70 Traduction allemande partielle de la *Nova Scientia* dans Ryff, Walter, *Der furnembsten, notwendigsten, der gantzen Architectur angehörigen Mathematischen*, Nuremberg, Truckts J. Petreius, 1547 ; Traduction anglaise dans Lucar, Cyprian, *Three bookes of Colloquies concerning the arte of shooting in Great and small pieces of artillerie*, Londres, 1588. Voir à ce sujet Brioist, Pascal « Les mathématiques et la guerre au XVIe siècle », *op. cit.* p. 362.

71 AGS, CMC 1ª epoca, leg. 635 (4), il apparaît dans ces documents comptables comme touchant son salaire pour les années 1525-1526.

72 Voir l'échange épistolaire entre Tartaglia et Cardano inséré dans Tartaglia, Niccolò, *Quesiti*, *op. cit.*, fol. 115v et suiv.

73 Une copie d'Archimède par Guillaume de Moerbeke, reliée avec les copies imprimées du *De Ratione Ponderis* de Jordan de Némore et du *De Ponderibus* du pseudo-Archimède, selon Drake, Stillman, Drabkin, I.E., *Mechanics in the Sixteenth Century Italy*, Madison, The University of Wisconsin Press, 1969, p. 23.

Mendoza, et intégrée aux fonds royaux de l'Escurial[74], dont l'inventaire réalisé précisément en cette année de 1576 révèle la présence des travaux de Tartaglia sur l'artillerie[75].

Le processus de diffusion et d'assimilation des œuvres de Tartaglia est également visible à travers la lecture de certains traités militaires écrits en castillan. Un manuscrit intitulé « *Libro muy curioso y utilíssimo de artillería* » contient ainsi de nombreux passages traduits en castillan des œuvres de Tartaglia, principalement des *Quesiti et Inventioni Diverse*, juxtaposés à des développements originaux de l'auteur[76]. Répondant au nom de Hernando del Castillo, ce dernier se présente lui-même comme un artilleur mais sa vie demeure obscure. Il servit de toute évidence dans le nord de l'Italie car il évoque à plusieurs reprises dans son manuscrit des pièces d'artillerie se trouvant au château Sforza de Milan[77] et représente plus loin un fort avec des créneaux à queues d'aronde, symbole gibelin typique de l'architecture militaire médiévale italienne, que l'auteur situait d'ailleurs dans la région de Ferrare[78]. Généralement daté par les historiens des années 1550 ou 1560[79], ce manuscrit manifeste l'assimilation à cette période, d'une partie du projet de Tartaglia par certains artilleurs castillans stationnés en Lombardie.

L'importante mobilité de la profession d'artilleur favorisa sans doute les échanges intellectuels entre péninsules italienne et ibérique comme en témoigne un autre manuscrit rédigé vers 1570 par un Italien du nom de Giusto Aquilone[80]. Construisant son argumentation à partir d'Euclide et des propositions de la *Nova Scientia* de Tartaglia, cet auteur avait

74 *Documentos Para La Historia Del Monasterio De San Lorenzo El Real De El Escorial*, Madrid, Imprenta Sáez, 1964, p. 238.

75 « *Invenciones de Tartaglia para ganar una ciudad inexpugnable*, 1554, Ma 11-II-21 », *ibid.*, p. 91.

76 Castillo, Hernando del, « Libro muy curioso y utilísimo de artillería », BNE. mss. 9034, c. 1560.

77 *Ibid.* fol. 5v et 6r.

78 « *Que trata de batir un castillo como casa nostra que está en el Ferrares encima de una montaña espuñable* », *ibid.*, fol. 39r.

79 Daté de 1550 par Vigón, Jorge, *Historia de la Artillería Española*, *op. cit.*, p. 268. Même date pour López Piñero, José María, *Ciencia y tecnica en la sociedad española de los siglos* XVI *y* XVII, *op. cit.*, p. 254 ; Daté de 1564 par Vicente Maroto, María Isabel, « Las escuelas de artillería en los siglos XVI y XVII », *op. cit.*, p. 8. Il est difficile de trancher entre ces deux opinions car aucun de ces auteurs ne justifie sa datation.

80 Aquilone, Giusto, « Trattato di artiglieria », Florence, BNCF, mms Magliabechiano, II, IV, 337. Voir Pascal Brioist, « Les mathématiques et la guerre au XVIe siècle : France, Italie, Espagne, Angleterre » *op. cit.*, p. 365-370. Le manuscrit n'est pas daté, mais il cite

manifestement assimilé en détail le projet du mathématicien brescian et proposait même à son lecteur de lui révéler, à l'aide d'une technique géométrique, la loi de variation des portées que Tartaglia avait gardée secrète. Or, cet Italien avait manifestement fréquenté les milieux artilleurs de la Monarchie hispanique puisqu'il faisait mention, dans son texte, d'une expérience de tir d'artillerie réalisée en 1565 sur l'île d'Ibiza[81]. Cette expérience visait clairement à résoudre des disputes entre artilleurs suite à la lecture de Tartaglia. De tels contacts entre artilleurs italiens et espagnols, qu'ils aient eu lieu en Italie ou en Espagne, participèrent certainement à la diffusion du projet tartaglien.

Le premier livre imprimé en castillan abordant le thème de l'artillerie fut publié en 1583 à Mexico[82]. Il s'agit d'un ouvrage traitant de l'art militaire en général mais consacrant l'une de ses quatre parties à l'usage de l'artillerie. Cette partie est essentiellement composée, à quelques rares exceptions près, de passages traduits des *Quesiti et Inventioni Diverse*, ainsi que de quelques éléments de la *Nova Scientia* permettant d'ailleurs d'affirmer que l'auteur a eu accès à un exemplaire des éditions de 1550 ou 1558[83]. Le contexte de publication de cette œuvre demeure assez flou. Son auteur, Diego García de Palacio, était un *letrado* (juriste) originaire de l'arrière pays de Santander, docteur en droit de l'université de Mexico et auditeur de la *real audiencia de Mexico*, tribunal suprême de la vice-royauté de Nouvelle-Espagne. Il était également un grand capitaliste possédant de nombreuses fermes, exploitations agricoles, moulins et sucreries en Nouvelle-Espagne[84]. Enfin, et surtout, cet individu semble avoir eu un intérêt particulier pour ce qui touchait au militaire[85]. Quelques années auparavant, en 1578, García de Palacio avait soumis

---

le livre de Cataneo publié en 1567 et aucun autre auteur à part Tartaglia, ce qui laisse supposer une rédaction dans les années 1570, avant la vague d'auteurs des années 1580.

81 Aquilone, Giusto, « Trattato di artiglieria », *op. cit.* fol. 14.

82 García de Palacio, Diego, *Dialogos Militares*, *op. cit.*

83 Il s'agit du schéma des carrés magiques, absent de l'édition de 1537, Tartaglia, Niccolò, *Nova scientia inventa de Nicolò Tartaglia con una gionta al terzo libro*, Venise, Nicolo de Bascarini, 1550, fol. 32r ; On retrouve le même schéma chez García de Palacio, Diego, *Dialogos Militares*, *op. cit.*, fol. 142v.

84 Chevalier, François, *La formation des grands domaines au Mexique : terre et société aux* XVIe-XVIIe *siècles*, Paris, Institut d'ethnologie, 1952, p. 165.

85 LÉ FLEM, Jean-Paul, « Diego Garcia de Palacio et l'artillerie : un précurseur de la balistique moderne ? » dans *La révolution militaire en Europe :* XVe-XVIIIe *siècles : actes du colloque, 4 avril 1997 à Saint-Cyr Coëtquidan*, Jean Bérenger (éd.) Paris, Institut de stratégie comparée, 1998, p. 51-64.

aux autorités madrilènes un projet de conquête de la Chine à partir du Guatemala et des Philippines[86]. Les *Dialogos Militares* publiés en 1583 et dédiés au vice-roi de Mexico, commandant militaire de Nouvelle-Espagne, visaient donc sans doute à démontrer les aptitudes guerrières de ce juriste de formation, dans le contexte d'une menace croissante de la course anglaise sur les côtes américaines. D'ailleurs, en 1587, juste après avoir publié un fameux traité de navigation[87], ce même auteur prit le commandement d'une flottille de défense contre la venue du corsaire Thomas Cavendish sur la côte Pacifique[88]. Néanmoins, malgré son intérêt en tant que premier traité sur l'artillerie en castillan et en tant que témoignage de l'assimilation des travaux de Tartaglia, les *Dialogos Militares* n'eurent qu'une faible diffusion, les exemplaires étant aujourd'hui rares et l'œuvre n'étant ni citée ni reprise par les auteurs de traité d'artillerie des décennies suivantes[89].

Entre temps, dans la péninsule italienne, le projet tartaglien de création d'une science de l'artillerie fut enrichi d'un certain nombre de publications à la fin des années 1560[90]. Cette production était fortement ancrée dans le nord de l'Italie et plus particulièrement à Venise, capitale européenne de l'imprimerie et lieu de publication des ouvrages de Niccolò Tartaglia. Ainsi, en 1567, l'homme de guerre Domenico Mora y publia un traité militaire divisé en trois dialogues, dont le premier fut consacré à l'artillerie, l'auteur y reprenant certaines conclusions de Tartaglia[91]. La même année, un traité d'artillerie fut imprimé à Brescia par l'ingénieur militaire Girolamo Cataneo[92]. Ce dernier n'en était pas à sa première publication puisque, trois années auparavant, il avait fait imprimer un traité de fortification à la fin duquel il proposait déjà un bref traité d'artillerie, accompagné d'un

86 Gallegos, Eder, *Fuerza de sus reinos. Instrumentos de la guerra en la frontera oceánica del Pacífico Hispano (1571-1698)*, México, Palabra de Clío, 2015, p. 60. Gruzinski, Serge, *El águila y el dragón : desmesura europea y mundialización en el siglo XVI*, México, Fondo de Cultura Económica, 2018, p. 260.

87 García de Palacio, Diego, *Instrucción nauthica, para le buen uso y regimiento de las naos*, *op. cit.*

88 AGI MEXICO leg. 21/21, 20 et 30 (année 1587). L'épisode est raconté p. 190.

89 Sur la rareté des exemplaires, voir annexe III.

90 Voir « La réception de Tartaglia en Italie », dans Brioist, Pascal, « Les mathématiques et la guerre au XVIe siècle : France, Italie, Espagne, Angleterre », *op. cit.*, p. 359-375.

91 Mora, Domenico, *Tre quesiti in dialogo sopra il fare batterie, fortificare una villa, et ordinar bataglie quadrate, con una disputa de precedencia tra l'arme e le lettere*, Venise, 1567.

92 Cataneo, Girolamo, *Avvertimenti et essamini intorno a quelle cose che richiede a un bombardiero*, *op. cit.*

« examen de bombardier[93] ». Ses écrits, explicitement tournés vers l'activité de l'artilleur, rencontrèrent un certain succès, étant réimprimés à Venise en 1580 et 1582[94], puis encore en 1584 à Brescia dans une compilation de traités militaires[95]. Un autre traité d'artillerie connut un succès comparable sur la même période. Il s'agit des *Precetti della Militia Moderna* de l'humaniste et cartographe Girolamo Ruscelli[96]. Sorti des presses vénitiennes pour la première fois en 1568, il fut réédité à trois reprises à Venise, en 1572, 1583 et 1595, ce qui témoigne de son succès et de sa diffusion.

TARTAGLIA CONTESTÉ : LES PREMIÈRES AUTORITÉS ESPAGNOLES (C. 1580-1600)

À partir des années 1580, une nouvelle génération d'auteurs s'efforça de contester les autorités qui s'étaient mises en place depuis le milieu du XVIe siècle, au premier chef desquelles figurait Tartaglia. L'un des premiers auteurs de cette vague contestataire fut Gabriel Busca, ingénieur militaire issu d'une famille milanaise de fondeurs de canons. L'un de ses frères, Francesco, devint fondeur attitré du duc de Savoie dans les années 1560[97], tandis qu'un autre membre de sa famille, Giovan Battista, fut fondeur d'artillerie du duché de Milan dans les années 1570-1580[98]. Gabriel quant à lui oscilla entre le service de la maison de Savoie, pour laquelle il fut lieutenant d'artillerie à partir de 1561, et celui du roi d'Espagne, qu'il servit en Lombardie en tant qu'ingénieur militaire, participant notamment à la construction de la forteresse de Fuentes verrouillant la vallée de la Valteline[99]. En 1584, il publia à Carmagnole l'*Instruttione de' Bombardieri*, un traité d'artillerie qui n'hésitait pas à attaquer les précédents auteurs sur l'artillerie. La critique de Tartaglia

---

93 Cataneo, Girolamo, *Opera nuova de fortificare, offendere et difendere… aggiontovi nel fine in trattato de gl'essamini de' bombardieri et di far fuochi arteficiati*, Brescia, Batista Bozzola, 1564.

94 Cataneo, Girolamo, *Avvertimenti et essamini intorno a quelle cose che richiedono a un perfetto bombardiero*, Venise, Altobello Salicato, 1580 puis 1582.

95 Cataneo, Girolamo, *Dell'arte militare libri cinque… nell'ultimo l'essamine de' Bombardieri*, Brescia, Thomaso Bozzola, 1584.

96 Ruscelli, Girolamo, *Precetti della militia moderna tanto per mare quanto per terra*, Venise, appresso gli heredi di Marchio Sessa, 1568.

97 Brioist, Pascal « Les mathématiques et la guerre au XVIe siècle », *op. cit.*, p. 370.

98 AGS EST, leg. 1260/127 (Octobre 1585).

99 AGS VIT, leg. 278/19, livre imprimé portant le titre « Descargos del capitán Christóval Lechuga », Milan, 1612. Gabriel Busca y est mentionné à plusieurs reprises.

revient à plusieurs reprises sous la plume de l'auteur qui en fait sa cible privilégiée aux côtés de Domenico Mora et Girolamo Cardano[100]. Un dialogue s'était par conséquent instauré entre la première génération d'auteurs de traités d'artillerie et une nouvelle génération qui souhaitait renverser les autorités passées. Néanmoins, le traité de Busca eut un succès plus limité que les livres de Tartaglia, Cataneo et Ruscelli, ses exemplaires étant plus rares et le traité ne comptant qu'une seule réédition, en 1598, conjointe à un traité de fortification du même auteur[101].

Tout autre fut le succès de l'œuvre de Luis Collado. Né à Lebrija en Andalousie, Collado fit une longue carrière militaire d'une cinquantaine d'années au service du roi d'Espagne. Il fut ainsi soldat et capitaine d'artilleurs à Ibiza, participa à la bataille de Navarino en 1572, sorte d'appendice de la bataille de Lépante, puis dirigea divers travaux de fortifications en Sicile et dans le royaume de Naples, notamment à Brindisi et Tarente[102]. Il finit sa carrière comme ingénieur militaire dans le duché de Milan, en charge des fortifications ainsi que des examens d'artilleurs. Il eut une dernière occasion de s'illustrer sur le champ de bataille lors du siège de Bricherasio, en 1594, contre les troupes de Lesdiguières, avant de décéder en juin 1602. Luis Collado fut donc de la même génération que Gabriel Busca et fréquenta la Lombardie à la même période. Tous deux étaient ingénieurs au service du gouverneur de Milan dans les toutes premières années du XVIIe siècle, ce qui ne laisse aucun doute sur le fait qu'ils se côtoyèrent dans les dernières années de leur vie, si ce n'est avant. Or, comme Gabriel Busca, Luis Collado publia une œuvre visant à faire choir de leur piédestal les autorités qu'étaient devenus Tartaglia, Cataneo et Ruscelli.

Son succès fut le fruit de deux tentatives exécutées par l'auteur à la fin de sa carrière, tandis qu'il était ingénieur militaire à Milan. D'abord, en 1586, il publia un premier traité d'artillerie dédié au gouverneur de Milan, Carlo d'Aragona, duc de Terranova. Comme le chapitre précédent l'a mis en évidence, le duc de Terranova s'était montré particulièrement

100 Busca, Gabriel *Instruttione de' bombardieri*, Carmagnola, Marco Antonio Bellone, 1584, p. 61 pour Tartaglia, Mora et Cardano, puis p. 72, 73 et 74 pour Tartaglia seulement.

101 Busca, Gabriel, *Della espugnatione et difesa delle fortezze… aggiontoui nel fine l'instruttione de' bombardieri*, Turin, Giovan Dominico Tarino, 1598. Sur la rareté des exemplaires, voir annexe III.

102 Sa carrière est retracée par sa fille, Camilla Collado, dans un *memorial* transmis au conseil de guerre, AGS EST, leg. 1704/266 (10/08/1604).

sensible aux questions d'artillerie lorsqu'il gouverna la Sicile entre 1571 et 1577, puis la Lombardie à partir de 1583. Il avait été le principal artisan de l'ouverture d'écoles d'artilleurs dans ces deux États. Il y a par conséquent fort à croire qu'il encouragea d'une manière ou d'une autre l'entreprise de Collado. Ce dernier fit imprimer son traité en italien à Venise, là même où les principaux traités d'artillerie qui le précédaient avaient été publiés. Néanmoins, à côté de cette apparente continuité, Collado revendiquait une rupture :

> Certains auteurs ont écrit et fait imprimer des livres d'artillerie, à savoir Niccolò Tartaglia, Girolamo Ruscelli et Cataneo, lesquelles œuvres sont plutôt le produit d'hommes instruits en mathématiques et dans d'autres arts et sciences que d'hommes ayant pratiqué l'exercice manuel de l'artillerie et de ses effets[103].

Ce passage met en évidence le statut d'autorités acquis par Tartaglia, Cataneo et Ruscelli auprès des hommes de guerre de cette période. Ambitionnant de les remplacer, Collado tenta de saper leur crédibilité en insistant sur leur statut de mathématiciens totalement étrangers au champ de bataille, tandis que lui-même possédait la légitimité conférée par l'expérience. Dans cette même perspective de renversement de pouvoir, Collado chercha à déposséder Niccolò Tartaglia de sa principale *regalia*, la fameuse équerre de l'artilleur, dont il resitua l'invention en Allemagne au XVe siècle en s'appuyant sur une citation de l'astronome bavarois Regiomontanus[104]. Toutefois, cette première tentative ne réussit pas complètement puisque, si l'on se fie au nombre d'exemplaires survivants aujourd'hui, cette édition de 1586 n'atteignit probablement pas les niveaux de diffusion des œuvres de Tartaglia, Cataneo et Ruscelli[105].

Cependant, le véritable triomphe de Luis Collado intervint seulement six ans plus tard, en 1592, avec la publication du *Plática Manual de Artillería*[106]. Il s'agissait d'une réédition du traité de 1586, augmentée de nombreux développements, publiée à Milan, et résolument tournée

---

103 « *Alcuni auttori hanno scritto, et fatto stampare libri d'arteglieria ; cioè Nicolò Tartaglia, Girolamo Ruscelli et il Cattaneo, le cui opere piu tosto rendono testimonianza d'huomini mattematici et in altre arti overo sienze instrutti, che di prattichi nell'essercitio manuale dell'arteglieria et di suoi effetti* », Collado, Luis, *Pratica Manuale di arteglieria*, Venise, Pietro Dufinelli, 1586, fol. 21v.

104 *Ibid.* fol. 39.

105 Voir annexe III.

106 Collado, Luis, *Plática manual de artillería*, *op. cit.*

vers la péninsule ibérique à travers une dédicace au roi Philippe II ainsi que par l'emploi du castillan au lieu de l'italien. La critique des auteurs italiens, et en particulier de Tartaglia, s'y fit plus franche et plus acerbe, à l'image de ce passage où Collado attaque leurs lois mathématiques des portées, les qualifiant de mensonges :

> Ils mentent Girolamo Ruscelli et Niccolò Tartaglia, et ils mentent aussi tous ces auteurs qui, sans aucun fondement ni expérience, veulent savoir, à partir de la connaissance de la portée d'une pièce au premier point de l'équerre, quelle sera sa portée aux autres points, en recherchant les différences par des règles numériques, ce qui ne pourra jamais être fait sans erreur[107].

Entre 1586 et 1592, la plume de Collado avait indéniablement gagné en assurance. Certes, il écrivait en castillan, sa langue maternelle, mais il écrivait surtout pour un public castillan, auprès duquel il se sentait une grande légitimité, d'abord en tant qu'homme de guerre reconnu pour ses nombreux services rendus à la Monarchie, ensuite en tant que premier auteur castillan à avoir défié, en 1586, les auteurs italiens de traités d'artillerie sur leur propre terrain. Il expliquait d'ailleurs dans la préface au lecteur de l'édition de 1586 que, s'il s'était décidé à prendre la plume, c'était parce que, malgré les nombreux hauts faits d'armes des Espagnols, aucun d'entre eux n'avait encore souhaité écrire sur le sujet. La version castillane augmentée de 1592 concrétisa cette aspiration. Collado y proposa un ouvrage exhaustif sur l'artillerie, dotant même la discipline d'une histoire propre appuyée sur des schémas repris du *De Re militari* de Valturio de 1472. Le tirage de 1592 fut certainement de grande ampleur, comme en témoignent encore aujourd'hui les nombreux exemplaires présents dans les bibliothèques[108]. De la sorte, le traité de Collado connut une importante diffusion qui hissa son auteur parmi les principales autorités en matière d'artillerie. La version castillane augmentée fut d'ailleurs à son tour traduite en italien et publiée à Milan en 1606 puis en 1641.

Un autre traité important fut publié en 1590, entre les deux versions du manuel de Collado. Il s'agit du *Perfeto Capitán*, le premier imprimé traitant

107 « *Callen pues Gerónimo Rucelio y el Nicolao Tartalla, y callen los demas auctores que sin fundamento alguno, ni experiencia quieren que, sabidos los passos que una pieça tiró por el primero punto, se sepan los que tirara por qualquier otro, investigando las differencias de los tiros por las reglas de guaritmo, lo qual jamás harán verdadero* », *ibid.*, fol. 39v.

108 Voir annexe III.

d'artillerie ayant été publié dans la péninsule ibérique[109]. Son auteur, Diego de Álava y Viamont, n'était autre que le fils du capitaine général de l'artillerie don Francés de Álava, issu de la haute noblesse de Navarre[110]. Toutefois, contrairement à don Francés qui avait une grande expérience du champ de bataille, Diego avait dû suivre le chemin des lettres sous la contrainte de son père, se formant à la culture humaniste et au droit aux universités d'Alcalá et de Salamanque[111]. Âgé d'environ 35 ans en 1590 et ayant perdu son père quelques années plus tôt, en 1586, Diego de Álava aspirait à une carrière militaire et souhaitait, par la publication du *Perfeto Capitán*, démontrer au roi Philippe II ses grandes connaissances théoriques sur l'art militaire. Les lettres mises en prologue de l'ouvrage et rédigées par des humanistes et courtisans de l'époque tendaient en ce sens à souligner la ressemblance entre Diego de Álava et son père, rendant naturel le désir du fils de devenir capitaine. Par ailleurs, ce désir se manifesta concrètement par une demande soumise au conseil de guerre l'année de publication de l'ouvrage[112]. Mettant en avant à la fois les services mémorables de son père et la publication de son traité sur la discipline militaire, Diego de Álava y Viamont y sollicitait la place de capitaine d'une compagnie d'hommes d'armes – c'est-à-dire de cavalerie lourde – commandée par le défunt comte de Cifuentes. Malheureusement, malgré un avis favorable des membres du conseil, Diego de Álava n'obtint pas la place et trois ans plus tard il réitéra sa demande d'obtention d'un poste de capitaine d'hommes d'armes sans obtenir, semble-t-il, plus de succès[113]. La seule position qu'il acquît avant sa mort, à la fin de l'année 1596, fut un office courtisan – et non militaire – de gentilhomme de la maison du roi[114].

Son traité en revanche connut une grande réussite. Il s'agissait d'un ouvrage dédié à l'art militaire en général puisqu'il proposait de former « le parfait capitaine ». Toutefois, en digne héritier du capitaine général de l'artillerie, l'auteur y fit la part belle à l'artillerie, lui consacrant

109 Alava y Viamont, Diego de, *El perfeto capitán, instruido en la disciplina militar, y nueva ciencia de la artillería*, Madrid, Pedro Madrigal, 1590.

110 Pour une biographie fiable de Diego de Álava voir Rodríguez, Pedro, Rodríguez, Justina, *Don Francés de Álava y Beamonte, op. cit.*

111 Il décrit son parcours dans une lettre à son défunt père insérée en début d'ouvrage, manifestant un certain ressentiment à son égard. Alava y Viamont, Diego de, *El perfeto capitán, instruido en la disciplina militar, y nueva ciencia de la artillería*, *op. cit.*

112 AGS, GYM, leg. 307/143 (29/06/1590).

113 AGS, GYM, leg. 391/65 (10/09/1593).

114 Rodríguez, Pedro, Rodríguez, Justina, *Don Francés de Álava y Beamonte*, *op. cit.*, p. 86-88.

quatre des six livres de son œuvre. La stratégie employée par Diego de Álava fut semblable à celle de Busca et Collado à la même période : il chercha à déconstruire l'autorité de Tartaglia, signe manifeste de la réputation acquise par de ce dernier au sein de la péninsule ibérique. En revanche, la tactique fut quant à elle différente puisque Diego de Álava ne pouvait se légitimer, comme Collado ou Busca, par une quelconque expérience du champ de bataille. Il s'attacha à présenter la « doctrine de Nicolo Tartalla », n'hésitant pas à spéculer sur les intentions du mathématicien brescian et prétendant révéler une fameuse loi mathématique des portées que Tartaglia avait gardée secrète, ceci afin de mieux mettre en contraste ses propres lois en sinus, bien plus complexes et raffinées[115]. Autrement dit, Álava chercha à se distinguer par l'approfondissement des aspects les plus spéculatifs et théoriques des travaux de Tartaglia.

Ce fut sa formation à l'université de Salamanque qui lui procura les outils mathématiques et philosophiques nécessaires à la poursuite de cet objectif. Il y fut notamment l'élève de Gerónimo Muñoz, qui y enseigna l'astrologie, l'astronomie et les mathématiques[116]. Diego de Álava n'hésita d'ailleurs pas à mettre en avant l'implication de son maître dans son projet de recherche sur l'artillerie :

> En discutant de cela avec le très docte maître Gerónimo Muñoz, il me dit qu'il tenait pour fausse l'opinion de Tartaglia et que, pour tirer le vrai du faux, il avait fait tirer quelques mortiers et bombardes[117].

---

115 Voir les titres des livres 5 et 6 : « *Libro quinto en que se trata de todos los instrumentos necessarios para el uso de la artillería y del modo de hazer tablas para tirar con ella, conforme a la doctrina de Nicolo Tartalla* », « *Libro sexto en que se reprueva la dotrina de Nicolo Tartalla, y se enseña la verdadera con las demostraciones en que se funda, y lo que se a de seguir en hazer tablas para el uso de la artillería* », Alava y Viamont, Diego de, *El perfeto capitán, instruido en la disciplina militar, y nueva ciencia de la artillería*, *op. cit.* La loi des portées est présentée dans la dernière partie de ce chapitre.

116 Sur ce personnage, voir notamment Navarro Brotons, Victor, Salavert, Vicente, *Jeronimo Muñoz : Introduccion a la astronomia y la geografia*, Valence, Consell Valencia de Cultura, 2004. Navarro Brotons, Victor, « La historia de la Ciencia en España en la Edad moderna y el papel de las universidades », dans *Derecho, historia y universidades, vol. II.*, Universitat de Valencia, Valence, 2007, p. 299-305. Navarro Brotons, Victor, « El Renacimiento científico y la enseñanza de las disciplinas matemáticas en las universidades de Valencia y Salamanca en el siglo XVI », dans *Doctores y escolares / II congreso Internacional de Historia de las Universidades Hispanicas (Valencia 1995)*, Valence, Universitat de Valencia, servei de Publicacions, 1998, p. 141-159.

117 « *Communicando esto con el doctíssimo maestro Gerónimo Muñoz, me dixo que él tenía por falsa la opinión de Tartalla y que, tratando él de apurarla muy de veras, avía hecho disparar algunos*

Ainsi, il semble que les lettrés humanistes de l'université de Salamanque réalisaient des expériences de tir d'artillerie afin de vérifier les théories de Tartaglia. Malgré cela, ils manquaient indubitablement de connaissances empiriques et techniques sur les canons.

Pour composer les aspects les plus pratiques de son traité, Diego de Álava recourut – sans l'expliciter – à l'expertise d'auteurs plus expérimentés dans le maniement du canon. En effet, dans le troisième livre, celui concernant la fonderie et les proportions des pièces d'artillerie, il reprit non seulement certains passages des *Quesiti et Inventioni Diverse* de Tartaglia mais il traduisit également en castillan des données numériques et techniques décrites dans le premier traité de Luis Collado publié en italien en 1586, la version castillane de Collado ayant été publiée deux après après le *Perfeto Capitán*. De même, le long développement sur la fabrication des artifices de feu et explosifs reprenait, mot pour mot, des chapitres d'un traité manuscrit écrit par l'artilleur Cristóbal de Espinosa à Milan en 1584[118]. En tant que dédicataire de cette œuvre, le général de l'artillerie don Francés de Álava avait sans doute transmis le manuscrit à son fils Diego qui l'utilisa pour combler les lacunes techniques de sa publication. Cependant, malgré ce défaut de connaissances pratiques résultant de l'inexpérience militaire de l'auteur, l'ouvrage connut une très grande diffusion, sans doute du fait du haut statut social de Diego de Álava et de ses relations à la cour de Madrid[119].

La plupart des auteurs de traités d'artillerie en castillan appartenaient toutefois au milieu des hommes de guerre et le statut de lettré de Diego de Álava fut plutôt l'exception confirmant la règle. Ainsi, en 1595, Lazaro de la Isla publia à Madrid, chez la veuve de l'éditeur du *Perfeto Capitán*, un court traité d'artillerie qui connut un certain succès et qui fut réédité à Valladolid en 1603 et à Lisbonne en 1609[120]. Fils d'un artilleur qui servit Charles Quint et Philippe II pendant plus de quarante ans avant de mourir à la bataille de Djerba en 1560, Lazaro de la Isla servait lui aussi en tant qu'artilleur sur les galères d'Espagne

morteretes y lombardetas particularmente », Alava y Viamont, Diego de, *El perfeto capitán, instruido en la disciplina militar, y nueva ciencia de la artillería*, *op. cit.*, fol. 234r.

118 Espinosa, Cristobal de, « Alvaradina : Dialogo de artillería », Milan, 1584, bibliothèque de l'Académie d'artillerie de Segovie, manuscrit 39-2-42.

119 Comme indice de cette diffusion, voir les nombreux exemplaires recensés en annexe III.

120 Isla, Lazaro de la, *Breve tratado de artillería, geometría y artificios de fuegos*, *op. cit.* Voir annexe III.

depuis une trentaine d'années lorsqu'il publia son traité[121]. Il avait participé à diverses batailles navales, à la conquête de Tunis menée par don Juan d'Autriche en 1573 ainsi qu'à l'invasion du Portugal en 1580, parvenant au grade de chef des artilleurs d'une escadre de huit galères[122].

De tels profils militaires se retrouvent également dans la production manuscrite de traités d'artillerie. À ce sujet, il faut mentionner notamment le manuscrit du lieutenant d'artillerie Diego de Prado cité en introduction de ce chapitre[123]. Un autre manuscrit, écrit dans les mêmes années à Milan par l'artilleur Espinel de Alvarado, témoignait de l'importante circulation de traités – imprimés autant que manuscrits – au sein des milieux artilleurs de la fin du siècle :

> Je me souviens avoir vu et lu certains livres qui traitent du même sujet que ce dont nous prétendons traiter, comme ceux de Tartaglia qui est le meilleur que j'ai vu, celui de Cataneo qui n'est pas mal, la Pyrotechnie de messire Domenico [Mora], et d'autres de peu de fruits et de substances sans oublier les très nombreux petits livres secrets rédigés à la main par certains de mes amis artilleurs, pour tous lesquels mon opinion est que, à part ceux de Tartaglia et Cataneo, tous les autres sont loin d'être justes[124].

Par conséquent, les dernières années du XVIe siècle furent caractérisées par d'intenses échanges littéraires où l'on s'exprimait et débattait sur des grandes questions déjà bien délimitées par les autorités italiennes du milieu du XVIe siècle, Tartaglia en tête.

Malgré l'influence manifeste des traités italiens, la nouvelle génération d'auteurs castillans commençait à asseoir son autorité à Madrid à la toute fin du XVIe siècle. C'est du moins ce qui transparaît de la lecture des notes manuscrites du docteur Julián Ferrofino[125]. Pour rappel, Julián

121 Voir la préface au lecteur, *ibid.*

122 AGS, GYM, leg. 271/37 (05/12/1589).

123 Prado, Diego de, « La obra manual y pláctica de artillería », *op. cit.*

124 « *Me acuerdo haber visto y leido ciertos libros que tratan de lo mesmo que nosotros pretendemos tratar como son el Tartalla, que es el mejor que yo he visto, el Cataneo, que no es malo, la Pirotechnia de miser Dominico, y algunos de poco fruto y sustancia sin otros muy muchos librillos secretos de mano de artilleros amigos míos de todos los quales lo que me parece y sabría dezir es que quitado el Tartalla y el Cataneo todos los demás assí los unos como los otros paresce huyen de ser entendidos* », Alvarado, Espinel de, « Alvaradina : la cual contiene en si muchos muy necesarios avisos de las cosas tocantes al Artillería », BNE, mss. 8895, Milan, c. 1595, fol. 1v.

125 Ferrofino, Julián, « Descrizión y tratado muy breve lo mas probechoso de Artillería », BNE, mss. 9027, 1599.

Ferrofino était un mathématicien et juriste originaire de Lombardie qui avait travaillé au service du conseil de guerre en enseignant aux artilleurs de Burgos, Malaga et Séville[126]. Le manuscrit porte la mention « écrit par le docteur Julián Ferrofino, tiré de ses brouillons lors de l'année 1599 », lorsque ce dernier était professeur de mathématique à la cour du roi à Madrid. Cette information indique qu'il s'agit d'une copie, par un tiers – disciple, serviteur ou autre – d'écrits attribuables selon toute probabilité à Ferrofino mais dont on ne sait pas s'ils furent copiés dans leur intégralité. Il faut néanmoins remarquer qu'aucun auteur italien n'y apparaît, même s'il est possible de reconnaître quelques éléments caractéristiques de la *Nova Scientia* de Tartaglia tels que l'équerre d'artilleur graduée en douze points[127]. En revanche, les nouvelles autorités, celles dont on parlait alors à la cour de Madrid, étaient Luis Collado[128] et Diego de Álava y Viamont[129].

MATURITÉ DE L'ÉCOLE CASTILLANE (1600-1613)

Au début du XVIIe siècle, la littérature sur l'artillerie continuait d'être intensivement discutée, et la génération d'auteurs de la fin du siècle précédent était progressivement assimilée. Un certain manuscrit rédigé par le capitaine Cristóbal de Rojas à Cadix en 1607 rend parfaitement compte de cette situation[130]. L'auteur était un architecte militaire qui avait dirigé divers projets de fortifications, notamment à Cadix dans les années 1590[131]. Par ailleurs, il avait acquis une expérience de terrain en matière d'artillerie en Bretagne vers 1595, lorsqu'il accompagna le capitaine Juan del Águila en soutien du duc de Mercœur, le dernier grand ligueur français[132]. Toutefois, le capitaine Rojas n'était pas qu'un homme de terrain. Expert en fortification, il publia en 1598 un traité à

126 Pour une biographie détaillée de l'auteur, voir p. 308-311.

127 Ferrofino, Julián, « Descrizión y tratado muy breve lo mas probechoso de Artillería », *op. cit.*, fol. 7-9.

128 *Ibid.*, fol. 101r et 111r.

129 *Ibid.*, fol. 110v.

130 Rojas, Cristóbal de, « Sumario de la milicia antigua y moderna », BNE. mss. 9286, Cadix, 1607.

131 AGS GYM, leg. 307/109 (08/04/1590).

132 AGS GYM, leg. 300/55 (30/03/1595). Voir aussi Rojas, Cristóbal de, « Sumario de la milicia antigua y moderna », fol. 89, « *por mi parte haver manejado y tirado en muchas partes, especialmente en Bretaña en el campo del Duque de Mercurio y con Don Joan del Aguila* ».

ce sujet[133] et enseigna à l'académie royale de mathématiques de Madrid au tournant du XVIIe siècle[134].

Dédié à Philippe III, son manuscrit de 1607 visait à fournir des recommandations au roi et à ses plus proches conseillers. Or, ses propositions portaient sur les fortifications mais aussi sur l'artillerie, à la périphérie de la zone d'expertise de l'auteur. Aussi, pour appuyer ses conseils, le capitaine Rojas en appela-t-il aux principales autorités en la matière, renvoyant à leurs œuvres pour de plus amples détails. Voici la liste chronologique d'ouvrages qui lui semblaient les plus pertinents :

> J'ai lu quasiment tous les auteurs qui ont écrit au sujet de l'artillerie, tant anciens que modernes, comme sont Niccolò Tartaglia, Cataneo, Luis Collado, Lazaro de la Isla ou encore Andres Muñoz, *artillero mayor* de la *casa de la contratación* à Séville[135].

Les noms contenus dans cette liste ne surprennent en rien à l'exception notable d'Andrés Muñoz el Bueno, qui enseignait alors l'artillerie à Séville depuis plus d'une décennie mais qui n'avait encore publié aucun traité[136]. Il faut par conséquent en déduire que ses écrits avaient sans doute dû circuler en Espagne sous forme manuscrite dans les premières années du XVIIe siècle. Par ailleurs, il faut noter que les deux noms revenant le plus souvent dans ce manuscrit sont ceux de Tartaglia et Collado, souvent juxtaposés pour manifester des grandes tendances opposées, signe que Luis Collado avait partiellement réussi son entreprise de sape de l'autorité suprême de Tartaglia.

En 1606 fut publié un autre traité qui, bien qu'ayant un rôle secondaire en tant qu'autorité, présente quelques traits intéressants. Il s'agit d'un traité de mathématiques appliquées composé par Andrés García de Céspedes, personnage dont l'œuvre éclectique révèle les passerelles qui existaient entre différents milieux et disciplines mathématiques[137].

---

133 Rojas, Cristóbal de, *Teórica y práctica de fortificación*, Madrid, Luis Sánchez, 1598.

134 Martinez Ruiz, Enrique, *Felipe II, la ciencia y la técnica*, *op. cit.*, p. 125.

135 « *Haviendo leydo casi todos los autores que han escrito del artillería ansí antiguos como modernos, como son Nicolas Tartalia, el Cataneo, Luis Collado, Lazaro de la Ysla o Andres Muñoz, artillero mayor de la contratación de Sevilla* », Rojas, Cristóbal de, « Sumario de la milicia antigua y moderna », *op. cit.*, fol. 89.

136 Il publia bien un traité, mais 20 ans après la rédaction du manuscrit du capitaine Rojas : Muñoz el Bueno, Andrés, *Instrucción y Regimiento para que los marineros sepan usar de la artillería*, Malaga, Juan Rene, 1627.

137 García de Céspedes, Andrés, *Libro de instrumentos nuevos de Geometría*, Madrid, Juan de la Cuesta, 1606.

Au début de ce traité, l'auteur joignit une liste de onze ouvrages qu'il avait précédemment composés, parmi lesquels se trouvaient des livres sur l'astrolabe, la topographie, la navigation, l'astronomie, la cartographie, l'hydrographie ou encore les machines. Il construisit avant tout sa carrière en tant que spécialiste de cosmographie, d'abord à Lisbonne dans les années 1580, puis à Séville en tant que *piloto mayor* de la *casa de la contratación* (pilote principal en charge des examens) entre 1596 et 1598, et enfin en tant que cosmographe en chef du conseil des Indes à Madrid, à partir de 1598[138]. Le *Libro de instrumentos nuevos de geometría* traitait de divers problèmes de mathématiques appliquées et, en particulier dans sa dernière partie, de questions d'artillerie à l'occasion desquelles l'auteur proposait de discuter des trajectoires de tir, prétendant « corriger les erreurs de Tartaglia[139] ». Le court développement de l'auteur ne rend pas compte de la lecture d'autres traités d'artillerie. En revanche, la préface au lecteur, qui explique la genèse de l'œuvre, évoque les nombreuses discussions et paris d'Andrés García de Céspedes avec les artilleurs du château de Burgos puis de Lisbonne, à l'époque où le lieutenant d'artillerie était le capitaine Alonso de Céspedes (1583-1587). Ce témoignage offre par conséquent un exemple de procédé d'assimilation de la littérature sur l'artillerie au sein de groupes d'artilleurs à travers des discussions avec des personnages hautement qualifiés en mathématiques.

Il fallut attendre l'année 1611 pour voir la parution d'un traité d'artillerie d'une ambition comparable à celui de Luis Collado : il s'agissait des *Discursos* du capitaine Cristóbal Lechuga, publiés à Milan, comme le manuel de Collado deux décennies auparavant[140]. L'auteur avait derrière lui une carrière militaire spectaculaire[141]. Né à Baeza, en Andalousie, en 1557, il s'engagea comme soldat à Carthagène en mars 1575, participa à plusieurs opérations militaires en Méditerranée, puis passa en Flandre entre 1578 et 1580, avant d'être stationné à Milan avec son *tercio*, au sein duquel il devint sergent. Il fut amené à prendre part à la conquête des Açores en 1582-1583 puis séjourna quelque temps dans le port marocain d'Assilah, rattaché à la couronne de Portugal.

138 López Piñero, José María, *Diccionario histórico de la ciencia moderna en España*, Barcelone, Ediciones 62, 1983.

139 García de Céspedes, Andrés, *Libro de instrumentos nuevos de Geometría*, *op. cit.*, fol. 52v.

140 Lechuga, Cristóbal, *Discurso del Capitán Cristoval Lechuga en que trata de la artillería*, *op. cit.*

141 Il relate sa carrière dans AGS VIT, leg. 278/19, livre intitulé *Descargos del capitán Christóval Lechuga*, Milan, 1612.

En 1585, à son retour en Espagne, il fut fait, à l'âge de 28 ans, *sargento mayor*, c'est-à-dire commandant en second d'un *tercio* rassemblant entre 2 500 et 4 000 soldats d'infanterie[142]. Il fut alors à nouveau envoyé en Flandre, au siège d'Anvers la même année. Dans les années qui suivirent, il participa à de nombreuses batailles et sièges de la guerre de Quatre-Vingts-Ans. Après cette longue expérience dans l'infanterie, il obtint, en 1595, la charge de lieutenant du capitaine général de l'artillerie de Flandre, poursuivant ses exploits lors de nombreux sièges importants, tels que celui de Cambrai (1595) où il inventa les batteries de canons enterrées, et celui d'Amiens où il défendit la place durant plusieurs mois (1597) contre les troupes d'Henri IV. Il rentra enfin en Espagne en septembre 1599.

En 1600, lorsque le gouvernement du duché de Milan fut confié au comte de Fuentes, sous les ordres duquel Lechuga avait servi en Flandre, le vétéran fut invité à le suivre en tant que lieutenant, puis capitaine général de l'artillerie de Lombardie. Lechuga eut alors l'opportunité de rencontrer Luis Collado et Gabriel Busca, alors ingénieurs militaires du duché[143]. Autrement dit, ces deux générations d'auteurs de traités d'artillerie se sont côtoyées à Milan dans les toutes premières années du XVIIe siècle. Durant cette période, Lechuga publia un premier traité centré sur le commandement de l'infanterie[144], puis, en 1611, après la disparition des deux vieux ingénieurs, il choisit de publier le fruit de sa longue expérience de l'artillerie. Cependant, la publication de cet ouvrage ne lui porta pas chance puisque, l'année suivante, lors de la visite du contrôleur royal Felipe de Haro, plusieurs dizaines d'accusations de fraude furent retenues contre lui. En réponse à ces charges, il fit imprimer une défense point par point dans laquelle il relatait également ses longs états de service[145]. Cristóbal Lechuga y expliquait qu'il était victime de faux témoignages de la part d'ingénieurs militaires milanais qui lui vouaient une haine sans borne par jalousie professionnelle. Il parvint finalement à se sortir d'affaire et prit part en 1614 à la conquête de la Mamora, nid de corsaires situé sur la côte

142 Sur le grade de *sargento mayor*, voir Quatrefages, René, *Los tercios españoles (1567-1577)*, *op. cit.*

143 Cette fréquentation apparaît clairement dans les documents copiés dans AGS VIT, leg. 278/19, *Descargos del capitán Christóval Lechuga*, Milan, 1612.

144 Lechuga, Cristobal de, *Discurso del Maestre de Campo General*, *op. cit.*

145 AGS VIT, leg.278/19, *Descargos del capitán Christóval Lechuga*, Milan, 1612.

atlantique du Maroc, dont il devint gouverneur et où il servit au moins jusqu'en 1621[146].

Le traité du capitaine Lechuga rend compte de l'évolution des autorités en matière d'artillerie. Dans la préface, ce vétéran de Flandre affirmait avoir lu tous les auteurs qu'il avait pu trouver à ce sujet, citant, pour les discréditer, les noms de Diego de Álava y Viamont et Luis Collado. Ces critiques témoignent de la dynamique interne de ce champ de savoirs au sein duquel chaque nouvelle génération d'auteurs cherchait à se distinguer des principales autorités de la génération précédente. Néanmoins, la complexité des références augmentait à mesure que le champ se développait. Une partie du traité de Lechuga est ainsi une traduction de certains passages du traité de Gabriel Busca publié en 1584[147], dans lequel l'ingénieur milanais se montrait très critique de Tartaglia. Par conséquent, différentes couches d'autorités se superposent dans cet ouvrage de Lechuga où la critique des premiers traités d'artillerie fut reprise à travers le prisme déformant d'un auteur de la génération des années 1580. Adopter une position critique vis-à-vis des principales autorités espagnoles qu'étaient Collado et Álava, relevait, pour cet auteur écrivant en castillan et dédiant son œuvre au roi d'Espagne, d'une stratégie d'auto-affirmation. Reprendre Busca, auteur italien certainement moins connu et diffusé auprès du public hispanophone, c'était marquer son affinité avec la génération contestataire de la fin du XVIe siècle et se positionner ainsi contre les autorités italiennes les plus célèbres au premier chef desquelles figurait Tartaglia. Sans aucun doute le capitaine Lechuga se sentait-il socialement et intellectuellement plus proche de Busca et Collado, qu'il avait d'ailleurs côtoyés, que du mathématicien qui avait inventé la science de l'artillerie trois quart de siècle plus tôt. Que ce soit dû à la pertinence de son contenu ou à la renommée de son auteur, force est de constater que ce traité d'artillerie connut une très grande diffusion, comparable à celle des ouvrages de Collado et Álava[148].

146 En 1621, les troupes sous le commandement Lechuga soutinrent un siège contre l'armée du roi de Fez, Saint-Marc, Charles Hugues Lefebvre de, *Le septième tome du Mercure François ou l'histoire de nostre temps sous le règne du Très-Chrétien Roy de France et de Navarre, Louis XIII*, Paris, Etienne Richer, 1622, p. 174.

147 « *Me a parecido poner en este lugar lo que parece haze más á este propósito, tomandolo de un tratado que el capitán Gabriel de Busca, milanés ingeniero de Su Magestad, y capitán del artillería hizo* », Lechuga, Cristóbal, *Discurso del Capitán Cristoval Lechuga en que trata de la artillería*, *op. cit.*, p. 148.

148 Sur la diffusion de ce traité, voir les nombreux exemplaires recensés annexe III.

En 1612, un autre capitaine d'artillerie vétéran des guerres de Flandre publia, à Bruxelles, un important traité d'artillerie[149]. Il s'agissait de Diego Ufano, alors capitaine d'artillerie de la place forte d'Anvers. Ce dernier avait servi en tant que gentilhomme d'artillerie depuis au moins l'année 1598[150]. Il y a par conséquent fort à parier qu'il fréquenta Cristóbal Lechuga dans la mesure où ce dernier fut lieutenant du capitaine général de l'artillerie de Flandre jusqu'en 1599. Dépassant les 400 pages, le traité d'Ufano était sans doute le plus volumineux ouvrage à jamais avoir été imprimé sur l'artillerie. Parmi les autorités citées par l'auteur, on retrouvait, aux côtés des classiques Tartaglia et Collado, l'allemand Leonhard Fronsberger, jouissant apparemment d'une grande renommée aux Pays-Bas. En revanche, Diego Ufano adopta face à ses prédécesseurs une position non pas critique mais plutôt conciliante, se positionnant dans le prolongement, l'approfondissement et la synthèse de leurs travaux. Il reprit ainsi bon nombre d'éléments de Luis Collado, recopiant certains de ses témoignages[151] et proposant un certain nombre de gravures semblables à celle du *Plática Manual*[152]. Par ailleurs, il réutilisa Tartaglia dans ses passages sur l'étude des trajectoires de tir, citant explicitement sa source, la *Nova Scientia*[153], et reprenant également plus loin certains problèmes et certaines conclusions des *Quesiti et Inventioni Diverse*[154]. En d'autres termes, Diego Ufano opéra une synthèse des principales autorités, conservant chez chacune ce qui lui semblait le plus pertinent et ajoutant de nombreux éléments tirés de ses propres réflexions et de son expérience de terrain.

Il en résulta un grand succès d'édition. Le traité connut deux tirages successifs relativement importants en 1612 et 1613, mais il fut surtout diffusé à l'international, contribuant à asseoir l'école des auteurs castillans dans le paysage européen des spécialistes d'artillerie. La publication

149 Ufano, Diego, *Tratado de la artillería y uso della*, *op. cit.*

150 Il apparaît le 30/08/1598 dans les comptes du commis à l'artillerie de Malines, AGR CP n° 560, fol. 135-138.

151 Voir l'exemple du récit du siège de Sienne, lorsque le marquis de Marignan récompensa un artilleur qui avait eu l'habileté de mettre hors combat une couleuvrine cachée dans le clocher d'une église, *ibid.*, p. 358-359.

152 Voir les illustrations des armes anciennes en début d'ouvrage, provenant du *De Re Militari* de Roberto Valturio (1472) et reprise par Collado, puis le même schéma que Collado permettant de faire monter les pièces lourdes en haut d'une colline. *ibid.* p. 351.

153 *Ibid.* p. 157.

154 *Ibid.* p. 349-350 à comparer à Tartaglia, Niccolò, *Quesiti*, *op. cit.*, fol. 7v-8r.

de l'ouvrage à Bruxelles et la dédicace à l'archiduc Albert, souverain gouverneur des Pays-Bas espagnols, déplaçait vers l'Europe du nord le barycentre de production de traités d'artillerie castillans, jusque-là avant tout méditerranéen. Le texte du capitaine Diego Ufano fut ainsi traduit et imprimé au moins à quatre reprises en français[155] et en allemand[156] ainsi que deux fois en anglais[157]. La renommée et l'autorité de Diego Ufano et, à travers lui, de Luis Collado, se propagea ainsi à toute l'Europe occidentale. Lorsque, à la fin du XVIIe siècle, le maréchal Blondel fit imprimer à Paris un célèbre traité d'artillerie dédié au roi Louis XIV, il consacra la première partie de l'ouvrage à retracer l'historique de la littérature sur l'artillerie[158]. Or, les trois premières autorités sur l'artillerie citées par Blondel sont Niccolò Tartaglia, véritable initiateur des réflexions mathématiques, puis Luis Collado et Diego Ufano, dont il s'attacha à démontrer les erreurs, signe de la renommée atteinte par ces deux auteurs dans la France du XVIIe siècle.

Enfin, il faut remarquer que la production de traités d'artillerie en castillan s'étendit au-delà de notre chronologie. Un autre traité fut par exemple imprimé aux Pays-Bas quelques années après celui de Diego Ufano[159]. En outre, les écrits d'Andrés Muñoz el Bueno, qui comme cela a été mis en évidence, furent en circulation dès les premières années du XVIIe siècle sous forme manuscrite, connurent finalement une version imprimée en 1627[160]. Le fils du docteur Julián Ferrofino, Julio César, qui enseigna l'artillerie et les mathématiques à la cour du roi pendant de nombreuses années, publia quant à lui deux traités d'artillerie[161]. La poursuite de cette production témoigne du dynamisme des échanges

155 Traduit et publié sous le titre de *Vraye instruction de l'artillerie et de ses appartenances…* à Francfort-sur-le-Main en 1614 et 1617, puis à Zutphen en 1621 et enfin à Rouen en 1628.

156 Traduit et publié sous le titre de *Archeley : das ist grundlicher und eygentlicher Bericht von Geschutz…* à Francfort-sur-le-Main en 1614 et 1621 ainsi qu'à Zutphen en 1620 et 1630.

157 Traduit et publié sous le titre de *Gunner's instruction of Diego Ufano* à Londres en 1646 puis comme troisième livre du *Military and Maritime Discipline in three books* à Londres en 1672.

158 Blondel, François, *L'art de jetter les bombes par M. Blondel*, Paris, François Blondel et N. Langlois, 1683.

159 Gaston de Issaba, Martín, *Tratado del exercicio y arte del artillero*, Anvers, 1623.

160 Muñoz el Bueno, Andrés, *Instrucción y Regimiento para que los marineros sepan usar de la artillería*, *op. cit.*

161 Ferrofino, Julio César, *Plática Manual y breve compendio de artillería*, Madrid, Viuda de Alonso Martin, 1626. Ferrofino, Julio César, *El Perfeto artillero*, Madrid, Juan de Barros, 1642.

intellectuels au sujet de l'artillerie et de leur persistance dans le temps, bien après les fondements jetés par les auteurs du XVIe siècle. Ne serait-ce pas la meilleure preuve de l'émergence d'une véritable « science » de l'artillerie ?

SCIENCE OU ART DE L'ARTILLERIE ?

Paradoxalement, user du mot « science » parmi les historiens des sciences est devenu incommode et délicat, en particulier pour les époques antérieures à la révolution scientifique du XVIIe siècle[162]. Les auteurs classiques de l'historiographie des sciences n'avaient autrefois aucune difficulté à distinguer, dans l'histoire, ce qu'ils considéraient comme scientifique de ce qui ne l'était pas : ils appliquaient les critères de scientificité de leur propre époque aux périodes antérieures. Ainsi, un personnage comme Newton et une discipline comme la physique étaient-ils du côté de la science, du vrai, tandis qu'Aristote ou bien l'astrologie étaient des objets indignes de l'historien des sciences. Dans les années 1970 et 1980, le développement du constructivisme et les succès de la *sociology of scientific knowledge* et des *sciences studies* renversèrent ce paradigme historiographique en présentant le scientifique comme une construction sociale[163]. Les critères de scientificité devinrent par conséquent relatifs, dépendants d'un contexte historique particulier. Depuis lors, le mot « science » tend à être remplacé par celui, plus consensuel, de « savoir », *knowledge* en anglais. Cependant, si ce détour par un nouveau concept permet d'éviter l'écueil du jugement de scientificité, il induit également une perte de sens puisque l'univers des savoirs est infiniment plus vaste que celui des sciences. Il faut bien être conscient que tous les savoirs ne furent pas aussi formalisés que ceux exposés dans les traités d'artillerie : l'ensemble des savoirs sur l'artillerie regroupait également des savoirs manuels, gestuels, etc. En ce sens, évoquer à propos des écrits de Tartaglia, de Collado et d'Ufano la construction d'un champ de savoirs sur l'artillerie est une solution consensuelle mais pas entièrement satisfaisante, d'autant plus que les contemporains ne se privèrent pas

162 Giard, Luce, « L'ambigüité du mot "science" et sa source latine », dans *Rome et la science moderne : entre Renaissance et Lumières*, Antonella Romano (éd.), Rome, Ecole française de Rome, 2008, p. 45-62.

163 L'introduction de Golinski retrace bien ce glissement de l'historiographie des sciences vers le constructivisme, Golinski, Jan, *Making Natural Knowledge*, *op. cit.*

d'user de termes plus spécifiques, tels que « science », « art », ou encore « discipline » pour décrire le contenu de leurs écrits. C'est la raison pour laquelle il est intéressant d'analyser le discours des acteurs eux-mêmes afin de voir comment ils caractérisaient la production de cet ensemble de savoirs formalisés sur l'artillerie.

Les traités évoquent souvent l'artillerie comme un « art », tel que l'expression apparaît sous la plume de Diego de Prado en introduction de ce chapitre[164]. De même, on trouve l'usage des termes « art de l'artillerie » à de nombreuses reprises chez Luis Collado et quelques fois chez Diego García de Palacio ainsi que chez Diego Ufano. Pourtant, l'ouvrage fondateur de l'étude de l'artillerie, la *Nova Scientia*, renvoyait explicitement au mot « science ». L'expression « science de l'artillerie » est d'ailleurs employée par Diego de Álava y Viamont à plusieurs reprises[165], ainsi que par Cristóbal de Rojas[166] et Diego Ufano[167]. L'artillerie est donc alternativement, selon les auteurs, une science ou un art. Toutefois, il faut bien se garder d'interpréter ces deux termes suivant le lexique du XXIe siècle car, comme l'a montré Luce Giard, l'usage du mot « science » – et *a fortiori* celui d'« art » – revêtait à la Renaissance une complexité de sens héritée d'un long usage depuis la Grèce ancienne[168].

L'emploi des mots sciences et arts remontait à Aristote, ou plutôt à ses traducteurs latins. Ainsi, la traduction latine par Boèce de l'*Organon* d'Aristote, traduisait *epistèmè* par *scientia* ou *discplina*, alors que le mot *technè* devenait *ars*[169]. Les mots d'*ars* et de *scientia* héritèrent par conséquent d'une distinction qui existait déjà chez Aristote entre *epistèmè* et *technè*. Pour Aristote, l'*epistèmè* était tournée vers le monde de l'être, désintéressée des aspects matériels, tandis que la *technè*, orientée vers la nécessité ou l'agrément, concernait le monde de la génération, du matériel[170]. En

164 « *Y assi, por la larga esperiencia del huso ha salido una linda arte para bien gobernarlo que se llama la arte nueva de la artillería como lo dize Nicolo Tartaglia* » Prado, Diego de, « La obra manual y pláctica de artillería », *op. cit.*, fol. 2r.

165 L'expression apparaît dans le titre ainsi qu'aux folios 152r et 188r, Alava Y Viamont, Diego de, *El perfeto capitán, instruido en la disciplina militar, y nueva ciencia de la artillería*, *op. cit.*

166 Rojas, Cristóbal de, « Sumario de la milicia antigua y moderna », *op. cit.*, fol. 89v.

167 Ufano, Diego, *Tratado de la artillería y uso della*, *op. cit.*, p. 44 et 157.

168 Giard, Luce, « L'ambigüité du mot "science" et sa source latine », *op. cit.*

169 Voir le lexique d'Aristote, *Aristoteles latinus III 1-4 : Analytica Priora*, translatio BOETHII, Bruges-Paris, Desclée de Brouwer, 1962.

170 Granger, Gilles-Gaston, *La théorie aristotélicienne de la science*, Paris, Aubier Montaigne, 1976, p. 22.

tant qu'héritier du concept de *technè*, l'art serait-il donc du côté de la technique au sens actuel du terme, c'est-à-dire uniquement du côté du faire ? La situation est en réalité plus complexe car la *technè* chez Aristote renvoie à un processus d'unification et d'abstraction de l'expérience :

> L'art [traduction de *technè*] apparaît lorsque, d'une multitude de notions expérimentales, se dégage un seul jugement universel applicable à tous les cas semblables. En effet, former le jugement que tel remède a soulagé Callias, atteint de telle maladie, puis Socrate, puis plusieurs autres pris individuellement, c'est le fait de l'expérience ; mais juger que tel remède a soulagé tous les individus atteints de telle maladie, déterminée par un concept unique, comme les flegmatiques, les bilieux ou les fiévreux, cela appartient à l'art[171].

Autrement dit, l'expérience étant une connaissance, l'art/*technè* s'attachait à généraliser, à fonder de l'universel au-delà de cette connaissance de l'individuel. Il s'agissait donc d'une recherche de systématisation, au moyen de la mise en place de règles et de concepts. Malgré sa vocation pratique, l'art chez Aristote était en réalité assez voisin de ce que la société actuelle qualifie de science – ici, il s'agissait de l'exemple de la médecine. Dans la terminologie de Joel Mokyr, l'art relevait, selon cette définition, des savoirs Ω visant à systématiser et formaliser les régularités par des règles[172]. On voit ainsi combien les catégories d'analyse préétablies, opposant théorie/pratique ou encore science/technique, peuvent être anachroniques.

Par-dessus cette première couche de significations anciennes s'était déposée une couche médiévale d'usages des mots *scientia* et *ars* associés à différents domaines de connaissances issues principalement de la tradition universitaire médiévale. La théologie était ainsi la *scientia divina*, à ne pas confondre avec l'*ars divina* qui se référait à l'alchimie[173]. La politique, l'économie et l'éthique étaient connues comme les *scientie pratice*, *scientie active* ou encore *scientie morales*[174]. Le mot « art » renvoyait quant à lui aux arts libéraux du *trivium* – grammaire, dialectique, rhétorique – et du *quadrivium* – arithmétique, géométrie, astronomie, musique – qui

171 Aristote, *Métaphysique*, traduit par J. Tricot, Paris, librairie philosophique J. Vrin, 1991, A 981 a 6.

172 Mokyr, Joel, *The Gifts of Athena*, *op. cit.* p. 5.

173 Teeuwen, Mariken, *The Vocabulary of Intellectual Life in the Middle Ages*, Turnhout, Brepols, 2003, p. 359.

174 *Ibid.*, p. 382-383.

constituaient l'essentiel de l'enseignement de la faculté des arts de l'université médiévale et renaissante. Au début de la tradition médiévale, ces sept arts libéraux étaient mis en parallèle avec les sept arts terrestres, plus tard identifiés sous le terme d'arts mécaniques[175]. Hugues de Saint-Victor identifiait ainsi ces sept arts mécaniques comme la fabrication, l'armement, le commerce, l'agriculture, la chasse, la médecine et le théâtre, mais cette classification pouvait varier considérablement selon les auteurs.

Dans la tradition universitaire médiévale, les mathématiques étaient évoquées sous l'expression d'*ars mathematica* ou *ars arithmetica*. L'enseignement des mathématiques faisait d'ailleurs partie des arts libéraux du *quadrivium*. Il existait toutefois des disciplines dépendantes des mathématiques pour lesquelles le vocable utilisé était celui de « science » : les *scientiae mediae*. Cette expression, qui se trouve par exemple dans les écrits de Robert Grosseteste, dans ses commentaires des *Seconds Analytiques* d'Aristote au XIIIe siècle, subsiste dans les textes du XVIe siècle, où elle fut parfois remplacée par *scientiae mistae*[176]. Ces sciences intermédiaires ou sciences mixtes étaient celles qui utilisaient l'arithmétique et la géométrie comme c'était le cas de l'optique ou de l'harmonique[177]. Enfin, au bas Moyen Âge, les savoirs relatifs à la guerre étaient souvent désignés par l'expression d'art de la guerre ou art militaire. L'ouvrage de la tradition antique le plus couramment repris au Moyen Âge et à la Renaissance, le *De Re Militari* de Végèce, n'utilisait pourtant pas le mot latin *ars*. En revanche, la traduction française réalisée par Jean de Meung en 1284, sous le titre de *L'art de chevalerie selon Végèce*, faisait quant à elle clairement ce lien entre art et guerre. Au XVIe siècle, ce couple semblait être devenu un lieu commun, comme l'indique le titre du célèbre ouvrage de Machiavel, *Dell'arte della guerra* (« l'art de la guerre ») publié en 1521[178].

L'artillerie se trouvait au carrefour de ces innombrables sens et traditions d'usage. Tournée vers le monde matériel, elle relevait de la *technè*, donc de l'art selon la doctrine aristotélicienne. Les artilleurs étaient eux-mêmes parfois issus des arts mécaniques et leur activité s'apparentait sur de nombreux aspects à celle de l'artisan. En outre, l'artillerie était

175 *Ibid.*, p. 367.
176 Giard, Luce, « L'ambigüité du mot "science" et sa source latine », *op. cit.*, p. 56-57.
177 On voit ici toute la difficulté qu'il peut y avoir à distinguer la musique comme art du *quadrivium*, de l'harmonique comme science mixte.
178 Machiavelli, Niccolò, *Dell'arte della guerra*, Florence, Giunti, 1521.

une activité guerrière constituant une branche de l'art militaire. Pour toutes ses raisons, l'expression « art de l'artillerie » respectait les logiques d'usage de l'époque. Toutefois, comme l'ensemble des auteurs de traités le reconnurent, l'artillerie reposait en grande partie sur l'arithmétique et la géométrie. En ce sens, Niccolò Tartaglia pouvait tout à fait légitimement en faire une nouvelle science mixte. Mais alors, dans quelle mesure cette différence de mots pouvait-elle réellement véhiculer une distinction de sens concernant les divers projets de formalisation des savoirs sur l'artillerie ?

Il faut avant tout remarquer le manque de rigueur dans l'emploi de l'un ou l'autre terme. Dans son *Plática Manual de artillería*, Luis Collado écrivait ainsi :

> Que les auteurs laissent les forgerons traiter du fer et les hommes experts traiter de l'art de l'artillerie, s'ils veulent réaliser le but pour lequel on écrit toute *science ou art*, qui est le bénéfice de celui qui lit[179].

De même, Diego de Álava y Viamont rédigea cette phrase dans son *Perfeto Capitán* :

> Bien que les choses concernant l'usage de l'artillerie, qui touchent plus à la pratique manuelle des artilleurs qu'à la spéculation de la science et de l'art dont j'ai principalement traité[180]…

Ainsi, bien qu'ils eussent une culture et des parcours bien différents, ces deux hommes employaient parfois les termes de science et d'art de manière peu différenciée voire équivalente. Cette confusion se trouvait déjà dans les écrits d'Aristote, qui employait parfois le terme de *technè* comme substitut d'*épistèmè*. De même, Mariken Teeuwen, qui a étudié le vocabulaire intellectuel latin du Moyen Âge, explique que « les mots *ars*, *scientia* et *disciplina*, sont la plupart du temps virtuellement interchangeables[181] ». Encore à la fin du XVIe siècle, les frontières et hiérarchies entre art et science restaient extrêmement malléables. Ainsi,

179 « *Dexen pues tractar del hierro a los herreros y del arte del artillería a los hombres pláticos, si los auctores dessean conseguir el intento para que se escrive de qualquiera sciencia o arte, que es el aprovechamiento del que lee* », Collado, Luis, *Plática manual de artillería*, *op. cit.* fol. 7v.

180 « *Aunque las cosas del uso del artıllería que tocan más a la prática manual de los artilleros que a la especulación de la ciencia y arte de que principalement he tratado* », Alava y Viamont, Diego de, *El perfeto capitán*, *op. cit.*, fol. 188r.

181 Teeuwen, Mariken, *The Vocabulary of Intellectual Life in the Middle Ages*, *op. cit.*, p. 358.

par exemple, à l'université de Padoue, Jacopo Zabarella travaillait à construire, à partir de commentaires d'Aristote, la supériorité des sciences contemplatives – dont sa propre discipline, la philosophie naturelle – sur les arts productifs, alors favorisés par l'intérêt humaniste pour la pratique et l'utilité[182].

Par conséquent, il est difficile de relier l'emploi des termes art et science par les auteurs de traités d'artillerie à de réelles revendications épistémologiques. Certes, ces usages tendent à refléter de grandes positions argumentaires. Tartaglia parlait de science de l'artillerie afin de la rattacher à la tradition des sciences mixtes et ainsi justifier son intervention de mathématicien sur le terrain des artilleurs, tandis que Luis Collado, faisant valoir sa longue expérience militaire, employait surtout le mot art plutôt tourné vers l'applicatif et évoquant l'art militaire. Mais, même lorsque l'artillerie est qualifiée d'art, elle reste une connaissance du systématique, de la règle générale. Il s'agit toujours de déterminer l'ensemble des règles permettant de faire bon usage des pièces d'artillerie. Cette vision de l'art comme réduction à des principes généraux, apparaît d'ailleurs sous la plume de l'humaniste Francisco Sánchez el Brocense, dans la préface du *Perfeto Capitán* de Diego de Álava, lorsqu'il évoque « la nouvelle et admirable invention qu'[Álava] a découverte pour *réduire en art* l'usage de l'artillerie[183] ». L'expression est récurrente dans les publications techniques de l'époque moderne, signe que le projet de ces auteurs sur l'artillerie s'inscrivit dans un mouvement bien plus large de formalisation et de systématisation des savoirs techniciens[184]. Par conséquent, si l'on doit faire comprendre au lecteur d'aujourd'hui ce que les hommes de la Renaissance appelaient « la science ou l'art de l'artillerie », il faut bien insister sur cette recherche de systématisation et parler d'un nouveau champ de savoirs, voire d'une nouvelle discipline scientifique.

D'ailleurs, l'art de l'artillerie possédait bon nombre de caractéristiques sociologiques du champ scientifique contemporain tel que Pierre

182 Mikkeli, Heikki, « An Aristotelian Response to Renaissance Humanism : Jacopo Zabarella on the Nature of Arts and Sciences » thèse soutenue à la SHS, Helsinki, 1992.

183 « *La nueva y admirable invención que a descubierto para reducir a arte el uso de la artillería* », Alava y Viamont, Diego de, *El perfeto capitán*, *op. cit.* lettre de Francisco Sánchez el Brocense, en préface de l'ouvrage.

184 Dubourg-Glatigny, Pascal, Vérin, Hélène (éd.), *Réduire en art : la technologie de la Renaissance aux Lumières*, Paris, éditions de la Maison des sciences de l'homme, 2008.

Bourdieu le décrit[185]. Il s'y déroulait bien une lutte de concurrence pour le monopole de l'autorité scientifique, impliquant la mise en place de stratégies de succession et de subversion. Le capital scientifique et le jugement par les pairs étaient contaminés par la position de l'acteur dans la hiérarchie instituée, ici principalement relative au service du roi, à l'expérience militaire et aux institutions d'enseignement. Bien entendu, les structures institutionnelles de cette science n'étaient alors pas aussi clairement définies que pour d'autres disciplines telles que la médecine ou le droit, assises sur des siècles de pratiques universitaires. Il s'agissait d'un champ scientifique en construction, en marge des structures médiévales de l'université. Son existence provenait de ce que les acteurs eux-mêmes (des capitaines, des artilleurs, des mathématiciens) avaient conscience de la présence d'un espace de discussion au sein duquel régnait un consensus implicite sur les grandes questions au cœur du sujet et autour desquelles gravitaient une multitude de questions connexes.

L'ARTILLERIE RÉDUITE EN ART

L'ensemble des questions abordées dans les traités d'artillerie allait bien au-delà de la description des trajectoires sur laquelle s'est attardée l'attention des historiens des sciences. Le canon était un objet technique relativement complexe, dont l'utilisation faisait intervenir un grand nombre de paramètres. La force de propulsion d'une pièce d'artillerie provient de la poudre noire constituée de salpêtre, de soufre et de charbon. Mélangés dans les bonnes proportions, ces trois ingrédients se consument extrêmement rapidement, acquérant un caractère explosif qui génère quasiment instantanément un grand volume de gaz de combustion. Un canon est un dispositif permettant de canaliser la pression de ces gaz de combustion afin de la transmettre à un projectile, le boulet. Le schéma ci-dessous présente la nomenclature technique et le principe de mise à feu d'une pièce d'artillerie. La balistique externe, c'est-à-dire l'étude des trajectoires de boulets de canon après leur sortie de la bouche

185 Bourdieu, Pierre, « Le champ scientifique », *Actes de la recherche en sciences sociales*, vol. 2, n° 2, 1976, p. 88-104.

à feu, ne porte en fait que sur l'ultime étape du tir. En ce sens, Alfred Rupert Hall et David Goodman ont parfaitement raison d'insister sur l'inapplicabilité des théories de balistique externe sans la prise en compte des multiples paramètres de balistique interne conditionnant le tir[186]. L'absence de standardisation de la production des pièces d'artillerie, de la poudre et des boulets rendait d'ailleurs particulièrement délicate cette prise en compte.

Le rôle des traités était précisément de parvenir à maîtriser, par le recours aux instruments de mesure et aux mathématiques, la diversité des paramètres en jeu dans un tir d'artillerie. En réalité, le seul traité du corpus intégralement consacré à la balistique externe fut la *Nova Scientia*, le premier traité d'artillerie imprimé. Après ce premier coup d'essai, Niccolò Tartaglia développa les questions de balistique interne dans son second opus, les *Quesiti et Inventioni Diverse*. Il est important de préciser que la balistique externe est systématiquement abordée de manière minoritaire dans les ouvrages du corpus. Les auteurs insistent bien davantage sur la prise en compte des paramètres de balistique interne. D'abord, la composition de la poudre, sa fabrication et la qualité de ses ingrédients lui donnait, à volume égal, plus ou moins d'explosivité et donc de puissance. Il fallait ensuite adapter le volume de poudre à la pièce d'artillerie. Ici, les proportions de métal du canon étaient fondamentales. Une pièce très longue et très épaisse pouvait recevoir un gros volume de poudre sans risquer d'exploser mais une pièce plus courte ou plus fine devait être chargée avec grande attention : tout surplus pouvait faire voler en éclat ses parois, menaçant directement la vie de l'artilleur. Au contraire, une charge trop faible faisait perdre de la force et de l'efficacité au tir. En outre, le comportement de la pièce variait avec le nombre de tirs, les parois ayant tendance à chauffer et à se déformer légèrement. Il fallait également utiliser un boulet de la taille adéquate, ce qui n'était pas une mince affaire à cette époque où il existait presqu'autant de calibres que de pièces. Or, un boulet trop gros risquait de frotter contre la paroi interne de l'âme du canon et, s'il se coinçait, la pièce risquait tout simplement d'exploser. Si, au contraire, il était trop petit, les gaz de combustion s'échappaient massivement autour de lui et la force de propulsion diminuait drastiquement. Les

186 Hall, Alfred R., *Ballistics in the Seventeenth Century*, *op. cit.* ; Goodman, David C., *Power and Penury*, *op. cit.*

défauts de fabrication étaient par ailleurs fréquents et il n'était pas rare qu'une pièce eût une âme de travers, déviant les boulets à gauche, à droite, en haut ou en bas. Même l'affût, le support en bois sur lequel était posée la pièce, avait une influence sur le tir selon qu'il était plus ou moins capable d'absorber le recul causé par l'explosion de la poudre noire. Les traités d'artillerie apportaient des solutions à chacun de ces problèmes grâce à l'usage d'instruments spécifiques et au recours à la géométrie et aux proportions.

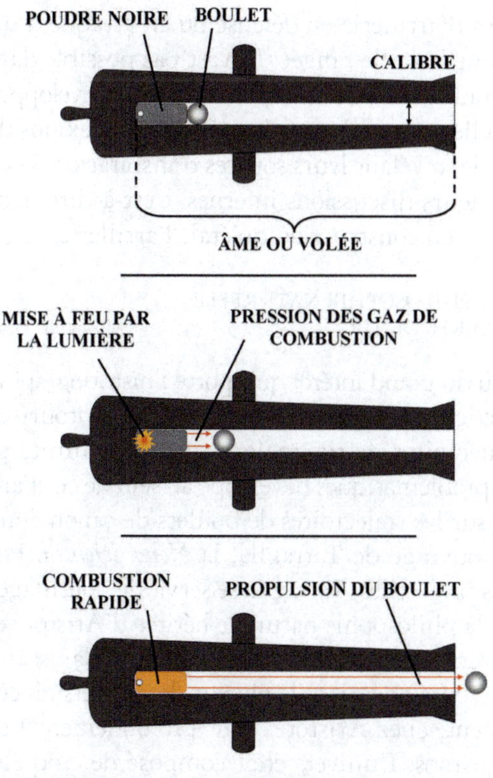

FIG. 40 – Schéma de mise à feu d'un canon.

Enfin, en plus de ces questions directement pertinentes pour le tir d'artillerie, les traités s'intéressaient également à certains appareillages techniques considérés comme connexes à l'activité de l'artilleur. On trouve ainsi fréquemment des développements sur la composition des artifices de feu, c'est-à-dire diverses compositions chimiques dérivées de la poudre noire et visant à causer de gros dommages aux adversaires sans recourir directement aux pièces d'artillerie. De même, la construction de mines remplies de tonneaux de poudre visant à faire s'écrouler les fortifications de l'adversaire était un élément récurrent de ces ouvrages. Les auteurs présentaient aussi des techniques et des machines nécessaires au transport de ces lourdes pièces de métal, permettant de les hisser au sommet d'une montagne ou d'une tour, ou encore de franchir une rivière. Enfin, certains traités développaient des aspects tactiques montrant où placer des pièces d'artillerie en défense ou en attaque d'une forteresse, ou bien lors d'une bataille rangée. Il n'est pas possible dans ce chapitre d'aborder en détail chacun de ces aspects. Aussi le développement suivant vise-t-il essentiellement à illustrer les débats et réflexions des auteurs de traités d'artillerie, révélant leurs sources d'inspiration, la circulation de leurs solutions, leurs discussions internes, c'est-à-dire le contenu de ce champ de savoirs en construction qu'était l'artillerie.

L'ARTILLERIE, LA PHILOSOPHIE NATURELLE ET LES TRAJECTOIRES DE TIR

Compte tenu du grand intérêt qu'a porté l'historiographie des sciences à cet aspect particulier de l'artillerie, il paraît incontournable d'aborder l'étude des trajectoires de tir, malgré son poids limité par rapport à l'ensemble des problématiques développé au sein de ce champ de savoirs. Les recherches sur les trajectoires de boulets de canon étaient présentes dès le premier ouvrage de Tartaglia, la *Nova Scientia*. Pour décrire le mouvement des projectiles, Tartaglia se servit de l'outillage conceptuel à sa disposition : la philosophie naturelle héritée d'Aristote et digérée par les savants universitaires du bas Moyen Âge[187]. Il s'agissait de la théorie alors dominante, enseignée dans la plupart des universités européennes[188].

Le mouvement, chez Aristote, était profondément lié aux notions d'ordre et de cosmos. L'univers était composé de cinq éléments ayant chacun leur place : au centre se trouvait la terre, puis autour l'eau, puis l'air, puis le feu, puis, à partir de la Lune, la quintessence. Si un élément

187 Brioist, Pascal, « Les mathématiques et la guerre au XVIe siècle », *op. cit.*, p. 318.

188 Biard, Joël, Rommevaux, Sabine (éd.), *Mathématiques et théorie du mouvement, XIVe-XVIe siècles*, Villeneuve d'Ascq, Presses universitaires du Septentrion, 2008.

était arraché à sa position d'origine, comme par exemple, une pierre (élément terrestre) soulevée dans l'air, alors, elle subissait un mouvement « violent », c'est-à-dire forcé, contre-nature. En revanche, si cette pierre était lâchée dans l'air, elle retombait par un mouvement « naturel » sur son « lieu propre », la terre. Cette théorie avait cependant quelques difficultés à expliquer le lancer car elle ne concevait pas le mouvement sans puissance motrice appliquée directement sur l'objet. Comment une pierre, une fois quittée la main du lanceur, pouvait-elle continuer à se mouvoir sans directement retourner à son lieu propre ? C'est par la théorie de l'antipéristase qu'Aristote résolvait ce problème. Les déplacements d'air continuaient de mouvoir la pierre en ligne droite tout en offrant une résistance qui épuisait peu à peu le mouvement violent, jusqu'à ce que le mouvement naturel l'emportât, et la pierre retombait alors en ligne droite vers le sol.

Les savants et philosophes du Moyen Âge construisirent par-dessus l'édifice aristotélicien, lui apportant quelques corrections et précisions. En particulier, les nominalistes parisiens de la Sorbonne Jean Buridan (1292-1363), Albert de Saxe (1316-1390) et Nicole Oresme (1335-1382), sceptiques face aux explications de l'antipéristase, proposèrent en remplacement le concept d'*impetus*, peut-être sous inspiration de la science arabe ou des travaux du byzantin Philopon[189]. Cet *impetus*, « qualité dont la nature est de mouvoir les corps en lesquels elle est imprimée » selon Buridan, constituait une sorte d'élan transmis à l'objet, qui lui permettait de continuer sa course une fois lancé mais qui s'épuisait progressivement jusqu'à ce que le mouvement naturel prît le relais. Entre la progression en ligne droite du corps mû par *l'impetus* et la trajectoire verticale du mouvement naturel, Buridan et Albert de Saxe commencèrent à imaginer une section intermédiaire de transition, un mouvement « mixte » produit d'un *impetus* affaibli qui amorçait la descente de l'objet vers son lieu propre et qui rendait compte d'une trajectoire tripartite dont la postérité fut importante jusqu'au XVIIe siècle.

Tartaglia édifia sa nouvelle science de l'artillerie à partir de ces différentes couches d'interprétations d'Aristote, tâchant de transcrire en termes aristotéliciens le tir au canon. Toutefois, le paradigme aristotélicien, dans la mesure où il s'intéressait avant tout aux substances et aux qualités, n'était pas parfaitement adapté aux aspirations quantitatives

189 Brioist, Pascal, « Les mathématiques et la guerre au XVIe siècle », *op. cit.*, p. 321.

du mathématicien qui cherchait à proposer des solutions calculatoires afin d'optimiser l'utilisation des canons. Tartaglia voulait tenter en quelque sorte une approche analytique de l'étude du mouvement. Savoir par exemple que le mouvement violent était décéléré lui permettait d'affirmer qu'un canon causerait d'autant plus de dommages qu'il serait près de sa cible. Or, si le mouvement violent était décéléré et le mouvement naturel, accéléré, un mouvement mixte combinant les deux mouvements ne pouvait exister[190]. Par conséquent, la trajectoire représentée par Tartaglia, bien que géométriquement tripartite (composée d'une droite oblique, d'un arc de cercle et d'une droite verticale) n'était composée dans sa substance que de seulement deux mouvements. Un universitaire comme Girolamo Cardano s'insurgeait contre une position si hétérodoxe[191]. En s'opposant à l'existence du mouvement mixte, la réflexion de Tartaglia allait par conséquent à l'encontre de la doctrine enseignée à l'université. L'originalité de Tartaglia fut donc de ne pas rester prisonnier d'un dogme mais d'emprunter et d'interpréter librement la philosophie naturelle d'Aristote.

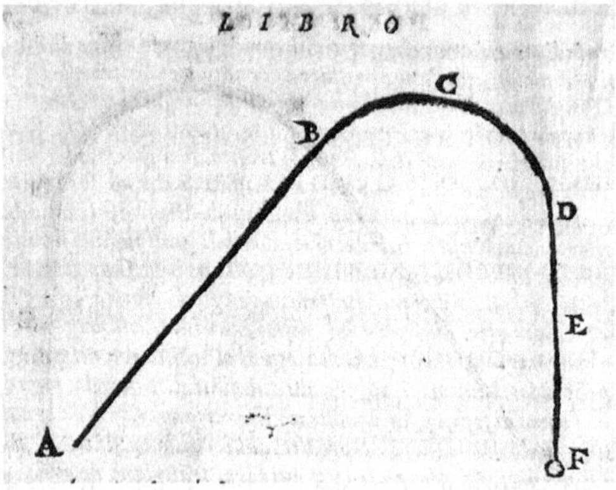

FIG. 41 – Trajectoire d'un tir d'artillerie selon Tartaglia, *Nova Scientia*, Venise, 1537. Le mouvement violent est représenté de A à D et le mouvement naturel de D à F. Document appartenant aux collections de la bibliothèque de l'Académie d'artillerie de Ségovie.

190 Voir proposition V du livre I, Tartaglia, Niccolò, *Nova scientia*, *op. cit.*

191 Voir l'échange épistolaire entre Tartaglia et Cardano, Tartaglia, Niccolò, *Quesiti*, *op. cit.*, fol. 117v-118v.

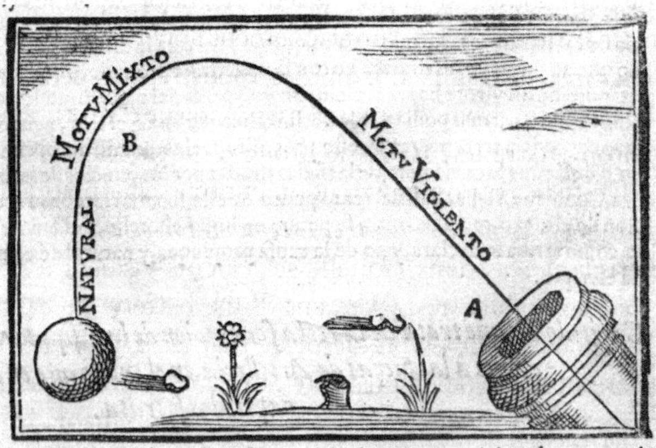

FIG. 42 – Trajectoire tripartite d'un tir d'artillerie selon Collado, *Plática manual de artillería*, Milan, 1592. Document appartenant aux collections de la bibliothèque de l'Académie d'artillerie de Ségovie.

Les représentations de trajectoires tripartites figurent dans bon nombre de traités d'artillerie. On les retrouve notamment dans les ouvrages très diffusés de Luis Collado, Diego de Álava et Diego Ufano[192]. Généralement associées au nom de Tartaglia, elles traduisent en réalité, ou bien une incompréhension de son argumentaire, ou bien une volonté de le réadapter aux formes plus communément enseignées à l'université. En fait, seul le manuscrit de Diego de Prado respectait, sur ce point, la proposition faite dans la *Nova Scientia*[193]. Il faut toutefois remarquer que le retour de la notion de mouvement mixte, confuse à propos de la variation de vitesse, diminuait les possibilités de tirer des conclusions intéressantes à partir de l'étude analytique d'une trajectoire. En d'autres termes, le fait que Collado et Ufano revinrent à la notion de mouvement mixte laisse supposer que ces aspects de la science de l'artillerie consistaient moins à tirer des conclusions applicables sur le terrain qu'à s'approprier intellectuellement leur objet en le faisant pénétrer dans le cadre de la philosophie naturelle aristotélicienne.

Le traitement analytique des trajectoires par Tartaglia consistait avant tout en une étude des proportions des parties droites et courbe du

192 Collado, Luis, *Plática manual de artillería*, *op. cit.*, fol. 40r. Alava y Viamont, Diego de, *El perfeto capitán*, *op. cit.*, fol. 236v. Ufano, Diego, *Tratado de la artillería y uso della*, *op. cit.* p. 156-157.

193 Prado, Diego de « La obra manual y pláctica de artillería », *op. cit.*, fol. 178 et 204-205.

mouvement d'un boulet, ainsi que de leur évolution selon les différents angles d'inclinaison du canon, communément appelés angles de hausse. Ainsi par exemple, Tartaglia affirmait, démonstrations géométriques à l'appui, que la partie droite du mouvement violent d'un tir à 45° équivalait à environ quatre fois la partie droite d'un tir effectué le long de l'horizon[194]. Une telle proposition visait un but tout à fait pratique, comme Tartaglia le montra dans les *Quesiti et Inventioni Diverse*[195]. Il y développa une brève étude de cas dans laquelle ses calculs visaient à prendre la meilleure décision quant au placement d'une batterie de canons pour battre un fort en hauteur. Ce problème de mathématiques appliquées à l'artillerie connut une grande postérité : on le retrouve dans le manuscrit d'Hernando del Castillo avec des valeurs et un schéma légèrement modifiés[196], ou encore sans schémas chez García de Palacio[197] et Diego Ufano[198], tandis que Gabriel Busca et Cristóbal Lechuga affirmèrent l'impossibilité de choisir une position à partir de ce genre de calculs[199].

FIG. 43 – Problème du tir d'artillerie sur un mont selon Tartaglia, *Quesiti et inventioni diverse*, Venise, 1546. Document appartenant aux collections de la bibliothèque de l'Académie d'artillerie de Ségovie.

194 Voir la proposition 9 du livre 1, Tartaglia, Niccolò, *Nova scientia*, *op. cit.*

195 Tartaglia, Niccolò, *Quesiti*, *op. cit.*, fol. 7v.

196 Castillo, Hernando del, « Libro muy curioso y utilísimo de artillería », *op. cit.*, fol. 40.

197 García de Palacio, Diego, *Dialogos Militares*, *op. cit.*, fol. 126v-127r.

198 Ufano, Diego, *Tratado de la artillería y uso della*, *op. cit.*, p. 349-350.

199 Lechuga, Cristóbal, *Discurso del Capitán Cristoval Lechuga en que trata de la artillería*, *op. cit.*, p. 183.

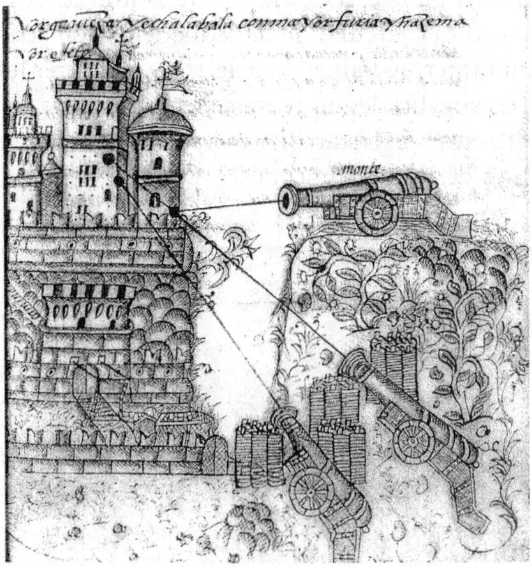

Fig. 44 – Même problème de tir d'artillerie sur un mont revu par Castillo, « Libro muy curioso », Lombardie, *c.* 1560. Image et document appartenant aux collections de la Bibliothèque Nationale d'Espagne.

Rares furent néanmoins les auteurs à vouloir approfondir cet aspect de la science de l'artillerie. Le manuscrit de Diego de Prado fait en ce sens figure d'exception puisque l'auteur y développa une méthode relativement complexe de construction géométrique des trajectoires permettant d'obtenir les proportions droite et circulaire des tirs sans recours au calcul numérique mais simplement à l'échelle du dessin. Il s'agissait d'une solution générique à la question du placement des canons et de la portée des tirs permettant, comme le remarquait l'auteur, de résoudre ce problème récurrent du tir sur une cible en hauteur[200]. Par ailleurs, ce procédé de construction n'est pas sans rappeler les schémas du manuscrit de l'italien Giusto Aquilone[201]. Or, ce dernier fréquenta vraisemblablement les artilleurs de l'île d'Ibiza dans les années 1560[202]. Il faut par conséquent considérer ou

200 Prado, Diego de, « La obra manual y pláctica de artillería », *op. cit.*, p. 203.
201 Aquilone, Giusto, « Trattato di Artiglieria », *op. cit.*
202 Voir la mention de l'expérience de tir réalisée en 1565, *ibid.* fol. 14.

bien l'hypothèse d'un contact direct entre Aquilone et Prado à cette époque, ou celle d'une circulation de ce modèle géométrique à travers un ou plusieurs intermédiaires dont la trace a été perdue. Quoiqu'il en soit, de telles similitudes entre manuscrits mettent en évidence les échanges intellectuels entre artilleurs italiens et espagnols en marge de la circulation des livres imprimés.

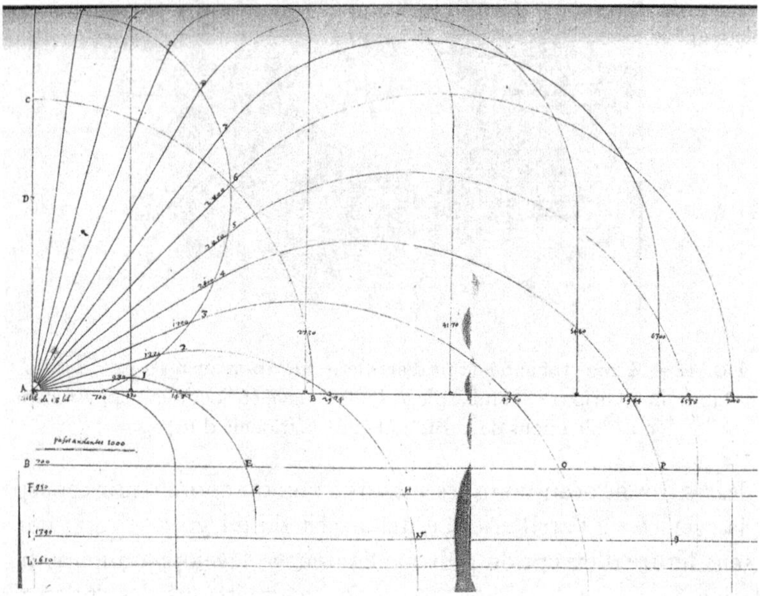

Fig. 45 – Variation géométrique des trajectoires de tir d'artillerie selon Prado, « La obra manual », Malaga, 1591. Image et document appartenant aux collections de la Bibliothèque Nationale d'Espagne.

La proposition d'étude analytique des trajectoires de boulets de canon alimenta par ailleurs un certain nombre de réflexions sur l'allure générale des trajectoires au-delà de toute application pratique. Tartaglia lui-même avait lancé le débat puisque, dès la *Nova Scientia* de 1537, il précisait que ses constructions géométriques n'étaient que des approximations, les tirs étant en réalité toujours légèrement curvilignes :

> Aucun trajet ou mouvement violent d'un corps grave effectué en dehors de la perpendiculaire à l'horizon ne peut jamais avoir une seule partie parfaitement

> droite à cause de la gravité qui se retrouve dans un tel corps : laquelle, de manière continue le stimule et le tire vers le centre du monde[203].

Neuf ans plus tard, il en faisait la démonstration par récurrence dans les *Quesiti*[204]. Une telle conception d'un mouvement combinant un déplacement horizontal violent et un déplacement vertical de chute libre était tout à fait innovante par rapport à la doctrine aristotélicienne classique qui ne voyait que des enchaînements successifs de différents types de mouvements et non des compositions. Néanmoins, pour ses calculs, Tartaglia avait besoin de raisonner à partir de droites et de cercles, non de paraboles, et c'est la raison pour laquelle il proposa une approximation des trajectoires aux figures géométriques les plus basiques.

Ces réflexions sur l'allure d'un tir d'artillerie inspirèrent par la suite certains auteurs de traités. Ainsi, Diego de Álava y Viamont accepta la conclusion de Tartaglia sur le fait qu'aucune partie droite du mouvement violent n'était véritablement droite, et s'attacha en outre à démontrer qu'il n'y avait pas non plus d'arc de cercle, mais plutôt une succession d'une infinité d'arcs de cercle dont le diamètre allait décroissant[205]. Pour le démontrer, il affirmait l'existence d'une composition entre un mouvement violent décéléré le long de l'horizontal et un mouvement naturel accéléré vers le bas, selon une logique semblable à celle de Tartaglia. Le cosmographe Andrés García de Céspedés opérait quant à lui un mélange entre ces différentes théories, représentant des trajectoires composées d'une partie droite et d'une partie parabolique dont il avait puisé l'inspiration dans l'observation de la courbure des jets d'eau des fontaines[206]. En d'autres termes, le travail de réflexion de certains auteurs sur les trajectoires de tirs, parce qu'il s'ancrait dans des aspects très pratiques, les conduisit à sortir des grandes lignes de la doctrine aristotélicienne, préfigurant, en ce sens, les bouleversements paradigmatiques du XVIIe siècle. Ces réflexions étaient toutefois le fait des individus les plus instruits du corpus : Álava et García de Céspedes avaient tous

203 « *Niun transito over moto violente d'un corpo egualmente grave che sia fuora della perpendicolare del orizonte mai puo haver alcuna parte che sia perfettamente retta per causa della gravita che se ritrova in quel tal corpo : laquale continuamente lo va stimulando, et tirando verso il centro del mondo* », Supposition II du livre II, Tartaglia, Niccolò, *Nova scientia*, *op. cit.*

204 Tartaglia, Niccolò, *Quesiti*, *op. cit.*, fol. 12r.

205 Alava y Viamont, Diego de, *El perfeto capitán*, *op. cit.*, fol. 238.

206 García de Céspedes, Andrés, *Libro de instrumentos nuevos de geometría*, *op. cit.*, fol. 52.

deux fréquenté l'université de Salamanque, l'un des principaux centres d'études en philosophie naturelle de la péninsule ibérique, marquée notamment par la figure de Domingo de Soto et par ses travaux sur la chute des corps[207].

Certains capitaines d'artillerie pouvaient également tenir des positions philosophiques audacieuses dans leurs traités. En particulier, en 1584, l'ingénieur lombard Gabriel Busca prétendait qu'un tir d'artillerie effectué depuis une colline terminait sa course par une parabole ou une hyperbole, malheureusement sans plus développer son argument[208]. Il affirmait également que la vitesse de chute des corps ne dépendait pas de leur masse :

> Si l'on laisse tomber d'une même hauteur deux boulets de fer, l'un d'une livre et l'autre de cinquante livres, tous deux vont à terre avec une même vitesse et au même moment, comme l'expérience le démontre clairement[209].

Repris et traduits en castillan par le capitaine Lechuga dans son traité de 1611, ces passages connurent par conséquent une certaine diffusion parmi les hommes férus d'artillerie. Or, une telle déclaration allait à l'encontre de l'enseignement d'Aristote, qui prétendait que les corps les plus lourds tombaient plus vite que les plus légers. Il est tout à fait probable que l'inspiration de Busca lui vînt des textes de Giovan Battista Benedetti, disciple de Tartaglia, qui fut mathématicien à la cour du duc de Savoie à l'époque où Busca y servait en tant que lieutenant d'artillerie. Dans des ouvrages publiés en 1553 et 1585, Benedetti affirmait cette égalité de vitesse de la chute de corps de même matière, indépendamment de leurs poids[210]. Ces travaux inspirèrent d'ailleurs Galilée qui, dans les *Discorzi e Dimonstrazioni Matematiche intorno a due scienze* de 1638, généralisa cette loi à l'ensemble des corps graves, quelque soit leur matière[211]. D'ailleurs, le dialogue mis en scène par Galilée à

---

207 Martínez Ruiz, Enrique, *Felipe II, la ciencia y la técnica*, *op. cit.*, p. 127.

208 Busca, Gabriel, *Instruttione de' bombardieri*, *op. cit.*, p. 50.

209 « *Lasciando cadere da equale altezza due palle di ferro, una di una libra et l'altra di cinquanta, ambedua ne vanno a terra con egual velocità, et nell'istesso momento, come la sperienza chiaramente ne mostra* », *ibid.* p. 43.

210 Drabkin, I. E., « Two Versions of G. B. Benedetti's Demonstratio Proportionum Motuum Localium », *Isis*, vol. 54, nº 2, 1963, p. 259-262.

211 Koyré, Alexandre « Le De Motu Gravium de Galilée. De l'expérience imaginaire et de son abus. », *Revue d'histoire des sciences et de leurs applications*, vol. 13, nº 3, 1960, p. 197-245.

ce sujet portait sur des expériences de chute de boulets de canon et de balles de mousquet. Ce dernier exemple témoigne des intersections directes qui purent exister entre l'émergence d'une science de l'artillerie proposant une étude à vocation applicative du mouvement des boulets de canon et le changement paradigmatique amorcé par les publications de Galilée au XVIIe siècle.

Toutefois, précisément dans ces passages de description des trajectoires de tir, la vocation applicative était bien souvent douteuse. Malgré les efforts de Tartaglia et quelques autres, la caractérisation des trajectoires de tir sous forme de trajectoire tripartite, de parabole ou d'hyperbole ne permettait pas à la plupart des auteurs de tirer des conclusions applicables à la balistique externe. Ces passages, généralement brefs, visaient sans doute avant tout à appréhender et s'approprier le phénomène de transit aérien du boulet à l'aide de termes savants et philosophiques. Les conclusions réellement applicables à la balistique externe étaient en revanche à chercher du côté de la méthode du « tir par la raison ».

LE TIR PAR LA RAISON

Le tir par la raison est une technique décrite par les traités d'artillerie sous différentes formes. Le docteur Julián Ferrofino la formulait de cette manière dans son manuscrit :

> Que l'artilleur [...] sache également la puissance, c'est-à-dire la distance que la pièce peut tirer sur le plan de l'horizon ainsi qu'à chaque point ou degré d'élévation, et la distance qu'il y a entre la pièce et le lieu qu'il souhaite atteindre[212].

Il s'agissait d'une technique particulièrement utile pour toucher des cibles lointaines, puisqu'elle proposait d'utiliser les pièces d'artillerie autrement qu'en pointant directement sur la cible, *de punto en blanco*, « de but en blanc ». L'expression de « tir par la raison » se rencontre sous la plume de Tartaglia[213]. Même si la plupart des auteurs l'évoquaient

212 « *Que el artillero [...] sepa así mesmo la potencia o sea el tanto que puede rempujar la dicha pieça ansí en el plano de la orizonte como puesta en qualquier punto o grado de su elevación, y las distancias que ay de la pieza hasta el lugar donde pretende alcançar* », Ferrofino, Julián, « Descrizión y tratado muy breve lo más probechoso de artillería », *op. cit.*, fol. 51.

213 Tartaglia, Niccolò, *Nova scientia*, *op. cit.*, septième page de la dédicace au duc d'Urbino.

plutôt sous les termes de *tiro de volada* (« tir à la volée ») ou *tiro señalado* (« tir ciblé »), l'expression de Tartaglia reflète bien mieux l'ambition de la technique. Elle trouvait son origine dans le constat que la portée d'une pièce d'artillerie augmente à mesure que l'on pointe sa bouche vers le haut. Pour maîtriser un tir lointain, il fallait donc contrôler deux paramètres essentiels : l'angle de hausse de la pièce et la distance à la cible. Il était également nécessaire d'avoir une connaissance du rapport entre l'angle et la distance, afin de pointer la pièce à l'angle adéquat pour atteindre la cible.

FIG. 46 – Équerre de Tartaglia permettant de mesurer l'angle de hausse d'une pièce d'artillerie, publiée dans la *Nova Scientia*, Venise, 1537. Document appartenant aux collections de la bibliothèque de l'Académie d'artillerie de Ségovie.

L'instrument fondamental pour mesurer l'angle de hausse d'une pièce d'artillerie était une équerre munie d'un cadran gradué et d'un fil à plomb. La branche la plus longue de l'équerre se plaquait à la paroi interne de l'âme du canon et le fil à plomb indiquait sur le cadran gradué l'angle que faisait la pièce avec l'horizon. D'autres techniques de mesure avaient dû être en usage avant que Tartaglia ne décrivît cet instrument en 1537. Un document technique rédigé en castillan dans les années 1530 évoque ainsi des mesures d'élévation en « doigts » – *dedos de caza*. Des quadrants de bombardiers étaient par ailleurs décrits dans les *Ludi rerum mathematicarum* de Leon Battista Alberti au milieu du XVe siècle, leur emploi remontant probablement à l'époque des guerres hussites, vers 1420-1430[214]. Néanmoins, le succès des ouvrages de Tartaglia contribua à diffuser son usage, l'équerre d'artilleur devenant, dans la plupart des traités, une invention du mathématicien brescian. Le fait que Luis Collado cherchât à déconstruire ce mythe de l'invention de l'équerre dans sa stratégie de subversion de l'autorité de Tartaglia met clairement en évidence cette réalité[215]. Dans ces multiples reprises, le cadran de l'équerre était parfois modifié : divisé en douze graduations chez Tartaglia, vingt chez Diego de Álava[216], quatre-vingt-dix degrés chez Diego de Prado[217], le cadran dépassait parfois l'angle droit afin de mesurer les angles des pièces pointées vers le bas[218] mais le principe de fonctionnement était absolument identique.

Les traités développaient aussi parfois des solutions mathématiques pour mesurer les distances. La plupart n'étaient pas innovantes mais provenaient de la géométrie appliquée et de l'*agrimensura*. Ainsi, au troisième livre de la *Nova Scientia*, Tartaglia citait quelques auteurs dont les ouvrages l'avaient inspiré, tels que Johannes Stöffler et Oronce Fine[219]. À l'aide d'instruments comme l'astrolabe et le carré géométrique, il était possible de mesurer la hauteur d'un mur, sa largeur et, surtout, la distance à laquelle il se trouvait du canon, sans trop s'en approcher afin de rester à l'abri des tirs ennemis. Ces techniques furent reprises et développées dans plusieurs autres ouvrages, comme ceux de Diego García de Palacio[220], Diego de Álava y Viamont[221] ou encore Andrés

214 Valleriani, Matteo, *Metallurgy, Ballistics, and Epistemic Instruments*, *op. cit.*, p. 9.

215 Collado, Luis, *Plática manual de artillería*, *op. cit.*, fol. 8r et 38-39.

216 Alava y Viamont, Diego de, *El perfeto capitán*, *op. cit.*, fol. 227r.

217 Prado, Diego de, « La obra manual y pláctica de artillería », *op. cit.*, fol. 194.

218 Collado, Luis, *Plática manual de artillería*, *op. cit.*, fol. 40v.

219 Stöffler, Johannes, *Elucidatio fabricae ususque astrolabii*, Oppenheim, Jacob Kobel, 1512. Fine, Oronce, *Protomathesis*, Paris, 1532.

220 García de Palacio, Diego, *Dialogos Militares*, *op. cit.*, fol. 135r-144r.

221 Alava y Viamont, Diego de, *El perfeto capitán*, *op. cit.*, Livre IV entièrement consacré à cette question.

García de Céspedes[222]. Lechuga et Ufano, auteurs plus tardifs, ne traitèrent pas de l'art de mesurer les distances, même s'ils le considéraient manifestement comme nécessaire à l'artilleur[223]. Sans doute jugeaient-ils que le sujet avait déjà été suffisamment exploré par les nombreux auteurs de géométrie et de mathématiques appliquées. Il faut par ailleurs remarquer que ces méthodes de mesure des distances étaient aussi utiles à d'autres opérations décrites dans les traités d'artillerie, telles que le passage de l'artillerie par les rivières ou la réalisation de mines pour saper les murailles[224].

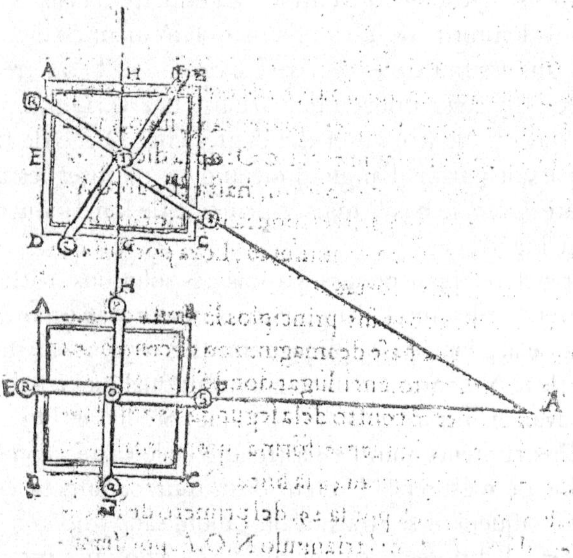

FIG. 47 – Usage de carrés géométriques pour mesurer une distance selon García de Palacio, *Dialogos militares*, Mexico, 1583. Ce schéma est une reprise quasiment à l'identique d'un schéma de Tartaglia présent dans les éditions de 1550 et 1558 de la *Nova Scientia*. Image et document appartenant aux collections de la Bibliothèque Nationale d'Espagne.

222 Toute une première partie y est consacrée, avec un but toutefois plus large que l'application à l'artillerie, García de Céspedes, Andrés, *Libro de instrumentos nuevos de Geometría*, *op. cit.*

223 Lechuga, Cristóbal, *Discurso del Capitán Cristoval Lechuga en que trata de la artillería*, *op. cit.*, p. 161. Ufano, Diego, *Tratado de la artillería y uso della*, *op. cit.* p. 411.

224 Collado, Luis, *Plática manual de artillería*, *op. cit.*, fol. 68-69.

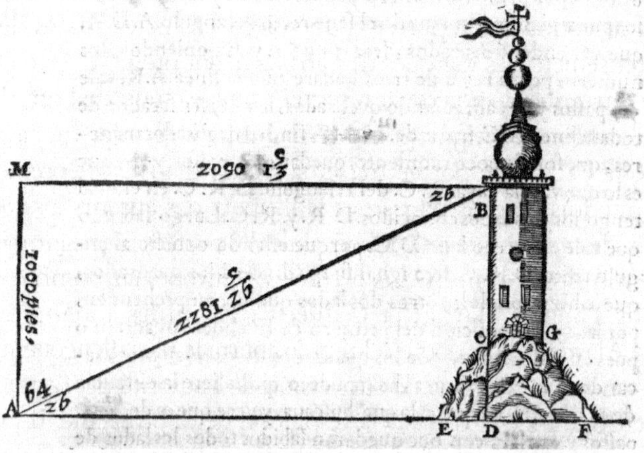

FIG. 48 – Technique géométrique pour mesurer une distance selon Álava y Viamont, *El perfeto capitán*, Madrid, 1590. Document appartenant aux collections de la bibliothèque de l'Académie d'artillerie de Ségovie.

La possibilité de mesurer les distances et les angles de hausse de pièces d'artillerie ne suffisait néanmoins pas à réaliser un tir juste. Encore fallait-il savoir à quel angle régler la pièce pour atteindre la distance requise. Cette relation entre l'angle de hausse et la portée, Niccolò Tartaglia s'enorgueillissait dans sa dédicace au duc d'Urbino d'en avoir acquis la connaissance systématique :

> Et encore, Illustrissime Seigneur, par le calcul j'ai trouvé la proportion selon laquelle les tirs de chaque pièce d'artillerie croissent ou décroissent selon qu'on élève ou abaisse la pièce sur le plan de l'horizon. Et de la même manière, Libéral Seigneur, j'ai trouvé la manière de connaître la variété des tirs de toute pièce, grande comme petite, par la connaissance d'un seul tir (à condition que la charge de poudre demeure égale). De plus, Seigneur Très Prudent, j'ai fait des recherches sur la proportion et l'ordre des tirs de mortier et, semblablement, j'ai trouvé le moyen de connaître la variation des dits tirs à partir d'un seul[225].

225 « *Anchor Signor Illustrissimo, calculando trovai la proportion dil crescer e calar che fa ogni pezzo de artegliaria (nelli suoi tiri) alzandolo over arbassandolo sopra il pian del orizonte et similmente (Signor Liberalissimo) trovai il modo di ratiocinar et trovar la varietà de detti tiri in cadauno pezzo si grande come picolo mediante la notitia dun tiro solo (domente che sempre sia igualmente cargato). Da poi (Signor Prudentissimo), invistigai, la proportione et l'ordini di tiri del mortaro, et similmente trovai il modo di saper invistigare sotto brevita la varietà de detti tiri pur mezzo dun tiro solo* », Tartaglia, Niccolò, *Nova scientia*, *op. cit.*, Sixième page de la dédicace au duc d'Urbino (sans numéro).

Tartaglia prétendait donc avoir découvert une loi permettant, à partir d'un tir, de connaître la portée d'une pièce à tous les angles de hausse. Malheureusement, les logiques de patronage ont préservé cette loi secrète puisque Tartaglia décida de la réserver pour le creux de l'oreille de son potentiel patron. L'unique point qu'il publia à ce sujet fut la démonstration que l'angle de portée maximale était de 45°, célèbre argument qui fut une fois de plus repris par la plupart des auteurs à sa suite.

Le défi de trouver une telle loi générale des portées fut néanmoins relevé par une multitude d'individus à travers l'Europe, au nombre desquels figurèrent Thomas Harriot et Galilée[226]. Parmi les auteurs castillans, Diego de Álava fut sans doute celui qui montra le plus d'engouement pour cette question. Sa stratégie de subversion de l'autorité de Tartaglia passa d'ailleurs en grande partie par la résolution de ce problème. Il prétendait en effet connaître la loi secrète du mathématicien brescian, affirmant qu'il s'agissait d'une variation linéaire, c'est-à-dire que la portée variait autant entre les premier et deuxième points de l'équerre qu'entre les cinquième et sixième[227]. Il est fort peu probable qu'il s'agît bel et bien de la loi secrète de Tartaglia car ce dernier était conscient, comme il l'affirma dans ses *Quesiti*, que la portée ne variait presque pas entre le cinquième et le sixième point[228]. La présentation de cette pseudo-loi de Tartaglia par Álava relevait sans doute plutôt de l'artifice rhétorique, permettant de mieux mettre en évidence le raffinement de sa propre loi, exposée en apothéose dans la dernière partie de l'ouvrage avec un intitulé sans ambigüité : « Sixième livre où l'on réprouve la doctrine de Tartaglia et où l'on enseigne la véritable doctrine avec les démonstrations sur lesquelles elle se fonde[229] ». Plutôt qu'une relation de proportionnalité linéaire entre angle et tir, Álava proposait une proportionnalité entre le sinus de l'angle et la portée. De la sorte, sa loi rendait compte du fait que la portée augmentait bien plus dans les premiers angles d'élévation que dans ceux proches de 45°.

La capitaine d'artillerie d'Anvers Diego Ufano proposa lui aussi une loi des portées. Elle prenait la forme d'une suite arithmétique par laquelle il était possible de calculer degré après degré la portée d'une pièce d'artillerie à partir de la connaissance de la portée le long de

226 Brioist, Pascal, « Les mathématiques et la guerre au XVIe siècle », *op. cit.*, p. 396-434.
227 Voir le Livre V de Alava y Viamont, Diego de, *El perfeto capitán*, *op. cit.*, p. 224 et suiv.
228 Tartaglia, Niccolò, *Quesiti*, *op. cit.*, fol. 6v.
229 « *Libro sexto en que se reprueva la dotrina de Nicolo Tartalla, y se enseña la verdadera con las demostraciones en que se funda* », Alava y Viamont, Diego de, *El perfeto capitán*, *op. cit.*, p. 245.

l'horizon[230]. Comme dans le cas d'Álava, l'auteur tâchait ici de refléter cette tendance des tirs à augmenter bien plus pour les faibles élévations que pour les angles proches de la portée maximale (à 45°). Ufano ne prenait même pas la peine de démontrer ni de justifier sa loi, qu'il fournissait comme une sorte de recette. La nature de la « réduction en art » de l'artillerie apparaît ici très empirique. Il s'agissait de systématiser à partir d'observations singulières. Álava et Ufano ne déduisaient pas leurs lois à partir d'une théorie mathématisée du mouvement mais tâchaient plutôt de fournir une modélisation mathématique de l'évolution des portées en fonction des angles de hausse, obtenue à partir des données empiriques de tests de tir, alors en circulation dans les milieux artilleurs.

En effet, plutôt que de déterminer une loi générale, de nombreux auteurs de traités d'artillerie recouraient à des tables de portées indiquant, pour chaque type de pièces, la portée aux différents points de l'équerre. Niant toute possibilité de recourir à une règle générale des portées, Luis Collado fournit ainsi dans son traité les résultats d'expériences de tirs qu'il avait lui-même effectués avec un fauconneau tirant trois livres de balle[231]. De telles données, dont l'origine expérimentale n'était que rarement précisée, se rencontraient dans presque tous les traités, preuve que leur usage était courant. D'ailleurs, Diego de Álava présentait lui aussi de telles tables de portées, la différence étant que la plupart de ses valeurs étaient obtenues par le calcul et non par l'expérience.

Il faut par ailleurs remarquer l'importante circulation de telles données sur les portées des pièces d'artillerie. Les tables de portées n'étaient en effet pas systématiquement issues d'expériences menées par l'auteur lui-même. Dans son manuscrit de 1591, le lieutenant d'artillerie Diego de Prado inséra ainsi une table des portées qu'il disait avoir recopiée d'expériences de tir réalisées par le duc de Clèves à une époque antérieure[232]. Le contexte précis de cette expérience demeure obscur mais la table connut quant à elle une grande diffusion. On retrouve en effet exactement les mêmes données dans le court traité manuscrit du docteur Julián Ferrofino datant de 1599[233]. L'échange de cette table eut probablement lieu à la fonderie de Malaga en 1590, lorsque Prado et

230 Ufano, Diego, *Tratado de la artillería y uso della*, *op. cit.*, p. 345-346.

231 Collado, Luis, *Plática manual de artillería*, *op. cit.*, fol. 39v.

232 Prado, Diego de, « La obra manual y pláctica de artillería », *op. cit.*, fol. 195-198.

233 Ferrofino, Julián, « Descrizión y tratado muy breve lo mas probechoso de Artillería », *op. cit.*, fol. 6v et suiv.

Ferrofino s'y retrouvèrent tous deux durant quelques mois aux côtés du capitaine général de l'artillerie Juan de Acuña Vela[234]. Par ailleurs, ces mêmes données figuraient dans l'ouvrage d'Andrés Muñoz el Bueno, imprimé en 1627[235]. Or, Muñoz el Bueno fut l'élève de Julián Ferrofino à l'école d'artilleurs de Séville entre 1591 et 1593[236]. Il est par conséquent presque certain que la table lui fut transmise à cette occasion avant d'être publiée dans un imprimé plusieurs décennies plus tard.

Il est également intéressant de noter le manque de recherche de précision dans ces données. Même si sa table fournissait des chiffres précis au pas près, Diego de Prado spécifiait que les expériences de tir qu'il indiquait avaient été réalisées avec une formule de poudre ancienne, moins forte que la poudre en usage à son époque[237]. Les données qu'il présentait devaient donc être augmentées dans une proportion que l'auteur ne se risquait pas à donner. Par conséquent, ces tables de portées étaient sans doute proposées à titre indicatif afin que le lecteur pût disposer des ordres de grandeur des portées de chaque pièce. La méthode et le format lui étaient montrés, libre à lui de constituer ses propres tables. Les données chiffrées se mélangeaient d'ailleurs parfois avec des aspects spéculatifs brouillant les interprétations quant à la nature de ce type de savoirs. Ainsi, une fameuse gravure du traité de Diego de Ufano représentait de multiples trajectoires à différents angles de hausse, visant à affirmer la symétrie des portées en-dessous et au-dessus de 45°. L'affirmation était en elle-même pure spéculation théorique puisqu'il existait un consensus général parmi les auteurs sur le fait que les canons et couleuvrines ne pouvaient tirer au dessus de 45° et que la plage entre 45° et 90° était réservée aux mortiers. Quand bien même Ufano fût-il parvenu, par quelque technique, à faire tirer une pièce à toutes les élévations depuis 0° jusqu'à 90°, il y aurait eu peu de chances qu'il vît sa proposition de symétrie des tirs se réaliser dans les faits, à cause de facteurs tels que la résistance de l'air ou le vent. Pourtant, il fit figurer sur la gravure des portées précises au pas près, conférant à sa proposition une sorte de légitimité empirique.

---

234 AGS GYM leg. 284/265 (09/05/1590).

235 Muñoz el Bueno, Andrés, *Instrucción y Regimiento para que los marineros sepan usar de la artillería*, *op. cit.*, fol. 123v.

236 Voir p. 313 et 324-325.

237 Prado, Diego de, « La obra manual y pláctica de artillería », *op. cit.*, p. 199.

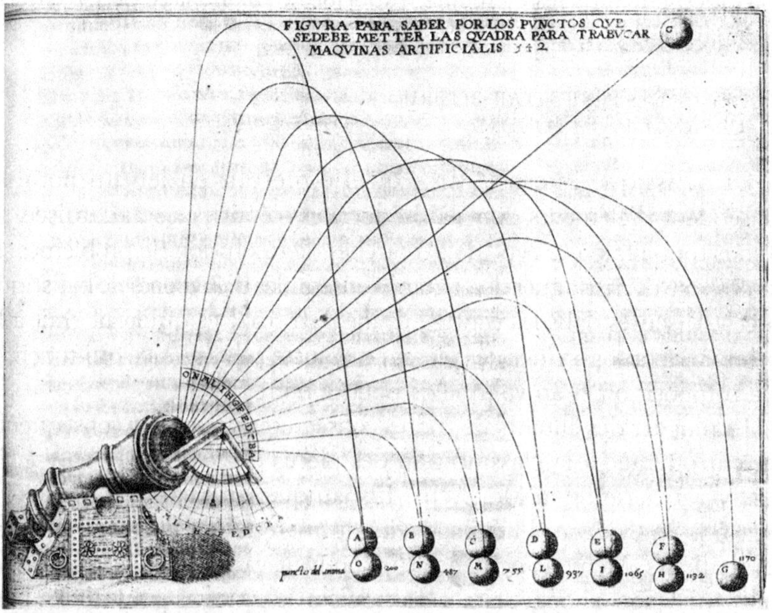

FIG. 49 – Symétrie des portées en-dessous et au-dessus de 45° selon Ufano, *Tratado de artillería*, Bruxelles, 1612. Document appartenant aux collections de la bibliothèque de l'Académie d'artillerie de Ségovie.

Ce dernier exemple reflète la nature hybride et ambivalente de la balistique externe à la Renaissance. Oscillant entre son but applicatif et son désir de systématisation, elle empruntait librement à diverses traditions savantes, recourait aux données empiriques de première ou de seconde main et, sans réellement construire un nouveau cadre théorique d'étude du mouvement, elle mettait en évidence le gain potentiel de l'application de la mesure, de la géométrie et des proportions à certains objets particuliers de la philosophie naturelle. La méthode du tir par la raison était caractéristique de ce champ de savoirs en construction. Il s'agissait, à propos d'un problème particulier relatif à l'artillerie, de fournir des instruments, des techniques et, si possible, des règles afin de maîtriser l'aléa et le chaos d'une activité dangereuse et complexe, dont la balistique externe n'était qu'une petite partie. En réalité, cette démarche de résolution de problèmes par le recours aux instruments, à la mesure et aux calculs était appliquée à pratiquement tous les éléments impliqués dans l'usage de l'artillerie et de la poudre noire.

ANATOMIE DES PIÈCES D'ARTILLERIE ET PUISSANCE DE LA POUDRE

La balistique interne, parce qu'elle mettait en jeu un nombre conséquent d'éléments dont la production n'était pas standardisée, se prêtait tout à fait à ce type de démarches de résolution de problèmes. Il est possible de distinguer deux grands ensembles d'éléments de balistique interne discutés dans les traités : d'une part, tout ce qui avait trait à la forme et aux proportions des pièces et, d'autre part, tout ce qui touchait à la composition et au volume de poudre noire.

La plupart des auteurs de traités consacrèrent une part conséquente de leur ouvrage à la classification des pièces d'artillerie. L'analyse du parc d'artillerie de la Monarchie hispanique, au début de ce livre, a bien mis en évidence l'hétérogénéité du matériel de guerre utilisé par les artilleurs. Même la nomenclature pouvait varier selon les individus. Ainsi, une pièce allongée tirant des boulets de 10 livres pouvait très bien être identifiée comme un sacre ou comme une demi-couleuvrine[238]. Les chapitres des traités d'artillerie consacrés aux différents types de pièces constituaient donc d'abord des sortes de guide permettant d'identifier le matériel. Les pièces étaient classifiées par grandes familles, selon qu'elles étaient allongées (couleuvrines), plus compactes (canons) ou très ramassées (pierriers et mortiers)[239]. Il faut noter que ce vocabulaire technique commun se diffusa lors des guerres d'Italie (1494-1559)[240]. C'est précisément ce vocabulaire qui était employé dans les inventaires d'artillerie de la seconde moitié du XVIe siècle. Les chapitres des traités concernant la classification des pièces proposaient donc bien, en ce sens, une « réduction en art » à partir de ce qui était couramment pratiqué au sein du métier[241].

Certains traités présentaient également des techniques afin de mesurer les proportions d'une pièce d'artillerie. À l'aide d'un grand

238 Voir p. 42-43.

239 Ces grandes catégories sont communes à la plupart des traités déjà cités. Voir par exemple Collado, Luis *Plática manual de artillería*, *op. cit.* fol. 7-35. Ufano, Diego, *Tratado de la artillería y uso della*, *op. cit.* p. 15-57.

240 Crouy-Chanel, Emmanuel de, « Le canon jusqu'au milieu du XVIe siècle », *op. cit.*, p. 255-256.

241 Dubourg Glatigny, Pascal, Vérin, Hélène (éd.), *Réduire en art*, *op. cit.*

compas et d'une feuille de papier, il s'agissait, selon l'expression de Luis Collado, de saisir « l'anatomie » des pièces d'artillerie[242]. Les mesures étaient toujours exprimées en proportion du diamètre de la bouche à feu afin de contourner le problème de la grande diversité des unités de mesure :

> Certains mesurent en pieds, d'autres en empans, en cannes, en aunes, en bras ou encore en onces, sans se rendre compte que tous ces types de mesures sont très différents dans chaque royaume du monde. Il convient de savoir que le pied romain est distinct de celui de Venise, lui-même étant différent de celui de Naples et de Sicile tandis que le bras de Milan n'est semblable à aucun de ceux-ci excepté celui de Rome, et que tous les pieds sont différents en Allemagne, en France et aussi en Espagne[243].

Au-delà de la longueur et du calibre qui déterminaient le nom et l'usage d'une pièce, les traités abordaient souvent l'anatomie du canon dans ses moindres détails : le positionnement des anses et des tourillons ou encore l'épaisseur de métal en divers endroits de la culasse et de l'âme étaient discutés. Ce dernier paramètre était particulièrement important dans l'usage de l'artillerie puisqu'une paroi un peu trop fine risquait d'exploser si elle était exposée à une charge de poudre excessive. En outre, certaines pièces possédaient des défauts de fabrication au niveau du parallélisme entre l'âme et les parois externes, ce qui posait à la fois des problèmes de visée et de risque d'explosion en raison d'une épaisseur irrégulière de métal. Les prises de mesure devaient donc tenir compte de telles imperfections, certains auteurs, comme Tartaglia, proposant même un instrument pour quantifier les défauts de parallélisme[244].

---

242 Collado, Luis, *Plática manual de artillería*, *op. cit.*, fol. 14v.

243 « *Porque las miden a pies y otros a palmos, otros a canas y otros a alnas y otros a braços y a onças, no dando en la cuenta que todos estos generos de medidas en cada Reyno de el mundo se hallaran ser varias y diferenciadas. Conviene a saber que el pie romano es diferente de aquel de Venecia y el de Venecia diferente de aquel de Napoles y de Sicilia, y que el braço de Milan con ninguno de los pies dichos, excepto aquel de Roma se conforma, y los unos y los otros pies dichos son diferentes de aquellos de Alemania, Francia y tambien de España* », *ibid.* fol. 19v.

244 Tartaglia, Niccolò, *Quesiti et Inventioni Diverse*, *op. cit.* fol. 26v.

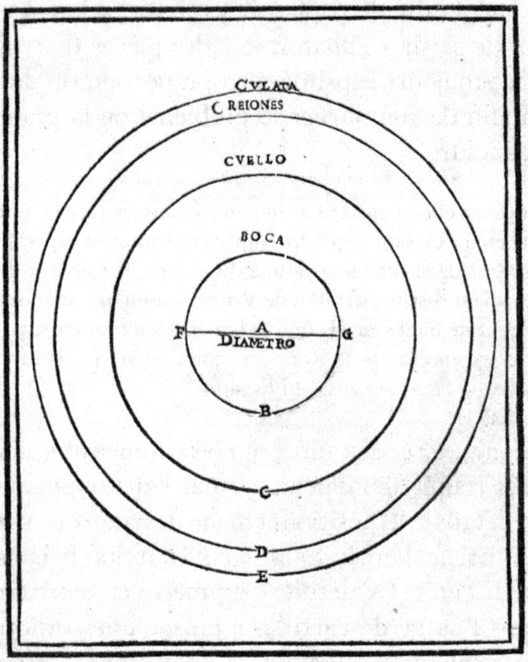

FIG. 50 – Canon en vue de face, par Collado, *Plática manual de artillería*, Milan, 1592. Document appartenant aux collections de la bibliothèque de l'Académie d'artillerie de Ségovie.

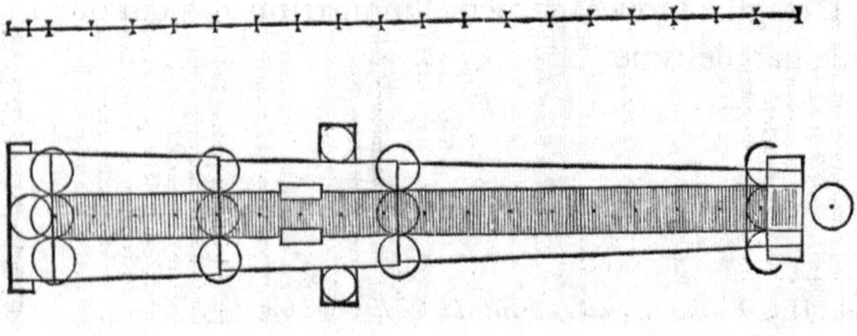

FIG. 51 – Canon en coupe avec proportions exprimées en fonction du calibre, par Lechuga, *Discurso…*, Milan, 1611. Document appartenant aux collections de la bibliothèque de l'Académie d'artillerie de Ségovie.

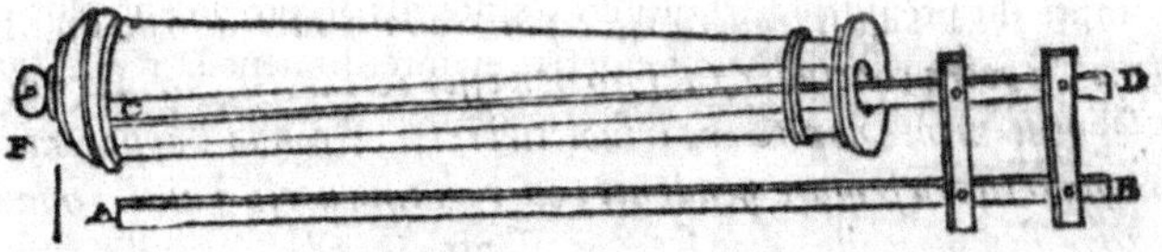

FIG. 52 – Technique pour mesurer le parallélisme de l'âme d'un canon selon Tartaglia, *Quesiti et inventioni diverse*, Venise, 1546. Document appartenant aux collections de la bibliothèque de l'Académie d'artillerie de Ségovie.

Non seulement tous les traités insistaient-ils sur cette analyse détaillée des pièces d'artillerie mais ils allaient aussi, pour la plupart, au-delà de ces informations morphologiques. C'était bien souvent à l'occasion de ces développements sur les grandes familles de pièces qu'étaient intégrées les listes et tables de portées évoquées précédemment. Les schémas de l'anatomie des pièces étaient parfois accompagnés de plans de leurs affûts comprenant des détails sur le dimensionnement des roues et des pièces de bois nécessaires au transport de ces armes lourdes. D'autres données étaient fournies au lecteur, telles que le poids des pièces, le nombre de chevaux ou de bœufs nécessaires pour les tracter, le nombre maximal de tirs par jour, ou bien encore le dosage de poudre le plus adéquat. Il faut également mentionner la présence de quelques lois mathématiques, comme la règle de calcul de Luis Collado permettant d'estimer le poids d'une pièce à partir de la connaissance de son calibre[245].

En outre, des auteurs ayant une longue expérience de terrain tels que Collado, Ufano et Lechuga, n'hésitaient pas à consacrer des développements entiers à la fabrication des pièces d'artillerie[246]. Ces vétérans qui avaient circulé dans plusieurs États de la Monarchie hispanique avaient manifestement acquis de solides connaissances en métallurgie. Fort de leur statut d'experts reconnus, ils endossaient même le rôle de conseiller du roi, prêchant pour une harmonisation des normes de fabrication de l'artillerie :

245 Collado, Luis, *Plática manual de artillería*, *op. cit.*, fol. 23v.

246 Collado, Luis, *Plática manual de artillería*, *op. cit.*, fol. 8-11. Lechuga, Cristóbal, *Discurso del Capitán Cristoval Lechuga en que trata de la artillería*, *op. cit.*, p. 38-61. Ufano, Diego, *Tratado de la artillería y uso della*, *op. cit.* p. 65-68.

> Si les Princes qui commandent la fabrication de l'artillerie se rendaient compte du préjudice [...] qui en résulte, ils accorderaient plus d'attention à ce qui se fait dans leurs fonderies et interdiraient la réalisation d'une si grande diversité de pièces, avec tant de bouches différentes, comme cela est aujourd'hui le cas[247].

Dans son traité, le capitaine Lechuga tenait exactement le même discours, invitant même le roi à réduire son parc d'artillerie à six calibres[248]. Comme ces deux auteurs le mettaient en évidence, la grande diversité de pièces alors en usage au sein de l'appareil militaire de la Monarchie hispanique généraient de multiples difficultés quant à la gestion des stocks de matériel, en particulier de boulets. De plus, l'hétérogénéité des formes et des proportions rendait l'usage de l'artillerie complexe et sujet à des erreurs de manipulation, ce qui justifiait d'ailleurs qu'une si grande part du volume des traités d'artillerie fût dédiée à l'analyse qualitative et quantitative du matériel.

Bien que visionnaire, ce projet d'une standardisation des pièces d'artillerie se confrontait à de nombreux problèmes. D'abord, il faut rappeler que la Monarchie hispanique réunissait une pluralité d'États ayant diverses unités de mesure et habitudes de fabrication ce qui promettait de compliquer tout projet d'harmonisation des calibres. De plus, pour disposer d'un parc d'artillerie entièrement harmonisé, il aurait fallu refondre toute l'artillerie alors en usage dans l'empire, soit des milliers de pièces. Maintenir le parc ainsi harmonisé soulevait encore d'autres problèmes. L'obsolescence des caractéristiques d'un modèle générait un surcoût important puisqu'il fallait soudain remplacer toutes les pièces du modèle, tandis que dans le système non-standardisé de la Monarchie hispanique, le coût de fabrication de l'artillerie s'amortissait sur une plus longue période de temps, les vieilles pièces, parfois âgées d'un demi-siècle, côtoyant les plus récentes[249]. En outre, les pièces circulaient sur de grandes distances :

---

247 « *Si los Príncipes que mandan fundir Artillería diesen en la cuenta del daño [...] les resuelta, usarían acerca desto en sus fundiciones de mayor diligencia, y prohibirían el hazerse tanta diversidad de pieças, y de tan diferentes bocas como se hallan* », Collado, Luis, *Plática manual de artillería*, *op. cit.*, fol. 8v.

248 Préface au lecteur de Lechuga, Cristóbal, *Discurso del Capitán Cristoval Lechuga en que trata de la artillería*, *op. cit.*

249 Voir les canons vieux d'un demi-siècle embarqués par la grande armada de 1588, Martin, Colin, Parker, Geoffrey, *The Spanish Armada*, *op. cit.*, p. 41.

il est pertinent ici de rappeler l'exemple de la forteresse de Ponta Delgada aux Açores, qui réunissait en 1583 des pièces en provenance de Lisbonne, d'Allemagne, de Flandre, du Mexique et de Malaga[250]. On ne peut que douter de l'efficacité, dans la durée, de la réforme d'harmonisation des calibres tentée au début du XVIIe siècle aux Pays-Bas par le comte de Bucquoy[251]. Les grandes productions par lot de la fonderie de Malaga tendaient à être dispersées et mélangées à des lots postérieurs, fabriqués selon des normes soit plus récentes, soit différentes parce qu'émanant d'un autre centre de production[252]. L'harmonisation des calibres aurait nécessité d'être menée à bien à l'échelle de l'empire, dans un délai relativement réduit et avec un gel total des importations d'artillerie étrangère. Un tel projet dépassait certainement les capacités techniques et financières de la Monarchie hispanique à cette époque. Des travaux récents sur le système de Gribeauval montrent combien standardiser l'artillerie d'un État représenta un formidable défi dans un contexte technique et industriel pourtant plus avancé (la fin du XVIIIe siècle) et à une échelle bien plus modeste (la France)[253].

Bien qu'elle mobilisât souvent un volume moindre de pages, la poudre noire fut un autre élément important sur lequel dissertèrent les divers auteurs de traités d'artillerie. Ainsi, dans les *Quesiti*, Tartaglia fournit un grand nombre de recettes de poudre qu'il avait, disait-il, trouvées dans de vieux livres[254]. Manifestement, de vieilles recettes de fabrication de poudre noire devaient être en circulation sous forme manuscrite. Dans cette même perspective, le *livre de cannonerie* publié à Paris, en 1561, intégrait un « petit traicté contenant plusieurs artifices de feu […] recueilly d'un vieil livre escrit à la main et nouvellement mis en lumière[255] », dont les formules reprenaient celles d'une traduction française du *Feuerwerkbuch*, texte allemand de la première moitié

250 AGS GYM leg. 149/336 (18/09/1583).

251 Ufano, Diego, *Tratado de la artillería y uso della*, *op. cit.* p. 65-68.

252 Voir les remarques de López Martín, Francisco Javier, *Esculturas para la guerra*, *op. cit.*, p. 363-364. Exemples de production par lot puis de dispersion : AGS GYM leg. 365/128 (21/01/1589), AGS GYM leg. 149/109 (Santander, 16/09/1583), AGI CT leg. 5108, sans num. (Cadix, 05/05/1586).

253 Berkowitch, Héloïse, Dumez, Hervé, « Le système Gribeauval ou la question de la standardisation au XVIIIe siècle », *Annales des Mines*, n° 125, 2016, p. 41-50.

254 Tartaglia, Niccolò, *Quesiti et Inventioni Diverse*, *op. cit.*, fol. 41.

255 *Livre de canonnerie et artifice de feu contenant le devoir et charge d'un maistre canonnier*, Paris, Vincent Sertenas, 1561.

du XVe siècle[256]. Cependant, à la fin du XVIe siècle, la plupart des auteurs ayant une expérience militaire n'évoquaient que très peu de formules en usage. Les plus courantes sont identifiées par les expressions « quatre, as et as », « cinq, as et as » et « six, as et as[257] ». La première, qui contient la plus faible proportion de salpêtre est parfois jugée ancienne, tandis que la dernière est régulièrement identifiée comme de la poudre d'arquebuse[258]. Ainsi, il semble à première vue que les artilleurs du XVIe siècle étaient loin d'utiliser la pléthore de recettes présentée par Tartaglia.

Néanmoins, comme dans le cas des pièces d'artillerie, les vétérans appelaient à une standardisation des poudres, ce qui plaide tout de même en faveur de l'usage courant d'une certaine diversité de recettes[259]. Le capitaine Cristóbal Lechuga évoque ainsi une assemblée réunie pour discuter de ce sujet dans les Pays-Bas espagnols :

> Lors d'une assemblée qui se fit dans la ville de Bruxelles le 9 mai 1568, le général de l'artillerie réunit les hommes les plus expérimentés en artillerie et poudres dans le but de traiter des proportions qu'il fallait lui donner. Après de nombreux essais, il fut conclu que la poudre qui serait préparée dans le futur aurait les proportions suivantes : 75 livres de salpêtre bien raffiné, 15 livres et 10 onces de charbon et 9 livres et 6 onces de soufre[260].

Le fait que Lechuga fît encore ses propres recommandations de recettes en 1611 indique que cette standardisation décidée à Bruxelles 40 ans plus tôt ne devint pas une norme. Mais cette anecdote révèle la recherche de la part du commandement militaire de la Monarchie hispanique d'une

256 « Le Livre du secret de l'art de l'artillerye et canonnerye », *op. cit.* Voir Crouy-Chanel, Emmanuel de, Contamine, Philippe, *Canons médiévaux*, *op. cit.*, p. 29.

257 C'est à dire 4, 5 ou 6 doses de salpêtre pour une dose de charbon et une dose de soufre. Ces expressions sont récurrentes dans les traités, signe de leur usage très courant à l'époque.

258 Sur la première, voir Prado, Diego de, « La obra manual y pláctica de artillería », *op. cit.*, fol. 199. Le capitaine Lechuga va même jusqu'à préconiser l'emploi de la seconde pour tous les types de pièces : Lechuga, Cristóbal, *Discurso del Capitán Cristoval Lechuga*, *op. cit.*, p. 146.

259 Collado, Luis, *Plática manual de artillería*, *op. cit.*, fol. 12v.

260 « *En un junta que se hiço en la Villa de Brusselas a 9 de Mayo 1568, en qué se halló el general de la Artillería, y todos los praticos de ella, y de pólvora, para tratar de la bondad que avía de tener ; después de muchas pruebas, quedo resuelto que la pólvora que se labrase en lo porvenir fuese de salitre bien refinado, de fino azufre, y de carbón, de la composición siguiente : 75 libras de salitre, 15 libras y 10 onças de carbón y 9 libras y 6 onças de açufre* », Lechuga, Cristóbal, *Discurso del Capitán Cristoval Lechuga op. cit.*, p. 147.

formule de poudre optimale. Il est important de préciser que cette recette contenait le même dosage de 75 % de salpêtre que la poudre d'arquebuse « six, as et as » que Lechuga recommandait de généraliser à toutes les pièces. Ces dosages étaient par ailleurs extrêmement proches des compositions de poudre de guerre des grands États du milieu du XIXe siècle[261]. En ce sens, la détermination d'une formule de poudre optimale fut, semble-t-il, relativement plus aisée que la mise en application d'une norme de fabrication.

L'enjeu de la standardisation des poudres croise aussi le problème du chargement : avec quelle quantité de poudre fallait-il charger chaque type de pièces d'artillerie ? Ce dosage de poudre dépendait bien entendu de l'explosivité de cette dernière et par conséquent de sa composition, d'où l'importance de son harmonisation. Dans les *Quesiti*, Tartaglia mentionnait ces problèmes de chargement de la pièce. Il s'agissait de mettre suffisamment de poudre pour que sa combustion dure jusqu'à ce que le boulet sorte de l'âme du canon, sans toutefois avoir à en gâcher[262]. Les proportions données par Tartaglia – à savoir quatre cinquième du poids du boulet pour une couleuvrine et deux tiers du poids pour un canon – furent plus ou moins suivies par les auteurs postérieurs. Cependant, le principal ajout des auteurs de la seconde moitié du XVIe siècle concerna les instruments de chargement. Plutôt que d'avoir à peser la poudre au milieu des combats, les traités proposaient de dimensionner des cuillères afin de charger directement le volume de poudre adéquat. L'idée était de d'offrir à l'artilleur le dessin d'un patron de la cuillère, dont les dimensions étaient exprimées en fonction du calibre, comme pour la morphologie des pièces d'artillerie vue précédemment. Différents schémas étaient présentés en fonction des types de pièces. Il ne restait ensuite plus qu'à découper dans une taule cette forme proportionnée à la pièce et à la clouer autour d'un long bâton de bois faisant office de manche. Il en existait de différentes sortes, permettant à leur utilisateur de charger en une, deux ou trois fois son canon.

261 75/12,5/12,5 pour la France, la Prusse et les Etats-Unis d'Amérique, 75/15/10 pour l'Angleterre, J. Pelouze et E. Fremy, *Traité de chimie générale : comprenant les applications de cette science à l'analyse chimique, à l'industrie, à l'agriculture et à l'histoire naturelle*, Librairie de Victor Masson, 1854, p. 335.

262 Tartaglia, Niccolò, *Quesiti et Inventioni Diverse*, *op. cit.*, fol. 19r et 21r.

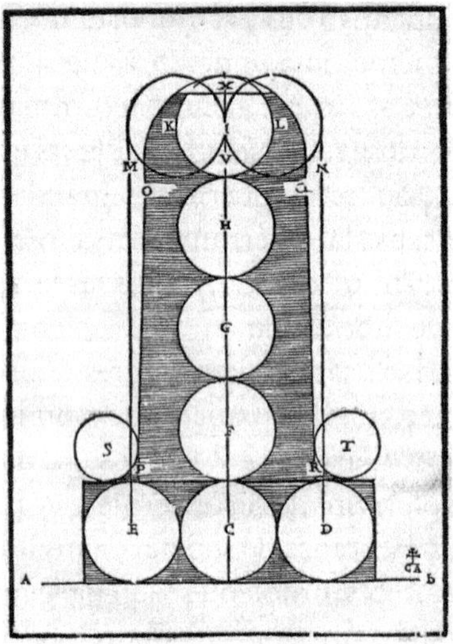

FIG. 53 – Technique géométrique de fabrication d'une cuillère permettant de charger le volume de poudre adéquat d'une couleuvrine, exprimé en fonction du calibre, selon Collado, *Plática manual de artillería*, Milan, 1592. Document appartenant aux collections de la bibliothèque de l'Académie d'artillerie de Ségovie.

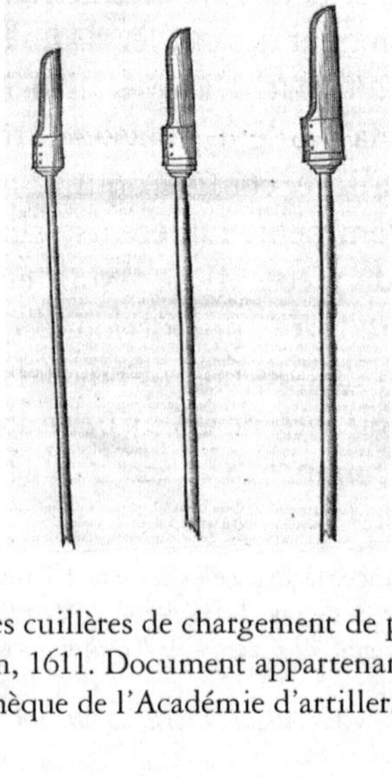

FIG. 54 – Différentes cuillères de chargement de poudre par Lechuga, *Discurso…*, Milan, 1611. Document appartenant aux collections de la bibliothèque de l'Académie d'artillerie de Ségovie.

DIAMÈTRES ET POIDS DES BOULETS DE CANON

Les paragraphes suivants proposent d'explorer la thématique des diamètres et poids des boulets de canon afin de mieux saisir la nature et la genèse de ces savoirs de balistique interne. La diversité de proportions des pièces d'artillerie engendrait une prolifération de tailles de boulets de canon. Choisir un boulet parfaitement adapté à la pièce pouvait par conséquent s'avérer délicat. Il était nécessaire d'utiliser un boulet dont le diamètre fût légèrement plus petit que celui de la bouche à feu, laissant un espace vide, appelé le « vent », permettant d'éviter les frottements et le blocage du boulet dans sa course le long de l'âme. En revanche, un vent excessif laissait s'échapper une grande quantité de gaz de combustion, ce qui avait pour résultat de faire perdre de la puissance au tir. Trouver un boulet du diamètre approprié à la pièce était donc une action essentielle du métier d'artilleur. Néanmoins, les calibres et tailles des boulets étaient toujours exprimés en unités de masse, c'est-à-dire presque toujours en livres, sans doute jugée plus fiables et relativement plus homogènes que la plupart des autres unités de mesure de l'époque[263]. Les sources de l'époque évoquent ainsi toujours un boulet « de 12 livres », un canon « tirant 40 livres de balle » etc. Il était donc constamment nécessaire de faire des allers-retours entre le poids et le diamètre des boulets.

À ce sujet, la grande majorité des traités décrivaient un instrument très simple servant à faire ce lien entre diamètres et poids. Il s'agissait du *calibo* ou *colibre*, instrument que l'artilleur était toujours tenu de porter sur lui. Il prenait la forme d'une réglette sur laquelle étaient gravés les diamètres des boulets de différents poids. Les traités présentent en général une réglette par matériaux même si les informations pouvaient être concentrées, à l'aide de graduations différentes, sur le même instrument. Ce type de réglettes fut très répandu à l'époque, comme en témoignent encore aujourd'hui les collections de certains musées[264] ainsi que les fouilles archéologiques des épaves de navires de guerre[265].

---

263 Même s'il existait des livres à 12 onces et à 16 onces. Voir la définition de *libra* dans Mancho Duque, María Jesús (dir.), *DICTER. Diccionario de la ciencia y de la técnica del Renacimiento*, Ediciones Universidad de Salamanca. <http://dicter.usal.es/> Consulté le 03/09/2019.

264 Bennett, Jim A., Johnston, Stephen, *The Geometry of War, 1500-1750 : Catalogue of the Exhibition*, Oxford, Museum of the History of Science, 1996.

265 Hildred, Alexzandra, *The Archeology of the Mary Rose Vol. 3.* Martin, Colin, Parker, Geoffrey, *The Spanish Armada*, p. 206.

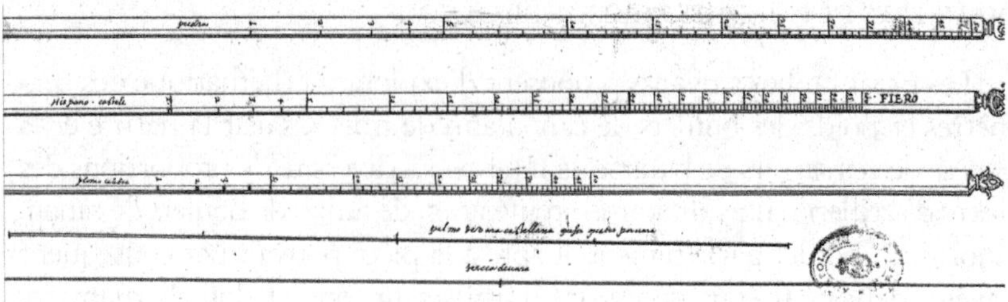

FIG. 55 – Réglettes des calibres de pierre, fer et plomb selon Prado, « La obra manual », Malaga, 1591. Image et document appartenant aux collections de la Bibliothèque Nationale d'Espagne.

La diffusion de l'usage de ces réglettes de calibres avait cependant été accompagné d'inconvénients, comme l'affirmait Luis Collado dans son *Plática Manual* :

> Il y a, chez les artilleurs, une grande confusion de *colibres* et réglettes et il en existe une telle variété qu'à peine ai-je vu, durant ma longue carrière, deux *colibres* indiquant la même mesure de poids des boulets. Et le plus drôle, c'est que jusqu'à aujourd'hui, je n'ai pas rencontré un artilleur qui ne prétende pas que son *colibre* est le plus juste et le plus fiable du monde, bien qu'il n'y ait dans sa conception d'autre raisonnement ni mesure que ceux qu'un maître en arts mécaniques, pour gagner quatre *reales*, a sorti de sa tête[266].

Un tel passage est intéressant à double titre : d'abord parce qu'il met en évidence l'existence d'un véritable marché de ces instruments à destination des artilleurs, ensuite parce qu'il permet de pointer le réel problème de ce *colibre*, à savoir la justesse de ses informations. Or, en parallèle de la mention de cet instrument, une majorité des traités du corpus proposaient des règles de vérification des calibres, qui pouvaient également remplacer temporairement l'instrument en cas de perte.

Il n'y a rien d'étonnant à ce que Tartaglia, en tant qu'inventeur d'une solution générique d'équation du troisième degré, se proposât de résoudre

266 « *Grande confusión de colibres, ó reglas se vee entre Artilleros, y tanta variedad se halla que apenas he visto en todo el tiempo que ha que trato en este exercicio, un colibre, que en señalar el peso de las balas fuesse conforme con el otro. Y lo que reyr es que hasta hoy he hallado un Artillero que no diga que su colibre es el más justo y cierto de el mundo, y por ventura en él no se halla otra razón ni otra medida, sino la que un mecánico maestro, por ganar quatro reales, puso de su cabeça* », Collado, luis, *Plática manual de artillería*, *op. cit.*, fol. 69r.

par le calcul ce problème de la relation cubique entre le diamètre d'une sphère et son poids[267]. Toutefois, sans doute conscient des difficultés que ce genre de calculs pouvait poser à certains de ses lecteurs, il fit également représenter dans son livre des segments symbolisant, à l'échelle, les diamètres de boulets en fer de divers poids. Ceux qui ne maîtrisaient pas bien le calcul arithmétique pouvaient ainsi directement vérifier la justesse de leur réglette de calibre en comparant, à l'aide d'un compas, les diamètres de Tartaglia et ceux de leur instrument.

Une autre méthode de résolution de ce problème du rapport cubique entre poids et diamètre revenait dans plusieurs traités. On ne la retrouve curieusement que dans des manuscrits, ceux de Diego de Prado[268], de Julián Ferrofino[269] et de Cristóbal de Rojas[270] ce qui témoigne de l'importante circulation de ce type de savoirs en dehors des circuits des livres imprimés. Cette méthode permettait, à partir du diamètre d'un boulet dont on connaissait le poids, de déterminer le diamètre de n'importe quel autre boulet. Si, par exemple, un artilleur était en possession d'un boulet d'une livre et cherchait à connaître le diamètre d'un boulet de deux livres, alors il pouvait tracer un rectangle dont l'un des côté (AB) équivalait au diamètre d'une livre et l'autre (BC) au double de ce diamètre, puisqu'il s'agissait de doubler le poids. En traçant les côtés du rectangle et ses diagonales, il obtenait le quatrième sommet, D, et le centre du rectangle, J. Il fallait alors tracer la droite passant par D et coupant les axes verticaux et horizontaux en des points équidistants du centre J. La distance entre le point d'intersection horizontal de cette droite, appelé N sur le schéma, et le côté du rectangle ABCD était le diamètre d'un boulet de deux livres. Par souci de clarté, l'exemple choisi ici est le plus simple, généralement donné en introduction à la méthode : il s'agissait de passer du simple au double. Les manuscrits d'artillerie cherchèrent néanmoins à rendre leur méthode la plus opérationnelle possible. Il était par conséquent envisageable, en faisant varier l'échelle entre le petit côté et le grand côté du rectangle, de trouver le diamètre d'un boulet de cinq livres à partir d'un boulet de deux livres, ou encore celui de neuf livres à partir d'un de seize livres.

267 Tartaglia, Niccolò, *Quesiti*, *op. cit.*, fol. 37r et suiv.

268 Prado, Diego de, « La obra manual y pláctica de artillería », *op. cit.*, fol. 99-104.

269 Ferrofino, Julián, « Descrizión y tratado muy breve lo mas probechoso de Artillería », *op. cit.*, fol. 129-131.

270 Rojas, Cristóbal de, « Sumario de la milicia antigua y moderna », *op. cit.*, fol. 93-95.

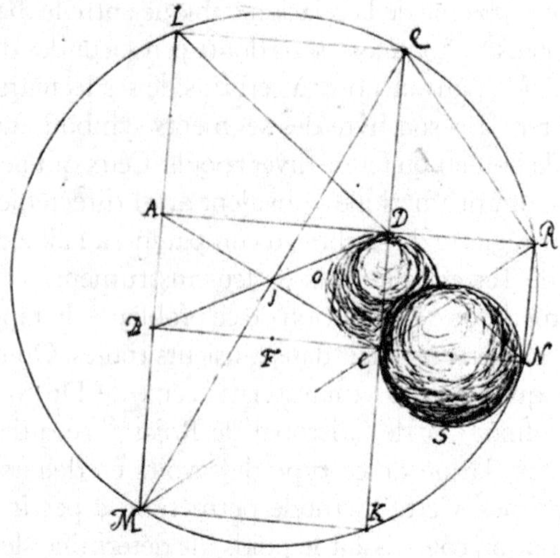

FIG. 56 – Méthode géométrique de duplication du cube par Ferrofino, « Descrizión y tratado muy breve », Madrid, 1599. Image et document appartenant aux collections de la Bibliothèque Nationale d'Espagne.

Ce type de constructions géométriques n'était nullement une nouveauté. Il s'agissait de l'une des manières de résoudre le vieux problème de la duplication du cube posé depuis l'Antiquité grecque. On trouvait exactement la même construction géométrique chez Héron d'Alexandrie (Ier siècle), dans son *Introduction à la mécanique* et dans ses *Constructions de machines de projection*, repris par Eutocius au Ve siècle[271]. Cette méthode était également présente dans la *Géométrie* d'Albrecht Dürer imprimée à Nuremberg en 1525[272]. Dans cette œuvre, l'auteur, avant tout célèbre pour ses peintures et gravures, rassemblait une multitude de questions de géométrie pratique accumulées au fil de ses pérégrinations. On pourrait penser que l'innovation des auteurs de traités d'artillerie fut d'appliquer cette solution à la problématique du poids des boulets de canon, mais ce n'est pas le cas. En effet, lorsque Dürer évoquait cette technique graphique de duplication du cube en

271 Eutocius, *Commentaires de la Sphère et du Cylindre d'Archimède*, traduit par Charles Mugler, Paris, Les Belles Lettres, 1972, p. 47.

272 Dürer, Albrecht, *Géométrie (« Underweysung der Messung »)*, traduit de l'allemand par Jeanne Peiffer, Paris, Éditions du Seuil, 1995.

1525, il faisait déjà explicitement le lien avec une application aux boulets de canons[273]. Cette méthode était donc semble-t-il déjà employée par les artilleurs et fondeurs de Haute Allemagne dès les premières années du XVIe siècle. Ce dernier cas révèle toute la complexité de construction de cette science de l'artillerie. Elle s'édifia non seulement à partir de diverses traditions savantes remontant parfois jusqu'à l'Antiquité, mais elle s'établit également par des allers-retours entre ce monde de l'écrit et le milieu des praticiens de l'artillerie.

Le recours à l'écrit favorisa sans aucun doute le phénomène de circulation transnationale de ce type de savoirs techniques. Ce phénomène a déjà été clairement mis en évidence dans le cas des échanges entre les péninsules italienne et ibérique. Ces échanges n'étonnent pas réellement compte tenu de la proximité politique et linguistique entre ces deux territoires. L'hybridation avec des savoirs publiés en allemand à Nuremberg pourrait par contre soulever plus d'interrogations. Il faut toutefois rappeler l'importante circulation des artilleurs et fondeurs allemands au sein des États de la Monarchie hispanique[274]. Bien souvent les groupes d'artilleurs se caractérisaient par une grande mixité culturelle et linguistique favorisant ces échanges transnationaux. Ainsi, une autre technique de duplication du cube de la *Géométrie* de Dürer[275] se retrouve chez Gabriel Busca[276] reprise par Cristóbal Lechuga[277]. Il s'agissait, à partir de la connaissance de deux diamètres de boulets différents, de construire une succession de diamètres dont le poids était un multiple de ces deux premiers boulets. Même si cette technique était moins systématique que la précédente puisqu'elle ne permettait que de calculer des multiples, elle était un signe supplémentaire des nombreux échanges de procédés mathématiques au sein des différents milieux d'artilleurs.

---

273 *Ibid.*, p. 334.

274 Voir p. 255-276.

275 Dürer, Albrecht, *Géométrie*, *op. cit.*, p. 330.

276 Busca, Gabriel, *Instruttione de' bombardieri*, *op. cit.*, p. 24.

277 Lechuga, Cristóbal, *Discurso del Capitán Cristoval Lechuga en que trata de la artillería*, *op. cit.*, p. 152.

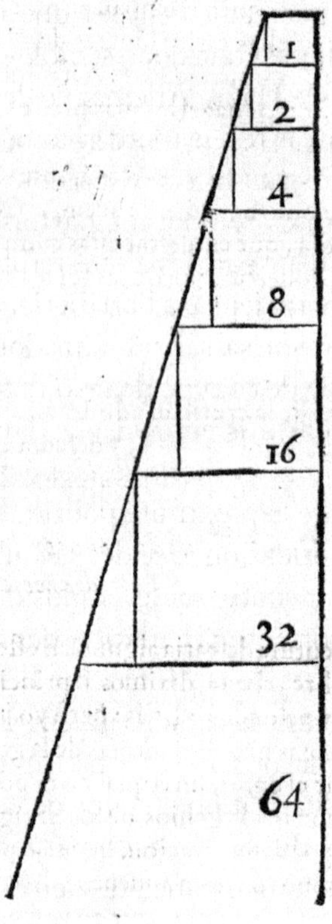

FIG. 57 – Méthode géométrique de duplication du cube par Lechuga, *Discurso…*, Milan, 1611. Document appartenant aux collections de la bibliothèque de l'Académie d'artillerie de Ségovie.

CONCLUSION

À l'issue de ces développements, il apparaît clairement que, dans le courant du XVIe siècle, il se constitua un espace commun de discussion sur les règles permettant de maîtriser l'artillerie. Au sein de cette littérature, les mêmes problèmes récurrents étaient traités tandis que les solutions apportées par les différents auteurs révélaient des reprises, des traductions, des approfondissements ou des critiques, signes du dynamisme de circulation de ces savoirs sur l'artillerie. Certaines autorités émergèrent au milieu de ces échanges, différentes logiques de légitimation s'esquissèrent, avec toutefois un but commun de formalisation et de systématisation des règles, des techniques et des instruments permettant d'user des pièces d'artillerie et de la poudre noire. En ce sens, tout un champ de savoirs sur l'artillerie était alors en construction, empruntant librement à divers univers et diverses traditions savantes tels que la philosophie naturelle d'Aristote, les mathématiques d'Euclide et de ses commentateurs, la tradition de la géométrie pratique et de l'abaque, ou encore l'expérience empirique.

Encore aujourd'hui le premier grand ouvrage sur l'artillerie, la « Nouvelle Science » de Tartaglia, est suspecté de manquer de lien avec le monde des artilleurs. Le statut de l'auteur, qui était mathématicien et se vantait de n'avoir jamais tiré au canon, mais aussi le contenu de l'œuvre mélangeant mathématiques appliquées et philosophie naturelle, paraissent en effet bien loin du champ de bataille. Pourtant, Tartaglia connut incontestablement une grande diffusion parmi les experts hispanophones de l'artillerie qui tentèrent bien souvent de construire leur autorité et leur légitimité au détriment des siennes. Ainsi, bien qu'ayant émergé hors des milieux militaires, cette nouvelle science de l'artillerie fut en quelque sorte absorbée par des ingénieurs militaires, des capitaines d'artillerie et des maîtres artilleurs intéressés par le projet épistémologique de Tartaglia. Or, ces individus étaient pour la plupart directement impliqués dans les pratiques d'enseignement et d'examen des artilleurs alors en émergence au sein des États de la Monarchie hispanique et avaient bien souvent une longue expérience du champ de bataille. Il semble par conséquent indispensable de soulever pour finir la question du lien entre la construction de cette science de l'artillerie et l'institutionnalisation des systèmes de formation des artilleurs qui eut lieu précisément à la même période.

TRAITÉS D'ARTILLERIE ET ÉCOLES D'ARTILLEURS

> *El principal intento de la escuela no ha de ser el tirar y gastar pólvora, que esso como cosa que poco le cuesta, cada uno lo haze de buena gana. Pero está la importancia toda en que al gusto y golosina del tirar se aprenda la theórica que es saber tratar, hazer y manejar las cosas del artillería y instrumentos anexos a ella, las cuales son infinitas, como en mi libro se hallan especificadas*[1].
>
> Luis COLLADO, ingénieur du roi en Lombardie et auteur du *Plática Manual de artillería* (1592).

INTRODUCTION

C'est ainsi que Luis Collado, auteur de l'un des plus célèbres traités d'artillerie de l'époque, expliquait le but principal d'une école d'artilleurs. Ses mots distinguaient parfaitement les deux composantes de l'enseignement dispensé dans ces institutions à la fin du XVIe siècle : les exercices pratiques de tir d'une part, l'apprentissage de la « théorie » d'autre part. Selon Collado, le bon maître était celui qui parvenait à user du « goût sucré » des exercices de tir pour masquer « l'amertume de l'étude[2] ». Non seulement Collado

---

1 Collado, Luis *Plática manual de artillería*, *op. cit.*, fol. 104r. « Le principal objectif de l'école ne doit pas être de tirer et de gâcher de la poudre, car comme cela plaît à tout le monde, chacun le fait de bon gré. Mais toute l'importance réside dans le fait qu'à travers le désir et l'envie de tirer, on apprenne la théorie qui consiste à savoir traiter, faire et manier les choses de l'artillerie et les instruments qui lui sont annexes, lesquelles sont infinies, comme elles sont spécifiées dans mon livre. »

2 « *Verdad es que el artillero discipulo, conviene cebarle del un gusto y del otro, y a vueltas del dulce del tirar, darle del amargo de el estudio, y assi se hara en la Escuela grandissimo provecho* », *ibid.*

marquait-il la préséance de la théorie sur la pratique, mais il prétendait que son livre couvrait le champ théorique de la formation des artilleurs, dressant par là une relation directe entre l'imprimé, les connaissances de mathématiques appliquées qu'il exposait et les programmes d'enseignement des écoles d'artilleurs.

S'agissait-il d'une prétention exagérée visant à promouvoir l'utilité de ses écrits ? Rien n'est moins certain. Comme la seconde partie de ce livre l'a mis en évidence, l'enseignement de l'artillerie dans les écoles incluait très souvent une dimension théorique qui, dans le cas de Séville notamment, fut séparée spatialement des exercices de tir et fit même temporairement intervenir un enseignant distinct, le mathématicien Julián Ferrofino. De plus, la pratique extrêmement répandue de l'examen d'artilleur donnait bien, dans les faits, la préséance à la théorie puisque lors de cette épreuve, les aspirants artilleurs étaient jugés non pas sur leur habileté au tir mais sur leur capacité à répondre oralement à des questions posées par d'autres individus de la profession. Les systèmes d'enseignement et d'examen qui étaient alors en cours de construction et d'institutionnalisation s'appuyaient sur des savoirs qu'il devenait urgent de formaliser. Tous ces éléments indiquent qu'il est légitime de questionner plus en profondeur la prétention de Luis Collado à rédiger un traité pour la formation des artilleurs dans les écoles.

S'interroger sur le lien entre les traités d'artillerie et les écoles d'artilleurs, c'est poser la question des savoirs possédés par des individus de milieux sociaux relativement modestes. Les savoirs présentés dans les traités d'artillerie de l'époque reposaient principalement sur l'application de la géométrie et de l'arithmétique au maniement du canon. Ils mettaient en jeu des instruments de mesure, des tables de calcul et des théories issues de la philosophie naturelle aristotélicienne. L'introduction du chapitre précédent a insisté sur le fait que l'historiographie des sciences a généralement associé ces savoirs à une culture érudite, savante, humaniste voire courtisane et aristocratique. Toutefois, le troisième chapitre a montré que la plupart des artilleurs au service de la Monarchie hispanique étaient des artisans, des soldats ou des marins, c'est-à-dire des hommes occupant une position plutôt humble dans la société de la Renaissance. Dans quelle mesure ces hommes étaient-ils préparés intellectuellement à assimiler les savoirs décrits dans les traités ? Étaient-ils tous capables de lire ces textes ? Existaient-ils d'autres modes d'appropriation de ces savoirs formalisés ? L'analyse suivante poursuit en quelque sorte le projet de Roger Chartier d'une étude des lecteurs « populaires » en se concentrant sur un groupe professionnel précis, les artilleurs[3]. D'une certaine manière, l'enquête que ce chapitre s'apprête à livrer pose une question similaire à celle de Carlo Ginzburg quant à la participation des milieux sociaux les plus modestes à la propagation de grands courants d'idées de la Renaissance[4]. De même que les procès détaillés de Menocchio par l'Inquisition ont permis à Ginzburg d'observer les mécanismes de propagation des idées réformées dans les campagnes, l'institutionnalisation des pratiques d'enseignement et d'examen des artilleurs, grâce à l'abondante documentation qu'elle généra, permet de questionner la diffusion d'une culture mathématique renaissante parmi les marins, soldats, maçons et charpentiers désireux de devenir artilleurs[5].

Poser la question du lien entre apprentissage technique, livres imprimés et culture mathématique, c'est aussi contribuer à abattre cette cloison artificielle que l'historiographie des sciences a bâtie entre monde savant et monde artisan. Depuis quelques années, les historiens des sciences multiplient les injonctions à réévaluer positivement l'influence des artisans dans les transformations des pratiques scientifiques de l'époque moderne[6]. Néanmoins, en dépit de ce programme, un certain scepticisme persiste, même chez ces historiens, quant à l'existence d'une culture textuelle et mathématique au sein des milieux artisans. Or, ce doute est alimenté en partie par la délicate question du lectorat

3 Il s'agit d'un *leitmotiv* du projet intellectuel de Chartier depuis plusieurs décennies. Voir Chartier, Roger, « Lectures et lecteurs "populaires" de la Renaissance à l'âge classique » dans *Histoire de la lecture dans le monde occidental*, Guglielmo Cavallo et Roger Chartier (éd.), Paris, Éditions du Seuil, 1997, p. 315-330. Chartier, Roger, *Culture écrite et société : l'ordre des livres (XIVe-XVIIIe siècles)*, Paris, Albin Michel, 1996. Chartier, Roger, *Lectures et lecteurs dans la France d'Ancien Régime*, Paris, Éditions du Seuil, 1987.

4 Ginzburg, Carlo, *Il formaggio e i vermi : il cosmo di un mugnaio del '500*, Turin, G. Einaudi, 1976.

5 La nécessité d'étudier les pratiques de lecture des livres scientifiques a été particulièrement soulignée par Johns, Adrian, *The Nature of the Book : Print and Knowledge in the Making*, Chicago, University of Chicago Press, 1998.

6 Smith, Pamela H., *The Body of the Artisan*, *op. cit.* Roberts, Lissa, Schaffer, Simon, Dear Peter (éd.), *The Mindful Hand*, *op. cit.* Harkness, Deborah E., *The Jewel House*, *op. cit.* Long, Pamela O., *Artisan/Practitioners and the Rise of the New Sciences*, *op. cit.*

des traités techniques. Ainsi, l'implication des artisans dans l'étude de la nature est un engagement souvent plus corporel que textuel chez Pamela Smith[7]. Pour Pamela Long, les techniciens et artisans de la Renaissance furent souvent impliqués dans la production des imprimés, mais les destinataires de ces textes sont clairement assimilés à l'élite socioculturelle de l'époque[8]. De même, dans sa classification des différents régimes de pensées opératoires du fait technique, Anne-Françoise Garçon associe étroitement au travail artisanal le « régime de la pratique », informel et oral, opposé au « régime de la technique », écrit et formalisé, apanage de l'ingénieur[9]. Pour sa part, Hélène Vérin considère que le processus de « réduction en art » fut réalisé par une élite liée à l'exercice du pouvoir, en confrontation avec le monde des métiers[10]. Les mêmes doutes s'appliquent précisément au lectorat des traités d'artillerie souvent dépeint comme un univers social fait d'aristocrates et de hauts officiers militaires[11]. L'usage des instruments décrits par ces traités est lui-même coupé de toute vocation applicative avant d'être réduit à un rôle rhétorique, celui d'élever le statut social de l'officier militaire et du gentilhomme en le rapprochant du mathématicien[12].

Ce scepticisme est par ailleurs construit sur la conviction que l'apprentissage technique était avant tout oral et gestuel. Selon Epstein, les savoirs techniques étaient, à l'époque moderne, systématiquement transférés « en chair et en os », d'une personne à une autre, « de la tête et des mains du maître » vers celles de l'apprenti[13]. L'épreuve pour devenir

---

7 Smith, Pamela H., *The Body of the Artisan*, *op. cit.*

8 Long, Pamela O, *Artisan/Practitioners and the Rise of the New Sciences*, *op. cit.* p. 103 et 112.

9 Garçon, Anne-Françoise, *L'imaginaire et la pensée technique. Une approche historique, XVIe-XXe siècle*, Paris, Classiques Garnier, 2012, p. 25-26.

10 Vérin, Hélène, « Rédiger et réduire en art : un projet de rationalisation des pratiques », dans *Réduire en art : la technologie de la Renaissance aux Lumières*, Pascal Dubourg Glatigny et Hélène Vérin, (éd.) Paris, éditions de la maison des Sciences de l'homme, 2008, p. 17-58.

11 Henninger-Voss, Mary, « Comets and Cannonballs : Reading Technology in a Sixteenth Century Library », dans Lissa Roberts, Simon Schaffer, Peter Dear (éd.), *The Mindful Hand*, *op. cit.*, p. 11-34. González de León, Fernando, « "Doctors of the Military Discipline" », *op. cit.*

12 Bennett, Jim, « Practical Geometry and Operative Knowledge », *Configurations : a journal of literature, science and technology*, vol. 6, 1998, p. 195-222. Walton, Steven A., « Mathematical Instruments and the Creation of the Scientific Military Gentleman », *op. cit.*

13 Epstein, Stephan R., « Transferring Technical Knowledge and Innovation in Europe, c. 1200-c. 1800 », dans *Technology, Skills and the Pre-Modern Economy in the East and the West*, Marteen Prak, Jan L. Van Zanden (éd.),Leiden ; Boston, Brill, 2013, p. 25-67.

maître, la réalisation d'un chef-d'œuvre, renforçait cette prépondérance du savoir informel puisqu'elle était de nature strictement manuelle[14]. Les pratiques au sein de ce système d'apprentissage rendaient donc l'auteur de traités techniques totalement superflu[15]. Pourtant, certains historiens des techniques remarquent des sortes d'anomalies : ainsi, s'appuyant sur les recherches de Lon Shelby[16], Marteen Prak souligne les connaissances en géométrie des maçons du Moyen Âge, mais il les fait néanmoins entrer dans la catégorie du « pratique » par opposition à un « théorique » indéfini qui évite de bousculer l'ordre historiographique préétabli – artisan/pratique contre géomètre/théorique[17].

Ce dernier chapitre se veut être une invitation à reconsidérer le rôle des traités en lien avec le développement de certaines composantes théoriques des systèmes d'apprentissage techniques de l'époque moderne. L'étude détaillée de la formation des artilleurs, et en particulier de l'école de Séville, a permis de mettre en évidence ces composantes théoriques dans le cas de l'artillerie. Or, la pratique de l'examen sous forme de questions, épreuve non manuelle et forçant à produire un discours sur une activité, existait au sein d'autres professions de la Renaissance, ce qui signifie que les questionnements au cœur du développement suivant mériteraient d'être étendus à d'autres activités professionnelles et d'autres espaces de l'époque moderne[18]. Ce chapitre entend principalement démontrer la pertinence de l'étude du triptyque livre-enseignement-artilleur à la fin du XVIe siècle. Cette relation sera abordée sous de multiples angles d'analyse. D'abord, l'étude du projet de publication d'un traité par un maître artilleur de Sicile montrera que les contemporains considéraient les écoles comme un marché potentiel de l'imprimé tout à fait stratégique pour la Monarchie. Consciente de cette réalité, la littérature technique, souvent rédigée par des agents du roi déjà impliqués dans l'enseignement, revendiqua son insertion dans les systèmes émergents de formation des artilleurs. Dans un second temps, il s'agira d'analyser

14 De Munck, Bert, *Technologies of Learning*, *op. cit.*, p. 79.

15 Epstein, Stephan R., « Transferring Technical Knowledge and Innovation in Europe, c. 1200-c. 1800 », *op. cit.*

16 Shelby, Lon R., « The Geometrical Knowledge of Mediaeval Master Masons », *Speculum*, vol. 47, n° 3, 1972, p. 395-421.

17 Prak, Marteen, « Mega-structures of the Middle-Ages : the Construction of Religious Buildings in Europe and Asia, c. 1000-1500 » dans *Technology, Skills and the Pre-Modern Economy in the East and the West*, Marteen Prak et Jan L. Van Zanden (éd.), Leiden ; Boston, Brill, 2013, p. 131-159.

18 Sur la pratique de l'examen à la Renaissance, voir p. 394-402.

le contenu de certains programmes d'enseignement des écoles et de les comparer aux traités publiés à l'époque afin de mettre en évidence leurs nombreuses similitudes. Enfin, la dernière partie de ce chapitre portera sur l'étude des livres comme objets matériels, analysant les annotations manuscrites de dizaines d'exemplaires de traités à la recherche d'indices de lecture laissés par des artilleurs.

LES ÉCOLES D'ARTILLEURS, UN MARCHÉ POUR L'IMPRIMÉ

En 1589, Alonso de Salamanca, maître artilleur à l'école de Trapani en Sicile, soumit aux membres du conseil de guerre un projet de publication d'un livre imprimé à destination des écoles d'artilleurs de tout l'empire. L'approfondissement de ce cas d'étude démontrera que les écoles d'artilleurs étaient considérées par le commandement militaire espagnol comme un marché stratégique pour les livres imprimés. Ce cas permet également de saisir quelques-uns des mécanismes conduisant à la publication d'un traité d'artillerie. Par ailleurs, un passage en revue des rhétoriques utilisées par les auteurs de l'époque montrera les nombreuses revendications des traités à former les artilleurs et à servir de socles et d'exemples à la pratique de l'examen. L'abondante production de traités d'artillerie s'inséra en ce sens dans la dynamique d'institutionnalisation de l'enseignement de l'artillerie, tâchant de construire la norme de ce système socioprofessionnel et s'attribuant de la sorte un double public, celui des artilleurs et celui de leurs commandants.

LA PRODUCTION D'UN TRAITÉ D'ARTILLERIE : LE CAS D'ALONSO DE SALAMANCA

L'étude du cas d'Alonso de Salamanca est sans aucun doute le meilleur moyen de mettre en évidence le marché que représentaient les écoles d'artilleurs pour les traités d'artillerie imprimés et, réciproquement, le besoin qu'avaient ces écoles d'un effort de formalisation des savoirs. La proposition que ce maître artilleur fit devant le conseil de guerre, en 1589, de faire imprimer un traité d'artillerie, lança une série de discussions permettant à l'historien de cerner bon nombre d'enjeux politiques, militaires et sociaux autour de la publication des traités d'artillerie. Cependant, une brève présentation du personnage est nécessaire avant d'entrer plus en détail dans le contenu de ces discussions.

La vie tumultueuse de cet individu est révélatrice du type d'expériences que pouvaient alors avoir vécues certains auteurs vétérans. Né en Castille vers 1523, Alonso de Salamanca entra au service de la Monarchie hispanique en tant qu'artilleur à l'âge d'environ 25 ans[19]. Au début des années 1570, il était installé avec sa famille dans la forteresse de la Goulette, près de Tunis, où il cumulait les postes d'artilleurs de la garnison et de majordome de l'hôpital, pour un salaire de 18 ducats par mois, chiffre très élevé pour la profession et qui manifestait le statut exceptionnel de cet artilleur[20]. En juillet 1574, cette place forte fut assiégée par une gigantesque armée ottomane. Pour rappel, c'est précisément ce moment de crise qui poussa le duc de Terranova à créer la première école d'artilleurs en Sicile[21]. En tant qu'artilleur de La Goulette, Alonso de Salamanca participa activement à la défense du site pendant plus de 40 jours. Il fut l'un des rares survivants de l'hécatombe des artilleurs décrite dans les rapports envoyés à Terranova. Lorsque La Goulette fut prise le 25 août 1574, Salamanca fut capturé et emmené avec deux de ses filles à Constantinople[22].

Ses mésaventures sont en partie connues grâce à un manuscrit qu'il rédigea lors de sa captivité[23]. Il s'agit d'un récit dans lequel Alonso de Salamanca raconte les grands faits dont il fut témoin, depuis le siège de la Goulette jusqu'à la mort du sultan Sélim II, survenue peu de temps après son arrivée à Constantinople. Rédigé en vers dans un castillan littéraire très correct, ce document démontre que certains artilleurs

19 En 1590, il affirmait être âgé de 66 ans et avoir servi 40 ans, AGS GYM leg. 313/122 (18/02/1590). L'origine castillane de ce personnage est confirmé par le conseil de guerre, AGS GYM leg. 276/231 (18/06/1589).

20 AGS EST leg. 1156/289 (année 1589). Le salaire de Salamanca est mentionné dans une note du secrétaire du conseil de guerre Andrés de Prada, AGS GYM leg. 313/121 (07/01/1590).

21 Pour une description de ce siège, voir p. 376.

22 AGS GYM leg. 262/51 (10/02/1589) et leg. 313/122 (18/02/1590).

23 Salamanca, Alonso de, Manuscrit II/1330, Palacio Real de Madrid. Voir les analyses de : Gonzàlez Castrillo, Ricardo, « La perdida de la Goleta y Túnez en 1574 », *op. cit.* ; Martínez, Miguel, *Front Lines. Soldiers' Writing in the Early Modern Hispanic World*, Philadelphia, University of Pennsylvania Press, 2016, p. 101-123. Je remercie Cecilia Tarruell pour cette seconde référence.

possédaient de toute évidence une grande affinité avec la culture de l'écrit et la littérature. Par ailleurs, le ton désespéré de l'auteur laisse entendre qu'il écrivit ce poème épique lors de sa captivité, peut-être même clandestinement puisqu'il choisit de cacher son nom, le codant dans les initiales d'une certaine strophe. Le dernier chant, qui révélait le secret de l'identité de l'auteur, rompait avec le reste de l'œuvre puisque, rédigé plus tard, il racontait son évasion tout à fait romanesque. Après son séjour à Constantinople, Salamanca était finalement devenu esclave rameur dans l'escadron des galères d'Alexandrie. À l'automne 1576, tandis que les galères hivernaient au port d'Alexandrie, Salamanca et quelques autres esclaves chrétiens résolurent de mettre au point un plan d'évasion. Après quelques préparatifs réalisés avec l'aide de complices extérieurs, ils convainquirent près de 300 esclaves de les suivre dans leur entreprise. Par une nuit de décembre 1576, ils se dirigèrent vers le port, se frayèrent un chemin à travers les gardes turcs au prix des vies de quelques dizaines des leurs, puis ils parvinrent à s'embarquer dans la galère amirale de la flotte, s'enfuyant rapidement d'Alexandrie. Au début du mois de janvier 1577, ils abordèrent le port de Gallipoli, au sud de l'Italie. L'exploit fut alors salué dans le royaume de Naples et la galère dérobée aux Ottomans fut intégrée à l'escadron napolitain[24]. Sans doute à la suite de ce retour triomphal et en récompense de ses services au siège de la Goulette, Alonso de Salamanca obtint quelques temps plus tard la direction de l'école d'artilleurs nouvellement créé à Trapani, avec une capacité de 70 individus[25].

À la fin de l'année 1588, à l'âge de 65 ans, Alonso de Salamanca entreprit un long voyage depuis la Sicile pour se rendre auprès des têtes de l'administration militaire à Madrid. Deux affaires importantes motivèrent son déplacement. D'abord, comme il avait contracté des dettes pour payer la rançon de ses deux filles captives à Constantinople, il souhaitait récupérer l'arriéré de ses paies (atteignant la rondelette somme de 980 *escudos*) de l'époque où il servait à la Goulette[26]. En outre, à l'occasion de cette requête qu'il soumit au conseil de guerre en

24 AGS EST leg. 1075/51 (28/02/1577).

25 AGS GYM leg. 262/51 (10/02/1589). et leg. 313/121 (18/02/1590). Il obtint cette position sous la vice-royauté de Marco Antonio Colonna, donc entre 1577 et son décès en 1584, d'après une note du secrétaire du conseil de guerre Andrés de Prada : AGS GYM leg. 313/121 (07/01/1590).

26 AGS GYM leg. 262/51 (10/02/1589) et AGS EST leg. 1156/289 (année 1589).

février 1589, il présenta un manuscrit qu'il avait composé, à partir de ses quarante années d'expérience de l'artillerie, afin de former – le verbe employé est *abilitar*, caractéristique de l'enseignement – les artilleurs[27]. Le moment était parfaitement choisi. En effet, au lendemain du désastre de l'Invincible Armada, les préoccupations du haut commandement militaire quant à la formation des artilleurs étaient à leur apogée[28]. La démarche de Salamanca coïncida précisément avec l'époque où l'expression *escuela de artilleros* devint soudain d'un usage courant dans les documents du conseil de guerre.

Or, les sources identifiaient clairement les écoles d'artilleurs comme le marché principal d'une version imprimée de ce manuscrit. Ce débouché avait sans doute été initialement suggéré aux membres du conseil de guerre par Alonso de Salamanca lui-même, dans la mesure où son activité principale d'enseignant à l'école d'artilleurs de Trapani le plaçait dans une position idéale pour savoir ce que nécessitaient les apprentis[29]. Le maître artilleur expliquait ainsi qu'il avait composé cet ouvrage pour que quiconque pût apprendre l'office d'artilleur aussi bien qu'il le connaissait lui-même[30]. C'est exactement cette idée qui séduisit le conseil de guerre dès la première présentation du manuscrit : « en ce qui concerne le livre, [...] le conseil comprend qu'il sera utile pour les écoles d'artilleurs qu'il y a dans nos royaumes[31] ». Les diverses notes de plusieurs consultes du conseil de guerre répètent que ce livre devait constituer une aide précieuse à la formation des artilleurs : « une fois ce livre imprimé, on pourra bien mieux enseigner aux artilleurs à se servir de l'artillerie[32] » ; « avec seulement son livre, il sera possible dorénavant d'enseigner aux artilleurs espagnols[33] ».

En outre, l'un des principaux intérêts de ce manuel résidait dans sa langue d'écriture, le castillan, grande rareté à une époque (1589) où la quasi-totalité des traités d'artillerie avaient été publiés en italien.

27 « *Un libro quel ha compuesto para havilitar artilleros* », AGS GYM leg. 262/51 (10/02/1589).
28 Voir p. 403-408.
29 AGS GYM leg. 306/123 (29/04/1590).
30 AGS GYM leg. 306/123 (29/04/1590).
31 « *En quanto al libro, [...] se entiende será de provecho para las escuelas que en estos Reynos ay de artilleros* », AGS GYM leg. 262/51 (10/02/1589).
32 « *Despues de hecho y estampado el libro [...] se podran enseñar artilleros y serbir la artilleria muy mejor* », AGS GYM leg. 268/155 (14/03/1589).
33 « *Con solo su libro se podra de aqui adelante enseñar artilleros españoles* », AGS GYM leg. 313/122 (18/02/1590).

Les membres du conseil de guerre étaient parfaitement conscients du caractère exceptionnel du projet pour l'époque :

> Le livre écrit et composé en langue espagnole par un maître espagnol [est] ce qui importe le plus car il n'y a aucun livre qui traite en espagnol de ne serait-ce qu'un cinquième de ce que traite celui-ci[34].

Pour cette raison, les têtes de l'administration militaire reconnaissaient l'utilité potentielle de faire imprimer ce livre pour le diffuser auprès des artilleurs hispanophones dans les nombreux territoires de l'empire. Ainsi, au sujet du livre de Salamanca, une note probablement écrite par le secrétaire du conseil de guerre, Andrés de Prada, à l'adresse du roi expliquait que :

> Si l'on y regarde bien, après l'avoir imprimé, il semble que, pour Vos Royaumes d'Espagne et des Indes, ainsi que tous les territoires où l'on comprend bien la langue espagnole dans laquelle il est écrit, ce livre sera de toute l'importance nécessaire pour que l'artillerie de Votre Majesté soit bien servie[35].

On estimait que le marché était d'une taille tout à fait respectable. Les premiers documents évoquent un projet de tirage à 600 exemplaires[36], tandis que l'année suivante, promesse avait été donnée de produire 1 200 exemplaires[37]. D'après les spécialistes de l'histoire du livre, ces chiffres correspondaient à des tirages courants au XVIe siècle, le second étant déjà un signe d'une diffusion relativement large, ce qui ne manque pas de surprendre compte tenu de la thématique très spécialisée de l'ouvrage[38].

---

34 « *El libro escripto y compuesto en lengua española y por maestro español, [es] lo que más importa a caussa de no aver, como no ay, libro alguno que ni con la quinta parte de la que declara trate de lo mismo* », AGS GYM leg. 276/231 (18/06/1589). La seule exception notable était celle du traité de García de Palacio, publié à Mexico en 1583, mais dont la diffusion avait été limitée puisqu'il était manifestement méconnu du conseil de guerre : García de Palacio, Diego, *Dialogos Militares*, *op. cit.*

35 « *Si bien se mira en ello después de estampado parescera que para estos Vuestros Reynos de España y las Indias y demás partes que se entienda bien la lengua española en que va escrito, será de toda la importancia necesaria para ser bien servida la artillería de Vuestra Majestad* », AGS GYM leg. 276/231 (18/06/1589).

36 AGS GYM leg. 268/155 (14/03/1589).

37 AGS GYM leg. 306/123 (29/04/1590).

38 Veyrin-Forrer, Jeanne, « Fabriquer un livre au XVIe siècle » dans *Histoire de l'édition française, volume 1 : le livre conquérant*, Henri-Jean Martin, Roger Chartier (éd.), Promodis, Paris, 1982, p. 278-301.

Le projet traina néanmoins en longueur pendant près de dix-huit mois. Au début du projet, en février 1589, le capitaine général de l'artillerie, don Juan de Acuña Vela, donna son opinion sur le livre :

> à propos de donner la licence pour imprimer le livre, le capitaine en a lu une partie et il lui semble si long que, pour certains aspects, cela le rend peu intelligible et il est d'avis qu'on ne donne pas [à Alonso de Salamanca] la licence pour l'imprimer avant qu'il ne le corrige et modifie et qu'on le lise de nouveau[39].

Par conséquent, le maître artilleur fut obligé d'améliorer son manuscrit, jugé trop long et manquant par moment de clarté. En juin de la même année, c'était chose faite : le nouveau manuscrit, « mis en perfection », reçut enfin alors l'approbation du capitaine général de l'artillerie[40]. Cependant, le processus de validation était loin d'être terminé. Malgré l'avis positif du général, la décision du conseil fut de soumettre l'ouvrage à l'opinion du docteur Julián Ferrofino[41]. Pour rappel des chapitres précédents, ce mathématicien italien enseigna l'artillerie dans plusieurs villes de la péninsule ibérique, mais, en juin 1589, il venait seulement de proposer ses services au conseil de guerre, avant d'être envoyé à Burgos[42]. Il jouissait néanmoins déjà d'une autorité scientifique suffisante pour servir de juge de la qualité du manuscrit de maître Salamanca. Toutefois, son avis ne suffit pas. On recourut finalement à l'autorité scientifique suprême de la cour de Philippe II : le mathématicien, architecte de l'Escurial et fondateur de l'académie de mathématiques de Madrid, Juan de Herrera[43]. Puis, suite à leurs avis positifs, le manuscrit dut passer devant le conseil d'État au début de l'année 1590 afin d'obtenir le privilège d'impression[44].

Ce long délai de près d'un an s'avéra fatal pour la publication du livre. Hormis lorsqu'il fut envoyé inspecter quelque temps l'artillerie de Castille[45], Alonso de Salamanca resta tout ce temps à Madrid, d'abord

---

39 « *En quanto a darle licencia para imprimir el libro que ha hecho, a visto parte del y parescele tan largo que en algunas cossas le haze menos intelegible y que hasta que le corrija y enmiende y se vea de nuevo, no se le deve dar licencia para imprimirlo* », AGS GYM leg. 262/51 (10/02/1589).

40 AGS GYM leg. 276/231 (18/06/1589).

41 Voir la note : « *Que lo vea Ferrofino* » dans *ibid.*

42 Voir p. 308-311 pour une biographie de ce personnage.

43 Sur Juan de Herrera et l'académie de mathématiques, voir Vicente Maroto, Maria Isabel, Esteban Piñeiro, Mariano, *Aspectos de la ciencia aplicada en la España del Siglo de Oro*, *op. cit.*

44 AGS GYM leg. 313/121 (07/01/1590).

45 AGS GYM leg. 306/123 (29/04/1590).

pour corriger son texte, puis pour préparer la future impression de l'ouvrage. Cependant, à force d'attente, en avril 1590, il écrivit avec amertume une lettre au roi dans laquelle il annonçait renoncer à son projet[46]. Pour payer l'impression, le conseil de guerre lui avait semble-t-il promis la somme de 150 ducats dont il n'avait en réalité touché qu'à peine un tiers. Entretemps, le prix du papier avait considérablement augmenté et les libraires lui demandaient d'avancer l'importante somme de 300 ducats, qu'il n'avait plus puisque son séjour madrilène de plus d'un an lui avait coûté très cher. Par conséquent, aucun imprimeur ne souhaitait plus passer de contrat avec lui. Cependant, la raison sous-jacente de ce retournement de situation, expliquant à la fois les lenteurs du conseil de guerre et le refus d'engagement des imprimeurs, est perceptible à travers ces quelques mots plein d'aigreur du maître artilleur :

> Je suis sur le point de le faire imprimer, comme convenu, comme discours pour enseigner aux artilleurs, car il n'a pas son semblable en langue castillane, et même si certains livres militaires traitent en partie de ce sujet, et plus particulièrement le *Perfeto Capitán* qui vient de paraître, il est certain qu'on n'y trouve pas de raisonnements issus de maître ayant servi l'artillerie[47].

Ce qui avait changé entre le début du projet, en février 1589, et cette lettre du mois d'avril 1590, c'était que, soudain, le manuel d'Alonso de Salamanca n'était plus le seul traité d'artillerie en castillan. En effet, au début de l'année 1590, fut publié à Madrid le *Perfeto Capitán*, ouvrage dédié à l'art militaire en général mais avec une insistance particulièrement importante sur l'artillerie[48]. Son auteur, Diego de Álava y Viamont, était un adversaire avec lequel Alonso de Salamanca pouvait difficilement rivaliser. Fils naturel, légitimé sur le tard, de don Francés de Álava, défunt capitaine général de l'artillerie, Diego de Álava descendait de l'une des plus importantes familles aristocratiques de Navarre[49]. À la cour, où il séjournait depuis la mort de don Francés en 1586, il bénéficiait

46 AGS GYM leg. 306/123 (29/04/1590).

47 « *Tengo para imprimirlo como discurso para lo dicho de enseñar artilleros no hay en lengua castellana su semejante ni tal parecerá porque si bien en los libros militares se trata algo desto y más en particular por uno del Perfecto Capitán que de presente a salido, es cossa cierta que no ay en ellos razón de maestro que aya servido de artillería* », *ibid.*

48 Alava y Viamont, Diego de, *El perfeto capitán*, *op. cit.* Voir p. 451-454.

49 Pour une biographie du père et du fils, voir Rodríguez Pedro, Rodríguez, Justina, *Don Francés de Álava y Beamonte*, *op. cit.*

encore du prestige de la figure paternelle, ex-ambassadeur de Philipe II en France et l'un des principaux chefs militaires de la Monarchie. Il pouvait compter sur le soutien personnel de certains membres du gouvernement, tels que le secrétaire du conseil d'État Gabriel de Zayas, grand ami de don Francés, et qui avait pris en charge l'éducation du jeune Diego pendant la longue absence de son père en France dans les années 1560[50]. Il n'est d'ailleurs pas à exclure qu'une partie des retards et tergiversations autour du projet d'Alonso de Salamanca fut orchestrée par des amis et complices de Diego de Álava.

Ce qui est certain, c'est qu'il fut sans aucun doute plus aisé à cet aristocrate de faire publier son ouvrage. Tandis qu'à l'automne 1589, le manuscrit de Salamanca était lentement examiné par l'architecte Juan de Herrera, Diego de Álava obtenait l'approbation de son livre et, un mois plus tard, le privilège royal d'impression[51]. Au début de l'année 1590, alors qu'Alonso de Salamanca attendait d'obtenir un prêt du conseil de guerre pour avancer les frais d'impression de son traité, Diego de Álava put lancer l'impression chez Pedro Madrigal grâce aux importants moyens financiers dont il disposait personnellement et par ses réseaux sociaux. Le tirage dut d'ailleurs être grand compte tenu du nombre d'exemplaires encore survivants à l'heure actuelle[52].

Par conséquent, le maître artilleur Alonso de Salamanca s'était fait devancer dans son projet de publier le premier grand traité d'artillerie en langue castillane. Il eut beau critiquer le manque d'expérience de l'auteur du *Perfeto Capitán* dans sa lettre au roi du mois d'avril 1590, il était trop tard. Après plus d'un an et demi de séjour en Castille, Alonso de Salamanca manquait d'argent et devait retourner former les artilleurs de Trapani. Avant de quitter la cour, il parvint à obtenir – moyennant le passage d'un « examen » devant le lieutenant du capitaine général de l'artillerie – une augmentation de trois ducats sur son salaire[53]. Il proposa également de confier son manuscrit à quelque serviteur du roi pour qu'on le fît imprimer plus tard[54]. Toutefois, le devenir de cet

50 *Ibid.*, p. 82.

51 Voir l'approbation par Luis de Barrientos (11/09/1589) et le privilège d'impression (10/10/1589) au début du livre de Alava y Viamont, Diego de, *El perfeto capitán*, *op. cit.*

52 Voir p. 454 et annexe III.

53 Pour un compte rendu de l'examen, voir AGS GYM leg. 313/121 (18/02/1590). Pour l'augmentation de salaire, voir AGS GYM leg. 309/103 (26/06/1590).

54 AGS GYM leg. 306/123 (29/04/1590).

ouvrage reste un mystère car aucun historien n'a, à ma connaissance, été capable de le retrouver dans quelque collection que ce soit.

Que contenait ce mystérieux manuscrit que le conseil de guerre souhaitait utiliser dans les écoles d'artilleurs ? Les sources s'y référaient souvent sous l'expression « livre du service de l'artillerie[55] ». Il s'agissait manifestement d'un ouvrage expliquant comment se servir de l'artillerie mais qui traitait aussi de la fabrication de la poudre et des artifices de feu[56], thématiques également abordées par les auteurs italiens qui précédèrent Alonso de Salamanca, tels que Tartaglia, Cataneo et Ruscelli. D'ailleurs, le vieil artilleur de Trapani ne niait pas recourir à l'autorité d'autres auteurs, dans un travail de compilation qu'il avait étalé sur une quinzaine d'années[57]. Par conséquent, cet ouvrage destiné aux écoles d'artilleurs semblait s'intégrer à ce champ de savoir en construction qu'était la nouvelle science de l'artillerie.

Toutefois les sources semblent indiquer une certaine divergence des positions d'Alonso de Salamanca par rapport aux méthodes de ce champ de savoir sur l'artillerie recourant abondamment aux mathématiques. Ainsi, lorsqu'il critiqua le *Perfeto Capitán*, le maître artilleur de Trapani écrivit :

> Ce qui y est déclaré a été tiré de papiers mal compris et d'un livre de langue toscane s'appuyant sur la géométrie, les mathématiques et les proportions, qui est une science mal comprise de la plupart des artilleurs[58].

Ce livre de langue toscane était sans doute la *Nova Scientia* de Tartaglia[59] car, en effet, une partie du *Perfeto Capitán* visait à critiquer le contenu de cet ouvrage, premier traité d'artillerie imprimé et grande autorité du champ[60]. Le traité de Tartaglia relevait sans nul doute d'un niveau d'abstraction supérieur à celui de ses successeurs Cataneo, Ruscelli et autres. C'est probablement cet aspect spéculatif de l'œuvre de Tartaglia,

---

55 « *Libro del servicio de artillería* » dans AGS GYM leg. 268/155 (14/03/1589), leg. 313/121 (07/01/1590) 122 (18/02/1590) et leg. 306/123 (29/04/1590).

56 AGS GYM leg. 268/155 (14/03/1589) et leg. 276/231 (18/06/1589).

57 AGS GYM leg. 276/231 (18/06/1589).

58 « *Lo que declaran a sido sacado de papeles mal entendidos y de un libro de lengua toscana fundada en geometría y mathemática, proporción que es ciencia mal entendida de los más artilleros* », AGS GYM leg. 306/123 (29/04/1590).

59 Tartaglia, Niccolò, *Nova scientia inventa da Nicolò Tartalea*, *op. cit.*

60 « *Libro sexto en que se reprueba la dotrina de Nicolo Tartalla, y se enseña la verdadera...* », Alava y Viamont, Diego de, *El perfeto capitán*, *op. cit.* fol. 245r.

repris par Diego de Álava, auquel Alonso de Salamanca s'attaquait. Néanmoins, cette position du vieux maître artilleur sur la géométrie, les mathématiques et les proportions ne reflétait sans doute qu'une ultime tentative, désespérée, de promouvoir ses écrits contre ceux de Diego de Álava.

Plusieurs indices permettent de supposer que le manuel de Salamanca reposait en partie, comme tous les autres traités d'artillerie, sur ces mêmes mathématiques, géométrie, proportions dont il critiquait la présence chez Diego de Álava. D'abord, d'après Alonso de Salamanca lui-même, l'office d'artilleur consistait à savoir manier « la règle et le compas, les poids et les mesures[61] ». En outre, il faut rappeler que l'approbation de son manuscrit fut confiée non pas à des militaires d'expérience mais à deux individus, Ferrofino et Herrera, reconnus pour leurs compétences en tant que mathématiciens. Enfin, le fait même que Salamanca identifia le *Perfeto Capitán* comme principale menace à son projet démontre qu'ils avaient, malgré quelques différences, suffisamment de similitudes pour se concurrencer l'un l'autre. Il faut rappeler ici que, si le livre de Diego de Álava spéculait sur la science de Tartaglia, il s'appuyait aussi, dans ses aspects les plus techniques, sur des ouvrages d'artilleurs praticiens, notamment le premier traité, en italien, de Luis Collado[62] ainsi que le manuscrit dit « *Alvaradina* » offert par l'artilleur Cristóbal de Espinosa à don Francés de Álava, père de l'auteur du *Perfeto Capitán*[63].

Quelles conclusions tirer de cette étude de cas quant à la relation entre traités d'artillerie et écoles d'artilleurs ? Cette affaire démontre que, aux yeux du conseil de guerre tout comme aux yeux d'un maître enseignant l'artillerie, les écoles d'artilleurs nécessitaient la publication d'ouvrages formalisant les savoirs. Les écoles d'artilleurs constituaient donc indubitablement un débouché potentiel des imprimés traitant d'artillerie. De plus, le manuscrit de Salamanca ne fut finalement jamais imprimé malgré l'intérêt évident qu'il avait éveillé parmi les membres du conseil de guerre. Il est par conséquent possible d'émettre l'hypothèse que, dans une certaine mesure, le livre de Diego de Álava se substitua à celui de Salamanca dans son rôle espéré de support à la formation des

61 AGS GYM leg. 306/123 (29/04/1590).

62 Collado, Luis, *Pratica Manuale di arteglieria*, Venise, Pietro Dufinelli, 1586.

63 Espinosa, Cristobal de, « Alvaradina : Dialogo de artillería », Milan, 1584, manuscrit de la bibliothèque de l'académie d'artillerie de Ségovie.

artilleurs. Pourtant, le titre de cet ouvrage, « Le Parfait Capitaine », s'adressait *a priori* à un public constitué de commandants plutôt que d'artilleurs. Peut-être faut-il, pour concilier les explications, admettre différents types de publics visés par cette œuvre complexe ? D'une part, les capitaines, instruits de cette nouvelle science de l'artillerie, devenant capables d'évaluer le degré de compétences de leurs artilleurs ; d'autre part, les artilleurs, obligés de s'adapter aux nouvelles normes exigées par leurs commandants.

RHÉTORIQUE ET NORMES POUR L'ENSEIGNEMENT ET LES EXAMENS

Le projet du maître artilleur Alonso de Salamanca de publier un traité d'artillerie pour la formation des artilleurs fut loin d'être un cas isolé. Le livre de Diego de Álava, le *Perfeto Capitán*, qui le suppléa dans ce rôle est sans doute l'un des traités d'artillerie de l'époque qui revendiquait le moins son insertion dans les pratiques et systèmes de formation des artilleurs alors émergents. Toutefois, même s'ils furent publiés à Venise, lieu de mise en place des premières écoles d'artilleurs[64], les premiers traités d'artillerie s'inscrivirent de manière moins évidente dans le système des écoles et des examens d'artilleurs. Dans leur rhétorique, ces auteurs jouèrent plutôt sur la corde de la relation privilégiée avec le Prince, auquel promesse était donnée de livrer des inventions secrètes. Ainsi en alla-t-il du mathématicien Tartaglia qui garda sa loi reliant l'angle de hausse à la portée pour la seule oreille du duc d'Urbino[65]. De même, l'humaniste Girolamo Ruscelli souhaitait faire connaître à son dédicataire, le prince Alexandre Farnèse, les « inventions, moyens et secrets de la manière de guerroyer[66] ». Cette rhétorique se retrouvait dans l'un des plus anciens manuscrits d'artillerie écrit en castillan, celui de l'artilleur Hernando del Castillo, qui présentait « ses inventions diverses[67] ». La tendance changea dans le dernier tiers du XVIe siècle,

64 Ce thème est abordé p. 366-371. Voir aussi Mallett, Michael E., Hale, John R., *The Military Organisation of a Renaissance State*, *op. cit.*, p. 403-407.

65 Le secret est évoqué dans la dédicace au duc d'Urbino, Tartaglia, Niccolò *Nova scientia*, *op. cit.*

66 Voir la dédicace de Ruscelli, Girolamo, *Precetti della militia moderna tanto per mare quanto per terra*, *op. cit.*

67 « *Libro segundo de artillería de las invenciones diversas de Hernando del Castillo* », Castillo, Hernando del, « Libro muy curioso y utilísimo de artillería », BNE mss 9034, c. 1560, fol. 32r.

avec l'institutionnalisation des pratiques d'enseignement et d'examens des artilleurs dans les péninsules italienne et ibérique. Il s'agit alors de définir la norme des savoirs d'un artilleur.

D'abord, il faut remarquer qu'Alonso de Salamanca ne fut pas le seul auteur de traités à être impliqué dans les institutions de formation des artilleurs. Luis Collado, l'auteur du *Plática Manual de artillería* cité en introduction de ce chapitre, assumait, en sus de son office d'ingénieur du duché de Milan, le rôle d'« examinateur des artilleurs[68] ». Lazaro de la Isla, qui publia un traité en 1595[69], avait obtenu l'accord du roi pour « enseigner l'art de l'artillerie, la géométrie et les artifices de feu » sur les galères de Lisbonne[70]. Après cette publication, il obtint un poste d'enseignement dans les écoles d'artilleurs de Burgos puis de Cadix[71], rééditant son ouvrage à Valladolid en 1603[72]. Le capitaine Cristóbal Lechuga[73] avait été le principal responsable de la réforme des écoles d'artilleurs du duché de Milan, ordonnée par le comte de Fuentes en 1604[74]. L'*artillero mayor* de Séville Andrés Muñoz el Bueno publia lui-aussi un traité en 1627[75]. La nouvelle science de l'artillerie était par conséquent construite en grande partie par des individus pleinement intégrés dans les systèmes de formation des artilleurs.

Par ailleurs, certains traités revendiquèrent un lien explicite avec les pratiques d'enseignement et d'examen. Ainsi, Luis Collado inséra dans son traité un développement expliquant comment mettre en place une école d'artilleurs[76]. La citation en introduction de ce chapitre montre sa proposition de fournir, par son livre, un support intégral à l'enseignement théorique des écoles d'artilleurs. En outre, la fin de l'ouvrage mettait en scène un examen d'artilleur lors duquel un individu rescapé du naufrage de son navire en Écosse lors de la Grande Armada de 1588,

68 AGS EST leg. 1704/266 (10/08/1604).

69 Isla, Lazaro de la, *Breve tratado de artillería, geometría y artificios de fuegos*, *op. cit.*

70 « *Darle licencia que pueda enseñar el arte de artillería, geometría, fuegos artificiales* », AGS GYM leg. 316/117 (année 1590).

71 AGS GYM leg. 627/126 (16/06/1604).

72 Isla, Lazaro de la, *Breve tratado de artillería, y fundición della, y artificios de fuego*, Valladolid, Luis Sanchez, 1603.

73 Lechuga, Cristóbal, *Discurso del Capitán Cristoval Lechuga en que trata de la artillería*, *op. cit.*

74 AGS EST leg. 1293/23 (16/05/1604).

75 Muñoz el Bueno, Andrés, *Instrucción y Regimiento para que los marineros sepan usar de la artillería*, *op. cit.*

76 Collado, Luis, *Plática manual de artillería*, *op. cit.* fol. 103-104.

sollicitait un poste d'artilleur au château de Milan[77]. La mise en scène se voulait de toute évidence réaliste, correspondant aux pratiques en vigueur au sein de l'administration militaire. L'examen réunissait le capitaine général de l'artillerie de Milan, son lieutenant, ainsi que le chef artilleur du château et trois artilleurs vétérans. L'individu examiné avait, disait-il, été formé par le maître artilleur de l'île de Malte mais, aussi et surtout, par la lecture du livre de Luis Collado[78]. Aussi répondait-il aux questions qui lui étaient posées en se référant aux passages du livre traitant du sujet. Autrement dit, les artilleurs étaient invités par Collado, alors examinateur des artilleurs du duché, à apprendre le contenu de son ouvrage afin d'être capables de répondre aux questions de l'examen. Au cas où le lien entre le livre et les examens d'artilleurs eût échappé aux lecteurs les moins attentifs, Luis Collado précisait dans sa dédicace au roi Philippe II :

> Et à la fin se trouve, en dialogue, un très copieux examen d'artilleur, par lequel les officiers de Votre Majesté pourront parfaitement tous les examiner[79].

Il y avait, dans ces mots de la dédicace, tout comme dans la mise en scène de l'examen, plus qu'une simple rhétorique. Fixant ce que devait demander l'examinateur et ce que devait répondre l'examiné dans un contexte général d'institutionnalisation des pratiques d'examens, la publication de ce traité participait d'un vaste projet d'élaboration d'une norme des connaissances sur l'artillerie au sein de l'administration militaire de l'empire espagnol.

De nombreux traités d'artillerie de l'époque revendiquaient plus ou moins explicitement leur insertion dans les systèmes émergents de formation et de contrôle des connaissances des artilleurs. Ainsi en 1564, l'ingénieur militaire novarais Girolamo Cataneo inséra à la fin de son livre de fortification, « un traité des examens de bombardiers[80] ». Trois ans plus tard, il publia un livre entièrement consacré à l'artillerie qui non seulement reprenait le titre des « examens » (*essamini*) mais encore dont la structure était en partie divisée en « examinations »

---

77 *Ibid.* fol. 105-112.

78 *Ibid.* fol. 105r.

79 « *Y finalmente se halla en dialogo un copiosíssimo examen de artilleros, por el qual los ministros de Vuestra Magestad podrán perfectamente examinarlos todos* », *ibid.* dédicace.

80 Cataneo, Girolamo, *Opera nuova de fortificare, offendere et difendere*, *op. cit.*

(*essaminationi*)[81]. Le traité de l'ingénieur lombard Gabriel Busca, publié en 1584, s'intitulait quant à lui « l'instruction des bombardiers[82] ». Huit ans plus tard, Eugenio Gentilini publia pour la Sérénissime un traité reprenant exactement ce même titre et présentant l'examen de bombardier pratiqué par Zaccaria Schiavina, chef artilleur et capitaine d'artillerie à Venise, l'œuvre étant censée « instruire les artilleurs et chefs artilleurs de tout ce qui était nécessaire à leur profession[83] ». La réédition de 1606, augmentée de dizaines de pages, incluait une préface aux lecteurs dans laquelle Gentilini s'adressait directement aux artilleurs et employait le vocable *scolaro*, caractéristique des écoles d'artilleurs, pour désigner les cibles de son instruction[84].

La production manuscrite, elle aussi, s'ancrait dans ces systèmes d'écoles et d'examens d'artilleurs. Ainsi le manuscrit que rédigea en 1591 le lieutenant d'artillerie Diego de Prado mettait en scène un chef artilleur proposant « d'enseigner l'art de l'artillerie » à un soldat souhaitant devenir artilleur[85]. La mise en contexte se voulait très précise et réaliste, le soldat étant invité à assister aux leçons données par le maître tous les jours entre une heure et trois heures de l'après-midi[86]. L'apprenti devait même prendre des notes avec la plume, la règle et le compas, afin de pouvoir étudier et réviser les leçons chez lui[87]. D'autres manuscrits se concentraient plutôt sur la pratique de l'examen. Ainsi par exemple, une œuvre anonyme écrite au tournant des XVIe et XVIIe siècles portait le titre d'« examen d'artilleur dans lequel on traite de tout ce qu'est obligé de demander celui qui serait juge de cet art à celui qui souhaiterait être examiné pour devenir artilleur[88] ». Un tel intitulé orientait l'œuvre

81 Cataneo, Girolamo, *Avvertimenti et essamini intorno a quelle cose che richiede a un bombardiero*, *op. cit.* Noter que le titre raccourci utilisé en tête de chaque page est « examens de bombardiers » (*essamini de' bombardieri*) et que le contenu est très proche de l'ouvrage précédemment cité.

82 Busca, Gabriel, *Instruttione de' bombardieri*, *op. cit.*

83 Gentilini, Eugenio, *Instruttione de' bombardieri*, Venise, Francesco dei Franceschi, 1592. En sous-titre : « *che si contiene l'essamina usata dallo strenuo Zaccaria Schiavina… Dalle quali ogni bombardiero e capi maestri vengono a pieno instrutti di ciò ch'alla lor professione appartiene* ».

84 Voir la préface aux lecteurs, Gentilini, Eugenio, *La real instruttione di artiglieri*, Venise, Giovan Antonio et Giacomo dei Franceschi, 1606.

85 Prado, Diego de, « La obra manual y pláctica de artillería », *op. cit.*

86 *Ibid.* p 8-10.

87 *Ibid.* p. 10.

88 « *Desame de artillero en el qual se trata de todo lo que es obligado a preguntar el que fuere juez de la dicha arte al que se va a desaminar para ser artillero* », c. 1600, BNE, mss. 12723. Le

plutôt vers le public des examinateurs et des officiers, mais la définition de la norme de l'examen proposée par ce manuscrit conduisait *de facto* à l'obligation pour les artilleurs examinés d'acquérir les connaissances qui y étaient décrites et formalisées. La meilleure description de ce jeu de miroir induit par la pratique de l'examen, définissant un double public examinateurs-examinés, est formulée par l'artilleur Espinel de Alvarado, à propos de son œuvre manuscrite :

> [Ce livre] est très utile et profitable, tant pour les capitaines généraux de l'artillerie, les lieutenants, gouverneurs, capitaines, chefs artilleurs ainsi que toute personne qui se trouverait en charge de l'examen des artilleurs, que pour les artilleurs eux-mêmes, afin qu'ils sachent ce qu'ils doivent faire dans leurs opérations et qu'ils soient mieux préparés pour passer leurs examens[89].

Incontestablement, les auteurs de traités d'artillerie jouèrent sur ce double public de lecteurs dans leurs projets de définition et de formalisation des connaissances sur l'artillerie. Ainsi, la structure du traité de Diego Ufano laissait clairement apparaître les deux principaux publics destinataires de l'œuvre[90]. La première partie du traité était consacrée à la classification des différents types de pièces d'artillerie, chaque chapitre étant introduit par des expressions génériques et indéfinies de type *se declara*, *se muestra*, *se trata*. L'auteur considérait vraisemblablement cette partie comme constitutive d'un socle commun de connaissances. La seconde partie changeait quant à elle de rhétorique puisqu'elle mettait en scène, dans un style qui se prétendait élégant, un dialogue entre un général de l'artillerie et un capitaine vétéran[91]. Ce passage du traité visait clairement les commandants de l'artillerie non seulement dans la forme du texte mais aussi dans son contenu. Il s'agissait de définir

---

catalogue de la BNE indique que ce manuscrit faisait partie de la collection du duc de Frías, Juan Fernández de Velasco, gouverneur du duché de Milan de 1595 à 1600. L'œuvre pourrait par conséquent être liée au contexte de la Lombardie à l'époque de Collado.

89 « *Es muy útil y provechosa tanto para los señores generales della como para los tenientes, gobernadores, capitanes, cabos maestros, y otras qualesquier persona aquien tocare el examen de los artilleros como también aún para los mesmos artilleros para que sepan lo que an de hazer en sus operaciones y esten más previstos para subir sus examenes* », Alvarado, Espinel de, « Alvaradina : la cual contiene en sí muchos muy necesarios avisos de las cosas tocantes al Artilleria », Milan, c. 1595, BNE, mss. 8895, fol. VIr. Hormis son introduction, ce traité est une copie d'un traité de 1584 : Espinosa, Cristobal de, « Alvaradina : Dialogo de artillería », *op. cit.*

90 Ufano, Diego, *Tratado de la artillería y uso*, *op. cit.*

91 « *Segunda parte del libro de artillería militar en la qual por muy breve y elegante estillo se declaran* […] », *ibid.* p. 69-282.

les devoirs et charges des capitaines et officiers, savoir positionner les différentes pièces d'artillerie lors d'un siège et d'une bataille rangée ou encore connaître l'existence de techniques de siège particulières telles que les mines.

Il ne faudrait toutefois pas en déduire que cet ouvrage visait uniquement le public du haut commandement. En effet, la troisième et dernière partie du livre traitait :

> de certaines choses touchant à l'usage et à la doctrine militaire de son école, dans le but de générer, au moyen de la théorie et de la pratique, des artilleurs dextres et experts, intelligents et parfaits dans le ministère de leur art[92].

Cette partie était donc consacrée à définir ce qui devait être enseigné aux artilleurs. La rhétorique de l'ouvrage s'adaptait au contexte de l'école d'artilleurs : en choisissant de dénommer chacun des 32 chapitres de cette partie par le terme de *lición* (leçon), Diego Ufano se mettait dans la peau du professeur s'adressant à ses élèves-artilleurs. Il y montrait comment connaître l'anatomie des pièces, le calibre, la qualité de la poudre, comment tirer selon les différents angles de hausse, comment fabriquer des artifices de feu et autres bombes pour la guerre et pour les fêtes. Enfin, l'œuvre se concluait par la mise en scène d'un examen. Toutefois, grande originalité, cette fois-ci il ne s'agissait plus de contrôler les connaissances de l'artilleur mais celles du *condestable*, le chef artilleur, poste qui était, selon Ufano, absolument fondamental dans le système de formation à l'artillerie puisque c'était cet individu qui devait « instruire et enseigner l'art aux artilleurs[93] ».

La multiplication des pratiques de contrôle des connaissances au sein des administrations militaires – qu'il s'agît de Venise ou de la Monarchie hispanique – représenta pour bon nombre d'auteurs de traités, une opportunité de proposer une norme médiatrice de l'échange. Or, pour constituer cette norme, les auteurs impliquèrent les potentiels examinateurs autant, si ce n'est plus, que les examinés. C'est sans doute ce qui explique la

92 « *De algunas cosas tocantes al uso y militar dotrina de su escuela para, por medio de su theórica y prática, sacar práticos y diestros artilleros inteligentes y perfetos en el ministerio de su arte* », *ibid.* p. 283-423.

93 « *Lición 32 : en que evidentemente en breve pratica se muestra el examen que se haze a un curioso y buen artillero que pretende la plaza de condestable […] porque quien pretende ser condestable la a de tener en todo y juntamente escuela y dotrina militar para poder enseñar he instruyr en el arte a sus artilleros* », *ibid.* p. 404-423.

présence fréquente, dans les traités d'artillerie, de discours à destination des officiers. C'est ainsi que l'on peut interpréter la structure composite du *Perfeto Capitán*. Comment comprendre autrement que cette œuvre, qui décrivait en détail les qualités, devoirs et charges du « parfait capitaine » put en même temps évincer le projet d'Alonso de Salamanca de publier un manuel à destination des écoles d'artilleurs ? Il devait s'agir d'un discours à de multiples destinataires, s'adressant aux officiers mais aussi aux artilleurs devant se plier à leur contrôle des connaissances. Il en allait sans doute de même des nombreuses associations entre traités d'artillerie et traités de fortification[94]. Non seulement la compréhension du fonctionnement de l'artillerie était indispensable aux ingénieurs militaires pour bien concevoir une forteresse, mais ces derniers prenaient aussi souvent part aux pratiques de formation et de contrôle des connaissances des artilleurs. Ainsi, lorsque Julián Ferrofino proposa au conseil de guerre de former des artilleurs espagnols, il se présenta comme ingénieur militaire à Milan[95]. Autre ingénieur militaire du duché de Lombardie, Luis Collado y jouait aussi le rôle d'examinateur des artilleurs, comme cela a déjà été montré. L'expertise technique de certains ingénieurs s'étendait donc couramment à l'évaluation du niveau de connaissances des artilleurs et il était par conséquent pertinent de grouper dans une même publication des savoirs sur l'artillerie et sur la fortification.

Lorsque les auteurs de cette littérature technique discutaient du contenu de la nouvelle science de l'artillerie, ils exprimaient également leurs divergences quant à la définition de la norme de l'examen et de l'enseignement qui en découlait. Certains auteurs se montraient relativement exigeants vis-à-vis des artilleurs. L'examen d'artilleur proposé par Luis Collado était dense et ambitieux, reprenant point par point l'ensemble du traité[96]. Selon Girolamo Cataneo, tout artilleur devait savoir « lire, écrire et avoir un bon abaque, de sorte qu'il puisse mesurer les hauteurs, profondeurs et distances[97] ». D'autres auteurs affichaient

94 Les exemples d'ouvrages composites de ce genre sont relativement nombreux : Cataneo, Girolamo, *Opera nuova de fortificare, offendere et difendere*, *op. cit.* Busca, Gabriel, *Della espugnatione et difesa delle fortezze*, *op. cit.* Lechuga, Cristóbal, *Discurso del Capitán Cristoval Lechuga*, *op. cit.*

95 AGS GYM leg. 262/284 (27/06/1589).

96 Collado, Luis, *Plática manual de artillería*, *op. cit.* fol. 105r-112v.

97 « *Bisogna ancora che ogni bombardiero sappia leggere, scrivere, et haver buon abbaco, acciochе possa misurare altezze, profondità et distanze* », Cataneo, Girolamo, *Avvertimenti et essamini intorno a quelle cose che richiede a un bombardiero*, *op. cit.* fol. 1r.

cependant des prétentions plus faibles quant au niveau de connaissances des artilleurs. Gabriel Busca écrivit, probablement en réponse à Cataneo, « qu'il ne partageait pas l'avis de certains qui veulent que le bombardier soit géomètre et mathématicien, sachant mesurer toutes les distances[98] ». Enfin le capitaine Cristóbal Lechuga avait pour sa part des exigences encore plus faibles puisqu'il écrivit, lorsqu'il reprit une partie du traité de Busca dans son propre livre :

> Gabriel Busca a écrit son traité pour tous les artilleurs, moi je l'ai mis pour les plus curieux d'entre eux, et pour que le sachent ceux qui commandent l'artillerie, même le général, de sorte qu'ils puissent l'enseigner et résoudre tous les doutes qui pourraient se manifester, car en ce qui me concerne, je ne demande rien de plus à un artilleur que de savoir faire les cuillères de chargement, entretenir les brosses de nettoyage, fabriquer les gabions de protection, constuire les esplanades et les embrasures de tir, charger et bien pointer les pièces ainsi que connaître les boulets[99].

Ainsi, se dessinaient les contours, non pas d'une norme, mais d'une pluralité de normes formalisant les connaissances à exiger des artilleurs et de leurs commandants. Toutefois, même si les traités eurent vocation à s'insérer dans les systèmes de formation des artilleurs, encore reste-t-il à vérifier qu'ils y parvinrent. Dans quelle mesure les prétentions de ces traités furent-elles en phase avec les programmes d'enseignement des écoles d'artilleurs ?

---

98 « *Ne sono io del parere di conloro, i quali vogliono che egli [il bombardiero] sia Geometra et Matematico et convengali sapere misurare tutte le lontananze* », Busca, Gabriel, *Instruttione de' bombardieri*, *op. cit.* p. 6.

99 « *Gabriel Busca hizo el tratado para todos los artilleros, yo lo e puesto para los curiosos, y para que lo sepan los que mandaren la artillería, y el general de ella, de manera que lo puedan enseñar, y resolver quantas dudas en él se pueden ofrecer, porque para mí, con que sepa el artillero hazer las cucharas, cubrir los limpiadores con pellejos, hazer cestones y carzos, hazer las esplanadas, y las troneras, cargar y apuntar bien las piecas, y conocer las balas, no le pediré más* », Lechuga, Cristóbal, *Discurso del Capitán Cristoval Lechuga en que trata de la artillería*, *op. cit.* p. 184.

LES SAVOIRS ENSEIGNÉS DANS LES ÉCOLES D'ARTILLEURS

Les auteurs de traités d'artillerie cherchèrent manifestement à proposer aux écoles des programmes d'enseignement de l'artillerie. En outre, de grandes divergences d'opinion existaient entre les différents auteurs quant aux savoirs que devait posséder l'artilleur. Par conséquent, il convient de poser la question de ce qui était réellement exposé dans les écoles d'artilleurs. Le cas de la garnison de Perpignan dans les années 1560-1570 offre un exemple de ce qui pouvait être enseigné aux artilleurs avant la mise en place des écoles d'artilleurs à proprement parler. Certaines sources révèlent notamment une forme de réception des ouvrages de Niccolò Tartaglia, le premier auteur de traités d'artillerie. Dans un second temps, il s'agira de s'intéresser à l'enseignement dans sa forme institutionnalisée, à travers l'étude de deux programmes, l'un concernant l'école de Palerme en 1575, l'autre s'appliquant à l'école de Séville en 1595. Enfin, en comparant le contenu de ces programmes aux plans des principaux traités d'artillerie de l'époque, il est possible de mettre en évidence de nombreuses similitudes ainsi que quelques différences entre les formations proposées par les écoles et celles proposées par les livres.

AVANT L'ÉCOLE D'ARTILLEURS : TARTAGLIA DANS LA GARNISON DE PERPIGNAN

Les archives de Simancas ont conservé tout un ensemble de documents relatifs aux artilleurs de la place forte de Perpignan des années 1560 et 1570[100]. Capitale du comté de Roussillon et porte d'entrée de la péninsule ibérique du côté des Pyrénées orientales, Perpignan était l'une des plus grandes forteresses de la Monarchie hispanique. Pour servir ses quelques 119 pièces d'artillerie, cette ville possédait une des plus grandes garnisons d'artilleurs de l'époque, ses effectifs s'établissant autour de 35 individus[101]. Il s'agissait d'une de ces places fortes qui, comme Burgos, Pampelune ou Saint-Sébastien, intégraient un entraînement des artilleurs sur un terrain avec des sessions de tirs sur cible.

100 AGS CSU 2ª epoca leg. 91, sans num.
101 Voir p. 66.

Par chance, la liasse de Simancas évoquée précédemment a conservé, parmi de nombreux documents comptables évoquant les paiements des artilleurs, quelques documents relatifs à ces sessions d'entraînement. D'abord, il s'y trouve des comptes de la poudre dépensée lors de certaines sessions de tir. Ils sont suivis de quelques informations normatives quant au programme de formation des artilleurs. Ainsi, une ordonnance royale datant de 1560 réglait les pratiques d'entraînement sur le terrain de tir[102]. En plus d'établir ce qui devait être financé par la Monarchie et ce que les artilleurs devaient eux-mêmes payer, cette ordonnance précisait que les artilleurs devaient s'entraîner à fabriquer la poudre et à tirer avec différents dosages de poudre et différents types de pièces, tels que des petits *falconetes* mais aussi des pièces de plus gros calibres et des mortiers. Sous la supervision de leur capitaine, ils étaient également autorisés à utiliser de la poudre pour s'entraîner à faire des mines de sape des murailles, technique classiquement exposée dans les traités d'artillerie[103]. Autrement dit, ces documents décrivent un programme de formation pratique relativement complet.

Cette ordonnance sur la formation pratique des artilleurs est accompagnée, dans la liasse, par un document de plusieurs folios reliés entre eux et portant le titre de « Recommandations des choses touchant à l'artillerie[104] ». Derrière cet intitulé très générique se cache en réalité un bref manuel d'artillerie, formalisant des connaissances à la manière des traités d'artillerie. Sa présence au cœur d'une documentation relative à l'entraînement des artilleurs permet de supposer que son contenu fut utilisé afin de former les artilleurs. Ce manuel commençait par une section sur les différentes pièces d'artillerie, leurs proportions et leurs usages. Pour chaque type de pièces, l'auteur anonyme avait indiqué comment variait la portée selon l'angle de hausse, exprimé en « doigts[105] ». L'usage de cette unité laisse supposer que ces connaissances furent formalisées avant que les ouvrages de Tartaglia et de son équerre à douze points ne s'imposent comme autorité dominante. De plus, ce passage montre que le thème du lien entre angle de hausse et portée dont s'empara Tartaglia intéressait le milieu des artilleurs.

102 « *La horden que se ha de tener en la abilitación y exercicio de los artilleros conforme a lo que su Mag tiene mandado en esta manera* », (12/03/1560), AGS CSU 2ª epoca leg. 91.

103 « *Si algun día con parecer del dicho capitán quisieren hazer espiriencia de alguna mina para aprender a hazerlas* », *ibid.*

104 « *Avisos de cosas tocantes al artillería* », *ibid.*

105 « *Dedos de caça* », *ibid.*

La suite du manuscrit abordait quelques-uns des thèmes qui devinrent plus tard des classiques de tous les traités d'artillerie. Le texte décrivait des modes opératoires permettant de connaître l'épaisseur de métal d'une pièce d'artillerie à l'aide d'un compas, de la charger avec une quantité de poudre convenable ou encore de viser une cible. Il expliquait les risques qu'il y avait à enchaîner les tirs sans faire refroidir la pièce, invitait l'artilleur à vérifier la qualité des affûts et de la poudre. Sans exposer les détails de la technique, il précisait que l'artilleur devait savoir mesurer et calculer les distances sur terre[106]. L'effort de formalisation des savoirs sur l'artillerie n'en était qu'à ses balbutiements, mais l'existence de ce document révèle les préoccupations quant à cette formalisation des savoirs au sein d'un centre de formation tel que la garnison de Perpignan. Autrement dit, la demande semble avoir précédé l'offre dans l'émergence du marché des traités d'artillerie.

Mieux encore, dans ce même feuillet figurait à la fin de ce court manuel, séparé de deux pages vierges, un autre document, écrit postérieurement, portant en titre « La substance des arguments touchant à l'artillerie du livre de Niccolò Tartaglia le Brescian[107] ». Il s'agissait d'un résumé, en quelques points, de la doctrine de Tartaglia qui était envisagée comme un ensemble de « règles d'artillerie » – mention écrite au dos du document – probablement apprises et discutées parmi les artilleurs de la garnison. Qu'avaient-ils retenus de leur lecture de Tartaglia ? De la *Nova Scientia*, figurait uniquement l'équerre de l'artilleur divisée en douze points ainsi que la règle de la portée maximum atteinte avec un angle de 45°[108]. Les démonstrations théoriques sur la géométrie des trajectoires ne répondaient vraisemblablement pas aux attentes des artilleurs de Perpignan.

Il en allait tout autrement du second opus de Tartaglia, les *Quesiti et Inventioni Diverse*, qui les avait manifestement intéressés puisque le document répertoriait vingt-et-un points provenant de ce traité. Des aspects les plus spéculatifs des *Quesiti*, les artilleurs de Perpignan avaient

106 « *Ha de conocer el artillero la distancia de la tierra y esto se alcança con buen conoscimiento y discrición y todo lo demás tocante* », *ibid.*

107 « *La sustancia de los argumentos tocantes al artillería del libro de Nicolo Tartalea Briçiano* », *ibid.*

108 « *Una pieça tiene 12 grados de caça o de puntería que son minutos 44 y desde el primo hasta los seis grados va siempre tirando más por efeto de la cayda de la bala, y de aquí arriba ira siempre tirando menos* », *ibid.* La démonstration se trouve dans Tartaglia, Niccolò, *Nova scientia*, *op. cit.* livre II, proposition VIII.

retenu que la trajectoire d'un boulet de canon n'était jamais rectiligne[109]. L'essentiel des autres points portait sur des conclusions plus concrètes permettant d'améliorer le service de l'artillerie en offrant des modes opératoires et des instruments. Certains points étaient d'ailleurs déjà abordés dans le précédent manuel, comme par exemple la description des différentes pièces[110] ainsi que la charge de poudre convenant à chacune[111]. De nombreux autres aspects pratiques avaient été jugés dignes d'intérêt, comme par exemple cet instrument de Tartaglia permettant de vérifier la rectitude de l'âme d'une pièce[112]. L'analyse des lignes de visée et de tir figurait également dans cette liste, sans schémas[113]. D'une manière générale, ce bref résumé restait extrêmement superficiel, même s'il témoignait d'une lecture détaillée des *Quesiti*. De même, les artilleurs n'avaient conservé que la conclusion principale de la réflexion de Tartaglia quant à l'efficacité des tirs sur un château en hauteur[114]. Enfin, le document contenait certaines anecdotes marquantes de Tartaglia, telle cette histoire du petit chien happé par les vapeurs d'un canon encore très chaud[115]. Il est aisé d'imaginer l'effet de mise en garde amusante que ce genre d'histoires pouvait avoir sur les apprentis artilleurs.

Ce document permet de mieux comprendre la construction de l'autorité de Niccoló Tartaglia au sein des artilleurs praticiens. Les traités

---

109 « *Nunca la pelota va en línea reta sino hazia el cielo o hazia el centro de la tierra* ». Il s'agit d'une référence à la démonstration de Tartaglia face au duc d'Urbino, Tartaglia, Niccolò, *Quesiti et inventioni diverse*, *op. cit.*, fol. 12r.

110 « *Pone ad lungo el memorial del peso de las piezas cantidad de metal y polvora y longitudo de cada una en su numero* ». Le passage décrivant les différentes pièces se trouve dans Tartaglia, Niccolò, *Quesiti*, fol. 19v-20v.

111 « *Que cuanto más larga una pieza tanto más tira por que es de mas metal y llevar mas polvora y que al cañon le [cargan ?] 2 partes de 3 de su bala de polvora y a li culebrini 4 quintos* ». Ce texte résume Tartaglia, Niccolò *Quesiti et inventioni diverse*, *op. cit.*, fol. 18v-19r.

112 « *Como se podrá conocer si una artillería tirara retamente sus tiros* ». L'instrument est décrit dans Tartaglia, Niccolò, *Quesiti et inventioni diverse*, *op. cit.*, fol. 27r-28v.

113 « *Cuando que el punto de la pieza está más alto en la boca del cañon siempre la bala va a buscar el centro que es hazia bajo y con esto viene a igualar el punto con el centro de la pieza y al respecto quando está más alta o baja de lo que ha de estar* » Puis point suivant : « *El efecto que haze el artillería estando baja de punto o alta* », à comparer avec Tartaglia, Niccolò *Quesiti et inventioni diverse*, *op. cit.*, fol. 14 à 18.

114 « *Una pieza haze mayor tiro desde baxo que desde arriba…* » le texte du manuscrit est malheureusement coupé. Mais il semble renvoyer à l'étude de cas exposée par Tartaglia dans Tartaglia, Niccolò, *Quesiti et inventioni diverse*, *op. cit.*, fol. 7v-8r.

115 « *Que es la causa que la boca de una pieza atrae assí un cagnolino y es que pues en la pieza se va escalentando atrae assí* ». L'épisode est narré dans Tartaglia, Niccolò, *Quesiti et inventioni diverse*, *op. cit.*, fol. 26r.

de Tartaglia, en particulier les *Quesiti et Inventioni Diverse*, donnaient un accès facile à une importante quantité de connaissances formalisées qu'il était possible de discuter et de transmettre aux nouvelles recrues à une époque où ces mêmes connaissances formalisées étaient loin d'être abondantes. Nul doute que, dans les années 1560-1570, les idées, les schémas et les anecdotes de Tartaglia furent enseignées aux apprentis artilleurs de la garnison de Perpignan. Il faut noter à ce titre une curiosité de l'histoire. Dans cette liasse de Simancas traitant des artilleurs de Perpignan figure le contrat d'embauche pour une place d'artilleur de

> Luis Collado, natif de Jerez de la Frontera [...] qui, d'ici quatre mois, doit devenir capable et apte dans tout ce qui convient pour servir le dit poste[116].

Il y a de fortes chances que ce Luis Collado fût le même individu qui publia, une vingtaine d'années plus tard, l'un des traités d'artillerie les plus lus de l'époque[117]. Si tel est le cas, cela signifie que le célèbre auteur et ingénieur reçut sa formation d'artilleur dans la garnison de Perpignan en 1570. Il dut sans doute assister aux leçons du maître artilleur qui rédigea le résumé de la doctrine de Tartaglia.

Il n'y a alors rien d'étonnant à ce que, lorsque Collado prit la plume et devint à son tour auteur, il s'attacha particulièrement à saper l'autorité du maître dans la science duquel il avait été lui-même instruit à Perpignan[118]. L'anecdote du chien de Tartaglia figurant dans le livret de formation de Perpignan n'avait pas eu, chez l'élève Collado, l'effet de plaisanterie ou d'épouvante escompté puisque ce dernier se montra assez critique, à cet égard, dans son traité de 1592 :

> En témoignage de quoi Niccolò Tartagla dit qu'un canon de batterie fut un jour attiré au sol après avoir tiré vers le bas et qu'il happa un petit chien lorsque ce dernier s'approcha trop près de la bouche du canon, [...] lesquels miracles ne surviennent plus de nos jours[119].

---

116 « *Luis Collado, natural de Xerez de la Frontera [...] que dentro de cuatro meses primeros siguientes a de estar hábil y suficiente en todo lo que conviene para servir la dicha plaza* » (15/10/1570), AGS CSU 2ª epoca leg. 91.

117 Collado, Luis, *Plática manual de artillería*, *op. cit.* L'auteur s'y dit originaire de Lebrija, petit village proche de la ville de Jerez de la Frontera.

118 Sur la forte critique de Tartaglia par Collado, voir p. 451.

119 « *En testimonio de lo qual dize Nicolao Tartalla que un cañon de batería que se aboco en tierra disparando hazia abajo y que se sorvio un perrillo que se le acerco a la boca [...] los quales*

Dans les années 1590, face à la multiplication des écoles d'artilleurs, les livres de Tartaglia paraissaient à Collado trop détachés des réalités et, par conséquent, inadaptés à un véritable programme de formation des artilleurs de la Monarchie hispanique. Il était devenu nécessaire de publier un nouveau livre, mieux adapté à ce qui était enseigné dans les écoles.

PROGRAMMES D'ENSEIGNEMENT DES ÉCOLES DE PALERME ET DE SÉVILLE

Le contenu de l'enseignement théorique des écoles d'artilleurs peut être saisi à travers la lecture de deux documents importants. Le premier est le programme d'enseignement accompagnant les contrats de deux maîtres artilleurs de Palerme, lorsque l'école y fut ouverte en 1575 par le duc de Terranova[120]. Le second document est un programme d'enseignement que fit imprimer vers 1595 l'*artillero mayor* de Séville Andrés Muñoz el Bueno[121]. Envoyé par le maître artilleur au conseil des Indes, ce programme fut sans doute imprimé pour être diffusé parmi les élèves de l'école de Séville. Par ailleurs, d'autres sources intéressantes ont été écartées de cette analyse, notamment un manuscrit attribué à Julián Ferrofino[122]. Cet individu fut pourtant enseignant aux écoles d'artilleurs de Burgos et de Séville mais, d'une part, le manuscrit date de 1599, époque à laquelle Ferrofino enseignait à la cour et, d'autre part, ce document n'est vraisemblablement pas de la main du maître mais d'un tiers ayant recopié les notes de brouillon de Ferrofino[123]. Autre source potentielle d'étude ayant été écartée, les questions posées lors de l'examen d'artilleur par l'*artillero mayor* Andrés de Espinosa ont été recopiées par Fernández Duro il y a près d'un siècle et demi[124]. Ayant été incapable de retrouver l'original dans les archives, il m'est par conséquent difficile

milagros non succeden ya en aquestos tiempos », Collado, Luis, *Plática manual de artillería*, *op. cit.* fol. 55v.

120 AGS EST leg. 1144/4 (Janvier 1575).

121 Document intitulé : « *Lo que Andrés Muñoz el Bueno enseña en Sevilla en su escuela a los artilleros que habilita para el servicio de su Magestad es lo siguiente* », AGI IG leg. 2007, sans num. Ce feuillet accompagne un document du 03/11/1595, raison pour laquelle je le date aux environs de 1595.

122 Silva Suárez, Manuel, *Técnica e ingeniería en España – Tomo 1*, *op. cit.*, p. 589-590.

123 Le manuscrit porte en titre la mention « tiré de son brouillon » (*sacado de su borrador*), Ferrofino, Julián, « Descrizión y tratado muy breve lo más probechoso de Artillería », *op. cit.*

124 Fernández Duro, Cesáreo, *Disquisiciones náuticas*, *op. cit.*, livre 6, p. 440-456.

de replacer ce document dans son contexte d'élaboration. C'est la raison pour laquelle les deux programmes d'enseignement cités précédemment ont été considérés comme les sources les plus proches de la réalité de l'enseignement dans les écoles d'artilleurs.

Malgré les 20 années et les 2 000 kilomètres qui les séparent, les programmes des écoles de Palerme et de Séville présentent de nombreuses ressemblances quant à leur contenu. Certes, il est possible de remarquer quelques différences. Le programme de Palerme est notamment plus succinct et moins détaillé que celui imprimé par Andrés Muñoz el Bueno. En outre, les débouchés nautiques de la *carrera de Indias* apparaissent clairement dans certains points spécifiques du programme sévillan. Aucun des deux textes ne prétendait néanmoins être exhaustif et ils laissent même entendre que l'enseignement allait parfois au-delà[125]. Cependant, malgré ces quelques divergences, il est possible de retrouver la plupart des points de celui de Palerme dans celui de Séville[126]. Autrement dit, à des degrés de précisions légèrement différents, ces deux documents présentaient des programmes d'enseignement relativement semblables. Cela laisse supposer qu'une sorte de consensus s'était établi à propos des connaissances que devaient acquérir les apprentis au sein d'une école d'artilleurs.

L'enseignement de l'artillerie revêtait une grande part de savoir-faire, énoncés sous la forme de modes opératoires et de recettes à connaître. Cela n'étonnera guère ; le maniement d'une pièce d'artillerie se situait après tout dans le registre de l'action. Néanmoins, les actions que devaient apprendre les artilleurs s'étendaient au-delà de savoir simplement charger une pièce. Les programmes comprenaient tout un ensemble de modes opératoires, de techniques et d'appareils pour manœuvrer l'artillerie, la monter sur ses affûts et la transporter. Il s'agissait également de montrer comment fabriquer tout un ensemble d'accessoires nécessaires à l'artillerie, tels que les gargousses contenant une charge de poudre, les cuillères de chargement ou lanternes, ainsi que les gabions et autres

125 L'introduction du programme de Palerme montre qu'il s'agit d'une liste de points principaux : « *Che li detti mastri [...] sian tenuti di [...] publicamente insegnare [...] la professione et dottrina di buon artigliero, et particolarmente le cose seguenti* » AGS EST leg. 1144/4 (janvier 1575). Le programme de Muñoz el Bueno se termine de cette manière : « *además de todo lo susodicho se les enseñan otras muchas advertencias y particularidades muy necesarias para la buena inteligencia y uso del arte del artillería* », AGI IG leg. 2007.

126 Voir la figure 58, table de comparaison des programmes, ci-après.

protections contre les tirs ennemis, qui étaient enseignés de pair avec la réalisation des tranchées et des plateformes de tir pour disposer les pièces. En outre, les artilleurs de l'école devaient apprendre à tester les pièces d'artillerie à leur sortie de la fonderie. Le programme de Palerme affichait même l'ambition de montrer à ses artilleurs les techniques de fabrication de pièces d'artillerie dans la fonderie.

Les plans d'enseignement détaillaient aussi tout un ensemble de savoir-faire relatifs à la fabrication de la poudre noire et à ses différents usages. On apprenait aux artilleurs à trouver le salpêtre et raffiner les différents composants de la poudre. Même si la fabrication de la poudre relevait, au sein des États de la Monarchie hispanique, de l'activité du *polvorista*, il était jugé important que l'artilleur fût capable d'en préparer lui-même en cas d'urgence, ou de la raviver si elle était gâtée par l'eau. Par ailleurs, ces documents prévoyaient d'enseigner des usages de la poudre noire en dehors des pièces d'artillerie. Ainsi, les apprentis artilleurs devaient savoir fabriquer et utiliser les « artifices de feu », c'est-à-dire les bombes, explosifs et autres feux inextinguibles. En outre, ils devaient également être instruits sur les techniques de construction de mines que l'on remplissait de barils d'explosifs dans le but de saper les murailles lors d'un siège, ainsi que sur les manières de prévenir ce genre d'attaques lorsque les artilleurs étaient amenés à défendre une place forte.

Les connaissances inscrites dans ces programmes dépassaient toutefois le niveau des savoir-faire. Il faut rappeler l'hétérogénéité du matériel que les artilleurs étaient amenés à utiliser à cette époque où il n'existait pas de standards dans la fabrication des pièces. C'est la raison pour laquelle les programmes prévoyaient de former les apprentis à la nomenclature du matériel et aux systèmes de classification. La meilleure évocation de ce type de connaissances se trouve dans le plan d'enseignement de Séville à propos de la classification des pièces d'artillerie :

> Quelle artillerie est en usage à présent en Europe, tant sur mer que sur terre, et en combien de genres elle est répartie, et combien de pièces différentes appartiennent à chaque genre, et quel est le nom de chacune[127].

---

127 « *De que artillería se usa al presente en la Europa, ansí por mar como por tierra, y en quantos generos está repartida y quantas piezas contiene en sí cada genero y qual es su propio nombre de cada una dellas* », L'équivalent dans le programme de Palerme : « *La regola [...] per far pezzi d'artiglieria du qualunque sorte* ».

Dans les deux écoles, ces connaissances de classification s'étendaient aux affûts adaptés à ces différentes pièces ainsi qu'aux différents usages que l'on pouvait en avoir sur terre ou sur mer. Ce type de savoirs est néanmoins plus présent dans le programme sévillan où se trouve également une référence à la classification des différents artifices de feu.

Ce document met clairement en évidence le fait que les apprentis artilleurs devaient acquérir tout le jargon technique de la profession. Par exemple, à propos des différentes manières de viser et de tirer avec une pièce d'artillerie, le programme d'Andrés Muñoz el Bueno fournissait tout en ensemble d'expressions peu aisées à déchiffrer pour les non-initiés[128]. La possession de ce vocabulaire spécifique tenait en quelque sorte le rôle de *regalia* immatérielle de la profession, participant, au même titre que l'examen, au processus de distinction sociale entre l'artilleur et le profane. Les allusions plus nombreuses à ce type de savoirs dans le cas sévillan peuvent être expliquées par le niveau de détails plus élevé de ce document, mais aussi, peut-être, par les vingt années qui le séparent de son équivalent sicilien. Il est tout à fait possible que l'importance accordée au jargon technique augmenta durant ces années cruciales pour le développement des pratiques d'enseignement et la publication des traités d'artillerie.

Par ailleurs, de nombreux indices montrent que la transmission de ces savoir-faire et classifications passait par des procédés de formalisation dans lesquels le nombre et la mesure constituaient des éléments essentiels de l'échange. La présence de ces chiffres, bien que discrète dans le programme de Palerme, est visible à travers l'emploi répété des mots *regola* (règle) et *quantità* (quantité) comme, par exemple : « La règle pour savoir quelles pièces ont une quantité suffisante de métal et lesquelles en manquent[129] ». Dans le programme de Séville, nombres et proportions étaient systématiquement utilisés comme bases d'identification au sein du système de classification du matériel. Ainsi, la reconnaissance des pièces passait par la mesure de ses proportions entre la longueur, le diamètre de la bouche, l'épaisseur et la répartition du métal. Puis, c'était en rapport avec ces proportions que les artilleurs étaient instruits sur la taille du boulet à charger, ainsi que sur la quantité de poudre, qui elle-même

128 « *Saber que cosa es sacar el vivo a las pieças de artillería [...] qual es el tiro que se haze por el raso de los metales y qual se llama tiro de punto a dentro, y qual de punto afuera, y qual de punto en blanco* ». AGI IG leg. 2007.

129 « *La regola per conoscere quei pezzi che hanno quantità bastante o mancamento di metallo* » AGS EST leg. 1144/4 (janvier 1575).

dépendait de la qualité de la poudre, c'est-à-dire des quantités de chacun des ingrédients entrant dans sa composition. Par conséquent le niveau de détails du programme sévillan permet de prendre conscience du fait que l'école formait l'artilleur à tout un système articulé de savoirs opératoires, classificatoires et quantitatifs permettant de maîtriser les différents paramètres en jeu dans un tir d'artillerie, particulièrement nombreux du fait de la grande variabilité du matériel. Autrement dit, il s'agissait ni plus ni moins que du programme épistémologique de la plupart des traités d'artillerie de l'époque.

En outre, si les problématiques de balistique interne étaient omniprésentes dans ces programmes, la balistique externe n'en était pas pour autant oubliée. Le « tir par la raison » prôné par Tartaglia contre le tir au hasard entrait, au moins partiellement, dans la formation des artilleurs. D'abord, il faut remarquer que les deux programmes incluaient un apprentissage des techniques de géomètres pour mesurer les distances. Cela devait permettre aux apprentis de calculer la distance qui les séparait de leur cible. De plus, le programme de Muñoz el Bueno proposait précisément d'enseigner aux artilleurs l'usage de l'équerre de Tartaglia divisée en douze points, ainsi que la relation existant entre la variation de l'angle de hausse d'une pièce d'artillerie et sa portée :

> Combien atteindra [le boulet] pour chaque point de l'équerre depuis le tir au niveau du plan de l'horizon jusqu'à la hauteur du plus grand tir possible, qui est à 45 degrés, c'est-à-dire au sixième point de l'équerre. De même, pour les mortiers, à quelle distance ils tirent depuis le point de 45 degrés et aux six autres points jusqu'au zénith, au point le plus haut[130].

Cette technique pouvait non seulement servir pour un tir offensif de précision mais elle était également sollicitée lors des tests de pièces d'artillerie « pour vérifier si l'on pouvait s'en servir dans n'importe quelle situation[131] ». Autrement dit, l'enseignement dans les écoles d'artilleurs incluait indubitablement une part d'arithmétique et de géométrie appliquées à l'artillerie.

130 « *Quanto alcançara [la bala] por cada punto de la escuadra desde el tiro a nivel que es el que se haze por el plano del Orizonte hasta el altura de su mayor tiro que es en los 45 grados, y sexto punto de la escuadra. Y ansi mismo los trabucos y morteretes que tanto es lo que tiran y alcançan desde el dicho punto de 45 grados por otros seis puntos hasta el cenit o punto más alto* », AGI IG leg. 2007.

131 « *En que punto de la escuadra se han de poner las pieças para dispararlas y las demás diligencias que en la dicha prueba y examen se han de hazer, para ver si las dichas piezas son capaces para poderse servir dellas en cualquiera ocasión* », *ibid.*

Enfin, il est par ailleurs intéressant d'observer les différences de programme induites par la vocation nautique de l'école d'artilleurs de Séville. D'abord, il faut remarquer un point particulier du programme de Palerme absent de celui de Séville ; à Palerme, on enseignait aux artilleurs quelques notions d'architecture militaire. Toutefois, cela ne signifiait nullement que les artilleurs de Séville n'étaient pas formés à l'usage terrestre de l'artillerie. D'après le texte de Muñoz el Bueno, il convenait à l'artilleur de « savoir user de l'art en campagne ou en forteresse[132] », d'être capable de préparer la défense d'une place forte, de savoir battre une muraille de nuit, ou encore tirer sur un escadron de soldats lors d'une bataille. Les savoirs spécifiques à l'artillerie navale concernaient la disposition des hommes et des pièces sur un navire, ainsi que des techniques particulières de transport de pièces lors des tempêtes. Des spécificités de l'usage de l'artillerie dans une bataille navale, peu était dit, en dépit de la grande technicité du tir en mer induite par les mouvements permanents du navire[133]. Il était simplement précisé que le chef des artilleurs devait prendre quelques précautions (inconnues) en préparation d'un tel évènement. On enseignait également la manière de transporter la poudre lors d'un engagement, pour éviter les risques d'explosion. L'*artillero mayor* proposait d'enseigner à ses apprentis les raisons pour lesquelles les tirs en mer étaient plus incertains, ainsi que les solutions pour y remédier au mieux. Il s'agissait également d'apprendre comment mettre le feu aux voiles ennemies. Enfin, dernière situation de tir spécifiquement envisagée, on apprenait aux artilleurs à utiliser des types particuliers de munitions lors d'un abordage. Pour le reste, peu de différences étaient faites entre services terrestre et naval. D'ailleurs, la distinction entre ces deux milieux n'était pas une priorité de l'enseignement car elle affectait peu le contrôle des paramètres de balistique interne, principale problématique de l'artilleur du XVIe siècle. C'est sans doute la raison pour laquelle l'administration militaire espagnole n'hésitait pas à recourir aux services des mêmes individus, tantôt sur mer, tantôt sur terre[134]. C'est certainement aussi pour cela que le thème de l'artillerie navale est si peu abordé par les traités.

132 « *Conviene saber al artillero para usar su arte en campaña y presidios* », *ibid.*

133 Sur ce thème voir le travail de Jubelin, Alexandre, « Par le fer et par le feu. Pratiques de l'abordage et du combat rapproché dans l'Atlantique du début de l'époque moderne (début du XVIe siècle – 1653) », thèse de l'université Sorbonne, Paris, 2019.

134 Voir p. 224-225, 380 et 383-386.

École de Palerme (1575)	École de Séville (1595)	Tartaglia (1537/1546)	Álava (1590)	Collado (1592)	Lechuga (1611)
Proportion totale du traité dédiée aux différents points de ces programmes		***Nova Sci.*** **100 %** 90/90 p. ***Quesiti*** 37 % 98/264 p.	46 % 236/516 p.	77 % 172/224 p.	93 % 259/279 p.
Règle de la fonderie de métal pour faire des pièces d'artillerie de toutes sortes.	De quelle artillerie on use à présent en Europe, sur mer et sur terre, et en combien de genres elle se divise, et quels types de pièces contient chaque genre, quel est le nom de chacune d'elles et quelle proportion de métal il convient de leur donner en fonction du diamètre de leur âme.	***Quesiti*** 4 % fol. 19r-20v	4 % fol. 153r-155r 159r-162v	13 % fol. 7v-12r 17v-18r 27v-32r 34r/37r	29 % p. 1-53 56-69 73-77 175-177 et 238 (Les deux aspects s'entremêlent)
Règle pour savoir si les pièces ont une quantité suffisante de métal, afin que l'artilleur sache comment il peut faire feu avec sans risque de rupture.	Quel ordre avoir afin de reconnaître chaque pièce et savoir si elle possède des proportions adéquates, tant dans sa longueur que dans la répartition de son métal, et dans quelles proportions le métal doit être réparti en fonction du diamètre de l'âme et du type de pièce, et savoir si l'âme d'une pièce est bien centrée au milieu, droite et non de travers, et si la lumière et les tourillons sont positionnés au bon endroit.	***Quesiti*** 4 % fol. 27r-28v	7 % fol. 155r-157v 162v-168r	9 % fol. 14r-17v 18v-19r 28r 29r-30r 35r-36v	
Règle pour connaître la qualité et la forme des affûts et autre matériel utilisés en campagne, dans les forteresses et en mer.	Comment il convient de donner à chaque pièce l'affût qui lui correspond, la différence qu'il y a entre les affûts de mer et de terre et, au cas où il serait nécessaire d'en fabriquer de nouveaux, la taille et proportions qu'il faut leur donner, l'épaisseur de bois qu'ils doivent posséder selon le poids de la pièce ainsi que la taille et la forme que doit avoir le ferrage et, enfin, tous les appareils nécessaires pour monter l'artillerie sur son affût et l'embarquer sur un navire ou la débarquer.			6 % fol. 19r-22r 33r-v 70r-v	15 % p. 78-118

École de Palerme (1575)	École de Séville (1595)	Tartaglia (1537/1546)	Álava (1590)	Collado (1592)	Lechuga (1611)
Règle pour charger les pièces de toutes sortes avec des boulets de fer, de pierre ou de plomb, et même sans cuillère à poudre.	Quelle quantité de poudre il convient de donner à chaque pièce selon le poids du boulet, la répartition de son métal et la qualité de la poudre. Quel poids pèse chaque boulet qu'une pièce requiert en fonction du diamètre de son âme. Combien de types de boulet il y a, comment il faut les utiliser pour ne pas endommager les pièces. Dans quelles circonstances il faut user de chaque type de boulets. Quelle quantité de vent il faut donner à chaque boulet en fonction de son poids et comment cela peut se faire de manière précise.	***Quesiti*** **20 %** fol. 18v 20v-21r/22v 24r-25v 34r-39v	**7 %** fol. 168r-172r 180v-83v 187v	**10 %** fol. 12r-14r 36v/38r 43r-44v 45v-46v 60r-61v 69v-70r	**3 %** p. 151-155 170-172
Règle pour connaître les cuillères et tous les autres instruments d'artillerie.	Comment fabriquer les cuillères de chargement afin qu'elles contiennent précisément ce qu'il faut de poudre pour chaque pièce, quels sont les outils nécessaires à l'usage de l'artillerie et à quoi sert chacun d'eux.			**6 %** fol. 22r-26v 32r-v	**1,5 %** p. 142-145
Règle des distances et autres mesures.	Savoir connaître la distance qu'il y a entre le lieu où l'on nous ordonne d'installer l'artillerie et la cible sur laquelle on doit tirer, afin que, en conformité à la distance, on sache l'effet que les boulets peuvent avoir depuis le lieu en question.	***N.S.*****(1550)** **35 %** fol. 23r-32v	**30 %** fol. 189r-223v	**1,5 %** fol. 68r-69r et 81v	
Règle des batteries		***Quesiti*** **10 %** fol. 7v-11r 24r-v		**1 %** fol. 53r-54r	**0,5 %** p. 183
L'art de la mine et de la contremine.	La manière de mettre le feu à une mine sans échec.		**1,5 %** fol. 256r-258r	**7 %** fol. 62r-68r	

École de Palerme (1575)	École de Séville (1595)	Tartaglia (1537/1546)	Álava (1590)	Collado (1592)	Lechuga (1611)
Les mixtures et artifices de feu	Quelles armes d'artifices de feu il faut utiliser en défense d'une forteresse et comment on peut les préparer et s'en servir. Comment il faut utiliser les armes d'artifices de feu en combat naval et comment on les prépare.		**10 %** fol. 94r-104r 176v	**10 %** fol. 61r 80r-88v	**1,5 %** p. 149-151
Connaissances suffisantes en matière de fortifications.		***Quesiti*** **12 %** fol. 69r-75v			**15 %** p. 239-279
L'avantage qu'il y a à l'attaque et à la défense d'une place forte.	Les préparatifs que doit entreprendre le chef artilleur d'une place forte assiégée par l'ennemi, dans la situation où un assaut semble imminent, de quelles pièces d'artillerie il faut se servir dans ce type d'actions, avec quelles munitions il faut les charger pour causer le plus de dommages […] comment il faut garder la poudre dans une forteresse pour qu'elle soit protégée de tous dangers et trahisons […] et si la victoire ennemie paraît très proche, ce qu'il faut faire pour rompre les pièces d'artillerie et brûler le matériel et les munitions afin que l'ennemi ne puisse s'en servir. Comment battre une muraille de nuit afin que les boulets atteignent précisément l'endroit que l'on souhaite, comment tirer sur des escadrons de soldats et quelles munitions il faut utiliser pour causer le plus de dégâts.	***Quesiti*** **3 %** fol. 24r-25r	**1,5 %** fol. 92v-94r	**3 %** fol. 49r-v 53r-54r et 55r	**4 %** p. 54-55 174 206-208 212-217
Faire des balles de plomb sans moule.					

École de Palerme (1575)	École de Séville (1595)	Tartaglia (1537/1546)	Álava (1590)	Collado (1592)	Lechuga (1611)
Enseigner à charger les pièces de toutes sortes avec des petits sacs de poudre pré-remplis.	Comment se font les gargousses afin qu'elles contiennent précisément la quantité de poudre qu'il convient à la pièce d'artillerie. Comment il faut les marquer, les identifier et les conserver pour que, lors d'un combat, on puisse facilement prendre la cartouche adéquate pour chaque pièce.			1 % fol. 46v-47v	
Le test des pièces d'artillerie qui se fabriquent à la fonderie.	Comment procéder au test et à l'examen de l'artillerie, et avec quelle quantité de poudre et quel boulet il faut réaliser le test. À quel point de l'équerre il faut faire tirer les pièces, et toutes les autres choses qui doivent se faire durant ce test, afin de vérifier que les pièces sont capables de servir dans n'importe quelle occasion. Les causes habituelles pour lesquelles les pièces se rompent, même si elles sont renforcées et possèdent toutes les qualités requises.	***Quesiti*** **3 %** fol 26r-27r	**1,5 %** fol. 158r-v 184v-85v	**2 %** fol. 12v-13r 44v-45r	**1,5 %** p. 185-187
	Si l'artillerie se retrouve enclouée du fait d'une trahison ou d'une action de l'ennemi, comment on peut tout de même s'en servir en cas d'urgence en attendant de la désenclouer. Comment désenclouer une pièce d'artillerie.		**0,5 %** fol. 186r	**0,5 %** fol. 56r	**0,5 %** p. 183
Ramasser et faire du salpêtre et le raffiner pour obtenir diverses qualités. Connaître la bonté du salpêtre.	La manière de raffiner les ingrédients de la poudre noire.		2 % fol. 178r-180v	1 % fol. 77r et v	

École de Palerme (1575)	École de Séville (1595)	Tartaglia (1537/1546)	Álava (1590)	Collado (1592)	Lechuga (1611)
Composer et raffiner les poudres de toutes sortes. Connaître la bonté et la puissance de la poudre.	Quelle quantité il faut de chaque ingrédient pour fabriquer de la poudre noire en conformité avec ce que Sa Majesté requiert pour le service de ses armadas, comment il est possible de savoir si la composition a été respectée et si la poudre a plus ou moins de force.	***Quesiti*** 9 % fol 41v-46r	3 % fol. 173r-176r 177r	2,5 % fol. 77r et 78r-80r	1,5 % p. 146-148
Raffiner la poudre sans ajouter ni salpêtre ni soufre ni charbon, au cas où l'on n'en aurait plus. Savoir sécher la poudre sans soleil, par tout temps.	La manière de raffiner la poudre qui a pris l'humidité de la mer ou qui est mauvaise. Comment on peut rapidement sécher l'humidité même de nuit et en pleine mer.		0,5 % fol. 177v (Poudre gâtée)	0,5 % fol. 79r	
Faire des tranchées et des gabions en campagne et en forteresse.	Comment faire des plateformes et comment on les nivèle pour qu'elles résistent au poids, et quelle importance cela peut avoir. Comment fabriquer les gabions et autres protections, et comment les installer afin de protéger des tirs ennemis les personnes qui servent l'artillerie.			2,5 % fol. 56v-58r et 92r	1,5 % p. 182 209-211
La règle pour déplacer, soulever, descendre et conduire l'artillerie, ainsi que la quantité et qualité des instruments nécessaires, des bœufs, mules et hommes.	Connaître et nommer tous les appareils et objets nécessaires au déplacement de l'artillerie et savoir les utiliser, et s'il en manque certains, comment on peut les fabriquer. Combien d'artilleurs et de sapeurs il faut pour chaque pièce, et le nombre de bœufs ou de mules que chaque pièce requiert pour être déplacée en fonction de son poids. Comment il est possible de se sortir de mauvais pas, ou de gravir plus facilement des montagnes avec l'artillerie.	***Quesiti*** 2 % fol 19v-20r	0,5 % fol. 186v	11 % fol. 71r-76v 89r-92v	9 % p. 119-141 192-195

École de Palerme (1575)	École de Séville (1595)	Tartaglia (1537/1546)	Álava (1590)	Collado (1592)	Lechuga (1611)
	Quelle portée est atteinte par des tirs à chaque point de l'équerre, depuis le niveau du plan de l'horizon jusqu'au point de la plus grande portée qui est à 45 degrés, c'est-à-dire au sixième point de l'équerre. Et de même pour les mortiers qui tirent quant à eux depuis l'angle de 45 degrés jusqu'au zénith.	***Nova Sci.*** >50 % Dédicace Livres I et II en partie ***Quesiti*** 5 % fol. 5r-7r	27 % fol 225r-256r	8 % fol. 26v-27v 38v-41r 48v 49v-50r 51r-v	5 % p. 70-72 155-159 161-162 164-165 168-169
	Savoir ce que veut dire l'expression "sacar el vivo" (ligne de visée), et comment on l'obtient avec précision et à quelle distance on peut s'en servir. Comment on peut modifier la visée, et l'abaisser en cherchant les points le plus élevés de la culasse et de la bouche de la pièce. Comment on peut positionner la pièce pour un tir bien horizontal. L'art du tir de démonstration, et que le second tir permette de déterminer l'emplacement des mires et de réajuster la pièce afin que le tir suivant donne précisément sur la cible visée. Quelles sont les différences entre les tirs "por el raso de los metales", "de punto a dentro", "de punto a fuera", "de punto en blanco".	***Quesiti*** 18 % fol. 14v-18v 28v-33v	2,5 % fol. 156r-157v 224r-v	8 % fol. 38r 41r-43v (+2 car numéro 42 en double) 48r-v 50r 54r 52r-v	2,5 % p. 159-160 163 178-181
	Combien de pièces il convient de donner à chaque navire en fonction de sa taille et de son rôle, de quels types de pièces il s'agit, à quels emplacements elles doivent être installées et comment il faut ouvrir les sabords. Comment il faut faire les plateformes d'artillerie sur les navires, comment les pièces doivent s'y attacher en cas de forte tempête, afin qu'elles ne bougent pas, et les appareils qui y sont annexes.				

École de Palerme (1575)	École de Séville (1595)	Tartaglia (1537/1546)	Álava (1590)	Collado (1592)	Lechuga (1611)
	Quelles sont les causes expliquant pourquoi les tirs sur mer sont incertains, comment y remédier, comment il est possible de mettre le feu aux voiles ennemies, et si l'on a épuisé toutes les munitions durant un long combat, comment tirer avec des pierres, des clous, des dés métalliques et autres choses courantes sur les navires. Avec quelles munitions il faut tirer sur l'ennemi lors d'un abordage pour faire le plus de dégâts possibles.	Quesiti 1 % fol. 23r et v	1,5 % fol. 184r-v 188r-v	1 % fol. 50v et 84v	
	Quels préparatifs le chef artilleur d'un navire doit entreprendre avant un combat naval. Comment les artilleurs et les aides se répartissent et comment la poudre doit être amenée à l'artillerie afin d'être protégée du danger du feu.				

FIG. 58 – Comparaison des programmes d'enseignement des écoles d'artilleurs de Palerme (1575) et de Séville (1595). Sources : AGS EST leg. 1144/4 et AGI IG leg. 2007. Cette table met aussi en relation ces programmes avec le contenu des principaux traités de l'époque.

COMPARAISON ENTRE PROGRAMMES D'ENSEIGNEMENT ET TRAITÉS D'ARTILLERIE

Le meilleur moyen de mettre en évidence le potentiel débouché que représentaient les écoles d'artilleurs pour les auteurs de traités est de comparer ces deux programmes d'enseignement aux contenus de quelques-uns des principaux traités de l'époque. Cinq imprimés, parmi les plus démonstratifs, ont été retenus mais l'exercice aurait mené à des résultats similaires avec la plupart des autres ouvrages de l'époque. La construction de la table de comparaison de la figure 58 mérite quelques explications. D'abord, elle met en relation les différents points du programme de Palerme avec ceux correspondants (et souvent plus détaillés) du programme de Séville. Ensuite elle montre quelle proportion de chaque ouvrage a été consacrée à aborder les différentes questions des deux programmes. Ainsi, par exemple, Collado dédia près des trois-quarts de son livre à traiter de points figurant aux programmes de ces écoles d'artilleurs, tandis que dans ses *Quesiti et Inventioni Diverse*, Tartaglia visa une audience bien moins spécifique, ne consacrant qu'un peu plus d'un tiers de son ouvrage à ces mêmes points. Enfin, le reste de la table de comparaison identifie, pour chaque point des programmes, les passages correspondants de chacun des livres. Cela permet de montrer dans quelle mesure chacun de ces livres traite des diverses problématiques inhérentes à l'apprentissage de l'artilleur. Le poids du traitement de chacune de ces problématiques au sein des livres en question peut être visualisé à partir des valeurs en pourcentage, exprimées non pas par rapport au nombre de pages de l'ensemble de l'œuvre mais seulement en comparaison du volume consacré exclusivement à l'artillerie.

Cette table de comparaison permet de montrer que la plupart des points figurant dans les programmes d'enseignement étaient abordés dans les livres d'artillerie. Certes le degré de spécialisation variait énormément d'un ouvrage à l'autre, certains se focalisant sur l'artillerie tandis que d'autres étaient plus généralement dédiés à l'art militaire (*Perfeto Capitán*) ou aux mathématiques (*Quesiti*). Néanmoins, force est de constater que cette littérature technique couvrait presque intégralement les programmes d'enseignement des écoles. Bien que les insistances fussent variables d'un auteur à l'autre, certaines thématiques bénéficiaient presque toujours d'une place privilégiée. Ainsi, par exemple, la classification des différents types de pièces et les techniques permettant de mesurer leurs proportions occupaient systématiquement un volume important, de 10 à 30 % selon les auteurs. De même, dans chaque traité, la problématique de la variation de la portée d'un tir en fonction de l'angle de hausse de la pièce – élément essentiel du « tir par la raison » – obtenait toujours au moins quelques pages de discours, voire des chapitres entiers. Par ailleurs, il faut noter que le traitement de certaines questions pouvait aisément glisser d'une thématique à l'autre. Ainsi, la question, systématiquement importante, de savoir quelle quantité de poudre mettre dans les différents types de pièces empiétait parfois sur celle de la fabrication des cuillères de chargement de poudre. En effet, plutôt que de proposer comme Tartaglia et Álava, des poids de poudre à charger, Collado et Lechuga intégraient ce paramètre, à l'aide de la géométrie, dans la fabrication des cuillères, instruments bien plus commodes à utiliser en combat que les balances. Enfin, il faut noter que quelques points des programmes étaient systématiquement ignorés par les traités. Il s'agissait en particulier des aspects spécifiques à l'usage naval de l'artillerie, présents dans le programme sévillan. Le processus de formalisation des savoirs était manifestement encore incomplet. Cependant, malgré ces quelques lacunes, il apparaît clairement que ces livres formalisant les savoirs sur l'artillerie pouvaient effectivement servir de bases à l'enseignement dans les écoles d'artilleurs de Palerme et de Séville.

Le plus ancien de ces traités, la *Nova Scientia*, fut publié en 1537, à Venise, c'est-à-dire dans un contexte où les premières écoles d'artilleurs étaient apparues[135]. Or, la composition de cet ouvrage constitue une exception paradoxale du corpus. L'étrangeté réside dans le fait qu'il s'agit d'un livre entièrement consacré à l'artillerie, mais qui ne développe que deux points de la formation de l'artilleur : d'une part, il exposait les différentes techniques de géomètre pour mesurer les distances et, d'autre part, il investiguait en profondeur la relation entre l'angle de hausse d'une pièce d'artillerie et la portée de ses tirs. Bien qu'il soit difficile de l'affirmer puisque les programmes d'enseignement datent d'une époque postérieure, ce livre de Tartaglia présentait probablement de nombreuses lacunes pour servir réellement de support au sein des écoles d'artilleurs vénitiennes. Cependant, le système d'enseignement émergeait tout juste à Venise et il s'agissait de la première tentative de formalisation des savoirs sur l'artillerie ayant connu une version imprimée.

135 Voir p. 366-371.

Publiées par le même auteur neuf ans plus tard, les *Quesiti et Inventioni Diverse* répondaient quant à elles beaucoup mieux aux nécessités de la formation d'un artilleur telles que les présentaient les programmes de Séville et de Palerme. Néanmoins, cette fois-ci, Tartaglia avait visé un spectre de lecteurs bien plus large. À peine plus d'un tiers du traité était consacré aux questions d'artillerie tandis que le reste abordait des questions de mathématiques appliquées à des activités aussi diverses que la mise en forme des régiments d'infanterie, la comptabilité marchande ou encore la mécanique. Encore peu institutionnalisé, l'enseignement de l'artillerie ne représentait peut-être pas un marché assez grand aux yeux de l'auteur pour mériter un ouvrage complet. Néanmoins, les chapitres consacrés à l'artillerie couvraient, dans un volume de pages comparable à la *Nova Scientia* mais de manière plus exhaustive, les différentes problématiques auxquelles devaient faire face un artilleur. La fréquentation du milieu des artilleurs et fondeurs de l'arsenal (mise en scène dans le livre) avait peut-être permis à Tartaglia de mieux cerner leurs besoins réels. Il n'est par conséquent pas étonnant que ce fut ce traité, et non la *Nova Scientia*, qui retint le plus l'attention des artilleurs de la garnison de Perpignan.

Le *Perfeto Capitán* fut l'un des premiers livres à proposer une formalisation des savoirs de l'artilleur en castillan. Toutefois, plus de la moitié de cet ouvrage était consacrée à la formation du parfait capitaine, qui devait constituer, pour l'homme de cour qu'était l'auteur, le public de premier choix de l'œuvre. Pourtant, la comparaison de ce traité avec les programmes de Séville et de Palerme tend bien à confirmer l'hypothèse selon laquelle il déroba au maître artilleur de Trapani (Alonso de Salamanca) le marché des écoles d'artilleurs. En effet, élargissant encore un peu le spectre des problématiques par rapport aux *Quesiti* de Tartaglia, l'ouvrage de Diego de Álava couvrait une grande partie des programmes d'enseignement. Que ce soit ou non une conséquence de la volonté propre de l'auteur, ce livre largement diffusé intéressait *de facto* les écoles d'artilleurs. Néanmoins il y a dans cet imprimé un certain déséquilibre dans le traitement des problématiques, les questions des mesures de distance et des angles de hausse représentant à elles seules plus de la moitié du volume consacré à l'artillerie. La cause en était qu'Álava souhaitait bâtir son autorité contre l'auteur de la *Nova Scientia* et qu'il reprenait donc de manière détaillée les mêmes problématiques.

En outre, ce choix était, de la part de l'auteur, une tactique permettant de mettre en avant ses points forts – sa virtuosité en mathématiques – au détriment de ses faiblesses – son manque total d'expérience de l'artillerie. Les aspects les plus techniques de son livre, concernant la classification des pièces ou encore la réalisation d'artifices de feu, provenaient d'autres ouvrages, notamment le manuscrit que l'artilleur Cristóbal de Espinosa avait dédié à son père en 1584, ainsi que le premier ouvrage de Luis Collado, publié en italien et dont Álava traduisit certains passages en castillan[136].

Parmi le corpus de traités d'artillerie écrits en castillan, le *Plática Manual* de Luis Collado fut sans doute le plus proche des programmes d'enseignement en place au sein des écoles d'artilleurs. L'ouvrage était aux trois quarts consacré à ce type de problématiques, le reste étant dédié à l'histoire de l'artillerie, à la mise en scène d'un examen d'artilleur, ainsi qu'à quelques indications destinées aux capitaines d'artillerie. De tous les ouvrages analysés, il était le plus exhaustif dans son traitement des différentes problématiques figurant dans les programmes sicilien et sévillan. Il est important de rappeler que son auteur, qui était en charge de l'examen des artilleurs à Milan, avait la prétention d'avoir écrit un livre servant de modèle pour la formation des artilleurs au sein des écoles. On peut raisonnablement considérer ce traité comme le plus proche de ce qui devait être enseigné aux artilleurs lors des leçons théoriques à la fin du XVIe siècle.

Le traité rédigé par Cristóbal Lechuga, bien que relativement proche des programmes d'enseignement, était moins exhaustif que celui de Collado. Il insistait particulièrement sur certains aspects peu ou mal traités par la littérature technique publiée jusqu'alors. Ainsi, il intégrait des descriptions techniques détaillées des affûts, sujet généralement peu approfondi par les auteurs du XVIe siècle. De même, il décrivait des méthodes très précises de mesure des proportions des pièces d'artillerie et développait plusieurs pages sur leur fabrication à la fonderie. À eux seuls, ces trois aspects techniques représentaient près de la moitié de l'ouvrage. D'ailleurs, pour la plupart des autres aspects, le capitaine Lechuga ne daignait même pas rédiger lui-même. Il s'était contenté de recopier, en les traduisant en castillan, des passages issus du livre de

136 Collado, Luis, *Pratica Manuale di arteglieria*, *op. cit.* Espinosa, Cristobal de, « Alvaradina : Dialogo de artillería », *op. cit.* Le procédé de reprise est expliqué plus en détail p. 454.

Gabriel Busca[137]. En 1611, lorsqu'il publia son traité, un vaste processus de formalisation des savoirs avait déjà alimenté les demandes des écoles d'artilleurs. Il ne s'agissait plus d'être exhaustif, mais de compléter et améliorer ce qui avait été abordé trop superficiellement par les auteurs précédents.

LES ARTILLEURS ONT-ILS LU LES TRAITÉS D'ARTILLERIE ?

Comme ce chapitre vient de l'exposer, de multiples indices tendent à prouver que les traités d'artillerie servaient de supports à la formation et à l'examen des artilleurs. Néanmoins, une dernière question reste en suspens : dans quelle mesure ces artilleurs, issus pour la plupart de milieux modestes, ont-ils pu lire des traités d'artillerie appliquant la géométrie, l'arithmétique et la philosophie naturelle d'Aristote à l'art du tir au canon ? À la recherche de preuves directes de la lecture de ces ouvrages par les artilleurs, je propose d'aborder ce thème fascinant de la lecture à travers une étude sur la matérialité des livres et sur les traces que certains lecteurs ont pu y laisser. Après un aperçu général des résultats trouvés suite à la consultation de plusieurs dizaines d'exemplaires de traités, la fin du chapitre exposera ce que deux lecteurs-artilleurs ont annoté et commenté dans leurs exemplaires de Collado et Álava.

MATÉRIALITÉ DES TRAITÉS ET TRACES DE LECTURE

Dans les trois dernières décennies, l'historiographie du livre a démontré combien s'intéresser à la matérialité du texte était pertinent lorsqu'il s'agit d'étudier la lecture et les modes d'appropriation des livres[138]. Cette dernière partie s'appuie donc sur l'analyse d'un échantillon d'exemplaires

137 Lechuga, Cristóbal, *Discurso del Capitán Cristoval Lechuga en que trata de la artillería*, *op. cit.* p. 148. Pour plus d'informations, voir p. 460.

138 Chartier, Roger, *Culture écrite et société : l'ordre des livres (XIVe-XVIIIe siècles)*, *op. cit.* Cavallo, Guglielmo, Chartier, Roger, *Histoire de la lecture dans le monde occidental*, Paris, Éditions du Seuil, 1997. McKENZIE, D. F. *Bibliography and the Sociology of Texts*, Cambridge, U.K. ; New York, Cambridge University Press, 1999.

de traités consultés dans six grandes bibliothèques de Madrid et de ses environs[139]. L'étude a porté sur un total de 67 exemplaires comprenant 20 éditions différentes des principaux traités d'artillerie depuis la *Nova Scientia* de 1537 jusqu'à l'édition du traité d'Ufano de 1613[140]. De même que l'exemplaire de la *Nova Scientia*, édition 1558, du Musée Galileo de Florence, contient un ex-libris de Giorgio Vasari et des annotations de Galilée lui-même[141], ces nombreux exemplaires madrilènes ont été consultés dans le but de trouver des ex-libris et des annotations manuscrites fournissant des informations sur les propriétaires de ces livres et sur la lecture qu'ils ont pu en faire.

Le format de ces traités invite tout d'abord à quelques commentaires. La grande majorité des éditions adoptèrent comme format l'in-4° mais il faut noter que certains des traités les plus célèbres – ceux de Collado, Álava et Lechuga – furent publiés en grand format in-folio. La forte présence dans ce corpus des exemplaires de ces trois auteurs s'explique sans doute autant par le nombre important de tirages que par leur grand format favorisant la conservation. Il faut également noter que ces exemplaires, qu'ils fussent in-folio ou, dans une moindre mesure, in-4°, avaient un format peu propice, *a priori*, à une diffusion auprès des artilleurs. À l'exception des livres de Lazaro de la Isla publiés en format de poche in-8°, ces traités étaient tous encombrants et par conséquent, il est difficile de les imaginer côtoyant les champs de bataille, que ce soit dans un navire ou dans une armée. De plus, les moyens et grands formats constituaient des objets relativement coûteux. En tenant compte également des nombreuses gravures dont ils sont tous ornés, il faut en déduire que le prix d'acquisition de ces œuvres n'était sans doute pas à la portée de tous les apprentis des écoles d'artilleurs.

À qui ces livres ont-ils donc appartenu ? Des ex-libris situés en début d'ouvrage fournissent parfois des informations à ce sujet. Néanmoins,

139 Bibliothèques consultées : BNE, Palacio Real, Museo Naval, Académie d'artillerie de Ségovie, Biblioteca del Monasterio del Escorial, Biblioteca Central Militar.

140 Voir la figure 59, ci-dessous. Pour plus de clarté, la suite des notes se réfèrera aux différents exemplaires par la cote bibliothécaire puis entre parenthèses le nom de l'auteur et la date de l'édition.

141 Tartaglia, Niccolò, *Nova scientia inventada da Nicolò Tartaglia con una gionta al terzo libro*, Venise, 1558, Collection Galilée du Musée Galileo de Florence, MED 0976/01. Pour l'attribution des notes à Galilée, voir Favaro, Antonio, *La libreria di Galileo Galilei descritta ed illustrata da Antonio Favaro*, Tipografia della scienze matematiche e fisiche, 1887.

la pratique d'inscrire le nom du propriétaire du livre était loin d'être systématique. Un tiers, seulement, des exemplaires consultés présentent au moins un ex-libris. Les informations qu'ils apportent à cette analyse sont, en outre, très irrégulières. Ainsi, dans certains cas, seul un nom apparaît, rendant l'ex-libris difficilement utilisable. D'autres fois, le nom est accompagné d'une date, parfois d'un titre, voire d'un petit texte permettant d'esquisser un contexte d'acquisition ou de lecture. Enfin un certain nombre de ces ex-libris n'apparaissent qu'à une période tardive de l'histoire de ces exemplaires, à l'image de ce *Plática Manual* de Collado, dont la succession des propriétaires a été soigneusement enregistrée seulement à partir du XVIIIe siècle[142]. Néanmoins, il est possible de déduire de ces ex-libris de nombreuses informations sur la possession et la circulation des livres.

Ces ex-libris mettent d'abord en évidence les multiples changements de mains de certains de ces livres dans les décennies qui suivirent leur publication. Ce marché du livre d'occasion apparaît clairement dans l'ex-libris d'un exemplaire du *Plática Manual* de Collado :

> Ce petit livre est à Estefano de Salas, *recamatore* (brodeur ?) et architecte, et je l'ai acheté à Naples, place de l'Olmo, en l'année 1610, il m'a coûté 38 carlines d'argent chez Antonio Pescarelo[143].

Ainsi, en 1610, cet individu acheta d'occasion à Naples, un traité qui avait été publié à Milan dix huit ans plus tôt. Le livre lui avait coûté 38 *carlines* d'argent ce qui, sans être véritablement bon marché, restait un investissement à la portée d'un artilleur, équivalent à un peu moins d'un mois de salaire[144]. D'autres traces de ces ventes d'occasion apparaissent dans certains ouvrages. Ainsi, le frontispice d'un autre exemplaire du *Plática*

142 Exemplaire de l'académie de Ségovie, 39-4-61 (Collado, 1592). Quatre propriétaires y sont identifiés de 1710 à 1888, des officiers d'artillerie à Badajoz puis à l'académie d'artillerie de Ségovie et à Madrid.

143 « *Este libreto es de Estefano de Salas, recamatore i arquiteto, i le tene comprato en Napoles en la piasa del Olmo, el año de 1610 años i me tene costato 38 carlines en piata en casa de Antonio Pescarelo* », Exemplaire du Palacio Real, X/359 (Collado, 1592). L'ex-libris est à la fin de la dédicace à Philippe II.

144 D'après une œuvre presque contemporaine, 9 *carlines* = 8 *reales*. Ochoa de Samaniego, Francisco, *Arismetica guarisma : en la qual se muestra el vso manual de las siete reglas maestras de saber hazer todas las que se reduzen a cuenta*, por Pedro Micheli, y Nicolao Françisco Russo, 1644, p. 116. Pour calculer les équivalences, il faut repasser en unités de compte : 1 *real* = 34 *maravedis* donc 1 *carlin* = environ 30,22 maravedis. Cela signifie que 38 carlines

Manual montre toute une superposition de retouches. D'un côté, se trouve un ex-libris portant un nom et une date (1606 ?) extrêmement difficiles à déchiffrer car quelqu'un a pris la peine de les recouvrir intégralement de rayures à l'encre. Après avoir effacé la marque du propriétaire précédent, cette personne, probablement un vendeur de livres d'occasion, a écrit de l'autre côté « Il est à qui l'achètera[145] », afin de remettre l'exemplaire en vente. Cette courte phrase est quant à elle recouverte d'un bout de papier – rajouté par l'acheteur ? – tentant de masquer cette trace du rachat du livre. Seule une lecture à la loupe avec une source de lumière derrière la page permet de révéler ces indices de changement de mains.

Par ailleurs, le changement de propriétaires pouvait s'effectuer au sein de certains milieux sans l'intermédiaire d'un vendeur. Ainsi, en novembre 1595, un certain Glateson, anglophone, acheta un exemplaire du *Perfeto Capitán*[146]. Cet ex-libris rédigé dans un castillan maladroit et erroné montre que son propriétaire évoluait dans un espace hispanophone. L'histoire ne dit pas ce qu'il y faisait, mais ce qui est certain, c'est que le livre passa à un autre anglophone, six ans plus tard, en mars 1601, lui aussi capable d'écrire en castillan[147]. L'exemplaire avait manifestement circulé au sein d'un milieu anglophone probablement établi en Espagne. D'ailleurs, les annotations manuscrites qu'il contient montrent un usage tout à fait original de ce livre : l'un des lecteurs, vraisemblablement Glateson, chaque fois qu'il rencontrait un mot castillan qu'il ne connaissait pas, en cherchait la traduction anglaise et l'écrivait à côté du mot imprimé[148]. La lecture de ce *Perfeto Capitán* en résultait plus aisée pour un public d'amis anglophones ayant une certaine familiarité avec le castillan, mais n'étant pas parfaitement bilingues. Le cas n'était pas une exception car d'autres ex-libris témoignent, avec moins d'éloquence, de la circulation fréquente de ces livres auprès de lecteurs d'autres langues maternelles[149].

valaient environ 1 148 maravedis, c'est-à-dire un peu plus de 3 ducats. Le salaire mensuel des artilleurs tournait autour de 4 à 5 ducats (voir p. 240).

145 « *Es de quien lo comprará* », exemplaire du Palacio Real, VIII/16 121 (Collado, 1592).

146 « *Glateson : Esta mi dueño y mi compré en el mes de Novembre 1595* », exemplaire du Museo Naval, CF-19 (Álava, 1590).

147 « *25 Marzo 1601, Walter Powist* », *ibid.*

148 Voir par exemple le folio 1v : *desbaratado = put to fighte* ; *atronadas = astonished ; ardides = stratigems* ; *acometimientos = assaylinges* ; *derribar = overthrowe* ; *acometio = attempted* ; *atropello = trode under flote.*

149 Des noms à consonances germaniques : « Michalis Fuster » dans BNE, 2/28 753 (1) (Cataneo, 1584). « Jacobus Fether » dans Biblioteca Central Militar, 1595/1 (Isla, 1595).

Les propriétaires de ces livres représentent un ensemble social relativement hétérogène. Parmi les noms, figurent trois hauts aristocrates identifiés par la particule *don*, mais un seul d'entre eux, don Diego Hurtado de Mendoza, vécut à l'époque étudiée[150]. D'autres noms castillans très simples et sans particules apparaissent, preuve que la possession de ces ouvrages n'était absolument pas l'apanage de la noblesse[151]. Des religieux firent même l'acquisition de ces livres pourtant à première vue destinés à un public militaire[152]. L'exemple cité plus haut mettait en scène, à Naples, en 1610, un éclectique *recamatore* (brodeur ?) et architecte portant un nom à consonance hispanique (Estefano de Salas) achetant le traité in-folio de Collado. Enfin, malgré l'absence d'ex-libris, il est possible d'émettre des hypothèses quand à l'activité de certains propriétaires. Ainsi, par exemple, un exemplaire du *Perfeto Capitán* contient encore une feuille manuscrite de reçus et dépenses (*cargo y data*) dont la structure et l'écriture sont typiques des documents comptables de l'administration militaire espagnole de la fin du XVIe siècle et du début du XVIIe siècle[153]. Découpé et inséré au milieu du livre, ce document semble avoir servi de marque-page à un lecteur faisant probablement partie des nombreux comptables militaires de la Monarchie. De même, à la fin d'un exemplaire du traité de Lechuga, se trouvent plusieurs pages de notes comptables de l'année 1619, relatives à la mine de mercure d'Almadén, exploitée par des agents de la Monarchie[154]. Le propriétaire du livre était selon toute vraisemblance un des administrateurs ou des comptables de cette mine. En ce sens, les traités d'artillerie suivent la tendance générale des autres livres qui, comme le formule Roger Chartier, « circulent dans la totalité du monde social[155] ».

---

150 Exemplaire de la bibliothèque de l'Escurial, Mesa 3-II-25 (1), portant l'ex-libris de don Diego de Mendoza. Biblioteca Central Militar, 1590/1 (Álava, 1590) avec ex-libris de don Joseph Antonio, année 1686. Académie de Ségovie, 42-15-34 186 (Álava, 1590), ayant appartenu à don Francisco de Porres y Silva Cano, devenu chevalier de l'ordre de Santiago en mai 1704 (Voir AHN, OM, Expedientillos, N.6383).

151 « *Domingo Ant[onez ?] en 7 días de noviembre 1630* », dans BNE, R/7658 (Álava, 1590). ex-libris rayé de « *Gab Lopez* » dans BNE, R/594 (Ufano, 1613).

152 Ex-libris barré d'un « *canonigo* » dont le nom est difficile à déchiffrer, dans Biblioteca Central Militar, 1590/1 (Álava, 1590). « *Es de la librería del Dotor Joseph Ausina, canonigo de Segorve* » dans Académie de Ségovie, 39-4-68 (Álava, 1590),

153 BNE, R/7666 (Álava, 1590), fol. 92r.

154 BNE, R/10535 (Lechuga, 1611).

155 Cavallo, Guglielmo, Chartier, Roger, *Histoire de la lecture dans le monde occidental*, *op. cit.*, p. 321.

Les autres annotations manuscrites constituent quant à elles de véritables indices de lecture. D'abord, un premier chiffre peut surprendre : 43 % des exemplaires de l'échantillon ont traversé, vierges de toute annotation, les 400 années séparant leur publication de l'époque actuelle. Deux remarques s'imposent à ce sujet. D'abord, il faut observer qu'une grande proportion de ces livres sans notes est issue des grandes collections de la haute aristocratie. Ainsi, par exemple, don Diego Hurtado de Mendoza n'a absolument pas annoté l'exemplaire de la *Nova Scientia* que Tartaglia lui a vraisemblablement offert lorsqu'il était ambassadeur de Charles Quint à Venise[156]. De même, les nombreux exemplaires provenant de la bibliothèque du comte de Gondomar, ambassadeur de Philippe III à Londres, sont tout autant immaculés[157]. La lecture et l'usage de ces livres par les aristocrates bibliophiles se distinguaient donc de ceux des autres propriétaires. Ce fait invite même à se demander dans quelle mesure la possession de ces livres relevait pour ces hommes d'un intérêt de lecture spécifique ou plutôt de la constitution d'une collection allant de pair avec la construction d'une identité nobiliaire et érudite particulière. La deuxième remarque qui s'impose est que ces exemplaires sont surreprésentés dans l'échantillon car leur conservation a été favorisée par rapport à ceux qui vécurent une existence plus tourmentée, passant entre de nombreuses mains. En effet, la bibliothèque de don Diego de Mendoza fut incorporée, après sa mort en 1576, à la bibliothèque de l'Escurial, et ses ouvrages ont donc été préservés sans altérations pendant près de 450 ans[158]. De même, la bibliothèque du comte de Gondomar fut conservée par ses héritiers, puis transmise à la Monarchie en 1785, à la mort du dernier de la lignée[159].

156 Exemplaire de la bibliothèque de l'Escurial, Mesa 3-II-25 (1), portant l'ex-libris de don Diego de Mendoza. Rappelons par ailleurs que Tartaglia met en scène plusieurs dialogues entre lui-même et ce grand aristocrate dans les *Quesiti*. Voir p. 444 pour plus de détails.

157 Cinq exemplaires dans la bibliothèque du Palacio Real : IX/9081 (Collado, 1586), VIII/4702 (Álava, 1590), IX/ 4405 (1) (Tartaglia, 1554), VIII/19 388 (Cataneo, 1584), Palacio Real VIII/398 (Cataneo, 1584).

158 *Documentos Para La Historia Del Monasterio De San Lorenzo El Real De El Escorial*, *op. cit.*, p. 239.

159 *Catálogo de la Real Biblioteca, tomo XIII : Correspondencia del conde de Gondomar*, vols. I-IV, Madrid, Patrimonio Nacional, 1999-2003.

Titre	Auteur	Date	Format	Aucune note	Ex-libris	Signes	Mots/phrases	Calculs/ schémas
Nova Scientia	Tartaglia	1537	4°	1 BNE R/1307(2)	1 BNE R/1307(2)			
Nova Scientia con una gionta…	Tartaglia	1550	4°	2 Es Mesa 11-II-21(2) PR X/4405(2)				
Nova Scientia con una gionta…	Tartaglia	1558	4°		1 AS 39-2-41(1)			
Nova Scientia con una gionta…	Tartaglia	1583	4°		1 BNE R/23125(1)			
Quesiti et Inventioni Diverse	Tartaglia	1546	4°		1 BNE R/23125(2)	1 BNE R/23125(2)	1 BNE R/23125(2)	
Quesiti et Inventioni Diverse	Tartaglia	1554	4°	2 Es Mesa 11-II-21(1) PR IX/ 4405(1)				
Quesiti et Inventioni Diverse	Tartaglia	1562	4°	1 AS 39-2-41(2)				
Opera nuova de fortificare	Cataneo	1564	4°	1 Es Mesa 9-II-11				
Avvertimenti … a un bombardiero	Cataneo	1567	4°		1 PR IX/8333		1 PR IX/8333	1 PR IX/8333

Titre	Auteur	Date	Format	Aucune note	Ex-libris	Signes	Mots/phrases	Calculs/ schémas
Avvertimenti … a un bombardiero	Cataneo	1571	4°	1 PR PAS/ ARM1/105				
Avvertimenti … a un bombardiero	Cataneo	1582	4°	2 BNE 2/28753(2) Es 49-II-19				
Dell'arte militare…	Cataneo	1584	4°	1 PR VIII/398	1 BNE 2/28753(1)	1 PR VIII/ 19388		
Pratica manuale di arteglieria	Collado	1586	Fol	1 PR IX/9081	1 BNE R/4299			
Plática manual de artillería	Collado	1592	Fol	1 PR VIII/579	6 AS 39-4-61 BCM V-70-1-17 BNE R/6376 PR III/1677 PR VIII/ 16121 PR X/359	11 AS 39-4-60 AS 39-4-61 BCM V-70-1-17 BNE R/4298 BNE R/6376 BNE R/10531 BNE R/15048 MN CF 443 PR III/1677 PR VIII/ 16121 PR X/359	8 BNE R/5176 BNE R/6376 BNE R/10531 BNE R/15048 MN CF 443 PR III/1677 PR VIII/ 16121 PR X/359	3 AS 39-4-61 BNE R/6376 PR VIII/ 16121

Titre	Auteur	Date	Format	Aucune note	Ex-libris	Signes	Mots/phrases	Calculs/ schémas
El Perfeto Capitán	Álava y Viamont	1590	Fol	8 AS 42-15-34188 BCM 1590/2 BNE R/2062 BNE R/6715 Es 34-I-5 PR VII/29 PR VIII/4702 PR VIII/4703	5 AS 39-4-68 AS 42-15-34186 BCM 1590/1 BNE R/7658 MN CF-19	5 AS 39-4-68 AS 39-4-69 AS 42-15-34187 BCM 1590/1 BNE R/7666	8 AS 39-4-68 AS 39-4-69 AS 42-15-34187 BCM 1590/1 BNE R/7658 BNE R/7666 BNE R/11672 MN CF-19	3 AS 39-4-68 BCM 1590/1 BNE R/7666
Breve tratado de artillería…	De la Isla	1595	8º	1 Es 14-VI-16	1 BCM 1595/1			
Breve tratado de artillería…	De la Isla	1603	8º	1 PR IX/4887				
Discurso que trata de la artillería	Lechuga	1611	Fol	3 AS 39-4-76 BNE R/15049 PR XIV/1009		1 BNE R/10535	4 BCM 1611/1 BNE R/10535 BNE R/15055 PR XIV/ 1623	3 BCM 1611/1 BNE R/10535 BNE R/15055
Tratado de la artillería y uso della	Ufano	1612	4º	2 AS 39-2-21 BNE R/3006	2 PR PAS/ARM 4/28 PR XIV/43			

Titre	Auteur	Date	Format	Aucune note	Ex-libris	Signes	Mots/phrases	Calculs/ schémas
Tratado de la artillería y uso della	Ufano	1613	4°	1 PR IX/6909	1 BNE R/594	1 BNE R/4828	2 BNE R/594 BNE R/4828	
TOTAL (sur 67 exemplaires)				29	20	22	24	10
Pourcentage de l'échantillon				43 %	30 %	33 %	36 %	15 %

FIG. 59 – Annotations manuscrites rencontrées dans 67 exemplaires de traités d'artillerie. Chaque exemplaire est référencé par la bibliothèque où il se trouve ainsi que par sa cote bibliothécaire. Abbréviations : AS pour l'academie d'artillerie de Ségovie, BCM pour la Biblioteca Central Militar, BNE pour la Bibliothèque Nationale d'Espagne, Es pour l'Escurial, MN pour le Museo Naval, PR pour le Palacio Real.

Malgré cette surreprésentation des exemplaires d'aristocrates bibliophiles, la majorité des exemplaires consultés possèdent des annotations manuscrites qu'il convient de caractériser et commenter. D'abord, type d'annotations les plus discrètes, les signes se rencontrent dans un peu moins d'un tiers des exemplaires. Ces signes présentent une grande diversité de formes : il peut s'agir de passages soulignés, de croix, de traits ou de points dans la marge. Parfois, un signe plus élaboré était dessiné, comme ces mains avec un doigt pointant vers une ligne, qui figurent dans deux exemplaires[160]. Quelquefois, un même lecteur utilisait différents signes marginaux, sans qu'il soit possible de savoir si ces différences revêtaient une signification particulière ou bien si elles n'étaient que le fruit d'une fantaisie[161]. Ces traces mettent en avant l'intérêt d'un lecteur pour certains passages spécifiques. Elles préparaient potentiellement une relecture rapide permettant d'attirer visuellement l'attention sur les passages que le lecteur considérait comme importants. Ces exemplaires étaient donc lus avec une certaine attention puis éventuellement consultés de nouveau pour s'en remémorer certains aspects.

Par ailleurs, un peu plus d'un tiers des exemplaires consultés possédaient des mots ou des phrases manuscrites de natures extrêmement variables. Dans certains cas, seul un ou deux mots avaient été écrits dans tout le livre[162]. Régulièrement, ces notes manuscrites visaient à corriger certains mots ou certaines phrases[163]. Quelques-unes de ces notes avaient également une fonction de soutien à la relecture similaire aux signes. Il en va ainsi d'un exemplaire des *Quesiti* de Tartaglia, dans lequel un lecteur a trouvé judicieux d'ajouter des titres en marges des questions[164]. Certains lecteurs ajoutèrent leurs commentaires comme dans cet exemplaire du *Perfeto Capitán* où se trouve précisé à côté du nom de *Syracusa* qu'il s'agit d'une ville qui « s'appelle de nos jours Saragosse de Sicile[165] ». Intéressé par le contexte d'écriture de cette œuvre, ce même lecteur a d'ailleurs copié

160 BNE, R/7666 (Álava, 1590), fol. 10r et 11r. Ainsi que Palacio Real, VIII/16 121 (Collado, 1592), fol. 94v.

161 Voir Académie de Ségovie 39-4-69 (Álava, 1590). Cet exemplaire combine des « + », « ++ », « x », « °° », « S » et « Si ».

162 BNE, R/15048 (Collado, 1592), Seulement « *366 lirbros* » fol. 12r et « Comparar Gen » fol. 110v.

163 Pour des exemples de ce type de corrections, voir BNE, R/10531 (Collado, 1592), fol. 63v et 69v. Museo Naval, CF 443, (Collado, 1592) fol. 80v.

164 BNE, R/23 125 (2) (Tartaglia, 1546), par exemple fol. 10v : « *las balas no van por el camino recto* ».

165 « *Agora en nuestro tiempo se llama çaragoça de Sicilia* », Biblioteca Central Militar, 1590/1, (Álava, 1590), préface « *de los admirables efectos de la arithmetica y geometria* ».

une biographie de Gerónimo Muñoz, le maître de Diego de Álava[166]. De tels ajouts se rencontrent dans quelques ouvrages à propos d'informations techniques sur l'artillerie. Ainsi, dans la partie du traité de Collado portant sur la description des différentes pièces d'artillerie, un lecteur a considéré important d'ajouter un passage manuscrit intitulé « Chapitre qui traite des pétards, de leur fabrication et de la raison pour laquelle ils furent inventés[167] ». Ce bref chapitre de quelques phrases venait compléter la classification de Collado, qui avait effectivement omis de mentionner ce type d'armes destinées à « détruire les portes » et qui, faut-il le mentionner au passage, figurait au programme de l'école de Séville[168]. Ajout encore plus conséquent, un exemplaire de Diego Ufano contient un supplément manuscrit de plusieurs pages, divisé en différents chapitres, portant principalement sur la confection des grenades et artifices de feu[169].

Enfin, le dernier type d'annotations présent dans ces livres renvoie à tout ce qui est matériel mathématique, qu'il s'agisse de figures géométriques ou de calculs. Notamment, en marge des tables de Diego de Álava ou bien encore à côté des techniques de géométrie appliquées à la mesure des pièces et à la fabrication des cuillères chez Collado et Lechuga, des chiffres se retrouvent empilés, traces d'un calcul réalisé par un lecteur[170]. Malheureusement, le sens en est souvent difficile à percer. Ces notes montrent au moins l'affinité aux mathématiques de certains lecteurs des traités d'artillerie. Cependant, ils ne sont pas très nombreux à laisser de tels indices : à peine 15 % des exemplaires consultés en possèdent. L'identité de leurs auteurs est méconnue. Des noms simples apparaissent, tels que Iänelo[171] et Gab Lopez[172]. Leur profession est pour la plupart d'entre eux inconnue, hormis pour cet individu qui semblait travailler dans l'administration des mines de mercure d'Almadén[173]. En tout cas, ces hommes ont un usage plus

166 *Ibid.* Voir prologue.

167 « *Capitulo que trata de los petardos, y de su fundición y formación y para que se inventaron* ». Palacio Real, III/1677 (Collado, 1592), fol. 37r.

168 « *Y el modo y orden del uso de los petardes, que agora se usan para arruinar las puertas de las fortalezas* », AGI IG leg. 2007.

169 BNE, R/4828 (Ufano, 1613).

170 Des exemples de ces traces de calculs : Académie Ségovie, 39-4-61 (Collado, 1592), fol. 41r (au dos du schéma de l'équerre), 47r et 59r. Biblioteca Central Militar, 1590/1 (Álava, 1590), fol. 167v, 169v, 203v, 230r et 249r. BNE R/15055 (Lechuga, 1611), p. 113 et 142.

171 Palacio Real, IX/8333 (Cataneo 1567).

172 BNE, R/594 (Ufano, 1613).

173 BNE, R/10535 (Lechuga, 1611).

intensif du traité que la plupart des autres lecteurs. Ils refont les calculs des auteurs, ou bien les adaptent à leur propre situation. Ils dessinent des schémas, s'appropriant les figures de ces livres[174].

Comment interpréter cette diversité de cas ? Ces objets révèlent une multitude de lectures. Certains préservent et collectionnent, d'autres interagissent et marquent leur passage. L'ouvrage intéresse, alors on annote le texte, on souligne les passages mémorables, on prépare une future relecture. On n'hésite pas, parfois, à adapter le texte. Il s'agit de corriger une faute d'orthographe due à l'impression, ou bien de compléter le texte selon ses propres attentes. Les lecteurs compétents en mathématiques vérifient les calculs des auteurs, appliquent les méthodes à leurs propres problématiques ou bien s'entraînent en refaisant. Finalement, ce qui a été recensé ici, ce sont les rares traces visibles de ce « braconnage » qu'est la lecture – pour reprendre l'expression de Michel de Certeau[175] – pratique qui reste en grande partie silencieuse face à l'historien. À ces divers usages correspondent une multitude de braconniers difficiles à identifier. D'ailleurs, il faut noter que, du fait des nombreux changements de mains de certains ouvrages, il n'est pas toujours évident d'attribuer ces notes à l'individu en ex-libris, ni même de dater précisément les annotations[176]. Les notes révèlent par ailleurs des intérêts particuliers de certains individus. Ainsi, l'anglophone Glateson n'annota que la partie du *Perfeto Capitán* traitant de l'art militaire, délaissant les chapitres sur l'artillerie[177]. Dans un autre exemplaire du même traité, deux écritures différentes révèlent les intérêts distincts de deux lecteurs successifs, l'un intéressé par la première partie de l'œuvre, commentant les récits que fait Diego de Álava à propos de l'histoire militaire antique, et l'autre, amateur de calculs, annotant les tables de la partie sur l'artillerie[178]. La pluralité des lectorats, comme celle des lectures, apparaît évidente à travers cette brève analyse des livres dans leur matérialité. Mais alors, qu'en-est-il du public des artilleurs ?

---

174 BNE, R/7666 (Álava, 1590), des schémas de triangles et cercles avec des chiffres à la fin du traité. Bib. Central Militar 1611/1 (Lechuga, 1611), p. 166 : schéma d'un canon avec des points A, B et C, lecture difficile.

175 Certeau, Michel de, « Lire : un braconnage », dans *L'invention du quotidien. 1/ Arts de Faire*, Paris, Union Générale d'éditions, 1980, p. 279-296.

176 Voir par exemple les croix au crayon dans l'exemplaire de l'Academie de Ségovie, 39-4-60 (Collado, 1592).

177 Museo Naval, CF-19 (Álava, 1590).

178 Biblioteca Central Militar, 1590/1 (Álava, 1590).

CES ARTILLEURS QUI ONT LU COLLADO ET ÁLAVA

Sur les 67 exemplaires consultés, il a été possible d'en identifier seulement deux ayant été annotés par des artilleurs. Le résultat pourrait paraître décevant, mais il n'a rien de surprenant car, comme cela vient d'être expliqué, l'identification des lecteurs n'est pas aisée. D'une part, la pratique de l'ex-libris était loin d'être systématique et, d'autre part, les informations inscrites permettent d'obtenir un nom mais rarement une profession. Il est par conséquent fort probable que d'autres artilleurs se cachent parmi les lecteurs des exemplaires de ce corpus.

Le premier exemplaire ayant appartenu à un artilleur est un *Plática Manual* de Luis Collado[179]. Cet objet a d'ailleurs déjà été évoqué précédemment lorsqu'a été présenté le marché de l'occasion des traités d'artillerie. Il s'agit de ce livre possédant un ex-libris rayé par un vendeur de livres afin de supprimer l'identité du propriétaire précédent. À l'aide d'une lumière placée derrière la page, le déchiffrement, bien que difficile, permet clairement d'identifier le mot *artillero*, voire l'expression *artillero mayor* rappelant le poste d'enseignant de l'école de Séville. Le reste de l'ex-libris est véritablement sujet à interprétations tant la lecture en est délicate. Une date y figure : août de l'année 1596, ou 1606 ou encore 1696, impossible de le savoir plus précisément sans un outillage technique plus performant que l'œil humain. Néanmoins, malgré ces incertitudes, l'objet a manifestement appartenu à un artilleur hispanophone moins d'un siècle après sa sortie des presses.

Il faut dores et déjà annoncer que ce livre contient une quantité hors norme d'annotations. D'abord, cet artilleur lecteur souhaita corriger certains passages de Luis Collado qu'il jugeait erronés. Ainsi, il commenta qu'une certaine remarque de Collado sur le réglage des mires était fausse[180]. Un peu plus loin, il nota que la gravure d'un tonneau explosif était mal réalisée, la mèche devant être placée différemment[181]. Il corrigea également certaines réponses de l'examen d'artilleur à propos des types de poudre à utiliser ainsi que d'autres instruments d'artilleur[182]. Il ajouta aussi des informations, par exemple sur des types de boulets

179 Palacio Real, VIII/16 121 (Collado, 1592).

180 *Ibid.* Deux dernières lignes du fol. 41v. Le commentaire a partiellement été coupé ce qui rend sa compréhension difficile. Le lecteur y exprime néanmoins une désapprobation.

181 *Ibid.* fol. 52v.

182 *Ibid.* fol. 106v.

particuliers appelés *angeles*[183]. Il est certainement inutile de multiplier à l'excès ces remarques : manifestement, ce lecteur avait non seulement réalisé une lecture attentive et en profondeur de l'œuvre de Collado, mais il disposait d'assez de connaissances techniques pour en discuter les moindres détails. Loin d'accepter le rôle de disciple passif absorbant la science de Collado, cet artilleur avait l'attitude du maître passant au crible de sa critique la doctrine d'un autre maître. Cette attitude, ainsi que l'ex-libris faisant (peut-être) référence à un *artillero mayor* laissent supposer qu'il pouvait s'agir d'un homme en charge de la formation des artilleurs à Séville ou dans quelque autre lieu de l'empire espagnol.

Autre élément intéressant, il faut souligner les compétences en mathématiques de l'individu. Ce dernier n'hésita pas à reprendre les calculs de proportions de Luis Collado à propos du positionnement des anses sur les pièces d'artillerie[184]. Quelques pages plus loin, il remarqua avec justesse que Collado, voulant diviser « cinq et un quart par trois » avait obtenu un résultat erroné de « un et un quart[185] ». Il remplaça cette valeur par le résultat correct de « un et trois quarts ». Certes, il s'agit de mathématiques très basiques, mais il faut reconnaître que non seulement cet individu connaissait le maniement des proportions et des divisions, mais également qu'il vérifiait avec précaution les informations numériques contenues dans l'ouvrage. Pourquoi corriger ces erreurs dans le texte ? Peut-être l'exemplaire-t-il était amené à circuler dans un cercle élargi de lecteurs (des disciples ?) que le propriétaire de l'objet souhaitait prémunir contre les erreurs du texte. Malheureusement, les informations quant à cet individu et au contexte dans lequel il évolua demeure incertaines.

Il en va tout autrement du second exemplaire portant les traces d'un artilleur-lecteur. Il s'agit d'un *Perfeto Capitán* présentant sur son frontispice un ex-libris (barré ultéreurement) d'un certain « Pedro J. de Villanueva[186] ». Or, l'année où fut publié le traité de Diego de Álava, le caporal des artilleurs de la ville de Pampelune se prénommait justement Pedro de Villanueva[187]. Il servait alors en tant qu'artilleur depuis douze

183 *Ibid.* fol. 53r.
184 *Ibid.* fol. 18v.
185 *Ibid.* fol. 30r.
186 Académie de Ségovie, 39-4-68 (Álava, 1590).
187 D'après les documents comptables : « *Pedro de Villanueva, cabo de los artilleros de Pamplona* », AGS GYM lib. 57, fol. 56v (année 1590).

années et le capitaine général de l'artillerie don Juan de Acuña Vela avait manifestement une bonne opinion de sa personne :

> Pedro de Villanueva a bien servi Votre Majesté comme il le prétend, ayant toujours accompli son devoir et, pour cette raison et parce qu'il est bon artilleur et fait bien attention, on lui a donné le poste de chef des artilleurs, pour qu'il enseigne aux autres artilleurs et les encadre[188].

Autrement dit, Pedro de Villanueva était chargé de la formation des artilleurs – une quarantaine selon ce même document – de la garnison/école de Pampelune en Navarre. Venu à Madrid réclamer de l'argent au conseil de guerre en octobre 1590, juste après la publication dans cette même ville du *Perfeto Capitán*, il y a fort à parier qu'il repartit en Navarre avec cet exemplaire sous le bras. Seconde hypothèse, si Pedro de Villanueva et Pedro J. de Villanueva ne furent pas les mêmes individus, le second fut sans doute fils ou neveu du premier. En effet, le chef des artilleurs de Pampelune, Pedro, avait un frère nommé Juan de Villanueva, lui aussi artilleur de cette garnison, qui décéda à bord d'un navire parti de Pasajes en 1589[189]. Pedro J. (Pedro Juan ?) pourrait en ce sens être le fils de l'un ou de l'autre.

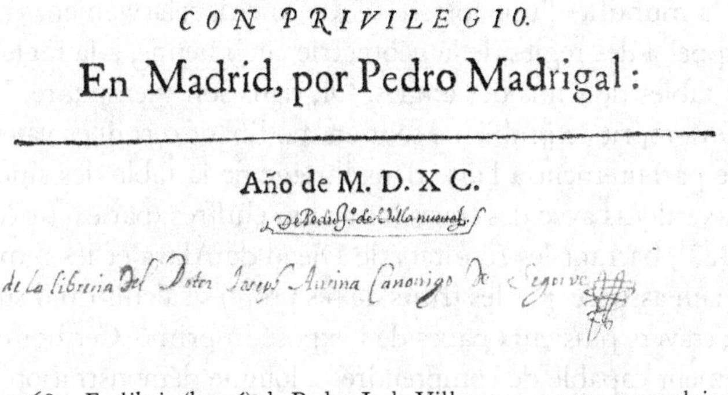

FIG. 60 – Ex-libris (barré) de Pedro J. de Villanueva sur un exemplaire du *Perfeto capitán* de D. de Álava y Viamont, Madrid, 1590. Document appartenant aux collections de la bibliothèque de l'Académie d'artillerie de Ségovie.

188 « *Pedro de Villanueva ha servido como dice a Vuestra Magestad habiendo siempre hecho lo que debe en su oficio y por haberlo hecho así y ser de cuidado y buen artillero, se le dió plaza de cabo para que enseñase y tuviese cuenta con los demás artilleros* », AGS GYM leg. 305/189 (05/10/1590).

189 Sur le départ de Juan de Villanueva dans l'armada de Pasajes, voir AGS GYM leg. 271/34 (année 1589). Sa mort se déduit du document suivant : AGS GYM leg. 305/189 (05/10/1590).

Qu'il fût un proche du maître ou le maître lui-même, ce Pedro J. de Villanueva disposait manifestement de solides connaissances en artillerie et en mathématiques. Son livre est incontestablement le plus abondant en annotations des 67 exemplaires consultés. L'absence de notes dans la première partie du traité montre que l'intérêt de ce lecteur fut circonscrit aux chapitres de la seconde moitié du *Perfeto Capitán*, exclusivement dédiés à l'artillerie. En outre, cet exemplaire présente un caractère exceptionnel autant pour la quantité des annotations manuscrites que pour leur qualité qui témoigne d'une lecture minutieuse, critique et intelligente, voire experte. Pedro J. de Villanueva disposait de toute évidence de l'outillage intellectuel suffisant pour comprendre dans ses moindres détails ce traité, pourtant l'un des plus théoriques du corpus.

D'abord, il faut noter que Villanueva se montrait extrêmement à l'aise en arithmétique et en géométrie, comme l'illustre l'exemple suivant. Dans la partie que Diego de Álava dédia à la mesure des distances, il consacra plusieurs pages à une technique particulière de mesure à partir de la figure ci-dessous. L'idée était que, connaissant la distance AB du lieu où se tenaient les batteries de canons, et les six angles ayant pour sommet les points A et B, l'utilisateur de cette technique devait être capable de calculer toutes les autres distances des points C, D et E, représentant la muraille d'une forteresse. Ce calcul, relativement complexe, faisait appel à des règles de la géométrie euclidienne, à la règle de trois et à des tables de sinus des angles. Or, dans son exemplaire, Pedro de Villanueva reprit ce problème tout en modifiant certaines valeurs[190]. Il se révèle parfaitement à l'aise dans l'usage de la table des sinus et des différents calculs avec des fractions à cinq chiffres (par exemple 12 754 sur 53 927), barrant les résultats de Diego de Álava et les remplaçant, d'une main assurée, par les fruits de ses propres calculs qu'il sut mener à bien à travers plusieurs pages de l'exposé imprimé. Cet homme était parfaitement capable de comprendre la longue démonstration de cette technique de géomètre et il savait manifestement calculer des distances à partir de données théoriques en proposant des résultats précis au centième de pas près[191].

190 Toutes les valeurs sont écrites soient directement sur les schémas, soit dans les marges, Académie de Ségovie, 39-4-68 (Álava, 1590), fol. 204v-207r.

191 Résultat trouvé par Pedro de Villanueva : « La distancia DC [...] es de *62 passos y 108/125* », *ibid.* fol. 207r.

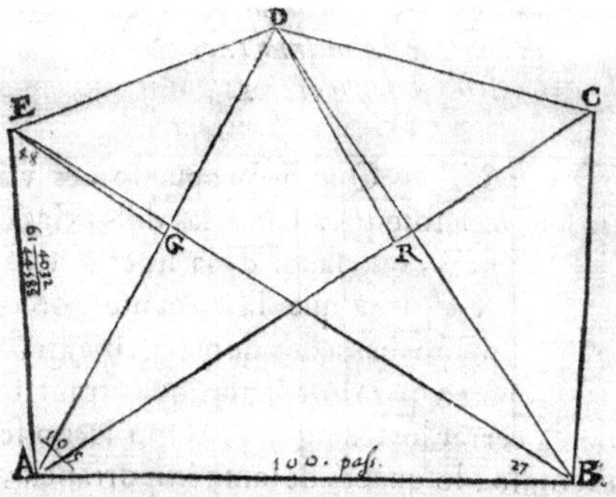

FIG. 61 – Annotations par Pedro de Villanueva d'un schéma du *Perfeto capitán* de D. de Álava y Viamont, Madrid, 1590. Document appartenant aux collections de la bibliothèque de l'Académie d'artillerie de Ségovie.

Ce souci extrême de Villanueva pour la précision est perceptible à divers endroits de son exemplaire. L'un des plus notables intervient là où l'auteur du livre, Diego de Álava, a construit une table permettant de représenter la variation des diamètres des boulets en fonction de leur poids, sujet classique des traités d'artillerie[192]. Dans le but de pouvoir vérifier la justesse des *colibres*, ces instruments utilisés par les artilleurs pour connaître le poids des boulets à partir de leur diamètre, Álava proposait de montrer comment variait ce diamètre en fonction du poids. La table se lisait donc de cette manière : en considérant que le diamètre d'un boulet d'une livre se divisait en dix parts, alors le diamètre du boulet de deux livres vaudra douze parts, 35 minutes 24 secondes[193]. Le reste de la table présentait les résultats pour des boulets de trois, quatre, cinq livres, jusqu'à 64 livres. Or, Villanueva se montra manifestement insatisfait de la précision des données calculées par Álava. Il traça sa propre table en marge de celle imprimée sur le livre, recalcula pour chaque poids de boulet, le diamètre correspondant et trouva des résultats qui, bien que très proches de ceux d'Álava, divergeaient souvent au niveau des secondes. Assurément, cet individu avait de sérieuses compétences en mathématiques. Cerise sur le gâteau, il intitula son annotation « table calculée par Pedro J. de Villanueva », permettant à l'historien d'établir un lien sans équivoque entre le nom de l'ex-libris et les nombreuses annotations du livre.

192 *Ibid.* fol. 169r. Pour plus d'information sur le traitement de cette problématique, voir p. 499.

193 L'unité adoptée permet de contourner la valeur incalculable du nombre π.

Tabla calculada por P. J. de Villan.

Tabla que enseña à duplicar, ò triplicar qualquiera esfera, ò cuerpos semejantes.

Diametros			Bala.	Dia-	me-	tros.	Bala.	Dia -	me-	tros.	Diametros		
P.	mi.	Seg		partes	minu.	segũ.		partes	minu.	segũ.	P.	Min.	Seg.
10	0	0	1	10	0	0	33	32	4	12	32	4	24
12	35	46	2	12	35	42	34	32	23	24	32	23	20
14	25	12	3	14	25	12	35	32	42	36	32	42	16
15	52	13	4	15	52	12	36	33	3	0	33	1	7
17	5	57	5	17	5	24	37	33	19	12	33	18	59
18	10	50	6	18	11	24	38	33	36	36	33	36	48
19	7	39	7	19	7	12	39	33	54	36	33	54	37
20	~~47~~	~~37~~	8	20	0	0	40	34	10	48	34	11	54
20	47	35	9	20	48	0	41	34	28	48	34	28	59
21	31	58	10	21	32	24	42	34	45	36	34	46	04
22	13	54	11	22	13	48	43	35	1	48	35	01	59
22	52	05	12	22	52	48	44	35	18	0	35	17	52
23	30	9	13	23	30	36	45	35	33	36	35	33	43
24	5	59	14	24	6	0	46	35	48	48	35	49	36
24	39	12	15	24	39	36	47	36	2	24	36	6	40
25	18	32	16	25	11	24	48	36	20	24	36	21	41
25	42	17	17	25	42	36	49	36	35	24	36	36	41
26	12	5	18	26	12	0	50	36	50	24	36	51	42
26	40	40	19	26	40	48	51	37	4	48	37	9	18
27	8	0	20	27	8	24	52	37	19	12	37	21	29
27	35	36	21	27	34	48	53	37	33	36	37	34	27
28	1	11	22	28	1	21	54	37	47	24	37	47	27
28	25	49	23	28	25	48	55	38	1	12	38	1	39
28	50	25	24	28	50	24	56	38	15	0	38	15	18
29	14	3	25	29	14	24	57	38	28	48	38	28	43
29	37	2	26	29	37	12	58	38	41	24	38	42	12
30	0	0	27	30	0	0	59	38	55	12	38	55	42
30	21	39	28	30	19	48	60	39	8	24	39	8	44
30	42	59	29	30	41	24	61	39	21	36	39	21	33
31	6	8	30	31	14	12	62	39	34	24	39	34	22
31	24	23	31	31	24	36	63	39	47	24	39	47	12
31	44	26	32	31	44	24	64	40	0	0	40	0	0

Y USO

Verte.

FIG. 62 – Table annotée par Pedro de Villanueva dans son exemplaire du *Perfeto capitán* de D. de Álava y Viamont, Madrid, 1590. Document appartenant aux collections de la bibliothèque de l'Académie d'artillerie de Ségovie.

En outre, Villanueva inscrivit également dans le livre le résultat de ses propres expériences. Il ne se fia pas à l'auteur du *Perfeto Capitán* lorsque ce dernier fournit des chiffres sur les différences de poids des divers matériaux dont pouvaient être fabriqués les boulets – la pierre, le fer, le plomb. Dans la marge du texte il écrivit :

> Proportion de divers boulets les uns par rapport aux autres-expérimenté
> 5 livres de marbre sont tout juste 14 livres de fer
> 2 livres de fer sont 3 livres de plomb[194].

Il avait préféré inscrire ses propres chiffres obtenus à partir de boulets qu'il avait pesés lui-même, plutôt que de se fier à l'autorité de Diego de Álava. Le traité, loin d'être l'objet d'une lecture passive, devenait en réalité un outil de travail avec lequel Pedro de Villanueva interagissait pour formaliser des connaissances les plus fiables possibles.

De plus, il n'y a aucun doute sur le fait que Villanueva avait lu et digéré la *Nova Scientia* de Tartaglia. Comme cela a été évoqué dans le chapitre précédent, Diego de Álava chercha à asseoir son autorité en s'attaquant à la *Nova Scientia* et en prétendant y lire des affirmations qui n'y étaient absolument pas. Toutefois, cette ruse n'échappa point à la lecture critique et attentive de Pedro de Villanueva. L'argumentation de Diego de Álava s'appuyait sur deux propositions de Tartaglia. La première, affirmant que la portée pour un angle de hausse de 45° valait dix fois celle d'un tir le long de l'horizon, se trouvait effectivement dans la *Nova Scientia*. C'est exactement ce que remarqua Villanueva, écrivant dans la marge : « dans la lettre du premier livre de la *Nova Scientia* et dans la proposition 9 du second[195] ». Cette note qui situait avec justesse l'information dans la *Nova Scientia*, prouve que Villanueva avait lu avec attention le traité de Tartaglia, livre complexe, recourant abondamment à Euclide et Aristote, mais aussi texte écrit non pas en castillan, mais en italien. Qui plus est, pour fournir une référence aussi précise, il faut supposer qu'il avait la possibilité de consulter la *Nova Scientia* en parallèle de sa lecture du *Perfeto Capitán*. Quant à la seconde proposition qu'Álava attribuait à Tartaglia – la variation linéaire de la portée en fonction de l'angle de hausse – Villanueva remarquait avec pertinence qu'elle ne se trouvait nulle part dans l'œuvre

194 « *Proporción de diversas balas unas con otras / – Experimentado / 5 Libras de marmol son 14 libras de hierro escassas / 2 libras de hierro son 3 libras de plomo* », *ibid.* fol. 187r.

195 « *En la epistola del Primero Libro de la* Nova Scientia *y en la prop. 9 del 2°* », *ibid.* fol. 230r.

du mathématicien italien[196]. Cette remarque révélait que Villanueva avait non seulement lu Tartaglia mais qu'il en maîtrisait le contenu, évitant d'être dupe de l'artifice rhétorique de Diego de Álava.

Villanueva portait plus généralement un grand intérêt à l'étude géométrique des trajectoires. Quelques pages plus loin, il écrivit en effet une note défendant une proposition de Tartaglia sur la variation des trajectoires contre les attaques répétées de Diego de Álava[197]. Pour mieux suivre les démonstrations de l'auteur, il reproduisit d'une page sur l'autre les figures géométriques représentant les trajectoires[198]. Il s'immisça même dans les calculs d'Álava portant sur les proportions des différentes parties de ces trajectoires et corrigea ainsi une approximation de l'auteur qui, dans le calcul de multiplication de dix par deux tiers, recourut à la valeur approchée de sept. Remplaçant ce chiffre par la valeur exacte de six et deux tiers, Villanueva refit méticuleusement tous les calculs des pages suivantes, sans doute plus par jeu que par nécessité car l'assimilation des trajectoires à des figures géométriques était en soi une approximation convenue.

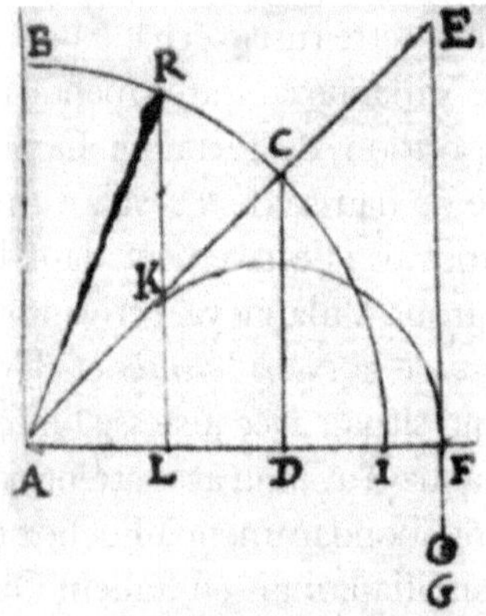

FIG. 63 – Figure géométrique de trajectoire reproduite par Pedro de Villanueva dans son exemplaire du *Perfeto capitán* de D. de Álava y Viamont, Madrid, 1590. Document appartenant aux collections de la bibliothèque de l'Académie d'artillerie de Ségovie.

196 « *Este segundo principio no se halla en Tartalla* », *ibid.* fol. 230r.
197 « *No es falso* », *ibid.* fol. 237r.
198 Figure du fol. 246r reproduite en haut du fol. 246v, *ibid.*

Ces deux exemplaires, en particulier le second, mettent en évidence les traces d'une lecture critique et en profondeur des traités par certains artilleurs. Ces individus étaient-ils représentatifs de leur profession ? Probablement pas, car, plusieurs indices permettent de supposer qu'il s'agissait de maîtres en charge de la formation d'autres artilleurs. Ce statut particulier allait de pair avec des compétences et des savoirs qui n'étaient sans doute pas communs à toute la profession. Ces deux hommes possédaient de solides connaissances en mathématiques, une certaine expérience technique, l'un d'eux comprenait l'italien, mais surtout, ils savaient tous deux parfaitement bien lire et écrire. Alors, les artilleurs ont-ils lu les traités d'artillerie ?

La réponse à cette question se heurte à un premier problème : quel était le niveau d'alphabétisation parmi les artilleurs ? Certains manuscrits d'artillerie ont été rédigés par des individus se réclamant *artillero* et qui entretenaient clairement une relation aisée avec l'écriture[199]. Cependant, ces artilleurs capables de rédiger des traités jouissaient d'un statut privilégié, à l'image de Cristóbal de Espinosa qui, à Milan, était reconnu comme un expert et touchait une paie plus élevée[200]. Par ailleurs, les auteurs de traités présentaient parfois les artilleurs comme ayant une étroite relation avec l'écrit. Ainsi, dans son manuscrit, le lieutenant Diego de Prado mettait en scène un élève artilleur prenant des notes sur la leçon du maître[201]. Dans cette même perspective, Girolamo Cataneo considérait que tout artilleur devait savoir lire, écrire et compter[202]. S'agissait-il d'une réalité ou d'un simple vœu pieux ? D'après les statistiques de Perez-Mallaína, sur les navires de la *carrera de Indias*, un peu plus de la moitié des artilleurs (55 %) étaient capables de signer[203]. Ce chiffre, relativement élevé, en faisait la troisième profession la plus alphabétisée du navire après les capitaines (83 %) et les pilotes (74 %). Ces individus entretenaient donc, pour l'époque, un rapport à l'écrit privilégié par rapport à leur statut social somme toute fort modeste.

199 Castillo, Hernando del, « Libro muy curioso y utilísimo de artillería », *op. cit.* Espinosa, Cristobal de, « Alvaradina : Dialogo de artillería », *op. cit.* ; Alvarado, Espinel de, « Alvaradina : la cual contiene en si muchos muy necesarios avisos de las cosas tocantes al Artilleria », *op. cit.*

200 Voir AGS EST leg. 1260/126 (01/09/1583).

201 Prado, Diego de, « La obra manual y pláctica de artillería », *op. cit.* p. 10.

202 Cataneo, Girolamo, *Avvertimenti et essamini intorno a quelle cose che richiede a un bombardiero*, *op. cit.* fol. 1r.

203 Perez-Mallaína, Pablo, *Spain's Men of the Sea*, *op. cit.*, p. 230.

Cependant, ce rapport à l'écrit restait insuffisant pour faire de tous les artilleurs des lecteurs attentifs de Tartaglia et Álava.

Certaines remarques de Roger Chartier sur les modes d'appropriation des livres à l'époque moderne fournissent quelques pistes d'interprétation de cette situation. D'abord, il est nécessaire de souligner que, pour la période d'Ancien Régime, la capacité des individus à signer représente mal l'alphabétisation car elle ne reflète pas directement la capacité à lire[204]. D'après les travaux de Margaret Spufford sur l'Angleterre du XVIIe siècle, les apprentissages de la lecture et de l'écriture étaient alors bien distingués et séparés[205]. Tandis que bon nombre d'enfants apprenaient les rudiments de la lecture vers six ans, dans le cercle familial, l'apprentissage de l'écriture passait par l'école de grammaire à partir de huit ans, âge auquel l'enfant commençait à avoir la capacité de travailler et de constituer un apport économique pour les familles les plus modestes. Ces personnes – nombreuses – qui, obligées de travailler dès le plus jeune âge, avaient manqué l'apprentissage de l'écriture dans l'école de grammaire, étaient donc incapables de signer, mais certaines d'entre elles pouvaient tout de même disposer de capacités basiques de lecture acquises entre 6 et 8 ans et leur permettant au moins de lire les caractères imprimés.

De plus, comme le formule Roger Chartier, « aux XVIe et XVIIe siècles, sans doute plus qu'avant, le rapport à l'écrit n'implique pas forcément une lecture individuelle[206] ». En effet, les imprimés étaient régulièrement consultés de manière collective, lors de lectures à voix haute au sein d'un groupe. Chartier identifie ainsi dans la ville quelques espaces sociaux privilégiés tels que les ateliers d'artisans et les confréries au sein desquels avaient lieu de telles pratiques[207]. Ne serait-ce pas là l'un des rôles joués par les écoles d'artilleurs ? Après tout, les sources le disent sans détour : que faisait le mathématicien Julián Ferrofino à l'école d'artilleurs de Séville si ce n'est la mission que lui avait confiée le conseil de guerre de « lire et montrer la matière et l'art de l'artillerie[208] ». Ainsi, un homme

---

204 Chartier, Roger, *Pratiques de la lecture*, Paris, Éditions Rivages, 1985, p. 82.

205 Spufford, Margaret, « First Steps in Literacy : The Reading and Writing Experiences of the Humblest Seventeenth-Century Spiritual Autobiographers », *Social History*, vol. 4, n° 3, 1979, p. 407-435.

206 Chartier, Roger, *Lectures et lecteurs dans la France d'Ancien Régime*, *op. cit.*, p. 94.

207 *Ibid.* p. 95.

208 « *Leer y mostrar materia y arte de artillería* », AGS GYM leg. 277/8 (22/11/1589).

tel que le charpentier Juan Ruiz de Baltodano, pourtant incapable de signer sa déposition devant les juges de la *casa de la contratación*[209], pouvait accéder aux textes de Tartaglia, Collado et Álava par la médiation du cours de Ferrofino qu'il fréquentait assidument[210].

CONCLUSION

Tout un faisceau d'indices converge vers l'idée que les écoles d'artilleurs furent l'un des principaux débouchés des traités d'artillerie. Le maître artilleur Alonso de Salamanca, tout comme le conseil de guerre du roi, les percevaient comme un marché potentiellement important de l'imprimé ainsi que comme un enjeu stratégique pour la Monarchie hispanique. De plus, ces traités ont été élaborés par des individus pour la plupart impliqués dans le milieu des écoles et des pratiques d'examen. Leurs écrits revendiquaient différents lectorats parmi lesquels figuraient bien souvent de manière explicite les artilleurs et apprentis. En outre, comme l'analyse des programmes d'enseignement l'a mis en évidence, le contenu des traités, même ceux plus théoriques de Tartaglia et Álava, couvrait en grande partie les thèmes enseignés dans les écoles d'artilleurs. Par conséquent, même lorsque les traités n'étaient pas explicitement dédiés au public des artilleurs, ils fournissaient *de facto* un support potentiel d'enseignement dans les écoles. Enfin, l'étude sérielle des exemplaires de traités d'artillerie a révélé leur lecture et correction par des artilleurs, selon toute probabilité des maîtres qui utilisaient ce genre de supports pour donner des lectures collectives au sein des écoles et des communautés d'artilleurs.

L'hypothèse que les écoles d'artilleurs furent des lieux privilégiés de lecture collective des traités laisse supposer l'organisation de tout un microcosme. D'abord, ces communautés d'apprentissage facilitaient aux artilleurs l'accès aux livres, leur épargnant la nécessité de posséder des

209 Il fait partie des témoins interrogés à propos du dossier sur Muñoz el Bueno : « *Andrés Muñoz el Bueno, artillero, sobre que se le haga merced del officio que está vaco por Andrés de Espinosa* » AGI IG leg. 2007 (année 1593).

210 Il figure dans la liste des 74 inscrits à l'école d'artilleurs de Ferrofino, AGS GYM leg. 351/283 (06/03/1592).

exemplaires en propre. Le maître enseignant, ou bien peut-être parfois d'autres officiers locaux impliqués dans la pratique de l'examen tels que l'ingénieur militaire, le comptable ou le commandant, pouvaient fournir leurs exemplaires à la communauté d'artilleurs. D'ailleurs, à Séville, comme probablement ailleurs, certains capitaines et officiers n'hésitaient pas à assister aux leçons d'artillerie[211]. Par ailleurs, en décuplant, par le biais de la presse, les efforts de formalisation des savoirs réalisés par une poignée d'experts, les livres imprimés rendaient possible l'enseignement de l'artillerie à grande échelle. N'importe quel maître bénéficiait ainsi de fondements solides pour ses leçons grâce à ces livres qu'il lui suffisait de lire attentivement, de corriger et de compléter. Les nombreuses gravures de ces traités offraient également tout autant d'images que, grâce à leurs grands formats d'in-folio et d'in-4°, l'enseignant pouvait montrer au groupe d'artilleurs réuni autour de lui. Il est même possible d'imaginer certains maîtres enseignant et commentant diverses doctrines et divers auteurs puisque Pedro de Villanueva pouvait tout aussi bien discuter du *Perfeto Capitán* que de la *Nova Scientia*. C'est sans doute à travers ces multiples dynamiques locales que se construisit cette nouvelle science de l'artillerie discutée au sein de tout un empire et au-delà.

L'école d'artilleurs, institutionnalisée par l'État, constituait non seulement une opportunité d'accès au texte mais aussi un contrôle de son interprétation. La lecture pouvait se faire, pour quelques privilégiés sans doute, directement à partir de l'exemplaire corrigé et annoté du maître, ou bien, pour la grande majorité des apprentis, collectivement à l'oral, lors des leçons. Dans les deux cas, l'accès au texte se faisait par la médiation de ce maître qui fournissait aux apprentis les clés d'une bonne interprétation. Le groupe d'artilleurs rassemblés autour de cette figure du *cabo maestro* était donc une de ces « communautés d'interprétation » constitutives, comme le dit Chartier, du « monde des lecteurs[212] ». L'idée de cette expression était d'ailleurs venue à son inventeur, Stanley Fish, à propos du fonctionnement d'une classe d'étudiants à l'université[213]. Dans cet univers des artilleurs de la Monarchie hispanique, les traités

211 Voir p. 344.

212 Cavallo, Guglielmo, Chartier, Roger, *Histoire de la lecture dans le monde occidental*, *op. cit.*, p. 323.

213 Fish, Stanley E., *Is There a Text in this Class ? : The Authority of Interpretive Communities*, Cambridge, Mass, Harvard University Press, 1980.

d'artillerie devenaient en quelque sorte instaurateurs d'un ordre social, participant, d'une part, à la définition d'une norme d'entrée dans la profession (l'examen) qui impliquait les supérieurs hiérarchiques, mais servant aussi, d'autre part, d'instruments de distinction entre ceux qui savaient et qui publiaient – les auteurs – ceux qui savaient et qui transmettaient – les maîtres – ceux qui savaient suffisamment pour passer l'examen – les artilleurs – et enfin ceux qui ne savaient pas encore – les apprentis.

CONCLUSION GÉNÉRALE

Ce livre a présenté sous ses différentes facettes le système articulant guerre, savoirs techniques et État qui fut progressivement mis en place par la Monarchie hispanique entre les années 1560 et la fin du XVIe siècle. Il a d'abord mis en évidence l'augmentation importante des besoins en compétences techniques induite par la construction de l'État moderne, en insistant en particulier sur le poids du développement des marines de guerre. Puis il a démontré le rôle crucial de l'administration de l'artillerie comme structure transversale de contrôle gouvernemental au sein de la monarchie composite des Habsbourg. La croissance rapide de cette structure signifia une transformation ou plutôt une spécification du statut d'artilleur. Loin des techniciens d'élite que furent les ingénieurs militaires et les fondeurs, les artilleurs devinrent des techniciens bon marché recrutés en masse parmi les humbles professions de marins, de soldats et d'artisans. Il faut néanmoins noter la tension entre, d'une part, les nécessités de capital humain en pleine croissance de la Monarchie et, d'autre part, les exigences qualitatives en termes de compétences et de fiabilité attendues de chaque individu recruté en tant qu'artilleur. Signe manifeste de ces tensions, le commandement militaire de la Monarchie hispanique recruta pour son artillerie des mercenaires étrangers en grand nombre en dépit des craintes et des risques réels de sabotage qui en résultaient.

Cette tension provoqua l'apparition d'un système d'apprentissage novateur. Des écoles, c'est-à-dire des espaces totalement dédiés à l'enseignement de l'artillerie firent leur apparition à partir des années 1570 dans les territoires italiens et espagnols de la Monarchie hispanique. Ces institutions transformèrent l'échelle traditionnelle de l'apprentissage technique proposant un modèle intensif de formation au sein duquel un maître transmettait ses compétences à des dizaines d'apprentis. Ce système mit également en scène une nouvelle pratique régulant l'accès à la profession : l'examen oral sous forme de questions devant un jury.

Cet exercice obligeait les futurs artilleurs non seulement à démontrer un savoir-faire, mais aussi à produire un discours sur leur activité, donnant par là un degré d'abstraction à une pratique technique. Par un jeu de miroir, l'examen encourageait également les commandants et officiers présents à développer leur capacité de jugement quant à la qualité du discours produit par le candidat. Ce type d'apprentissage stimula et fut en partie nourri par la publication de nombreux traités imprimés et par la rédaction de multiples manuscrits qui circulèrent au sein des milieux artilleurs. Ces livres, souvent publiés par des individus impliqués dans le système de formation des artilleurs, couvraient le programme théorique des écoles et fournissaient aux maîtres des savoirs et des images à montrer et à discuter avec les apprentis lors des leçons. En ce sens, les livres techniques furent étroitement associés au développement de la puissance militaire de la Monarchie hispanique dans la mesure où ils contribuèrent à la genèse du vaste corps d'artilleurs dont elle avait besoin.

Les conclusions de ce travail laissent entrevoir plusieurs chantiers de recherche ouverts par diverses questions présentées dans ce livre.

Le premier de ces chantiers concerne la nécessité d'obtenir des perspectives comparatives sur le sujet traité. Indubitablement, la multiplication de l'usage du canon et le défi qui en résulta de générer suffisamment de ressources humaines compétentes concerna d'autres puissances européennes de l'époque moderne. Après la victoire de Gravelines (1588) contre la Monarchie hispanique, l'Angleterre poursuivit ses efforts de développement d'une marine de guerre qui culminèrent avec les actes de navigation de 1651 sous le gouvernement de Cromwell[1]. La flotte anglaise se présenta aux diverses batailles de la première guerre anglo-néerlandaise (1652-1654) avec des effectifs autour de 80 à 100 navires[2]. Son adversaire du moment, les Provinces-Unies, affichait une force comparable, fruit de sa longue confrontation avec la Monarchie hispanique durant la guerre de Quatre-Vingts-Ans (1568-1648)[3]. Une décennie plus tôt, les navires de guerre néerlandais avaient non seulement vaincu, à la bataille des Dunes (1639) l'armada d'une centaine de navires envoyée par Olivares pour les anéantir, mais ils avaient également conquis de nouveaux espaces

1 Elliott, John H., *Empires of the Atlantic World*, *op. cit.*, p. 113.

2 Rodger, Nicholas, *The Command of the Ocean : A Naval History of Britain, 1649-1815*, Londres, Allen Lane, 2004.

3 Israel, Jonathan I., *The Dutch Republic. Its Rise, Greatness, and Fall, 1477-1806*, Oxford, Oxford University Press, 1995, p. 715.

maritimes au détriment des Ibériques[4]. Créée en 1601, la compagnie néerlandaise des Indes orientales (VOC) s'était emparée d'une grande partie du commerce européen avec l'Asie et entretenait une flotte de plusieurs dizaines de grands navires lourdement armés[5]. À l'ouest, l'amiral de la compagnie des Indes occidentales (WIC), Piet Hein, se rendit célèbre en capturant, dans la baie de Matanzas (Cuba), des galions espagnols transportant l'argent américain[6]. Autrement dit, la première moitié du XVIIe siècle vit l'ascension rapide des Provinces-Unies comme puissance navale à l'échelle du globe. Ce groupe des grandes puissances navales fut également rejoint par la France qui se dota d'une importante marine de guerre, d'abord sous l'impulsion de Richelieu puis sous celle de Colbert : dans les années 1690, la marine de guerre française comptait près d'une centaine de vaisseaux de ligne ainsi qu'une cinquantaine de frégates[7].

Or, ce livre a démontré que, dans le cas de la Monarchie hispanique, la croissance de la marine de guerre constitua la principale force motrice de la demande en artillerie et en artilleurs. Par conséquent, il est légitime de se demander comment l'Angleterre, les Provinces-Unies et la France firent-elles face, au XVIIe siècle, à une augmentation – probablement considérable – de la demande en techniciens qualifiés capables de faire usage de canons qui en vinrent à se compter par milliers. La question est d'autant plus pertinente que l'armement des navires de guerre s'alourdit énormément au cours du XVIIe siècle. Dans les années 1600, mes statistiques révèlent en moyenne une vingtaine de pièces par galion de la Monarchie hispanique. En 1661, les vaisseaux de ligne de Louis XIV en possédaient, en moyenne, une quarantaine, chiffre qui passa à près d'une soixantaine dans les années 1690[8]. Le même constat s'impose du côté des vaisseaux de ligne anglais[9]. Comment chacun de ces États réagit-il face à cette demande croissante en artilleurs ? Y eut-il diffusion du modèle des écoles d'artilleurs ? À ce sujet, le cinquième

---

4 Goodman, David C., *Spanish Naval Power, 1589-1665*, *op. cit.*, p. 25.

5 Parthesius, Robert, *Dutch Ships in Tropical Waters. The Developement of the Dutch East India Company (VOC) Shipping Network in Asia, 1595-1660*, Amsterdam, Amsterdam University Press, 2010, p. 90-92. Israel, Jonathan I., *The Dutch Republic*, *op. cit.*, p. 940-942.

6 Phillips, Carla R., *Six Galleons for the King of Spain*, *op. cit.*, p. 3-4.

7 Meyer, Jean, Acerra, Martine, *Histoire de la marine française : des origines à nos jours*, Rennes, éditions Ouest-France, 1994.

8 Meyer, Jean, Acerra, Martine, *Histoire de la marine française*, *op. cit.*, p. 50.

9 Winfield, Rif, *British Warships in the Age of Sail 1603-1714 : Design, Construction, Careers and Fates*, Barnsley, Seaforth Publishing, 2007.

chapitre a mis en évidence l'importante circulation de ce modèle, au XVIe siècle, en Italie, en Allemagne et même jusqu'en Angleterre. L'étude de ces institutions que furent les écoles d'artilleurs demeure largement négligée et mériterait davantage d'attention de la part des historiens militaires spécialistes de ces différents espaces.

En outre, au XVIIe siècle, l'affrontement entre ces puissances navales prit une dimension mondiale[10]. En ce sens, la présence relativement faible des espaces coloniaux de la Monarchie hispanique dans ma narration résulte du choix de restreindre la chronologie. Comme le second chapitre l'a mis en évidence, les vice-royautés de Nouvelle-Espagne et du Pérou ne commencèrent à se doter de structures d'administration de l'artillerie que dans les dernières années du XVIe siècle. Le développement, au XVIIe siècle, d'une concurrence entre les diverses puissances européennes pour la domination des mers du globe et l'accès aux ressources américaines et au commerce asiatique dut nécessairement avoir un impact sur l'artillerie des espaces coloniaux. Comment se dotèrent-ils en canons et en artilleurs ? Les sources mentionnent tout un réseau de fonderies d'artillerie qui fut mis en place à la charnière des XVIe et XVIIe siècles à Cuba, Mexico, Acapulco, Lima ou encore Manille[11]. Ce développement de l'artillerie coloniale fut-il également accompagné d'une mise en place d'écoles d'artilleurs ? Plus généralement, se pose la question du devenir des écoles d'artilleurs de la Monarchie hispanique au cours du XVIIe siècle. Le cinquième chapitre a évoqué la fermeture probable d'un grand nombre d'écoles d'artilleurs au milieu du XVIIe siècle, avant leur réouverture dans les années 1670[12]. Certainement, le statut et les connaissances attendues de l'artilleur se transformèrent au cours de l'époque moderne : ainsi, au XVIIIe siècle, les cibles principales de l'enseignement de l'artillerie n'étaient plus les simples artilleurs mais le corps officier qui recevait sa formation dans les écoles d'artillerie de Ségovie en Espagne, La Fère en France, ou Woolwich en Angleterre[13].

10 Glete, Jan, *Warfare at Sea, 1500-1650 : Maritime Conflicts and the Transformation of Europe*, Londres ; New York, Routledge, 2000, p. 165.

11 Sur Cuba, AGI SANTO DOMINGO, leg. 20/8 (année 1621). Sur Mexico, AGI MEXICO leg. 24/25 (04/10/1599). Sur Acapulco, AGI MEXICO leg. 24/65 (01/11/1601). Sur Lima et Manille, AGI MEXICO leg. 27/35 (année 1608).

12 AGS GYM leg. 2407.

13 Andújar Castillo, Francisco, « La educación de los militares en la España del siglo XVIII », *op. cit.* d'Orgeix, Emilie, « Supports d'enseignement et édition militaire en France », *op. cit.*

Par ailleurs, le sujet de l'artillerie équipant la marine marchande a été brièvement abordé dans le premier chapitre, mais il mérite quelques commentaires supplémentaires en fin d'ouvrage. Ainsi, plusieurs documents relatifs au réquisitionnement, par la Monarchie hispanique, de navires marchands espagnols et étrangers révèlent que la plupart d'entre eux voyageaient avec des pièces d'artillerie ainsi que des artilleurs – entre un et quatre selon la taille du navire. Le fait a été remarqué par les historiens de l'économie, mais il gagnerait à être étudié par les historiens militaires, trop souvent prisonniers d'une conception weberienne considérant l'artillerie comme un privilège des États[14]. La présence d'artillerie à bord des navires marchands soulève de multiples questions concernant le commerce, certainement international, de canons et de munitions. En outre, il est possible d'émettre l'hypothèse que cette artillerie marchande privée interagit avec les structures des États de l'époque moderne. Ainsi, à la fin du XVIe siècle, entre 1 000 et 2 000 navires néerlandais commerçaient chaque année avec les divers ports de la Baltique[15]. L'armement, même léger, d'une si vaste flotte marchande fut certainement favorable à l'essor de tout un environnement technicien. Il stimula économiquement la mise en place de centres locaux de production d'artillerie et de munitions ou bien, à défaut, le renforcement d'un réseau d'approvisionnement extérieur. De plus, une telle flotte commerciale constituait un énorme bassin d'emplois pour les individus souhaitant travailler comme artilleurs. L'afflux massif, mis en évidence dans le troisième chapitre, d'artilleurs hanséates et flamands venus servir dans les flottes espagnoles tend à confirmer l'hypothèse d'une certaine surabondance de compétences techniques dans les espaces très dynamiques sur le plan du commerce maritime. Il est possible que l'importante réserve de matériel et de compétences en artillerie générée par la marine marchande constitua l'un des piliers de l'expansion fulgurante de la puissance navale des Provinces-Unies au XVIIe siècle. En

---

Vallet de Viriville, Auguste, *Histoire de l'instruction publique en Europe et principalement en France*, *op. cit.* p. 266 et suiv.

14 Barbour, Violet, « Dutch and English Merchant Shipping in the Seventeenth Century », The *Economic History Review*, vol. 2, n° 2, 1930, p. 261-290. Cipolla, Carlo M., *Guns, Sails and Empires*, *op. cit.*

15 De Vries, Jan, Van der Woude, Ad, *The First Modern Economy. Success, Failure, and Perseverance of the Dutch Economy, 1500-1815*, Cambridge, Cambridge University Press, 1997, p. 372.

Espagne, le quatrième chapitre a montré que l'apparition de la première école d'artilleurs, à Séville, résulta de l'augmentation du trafic commercial transatlantique. Le salaire de l'enseignant fut en partie financé par les armateurs dont les navires marchands constituaient l'un des principaux débouchés des individus sortant de l'école. Par conséquent, l'une des conclusions de ce livre est qu'il ne peut y avoir de compréhension du développement de l'artillerie à l'époque moderne sans prendre en considération le marché privé que représenta le commerce maritime.

Enfin, les chapitres sur les écoles et les savoirs artilleurs débouchent sur un chantier concernant plus spécifiquement l'histoire des techniques. Ce livre a souligné le rôle de l'examen par questions comme pratique pivot permettant d'articuler formation théorique et livres techniques. Comme les quatrième et cinquième chapitres l'ont montré, durant le XVIe siècle, les compétences techniques de l'artilleur en vinrent à être testées non plus seulement à travers des actions (le chargement d'une pièce et le tir) mais à travers des questions orales devant un jury d'officiers royaux. La généralisaton de ce type d'épreuves pour entrer dans la profession témoignait d'un glissement d'une formation informelle, orale, sur le terrain, entre aides-artilleurs et artilleurs, vers une formation plus formalisée et théorique au sein d'écoles spécifiquement dédiées au transfert de savoirs. Présentant parfois des modèles d'examens, les traités d'artillerie participèrent à la formalisation et à la définition de cette nouvelle norme d'entrée dans la profession, s'arrogeant un double public, celui des artilleurs et celui des examinateurs, officiers royaux, capitaines et ingénieurs.

Or, le cinquième chapitre a identifié d'autres milieux professionnels ayant adopté la pratique de l'examen par questions. À Séville, il en fut ainsi des pilotes de la *carrera de Indias* ainsi que de certaines professions artisanales telles que les maîtres confituriers. Les travailleurs de la soie à Malaga, mais également à Venise, subissaient ce même type d'épreuves au milieu du XVIe siècle. Au XVIIe siècle, l'examen théorique devant un jury se développa parmi certains groupes d'artisans d'Anvers et de Hollande[16]. Ces cas d'examens par questions régulant l'accès à divers métiers dans divers espaces laissent entrevoir, dans l'Europe de l'époque

16 De Munck, Bert, « Corpses, Live Models, and Nature : Assessing Skills and Knowledge before the Industrial Revolution (Case : Antwerp) », *Technology and Culture*, vol. 51, n° 2, 2010, p. 332-356. Davids, Karel « Apprenticeship and Guild Control in the Netherlands, c. 1450-1800 », *op. cit.*

moderne, un phénomène de transformation à l'œuvre, dont l'ampleur reste à préciser. Dans le contexte français, Anne-Françoise Garçon évoque un glissement, au XVIIIe siècle, de l'épreuve du chef d'œuvre chez les tailleurs de Rennes, vers une importance plus grande accordée à l'échange verbal entre le candidat et l'assemblée de maîtres, avec davantage d'insistance sur les capacités arithmétiques et intellectuelles et non plus sur la qualité de la couture[17]. Malgré les deux siècles d'écart, le parallèle avec l'examen par questions des artilleurs s'impose à l'esprit, ce qui démontre la nécessité qu'il y a à explorer cette transformation culturelle du monde des métiers dans une perspective transnationale et avec une chronologie élargie couvrant l'ensemble de l'époque moderne.

En outre, le degré de formalisation et d'abstraction de la pensée technique requis par l'examen invite à réévaluer le paradigme, dominant parmi les historiens des techniques, de l'oralité des savoirs artisans à l'époque moderne. Comme l'introduction du dernier chapitre l'a souligné, l'historiographie des techniques considère d'une manière quasi-unanime la « réduction en art », ce vaste effort de formalisation et de publication des savoirs techniques, comme un processus restreint aux milieux socio-culturels les plus élevés de la société d'ancien régime – ingénieurs, savants et aristocrates. Toutefois, ce livre a tâché de démontrer que le traité technique, en association avec de nouveaux modes d'apprentissage, fut un objet fréquemment consulté et discuté parmi les artilleurs, c'est-à-dire au sein de milieux socioculturels relativement modestes, constitués essentiellement de soldats, de marins et d'artisans. L'insistance sur les aspects théoriques de la formation dispensée au sein des écoles, la pratique de l'examen par questions, l'engouement pour la culture écrite sont autant d'indices d'une modification profonde de la relation entretenue par les artilleurs avec leur objet technique, le canon. Pour reprendre la typologie des pensées opératoires d'Anne-Françoise Garçon, à la fin du XVIe siècle, il devient clair que les artilleurs au service de la Monarchie hispanique quittent le « régime de la pratique », centrée sur l'oralité, le caractère informel du savoir transmis par le maître sous forme de carte mentale pour entrer dans ce « régime de la technique », formalisé, géométrique, écrit, qui ne fut manifestement pas l'apanage des seuls ingénieurs[18]. Or, l'émergence d'examens par questions dans

17 Garçon, Anne-Françoise, *L'imaginaire et la pensée technique*, *op. cit.*, p. 125-126.
18 *Ibid.* p. 25-26.

d'autres milieux artisans invite à considérer sérieusement l'hypothèse d'une transformation plus générale de la relation du monde artisanal à l'objet technique, ayant eu potentiellement un impact dans les champs économique et culturel des sociétés occidentales de l'époque moderne. Néanmoins, il est tout à fait possible que les diverses innovations en matière d'apprentissage et de relation à l'écrit qui émergèrent dans les milieux des artilleurs leur soient spécifiques. Après tout, l'artillerie se développa dans un contexte technique très particulier, impliquant un acteur remarquable, l'État, et répondant aux contraintes d'une demande, non pas économique comme la plupart des métiers artisanaux, mais militaire. En ce sens, l'articulation du triptyque guerre, savoirs techniques et État donna forme à une profession bien particulière de l'époque moderne, l'artilleur, que ce livre s'est efforcé de mieux cerner, mais qui demeure largement méconnue au-delà du cadre spatiotemporel de l'étude.

ANNEXE I

Transcription d'examens d'artilleurs (AGI CT leg. 4871)

EXAMEN DE JUAN DE TORO (1581)

En la muy noble y muy leal ciudad de Sevilla en la cassa de la contratación de las Indias, a diez y nueve días del mes de abril de mill quinientos y ochenta y un años, ante los muy illustres señores el doctor Gomes de Santillan del consejo de su Magestad y su presidente en ella y Luis Ponce de León que sirve officio de thesorero en ella y por ante mi Francisco de Chaves, escribano de su Magestad y mayor della, pareció un hombre que por su nombre se dixo llamar Juan de Toro y presentó una certificación firmada de Andrés de Espinosa, artillero mayor, que es esta que se sigue :

> Yo Andrés de Espinosa, artillero mayor por su Magestad, certifico a los muy Illustres señores y jueces officiales de su Magestad de la cassa de la contratación de las Indias de esta ciudad de Sevilla, que ante mi pareció Juan de Toro, natural que dixo ser desta ciudad de Sevilla, hijo de Hernán Gallego y de Ysabel de Toro su muger, vezinos desta dicha ciudad, que sera de veynte y tres años, barbi rubio, blanco de rostro, una señal de herida sobre la ceja derecha, e me pidió que conforme a lo que su Magestad tiene mandado por su instrucción, le admitiese a el uso y exercicio del dicho officio de artillero, y que, concurriendo en él las calidades que se requieren, se le diese carta de exsamen. Y aviendome ynformado sobre que el dicho Juan de Toro es natural desta ciudad y que ha navegado a las Yndias y que tiene las demas calidades que se requieren a la ynstrucción, le admití a el uso y exercicio de el dicho officio y así se a ocupado dos meses continuos asistiendo al terrero conmigo y con otros artilleros las horas que se an juntado, exercitandose en el dicho officio y a ganado quatro premios que es un par de guantes a cada uno : a Cristóbal de la Cruz, y a Juanes el Vasco, y a Francisco Hernandez, y a Diego de Gamez, que son quatro artilleros exsaminados en el arte, que asisten a el

> dicho terrero y en mi presencia a hecho polvora y fuegos artificiales y tiene pratica, abilidad y suficiencia por poder ser admitido a el exsamen de artillero y así lo juro a Dios y a la Cruz en forma de derecho y en certificación dello lo firmo de mi nombre. En Sevilla, a diez y ocho días del mes de Abril de mil e quinientos y ochenta y un años. Firmado : Andrés de Espinosa.

E vista la dicha certificación por los dicho señores presidente y juez thesorero, mandaron parecer a el dicho Andrés de Espinosa artillero mayor y a Gerónimo López, y a Juan Ortiz, vezinos de Sevilla y a Juanes de Archega, vezino de la villa de Sant Sebastian en la provincia de Gipuscua, artilleros, porque todos le hagan a el dicho Juan de Toro que se quiere exsaminar de artillero las preguntas y repreguntas necessarias tocantes a el dicho officio y de obrar pólvora porque se sepa y entienda la suficiencia del dicho Juan de Toro y teniendo la que se requiere, se le diese su carta de exsamen. Y en cumplimiento desto, el dicho Andrés de Espinosa, artillero mayor, y los dichos tres artilleros, en presencia de los dichos señores presidente y juez le hicieron las preguntas y repreguntas a el dicho officio pertenescientes, teniendo delante una pieza de artillería hecha de metal y otros instrumentos de madera y de metal tocantes a el uso y exercicio de artillero, y aviendo durado esto espacio de tiempo y aviendo sabtisfecho en las dichas preguntas el dicho Juan de Toro suficientemente a todo lo que se le preguntó, el dicho Andrés de Espinosa artillero mayor y los dichos tres artilleros dixeron a los dichos señores presidente e juez que el dicho Juan de Toro que se avía exsaminado tenía plática, abilidad y suficiencia por poder usar el dicho officio de artillero y así lo juraron a Dios y a la Cruz en forma de derecho lo qual visto por los dichos señores presidente y juez tesorero mandaron que se le de su carta de exsamen en forma porque pueda usar en el dicho officio de artillero en la carrera de las Yndias y en otras partes comforme a lo que su Magestad manda, de lo qual se tome la razón en los libros de la contaduría desta cassa y a el se le vuelva porque pueda ser admitido por tal artillero en qualesquier naos que naveguen a las dichas Yndias y lo firmaron de sus nombres.

TRADUCTION FRANÇAISE DE L'EXAMEN DE JUAN DE TORO (1581)

Dans la très noble et loyale ville de Séville, dans la *casa de la contratación* des Indes, au dix-neuvième jour du mois d'avril de 1581, devant les illustres seigneurs docteur Gomes de Santillan, du conseil de sa Majesté et président de la *casa de la contratación*, et Luis Ponce de León qui sert l'office de trésorier, et devant moi, Francisco de Chaves, *escribano mayor* de sa Majesté, s'est présenté un homme qui affirme s'appeler Juan de Toro et qui nous a présenté un certificat signé par Andrés de Espinosa, *artillero mayor*, de la teneur suivante :

> Moi Andrés de Espinosa, *artillero mayor* de sa Majesté, certifie aux très illustres seigneurs et juges de la *casa de la contratación* des Indes en cette ville de Séville, que devant moi s'est présenté Juan de Toro, affirmant être originaire de la ville de Séville, fils de Hernán Gallego et de Ysabel de Toro sa femme, habitants de cette ville, âgé de 23 ans, poils blonds, blanc de visage, une cicatrice au-dessus du sourcil droit, et il m'a demandé, conformément à ce que sa Majesté a ordonné dans ses instructions, que je l'admette à l'exercice du dit office d'artilleur, et que je lui donne son attestation d'examen lorqu'il possèdera toutes les qualités requises. Après avoir vérifié que le dit Juan de Toro est bien originaire de cette ville et qu'il a navigué aux Indes y qu'il possède toutes les qualités requises pour être instruit, je l'ai admis à l'exercice du dit office et il s'y est consacré pendant deux mois en continu, participant au terrain d'entraînement avec moi et les autres artilleurs les heures où nous nous sommes réunis et, s'exerçant dans cet office, il a gagné quatre prix, qui sont à chaque fois une paire de gants, à Cristóbal de la Cruz, à Juanes el Vasco, à Francisco Hernandez et à Diego de Gamez, qui sont quatre artilleurs examinés dans l'art et qui participent aux entraînements, et en ma présence, Juan de Toro a fabriqué de la poudre et des artifices de feu et il a la pratique et la compétence suffisantes pour être admis à l'examen d'artilleur. Et ainsi je le jure devant Dieu et la Croix et pour le certifier je le signe de mon nom. À Séville, le 18 avril 1581. Signé : Andrés de Espinosa.

Après avoir vu le dit certificat, les seigneurs président, juge et trésorier convoquèrent Andrés de Espinosa, *artillero mayor*, ainsi que Gerónimo López, Juan Ortiz, habitants de Séville, et Juanes de Archega, habitant de Saint-Sébastien dans la province de Guipuzcoa, tous artilleurs, afin qu'ils fassent au dit Juan de Toro, qui souhaite être examiné comme artilleur, toutes les questions nécessaires au dit office et à la manipulation de la poudre pour que l'on sache si Juan de Toro possède les compétences suffisantes et, le cas échéant, lui attribuer une attestation d'examen. À cette fin, Andrés de Espinosa, *artillero mayor*, et les trois artilleurs, en présence des seigneurs président et juge, lui firent toute une série de questions relatives au dit office, en disposant d'une pièce d'artillerie de métal et de certains instruments de bois et de métal utiles à l'exercice d'artilleur, et au bout d'une certaine durée, comme Juan de Toro a répondu de manière satisfaisante à tout ce qui lui a été demandé, Andrés de Espinosa, *artillero mayor*, et les trois artilleurs affirmèrent aux seigneurs président et juge que Juan de Toro avait passé l'examen et qu'il possédait la pratique et les compétences suffisantes pour pouvoir servir l'office d'artilleur et ainsi le jurèrent-ils devant Dieu et la Croix. Alors, les seigneurs président et juge trésorier ordonnèrent qu'on lui donne son attestation d'examen de sorte qu'il puisse servir comme artilleur dans la *carrera de Indias* ou ailleurs, conformément aux ordres de sa Majesté, laquelle attestation a été copiée dans les livres de compte de cette *casa de la contratación* avant de lui être rendue pour qu'il puisse être admis dans tout navire qui voyage aux Indes, et ils la signèrent de leurs noms.

EXAMEN DE CRISTÓBAL PACHECO (1602)

1/ Certificat de l'artillero mayor :

Andrés Muñoz el Bueno, artillero mayor por su Magestad de su cassa de la contratación de las Yndias desta ciudad de Sevilla, certifico que Cristóbal Pacheco, hijo de Domingo Pacheco, natural de Sanlúcar de Barrameda, mediano de cuerpo, buen rostro, varvi negro, herida en medio de la frente junto al cavello y otra encima de la mano derecha, de hedad de veinte y cinco años, a assistido conmigo en la escuela de artillería que yo tengo en esta dicha ciudad, donde a oydo y praticado el arte della y a dado buena quenta de todas las preguntas y repreguntas que en razón del yo le he hecho, por donde parece estar havill y suficiente para ser hessaminado en plaza de artillero y para que dello conste y de su pedimiento le di la presente para el dicho heffetto. En Sevilla a veinte y cuatro de ottubre de mill y seis cientos y dos años, demas de que hes alvañil, que es uno de los quatro oficios que Su Magestad manda se puedan essaminar aunque no ayan navegado. Hecho ut supra. Firmado : Andrés Muñoz el Bueno.

2/ Compte rendu d'examen :

En Sevilla en la cassa de la contratación de las Yndias en veynte y cinco días del mes de otubre de mill y seis cientos y dos años, ante el señor don Francisco de Gusman tesorero y juez oficial por su Magestad en la dicha cassa y en presencia de Francisco de Molina, capitán del artillería desta ciudad y de todas las armadas y flotas de su Magestad y con yntervención de Andrés Muñoz el Bueno, artillero mayor por su Magestad en esta cassa y por mi Andrés Ortis de Chaves, escribano del Rey Nuestro Señor uno de los que residen en la dicha cassa, se hiço traer ante el dicho señor tesorero y capitán y artillero mayor, una pieça chica de bronçe y otros ynstrumentos tocantes a la artillería para con ellos esaminar artilleros y el dicho señor tesorero hiço parecer ante sí a Cristóbal Pacheco, hijo de Domingo Pacheco, natural de Sanlúcar de Barrameda, mediano de querpo, de buen rostro, barbi negro, herida en medio de la frente junto al cabello y otra ensima de la mano derecha, de hedad de ceynte y cinco años, para le esaminar de artillero y el dicho capitán y artillero mayor le hicieron preguntas y repreguntas convienientes al dicho oficio y le hicieron señalase como armaría una pieza, el qual tomo de los ynstrumentos que allí estavan para el dicho efeto y lo hiço y fue preguntado y repreguntado en otras cosas tocantes el dicho oficio de artillero a las quales respondió y satisfiço al dicho señor tesorero, capitán y artillero mayor, los quales dixeron que el dicho Cristóbal Pacheco avía dado buena cuenta de sí de las preguntas tocantes al dicho oficio y que hera avíl y suficiente para usarle y exercerle y el dicho señor tesorero mandó se le diese carta de esamen en firma para que le sean guardadas las esenciones y libertades contenidas en las cedulas reales de su Magestad que avían en fabor de los artilleros y que en la contaduría desta cassa se tome la raçón del y se le vuelva el original y así lo proveyó y mandó. Testigos Andrés de Chaves Blanco y Marcos de Cosio, escribano de Su Magestad.

TRADUCTION FRANÇAISE DE L'EXAMEN DE CRISTÓBAL PACHECO (1602)

1/ Certificat de l'artillero mayor :

Andrés Muñoz el Bueno, *artillero mayor* de sa Majesté dans cette *casa de la contratación* des Indes de cette ville de Séville, je certifie que Cristóbal Pacheco, fils de Domingo Pacheco, originaire de Sanlúcar de Barrameda, de corpulence moyenne, de bonne apparence, poils noirs, avec une cicatrice au milieu du front, au bord des cheveux et une autre sur le dessus de la main droite, âgé de 25 ans, a participé avec moi à l'école d'artillerie que j'ai dans cette ville, au sein de laquelle il a écouté et pratiqué l'art de l'artillerie, et qu'il a bien répondu à toutes les questions que je lui ai faites, de sorte qu'il paraît être suffisamment compétent pour être examiné comme artilleur. Par conséquent, je lui ai donné la présente lettre pour qu'il puisse la présenter et demander à passer l'examen. À Séville, le 24 octobre 1602. En outre, il est maçon, ce qui est l'un de quatre métiers requis par sa Majesté pour passer l'examen sans avoir navigué aux Indes. Signé : Andrés Muñoz el Bueno.

2/ Compte rendu d'examen :

À Séville, dans la *casa de la contratación* des Indes, le vingt-cinquième jour du mois d'octobre 1602, devant le seigneur don Francisco de Gusman, trésorier et juge de sa Majesté en la dite *casa*, et en présence de Francisco de Molina, capitaine d'artillerie de cette ville et de toutes les armadas et flottes de sa Majesté, et avec l'intervention d'Andrés Muñoz el Bueno, *artillero mayor* de sa Majesté de cette *casa*, et devant moi Andrés Ortis de Chaves, scribe du Roi Nôtre Seigneur, l'un de ceux qui résident dans cette *casa*, nous avons fait amener une petite pièce d'artillerie de bronze et d'autres instruments relatifs à l'artillerie avec lesquels sont examinés les artilleurs. Et le seigneur trésorier a reçu devant lui Cristóbal Pacheco, fils de Domingo Pacheco, originaire de Sanlúcar de Barrameda, de corpulence moyenne, de bonne apparence, poils noirs, avec une cicatrice au milieu du front, au bord des cheveux et une autre sur le dessus de la main droite, âgé de 25 ans, afin de l'examiner en tant qu'artilleur, et le dit capitaine ainsi que l'*artillero mayor* lui firent toute une série de questions en relation au dit office et ils lui demandèrent de montrer comment il chargerait la pièce, lequel Cristóbal Pacheco prit les instruments disposés devant lui à cet effet et chargea la pièce, et ils lui posèrent de nombreuses autres questions en rapport avec l'office d'artilleur, auxquelles il répondit à la satisfaction du seigneur trésorier, du capitaine et de l'*artillero mayor*, lesquels affirmèrent que Cristóbal Pacheco avait répondu avec justesse aux questions relatives au dit office et qu'il était suffisamment compétent pour l'exercer. Le seigneur trésorier ordonna qu'on lui donne une attestation d'examen signée afin qu'il puisse bénéficier des libertés et exemptions contenues dans les cédules de sa Majesté émises en faveur des artilleurs, et que la comptabilité de cette *casa* en fasse la copie et lui rende l'original, et ainsi fut-il fait. Témoins Andrés de Chaves Blanco et Marcos de Cosio, scribes de sa Majesté.

ANNEXE II

Table prosopographique des lieutenants d'artillerie

Lieutenants d'artillerie	dates	expérience infanterie	expérience artillerie	débouchés	sources
Burgos					
Francisco de Rojas	1536-1569	?	?	Décédé	AGS GYM leg. 174/55 Arantegui, 1891, p. 235
Juan de Carvajal	1569-1576	?	« Plático del artillería »	Retraite dans sa maison	AGS GYM leg. 174/55 leg. 77/179, leg. 81/289
Francisco de Molina	1578-1593	Capitaine en Flandre, Allemagne et Italie Commandant de la forteresse d'Alda Sert le roi depuis 1544	Lieutenant d'artillerie à Malaga	Muté à Séville	Martínez Ruiz, 2008, p. 389 AGS GYM leg. 88/250 leg. 387/665 et 683 leg. 81/308
Juan Girón	1594-apr. 1597	Soldat, alférez et capitaine en Italie et en Flandre	?	?	AGS GYM lib. 70 fol. 84v lib. 77 fol. 226v-230r
Catalogne					
Andrés de Biure (Seigneur de San Jorge)	av. 1572-1576	?	?	Décédé	AGS GYM leg. 76/133 leg. 174/82
Juan de Palenzuela	1576-1592	Capitaine ayant servi en Italie	?	Décédé	AGS GYM leg. 174/82 leg. 364/152
Don Diego de Prado	1592-1594	Appelé « capitaine » dans les sources	*Entretenido* auprès du capitaine général de l'artillerie Auteur d'un traité manuscrit	Démission Retrouve sa place de *entretenido*	AGS GYM leg. 364/152 lib. 63/fol. 307r BNM mss 9024

Lieutenants d'artillerie	dates	expérience infanterie	expérience artillerie	débouchés	sources
Alonso de Espinosa Calderón	1594-1597	Soldat, *alférez* et capitaine en Italie et en Flandre	-	*Corregidor* et capitaine de Ronda et Marbella	AGS GYM lib. 70, fol. 71v lib. 77 fol. 199r-201r
Pedro de León Peralta	1597-apr. 1601	Soldat, *alférez* et capitaine en Italie et en Flandre	-	?	AGS GYM lib. 77 fol. 199r-201r et leg. 586/123
Malaga					
Rodrigo Clavijo (en duo)	av. 1572-1578	?	?	Retraite	AGS GYM leg. 76/133 leg. 88/250
Francisco de Molina (en duo)	1553-1576	Capitaine en Flandre, Allemagne et Italie Commandant de la forteresse d'Alda Sert le roi depuis 1544	?	Procès pour fraude / Acquitté mais muté à Burgos	Martínez Ruiz, 2008, p. 389 AGS GYM leg. 174/27 leg. 81/308, leg. 263/16
Hernando de Acosta	av. 1586-1589	Appelé « capitaine » dans les sources	?	Muté au Portugal	AGS GYM lib. 43 fol. 22v-35r leg. 222/120 leg. 254/179
Pedro de Piñedo	1590-apr. 1601	Appelé « capitaine » dans les sources	?	?	AGS GYM leg. 281/240 leg. 586/248
Cartagena (séparée de Malaga)					
Juan Venegas Quijada	1592-apr. 1600	Appelé « capitaine » dans les sources	Inspection des forteresses d'Afrique du Nord (1581) Lieutenant d'artillerie lors de la prise de la Terceira (1583)	?	AGS GYM leg. 117/307 à 309, leg. 146/269 lib. 63 fol. 105v-106v lib. 77, fol. 164v leg. 564/317

Lieutenants d'artillerie	dates	expérience infanterie	expérience artillerie	débouchés	sources
Majorque					
Juan de Cea Mariño	1576-1587	*Alférez* en Italie, Flandre et à Grenade Sert le roi depuis 1551	?	Lieutenant d'artillerie de l'Invincible armada	AGS GYM leg. 81/154 leg. 213/374 et 402 leg. 209/150 et 402
Hernando de Villaroel y Cansoles	1588 ?-apr. 1604	Capitaine au service du roi sur terre et sur mer depuis 1560	?	?	AGS GYM leg. 437/401 leg. 627/129
Navarre – Guipúzcoa					
Don Diego de Avellaneda	1578-1579	*Caballero* ayant servi plusieurs années en Flandres	« Plático del artillería »	Décédé	AGS GYM leg. 88/250 leg. 174/97
Pedro de Urbina	1579-1583	Appelé « capitaine » dans les sources	?	Capitaine de l'infanterie de Guipúzcoa	AGS GYM leg. 174/97 leg. 156/39
Pedro Fernández de Icaguirre Vergara	1583-1593	Capitaine en Flandre, à Naples, en Lombardie, au Portugal Sert le roi depuis 1553	?	Décédé	AGS GYM leg. 156/39 leg. 384/1 et leg. 391/5
Pedro Fernández de la Carrera	1593-1600	Capitaine de nombreuses années en Flandre	Lieutenant d'artillerie en Flandres / supervise la fonderie de Malaga (1591)	Châtelain de la forteresse de Pampelune	AGS GYM lib. 63, fol. 14 leg. 391/186 à 188 leg. 688/17
Don Alonso Alfaro de Narvaez	1600-apr. 1603	Capitaine d'infanterie à Lisbonne / Soldat, *alférez* et capitaine en Italie et Flandre Sert le roi depuis 1567	Lieutenant d'artillerie au Portugal	?	ANTT Contos do Reino, NA. 676 AGS GYM lib. 57/fol. 194 lib. 70, fol. 28r-v leg. 437/120, leg. 604/214

Lieutenants d'artillerie	dates	expérience infanterie	expérience artillerie	débouchés	sources
Portugal					
Juan de Molina	1580	?	?	Châtelain à Setubal / lieutenant dans l'armada en 1590	AGS CMC 2ª época leg. 500 AGS GYM leg. 105/65
Alonso de Céspedes	1583-1590	Soldat, *alférez* et *sargento mayor* en Italie et en Flandre Sert le roi depuis 1565	?	Décédé	AGS GYM leg. 209/139 leg. 222/51, leg. 281/177 leg. 364/152
Hernando de Acosta	1590-1595	Appelé « capitaine » dans les sources	Lieutenant d'artillerie à Malaga	Décédé	AGS GYM leg. 254/179 leg. 254/167 et 168 leg. 437/120
Don Alonso Alfaro de Narvaez	1595-1600	Capitaine d'infanterie à Lisbonne Soldat, *alférez* et capitaine en Italie et Flandre Sert le Roi depuis 1567	« Muy plático en el artillería » / Remplace le lieutenant Acosta pendant son absence en Aragon (1591-1594)	Muté en Navarre	ANTT Contos do Reino a Casa, NA. 676 AGS GYM lib. 57, fol. 194 lib. 70, fol. 28r-v leg. 437/120, leg. 604/214
Melchior de Buitrago	1600 ?-1608	Appelé « capitaine » dans les sources	?	Châtelain de Setubal	AGS GYM leg. 688/82
Diego de Obregón	1608- ?	Gouverneur de Madère Capitaine de 400 soldats au pays Basque. A participé à la bataille de Navarino (1572) et à la prise de Tunis (1573). Sert depuis 1570	?	?	AGS GYM leg. 688/82

Lieutenants d'artillerie	dates	expérience infanterie	expérience artillerie	débouchés	sources
Açores					
Pedro de Pando	1583-1592	?	?	Décédé	AGS GYM leg. 148/320 lib. 63/fol. 69r et 77r
Pedro de Lumbre	1592- ?	*Alférez*	?	?	AGS GYM lib. 63/fol. 69r et 77r
Aragon					
Francisco de Peralta Ortíz	1594- ?	Soldat, *alférez* et capitaine en Italie, en Flandre et en Espagne	?	?	AGS GYM lib. 70/fol. 85r
Galice					
Miguel García	1594- apr. 1600	Capitaine en Flandre, en Italie et en Espagne	?	?	AGS GYM lib. 70/fol. 56v leg. 437/11, leg. 564/2
Séville (pour le compte de l'*avería* et sous l'autorité du Conseil des Indes)					
Francisco de Molina	1593-1603 ?	Capitaine en Flandre, Allemagne et Italie Commandant de la forteresse d'Alda Sert le roi depuis 1544	Lieutenant d'artillerie à Malaga et Burgos	Décédé	Martínez Ruiz, 2008, p. 389 AGS GYM leg. 88/250 leg. 387/665 et 683 leg. 81/308
Armada del Mar Océano					
Juan de Molina	1590- ?	Appelé « capitaine » dans les sources / Châtelain de Setubal en 1580	Lieutenant d'artillerie au Portugal en 1580	?	AGS GYM leg. 281/236

Lieutenants d'artillerie	dates	expérience infanterie	expérience artillerie	débouchés	sources
Pedro Rodríguez de Santisteban	1592-?	Capitaine et *sargento mayor*	?	?	AGS GYM leg. 364/142 et 152
Pedro de Guevara	1603-?	?	?	?	AGS GYM leg. 604/218
Galères d'Espagne (poste de capitaine d'artillerie)					
Pedro Díaz de Borja	1585-1591	?	*Cabo de artilleros* dans l'invasion de la Terceira (1583)	?	AGS GYM leg. 182/136 leg. 280/245
Alvaro de Paz Villalobos	1592-?	Soldat, sergent en Flandres / *Alférez* dans l'Invincible armada Sert le roi depuis 1569	Gentilhomme d'artillerie en Flandres	?	AGS GYM leg. 364/152 lib. 63/fol. 47

ANNEXE III

Table de publication des traités d’artillerie

Titre	Auteur	Date	Lieu	Nombre	Références des exemplaires
Nova Scientia	Niccolò Tartaglia	1537	Venise	4	1*BNE (R/1307(2)) // 1*Escorial (3-II-25 (1º)) 2*BNCF (MAGL.3.2.413./b, MAGL.3.2.416./a)
Nova Scientia	Niccolò Tartaglia	1550	Venise	4	1*BNE (3/45621) // 1*Escorial (11-II-21 (2º)) 1*Uni. Valencia (Z-/38(1)) 1*BNCL (MAGL.3.2.414./a)
Nova Scientia	Niccolò Tartaglia	1558	Venise	8	1*Acad. Segovia (39-2-41(1)) 2*B. Central Militar (1562/2(1), 1562/1(1)) 1*Bib. Barcelona (Mar. 87-8º) 1*Uni. Barcelona (B-8/4/6-1) 1*Bib. Lleiva (XVI Tar) 1*San-Millan-La-Rioja (B 158/9(1)) 1*Centro-Cultura-ejercito (ESP/55/4/182)
Nova Scientia	Niccolò Tartaglia	1583	Venise	1	1*BNE (R/23125)
Nova Scientia	Niccolò Tartaglia	1606	Venise	4	1*BNE (3/49554) // 1*BNCF (PALAT.8.4.3.24) 1* San-Millan-La-Rioja (B 169/26) 1*Bib.Capuchinos-Pamplona (1145-3-32)
Nova Scientia	**Tartaglia**	**TOTAL**		**21**	
Quesiti et Inventioni Diverse	Niccolò Tartaglia	1546	Venise	4	1*BNE (2/18119-3) 1*Real Instit. Armada (00061) 2*BNCF (MAGL.3.2.413./a, NENC.1.3.5.41)
Quesiti et Inventioni Diverse	Niccolò Tartaglia	1554	Venise	7	1*B. Central militar (1562/2(2)) 1*Escorial (11-II-21 (1º))// 1*Bib. Lleida (XVI Tar) 1*Bib. Barcelona (Mar. 87-8º) 1*Univ. Barcelona (B-8/4/6-2) 1*Univ. Valencia (Z-2/38(2)) 1*BNCF (MAGL.3.2.414./b)
Quesiti et Inventioni Diverse	Niccolò Tartaglia	1562	Venise	4	1*BNE (R/23125) // 1*Bib. Toledo (3758(2)) 1*Acad. Segovia (39-2-41(2)) 1*B. Central Militar (1562/1(2)) 1*San-millan-La-Rioja (B 158/9(2))

Titre	Auteur	Date	Lieu	Nombre	Références des exemplaires
Quesiti et Inventioni Diverse	Niccolò Tartaglia	1606	Venise	4	1*BNE (3/49554) // 1*BNCF (PALAT.8.4.3.24) 1* San-Millan-La-Rioja (B 169/26) 1*Bib.Capuchinos-Pamplona (1145-3-32)
Quesiti et Inventioni Diverse	**Tartaglia**	**TOTAL**		**19**	
Opera nuoua di fortificare… aggiontoui nel fine un trattato de gl'essamini de' bombardieri	Girolamo Cattaneo	1564	Brescia	3	1*BNE (3/4659) 1*Escorial (9-II-11) 1*Univ.Barcelona (? ?)
Avvertimenti et essamini intorno a quelle cose che richiede a un bombardiero	Girolamo Cattaneo	1567	Brescia	2	1*Univ.Oviedo (CGR-782) 1*BNCF (MAGL.3.2.617./b)
Avvertimenti et essamini intorno a quelle cose che richiede a un perfetto bombardiero	Girolamo Cattaneo	1580	Venise	3	1*BNE (3/48857) 1*univ. Salamanca (? ?) 1*RAH (1/2989)
Avvertimenti et essamini intorno a quelle cose che richiede a un perfetto bombardiero	Girolamo Cattaneo	1582	Venise	5	1*BNE (2/28753) 1*Escorial (49-II-19 (6º)) 1*Centro-cultura-ejercito (ESP/55/5/218) 1*Univ. Granada (A-41-267(1,2)) 1*BNCF (PALAT.29.1.6.59/2)
Dell'arte militare libri cinque… nell'vltimo l'essamine de' Bombardieri	Girolamo Cattaneo	1584	Brescia	6	1*RAH (1/2995) // 1*Palacio Real (? ?) 1*Univ. Salamanca (15714) 1*Univ.Granada (A-41-267(1,1)) 1*Bib. Pamplona (109-12-2/65) 1*BNCF (MAGL.3.2.600./a)
Avvertimenti et essamini	**Cattaneo**	**TOTAL**		**19**	

Titre	Auteur	Date	Lieu	Nombre	Références des exemplaires
Dialogos Militares	Diego García de Palacio	1583	Mexico	2	1*BNE (R/8574) 1*Escorial (30-V-48)
Dialogos Militares	**García de Palacio**	**TOTAL**		**2**	
Instruttione de bombardieri	Gabriel Busca	1584	Carmagnola	3	2*Complutense (BH FLL 28296(1) et 28296(3)) 1*Univ. Salamanca (? ?)
Della espugnatione et difesa delle fortezze… Aggiontoui nel fine l'instruttione de bombardieri	Gabriel Busca	1598	Turin	4	1*BNE (R/10342) 1*RAH (2/795) 1*Complutense (BH FLL 21648) 1*Univ. Salamanca (? ?)
Instruttione de bombardieri	**Busca**	**TOTAL**		**7**	
Pratica Manuale di arteglieria	Luis Collado	1586	Venise	5	1*BNE (R/4299) 1*Centro-cultura-ejercitos (ESP/55/4/175) 1*Palacio Real (IX/9081) 2*B.Ste.Geneviève (Inv 337 RES, Inv 338 RES)

Plática Manual de artillería	Luis Collado	1592	Milan	25	5*BNE (R/4298, R/15048, R/10531, R/5176, R/6376) //
					2*Acad. Segovia (39-4-60, 39-4-61)
					4*Palacio Real (III/1677, VIII/16121, VIII/579, X/359) //
					1*Museo Naval (CF- 443)
					1*Escuela-guerra-ejercito (35357 10 C 1)
					4*B. Central Militar (1592/B2, 1592/B3, V-70-1-17, BC-574)
					1*Centro-cultura-ejercito (ESP/55/4/173)
					1*RAH (1/778) // 1*Univ. Salamanca (? ?)
					1*Bib. Lleida (XVI Col) // 1*Univ.Barcelona (? ?)
					1*RAE (37-I-2)// 1*Univ.Pamplona (EST 305.001)
					1* B.Ste.Geneviève (INV 336 RES)

Titre	Auteur	Date	Lieu	Nombre	Références des exemplaires
Prattica Manuale dell'arteglieria	Luis Collado	1606	Milan	1	1*BN Firenze (MAGL.5.2.325)
Prattica Manuale dell'arteglieria	Luis Collado	1641	Milan	1	1*Escuela-guerra-ejercito (35361 10-C 2)
Plática Manual de artillería	Collado	TOTAL		32	
El perfeto capitán, instruido en la disciplina militar, y nueva ciencia de la artillería	Diego de Álava y Viamont	1590	Madrid	35	5*BNE (R/2062, R/6715, R/7658, R/7666, R/11672) // 1*Museo Naval (C.F-19) 5*Acad. Segovia (42-15-34187, 42-15-34188, 39-4-69, 39-4-68, 42-15-34186) // 1*RAE (13-B-13) 3*Palacio Real (VII/29, VIII/4702, VIII/4703) // 1* RAH (1/1040)// 1*BNCF (MAGL.1.5.255) 1* Escuela-Guerra-Ejercito (35458 10 D 3) 2*B. Central Militar (1590/1, 1590/2) 1*Real Instit. Armada (03496) // 1*Escorial (34-I-5) 1*B. Central Marina (00001240) 1*Uni. Zaragoza (H-7-68) // 1*Uni. Salamanca (? ?) 2*Bib. Palma-Mallorca (20733, 12517) 1*Seminario-Cuenca (203-B-07) 2*Uni. Barcelona (XVI-107, CM-3364) 1*Uni. Valencia (Z-14/99)// 1*Compl. (BH FG303) 1*Bib. Zabalburu (77-59) // 1* Uni. Santiago (? ?) 1*Fund. Galdiano (Inv. 7236)
El Perfeto Capitán	Álava y Viamont	TOTAL		35	
Breve tratado de artillería	Lazaro de la Isla	1595	Madrid	5	2*BNE (R/2812, R/35732) 1*B. Central Militar (1595/1) 1*Escorial (14-VI-16) // 1*RAH (2/2595)

Titre	Auteur	Date	Lieu	Nombre	Références des exemplaires
Breve tratado de artillería	Lazaro de la Isla	1603	Valladolid	3	1*BNE (R/15305) // 1*Palacio Real (IX-4887) 1*Acad. Segovia (64-14-29656)
Breve tratado de artillería	Lazaro de la Isla	1609	Lisbonne	1	1*BNE (R/35777)
Breve tratado de artillería	**Isla**	**TOTAL**		**9**	

Libro de instrumentos nuevos de Geometría	Andrés García de Céspedes	1606	Madrid	17	7*BNE (R/35623, 8/26911, 3/45482, R/933, R/6602, R/2732(2), 12711(2))
					1*B. Central Militar (1606/1) // 1* RAE (12-E-27)
					1*Museo Naval (C.F. 180) // 1*Escorial (15-II-10)
					1*Centro-cultura-ejercitos (ESP/2/1/384)
					1*Palacio Real (VIII-8657) // 1*RAH (2/1542)
					1*Uni.Barcelona (XVII-1470)
					1*Uni.Oviedo (CEA-203) //1*Complutense (21021)

Libro de instrumentos nuevos	**García de Céspedes**	**TOTAL**		**17**	

Discurso del Capitán Cristóbal Lechuga en que trata de la artillería	Cristóbal Lechuga	1611	Milan	23	4*BNE (R/15055, R/4309, R/10535, R/15049)
					1*Acad. Segovia (39-4-76) // 1*RAE (5-II-14)
					5*B. Central Militar (1611/1, 1611/2, 1611/3, V-70-1-7, Z-23-127) // 1*Fac. Vittoria (CE-10001)
					1*Escuela naval (M./6)// 1*Uni. Granada (A-6-123)
					1*Uni.Teneriffe (AS-3070) // 1*RAH (1/769)
					1*B. Naval de Ferrol (623.4-397)
					1*Centro-cultura-ejercitos (ESP/56/6/283)
					2*Uni.Sevilla (A 144/111, A 170/058)
					1*Fund.Galdiano (Inv. 5060)
					2*Palacio Real (XIV-1009, XIV-1623)

Titre	Auteur	Date	Lieu	Nombre	Références des exemplaires
Discurso	**Lechuga**	**TOTAL**		**23**	

Tratado de la artillería y uso della	Diego Ufano	1612	Bruxelles	11	3*BNE (R/594, R/3006, R/4828)
					1*Acad. Segovia (39-2-21)// 1*Bib.Senado (11233)
					1*Escuela-guerra-ejercito (35364 10-C 2)
					1*B Central Militar (Z-23-612)
					2*Museo Naval (C.F. 154, C.F. 466)
					1*Palacio Real (XIV/43) // 1*RAH (2/715)

Tratado de la artillería y uso della	Diego Ufano	1613	Bruxelles	9	3*B. Central Militar (1613/1, 1613/2, ICO-217) 2*Museo Naval (CF-154, CF-466) 1*Palacio Real (IX/6909) // 1*RAE (13-D-14) 1*Complutense (BH DER 14677) 1*BSG (INV 1610 RES) 1*BNCF (MAGL.3.1.498)
Tratado de la artillería	**Ufano**	**TOTAL**		**20**	

GLOSSAIRE TECHNIQUE

Affût : Bâti de bois muni de roues permettant de supporter et de déplacer une pièce d'artillerie.

Alférez : Officier d'infanterie en charge de porter l'étendard au sein d'une compagnie. Ce grade militaire se situait juste en-dessous du capitaine d'infanterie, dont il était le second.

Âme (artillerie) : Mot désignant l'intérieur du tube d'une pièce d'artillerie, c'est-à-dire la partie creuse où transite le boulet lors du tir.

Caravelle (*caravela*) : Navire à voile de hauts bords, généralement de petite taille et à faible tirant d'eau. Il fut utilisé par les Ibériques comme outil d'exploration mais son emploi se fit plus rare dans la seconde moitié du XVIe siècle.

Calibre : Mot désignant le diamètre maximum du projectile que peut tirer une pièce d'artillerie. Au XVIe siècle, le calibre était systématiquement exprimé en fonction du poids du boulet et non en unité de longueur.

Canon : Type de pièces d'artillerie de grande taille généralement utilisé au sein d'une batterie afin de détruire les murailles d'une forteresse. Par extension, ce mot désigne parfois de manière générale tous types de pièces d'artillerie.

Contador : Officier comptable en charge de tenir à jour les livres de compte, les justificatifs et les ordres de paiements ainsi que de contrôler les absences des soldats.

Couleuvrine : Type de pièces d'artillerie de grande taille et de forme plus allongée que le canon. Les couleuvrines étaient réputées pour leur grande portée et leur précision.

Culasse : Partie arrière d'une pièce d'artillerie. Elle est généralement renforcée par des parois métalliques plus épaisses car elle doit supporter la forte pression générée par la combustion de la poudre noire lors du tir.

Demi-canon : Type de pièces d'artillerie ayant des proportions semblables au canon, mais de taille inférieure. Parmi la pléthore de pièces utilisées au XVIe siècle, les demi-canons se rangent du côté des calibres moyens à lourds.

Demi-couleuvrine : Type de pièces d'artillerie ayant des proportions allongées, semblables à la couleuvrine, mais de taille inférieure. Parmi la pléthore de pièces utilisées au XVIe siècle, les demi-couleuvrines se rangent du côté des calibres moyens à lourds.

Demi-sacre : Type de pièces d'artillerie légère, ayant des proportions allongées comme le sacre, mais de taille inférieure.

Esmeril : Type de pièces d'artillerie de très petit calibre ayant essentiellement un rôle anti-personnel.

Falcon : Type de pièces d'artillerie légère, d'un calibre semblable au demi-sacre mais de forme encore plus allongée.

Falconete : Type de pièces d'artillerie très légère, de forme très allongée semblable au *falcon*, mais de taille inférieure. Ces pièces étaient très communes et revêtaient avant tout un rôle anti-personnel.

Filibote : Navire à voile de tonnage moyen à faible, originaire des Pays-Bas (*vlieboot* en néerlandais). Les *filibotes* furent couramment employés par la Monarchie hispanique comme navires de transport, de communication et de soutien dans ses diverses opérations militaires à partir des années 1570.

Frégate (*fragata*) : Navire à voile de faible tonnage, à la fois très agile et bien armé, dont l'emploi se répandit dans les dernières décennies du XVIe siècle. Comme le terme de « galion », celui de « frégate » renvoie surtout à des embarcations à vocation militaire et non commerciale.

Gabion : Dispositif défensif constitué de grands cylindres d'osier remplis de terre, de gravats ou de sacs de sable, généralement installés autour des pièces d'artillerie lors d'un siège afin de protéger les artilleurs des balles ennemies.

Galéasse : Navire de guerre de grande taille représentant une forme d'hybridation entre la galère et le galion. Comme la galère, la galéasse disposait de grandes rames permettant de manœuvrer en l'absence de vent. Comme le galion, la galéasse possèdait au moins un pont (au-dessus des rames), lui permettant de disposer d'une grande quantité d'artillerie.

Galère : Navire de guerre à rames et à voile communément utilisé en mer Méditerranée. Ses immenses avirons, actionnés chacun par plusieurs hommes, lui donnaient une grande manœuvrabilité indépendamment du vent. Sa tactique de prédilection était l'abordage, raison pour laquelle elle disposait d'importants contingents de soldats mais de peu d'artillerie.

Galion : Navire de guerre à voile de grande taille qui fut développé par les Ibériques durant le XVIe siècle dans le contexte de l'expansion océanique. D'une forme assez proche de la nef, le galion possédait de hauts bords et de multiples ponts mais, du fait de sa vocation militaire, sa structure était renforcée et son armement plus conséquent.

Gargousse : Enveloppe faite de tissu, de papier ou tout autre matériau, contenant une charge de poudre noire prête à l'emploi et ajustée au calibre d'une pièce d'artillerie.

Hourque : Navire à voile de grande taille très répandu dans le contexte du commerce maritime en Europe du nord. Ce type de navires fut parfois saisi et employé par la Monarchie hispanique lors de certaines opérations militaires.

Lumière (artillerie) : Petit orifice situé au niveau de la culasse d'une pièce d'artillerie et assurant une communication entre l'âme et l'extérieur des parois. C'est par la lumière que s'effectue la mise à feu de l'artillerie.

Nef (*nao*) : Navire à voile de grande taille et de coque arrondie qui fut employé par les Ibériques durant le XVIe siècle dans le contexte du commerce transocéanique. Malgré leur vocation commerciale, de nombreuses nefs furent intégrées aux flottes de guerre de la Monarchie hispanique, moyennant un renforcement de leur structure et leur artillerie.

Pagador : Officier comptable en charge du paiement des dépenses et des salaires des soldats de la Monarchie hispanique.

Son rôle était de tenir à jour les registres de paiment et de conserver les reçus et les justificatifs de dépenses.

Patache : Navire à voile de faible tonnage, principalement employé par la Monarchie hispanique comme soutien et moyen de communication au sein de ses armadas.

Pedrero : voir pierrier

Pièce en fonte : Par opposition à la majorité des pièces d'artillerie qui, au XVIe siècle, étaient fabriquées en bronze, les pièces en fonte constituaient un type d'artillerie de petite taille, bon marché et très répandu parmi les navires marchands, en particulier en Europe du nord.

Pierrier : Type de pièces d'artillerie tirant des boulets en pierre et non pas en fer. Les pierriers ont une forme plus ramassée que les canons et des parois métalliques plus fines car soumises à une pression de combustion plus faible du fait de la densité inférieure de la pierre par rapport au fer.

Pinaza : Navire à voile de faible tonnage, généralement constitué d'un seul pont et utilisé par la Monarchie hispanique comme moyen de communication et soutien logistique.

Pionnier : Dans le contexte militaire, individu employé à des tâches de manœuvre de l'artillerie, d'aplanissement des routes pour son transport, de creusement de tranchées et de terrassement pour l'installation des batteries de canon lors d'un siège. Terme interchangeable avec celui de « sapeur ».

Polvorista : Terme espagnol désignant le spécialiste de la fabrication de la poudre noire.

Quart-de-canon : Type de pièces d'artillerie ayant des proportions semblables au canon et au demi-canon, mais de taille inférieure. Il s'agit donc d'une artillerie plutôt légère à moyenne.

Sacre : Type de pièces d'artillerie ayant des proportions allongées semblables à la demi-couleuvrine, mais de taille inférieure. Le sacre est une pièce intermédiaire entre l'artillerie lourde de type canon, demi-canon et couleuvrine, et celle à vocation principalement antipersonnelle de type *falconete* et *esmeril*.

Sapeur : Dans le contexte militaire, individu employé à des tâches de manœuvre de l'artillerie, d'applanissement des routes pour son transport, de creusement de tranchées et de terrassement pour l'installation des batteries de canon lors d'un siège. Terme interchangeable avec celui de « pionnier ».

Tourillon : Partie saillante de forme cylindrique située sur les flancs d'une pièce d'artillerie et permettant de l'asseoir sur son affût.

Urca : voir hourque

Veedor : Au sein de l'appareil militaire de la Monarchie hispanique, officier en charge de la supervision et du contrôle d'une unité administrative telle qu'un escadron d'armada, un régiment de soldats, une grande garnison ou encore une manufacture d'armes.

Vent (artillerie) : Faible espace entre le boulet et les parois du canon, laissé volontairement libre par l'artilleur pour éviter la surpression et l'explosion de la pièce d'artillerie lors du tir.

Vlieboot : voir *filibote*

Zabra : Navire à voile de faible tonnage utilisé par la Monarchie hispanique dans le contexte océanique comme moyen de communication et comme soutien.

BIBLIOGRAPHIE

SOURCES

« *Desame de artillero en el qual se trata de todo lo que es obligado a preguntar el que fuere juez de la dicha arte al que se va a desaminar para ser artillero* », c. 1600, BNE, mss. 12723.

« Le Livre du secret de l'art de l'artillerye et canonnerye », Bibliothèque Nationale de France. ms. latin 4653, c. 1430, fol. 125-170

Livre de canonnerie et artifice de feu contenant le devoir et charge d'un maistre canonnier, Paris, Vincent Sertenas, 1561.

Recopilación de leyes de los reinos de las Indias : mandadas imprimir y publicar por la Majestad Católica del rey Don Carlos II, nuestro señor, Madrid, Julián de Paredes, 1681.

ALAVA Y VIAMONT, Diego de, *El perfeto capitán, instruido en la disciplina militar y nueva ciencia de la artillería*, Madrid, Pedro Madrigal, 1590.

ALVARADO, Espinel de, « Alvaradina : la cual contiene en si muchos muy necesarios avisos de las cosas tocantes al Artillería », BNE, mss. 8895, Milan, c. 1595.

ARISTOTE, *Métaphysique*, traduit par J. TRICOT, Paris, librairie philosophique J. Vrin, 1991.

ARISTOTE, *Aristoteles latinus III 1-4 : Analytica Priora*, translatio BOETHII, Bruges-Paris, Desclée de Brouwer, 1962.

AQUILONE, Giusto, « Trattato di artiglieria », Florence, BNCF, mms Magliabechiano, II, IV, 337.

BLONDEL, François, *L'art de jetter les bombes par M. Blondel*, Paris, François Blondel et N. Langlois, 1683.

BUSCA, Gabriel *Instruttione de' bombardieri*, Carmagnola, Marco Antonio Bellone, 1584.

BUSCA, Gabriel, *Della espugnatione et difesa delle fortezze... aggiontoui nel fine l'instruttione de' bombardieri*, Turin, Giovan Dominico Tarino, 1598.

CASTILLO, Hernando del, « Libro muy curioso y utilísimo de artillería », BNE. mss. 9034, c. 1560.

CATANEO, Girolamo, *Opera nuova de fortificare, offendere et difendere… aggiontovi nel fine in trattato de gl'essamini de' bombardieri et di far fuochi arteficiati*, Brescia, Batista Bozzola, 1564.

CATANEO, Girolamo, *Avvertimenti et essamini intorno a quelle cose che richiede a un bombardiero*, Brescia, Thomaso Bozzola, 1567.

CATANEO, Girolamo, *Avvertimenti et essamini intorno a quelle cose che richiedono a un perfetto bombardiero*, Venise, Altobello Salicato, 1580.

CATANEO, Girolamo, *Dell'arte militare libri cinque… nell'ultimo l'essamine de' Bombardieri*, Brescia, Thomaso Bozzola, 1584.

COLLADO, Luis, *Pratica Manuale di arteglieria*, Venise, Pietro Dufinelli, 1586.

COLLADO, Luis, *Plática manual de artillería en la qual se tracta de la excelencia de el arte militar y origen de ella*, Milan, Pablo Gotardo Poncio stampador de la Real Cámara, 1592.

COLOMA, Carlos, *Las guerras de los Estados Baxos*, Barcelone, 1627.

COVARRUBIAS HOROZCO, Sebastián, *Tesoro de la lengua castellana o española*, Madrid, Luis Sánchez, 1611.

DIEGERICK, I.L.A., *Correspondance de Valentin de Pardieu, seigneur de la Motte (1574-1594)*, Bruges, Vandecasteele Werbrouck, 1857.

DÜRER, Albrecht, *Géométrie*, traduit de l'allemand par Jeanne PEIFFER, Paris, Éditions du Seuil, 1995.

ESPINOSA, Cristobal de, « Alvaradina : Dialogo de artillería », Milan, 1584, bibliothèque de l'Académie d'artillerie de Ségovie, manuscrit 39-2-42.

EUTOCIUS, *Commentaires de la Sphère et du Cylindre d'Archimède*, traduit par Charles MUGLER, Paris, Les Belles Lettres, 1972.

FERROFINO, Julián, « Descrizión y tratado muy breve lo mas probechoso de Artillería », BNE, mss. 9027, 1599.

FERROFINO, Julio César, *Plática Manual y breve compendio de artillería*, Madrid, Viuda de Alonso Martin, 1626.

FERROFINO, Julio César, *El Perfeto artillero*, Madrid, Juan de Barros, 1642.

FINE, Oronce, *Protomathesis*, Paris, 1532.

GARCÍA DE CÉSPEDES, Andrés, *Libro de instrumentos nuevos de Geometría*, Madrid, Juan de la Cuesta, 1606.

GARCÍA DE PALACIO, Diego, *Dialogos Militares de la formación e información de personas, instrumentos y cosas necessarias para el buen uso de la guerra*, Pedro Ocharte, Mexico, 1583.

GARCÍA DE PALACIO, Diego, *Instrucción nauthica, para el buen uso y regimiento de las naos, su traça y govierno conforme a la altura de Mexico*, Mexico, Pedro Ocharte, 1587.

GARNIER, Joseph, *L'Artillerie des ducs de Bourgogne : d'après les documents conservés aux archives de la Côte-d'Or*, Paris, H. Champion, 1895.

GASTON DE ISSABA, Martín, *Tratado del exercicio y arte del artillero*, Anvers, 1623.

GENTILINI, Eugenio, *Instruttione de' bombardieri*, Venise, Francesco dei Franceschi, 1592.

GENTILINI, Eugenio, *La real instruttione di artiglieri*, Venise, Giovan Antonio et Giacomo dei Franceschi, 1606.

HERRERA, Juan de, *Institución de la Academia Real Mathemática*, Madrid, Guillermo Droy, 1584.

HERRERA, Juan de, *Institución de la Academia Real Mathemática (facsmilé)*, Madrid, Instituto de estudios madrileños, 1995.

ISLA, Lazaro de la, *Breve tratado de artillería, geometría y artificios de fuegos*, Madrid, Viuda de Pedro Madrigal, 1595.

ISLA, Lazaro de la, *Breve tratado de artillería, y fundición della, y artificios de fuego*, Valladolid, Luis Sanchez, 1603.

LECHUGA, Cristóbal, *Discurso del Capitán Cristoval Lechuga en que trata de la artillería y de todo lo necessario a ella*, Milan, Marco Tulio Malatesta, 1611.

LECHUGA, Cristóbal, *Discurso que trata del cargo de Maestre de Campo General*, Milan, P. Malatesta, 1603.

LEFÈVRE, Joseph, *Correspondance de Philippe II sur les affaires des Pays-Bas, deuxième partie, Tome I (1577-1580)*, Bruxelles, Palais des Académies, 1940.

LEMAU DE LA JAISSE, Pierre, *Carte générale de la monarchie françoise*, Paris, l'auteur, 1733.

LUCAR, Cyprian, *Three bookes of Colloquies concerning the arte of shooting in Great and small pieces of artillerie*, Londres, 1588.

MACHIAVELLI, Niccolò, *Dell'arte della guerra*, Florence, Giunti, 1521.

MACHIAVELLI, Niccolò, *Il Principe*, Florence, Antonio Blado d'Asola, 1532.

MASSON DE MORVILLIERS, Nicolas, *Encyclopédie méthodique ou par ordre des matières. Géographie moderne – Volume I*, Paris, Pandoucke, 1782.

MENDOZA, Bernardino de, *Comentarios de lo sucedido en las guerras de los Paises Baxos desde el año de 1567 hasta el de 1577*, Madrid, Pedro Madrigal, 1592.

MORA, Domenico, *Tre quesiti in dialogo sopra il fare batterie, fortificare una villa, et ordinar bataglie quadrate, con una disputa de precedencia tra l'arme e le lettere*, Venise, 1567.

MUÑOZ EL BUENO, Andrés, *Instrucción y Regimiento para que los marineros sepan usar de la artillería*, Malaga, Juan Rene, 1627.

OCHOA DE SAMANIEGO, Francisco, *Arismetica guarisma : en la qual se muestra el vso manual de las siete reglas maestras de saber hazer todas las que se reduzen a cuenta*, por Pedro Micheli y Nicolao Françisco Russo, 1644.

PRADO, Diego de, « La obra manual y pláctica de artillería », BNE, mss. 9024, 1591.

ROJAS, Cristóbal de, « Sumario de la milicia antigua y moderna », BNE. mss. 9286, Cadix, 1607.

ROJAS, Cristóbal de, *Teórica y práctica de fortificación*, Madrid, Luis Sánchez, 1598.

RUSCELLI, Girolamo, *Precetti della militia moderna tanto per mare quanto per terra*, Venise, appresso gli heredi di Marchio Sessa, 1568.

SAINT-MARC, Charles Hugues Lefebvre de, *Le septième tome du Mercure François ou l'histoire de nostre temps sous le règne du Très-Chrétien Roy de France et de Navarre, Louis XIII*, Paris, Étienne Richer, 1622.

SALAMANCA, Alonso de, Manuscrit II/1330, Palacio Real de Madrid.

SALAZAR Y CASTRO, Luis de, *Historia Genealógica de la Casa de Lara, vol. II*, Llanos y Guzman, 1697.

STÖFFLER, Johannes, *Elucidatio fabricae ususque astrolabii*, Oppenheim, Jacob Kobel, 1512.

TACCOLA, Mariano, *L'art de la guerre : machines et stratagèmes de Taccola, ingénieur de la Renaissance*, traduit et publié en facsimilé par Eberhard KNOBLOCH, Paris, Gallimard, 1992.

TARTAGLIA, Niccolò, *Nova scientia inventa da Nicolò Tartalea*, Venise, Stephano da sabio, 1537.

TARTAGLIA, Niccolò, *Quesiti et inventioni diverse*, Venise, Venturino Ruffinelli, 1546.

TARTAGLIA, Niccolò, *Nova scientia inventa de Nicolò Tartaglia con una gionta al terzo libro*, Venise, Nicolo de Bascarini, 1550.

TARTAGLIA, Niccolò, *Opere del famossissimo Nicolo Tartaglia*, Venise, Al segno del lione, 1606.

UFANO, Diego, *Tratado de la artillería y uso della platicado por el capitán Diego Ufano en las guerras de Flandes*, Bruxelles, Juan Momarte, 1612.

VALTURIO, Roberto, *De re militari*, Vérone, 1472.

VAN DOREN, P.J. *Inventaire des archives de la ville de Malines, troisième tome : lettres missives*, Malines, Imprimerie de Van Velsen, 1865.

VAN DOREN, P.J., *Inventaire des archives de la ville de Malines, quatrième tome : lettres missives*, Imprimerie de Van Velsen, 1866.

VAN DOREN, P.J., *Inventaire des archives de la ville de Malines, cinquième tome : lettres missives*, Malines, Imprimerie de Van Velsen, 1868.

LITTÉRATURE SECONDAIRE

Catálogo de la Real Biblioteca, tomo XIII : Correspondencia del conde de Gondomar, vol. I-IV, Madrid, Patrimonio Nacional, 1999-2003.

Documentos Para La Historia Del Monasterio De San Lorenzo El Real De El Escorial, Madrid, Imprenta Sáez, 1964.

« Un bombardiere francese "bocciato" negli esami nel 1530 », *Bolletino storico della Svizzera italiana*, 1891, num. 7 et 8, p. 147-150.

ACOSTA RODRÍGUEZ, Antonio, GONZÁLEZ RODRÍGUEZ, Adolfo, VILA VILAR, Enriqueta (éd.), *La Casa de la Contratación y la navegación entre España y las Indias*, Séville, Universidad de Sevilla, CSIC, Fundación El Monte, 2003.

AGOSTON, Gábor, « Firearms and Military Adaptation : The Ottomans and the European Military Revolution, 1450-1800 », *Journal of World History*, vol. 25, n° 1, 2014, p. 85-124.

ALVÁREZ NOGAL, Carlos « Instituciones y desarrollo económico : la Casa de la Contratación y la Carrera de Indias (1503-1790) » dans *La Casa de la Contratación y la navegación entre España y las Indias*, ACOSTA RODRÍGUEZ, Antonio, GONZÁLEZ RODRÍGUEZ, Adolfo, VILA VILAR, Enriqueta (éd.), Séville, Universidad de Sevilla, CSIC, Fundación El Monte, 2003, p. 21-51.

ANATRA, Bruno, MUSI, Aurelio (éd.), *Nel sistema imperiale : l'Italia spagnola*, Naples, Edizioni scientifiche italiane, 1994.

ANDERSON, Benedict, *Imagined Communities. Reflections on the Origins and Spread of Nationalism*, Londres, Verso, 1983.

ANDRADE, Tonio, « Was the European Sailing Ship a Key Technology of European Expansion ? Evidence from East Asia », *International Journal of Maritime History*, vol. 23, n° 2, 2011, p. 17-40.

ANDRADE, Tonio, « The Artillery Fortress Was en Engine of European Expansion : Evidence from East Asia », dans *The Limits of Empire : European Imperial Formation in World History. Essays in Honor of Geoffrey Parker*, Tonio ANDRADE, William REGER (éd.), Londres, Ashgate, 2013, p. 155-174.

ANDRADE, Tonio, KANG, Hyeok Hweon, COOPER, Kirsten, « A Korean Military Revolution ? Parallel Military Innovations in East Asia and Europe », *Journal of World History*, vol. 25, n° 1, 2014, p. 47-80.

ANDRADE, Tonio, *The Gunpowder Age. China, Military Innovation, and the Rise of the West in World History*, Princeton (N.J.), Princeton University Press, 2016.

ANDÚJAR CASTILLO, Francisco, « La educación de los militares en la España del siglo XVIII », *Chronica nova : Revista de historia moderna de la Universidad de Granada*, n° 19, 1991, p. 31-56.

ANGIOLINI, Franco, « I Presidios di Toscana : cadena de oro e llave y freno de Italia », dans *Guerra y sociedad en la monarquía hispánica : política, estrategia y cultura en la Europa Moderna, 1500-1700*, Enrique GARCÍA HERNÁN, Davide MAFFI (éd.), Madrid, Laberinto : CSIC Fundación MAPFRE, 2006, p. 171-188.

ARAM, Bethany, YUN CASALILLA, Bartolomé (éd.), *Global Goods and the Spanish Empire, 1492-1824. Circulation, Resistance, Diversity*, Basingstoke, Palgrave Macmillan, 2015.

ARÁNTEGUI Y SANZ, José, *Apuntes históricos sobre la artillería española en la primera mitad del siglo XVI*, Madrid, imprenta del Cuerpo de artillería, 1891.

ASENJO SEDANO, C. « Una leva para la guerra de Cataluña : La de Guadix, del año 1642 », *Actas del I Congreso de Historia de Andalucía, tomo I*, Cordoue, 1978, p. 61-88.

AYMARD, Maurice, « Une famille de l'aristocratie sicilienne aux XVIe et XVIIe siècles : les ducs de Terranova », *Revue Historique*, vol. 247, 1972, p. 29-66.

BARBERO, Alessandro, *Lepanto. La battaglia dei tre imperi*, Bari, Gius. Laterza et Figli.

BARBOUR, Violet, « Dutch and English Merchant Shipping in the Seventeenth Century », *The Economic History Review*, vol. 2, n° 2, 1930, p. 261-290.

BARRERA GARCÍA, E, PAREJO DELGADO, M.J., TARIFA FERNÁNDEZ, M.A., « El padrón de soldados de Úbeda y Torreperogil de 1596 », dans *La organización militar en los siglos XV y XVI, Actas de las II Jornadas Nacionales de Historia Militar*, Malaga, 1993, p. 281-289.

BARRERA-OSORIO, Antonio, *Experiencing Nature : the Spanish American Empire and the Early Scientific Revolution*, Austin, University of Texas Press, 2006.

BARRIO GUTIERREZ, Juan, « La Enseñanza de la Artillería en España hasta el Colegio de Segovia », *Revista de Historia Militar*, XIV, n° 28, 1970, p. 39-66.

BAZZANO, Nicoletta, *Marco Antonio Colonna*, Rome, Salerno Editrice, 2003.

BEJARANO ROBLES, Francisco, *La industría de la seda en Málaga durante el siglo XVI*, Madrid, Consejo Superior de Investigaciones Científicas, 1951.

BELHOSTE, Bruno, « L'examen », *Histoire de l'éducation*, vol. 94, 2002, p. 5-16.

BENASSAR Bartolomé, *Inquisición Española : poder político y control social*, Barcelone, Editorial Crítica, 1981.

BENIGNO, Francesco, « I parlamenti nei regni italiani soggetti alla monarchia spagnola : Nuove prospettive di ricerca », dans *Centros de Poder Italianos en la Monarquía Hispánica*, José MARTÍNEZ MILLÁN et Manuel RIVERO RODRÍGUEZ (éd.), Madrid, Ediciones Polifemo, 2010, p. 57-76.

BENNETT, Jim A., JOHNSTON, Stephen, *The Geometry of War, 1500-1750 : Catalogue of the Exhibition*, Oxford, Museum of the History of Science, 1996.

BENNETT, Jim A., « Practical Geometry and Operative Knowledge », *Configurations : a journal of literature, science and technology*, vol. 6, 1998, p. 195-222.

BENOIT, Paul, « Artisans ou combattants ? Les canonniers dans le royaume de France à la fin du Moyen Âge », *Actes des congrès de la Société des historiens médiévistes de l'enseignement supérieur public*, vol. 18, n° 1, 1987, p. 287-296.

BERKOWITCH, Héloïse, DUMEZ, Hervé, « Le système Gribeauval ou la question de la standardisation au XVIIIe siècle », *Annales des Mines*, n° 125, 2016, p. 41-50.

BERNAL, Antonio Miguel, *La financiación de la Carrera de Indias (1492-1824). Dinero y crédito en el comercio colonial español con América*, Séville, Fundación El Monte, 1992.

BERNAL RODRÍGUEZ, A.M., COLLANTES DE TERÁN SÁNCHEZ, A., « El puerto de Sevilla, de puerto fluvial medieval a centro portuario mundial (siglos XIV-XVII) » dans *I porti come impresa economica*, Simonetta CAVACIOCCHI (éd.), Prato, Le Monnier, Istituto Internazionale di Storia Economica F. Datini, 1988, p. 779-824.

BETHENCOURT, Francisco, CHAUDHURI, Kirti, *História da Expansão Portuguesa, vol. 1 : A Formação do império (1415-1570)*, Lisbonne, Temas e Debates, 1998.

BIAGIOLI, Mario, *Galileo, Courtier : the Practice of Science in the Culture of Absolutism*, Chicago, The University of Chicago press, 1993.

BIAGIOLI, Mario, « The Social Status of Italian Mathematicians, 1450-1600 », *History of Science*, 1989, n° 27, 1989, p. 41-95.

BIARD, Joël, ROMMEVAUX, Sabine (éd.), *Mathématiques et théorie du mouvement, XIVe-XVIe siècles*, Villeneuve d'Ascq, Presses universitaires du septentrion, 2008.

BLACK, Jeremy, *A Military Revolution ? Military Change and European Society 1550-1800*, Basingstoke, Macmillan Education, 1991.

BLACK, Jeremy, *Beyond the Military Revolution : War in the Seventeenth Century World*, Basingstoke, Palgrave Macmillan, 2011.

BLEICHMAR, Daniela, DE VOS, Paula, HUFFINE, Kristin, SHEEHAN, Kevin (éd.), *Science in the Spanish and Portuguese Empires, 1500-1800*, Stanford, Stanford University Press, 2009.

BOURDIEU, Pierre, « Le champ scientifique », *Actes de la recherche en sciences sociales*, vol. 2, n° 2, 1976, p. 88-104.

BOUZA, Fernando, « La configuración de la Monarquía Hispánica », dans *La historia sin complejos. La nueva visión del Imperio Español*, David GARCÍA HERNÁN (éd.), Madrid, Editorial Actas, 2010, p. 70-78.

BRADLEY, Peter T., *Spain and the Defence of Peru, 1579-1700 : Royal Reluctance and Colonial Self-Reliance*, Morisville, Lulu.com, 2009.

BRAUDEL, Fernand, *La Méditerranée et le monde méditerranéen à l'époque de Philippe II*, Paris, Armand Colin, 1949.

BRAUDEL, Fernand, *La Méditerranée et le monde méditerranéen à l'époque de Philippe II – Tome 2*, Paris, Armand Colin, 1976.

BRAUDEL, Fernand, *Civilisation matérielle, économie et capitalisme, XVe-XVIIIe siècle, tome 1. Les structures du quotidien : le possible et l'impossible*, Paris, Armand Colin, 1979.

BRET, Patrice, *L'État, l'armée, la science. L'invention de la recherche publique en France, 1763-1830*, Rennes, Presses Universitaires de Rennes, 2002.

BRIOIST, Pascal, « Les mathématiques et la guerre au XVIe siècle : France, Italie, Espagne, Angleterre », thèse d'habilitation soutenue à l'université François Rabelais de Tours, 2009.

BRIOIST, Pascal, *Léonard de Vinci,homme de guerrre*, Paris, Alma, 2013.

BRIOIST, Pascal, « La guerre et les sciences à la Renaissance », dans *Histoire des sciences et des savoirs, tome 1*, Dominique PESTRE et Stéphane VAN DAMME (éd.), Paris, Éditions du Seuil, 2015, p. 111-131.

BROOKS, Christopher, « Apprenticeship, Social Mobility and the Middling Sort, 1550-1800 » dans *The Middling Sort of People. Culture, Society and Politics in England, 1550-1800*, Jonathan BARR et Christopher BROOKS, (éd.), Londres, The MacMillan Press, 1994, p. 52-83.

BUTTERFIELD, Herbert, *The Origins of Modern Science, 1300-1800*, Londres, G. Bell and Sons Ltd., 1949.

CALABRIA, Antonio, *The Cost of Empire : the Finances of the Kingdom of Naples in the Time of Spanish Rule*, Cambridge ; New York, Cambridge University Press, 1991.

CALVO POYATO, J, « Medio siglo de levas, reclutas y movilizaciones en el reino de Córdoba : 1657-1712 », *Actas II Coloquios Historia de Andalucía, Tomo II*, Cordoue, 1983, p. 25-41.

CAÑIZARES ESGUERRA, Jorge, *Nature, Empire and Nation. Explorations of the History of Science in the Iberian World*, Stanford, Stanford University Press, 2006.

CARDARELLI, Romualdo, « Le miniere di ferro dell'Elba durante la signoria degli Appiano e l'industria siderurgica toscana nel cinquecento », *Ricerche Storiche : Rivista semestrale del Centro piombinese di studi storici*, vol. 31, 2001, p. 295-427.

CARDIM, Pedro, HERZOG, Tamar, RUIZ IBÁÑEZ, José Javier, SABATINI, Gaetano (éd.), *Polycentric Monarchies : How did Early Modern Spain and Portugal Achieve and Maintain a Global Hegemony*, Eastbourne, Portland, Vaughan, Sussex Academic Press, 2012.

CARLOS MORALES, Carlos Javier de, *El Consejo de Hacienda de Castilla, 1523-1602. Patronazgo y clientelismo en el gobierno de las finanzas reales durante el siglo XVI*, Valladolid, Junta de Castilla y León, Consejería de Educación y Cultura, 1996.

CARPENTIER, Bastien, « L'économie politique de la guerre. Giovanni Andrea Doria, la république de Gênes et la monarchie hispanique (1560-1606) », thèse soutenue à l'Université du Littoral Côte d'Opale, 2017.

CARRASCO Y SAIZ, Adolfo, « Apuntes sobre los sistemas y medios de instrucción del cuerpo de artillería », article publié en morceau dans *Memorial de Artillería*, serie 3a, Tomo XVI, Madrid, 1887, p. 392-408, p. 609-616, et Tomo XVII, p. 423-433, 544-556, 622-643, 733-741.

CAVALLO, Guglielmo, CHARTIER, Roger, *Histoire de la lecture dans le monde occidental*, Paris, Éditions du Seuil, 1997.

CEREZO MARTÍNEZ, Ricardo, *Las armadas de Felipe II*, Madrid, Editorial San Martin, 1989.

CERTEAU, Michel de, « Lire : un braconnage », dans *L'invention du quotidien. 1/ Arts de Faire*, Paris, Union Générale d'éditions, 1980, p. 279-296.

CESPEDES DEL CASTILLO, Guillermo, *La avería en el comercio de Indias*, Séville, CSIC, Escuela de estudios hispano-americanos, 1945.

CHARTIER, Roger, *Pratiques de la lecture*, Paris, Éditions Rivages, 1985.

CHARTIER, Roger, *Lectures et lecteurs dans la France d'Ancien Régime*, Paris, Éditions du Seuil, 1987.

CHARTIER, Roger, *Culture écrite et société : l'ordre des livres (XIVe-XVIIIe siècles)*, Paris, Albin Michel, 1996.

CHARTIER, Roger, « Lectures et lecteurs "populaires" de la Renaissance à l'âge classique » dans *Histoire de la lecture dans le monde occidental* Guglielmo CAVALLO et Roger CHARTIER (éd.), Paris, Éditions du Seuil, 1997, p. 315-330.

CHAUNU, Huguette, CHAUNU, Pierre, *Séville et l'Atlantique, 1504-1650*, Paris, Armand Colin, 1955.

CHAUNU, Pierre, *Conquête et exploitation des nouveaux mondes : XVIe siècle*, Paris, Presses universitaires de France, 1991.

CHAVARRÍA MÚGICA, Fernando, « Monarquía fronteriza : guerra, linaje y comunidad en la España moderna (Navarra, siglo XVI) », thèse soutenue à l'Institut Universitaire Européen, Florence, 2006.

CHEVALIER, François, *La formation des grands domaines au Mexique : terre et société aux XVIe-XVIIe siècles*, Paris, Institut d'ethnologie, 1952.

CIPOLLA, Carlo M., *Guns, Sails and Empires : Technological Innovation and the Early Phases of European Expansion, 1400-1700*, New York, Minerva Press, 1965.

CIPOLLA, Carlo M., « The So-Called 'Price Revolution' : Reflections on the 'Italian Situation' », dans *Economy and Society in Early Modern Europe. Essays from Annales*, Peter BURKE (éd.), Londres, Routledge & Kegan Paul, 1972, p. 43-46.

COBOS GUERRA, Fernando, *La artillería de los Reyes Católicos*, Valladolid, Junta de Castilla y León, Consejería de Cultura y Turismo, 2004.

COLLANTES DE TERAN SANCHEZ, Antonio, *Sevilla en la Baja Edad Media : la ciudad y sus hombres*, Séville, Sección de Publicación del Excmo. ayuntamiento, 1977.

COLLINS, Edward, « Francisco Faleiro and the Scientific Methodology at the Casa de la Contratación in the Sixteenth Century », *Imago Mundi, the International Journal for the History of Cartography*, vol. 65, n° 1, 2013, p. 25-36.

CONTAMINE, Philippe, « L'artillerie royale française à la veille des guerres d'Italie », *Annales de Bretagne*, Tome 71, n° 2, 1964, p. 221-261.

CONTENTE DOMINGUES, Francisco, *Os navios do mar Oceano : Teoria e empiria na arquitectura naval portuguesa dos seculos XVI e XVII*, Lisbonne, Centro de historia da universidad de Lisboa, 2004.

CORDERAS DESCÁRREGA, José, *Un estudio de Santa Bárbara*, Séville, Asociación de Señoras de Santa Bárbara, 1986.

CORNETTE, Joël, « La révolution militaire et l'État moderne », *Revue d'histoire moderne et contemporaine*, vol. 41, n° 4, 1994, p. 696-709.

CROUY-CHANEL, Emmanuel de, CONTAMINE, Philippe, *Canons médiévaux : puissance du feu*, Rempart, Paris, 2010.

CROUY-CHANEL, Emmanuel de, « Le canon jusqu'au milieu du XVIe siècle : France, Bretagne et Pays-Bas bourguignons », thèse défendue à l'université Paris 1 (Panthéon – La Sorbonne), 2014.

D'AMICO, Stefano, *Spanish Milan : A City within the Empire, 1535-1706*, Palgrave Macmillan, 2012.

DAVIDS, Karel « Apprenticeship and Guild Control in the Netherlands, c. 1450-1800 » dans *Learning on the Shop Floor : Historical Perspectives on Apprenticeship*, Bert DE MUNCK, Steven L. KAPLAN et Hugo SOLY (éd.), Oxford, New York, Berghahn Books, 2007, p. 65-84.

DAVIS, Fanny, *The Palace of Topkapi in Istanbul*, New York, Scribner, 1970.

DECEULAER, Harald, JACOBS, Marc, « Qualities and Conventions. Guilds in 18th Century Brabant and Flanders : an Extended Economic Perspective », dans *Guilds, Economy and Society*, Séville, Fundación Fomento de la Historia Económica, 1998, p. 91-107.

DEMELEMESTRE, Gaëlle, *Les deux souverainetés et leur destin. Le tournant Bodin – Althusius*, Paris, Les éditions du Cerf, 2011.

DE MUNCK, Bert, *Technologies of Learning. Apprenticeship in Antwerp Guilds from the 15th Century to the End of the Ancien Régim*e, Turnhout, Brepols, 2007.

DE MUNCK, Bert, « Corpses, Live Models, and Nature : Assessing Skills and Knowledge before the Industrial Revolution (Case : Antwerp) », *Technology and Culture*, vol. 51, n° 2, 2010, p. 332-356.

DE VRIES, Jan, VAN DER WOUDE, Ad, *The First Modern Economy. Success, Failure, and Perseverance of the Dutch Economy, 1500-1815*, Cambridge, Cambridge University Press, 1997

DEVRIES, Kelly R., *Guns and Men in Medieval Europe, 1200-1500 : Studies in Military History and Technology*, Aldershot, Ashgate/Variorum, 2002.

DÍAZ BLANCO, José Manuel, *Así trocaste tu gloria. Guerra y comercio colonial en la España del siglo XVII*, Madrid, Marcial Pons, 2012.

DIEZ SAEZ, Esteban, « Cofradía burgalesa de Santa Bárbara de los artilleros, año 1582. Asociación de señoras de Santa Bárbara de los artilleros de Burgos, año 1898 », *Boletín de la Institución Fernán González*, n° 216, 1998, p. 147-161.

DOMÍNGUEZ NAFRÍA, Juan Carlos, *El Real y Supremo Consejo de Guerra (siglos XVI-XVIII)*, Madrid, Centro de Estudios Políticos y Constitucionales, 2001.

d'ORGEIX, Emilie, « Supports d'enseignement et édition militaire en France : du cahier d'exercice manuscrit à la publication savante (1750-1840) », dans *Les savoirs de l'ingénieur militaire (1751-1914)*, Paris, Ministère de la Culture et de la Communication, 2013, p. 61-70.

DOWNING, Brian M., *The Military Revolution and Political Change : Origins of Democracy and Autocracy in Early Modern Europe*, Princeton, N.J., Princeton University Press, 1991.

DRABKIN, I. E., « Two Versions of G. B. Benedetti's Demonstratio Proportionum Motuum Localium », *Isis*, vol. 54, n° 2, 1963, p. 259-262.

DRAKE, Stillman, DRABKIN, I.E., *Mechanics in the Sixteenth Century Italy*, Madison, The University of Wisconsin Press.

DUBOURG-GLATIGNY, Pascal, VÉRIN, Hélène (éd.), *Réduire en art : la technologie de la Renaissance aux Lumières*, Paris, éditions de la Maison des sciences de l'homme, 2008.

DUFFY, Christopher, *Siege Warfare : the Fortress in the Early Modern World 1494-1660*, Londres, 1979.

EAMON, William, NAVARRO BROTONS, Víctor, *Más allá de la leyenda negra : España y la revolución científica*, Valence, Instituto de Historia de la Ciencia y Documentación López Piñero, 2007.

EATON, Richard, WAGONER, Philip B., « Warfare on the Deccan Plateau, 1450-1600 : A Military Revolution in Early Modern India ? », *Journal of World History*, vol. 25, n° 1, 2014, p. 5-50.

ESCARTÍN SÁNCHEZ, Eduardo, « La Capitanía General de Cataluña bajo Felipe II », dans *Felipe II y el Mediterráneo, vol. III*, Barcelone, Sociedad Estatal para la Conmemoración de los Centenarios de Felipe II y Carlos V, 1999, p. 377-392.

ESCUDERO, José Antonio, *Los hombres de la Monarquía Universal*, Madrid, Real Academia de la Historia, 2011.

ELLIOTT, John H., *The Revolt of the Catalans. A Study in the Decline of Spain, 1598-1640*, Cambridge, Cambridge University Press, 1963.

ELLIOTT, John H., *Europe Divided 1559-1598*, Fontana, Collins, 1968.

ELLIOTT, John H., « A Europe of Composite Monarchies », *Past and Present*, vol. 137, 1992, p. 48-71.

ELLIOTT, John H., *Imperial Spain, 1469-1716*, Londres, Penguin Books, 2002.

ELLIOTT, John H., *Empires of the Atlantic World : Britain and Spain in America 1492-1830*, New Haven ; Londres, Yale University Press, 2006.

EPSTEIN, Stephan R., « Craft Guilds, Apprenticeship and Technological Change in Preindustrial Europe », *The Journal of Economic History*, vol. 58, nº 3, 1998, p. 684-713.

EPSTEIN, Stephan R., « Labour Mobility, Journeyman Organisations and Markets in Skilled Labour in Europe, 14th-18th Centuries », dans *Le technicien dans la cité en Europe Occidentale, 1250-1650*, Mathieu ARNOUX et Pierre MONNET (éd.), Rome, École française de Rome, 2004, p. 251-269.

EPSTEIN, Stephan R., PRAK, Marteen (éd.), *Guilds, Innovation and the European Economy, 1400-1800*, Cambridge ; New York, Cambridge University Press, 2008.

EPSTEIN, Stephan R., « Transferring Technical Knowledge and Innovation in Europe, c. 1200-c. 1800 », dans *Technology, Skills and the Pre-Modern Economy in the East and the West*, Marteen PRAK, Jan L. VAN ZANDEN (éd.), Leiden ; Boston, Brill, 2013, p. 25-67.

ERTMAN, Thomas, *Birth of the Leviathan : Building States and Regimes in Medieval and Early Modern Europe*, Cambridge ; New York, Cambridge University Press, 1997.

ESCRIBANO PÁEZ, José Miguel, *El Coste de la Defensa : Administración y financiación militar en Navarra durante la primera mitad del siglo XVI*, Pampelune, Gobierno de Navarra, 2015.

ESTEBAN ESTRÍNGANA, Alicia, *Guerra y finanzas en los Paises Bajos Católicos. De Farnesio a Spinola (1592-1630)*, Madrid, Ediciones del Laberinto, 2002.

ESTEBAN PIÑEIRO, Mariano, VICENTE MAROTO, María Isabel, « La Casa de Contratación y la Academia Real matemática » dans *Historia de la ciencia y de la técnica en la Corona de Castilla. Tomo III, Siglo XVI y XVII*, José María LÓPEZ PIÑERO (éd.), Valladolid, Junta de Castilla y León, 2002, p. 35-50.

ESTEBAN PIÑEIRO, Mariano, « Los oficios matematicos en la España del siglo XVI », dans *II Trobades d'Història de la Ciència i de la Tècnica*, Victor NAVARRO BROTONS (éd.), Barcelone, Societat Catalana d'Història de la Ciència i de la Tècnica, 1993, p. 239-251.

ESTEBAN PIÑEIRO, Mariano, « La ciencia aplicada y la técnica en la Castilla del siglo XVI », dans *La filosofia española en Castilla y León : de los origenes al siglo de Oro*, Valladolid, Universidad de Valladolid, 1997, p. 421-430.

ESTEBAN PIÑEIRO, Mariano, « La academia de matemáticas de Madrid » dans *Felipe II, la ciencia y la técnica*, Enrique MARTÍNEZ RUIZ (éd.) Madrid, Actas, 1999, p. 113-132.

ESTEBAN PIÑEIRO, Mariano, « Las academias técnicas en la España del siglo XVI », *Quaderns d'història de l'enginyeria*, vol. 5, 2002-2003, p. 10-19.

FARR, James Richard, *Artisans in Europe, 1300-1914*, Cambridge ; New York, Cambridge University Press, 2000.

FAVARO, Antonio, *La libreria di Galileo Galilei descritta ed illustrata da Antonio Favaro*, Tipografia della scienze matematiche e fisiche, 1887.

FAVARÒ, Valentina, « La Sicilia fortezza del Mediterraneo », *Mediterranea ricerche storiche*, vol. 1, 2004, p. 31-48.

FAVÉ, Ildefonse, BONAPARTE, Louis-Napoléon, *Études sur le passé et l'avenir de l'artillerie. Volume III*, Paris, J. Dumaine, 1862.

FEBVRE, Lucien, « L'afflux des métaux d'Amérique et les prix à Séville : un article fait, une enquête à faire », *Annales d'histoire économique et sociale*, vol. 2, n° 5, 1930, p. 68-80.

FERNÁNDEZ CASTRO, Ana Belem, « Juzgar las Indias. La práctica de la jurisdición de la Casa de la Contratación de Sevilla (1583-1598) », thèse soutenue à l'Institut Universitaire Européen, Florence, 2015.

FERNANDEZ CONTI, Santiago, *Los Consejo de Estado y Guerra en la época de Felipe II (1548-1598)*, Valladolid, Junta de Castilla y León, Consejería de educación y cultura, 1998.

FERNÁNDEZ DURO, Cesáreo, *Disquisiciones náuticas*, Madrid, Impr. de Aribau y c.a (sucesores de Rivadeneyra), 1876-1880.

FERNÁNDEZ DURO, Cesáreo, *Armada española desde la unión de los reinos de Castilla y de Aragón, tomo II*, Madrid, Museo Naval, 1972.

FERNÁNDEZ-LÓPEZ, Francisco, « El proceso de admisión de maestres de navíos en la Casa de la Contratación : expedientes y procedimiento », *Anuario de Estudios Americanos*, vol. 75, n° 1, 2018, p. 43-66.

FISH, Shirley, *The Manila-Acapulco Galleons : The Treasure Ships of the Pacific : With an Annotated List of the Transpacific Galleons 1565-1815*, Central Milton Keynes, AuthorHouse, 2011.

FISH, Stanley E., *Is There a Text in this Class ? : The Authority of Interpretive Communities*, Cambridge, Massachusetts, Harvard University Press, 1980.

FISHER, Douglas, « The Price Revolution : A Monetary Interpretation », *The Journal of Economic History*, vol. 49, n° 4, 1989, p. 883-902.

FLYNN, David O., GIRALDEZ, Arturo, « Born again : Globalization's Sixteenth Century Origins », *Pacific Economic Review*, vol. 13, 2008, p. 359-387.

FLYNN, Maureen M., « Charitable Ritual in Late Medieval and Early Modern Spain », *The Sixteenth Century Journal*, vol. 16, n° 3, 1985, p. 335-348.

FREELY, John, *The Grand Turk : Sultan Mehmet II – Conqueror of Constantinople, Master of an Empire and Lord of Two Seas*, Londres, I.B. Tauris, 2009.

FRONTELA CARRERAS, Guillermo, « La enseñanza de la artillería dependiendo del Consejo de Indias », *Militaria, Revista de cultura militar*, n° 10, 1997, p. 277-290.

FUENTE, Alejandro de la, *Havana and the Atlantic in the Sixteenth Century*, Chapel Hill, University of North Carolina Press, 2008.

GALASSO, Giuseppe, « Italia nel sistema imperiale spagnolo », dans *Centros de Poder Italianos en la Monarquía Hispánica*, MARTÍNEZ MILLÁN, José, RIVERO RODRÍGUEZ, Manuel (éd.), Madrid, Ediciones Polifemo, 2010, p. 15-28.

GALASSO, Giuseppe, *Alla periferia dell'Impero : il Regno di Napoli nel periodo spagnolo (secoli XVI-XVII)*, Turin, Einaudi, 1994.

GALLEGOS, Eder, *Fuerza de sus reinos. Instrumentos de la guerra en la frontera oceánica del Pacífico Hispano (1571-1698)*, México, Palabra de Clío, 2015.

GARCÍA-BAQUERO GONZÁLEZ, Antonio, *La Carrera de Indias : suma de la contratación y océano de negocios*, Séville, Algaida, 1992.

GARCÍA CARCÉL, Ricardo, « Elliott, el hispanismo británico y la leyenda negra », dans *La historia sin complejos. La nueva visión del Imperio Español*, David GARCÍA HERNÁN (éd.), Madrid, Editorial Actas, 2010, p. 259-296.

GARCÍA GARCÍA, Bernardo José, *La pax hispánica : política exterior del Duque de Lerma*, Louvain, Leuven University Press, 1996.

GARCÍA HERNÁN, David (éd.), *La historia sin complejos. La nueva visión del Imperio Español*, Madrid, Editorial Actas, 2010.

GARCÍA HERNÁN, Enrique, MAFFI, Davide (éd.), *Guerra y sociedad en la monarquía hispánica : política, estrategia y cultura en la Europa Moderna, 1500-1700*, Madrid, Laberinto : CSIC Fundación MAPFRE, 2006.

GARCÍA HERNÁN, Enrique, MAFFI, Davide (éd.), *Estudios sobre Guerra y Sociedad en la Monarquía Hispánica. Guerra marítima, estrategia, organización y cultura militar (1500-1700)*, Valence, Albatros, 2017.

GARCÍA HERNÁN, Enrique, *Irlanda y la monarquía hispánica : Kinsale, 1601-2001 : guerra, política, exilio y religión*, Madrid, Consejo Superior de Investigaciones Científicas, 2002.

GARCÍA HERNÁN, Enrique, *Ireland and Spain in the Reign of Philip II*, Dublin, Four Courts Press, 2009.

GARCÍA HERNÁN, Enrique, « La conquista y la pérdida de Túnez por don Juan de Austria (1573-1574) », dans *Mutazioni e permanenze nella storia navale del Mediterraneo. Secc. XVI-XIX*, Guido CANDIANI, Luca LO BASSO (éd.), Milan, Franco Angeli, 2010, p. 39-95.

GARCÍA TAPIA, Nicolás, *Técnica y poder en Castilla durante los siglos XVI y XVII*, Valladolid, Junta de Castilla y León, Consejería de Cultura y Bienestar Social, 1989.

GARÇON, Anne-Françoise, *L'imaginaire et la pensée technique. Une approche historique, XVIe-XXe siècle*, Paris, Classiques Garnier, 2012.

GIARD, Luce, « L'ambigüité du mot "science" et sa source latine », dans *Rome et la science moderne : entre Renaissance et Lumières*, Antonella ROMANO (éd.), Rome, École française de Rome, 2008, p. 45-62.

GIL PUJOL, Xavier, « Integrar un mundo. Dinámicas de agregación y de cohesión en la monarquía de España », dans *Las Indias occidentales. Procesos de incorporación territorial a las Monarquías Ibéricas (siglos XVI a XVIII)*, Oscar MAZÍN GÓMEZ et José Javier RUIZ IBÁÑEZ (éd.), Mexico, El Colegio de México, 2012, p. 69-108.

GILLE, Bertrand, *Les ingénieurs de la Renaissance*, Paris, Éditions du Seuil, 1978.

GINZBURG, Carlo, *Il formaggio e i vermi : il cosmo di un mugnaio del '500*, Turin, G. Einaudi, 1976.

GIRALDEZ, Arturo, *The Age of Trade. The Manila Galleons and the Dawn of the Global Economy*, Lanham ; Boulder ; New York ; Londres, Rowman and Littlefield, 2015.

GLETE, Jan, *Warfare at Sea, 1500-1650 : Maritime Conflicts and the Transformation of Europe*, Londres ; New York, Routledge, 2000.

GLETE, Jan, *War and the State in Early Modern Europe : Spain, the Dutch Republic, and Sweden as Fiscal-Military States, 1500-1660*, Londres ; New York, Routledge, 2002.

GOLINSKI, Jan, *Making Natural Knowledge : Constructivism and the History of Science, with a new Preface*, Chicago, University of Chicago Press, 2008.

GÓMEZ-CENTURIÓN JIMÉNEZ, Carlos, *Felipe II, la empresa de Inglaterra y el comercio septentrional (1566-1609)*, Madrid, Editorial Naval, 1988.

GONZÀLEZ CASTRILLO, Ricardo, « La perdida de la Goleta y Túnez en 1574 y otros sucesos de historia otomana narrados por un testigo presencial : Alonso de Salamanca », *Anaquel de estudios árabes, vol. III*, 1992.

GONZÁLEZ DE LEÓN, Fernando, « "Doctors of the Military Discipline" : Technical Expertise and the Paradigm of the Spanish Soldier in the Early Modern Period », *The Sixteenth Century Journal*, vol. 27, n° 1, 1996, p. 61-85.

GONZÁLEZ DE LEÓN, Fernando, *The Road to Rocroi : Class, Culture and Command in the Spanish Army of Flanders, 1567-1659*, Brill, 2009.

GOODMAN, David C., *Power and Penury : Government, Technology and Science in Philip II's Spain*, Cambridge, Cambridge University Press, 1988.

GOODMAN, David C., *Spanish Naval Power, 1589-1665 : Reconstruction and Defeat*, Cambridge ; New York, Cambridge University Press, 1997.

GOULD, J. D., « The Price Revolution Reconsidered », *The Economic History Review, New Series*, vol. 17, n° 2, 1964, p. 249-266.

GRAFE, Regina, *Distant Tyranny. Markets, Power, and Backwardness in Spain. 1650-1800*, Princeton, Princeton University Press, 2012.

GRANGER, Gilles-Gaston, *La théorie aristotélicienne de la science*, Paris, Aubier Montaigne, 1976.

GREENGRASS, Mark, *Conquest and Coalescence. The Shaping of the State in Early Modern Europe*, Londres, Edward Arnold, 1991.

GRUZINSKI, Serge, BERNAN, Carmen, *Histoire du Nouveau Monde*, Paris, Fayard, 1991.

GRUZINSKI, Serge, *Les quatre parties du monde. Histoire d'une mondialisation*, Turin, Éditions de La Martinière, 2004.

GRUZINSKI, Serge, *El águila y el dragón : desmesura europea y mundialización en el siglo XVI*, México, Fondo de Cultura Económica, 2018.

GUILMARTIN, John F., *Gunpowder and Galleys : Changing Technology & Mediterranean Warfare at Sea in the 16th Century*, Annapolis, Naval Institute Press, 2003.

GUNN, Steven, GRUMMITT, David, COOLS, Hans, « War and the State in Early Modern Europe : Widening the Debate », *War in History*, vol. 15, nº 4, 2008, p. 371-388.

HALE, John R., *War and Society in Renaissance Europe : 1450-1620*, Leicester, Leicester University Press, 1985.

HALL, Alfred R., *Ballistics in the Seventeenth Century : a Study in the Relations of Science and War with Reference Principally to England*, Cambridge, Cambridge University Press, 1952.

HALL, Alfred R., *The Scientific Revolution, 1500-1800 : The Formation of the Modern Scientific Attitude*, Boston, Beacon Press, 1966.

HALL, Bert S., *Weapons and Warfare in Renaissance Europe : Gunpowder, Technology, and Tactics*, Baltimore, Johns Hopkins University Press, 1997.

HAMILTON, Earl J., *American Treasure and the Price Revolution in Spain, 1501-1650*, Cambridge, Massachusetts, Harvard University Press, 1934.

HAMON, Gérard, DEGRYSE, Lucette, *Niccolò Tartaglia : mathématicien autodidacte de la Renaissance italienne : le livre IX des « Quesiti et inventioni diverse » ou l'invention de la résolution des équations du troisième degré*, Paris, Hermann, 2010.

HARKNESS, Deborah E., *The Jewel House. Elizabethan London and the Scientific Revolution*, New Haven ; Londres, Yale University Press, 2007.

HENNINGER-VOSS, Mary, « Comets and Cannonballs : Reading Technology in a Sixteenth Century Library », dans Lissa ROBERTS, Simon SCHAFFER, Peter DEAR (éd.), *The Mindful Hand : Inquiry and Invention from the Late Renaissance to the Early Industrialisation*, Amsterdam, Koninklijke Nederlandse Akademie van Wetenschappen, 2007, p. 11-34.

HERNANDO SÁNCHEZ, Carlos José, « Los virreyes de la Monarquía española en Italia. Evolución y práctica de un oficio de gobierno », *Studia Historica, Historia moderna*, vol. 26, 2004, p. 43-73.

HERNANDO SÁNCHEZ, Carlos José, *Castilla y Nápoles en el siglo* XVI *: el virrey Pedro de Toledo : linaje, estado y cultura (1532-1553)*, Valladolid, Junta de Castilla y León, Consejería de Cultura y Turismo, 1994.

HERRERO FERNÁNDEZ-QUESADA, Dolores « El Real Colegio de artillería. De la fundación a la consolidación de un modelo de centro docente militar y científico-técnico », *Revista de Historia Militar, Extraordinario I, 250 Aniversario del Real Colegio de artillería*, 2014, p. 73-134

HERZOG, Tamar, *Defining Nations : Immigrants and citizens in Early Modern Spain and Spanish America*, New Haven, Yale University Press, 2003.

HILAIRE-PÉREZ, Liliane, *La pièce et le geste. Artisans, marchands et savoirs techniques à Londres au XVIIIe siècle*, Paris, Albin Michel, 2013.

HILAIRE-PÉREZ, Liliane, SIMON, Fabien, THÉBAUD-SORGER, Marie (éd.), *L'Europe des sciences et des techniques, XVe-XVIIIe siècles. Un dialogue des savoirs*, Rennes, Presses Universitaires de Rennes, 2016.

HILDRED, Alexzandra, *The Archeology of the Mary Rose Vol. 3 : Weapons of warre – the Armaments of the Mary Rose*, Portsmouth, The Mary Rose Trust ltd., 2011.

HOBSBAWM, Eric, *Nations and Nationalism since 1780 : Programme, Myth, Reality*, Cambridge ; New York, Cambridge University Press, 1991.

HOCHMANN, Michel « La collection de Giacomo Contarini », *Mélanges de l'Ecole française de Rome. Moyen Âge, Temps modernes*, vol. 99, n° 1, 1987, p. 447-489.

HOFFMAN, Paul E, *The Spanish Crown and the Defense of the Caribbean, 1535-1585 : Precedent, Patrimonialism, and Royal Parsimony*, Baton Rouge, Louisiana State University Press, 1980.

HOFFMAN, Philip T., *Why did Europe Conquer the World ?*, Princeton, Princeton University Press, 2015.

ISRAEL, Jonathan I., *The Dutch Republic. Its Rise, Greatness, and Fall, 1477-1806*, Oxford, Oxford University Press, 1995.

JEANNIN, Pierre, *Marchands du Nord. Espaces et trafics à l'époque moderne*, Paris, Presses de l'Ecole Normale Supérieure, 1996.

JIMÉNEZ ESTRELLA, Antonio, « La Capitanía General del reino de Granada durante el reinado de Carlos V », dans *Carlos V, Europeísmo y Universalidad. La organización del poder, tomo II*, J.L. CASTELLANO CASTELLANO et F. SÁNCHEZ-MONTES GONZÁLEZ (éd.), Madrid, 2001, p. 339-368.

JIMÉNEZ ESTRELLA, Antonio, *Poder, ejército y gobierno en el siglo XVI. La Capitanía General del reino de Granada y sus agentes*, Grenade, Universidad de Granada, 2004.

JOHNS, Adrian, *The Nature of the Book : Print and Knowledge in the Making*, Chicago, University of Chicago Press, 1998.

JUBELIN, Alexandre, « Par le fer et par le feu. Pratiques de l'abordage et du combat rapproché dans l'Atlantique du début de l'époque moderne (début du XVIe siècle – 1653) »,thèse soutenue à l'université Sorbonne, Paris, 2019.

JUDDE DE LARIVIÈRE, Claire, *Naviguer, commercer, gouverner. Economie maritime et pouvoirs à Venise (XVe-XVIe siècles)*, Leiden, Brill, 2008.

JULIA, Dominique, « Sélection des élites et égalité des citoyens. Les procédures d'examen et de concours de l'Ancien Régime à l'Empire », *Mélanges de l'École française de Rome. Italie et Méditerranée*, vol. 101, n° 1, 1989, p. 339-381.

JULIA, Dominique, « Gaspard Monge, examinateur », *Histoire de l'éducation*, vol. 46, n° 1, 1990, p. 111-133.

KAMEN, Henry, *Spain's Road to Empire : the Making of a World Power (1492-1763)*, Londres, The Penguin press, 2002.

KAMEN, Henry, *Empire : How Spain Became a World Power, 1492-1763*, New York, HarperCollins, 2003.

KAMEN, Henry, *The Spanish Inquisition : A Historical Revision (4th edition)*, New Haven, Yale University Press, 2014.

KOENIGSBERGER, Helmut, *The Government of Sicily under Philip II of Spain : a study in the Practice of Empire*, Londres ; New York, Staples Press, 1951.

KOENIGSBERGER, Helmut, « Dominium Regale or Dominium Politicum et Regale : Monarchies and Parliaments in Early Modern Europe », dans *Politicians and Virtuosi. Essays in Early Modern History*, Londres ; Ronceverte, The Hambledon Press, 1986, p. 1-26.

KOENIGSBERGER, Helmut, *Monarchies, States Generals and Parliaments. The Netherlands in the Fifteenth and Sixteenth Centuries*, Cambridge, Cambridge University Press, 2001.

KONSTAM, Angus, *The Great Expedition : Sir Francis Drake on the Spanish Main, 1585-1586*, Oxford, Osprey Publishing, 2011.

KOYRÉ, Alexandre, « Le De Motu Gravium de Galilée. De l'expérience imaginaire et de son abus. », *Revue d'histoire des sciences et de leurs applications*, vol. 13, n° 3, 1960, p. 197-245.

KOYRÉ, Alexandre, *Études d'histoire de la pensée scientifique*, Paris, Gallimard, 1973.

KUHN, Thomas S., *The Structure of Scientific Revolutions*, Chicago, University of Chicago Press, 1970.

LADERO GALAN, Aurora, « Artilleros y artillería de los Reyes Católicos (1495-1510) », dans *Guerra y sociedad en la monarquía hispánica : política, estrategia y cultura en la Europa Moderna, 1500-1700*, Enrique GARCÍA HERNÁN, Davide MAFFI (éd.), Madrid, Laberinto : CSIC Fundación MAPFRE, 2006, p. 805-830.

LESUEUR, Boris, « L'artillerie et les colonies sous l'Ancien Régime », *Revue historique des armées*, vol. 271, 2013, p. 6-19.

LONG, Pamela O., *Artisan/Practitioners and the Rise of the New Sciences, 1400-1600*, Corvallis, OR, Oregon State University Press, 2011.

LONG, Pamela O., « Trading Zones : Arenas of Exchange during the Late medieval/Early Modern Transition to the New Empirical Sciences », dans *History of Technology, vol. 31*, Ian INKSTER (éd.), Londres, New York, Bloomsbury Publishing plc, 2012, p. 5-25.

López Martín, Francisco Javier, *Esculturas para la guerra. La creación y evolución de la artillería hasta el siglo XVII*, Madrid, Ministerio de Defensa, CSIC, 2011.

López Piñero, José María, *Ciencia y técnica en la sociedad española de los siglos XVI y XVII*, Barcelone, Labor, 1979.

López Piñero, José María, *Diccionario histórico de la ciencia moderna en España*, Barcelone, Ediciones 62, 1983.

López Piñero, José María (éd.), *Historia de la ciencia y de la técnica en la Corona de Castilla. Vol. III, Siglo XVI y XVII*, Valladolid, Junta de Castilla y León, 2002.

Lynch, John, *Spain under the Habsburgs. Volume one : Empire and Absolutism 1516-1598*, New York ; Londres, New York University Press, 1981.

Lynch, John, *Spain, 1516-1598 : from Nation State to World Empire*, Cambridge, Massachusetts, Blackwell, 1992.

Lynn, Kimberly, *Between Court and Confessional : The Politics of Spanish Inquisitors*, Cambridge, Cambridge University Press, 2013.

Machado de Castro, Tiago, « Bombardeiros na Índia. Os homens a as artes da artilharia portuguesa (1498-1557) », thèse de Master soutenue à l'université de Lisbonne, 2011.

Macías Domínguez, Isabelo, *Cuba en la primera mitad del siglo XVII*, Séville, Escuela de Estudios Hispano-Americanos, CSIC, 1978.

Mackenney, Richard, *Tradesmen and Traders : the World of the Guilds in Venice and Europe, c. 1250-c. 1650*, Totowa, N.J., Barnes and Noble Books, 1987.

Maffi, Davide, *Il baluardo della Corona. Guerra, esercito, finanze e società nella Lombardia seicentesca (1630-1660)*, Florence, Le Monnier Università, 2007.

Mallett, Michael E., Hale, John R., *The Military Organisation of a Renaissance State : Venice c. 1400 to 1617*, Cambridge University Press.

Mancho Duque, María Jesús (éd.), *DICTER. Diccionario de la ciencia y de la técnica del Renacimiento*, Ediciones Universidad de Salamanca. <http://dicter.usal.es/>.

Mann, Michael, *The Sources of Social Power. Vol. 1, A History of Power from the Beginning to A.D.1760*, Cambridge, Cambridge University Press, 1986.

Mañeru López, Juan, Cámara Fernández, Carmen, « El reclutamiento militar en Castilla a finales del siglo XVI. Análisis de compañías de soldados levantadas en tierras de Burgos, Ávila, Soria, Álava, La Rioja, Navarra, Segovia y Cáceres », dans *La organización militar en los siglos XV y XVI, Actas de las II Jornadas Nacionales de Historia Militar*, Malaga, 1993, p. 179-189.

Martin, Colin, Parker, Geoffrey, *The Spanish Armada*, New York ; Londres, W.W. Norton & Co., 1988.

Martin, Colin, Parker, Geoffrey, *The Spanish Armada : Revised Edition*, Manchester, Manchester University Press, 1999.

MARTIN CASALDERREY, Francisco, *Cardano y Tartaglia : las matemáticas en el Renacimiento italiano*, Madrid, Nivola, 2000.

MARTÍNEZ, Miguel, *Front Lines. Soldiers' Writing in the Early Modern Hispanic World*, Philadelphia, University of Pennsylvania Press, 2016.

MARTÍNEZ MILLÁN, José, *Instituciones y elites de poder en la monarquía hispana durante el siglo XVI*, Madrid, Ediciones de la Universidad Autónoma de Madrid, 1992.

MARTÍNEZ MILLÁN, José, RIVERO RODRÍGUEZ, Manuel (éd.), *Centros de Poder Italianos en la Monarquía Hispánica*, Madrid, Ediciones Polifemo, 2010.

MARTÍNEZ RUIZ, Enrique, *Felipe II, la ciencia y la técnica*, Madrid, Actas, 1999.

MARTÍNEZ RUIZ, Enrique, *Los soldados del Rey. Los ejércitos de la Monarquía Hispánica (1480-1700)*, Madrid, Actas, 2008.

MARTÍNEZ RUIZ, Enrique, *La defensa del Imperio, 1500-1700*, Madrid, Paraninfo, 2020.

MCKENZIE, D. F. *Bibliography and the Sociology of Texts*, Cambridge ; New York, Cambridge University Press, 1999.

MEDINA AVILA, Carlos, « De la escuela a la academia. Los centros de formación de artilleros », *Revista de Historia Militar, Extraordinario I, 250 Aniversario del Real Colegio de artillería*, 2014, p. 13-72.

MERTON, Robert K., *Science, Technology and Society in Seventeenth Century England*, New York, Howard Fertig, 1970.

MEYER, Jean, ACERRA, Martine, *Histoire de la marine française : des origines à nos jours*, Rennes, éditions Ouest-France, 1994.

MIKKELI, Heikki, « An Aristotelian Response to Renaissance Humanism : Jacopo Zabarella on the Nature of Arts and Sciences » thèse soutenue à la SHS, Helsinki, 1992.

MIRA CABALLOS, Esteban, *La Armada Guardacostas de Andalucía y la defensa de la Carrera de Indias, 1521-1550*, Séville, Muñoz Moya Editor, 1998.

MIRA CABALLOS, Esteban, *Las armadas imperiales : la guerra en el mar en tiempos de Carlos V y Felipe II*, Madrid, Esfera de los Libros, 2005.

MOKYR, Joel, *The Gifts of Athena : Historical Origins of the Knowledge Economy*, Princeton ; Oxford, Princeton University Press, 2002.

MORA PIRIS, Pedro, *La Real fundición de bronces de Sevilla, siglos XVI a XVIII*, Séville, Escuela superior de ingenieros, 1994.

MORALES PADRÓN, Francisco, *Historia de Sevilla Tomo III : La ciudad del Quinientos*, Séville, Secretariado de Publicaciones, Universidad de Sevilla, 1977.

MORELLI, Roberta, « Men of Iron : Masters of the Iron Industry in Sixteenth-Century Tuscany », dans *The Workplace before the Factory : Artisans and Proletarians, 1500-1800*, Thomas Max SAFLEY et Leonard N. ROSENBAND (éd.), Ithaca, Cornell University Press, 1993, p. 146-164.

MUIR, Edward, *Civic Ritual in Renaissance Venice*, Princeton, Princeton University Press, 1981.

MUTO, Giovanni, « The Spanish System : Centre and Periphery », dans *Economic Systems and State Finance*, Richard BONNEY (éd.), Oxford ; New York, Oxford University Press, 1995.

NAVARRO BROTONS, Victor, « El Renacimiento científico y la enseñanza de las disciplinas matemáticas en las universidades de Valencia y Salamanca en el siglo XVI », dans *Doctores y escolares / II congreso Internacional de Historia de las Universidades Hispanicas (Valencia 1995)*, Valence, Universitat de Valencia, servei de Publicacions, 1998, p. 141-159.

NAVARRO BROTONS, Victor, SALAVERT, Vicente, *Jeronimo Muñoz : Introduccion a la astronomia y la geografia*, Valence, Consell Valencia de Cultura, 2004.

NAVARRO BROTONS, Victor, « La historia de la Ciencia en España en la Edad moderna y el papel de las universidades », dans *Derecho, historia y universidades Vol. II*, Valence, Universitat de València, 2007, p. 299-305.

OCERIN, ENRIQUE DE, *Apuntes para la historia de la Fabrica de artillería*, Séville, Imprenta de la Fábrica de Artillería, 1966.

OLESA MUÑIDO, Francisco-Felipe, *La organización naval de los estados mediterráneos y en especial de España durante los siglos XVI y XVII*, Madrid, Editorial Naval, 1968.

ORTAYLI, İlber, *Private and Royal Life in the Ottoman Palace*, New York, Blue Dome Press, 2015.

PARKER, Geoffrey, *The Army of Flanders and the Spanish Road, 1567-1659 : the Logistics of Spanish Victory and Defeat in the Low Countries' Wars*, Cambridge, Cambridge University Press, 1972.

PARKER, Geoffrey, *The Military Revolution : Military Innovation and the Rise of the West, 1500-1800*, Cambridge, Cambridge University Press, 1988.

PARKER, Geoffrey, *The Grand Strategy of Philip II*, New Haven, Yale University Press, 1998.

PARKER, Geoffrey, « The Artillery Fortress as an Engine of European Overseas Expansion, 1480-1750 », dans *City Walls. The Urban Enceinte in Global Perspective*, James D. TRACY (éd.), Cambridge, Cambridge University Press, 2000, p. 386-416.

PARKER, Geoffrey, *The Army of Flanders and the Spanish Road (1567-1659)*, Cambridge, Cambridge University Press, 2004.

PARROTT, David, *Richelieu's Army : War, Government and Society in France*, Cambridge, Cambridge University Press, 2001.

PARROTT, David, *The Business of War : Military Enterprise and Military Revolution in Early Modern Europe*, Cambridge, Cambridge University Press, 2012.

PARTHESIUS, Robert, *Dutch Ships in Tropical Waters. The Developement of the Dutch East India Company (VOC) Shipping Network in Asia, 1595-1660*, Amsterdam, Amsterdam University Press, 2010.

PAZZIS PI CORRALES, Magdalena de, « Las Guardas de Castilla : algunos aspectos orgánicos », dans *Guerra y sociedad en la monarquía hispánica : política, estrategia y cultura en la Europa Moderna, 1500-1700*, Enrique GARCÍA HERNÁN, Davide MAFFI (éd.), Madrid, Laberinto : CSIC Fundación MAPFRE, 2006, p. 767-787.

PEPPER, Simon, ADAMS, Nicholas, *Firearms & fortifications : Military Architecture and Siege Warfare in Sixteenth-Century Siena*, Chicago, University of Chicago Press, 1986.

PEREZ-MALLAÍNA, Pablo E., TORRES RAMÍREZ, Bibiano, *La Armada del Mar del Sur*, Séville, Escuela de Estudios Hispano-Americanos, CSIC, 1987.

PEREZ-MALLAÍNA, Pablo, *Spain's Men of the Sea : Daily Life on the Indies Fleets in the Sixteenth Century*, traduit par Carla R. PHILLIPS, Baltimore, Johns Hopkins University Press, 1998.

PESTRE, Dominique, VAN DAMME, Stéphane, RAJ, Kapil, SIBUM, Otto, BONNEUIL, Christophe (éd.), *Histoire des sciences et des savoirs*, Paris, Éditions du Seuil, 2015.

PETER, Jean, *Les artilleurs de la marine sous Louis XIV*, Paris, Economica, 1995.

PEYTAVIN, Mireille, *Visite et gouvernement dans le royaume de Naples, XVIe-XVIIe siècles*, Madrid, Casa de Velázquez, 2003.

PHILLIPS, Carla R., *Six Galleons for the King of Spain : Imperial Defense in the Early Seventeenth Century*, Baltimore, Johns Hopkins University Press, 1986.

PI CORRALES, Magdalena, *« La otra Invencible », 1574 : España y las potencias nórdicas*, Madrid, San Martín, 1983.

PIKE, Ruth, *Enterprise and Adventure : the Genoese in Seville and the Opening of the New World*, Ithaca, Cornell U P, 1966.

PIMENTEL, Juan, « The Iberian Vision : Science and Empire in the Framework of a Universal Monarchy, 1500-1800 », *Osiris 2nd series*, n° 15, 2000, p. 17-30.

PORTER, Bruce D., *War and the Rise of the State : the Military Foundations of Modern Politics*, New York ; Toronto, Maxwell Macmillan International, 1994.

PRAK, Marteen, VAN ZANDEN, Jan L.(éd.), *Technology, Skills and the Pre-Modern Economy in the East and the West*, Leiden ; Boston, Brill, 2013.

PRAK, Marteen, « Mega-structures of the Middle-Ages : the Construction of Religious Buildings in Europe and Asia, c. 1000-1500 » dans *Technology, Skills and the Pre-Modern Economy in the East and the West*, Marteen PRAK et Jan L. VAN ZANDEN (éd.), Leiden ; Boston, Brill, 2013, p. 131-159.

PROUTEAU, Nicolas, CROUY-CHANEL, Emmanuel de, FAUCHERRE, Nicolas (éd.), *Artillerie et fortification, 1200-1600*, Rennes, Presses universitaires de Rennes, 2011.

QUATREFAGES, René, *Los tercios españoles (1567-1577)*, Madrid, Fundación Universitaria Española, 1979.

QUATREFAGES, René, *La Revolución Militar Moderna. El Crisol Español*, Madrid, Ministerio de Defensa, 1996.

REITH, Reinhold « Circulation of Skilled Labour in Late Medieval and Early Modern Central Europe » dans *Guilds, Innovation and the European Economy, 1400-1800*, Stephan R. EPSTEIN et Marteen PRAK (éd.) New York, Cambridge University Press, 2008., p. 114-142.

REVEL, Jacques, *Jeux d'échelles : la micro-analyse à l'expérience*, Paris, Gallimard : Seuil, 1996.

RIBOT GARCÍA, Luis Antonio « Soldados españoles en Italia. El castillo de Milán a finales del siglo XVI », dans *Guerra y sociedad en la monarquía hispánica : política, estrategia y cultura en la Europa Moderna, 1500-1700*, Enrique GARCÍA HERNÁN et Davide MAFFI (éd.), Madrid, Laberinto : CSIC Fundación MAPFRE, 2006, p. 401-444.

RIVERO RODRÍGUEZ, Manuel, *Felipe II y el Gobierno de Italia*, Madrid, Sociedad Estatal para la Commemoración de los Centenarios de Felipe II y Carlos V, 1998.

RIVERO RODRÍGUEZ, Manuel, « El imperio en su apogeo », dans *La historia sin complejos. La nueva visión del Imperio Español*, David GARCÍA HERNÁN (éd.), Madrid, Editorial Actas, 2010, p. 136-176.

ROBERTS, Lissa, SCHAFFER, Simon, DEAR, Peter (éd.), *The Mindful Hand : Inquiry and Invention from the Late Renaissance to the Early Industrialisation*, Amsterdam, Koninklijke Nederlandse Akademie van Wetenschappen, 2007.

ROBERTS, Michael, *The Military Revolution, 1560-1660 : an Inaugural Lecture Delivered Before the Queen's University of Belfast*, Belfast, M. Boyd, 1956.

RODRÍGUEZ, Pedro, RODRÍGUEZ, Justina, *Don Francés de Álava y Beamonte. Correspondancia inédita de Felipe II con su embajador en Paris (1564-1570)*, Saint-Sébastien, Sociedad Guipuzcoana de Ediciones y Publicaciones, 1991.

RODGER, Nicholas, *The Command of the Ocean : A Naval History of Britain, 1649-1815*, Londres, Allen Lane, 2004.

ROGERS, Clifford J. (éd.), *The Military Revolution Debate : Readings on the Military Transformation of Early Modern Europe*, Boulder, Westview Press, 1995.

ROSE, Paul L., *The Italian Renaissance of Mathematics : Studies on Humanists and Mathematicians from Petrarch to Galileo*, Genève, Librairie Droz, 1975.

RUIZ IBÁÑEZ, José Javier, SABATINI, Gaetano, « Monarchy as Conquest : Violence, Social Opportunity, and Political Stability in the Establishment of the Hispanic Monarchy », *The Journal of Modern History*, vol. 81, nº 3, 2009, p. 501-536.

RUIZ IBÁÑEZ, José Javier, MARTÍNEZ ALCALDE, María, CAMPILLO MÉNDEZ, María Magdalena (éd.), *Felipe II y Almazarrón : La construcción local de un imperio global*, Murcie, Universidad de Murcia, 2014.

Ruiz Ibáñez, José Javier, « Les acteurs de l'hégémonie hispanique, du monde à la péninsule Ibérique », *Annales. Histoire, Sciences Sociales*, traduit par Jean-Frédéric Schaub, vol. 4, 2014, p. 927-954.

Salas Almena, Luis, *Colaboración y conflicto. La capitanía general del Mar Océano y costas de Andalucía, 1588-1660*, Cordoue, Universidad de Córdoba, 2002.

Sandman, Alison Deborah, « Cosmographers vs Pilots : Navigation, Cosmography and the State in Early Modern Spain », thèse soutenue à l'université Wisconsin-Madison, 2001.

Santos García, Inés María, « El oficio de maestre en la Carrera de Indias », *Revista general de marina*, vol. 263, 2012, p. 23-39.

Schäfer, Ernst, *El Consejo Real y Supremo de las Indias*, Salamanque, Junta de Castilla y León, Consejería de Educación y Cultura, 2003.

Schaub, Jean-Frédéric, *Le Portugal au temps du Comte-Duc d'Olivares (1621-1640). Le conflit de juridictions comme exercice de la politique*, Madrid, Casa de Velázquez, 2001.

Schaub, Jean-Frédéric, « Maritime Archipelago, Political Archipelago. The Azores under the Habsburgs (1581-1640) », dans *Polycentric Monarchies : How did Early Modern Spain and Portugal Achieve and Maintain a Global Hegemony*, Pedro Cardim, Tamar Herzog, José Javier Ruiz Ibáñez et Gaetano Sabatini (éd.), Eastbourne, Portland, Vaughan, Sussex Academic Press, 2012, p. 11-26.

Schwartz, Stuart, « The Greek Gunners and the Spanish Conquest », dans *Grecia en España : hacía una historia de la cultura mediterránea*, Madrid, Ediciones Clásicas, 1999, p. 337-342.

Seguí Beltrán, Andreu, « La administración de la artillería del Reíno de Mallorca en el siglo xvi », *Bolletí de la Societat Arqueològica*, vol. 69, 2013, p. 143-157.

Sentaurens, Jean, « Séville dans la seconde moitié du xvie siècle : population et structures sociales. Le recensement de 1561 », *Bulletin Hispanique, Tome* 77, n° 3-4, 1975, p. 321-390.

Serrano Mangas, Fernando, *Función y evolución del galeón en la carrera de Indias*, Fundación MAPFRE, 1992.

Shapin, Steven, Schaffer, Simon, *Leviathan and the Air-Pump : Hobbes, Boyle, and the Experimental Life*, Princeton, Princeton University Press, 1985.

Shapin, Steven, *The Scientific Revolution*, Chicago, Chicago Press University, 1996.

Shelby, Lon R., « The Geometrical Knowledge of Mediaeval Master Masons », *Speculum*, vol. 47, n° 3, 1972, p. 395-421.

Signorotto, Gianvittorio, *Milano Spanola. Guerra, istituzioni, uomini di governo (1635-1660)*, Milan, Sansoni Editore, 1996.

Silva Suárez, Manuel, *Técnica e ingeniería en España – Tomo 1 : El Renacimiento*, Saragosse, Real Academia de Ingeniería, Institución « Fernando el Católico », Prensas universitarias de Zaragosa, 2008.

SLUITER, Engel, « The Fortification of Acapulco, 1615-1616 », *The Hispanic American Historical Review*, vol. 29, n° 1, 1949, p. 69-80.

SMITH, Pamela H., *The Body of the Artisan : Art and Experience in the Scientific Revolution*, Chicago, University of Chicago Press, 2004.

SPUFFORD, Margaret, « First Steps in Literacy : The Reading and Writing Experiences of the Humblest Seventeenth-Century Spiritual Autobiographers », *Social History*, vol. 4, n° 3, 1979, p. 407-435.

STASAVAGE, David, *States of Credit : Size, Power, and the Development of European Polities*, Princeton, Princeton University Press, 2011.

STEELE, Brett D., DORLAND, Tamera (éd.), *The Heirs of Archimedes : Science and the Art of War through the Age of Enlightenment*, The MIT Press, 2005.

STRADLING, R.A., *The Armada of Flanders : Spanish Maritime Policy and European War, 1568-1668*, Cambridge, Cambridge University Press, 1992.

STRAYER, Joseph R., *On the Medieval Origins of the Modern State*, Princeton, Princeton University Press, 1970.

SUBRAHMANYAM, Sanjay, « Holding the World in Balance : The Connected Histories of the Iberian Overseas Empires, 1500-1640 », *American Historical Review*, vol. 112, n° 5, 2007, p. 1359-1385.

TEEUWEN, Mariken, *The Vocabulary of Intellectual Life in the Middle Ages*, Turnhout, Brepols, 2003.

TEMPÈRE, Delphine, *Vivre et mourir sur les navires du Siècle d'Or*, Paris, Presses Universitaires de Paris-Sorbonne, 2009.

TENACE, Edward, « A Strategy of Reaction : The Armadas of 1596 and 1597 and the Spanish Struggle for European Hegemony », *The English Historical Review*, vol. 118, n° 478, 2003, p. 855-882.

TILLY, Charles, *Coercion, Capital and European States, AD 990-1992*, Cambridge Massachusetts ; Oxford, Blackwell, 1992.

THOMPSON, I. A. A, *War and Government in Habsburg Spain, 1560-1620*, Londres ; Atlantic Highlands, Athlone Press, 1976.

THOMPSON, I. A. A, « Public Expenditure and Political Unity : Spanish Monarchy and European Union », dans *Dinero, moneda y crédito en la Monarquía Hispánica*, Antonio Miguel BERNAL (éd.), Madrid, Marcial Pons, Historia, Fundación ICO, 2000, p. 879-888.

THOMPSON, I. A. A, « El soldado del Imperio : una aproximación al perfil del recluta español en el Siglo de Oro », *Manuscrits : Revista d'història moderna*, vol. 21, 2003, p. 17-38.

TORRES RAMÍREZ, Bibiano, *La Armada de Barlovento*, Séville, Escuela de Estudios Hispano-Americanos, CSIC, 1981.

TORRES SÁNCHEZ, Rafael, *Military Entrepreneurs and the Spanish Contractor State in the Eighteenth Century*, Oxford, Oxford University Press, 2016.

TRACY, James D., *Holland under Habsburg Rule, 1506-1566 : the Formation of a Body Politic*, Berkeley, University of California Press, 1990.

TURNER, Victor, *The Ritual Process : Structure and Anti-Structure*, New York, Aldine de Gruyter, 1995.

TURNER, Victor, *Dramas, Fields, and Metaphors : Symbolic Action in Human Society*, New York, Cornell University Press, 1974.

VALLERIANI, Matteo, *Galileo Engineer*, New York, Springer, 2010.

VALLERIANI, Matteo, *Metallurgy, Ballistics, and Epistemic Instruments : The Nova scientia of Tartaglia*, Berlin, epubli GmbH, 2013.

VALLET DE VIRIVILLE, Auguste, *Histoire de l'instruction publique en Europe et principalement en France, depuis le christianisme jusqu'à nos jours : Universités, colléges, écoles des deux sexes, académies, bibliothèques publiques, etc*, Administration du Moyen Âge et de la Renaissance, 1849.

VAN GENNEP, Arnold, *Les rites de passage*, Paris, Mouton et Maison des Sciences de l'Homme, 1969.

VAN NIMWEGEN, Olaf, *The Dutch Army and the Military Revolutions, 1588-1688*, Woodbridge, The Boydell press, 2010.

VAN ZANDEN, Jan L., « Wages and the standard of living in Europe, 1500-1800 », *European Review of Economic History*, vol. 3, n° 2, 1999, p. 175-197.

VÁZQUEZ GÓMEZ, José, *Quinientos años de la Capitanía General de Galicia*, Madrid, Ministerio de Defensa, Servicio de Publicaciones, 1985.

VERGER, Jacques, *Culture, enseignement et société en Occident aux* XIIe *et* XIIIe *siècles*, Rennes, Presses universitaires de Rennes, 1999.

VÉRIN, Hélène, « Rédiger et réduire en art : un projet de rationalisation des pratiques », dans *Réduire en art : la technologie de la Renaissance aux Lumières*, Pascal DUBOURG GLATIGNY et Hélène VÉRIN, (éd.) Paris, éditions de la maison des Sciences de l'homme, 2008, p. 17-58.

VERLINDEN, C., CRAEYBECKX, J., SCHOLLIERS, E., « Price and Wage Movements in Belgium in the Sixteenth Century (1955) » dans *Economy and Society in Early Modern Europe. Essays from Annales*, Peter BURKE, (éd.), Londres, Routledge & Kegan Paul, 1972, p. 55-84.

VEYRIN-FORRER, Jeanne, « Fabriquer un livre au XVIe siècle » dans *Histoire de l'édition française, volume 1 : le livre conquérant*, Henri-Jean MARTIN, Roger CHARTIER (éd.), Promodis, Paris, 1982, p. 278-301.

VICENTE MAROTO, Isabel, ESTEBAN PIÑEIRO, Mariano, « La Casa de Contratación y la Academia Real matemática » dans *Historia de la ciencia y de la técnica en la Corona de Castilla. Vol. III, Siglo* XVI *y* XVII, José María LÓPEZ PIÑERO (éd.), Valladolid, Junta de Castilla y León, 2002, p. 35-50.

VICENTE MAROTO María Isabel, GARCÍA TAPIA, Nicolas, « Las escuelas de artillería y otras instituciones técnicas », dans *Historia de la ciencia y de la técnica en la Corona de Castilla. Vol. III, Siglo* XVI *y* XVII, José María LÓPEZ PIÑERO (éd.), Valladolid, Junta de Castilla y León, 2002, p. 73-82.

VICENTE MAROTO, María Isabel, « Las escuelas de artillería en los siglos XVI y XVII », *Quaderns d'història de l'enginyera*, V, 2002-2003, p. 1-9.

VICENTE MAROTO, María Isabel, ESTEBAN PIÑEIRO, Mariano, *Aspectos de la ciencia aplicada en la España del Siglo de Oro*, Valladolid, Junta de Castilla y León, Consejería de cultura y turismo, 2006.

VIGÓN, Jorge, *Historia de la Artillería Española*, Madrid, Consejo Superior de Investigaciones Científicas, Instituto Jerónimo Zurita, 1947.

VILLABIANCA, Francesco Maria Emanuele e Gaetani (marchese) di, *Della Sicilia nobile*, Palerme, Stamperia de' Santi Apostoli per Pietro Bentivenga, 1754.

VINCENT, Bernard, « L'hispanisme français et l'histoire moderne et contemporaine », *Revista de Historia Jerónimo Zurita*, vol. 71, 1995, p. 219-236.

VINCENT, Bernard, « Philippe II et l'Afrique du Nord » dans *Felipe II (1527-1598), Europa y la Monarquía Hispánica, vol. 1.2*, José MARTÍNEZ MILLÁN (éd.), Madrid, Parteluz, 1998, p. 965-974.

VINCENT, Bernard, « Conclusiones : de Mazarrón a Manila » dans *Felipe II y Almazarrón : La construcción local de un imperio global. Vol. 2 : Sostener, gobernar y pensar la frontera*, RUIZ IBÁÑEZ José Javier et CAMPILLO MÉNDEZ María Magdalena (éd.), Murcie, Universidad de Murcia, 2014, p. 497-501.

VOSS, Mary J., « Between the Cannon and the Book : Mathematicians and Military Culture in Sixteenth-Century Italy », thèse soutenue à la Johns Hopkins University, Baltimore, 1994.

WALTON, Steven A., « The Art of Gunnery in Renaissance England », thèse soutenue à l'université de Toronto, 1999.

WALTON, Steven A., « Mathematical Instruments and the Creation of the Scientific Military Gentleman » dans *Instrumental in War : Science, Research, and Instruments between Knowledge and the World*, Boston, Brill, 2005, p. 17-46.

WEBER, Max, « Politics as a Vocation », dans *The Vocation Lectures*, Indianapolis, Cambridge, Hackett Publishing Company, 2004.

WENDT, Helge (éd.), *The Globalization of Knowledge in the Iberian Colonial World*, Berlin, Edition Open Access, 2016.

WERNHAM, Richard B., *After the Armada : Elizabethan England and the Struggle for Western Europe, 1588-1595*, Oxford, Oxford University Press, 1984.

WERNHAM, Richard B., *The Return of the Armadas : The Last Years of the Elizabethan War against Spain, 1595-1603*, Oxford, Oxford University Press, 1994.

WERNER Thomas, *Los protestantes y la Inquisición en España en tiempos de Reforma y Contrarreforma*, Louvain, Leuven University Press, 2001.

WILLIAMS, Phillip, *Empire and Holy War in the Mediterranean : the Galley and Maritime Conflict between the Habsburgs and Ottomans*, Londres, New York, I.B. Tauris, 2014.

YUN CASALILLA, Bartolomé, *Marte contra Minerva : el precio del imperio español, c. 1450-1600*, Barcelone, Crítica, 2004.

YUN CASALILLA, Bartolomé, *Las redes del Imperio. Elites sociales en la articulación de la monarquía Hispánica, 1492-1714*, Madrid, Marcial Pons, 2008.

YUN CASALILLA Bartolomé, *Iberian World Empires and the Globalization of Europe 1415-1668*, Basingstoke, Palgrave Macmillan, 2019.

ZILSEL, Edgar, « The Genesis of the Concept of Scientific Progress », *Journal of the History of Ideas*, vol. 6, n° 3, 1945, p. 325-349.

INDEX DES PERSONNAGES

INDEX DES LIEUX

INDEX DES INSTITUTIONS

TABLE DES FIGURES

TABLE DES MATIÈRES

TROISIÈME PARTIE

LES ARTILLEURS ET LEURS SAVOIRS

Achevé d'imprimer par Corlet, 14110 Condé-en-Normandie
N° d'imprimeur : 21070302 - Dépôt légal : juillet 2021 — *Imprimé en France*